T0222360

Invito alle equazioni a derivate parziali

Sandro Salsa, Federico M.G. Vegni, Anna Zaretti, Paolo Zunino

Invito alle equazioni a derivate parziali

Metodi, modelli e simulazioni

 Springer

Sandro Salsa
Federico M.G. Vegni
Anna Zaretti
Dipartimento di Matematica
Politecnico di Milano

Paolo Zunino
MOX
Dipartimento di Matematica
Politecnico di Milano

In copertina: Iddru rresta ddrà 'n funnu (2008). Roberto Bugeia
Acquerello a tempera su carta, 30 × 40

ISBN 978-88-470-1179-3   Springer Milan Berlin Heidelberg New York
ISBN 978-88-470-1180-9 (eBook)   Springer Milan Berlin Heidelberg New York

Springer-Verlag fa parte di Springer Science+Business Media

springer.com

9   8   7   6   5   4   3   2   1

Impianti: PTP-Berlin, Protago TEX-Production GmbH, Germany (www.ptp-berlin.eu)
Progetto grafico della copertina: Francesca Tonon
Stampa: Signum Srl, Bollate (MI)

Springer-Verlag Italia srl – Via Decembrio 28 –20137 Milano

Prefazione

Il testo è rivolto a studenti di Ingegneria, Matematica Applicata e Fisica ed è disegnato per corsi alla fine del triennio o all'inizio del biennio magistrale. L'obiettivo didattico è duplice: da un lato presentare ed analizzare alcuni classici modelli differenziali della Meccanica dei Continui, complementati da esercizi svolti e da simulazioni numeriche, illustrate usando il metodo delle differenze finite; dall'altro introdurre la formulazione variazionale dei più importanti problemi ai valori iniziali/al bordo, accompagnate da simulazioni numeriche effettuate utilizzando il metodo degli elementi finiti. In ultima analisi, il percorso didattico è caratterizzato da una costante sinergia tra modello-teoria-simulazione numerica.

Coerentemente con gli obiettivi descritti sopra, il testo contiene due parti principali.

La prima consta dei Capitoli 1-6: dopo un capitolo introduttivo, il Capitolo 2 è dedicato alle leggi di conservazione che conducono ad equazioni del prim'ordine. Ci si serve di semplici modelli di traffico per introdurre concetti come linea caratteristica, onde di rarefazione o d'urto. I Capitoli 3 e 5 trattano modelli di diffusione e di diffusione/reazione, rispettivamente. L'equazione del calore e quella di Fisher-Kolmogoroff costituiscono i paradigmi per illustrare il comportamento a regime delle soluzioni e la stabilità degli equilibri. Al fenomeno di instabilità di Turing è dedicata l'ultima sezione del Capitolo 5. Nel Capitolo 4 sono presentati i concetti principali legati all'equazione di Laplace/Poisson: principi di media e del massimo, funzioni di Green e potenziali Newtoniani. Nel Capitolo 6 si esaminano classici fenomeni ondulatori, governati dall'equazione delle onde. In particolare, si ricava la celebre formula di d'Alembert e quella di Huygens, mettendone in luce le conseguenze sulla propagazione delle onde che descrivono (per es. il principio di Huygens).

La seconda parte è costituita dai Capitoli 7–9: nel Capitolo 7, dopo una - brochure di sopravvivenza sull'integrazione secondo Lebesgue, si presentano i primi elementi di Analisi Funzionale negli spazi di Hilbert ed i fondamentali teoremi di Riesz e Lax-Milgram, necessari alla corretta formulazione variazionale dei problemi ai valori iniziali/al bordo per equazioni differenziali. L'ambiente funzionale richiede una breve introduzione alle distribuzioni e agli spazi di funzioni ad energia finita (spazi di Sobolev). Nei Capitoli 8 e 9 si presenta la formulazione variazionale o debole di problemi ai valori al bordo, nel caso stazionario, e ai valori iniziali/al bordo per il caso evolutivo.

In ogni capitolo è inserita una sezione dedicata alla soluzione di alcuni problemi significativi per la comprensione della teoria svolta.

La sezione finale di ogni capitolo (ad eccezione del Capitolo 7) presenta un cenno ai metodi numerici per l'approssimazione delle soluzioni dei problemi precedentemente presentati e la discussione dal punto di vista modellistico e numerico di alcune simulazioni che ne derivano, completando il percorso modello-teoria-simulazione.

È richiesta la conoscenza del calcolo differenziale ed integrale di più variabili, delle tecniche elementari di soluzione delle equazioni differenziali ordinarie e dei risultati elementari sulle serie di Fourier, che comunque sono richiamati nella terza parte del testo nell'Appendice A. Nel Capitolo 5 si fa uso del piano delle fasi per problemi bidimensionali autonomi: le nozioni ed i risultati necessari sono descritti ampiamente in Appendice B.

Se necessario per gli obiettivi didattici del docente, le due parti possono essere svolte indipendentemente. All'interno di entrambe, i capitoli seguono un'ordine di propedeuticità, con l'eccezione del Capitolo 5, non necessario alla comprensione dei seguenti.

Abbiamo concepito questo testo come un invito al mondo delle equazioni a derivate parziali. Di conseguenza, alcuni argomenti sono solo accennati; per il loro approfondimento rimandiamo alla bibliografia in fondo al libro.

Milano, gennaio 2009   *Gli autori*

Indice

Parte II Metodi di analisi funzionale per problemi differenziali

Parte I

Modelli differenziali

1

Introduzione

1.1 Modelli matematici

Nella descrizione di una gran parte di fenomeni nelle scienze applicate e in molteplici aspetti dell'attività tecnica e industriale si fa uso di *modelli matematici*. Per "modello" intendiamo un insieme di equazioni e/o altre relazioni matematiche in grado di catturare le caratteristiche della situazione in esame e poi di descriverne, prevederne e controllarne lo sviluppo. Le scienze applicate non sono solo quelle classiche; oltre alla fisica e alla chimica, la modellistica matematica è entrata pesantemente in discipline complesse come la *finanza, la biologia, l'ecologia, la medicina*. Nell'attività industriale (per esempio nelle realizzazioni aeronautiche spaziali o in quelle navali, nei reattori nucleari, nei problemi di combustione, nella generazione e distribuzione di elettricità, nel controllo del traffico, ecc.), la modellazione matematica, seguita dall'analisi e dalla simulazione numerica e poi dal confronto sperimentale, è diventata una procedura diffusa, indispensabile all'innovazione, anche per motivi pratici ed economici. È chiaro che ciò è reso possibile dalle capacità di calcolo di cui oggi si dispone.

Un modello matematico è in generale costruito a partire da due mattoni principali: *leggi generali e relazioni costitutive*. Qui ci occuperemo di modelli in cui le leggi generali sono quelle della Meccanica dei Continui e si presentano come leggi di conservazione o di bilancio (della massa, dell'energia, del momento lineare, ...). Le relazioni costitutive sono di natura sperimentale e dipendono dalle caratteristiche contingenti del fenomeno in esame. Ne sono esempi la legge di Fourier per il flusso di calore o quella di Fick per la diffusione di una sostanza o la legge di Ohm per la corrente elettrica. Il risultato della combinazione dei due mattoni è di solito un'*equazione o un sistema di equazioni a derivate parziali*.

1.2 Equazioni a derivate parziali

Un'equazione a derivate parziali è una relazione del tipo

$$F\left(x_1, ..., x_n, u, u_{x_1}, ..., u_{x_n}, u_{x_1 x_1}, u_{x_1 x_2} ..., u_{x_n x_n}, u_{x_1 x_1 x_1}, ...\right) = 0, \qquad (1.1)$$

Salsa S, Vegni FMG, Zaretti A, Zunino P: Invito alle equazioni alle derivate parziali.
© Springer-Verlag Italia 2009, Milano

dove $u = u(x_1, ... x_n)$ è una funzione di n variabili. L'*ordine* dell'equazione è dato dal massimo ordine di derivazione che vi appare.

Una prima importante distinzione è quella tra equazioni *lineari* e *nonlineari*.

La (1.1) è *lineare* se F è lineare rispetto ad u e a tutte le sue derivate, altrimenti è *nonlineare*.

Tra i tipi di nonlinearità distinguiamo:

- equazioni *semilineari*, se F è nonlineare solo rispetto ad u ma è lineare rispetto a tutte le sue derivate;
- equazioni *quasi-lineari*, se F è lineare rispetto alle derivate di u di ordine massimo;
- equazioni *completamente nonlineari*, se F è nonlineare rispetto alle derivate di u di ordine massimo.

La teoria delle equazioni lineari può essere considerata sufficientemente ben sviluppata, almeno per quanto riguarda le questioni principali. Al contrario le equazioni nonlineari si presentano con una tale varietà di tipologie che una teoria generale non sembra immaginabile e la ricerca si specializza su casi più o meno particolari, interessanti soprattutto per le applicazioni.

Per dare al lettore un'idea della vastità dell'argomento ed anche per famigliarizzarlo con alcune equazioni tuttora oggetto di studio, presentiamo una serie di esempi segnalando una possibile (spesso non l'unica!) interpretazione. Negli esempi, $\mathbf{x}$ rappresenta una variabile spaziale (in genere in dimensione $n = 1, 2, 3$) e t è la variabile temporale.

Cominciamo con le **equazioni lineari**. Le equazioni (1.2)–(1.5) sono fondamentali e la loro teoria costituisce una base per lo studio di molte altre.

1. *Equazione del trasporto* (prim'ordine): $u = u(\mathbf{x}, t)$, $\mathbf{x} \in \mathbb{R}^n$, $t \in \mathbb{R}$

$$u_t + \mathbf{v}(\mathbf{x}, t) \cdot \nabla u = 0. \tag{1.2}$$

Descrive, per esempio, il trasporto di un'inquinante (solido) lungo un canale; qui u è la concentrazione della sostanza e $\mathbf{v}$ è la velocità della corrente. Consideriamo la sua versione unidimensionale nel Capitolo 2.

2. *Equazione di diffusione o del calore* (second'ordine): $u = u(\mathbf{x}, t)$, $\mathbf{x} \in \mathbb{R}^n$, $t \in \mathbb{R}$

$$u_t - D\Delta u = 0. \tag{1.3}$$

dove $\Delta = \partial_{x_1 x_1} + \partial_{x_2 x_2} + ... + \partial_{x_n x_n}$ è l'*operatore di Laplace o Laplaciano*. Descrive, per esempio, la propagazione del calore per diffusione attraverso un mezzo omogeneo ed isotropo; u è la temperatura e D codifica le proprietà termiche di un materiale. Il Capitolo 3 è dedicato all'equazione di diffusione ed ad alcune sue varianti.

3. *Equazione delle onde* (second'ordine): $u = u(\mathbf{x}, t)$, $\mathbf{x} \in \mathbb{R}^n$, $t \in \mathbb{R}$

$$u_{tt} - c^2 \Delta u = 0. \tag{1.4}$$

Descrive la propagazione di onde trasversali di piccola ampiezza in una corda (per es. di violino) se $n = 1$, di una membrana elastica (per es. di un tamburo) se

$n = 2$; se $n = 3$ descrive onde sonore o anche onde elettromagnetiche nel vuoto. Qui u è legata all'ampiezza delle vibrazioni e c è la velocità di propagazione. La sua variante

$$u_{tt} - c^2 \Delta u + m^2 u = 0,$$

ottenuta aggiungendo il *termine di reazione* $m^2 u$, si chiama equazione *di Klein-Gordon*, importante in meccanica quantistica. La variante unidimensionale

$$u_{tt} - c^2 u_{xx} + k^2 u_t = 0,$$

ottenuta aggiungendo il *termine di dissipazione* $k^2 u_t$, si chiama equazione dei *telegrafi,* poiché governa la trasmissione di impulsi elettrici attraverso un cavo, quando vi siano perdite di corrente a terra. Gran parte del Capitolo 5 è dedicato all'equazione delle onde.

4. *Equazione del potenziale o di Laplace* (second'ordine)*:* $u = u(\mathbf{x})$, $\mathbf{x} \in \mathbb{R}^n$

$$\Delta u = 0. \tag{1.5}$$

Le equazioni di diffusione e delle onde descrivono fenomeni in evoluzione col tempo; l'equazione di Laplace (Capitolo 4) descrive lo *stato stazionario o di regime* corrispondente, in cui la soluzione non dipende più dal tempo. La sua versione non-omogenea

$$\Delta u = f$$

si chiama *equazione di Poisson,* importante in problemi di elettrostatica.

5. *Equazione di Black-Scholes* (second'ordine): $u = u(x,t)$, $x \geq 0$, $t \geq 0$

$$u_t + \frac{1}{2}\sigma^2 x^2 u_{xx} + rx u_x - ru = 0.$$

Fondamentale in finanza matematica, descrive l'evoluzione del prezzo u di un prodotto finanziario derivato (un'*opzione europea,* per esempio), basato su un bene sottostante (un'azione, una valuta, ecc.) il cui prezzo è x.

6. *Equazione della piastra vibrante* (quart'ordine)*:* $u = u(\mathbf{x},t)$, $\mathbf{x} \in \mathbb{R}^2$, $t \in \mathbb{R}$

$$u_{tt} - \Delta^2 u = 0,$$

dove

$$\Delta^2 u = \Delta(\Delta u) = \frac{\partial^4 u}{\partial x_1^4} + 2\frac{\partial^4 u}{\partial x_1^2 \partial x_2^2} + \frac{\partial^4 u}{\partial x_2^4}$$

è l'operatore *biarmonico.* In teoria dell'elasticità lineare, descrive le piccole vibrazioni di una piastra omogenea e isotropa.

7. *Equazione di Schrödinger* (second'ordine)*:* $u = u(\mathbf{x},t)$, $\mathbf{x} \in \mathbb{R}^n$, $t \geq 0$, i unità complessa,

$$-iu_t = \Delta u + V(\mathbf{x})u.$$

Interviene in meccanica quantistica e descrive l'evoluzione di una particella soggetta al potenziale V. La funzione $|u|^2$ ha il significato di *densità di probabilità*.

Vediamo ora qualche esempio di *equazione* **nonlineare**.

8. *Equazione di Burgers* (semilineare, prim'ordine): $u = u\,(x,t)$, $x \in \mathbb{R}$, $t \in \mathbb{R}$,

$$u_t + cuu_x = 0.$$

Descrive un flusso unidimensionale di particelle di un fluido non viscoso. La troviamo nel Capitolo 2.

9. *Equazione di Korteveg de Vries* (semilineare, terz'ordine)*:* $u = u\,(x,t)$, $x \in \mathbb{R}$, $t \in \mathbb{R}$,

$$u_t + cuu_x + u_{xxx} = 0.$$

Appare nello studio delle onde di superficie in acqua bassa e descrive la formazione di onde solitarie. È una perturbazione dell'equazione di Burgers col termine *di dispersione u_{xxx}*.

10. *Equazione di Fisher* (semilineare, second'ordine): $u = u\,(\mathbf{x},t)$, $\mathbf{x} \in \mathbb{R}^n$, $t \in \mathbb{R}$

$$u_t - D\Delta u = ru\,(M - u).$$

È un modello per la crescita di una popolazione di cui u rappresenta la densità, soggetta a diffusione e crescita logistica, espressa dal termine a secondo membro (si veda il Capitolo 5).

11. *Equazione dei mezzi porosi* (quasilineare, second'ordine): $u = u\,(\mathbf{x},t)$, $\mathbf{x} \in \mathbb{R}^n$, $t \in \mathbb{R}$

$$u_t = k \operatorname{div}\,(u^\gamma \nabla u) = ku^\gamma \Delta u + k\gamma u^{\gamma-1}\,|\nabla u|^2,$$

dove $k > 0$ e $\gamma > 1$ sono costanti. Questa equazione descrive fenomeni di filtrazione, per esempio quella dell'acqua attraverso il suolo (si veda il Capitolo 3).

12. *Equazione delle superfici minime* (quasilineare, second'ordine): $u = u\,(\mathbf{x})$, $\mathbf{x} \in \mathbb{R}^2$,

$$\operatorname{div}\left(\frac{\nabla u}{\sqrt{1 + |\nabla u|^2}}\right) = 0.$$

Il grafico di una soluzione u è quello della superficie di area minima fra tutte le superfici cartesiane[1] il cui bordo si appoggia su una data curva. Per esempio, le bolle di sapone sono superfici minime.

Veniamo ora ad esempi di **sistemi.**

13. *Elasticità lineare:* $\mathbf{u} = (u_1\,(\mathbf{x},t)\,, u_2\,(\mathbf{x},t)\,, u_3\,(\mathbf{x},t))$, $\mathbf{x} \in \mathbb{R}^3$, $t \in \mathbb{R}$

$$\varrho\mathbf{u}_{tt} = \mu\Delta\mathbf{u} + (\mu + \lambda)\operatorname{grad} \operatorname{div} \mathbf{u}.$$

Si tratta di tre equazioni scalari di second'ordine. Il vettore $\mathbf{u}$ descrive lo spostamento dalla posizione iniziale di un continuo deformabile di densità ϱ.

---

[1] Che siano cioè grafici di funzioni $z = v\,(x, y)$.

14. *Equazioni di Maxwell nel vuoto* (sei equazioni lineari scalari del prim'ordine):

$$\mathbf{E}_t - \mathrm{rot}\,\mathbf{B} = \mathbf{0}, \qquad \mathbf{B}_t + \mathrm{rot}\,\mathbf{E} = \mathbf{0} \qquad \text{(leggi di Ampère e di Faraday)}$$

$$\mathrm{div}\,\mathbf{E} = 0 \qquad \mathrm{div}\,\mathbf{B} = 0 \qquad \text{(leggi di Gauss)},$$

dove $\mathbf{E}$ è il campo elettrico e $\mathbf{B}$ è il campo di induzione magnetica. Le unità di misura sono quelle "naturali" dove la velocità della luce nel vuoto è $c = 1$ e la permeabilità magnetica nel vuoto è $\mu_0 = 1$.

15. *Equazioni di Navier-Stokes:* $\mathbf{u} = (u_1(\mathbf{x},t), u_2(\mathbf{x},t), u_3(\mathbf{x},t))$, $p = p(\mathbf{x},t)$, $\mathbf{x} \in \mathbb{R}^3$, $t \in \mathbb{R}$,

$$\begin{cases} \mathbf{u}_t + (\mathbf{u} \cdot \boldsymbol{\nabla})\,\mathbf{u} = -\frac{1}{\rho}\nabla p + \nu\Delta\mathbf{u} \\ \mathrm{div}\,\mathbf{u} = 0. \end{cases}$$

Questo sistema è costituito da quattro equazioni, di cui tre quasilineari. Descrive il moto di un fluido viscoso, omogeneo e incomprimibile. Qui $\mathbf{u}$ è la velocità del fluido, p la pressione, ρ la densità (qui costante) e ν è la viscosità cinematica, data dal rapporto tra la viscosità del fluido e la sua densità. Si veda il Capitolo 8 per il caso stazionario e lineare (problema di Stokes).

1.3 Problemi ben posti

Nella costruzione di un modello, intervengono solo alcune tra le equazioni generali di campo, altre vengono semplificate o eliminate attraverso le relazioni costitutive o procedimenti di approssimazione coerenti con la situazione in esame. Ulteriori informazioni sono comunque necessarie per selezionare o predire l'esistenza di una sola soluzione e si presentano in generale sotto forma di *condizioni iniziali e/o condizioni al bordo del dominio in esame o altre ancora*. Per esempio, tipiche condizioni al bordo prevedono di assegnare la soluzione o la sua derivata normale. Spesso sono appropriate combinazioni di queste condizioni. La teoria si occupa allora di stabilire condizioni sui dati affinché il problema abbia le seguenti caratteristiche:

a) *esista almeno una soluzione;*

b) *esista una sola soluzione;*

c) *la soluzione dipenda con continuità dai dati.*

Quest'ultima condizione richiede qualche parola di spiegazione: in sintesi la c) afferma che la corrispondenza

$$dati \to soluzione \tag{1.6}$$

sia *continua* ossia che, *un piccolo errore sui dati provochi un piccolo errore sulla soluzione*. Si tratta di una proprietà estremamente importante, che si chiama anche **stabilità locale della soluzione rispetto ai dati**. Per esempio, pensiamo al caso in cui occorra usare un computer (cioè quasi sempre) per il calcolo della soluzione: automaticamente, l'inserimento dei dati e le procedure di calcolo comportano errori di approssimazione di vario tipo. Una sensibilità eccessiva della soluzione a piccole variazioni dei dati produrrebbe una soluzione approssimata, neppure lontana parente di quella originale.

La nozione di continuità, ma anche la misura degli errori, sia sui dati sia sulla soluzione, si precisa introducendo un'opportuna *distanza*. Se i dati sono numeri o vettori finito dimensionali, le distanze sono le solite, per esempio quella *euclidea:* se $\mathbf{x} = (x_1, x_2, ..., x_n)$, $\mathbf{y} = (y_1, y_2, ..., y_n)$

$$\text{dist}(\mathbf{x}, \mathbf{y}) = \|\mathbf{x} - \mathbf{y}\| = \sqrt{\sum_{k=1}^{n} (x_k - y_k)^2}.$$

Se si tratta di funzioni, per esempio reali e definite su un dominio I, distanze molto usate sono:

$$\text{dist}(f, g) = \max_I |f - g|,$$

che misura il massimo scarto tra f e g, e

$$\text{dist}(f, g) = \sqrt{\int_I (f - g)^2},$$

che misura lo scarto quadratico tra f e g. Una volta in possesso di una nozione di distanza, la continuità della corrispondenza (1.6) è facile da precisare: *se la distanza tra i dati tende a zero allora anche la distanza delle rispettive soluzioni tende a zero.*

Quando un problema possiede le caratteristiche a), b), c) si dice che è **ben posto**. Per chi costruisce modelli matematici è molto comodo, a volte essenziale, avere a che fare con problemi ben posti: l'esistenza di una soluzione segnala che il modello "sta in piedi", l'unicità e la stabilità aumentano la possibilità di calcoli numerici accurati. Come si può immaginare, in generale, modelli complessi richiedono tecniche di analisi teorica e numerica piuttosto sofisticate. Problemi di una certa complessità diventano tuttavia ben posti e trattabili numericamente in modo efficiente se riformulati e ambientati opportunamente, utilizzando i metodi dell'Analisi Funzionale.

Non solo i problemi ben posti sono tuttavia interessanti per le applicazioni. Vi sono problemi che sono intrinsecamente mal posti per mancanza di unicità oppure per mancanza di stabilità ma di grande importanza per la tecnologia moderna. Una classe tipica è quella dei cosiddetti *problemi inversi,* di cui fa parte, per esempio, la T.A.C. (*Tomografia Assiale Computerizzata*). Il trattamento di questo tipo di problema esula però da una trattazione come quella proposta in questo testo.

1.4 Nozioni base

In questa sezione introduciamo alcuni simboli usati costantemente nel seguito e richiamiamo alcune nozioni e formule di Topologia e Analisi.

Insiemi e topologia

Indichiamo rispettivamente con: $\mathbb{N}, \mathbb{Z}, \mathbb{Q}, \mathbb{R}, \mathbb{C}$ gli insiemi dei numeri naturali, interi (relativi), razionali, reali e complessi. $\mathbb{R}^n$ è lo spazio vettoriale $n-$dimensionale delle $n-$uple di numeri reali. Indichiamo con $\mathbf{e}^1, \ldots, \mathbf{e}^n$ i vettori della base canonica in $\mathbb{R}^n$. In $\mathbb{R}^2$ e $\mathbb{R}^3$ possiamo usare anche $\mathbf{i}, \mathbf{j}$ e $\mathbf{k}$.

Il simbolo $B_r(\mathbf{x})$ indica la (iper)sfera *aperta* in $\mathbb{R}^n$, con raggio r e centro in $\mathbf{x}$, cioè

$$B_r(\mathbf{x}) = \{\mathbf{y} \in \mathbb{R}^n; \ |\mathbf{x} - \mathbf{y}| < r\}.$$

Se non c'è necessità di specificare il raggio, scriviamo semplicemente $B(\mathbf{x})$. Il volume di $B_r(\mathbf{x})$ e l'area di $\partial B_r(\mathbf{x})$ sono dati da

$$|B_r| = \frac{\omega_n}{n} r^n \quad e \quad |\partial B_r| = \omega_n r^{n-1},$$

dove ω_n è l'area della superficie della sfera unitaria[2] ∂B_1 in $\mathbb{R}^n$; in particolare, $\omega_2 = 2\pi$ e $\omega_3 = 4\pi$.

Sia $A \subseteq \mathbb{R}^n$. Un punto $\mathbf{x} \in A$ è:

- *interno* se esiste $B_r(\mathbf{x}) \subset A$;
- *di frontiera* se ogni sfera $B_r(\mathbf{x})$ contiene punti di A e del suo complementare $\mathbb{R}^n \backslash A$. L'insieme dei punti di frontiera di A, la *frontiera di A*, si indica con ∂A;
- *punto limite o di accumulazione* di A se esiste una successione $\{\mathbf{x}_k\}_{k\geq 1} \subset A$ tale che $\mathbf{x}_k \to \mathbf{x}$.

A è *aperto* se ogni punto di A è interno; l'insieme $\overline{A} = A \cup \partial A$ si chiama *chiusura di A*; A è *chiuso* se $A = \overline{A}$. Un insieme è chiuso se e solo se contiene tutti i suoi punti limite.

Un insieme aperto è *connesso* se per ogni coppia di punti $\mathbf{x}, \mathbf{y} \in A$ esiste una curva regolare che li connette, interamente contenuta in A. Gli insiemi *aperti* e *connessi* si chiamano *domini*, per i quali useremo preferibilmente la lettera Ω.

Se $U \subset A$, diciamo che U è *denso in A* se $\overline{U} = \overline{A}$. Questo significa che se $\mathbf{x} \in A$, esiste una successione $\{\mathbf{x}_k\} \subset U$ tale che $\mathbf{x}_k \to \mathbf{x}$, per $k \to \infty$.

A è *limitato* se esiste una sfera $B_r(\mathbf{0})$ che lo contiene.

La categoria degl insiemi *compatti* è particolarmente importante. Si dice che una famiglia $\mathcal{F}$ di *aperti* è una *copertura* di un insieme $E \subset \mathbb{R}^n$ se E è contenuto nell'unione degli elementi di $\mathcal{F}$. Un insieme si dice *compatto* se ogni copertura $\mathcal{F}$ di E contiene una sottofamiglia di un numero finito di elementi, che sia ancora una copertura di E. In $\mathbb{R}^n$, gli insiemi compatti sono tutti e soli gli insiemi*chiusi e limitati*. Se $\overline{A}_0$ è compatto e contenuto in A, si scrive $A_0 \subset\subset A$ e si dice che A_0 è *contenuto con compattezza* in A.

---

[2] In generale, $\omega_n = n\pi^{n/2}/\Gamma\left(\frac{1}{2}n + 1\right)$ dove

$$\Gamma(s) = \int_0^{+\infty} t^{s-1} e^{-t} dt$$

è la *funzione Gamma di Eulero*.

Estremo superiore ed inferiore di un insieme di numeri reali

Un insieme $A \subset \mathbb{R}$ è *inferiormente limitato* se esiste un numero K tale che

$$K \leq x \quad \text{per ogni } x \in A. \tag{1.7}$$

Il maggiore tra i numeri K con la proprietà (1.7) è detto *estremo inferiore* di A e si indica con $\inf A$.

Più precisamente, $\lambda = \inf A$ se $\lambda \leq x$ per ogni $x \in A$ e se, per ogni $\varepsilon > 0$, possiamo trovare $\bar{x} \in A$ tale che $\bar{x} < \lambda + \varepsilon$. Se $\inf A \in A$, allora $\inf A$ è il *minimo di A*, che si indica con $\min A$.

Analogamente, un insieme $A \subset \mathbb{R}$ è *superiormente limitato* se esiste un numero K tale che

$$x \leq K \quad \text{per ogni } x \in A. \tag{1.8}$$

Il minore tra i numeri K con la proprietà (1.8) è detto *estremo superiore* di A e si indica con $\sup A$.

Più precisamente, $\Lambda = \sup A$ se $\Lambda \geq x$ per ogni $x \in A$ e se, per ogni $\varepsilon > 0$, possiamo trovare $\bar{x} \in A$ tale che $\bar{x} > \Lambda - \varepsilon$. Se $\sup A \in A$, allora $\sup A$ è il *massimo di A*, che si indica con $\max A$.

Funzioni

Sia $A \subseteq \mathbb{R}$ e $u : A \to \mathbb{R}^n$ una funzione reale definita in A. Diciamo che u è *continua* in $\mathbf{x} \in A$ se $u(\mathbf{y}) \to u(\mathbf{x})$ per $\mathbf{y} \to \mathbf{x}$. Se u è continua in ogni punto di A, diciamo che u è continua in A. L'insieme delle funzioni continue in A si indica col simbolo $C(A)$.

Il *supporto* di una funzione continua in A, è (l'intersezione di A con) *la chiusura dell'insieme dei punti in cui è diversa da zero*. Si dice che $u \in C(A)$ è a *supporto compatto* se è nulla fuori da un compatto contenuto in A. L'insieme di queste funzioni si indica con $C_0(A)$.

Il simbolo χ_A indica la *funzione caratteristica di A*: $\chi_A = 1$ in A e $\chi_A = 0$ in $\mathbb{R}^n \setminus A$.

Diciamo che u è *inferiormente* (risp. *superiormente*) *limitata* in A se l'immagine

$$u(A) = \{y \in \mathbb{R}, \, y = u(\mathbf{x}) \text{ per qualche } \mathbf{x} \in A\}$$

è *inferiormente* (risp. *superiormente*) *limitata*. L'*estremo inferiore* (risp. *superiore*) di u in A è l'estremo inferiore (risp. superiore) di $u(A)$ e si indica col simbolo

$$\inf_{\mathbf{x} \in A} u(\mathbf{x}) \quad (\text{risp. } \sup_{\mathbf{x} \in A} u(\mathbf{x})).$$

Se Ω è limitato e $u \in C(\overline{\Omega})$ allora esistono il *massimo* ed il *minimo globali* di u (Teorema di Weierstrass).

Useremo uno dei simboli $u_{x_j}, \partial_{x_j} u, \dfrac{\partial u}{\partial x_j}$ per indicare le derivate parziali prime di u, e ∇u oppure $\mathrm{grad}\, u$ per il *gradiente* di u. Coerentemente, per le derivate di ordine più elevato useremo le notazioni $u_{x_j x_k}, \partial_{x_j x_k} u, \dfrac{\partial^2 u}{\partial x_j \partial x_k}$ e così via.

Diciamo che u è *di classe* $C^k(\Omega)$, $k \geq 1$, se u è derivabile con continuità in Ω, fino all'ordine k incluso. L'insieme delle funzioni derivabili con continuità in Ω fino a qualunque ordine si indica con $C^\infty(\Omega)$.

Se $u \in C^1(\Omega)$ allora u è differenziabile in Ω e possiamo scrivere, per $\mathbf{x} \in \Omega$ e $\mathbf{h} \in \mathbb{R}^n$:

$$u(\mathbf{x} + \mathbf{h}) - u(\mathbf{x}) = \nabla u(\mathbf{x}) \cdot \mathbf{h} + o(\mathbf{h}),$$

dove il simbolo $o(\mathbf{h})$, che si legge "*o piccolo di* $\mathbf{h}$" denota una quantità tale che $o(\mathbf{h})/|\mathbf{h}| \to 0$ per $|\mathbf{h}| \to 0$.

Il simbolo $C^k(\overline{\Omega})$ denota l'insieme delle funzioni appartenenti a $C^k(\Omega)$ le cui derivate fino all'ordine k incluso, possono essere estese con continuità fino a $\partial\Omega$.

Integrali
Fino al Capitolo 5 incluso, gli integrali possono essere intesi nel senso di Riemann (proprio o improprio). Una breve introduzione alla misura e all'integrale di Lebesgue si può trovare nel Capitolo 7.

Convergenza uniforme
Una serie $\sum_{m=1}^\infty u_m$, dove $u_m : \Omega \subseteq \mathbb{R}^n \to \mathbb{R}$, si dice *uniformemente convergente in* Ω, con *somma* u, se, posto $S_N = \sum_{m=1}^N u_m$, si ha

$$\sup_{\mathbf{x} \in \Omega} |S_N(\mathbf{x}) - u(\mathbf{x})| \to 0 \text{ se } N \to \infty.$$

Test di Weierstrass. Sia $|u_m(\mathbf{x})| \leq a_m$, per ogni $m \geq 1$ e $\mathbf{x} \in \Omega$. Se la serie numerica $\sum_{m=1}^\infty a_m$ è convergente, allora $\sum_{m=1}^\infty u_m$ converge assolutamente e uniformemente in Ω.

Limiti e serie. Sia $\sum_{m=1}^\infty u_m$ uniformemente convergente in Ω. Se u_m è continua in $\mathbf{x}_0$ per ogni $m \geq 1$, allora la somma u è continua in $\mathbf{x}_0$ e

$$\lim_{\mathbf{x} \to \mathbf{x}_0} \sum_{m=1}^\infty u_m(\mathbf{x}) = \sum_{m=1}^\infty u_m(\mathbf{x}_0).$$

Integrazione per serie. Sia $\sum_{m=1}^\infty u_m$ uniformemente convergente in Ω. Se Ω è limitato e u_m è integrabile in Ω per ogni $m \geq 1$, allora:

$$\int_\Omega \sum_{m=1}^\infty u_m = \sum_{m=1}^\infty \int_\Omega u_m.$$

Derivazione per serie. Sia Ω limitato e $u_m \in C^1(\overline{\Omega})$ per ogni $m \geq 1$. Se la serie $\sum_{m=1}^\infty u_m(\mathbf{x}_0)$ è convergente in almeno un punto $\mathbf{x}_0 \in \Omega$ e le serie $\sum_{m=1}^\infty \partial_{x_j} u_m$ sono uniformemente convergenti in $\overline{\Omega}$ per ogni $j = 1, \ldots, n$, allora $\sum_{m=1}^\infty u_m$ converge uniformemente in $\overline{\Omega}$, con somma $u \in C^1(\overline{\Omega})$ e

$$\partial_{x_j} \sum_{m=1}^\infty u_m(\mathbf{x}) = \sum_{m=1}^\infty \partial_{x_j} u_m(\mathbf{x}) \qquad (j = 1, \ldots, n).$$

1.5 Formule di integrazione per parti

Richiamiamo in questa sezione alcune formule di integrazione, fondamentali per il seguito. Il dominio di integrazione è tipicamente un dominio limitato e *regolare* $\Omega \subset \mathbb{R}^n$ $(n = 2,3)$. Con ciò si intende un dominio la cui frontiera $\partial\Omega$ è una superficie chiusa (curva chiusa in $n = 2$) che ammette piano (retta) tangente che varia con continuità. In particolare sono ben definiti i versori normali, esterno ed interno, in ogni punto di $\partial\Omega$, anch'essi variabili con continuità. Denoteremo con $\boldsymbol{\nu}$ il *versore normale esterno* a $\partial\Omega$.

Sia ora
$$\mathbf{F} = (F_1, F_2, ..., F_n) : \Omega \to \mathbb{R}^n,$$
un campo vettoriale di classe $C^1\left(\overline{\Omega}\right)$. Vale la **formula di Gauss** o della divergenza:
$$\int_\Omega \operatorname{div} \mathbf{F} \, d\mathbf{x} = \int_{\partial\Omega} \mathbf{F} \cdot \boldsymbol{\nu} \, d\sigma, \tag{1.9}$$
dove $\operatorname{div} \mathbf{F} = \sum_{j=1}^n \partial_{x_j} F_j$ e $d\sigma$ è la misura di superficie $(n = 3)$ o di lunghezza $(n = 2)$ su $\partial\Omega$.

Dalla (1.9) si possono dedurre alcune formule notevoli. Applicando (1.9) a $v\mathbf{F}$, con $v \in C^1\left(\overline{\Omega}\right)$, e ricordando l'identità
$$\operatorname{div}(v\mathbf{F}) = v \operatorname{div}\mathbf{F} + \nabla v \cdot \mathbf{F},$$
otteniamo la seguente formula di **integrazione per parti**:
$$\int_\Omega v \operatorname{div} \mathbf{F} \, d\mathbf{x} = \int_{\partial\Omega} v\mathbf{F} \cdot \boldsymbol{\nu} \, d\sigma - \int_\Omega \nabla v \cdot \mathbf{F} \, d\mathbf{x}. \tag{1.10}$$
Scegliendo $\mathbf{F} = \nabla u$, $u \in C^2\left(\Omega\right) \cap C^1\left(\overline{\Omega}\right)$, poiché $\operatorname{div}\nabla u = \Delta u$ e $\nabla u \cdot \boldsymbol{\nu} = \partial_\nu u$, si ricava la seguente **identità di Green**:
$$\int_\Omega v\Delta u \, d\mathbf{x} = \int_{\partial\Omega} v\partial_\nu u \, d\sigma - \int_\Omega \nabla v \cdot \nabla u \, d\mathbf{x}. \tag{1.11}$$
In particolare, la scelta $v \equiv 1$ dà
$$\int_\Omega \Delta u \, d\mathbf{x} = \int_{\partial\Omega} \partial_\nu u \, d\sigma. \tag{1.12}$$
Se anche $v \in C^2\left(\Omega\right) \cap C^1\left(\overline{\Omega}\right)$, scambiando i ruoli di u e v nella (1.11) e sottraendo membro a membro, deduciamo una seconda **identità di Green**:
$$\int_\Omega (v\Delta u - u\Delta v) \, d\mathbf{x} = \int_{\partial\Omega} (v\partial_\nu u - u\partial_\nu v) \, d\sigma. \tag{1.13}$$

In una gran parte delle applicazioni i domini rilevanti sono rettangoli, prismi, coni, cilindri o loro unioni. Molto importanti per esempio sono i domini ottenuti con procedure di triangolazione di domini regolari nei metodi di approssimazione numerica. Le formule precedenti continuano a valere in domini di questo tipo. Intuitivamente ciò si spiega osservando che i punti in cui la frontiera non ammette piano o retta tangenti costituiscono insiemi di area $(n = 3)$ o di lunghezza $(n = 2)$ nulla.

1.6 Metodi astratti e formulazione variazionale

Il classico approccio ai problemi legati ad equazioni a derivate parziali è quello di dimostrare teoremi che mettano in luce le principali proprietà qualitative delle soluzioni, in modo da giustificare la buona posizione dei problemi considerati.

Tuttavia, questi obiettivi contrastano in certo modo con uno dei ruoli più importanti della matematica moderna, che consiste nel raggiungere una visione unificata di una vasta classe di problemi, evidenziandone una struttura comune, capace non solo di accrescere la comprensione teorica ma anche di fornire la flessibilità necessaria allo sviluppo dei metodi numerici usati nel calcolo approssimato delle soluzioni.

Questo salto concettuale richiede un cambio di prospettiva, basato sull'introduzione di metodi astratti, originati storicamente da vani tentativi di risolvere alcuni fondamentali problemi (per es. in elettrostatica) alla fine del XIX secolo. Il nuovo livello di conoscenza apre la porta alla soluzione di numerosi problemi complessi della tecnologia moderna.

I metodi astratti, in cui si fondono aspetti analitici e geometrici, costituiscono il nocciolo di un settore della matematica, noto come Analisi Funzionale.

Per capire lo sviluppo della teoria, può essere utile esaminare in modo informale come hanno origine le idee fondamentali, lavorando su un esempio specifico.

Consideriamo la posizione di equilibrio di una membrana elastica, perfettamente flessibile, avente la forma di un quadrato Ω, soggetta ad un carico esterno f (forza per unità di massa) e mantenuta a livello zero su $\partial\Omega$.

Poiché il problema è stazionario, la posizione della membrana è descritta da una funzione $u = u(\mathbf{x})$, soluzione del problema (di Dirichlet)

$$\begin{cases} -\Delta u = f & \text{in } \Omega \\ u = 0 & \text{su } \partial\Omega. \end{cases} \tag{1.14}$$

Supponiamo ora di voler riformulare il problema (1.14) in una forma che permetterà di ammettere soluzioni anche meno "classiche". Procedendo formalmente, moltiplichiamo l'equazione $-\Delta u = f$ per una funzione regolare (che chiameremo funzione test) che si annulla su $\partial\Omega$ ed integriamo su Ω. Si ottiene:

$$\int_\Omega \nabla u \cdot \nabla v \, d\mathbf{x} = \int_\Omega fv \, d\mathbf{x} \qquad \forall v \text{ test}, \tag{1.15}$$

che costituisce la cosiddetta *formulazione variazionale* del problema (1.14). Questa equazione ha un'interessante interpretazione fisica. L'integrale a primo membro rappresenta il lavoro compiuto dalle forze elastiche interne, dovuto ad uno *spostamento virtuale* v. D'altra parte, $\int_\Omega fv \, d\mathbf{x}$ esprime il lavoro compiuto dalla forze esterne per lo spostamento v. La soluzione di (1.15) costituirà quella che si dice *soluzione variazionale* di (1.14).

La formulazione variazionale (1.15) stabilisce il bilancio tra questi due lavori e costituisce una versione del *principio dei lavori virtuali*.

C'è di più se entra in gioco l'energia. Infatti, *l'energia potenziale totale* è proporzionale a

$$E\left(v\right) = \underbrace{\frac{1}{2}\int_{\Omega}|\nabla v|^2\,d\mathbf{x}}_{\text{energia elastica interna}} - \underbrace{\int_{\Omega} fv\,d\mathbf{x}}_{\text{energia potenziale esterna}}. \qquad (1.16)$$

Poiché la natura tende a risparmiare energia, la posizione di equilibrio u è quella che minimizza (1.16) rispetto a tutte le configurazioni *ammissibili v*. Questo fatto è strettamente connesso al principio dei lavori virtuali ed in realtà vedremo che è equivalente ad esso (si veda la Sezione 7.4).

Pertanto, cambiando punto di vista, invece di cercare una soluzione della (1.15) possiamo, equivalentemente, cercare una minimizzante di (1.16).

Osserviamo tuttavia che quando si cerca il minimo di una funzione o di un funzionale occorre "scegliere bene" l'ambiente nel quale si cercano i punti di minimo. Per esempio, se cerchiamo il minimo della funzione

$$f\left(x\right) = \left(x - \pi\right)^2$$

e ci limitiamo a considerare i razionali, è ovvio che il minimo non esiste ed è altrettanto chiaro che l'ambiente giusto è piuttosto quello dei reali. Analogamente, per il funzionale (1.16), si vede che è naturale richiedere che *il gradiente di u sia a quadrato integrabile*. L'insieme delle funzioni cui dovrà appartenere una minimizzante di (1.16) risulta pertanto essere il cosiddetto *Spazio di Sobolev* $H_0^1\left(\Omega\right)$, i cui elementi sono esattamente le funzioni *a quadrato integrabile* in Ω, insieme con le loro derivate prime, che si annullano su $\partial\Omega$. Visto il significato fisico di $E\left(v\right)$, che rappresenta un'energia, potremmo chiamarle funzioni *ad energia finita*!

Anche da un punto di vista più teorico lo spazio $H_0^1\left(\Omega\right)$ è speciale. È qui, infatti, che la fusione tra aspetti geometrici ed analitici entra in gioco. Prima di tutto, sebbene $H_0^1\left(\Omega\right)$ sia uno spazio vettoriale *infinito-dimensionale*, possiamo dotarlo di una struttura che riflette il più possibile quella di uno spazio *finito-dimensionale* come $\mathbb{R}^n$, dove la vita è ovviamente più serena.

A questi concetti di base dell'Analisi Funzionale è dedicato il Capitolo 7, mentre nei Capitolo 8 e 9 verranno trattate le formulazioni variazionali di numerosi problemi.

1.7 Cenni all'approssimazione numerica

Come già osservato, la sezione finale di ogni capitolo presenta un cenno ai metodi numerici per l'approssimazione dei modelli presentati e la discussione di alcune simulazioni che ne derivano.

Questo contributo ha un duplice scopo, didattico ed applicativo. In primo luogo vuole aiutare il lettore nella comprensione delle equazioni presentate, visualizzando efficacemente le soluzioni significative e le loro proprietà, studiate nella precedente analisi teorica. In secondo luogo, fornisce le minime nozioni per definire e implementare autonomamente un metodo di approssimazione numerica del modello in esame. Ciò permetterà al lettore di applicare i modelli studiati anche oltre i limiti entro i quali è possibile una soluzione tramite metodi puramente analitici. Per fornire una traccia di questo processo, alcune applicazioni verranno effettivamente affrontate e discusse, come ad esempio i modelli di traffico su strada (Capitolo 2), l'evoluzione della concentrazione di una soluzione chimica (Capitolo 3), la deformazione di una membrana elastica (Capitolo 4) o la formazione di pattern sul mantello di animali (Capitolo 5).

Attraverso questa collezione di esempi, verranno brevemente trattate due importanti famiglie di metodi per l'approssimazione delle equazioni alle derivate parziali, ovvero gli schemi alle differenze finite ed il metodo degli elementi finiti.

Gli argomenti presentati nella prima parte del testo, dal Capitolo 2 al 6, si prestano ad essere trattati attraverso il metodo delle differenze finite, che mira a discretizzare la formulazione classica dei problemi differenziali in esame. Verranno analizzati schemi per la discretizzazione della dipendenza sia temporale che spaziale, nel caso di una o più dimensioni.

Il metodo degli elementi finiti o più in generale la famiglia dei metodi di Galerkin sono invece visti come parte integrante dei Capitoli 7, 8, 9. Tali metodi mirano infatti alla discretizzazione della formulazione variazionale di opportune equazioni a derivate parziali. In questi capitoli, il ricorso ai metodi di approssimazione numerica servirà a mettere in luce i vantaggi e la maggiore generalità di questo approccio rispetto alla formulazione classica.

Vogliamo infine sottolineare che la presenza delle sezioni relative ai metodi numerici all'interno di ciascun capitolo non è sufficiente per esaurire le nozioni necessarie all'approssimazione numerica delle equazioni a derivate parziali. Infatti, la fondamentale discussione delle proprietà di consistenza, stabilità e convergenza dei metodi in esame è brevemente affrontata solo nell'Appendice C. Per tutti i necessari approfondimenti il lettore è indirizzato di volta in volta verso le trattazioni specifiche indicate nella bibliografia.

2

Leggi di conservazione ed equazioni del prim'ordine

2.1 Leggi di conservazione

In questo capitolo esaminiamo equazioni a derivate parziali del prim'ordine del tipo

$$u_t + q\left(u\right)_x = 0, \qquad x \in \mathbb{R}, t > 0. \tag{2.1}$$

In generale, $u = u\left(x, t\right)$ rappresenta la *densità o concentrazione di una quantità fisica* Q e $q\left(u\right)$ è la sua *funzione flusso*[1]. La (2.1) costituisce una relazione tra densità e flusso e prende il nome di **legge di conservazione**, per il seguente motivo. Se consideriamo un intervallo arbitrario $[x_1, x_2]$, l'integrale

$$\int_{x_1}^{x_2} u\left(x, t\right) dx$$

rappresenta la quantità presente tra x_1 e x_2 al tempo t. Una *legge di conservazione* esprime il fatto che, senza intervento esterno (aggiunta o sottrazione di Q), la velocità di variazione di Q all'interno di $[x_1, x_2]$ è determinata dal flusso netto attraverso gli estremi dell'intervallo. Se il flusso è modellato da una funzione $q = q\left(u\right)$, la legge di conservazione si esprime mediante l'equazione

$$\frac{d}{dt} \int_{x_1}^{x_2} u\left(x, t\right) dx = -q\left(u\left(x_2, t\right)\right) + q\left(u\left(x_1, t\right)\right), \tag{2.2}$$

dove assumiamo che $q > 0$ ($q < 0$) se il flusso avviene nella direzione positiva (negativa) dell'asse x. In ipotesi di regolarità di u e q, la (2.2) si può riscrivere nella forma

$$\int_{x_1}^{x_2} \left[u_t\left(x, t\right) + q\left(u\left(x, t\right)\right)_x\right] dx = 0,$$

che implica la (2.1), in virtù dell'arbitrarietà dell'intervallo $[x_1, x_2]$.

La (2.1) appare in molti fenomeni di fluidodinamica unidimensionale e spesso sta alla base della formazione e propagazione delle cosiddette *onde d'urto* (*shock*

---

[1] Le dimensioni di q sono $[massa] \times [tempo]^{-1}$.

Salsa S, Vegni FMG, Zaretti A, Zunino P: Invito alle equazioni alle derivate parziali.
© Springer-Verlag Italia 2009, Milano

waves). Queste ultime sono curve lungo le quali la soluzione presenta *discontinuità a salto* e si pone quindi il problema di interpretare l'equazione (2.1) in modo da consentire ad una funzione discontinua di essere soluzione.

Un tipico problema associato alla (2.1) è quello *ai valori iniziali*:

$$\begin{cases} u_t + q\left(u\right)_x = 0 \\ u\left(x,0\right) = g\left(x\right), \end{cases} \tag{2.3}$$

dove $x \in \mathbb{R}$. Se x varia in un intervallo semi-infinito o finito, per avere un problema ben posto, occorre aggiungere opportune condizioni al bordo, come vedremo più avanti.

Per procedere nell'analisi del modello, occorre decidere con che tipo di funzione flusso abbiamo a che fare o, in altri termini, *stabilire una legge costitutiva per q*. Ma vediamo subito un semplice esempio.

Inquinante in un canale

Esaminiamo un modello di trasporto e diffusione di una sostanza inquinante lungo un canale con corrente di velocità v, *costante*, lungo la direzione positiva dell'asse x. Implicitamente stiamo trascurando la profondità (pensando che l'inquinante galleggi) e la dimensione trasversale del canale (pensando ad un canale molto stretto).

Vogliamo derivare un modello matematico, capace di descrivere l'evoluzione della concentrazione $c = c\left(x,t\right)$ della sostanza. Le dimensioni fisiche di c sono $[massa] \times [lunghezza]^{-1}$ per cui $c\left(x,t\right)dx$ rappresenta la massa presente al tempo t nell'intervallo $[x, x + dx]$ di lunghezza infinitesima (Figura 2.1). Coerentemente, l'integrale

$$\int_x^{x+\Delta x} c\left(y,t\right)dy \tag{2.4}$$

rappresenta la massa presente al tempo t nell'intervallo $[x, x + \Delta x]$. Per costruire un modello matematico che descriva l'evoluzione di c ricorriamo alle leggi generali di bilancio e/o conservazione. Nel caso presente, in assenza di sorgenti esogene (aggiunta o sottrazione di massa) vige il principio di **conservazione della massa**: *il tasso di variazione dela massa contenuta in un intervallo $[x, x + \Delta x]$ uguaglia il flusso netto di massa attraverso gli estremi.*

Ricordando la (2.4), il tasso di variazione della massa che si trova nell'intervallo $[x, x + \Delta x]$ è dato da[2]

$$\frac{d}{dt}\int_x^{x+\Delta x} c\left(y,t\right)dy = \int_x^{x+\Delta x} c_t\left(y,t\right)dy \tag{2.5}$$

ed ha segno positivo (negativo) se entra più (meno) massa di quanta ne esca.

---

[2] Presumendo di poter effettuare la derivazione sotto il segno di integrale.

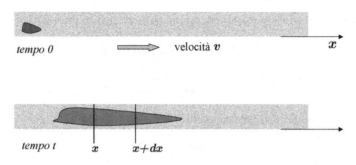

Figura 2.1. Trasporto di inquinante

Indichiamo con $q = q(x, t)$ il flusso di massa che *entra* nell'intervallo $[x, x + \Delta x]$ attraverso il punto x al tempo t. Le dimensioni fisiche di q sono $[massa] \times [tempo]^{-1}$. Il flusso netto di massa agli estremi dell'intervallo è dato da

$$q(x, t) - q(x + \Delta x, t). \tag{2.6}$$

Uguagliando (2.5) e (2.6), la legge di conservazione della massa si scrive

$$\int_x^{x+\Delta x} c_t(y, t)\, dy = q(x, t) - q(x + \Delta x, t).$$

Dividendo per Δx e passando al limite per $\Delta x \to 0$, si trova

$$c_t = -q_x. \tag{2.7}$$

A questo punto dobbiamo decidere con che tipo di flusso di massa abbiamo a che fare o, in altri termini, *stabilire una legge costitutiva per q*. Vi sono varie possibilità, tra cui:

a) *Convezione o trasporto.* Il flusso è determinato dalla sola corrente d'acqua, come se l'inquinante formasse una macchia che viene trasportata dal fluido, senza deformarsi o espandersi. In tal caso è ragionevole supporre che

$$q(x, t) = v c(x, t),$$

dove, ricordiamo, v indica la velocità (costante) della corrente.

b) *Diffusione.* Il flusso è proporzionale al gradiente di concentrazione. La legge che ne risulta prende il nome di *legge di Fick*:

$$q(x, t) = -D c_x(x, t),$$

dove D è una costante che dipende dalla sostanza e ha le dimensioni $[lunghezza]^2 \times [tempo]^{-1}$. L'idea è che la sostanza si espanda in zone da alta a bassa concentrazione, da cui il segno meno nell'espressione di q.

Se trasporto e diffusione sono entrambe presenti, sovrapponiamo i due effetti scrivendo

$$q(x,t) = vc(x,t) - Dc_x(x,t).$$

Dalla (3.50) deduciamo

$$c_t = Dc_{xx} - vc_x. \tag{2.8}$$

Nota 2.1. Se v e D *non* fossero costanti, la (3.51) diventerebbe

$$c_t = (Dc)_x - (vc)_x. \tag{2.9}$$

2.2 Equazione lineare del trasporto

2.2.1 Assenza di sorgenti

In questa sezione esaminiamo il caso del puro trasporto ($D = 0$), partendo dal caso lineare.

Sempre in riferimento al modellino dell'inquinante, ci proponiamo di studiare l'evoluzione della concentrazione c conoscendone il profilo iniziale, sotto l'ipotesi di assenza di diffusione. Precisamente, vogliamo risolvere l'equazione

$$c_t + vc_x = 0 \qquad (v > 0) \tag{2.10}$$

con la condizione iniziale

$$c(x,0) = g(x). \tag{2.11}$$

Introducendo il vettore

$$\mathbf{v} = v\mathbf{i} + \mathbf{j}$$

la (2.10) si può scrivere come

$$vc_x + c_t = \nabla c \cdot \mathbf{v} = 0$$

evidenziando la perpendicolarità del gradiente di c e del vettore $\mathbf{v}$. Ma ∇c è ortogonale alle linee di livello di c, lungo le quali c è costante. Le linee di livello di c sono perciò le rette parallele a $\mathbf{v}$, di equazione

$$x = vt + x_0.$$

Tali rette si chiamano **caratteristiche** (Figura 2.2). Il calcolo della soluzione in un punto generico $(\bar{x}, \bar{t})$, $\bar{t} > 0$ è ora molto semplice. Sia $x = vt + x_0$ l'equazione della caratteristica che passa per $(\bar{x}, \bar{t})$. Retrocediamo lungo tale retta dal punto $(\bar{x}, \bar{t})$ fino al punto $(x_0, 0)$ nel quale essa interseca l'asse x. Poichè c è costante lungo la caratteristica, deve essere

$$c(\bar{x}, \bar{t}) = g(x_0) = g(\bar{x} - v\bar{t}).$$

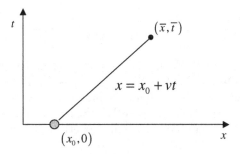

Figura 2.2. Caratteristica per il problema di trasporto lineare

Pertanto, se $g \in C^1(\mathbb{R})$, la soluzione del problema di Cauchy (2.10), (2.11) è data da

$$c(x,t) = g(x - vt). \tag{2.12}$$

La (2.12) rappresenta *un'onda progressiva che si muove con velocità* v, nella direzione positiva dell'asse x. In Figura 2.3, un profilo iniziale di concentrazione

$$g(x) = \sin(\pi x)\, \chi_{[0,1]}(x)$$

è *trasportato* nel piano x, t lungo le rette $x + t =$ costante, cioè con velocità unitaria $v = 1$.

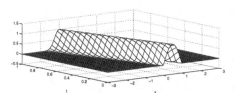

Figura 2.3. Onda progressiva

2.2.2 Sorgente distribuita

Consideriamo ora la presenza di una *sorgente* (o *pozzo*) di inquinante distribuita lungo il canale, di *intensità* $f = f(x,t)$. La funzione f ha le dimensioni di concentrazione per unità di tempo. Invece della (2.2) abbiamo

$$\frac{d}{dt} \int_{x_1}^{x_2} c(x,t)\, dx = -q(c(x_2,t)) + q(c(x_1,t)) + \int_{x_1}^{x_2} f(x,t)\, dx$$

e, con calcoli analoghi ai precedenti, il nostro modello diventa

$$c_t + vc_x = f(x,t) \tag{2.13}$$

con la condizione iniziale

$$c(x, 0) = g(x).\tag{2.14}$$

Anche in questo caso, il calcolo della soluzione u in un punto generico $(\bar{x}, \bar{t})$ non presenta particolari difficoltà. Sia $x = x_0 + vt$ l'equazione della caratteristica passante per $(\bar{x}, \bar{t})$. Calcoliamo u lungo questa caratteristica ponendo $w(t) = c(x_0 + vt, t)$. Usando (2.13), w è la soluzione dell'equazione *differenziale ordinaria* (il punto indica la differenziazione rispetto al tempo)

$$\dot{w}(t) = vc_x(x_0 + vt, t) + c_t(x_0 + vt, t) = f(x_0 + vt, t),$$

con la condizione iniziale

$$w(0) = g(x_0).$$

Integrando tra 0 e t si trova

$$w(t) = g(x_0) + \int_0^t f(x_0 + vs, s)\, ds.$$

Ponendo $t = \bar{t}$ e ricordando che $x_0 = \bar{x} - v\bar{t}$, otteniamo

$$c(\bar{x}, \bar{t}) = w(\bar{t}) = g(\bar{x} - v\bar{t}) + \int_0^{\bar{t}} f(\bar{x} - v(\bar{t} - s), s)\, ds.\tag{2.15}$$

Poiché $(\bar{x}, \bar{t})$ è arbitrario, se g e f sono sufficientemente regolari, la (2.15) fornisce l'espressione della soluzione.

Microteorema 2.1. *Siano $g \in C^1(\mathbb{R})$ ed $f, f_x \in C(\mathbb{R} \times [0, +\infty))$. La soluzione del problema di Cauchy (2.13), (2.14) è data dalla formula*

$$c(x, t) = w(t) = g(x - vt) + \int_0^t f(x - v(t - s), s)\, ds.\tag{2.16}$$

Esempio 2.1. La soluzione del problema

$$\begin{cases} c_t + vc_x = e^{-t} \sin x & x \in \mathbb{R}, \ t > 0 \\ c(x, 0) = 0 & x \in \mathbb{R} \end{cases}$$

è data da

$$c(x, t) = \int_0^t e^{-s} \sin(x - v(t - s))\, ds$$

$$= \frac{1}{1 + v^2} \left\{ -e^{-t}(\sin x + v \cos x) + [\sin(x - vt) + v \cos(x - vt)] \right\}.$$

2.2.3 Estinzione e sorgente localizzata

Supponiamo che l'inquinante si *estingua* per *decomposizione batteriologica* ad un tasso

$$r(x,t) = -\gamma c(x,t) \qquad \gamma > 0.$$

Il modello matematico è allora, in assenza di diffusione ($D = 0$) e di sorgenti esterne,

$$c_t + vc_x = -\gamma c,$$

con la condizione iniziale

$$c(x,0) = g(x).$$

Se poniamo

$$u(x,t) = c(x,t) e^{\frac{\gamma}{v}x}, \tag{2.17}$$

abbiamo

$$u_x = \left(c_x + \frac{\gamma}{v}c\right) e^{\frac{\gamma}{v}x} \quad e \quad u_t = c_t e^{\frac{\gamma}{v}x}$$

e quindi l'equazione per u è

$$u_t + vu_x = 0,$$

con condizione iniziale

$$u(x,0) = g(x) e^{\frac{\gamma}{v}x}.$$

Dal Microteorema 2.1 abbiamo

$$u(x,t) = g(x-vt) e^{\frac{\gamma}{v}(x-vt)}$$

e dalla (2.17):

$$c(x,t) = g(x-vt) e^{-\gamma t},$$

che rappresente *un'onda progressiva smorzata*.

Esaminiamo ora l'effetto di una sorgente d'inquinante posta in un dato punto del canale, per esempio in $x = 0$. Tipicamente, si può pensare ad acque di rifiuto in impianti industriali. Prima che l'impianto funzioni, per esempio prima dell'istante $t = 0$, il fiume sia pulito. Vogliamo determinare la concentrazione di inquinante, assumendo *che questa sia mantenuta ad un livello costante $\beta > 0$ in $x = 0$*.

Un modello per la sorgente si ottiene introducendo la funzione di Heaviside

$$\mathcal{H}(t) = \begin{cases} 1 & t \geq 0 \\ 0 & t < 0 \end{cases}$$

con la *condizione al bordo*

$$c(0,t) = \beta \mathcal{H}(t),$$

dove $\mathcal{H}$ è adimensionale, e la condizione iniziale

$$c(x,0) = 0 \qquad \text{per } x > 0.$$

Come prima, poniamo $u(x,t) = c(x,t)\,e^{\frac{\gamma}{v}x}$, che è soluzione di $u_t + vu_x = 0$ con le condizioni:

$$u(x,0) = c(x,0)\,e^{\frac{\gamma}{v}x} = 0 \qquad x > 0$$
$$u(0,t) = c(0,t) = \beta\mathcal{H}(t) \qquad t > 0.$$

Poiché u è costante lungo le caratteristiche, abbiamo ancora una soluzione della forma

$$u(x,t) = u_0(x - vt), \tag{2.18}$$

dove u_0 è da determinarsi usando le condizioni al bordo e la condizione iniziale.

Per calcolare u nel settore $x < vt$, osserviamo che le caratteristiche uscenti da un punto $(0,t)$ sull'asse t trasportano i dati $\beta\mathcal{H}(t)$. Quindi deve essere

$$u_0(-vt) = \beta\mathcal{H}(t).$$

Ponendo $s = -vt$ si ha

$$u_0(s) = \beta\mathcal{H}\left(-\frac{s}{v}\right)$$

e da (2.18)

$$u(x,t) = \beta\mathcal{H}\left(t - \frac{x}{v}\right).$$

Questa formula dà la soluzione anche nel settore

$$x > vt, \quad t > 0,$$

poiché la caratteristiche uscenti dall'asse x trasportano dati *nulli* e quindi deduciamo $u = c = 0$. Ciò significa che l'inquinante non ha ancora raggiunto il punto x al tempo t, se $x > vt$.

Infine, ricordando la (2.17), troviamo

$$c(x,t) = \beta\mathcal{H}\left(t - \frac{x}{v}\right)e^{-\frac{\gamma}{v}x}.$$

Si osservi che in $(0,0)$ c'è una *discontinuità che si trasporta lungo la caratteristica* $x = vt$. La Figura 2.4 mostra la soluzione per $\beta = 3$, $\gamma = 0.7$, $v = 2$.

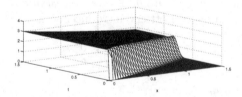

Figura 2.4. Propagazione di una discontinuità

2.2.4 Caratteristiche inflow e outflow

Il problema precedente è un problema nel quadrante $x > 0, t > 0$. Per determinare univocamente la soluzione abbiamo usato, oltre al dato iniziale, un dato sul semiasse positivo $x = 0$, $t > 0$. Il nuovo problema risulta così ben posto. Ciò è dovuto al fatto che, essendo $v > 0$, *all'aumentare del tempo, tutte le caratteristiche trasportano le informazioni* (i dati) *verso l'interno* del quadrante $x > 0, t > 0$. Si dice che la caratteristiche sono **inflow** rispetto al quadrante.

Esaminiamo in generale la situazione per un'equazione del tipo

$$u_t + au_x = 0$$

nel quadrante $x > 0$, $t > 0$, dove a è costante $(a \neq 0)$. Le caratteristiche sono le rette

$$x - at = \text{costante}$$

la cui configurazione è illustrata in Figura 2.5. Si vede che, se $a > 0$, siamo nella situazione dell'inquinante: le caratteristiche **entrano nel dominio** ed occorre **assegnare i dati su entrambi i semiassi**.

Se invece $a < 0$, le caratteristiche che partono dall'asse x **entrano nel dominio** (*inflow characteristics*) mentre quelle che partono dall'asse t **sono uscenti** (*outflow characteristics*). In questo caso i dati iniziali sono sufficienti a determinare il valore della soluzione mentre **non deve essere assegnato il valore su** $x = 0$, $t > 0$.

Se ora abbiamo un problema nella striscia $x \in [0, R]$, $t > 0$, oltre alla condizione iniziale occorre assegnare i dati

$$\begin{cases} u(0,t) = h_0(t) & \text{se } a > 0 \\ u(R,t) = h_R(t) & \text{se } a < 0. \end{cases}$$

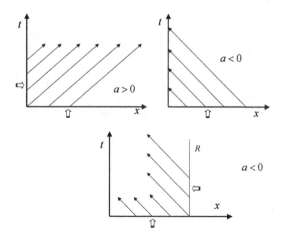

Figura 2.5. Le frecce indicano dove vanno assegnati i dati

Il problema che si ottiene risulta ben posto, in quanto la soluzione è determinata univocamente in ogni punto della striscia dai valori lungo le caratteristiche. La stabilità della soluzione rispetto ai dati segue poi dal seguente semplice calcolo. Per fissare le idee, siano $a > 0$ e u soluzione del problema

$$\begin{cases} u_t + a u_x = 0 & 0 < x < R, t > 0 \\ u(0,t) = h(t) & t > 0 \\ u(x,0) = g(x) & 0 < x < R. \end{cases} \tag{2.19}$$

Moltiplichiamo l'equazione per u e scriviamo

$$u u_t + a u u_x = \frac{1}{2} \frac{d}{dt} u^2 + \frac{a}{2} \frac{d}{dx} u^2 = 0.$$

Integriamo rispetto ad x in $(0, R)$; si trova:

$$\frac{d}{dt} \int_0^R u(x,t)^2 \, dx + a \left[u(R,t)^2 - u(0,t)^2 \right] = 0.$$

Usiamo il dato $u(0,t) = h(t)$ e la positività di a per ottenere

$$\frac{d}{dt} \int_0^R u^2(x,t) \, dx \le a h^2(t).$$

Integrando in t ed usando la condizione iniziale $u(x,0) = g(x)$, si ha

$$\int_0^R u(x,t)^2 \, dx \le \int_0^R g(x)^2 \, dx + a \int_0^t h(s)^2 \, ds. \tag{2.20}$$

Siano ora u_1 e u_2 soluzioni del problema con dati iniziali g_1 e g_2 e dati laterali h_1 e h_2 su $x = 0$. Per la linearità del problema, $w = u_1 - u_2$ è soluzione del problema (2.19) con dato iniziale $g_1 - g_2$ e dato laterale $h_1 - h_2$ su $x = 0$. Applicando la (2.20) a w si trova

$$\int_0^R [u_1(x,t) - u_2(x,t)]^2 \, dx \le \int_0^R (g_1 - g_2)^2 dx + a \int_0^t (h_1 - h_2)^2 ds,$$

che mostra come lo scarto quadratico tra le soluzioni sia controllato da quello tra i dati. In questo senso la soluzione del problema (2.19) dipende con continuità dal dato iniziale e da quello laterale su $x = 0$. Si noti che i valori di u su $x = R$ non intervengono nella (2.20).

2.3 Traffico su strada

2.3.1 Un modello di traffico

Un intenso traffico su un tratto rettilineo di una grande arteria stradale, se osservato da lontano, può essere assimilato al flusso di un fluido descritto per mezzo di variabili macroscopiche come la *densità di auto*[3] ρ, la loro *velocità media* v e il loro *flusso*[4] q. Le tre funzioni ρ, v e q (più o meno regolari) sono legate tra loro dalla semplice relazione convettiva

$$q = v\rho.$$

Per costruire un modello matematico che governi l'evoluzione di ρ adottiamo le seguenti ipotesi.

1. *C'è una sola corsia e non sono permessi sorpassi.* Questo è realistico per esempio per il traffico in un tunnel. Modelli a più corsie con sorpasso consentito sono al di là degli scopi di questa introduzione. Il modello che presentiamo è comunque in accordo con le osservazioni anche in questi casi.

2. *Assenza di "sorgenti" o "pozzi" di auto.* Stiamo cioè assumendo che le auto non possano aumentare o diminuire all'interno del tratto di strada considerato, eccetto che attraverso i caselli di uscita/entrata. Un casello può essere modellato come nel caso della sorgente/pozzo puntiforme di inquinante. Qui considereremo, per semplicità, tratti privi di caselli.

3. *La velocità non è costante e dipende dalla sola densità*, cioè

$$v = v\,(\rho)\,.$$

Questa ipotesi, piuttosto controversa, implica che ogni autista viaggi alla stessa velocità in presenza di una data densità e che, se la densità cambia, la variazione in velocità sia istantanea[5]. Indicando con l'apice la derivata di una funzione rispetto al suo argomento (quando non si tratta del tempo), chiaramente

$$v'\,(\rho) = \frac{dv}{d\rho} \le 0,$$

poiché ci aspettiamo che la velocità decresca al crescere della densità.

Le ipotesi **2** e **3** conducono verso la legge di conservazione:

$$\rho_t + q(\rho)_x = 0,$$

dove

$$q(\rho) = v\,(\rho)\,\rho.$$

Ci serve una legge costitutiva per $v = v\,(\rho)$. Quando ρ è piccola, è ragionevole ritenere che v sia sostanzialmente uguale alla velocità massima consentita v_m. Quando ρ cresce, il traffico rallenta e si arresta alla densità massima ρ_m (quando la distanza tra le auto è minima). Adottiamo il più semplice modello in accordo con queste considerazioni: cioè che v sia proporzionale allo scarto $\rho_m - \rho$. In formule:

$$v\,(\rho) = v_m \left(1 - \frac{\rho}{\rho_m}\right). \tag{2.21}$$

---

[3] Misurata in numero di auto al chilometro.

[4] Auto per unità di tempo.

[5] In particolare non prevediamo la presenza di autisti insonnoliti.

Abbiamo, dunque,

$$q\left(\rho\right) = v_m \rho \left(1 - \frac{\rho}{\rho_m}\right) \qquad (2.22)$$

e

$$q(\rho)_x = q'\left(\rho\right)\rho_x = v_m \left(1 - \frac{2\rho}{\rho_m}\right)\rho_x.$$

Pertanto, l'equazione finale è

$$\rho_t + \underbrace{v_m \left(1 - \frac{2\rho}{\rho_m}\right)}_{q'(\rho)}\rho_x = 0. \qquad (2.23)$$

Questa equazione non è lineare a causa del termine in $\rho\rho_x$ ma è *quasilineare*, in quanto lineare rispetto alle derivate parziali. Notiamo anche che

$$q''\left(\rho\right) = -\frac{2v_m}{\rho_m} < 0$$

e cioè che q è *concava*. All'equazione aggiungiamo la condizione iniziale

$$\rho\left(x, 0\right) = g\left(x\right). \qquad (2.24)$$

2.3.2 Il metodo delle caratteristiche

Vogliamo ora risolvere il problema ai valori iniziali (2.23), (2.24). Per calcolare la densità ρ nel punto (x, t) proviamo ad utilizzare l'idea che ha funzionato nel caso lineare: *connettere il punto (x, t) con un punto $(x_0, 0)$ sull'asse x, portante il dato iniziale, mediante una curva lungo la quale ρ sia costante*. Una curva di questo tipo prende ancora il nome di **caratteristica**, uscente da $(x_0, 0)$.

È chiaro che se si riesce nell'impresa, il valore di ρ nel punto (x, t) coincide con il valore *noto* $\rho(x_0, 0) = g(x_0)$. Se poi il procedimento si può ripetere per ogni punto (x, t), $x \in \mathbb{R}$, $t > 0$, possiamo calcolare ρ in ogni punto ed il problema è risolto. Questo è il *metodo delle caratteristiche*.

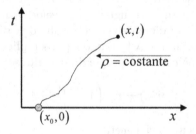

Figura 2.6. Curva caratteristica

L'idea si può esprimere assumendo un atteggiamento "lagrangiano", che rovescia in un certo senso il punto di vista adottato prima: *partiamo dal punto $(x_0, 0)$ e muoviamoci lungo una curva caratteristica, per esempio di equazione $x = x(t)$, in modo da osservare sempre la stessa densità iniziale $g(x_0)$*. In formula, ciò che vogliamo è che

$$\rho(x(t), t) = g(x_0) \qquad (2.25)$$

per ogni $t > 0$. Derivando l'identità (2.25) si ottiene

$$\frac{d}{dt}\rho(x(t), t) = \rho_x(x(t), t) x'(t) + \rho_t(x(t), t) = 0 \qquad (t > 0).$$

D'altra parte, la (2.23) dà

$$\rho_t(x(t), t) + q'(g(x_0))\rho_x(x(t), t) = 0$$

e quindi, sottraendo membro a membro le due ultime equazioni, si ha:

$$\rho_x(x(t), t)[x'(t) - q'(g(x_0))] = 0.$$

Assumendo $\rho_x(x(t), t) \neq 0$, otteniamo l'equazione

$$x'(t) = q'(g(x_0))$$

con la condizione iniziale $x(0) = x_0$.

Integrando, si ottiene

$$x(t) = q'(g(x_0)) t + x_0. \qquad (2.26)$$

Le caratteristiche sono dunque **rette** con pendenza $q'(g(x_0))$ (Figura 2.7). Valori diversi di x_0 danno, in generale, valori diversi di $g(x_0)$. Noto $g(x_0)$, risulta nota la densità lungo la caratteristica uscente da x_0.

Siamo ora in grado di assegnare una formula generale per ρ. Per calcolare $\rho(x, t)$, $t > 0$, si considera la caratteristica che passa per il punto (x, t) e si va indietro nel tempo lungo la caratteristica, fino a determinare il punto $(x_0, 0)$ nel quale essa interseca l'asse x (Figura 2.6; si ha allora $\rho(x, t) = g(x_0)$.

Dalla (2.26) si ricava, essendo $x(t) = x$,

$$x_0 = x - q'(g(x_0)) t,$$

da cui la formula

$$\rho(x, t) = g(x - q'(g(x_0)) t), \qquad (2.27)$$

che rappresenta **un'onda progressiva** *che si muove con velocità $q'(g(x_0))$* nella direzione positiva dell'asse x. Se, dato (x, t), si riesce a calcolare x_0, la (2.27) fornisce il valore di ρ in (x, t). In generale, la (2.27) determina ρ in forma implicita[6]:

$$\rho = g(x - q'(\rho) t).$$

---

[6] Ricordare che $g(x_0) = \rho(x, t)$.

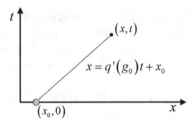

Figura 2.7. Retta caratteristica

Notiamo espressamente che $q'(g(x_0))$ è la *velocità locale dell'onda* e non va confusa con la velocità del traffico. Infatti

$$\frac{dq}{d\rho} = \frac{d(\rho v)}{d\rho} = v + \rho \frac{dv}{d\rho} \leq v$$

essendo $\rho \geq 0$ e $\frac{dv}{d\rho} \leq 0$.

La diversa natura delle due velocità diventa più evidente se si pensa che la velocità locale dell'onda *può anche essere negativa*. Questo significa che, mentre il traffico avanza nella direzione positiva dell'asse x, la perturbazione rappresentata dall'onda progressiva può muoversi in direzione opposta[7]. Nella (2.21), $\frac{dv}{d\rho} < 0$ per $\rho > \frac{\rho_m}{2}$.

La (2.27) sembra essere una formula piuttosto soddisfacente poiché, apparentemente, dà la soluzione del problema (2.23), (2.24) in ogni punto. In realtà un'analisi più precisa mostra che anche se il dato iniziale g è regolare, la soluzione può dare origine a singolarità che rendono inefficace il metodo delle caratteristiche ed inutilizzabile la formula (2.27). Un caso tipico è quello rappresentato in Figura 2.8, in cui due caratteristiche uscenti da punti diversi $(x_1, 0)$ e $(x_2, 0)$ si intersecano in un punto (x, t).

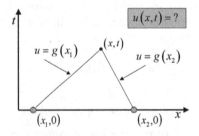

Figura 2.8. Incontro di caratteristiche nella formazione di shock

---

[7] Ciò sarà più chiaro in seguito.

Se $g(x_1) \neq g(x_2)$ il valore in (x, t) non è univocamente determinato, in quanto dovrebbe assumere simultaneamente i valori $g(x_1)$ e $g(x_2)$. In questo caso occorre rivedere il concetto di soluzione e la tecnica di calcolo. Ritorneremo più avanti su questa questione. Cominciamo comunque ad analizzare in dettaglio il metodo delle caratteristiche in qualche caso particolarmente significativo.

2.3.3 Coda al semaforo e onde di rarefazione

Immaginiamo che ad un semaforo rosso, posto in $x = 0$, si è formata una coda, mentre la strada è libera per $x > 0$. Coerentemente, il profilo iniziale della densità è

$$g(x) = \begin{cases} \rho_m & x < 0 \\ 0 & x > 0. \end{cases} \tag{2.28}$$

La scelta di un eventuale valore di g in $x = 0$ non è rilevante.

Supponiamo che al tempo $t = 0$ il semaforo diventi verde. Analizziamo quel che succede. Al verde, il traffico comincia a muoversi: all'inizio, solo le macchine più vicine al semaforo lo superano mentre la maggior parte rimane ferma.

Essendo $q'(\rho) = v_m \left(1 - \frac{2\rho}{\rho_m}\right)$, la velocità locale dell'onda progressiva è data da

$$q'(g(x_0)) = \begin{cases} -v_m & x_0 < 0 \\ v_m & x_0 > 0, \end{cases}$$

per cui le caratteristiche sono le rette

$$x = -v_m t + x_0 \qquad \text{se } x_0 < 0$$
$$x = v_m t + x_0 \qquad \text{se } x_0 > 0.$$

Le rette $x = v_m t$ e $x = -v_m t$ dividono il piano in tre regioni, indicate in Figura 2.9 con R, S e T.

In R si ha $\rho(x, t) = \rho_m$, mentre in T si ha $\rho(x, t) = 0$. Consideriamo i punti sulla retta orizzontale $t = \bar{t}$. Nei punti $(x, \bar{t})$ che si trovano in T la densità è nulla: il traffico non è ancora arrivato in x al tempo $t = \bar{t}$. I punti che si trovano in R

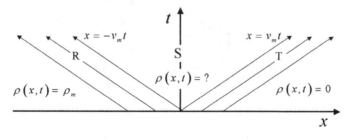

Figura 2.9. Traffico al verde del semaforo

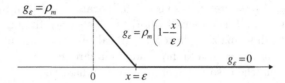

Figura 2.10. Regolarizzazione del dato iniziale nel problema del traffico al semaforo

corrispondono alle auto che all'istante $t = \bar{t}$ non si sono ancora mosse. Nel punto

$$\bar{x} = v_m \bar{t}$$

si trova l'auto in avanguardia, che si muove alla massima velocità, trovandosi davanti la strada completamente libera. Nel punto

$$\bar{x} = -v_m \bar{t}$$

si trova la prima auto che comincia a muoversi all'istante $t = \bar{t}$. Ne segue, in particolare, che *il segnale di via libera si propaga a sinistra con velocità* v_m.

Qual è il valore della densità nel settore S? Nessuna caratteristica entra in S a causa della discontinuità del dato iniziale nell'origine ed il metodo non sembra fornire alcuna informazione sul valore di ρ in S.

Una strategia che potrebbe dare una risposta ragionevole è la seguente:

a) approssimiamo il dato iniziale con una funzione continua g_ε, che converge a g per $\varepsilon \to 0$ in ogni punto x, eccetto $x = 0$;

b) costruiamo la soluzione ρ_ε del problema approssimato col metodo delle caratteristiche;

c) Passiamo al limite per $\varepsilon \to 0$ e controlliamo che il limite di ρ_ε è una soluzione del problema originale.

Naturalmente corriamo il rischio di costruire soluzioni che dipendono dal modo di regolarizzare il dato iniziale, ma per il momento ci accontentiamo di costruire *almeno una* soluzione.

a) Scegliamo come g_ε la funzione seguente (Figura 2.10)

$$g_\varepsilon(x) = \begin{cases} \rho_m & x \leq 0 \\ \rho_m(1 - \dfrac{x}{\varepsilon}) & 0 < x < \varepsilon \\ 0 & x \geq \varepsilon. \end{cases}$$

Osserviamo che se $\varepsilon \to 0$, $g_\varepsilon(x) \to g(x)$ per ogni $x \neq 0$.

b) Le caratteristiche per il problema approssimato sono:

$$
\begin{aligned}
x &= -v_m t + x_0 & & \text{se } x_0 < 0 \\
x &= -v_m \left(1 - 2\frac{x_0}{\varepsilon}\right) t + x_0 & & \text{se } 0 \leq x_0 < \varepsilon \\
x &= v_m t + x_0 & & \text{se } x_0 \geq \varepsilon,
\end{aligned}
$$

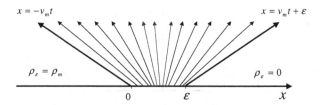

Figura 2.11. Ventaglio di caratteristiche

essendo, per $0 \leq x_0 < \varepsilon$,

$$q'\left(g_\varepsilon\left(x_0\right)\right) = v_m\left(1 - \frac{2g_\varepsilon\left(x_0\right)}{\rho_m}\right) = -v_m\left(1 - 2\frac{x_0}{\varepsilon}\right).$$

Le caratteristiche nella regione $-v_m t < x < v_m t + \varepsilon$ si distribuiscono a ventaglio (*rarefaction fan* (Figura 2.11)).

Abbiamo $\rho_\varepsilon\left(x,t\right) = 0$ per $x \geq v_m t + \varepsilon$ e $\rho_\varepsilon\left(x,t\right) = \rho_m$ per $x \leq -v_m t$. Sia ora (x,t) nella regione

$$-v_m t < x < v_m t + \varepsilon.$$

Ricavando x_0 nell'equazione della caratteristica $x = -v_m\left(1 - 2\frac{x_0}{\varepsilon}\right)t + x_0$, troviamo

$$x_0 = \varepsilon\frac{x + v_m t}{2v_m t + \varepsilon}.$$

Di conseguenza:

$$\rho_\varepsilon\left(x,t\right) = g_\varepsilon\left(x_0\right) = \rho_m(1 - \frac{x_0}{\varepsilon}) = \rho_m\left(1 - \frac{x + v_m t}{2v_m t + \varepsilon}\right). \qquad (2.29)$$

c) Passando al limite per $\varepsilon \to 0$ in (2.29) otteniamo

$$\rho\left(x,t\right) = \begin{cases} \rho_m & \text{per } x \leq -v_m t \\ \dfrac{\rho_m}{2}\left(1 - \dfrac{x}{v_m t}\right) & \text{per } -v_m t < x < v_m t \ . \\ 0 & \text{per } x \geq v_m t \end{cases} \qquad (2.30)$$

È facile verificare che ρ è soluzione dell'equazione (2.23) nelle regioni R, S, T. Per t fissato, la funzione ρ decresce linearmente da ρ_m a 0 quando x varia da $-v_m t$ a $v_m t$.

Inoltre, ρ è costante sul ventaglio di rette

$$x = ht \qquad -v_m < h < v_m.$$

Queste soluzioni prendono il nome di **onde di rarefazione** (**rarefaction waves** oppure **simple waves**), centrate nell'origine.

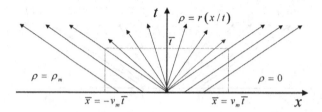

Figura 2.12. Caratteristiche in un'onda di rarefazione

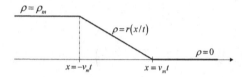

Figura 2.13. Profilo di un'onda di rarefazione al tempo t

La formula per $\rho(x,t)$ nel settore S può essere ottenuta, a posteriori, con una procedura formale, che ne sottolinea la struttura generale. L'equazione delle caratteristiche può essere scritta nella forma

$$x = v_m \left(1 - \frac{2g(x_0)}{\rho_m} \right) t + x_0 = v_m \left(1 - \frac{2\rho(x,t)}{\rho_m} \right) t + x_0,$$

poiché $\rho(x,t) = g(x_0)$. Inserendo $x_0 = 0$ otteniamo

$$x = v_m \left(1 - \frac{2\rho(x,t)}{\rho_m} \right) t.$$

Ricavando ρ si ritrova

$$\rho(x,t) = \frac{\rho_m}{2} \left(1 - \frac{x}{v_m t} \right) \qquad (t > 0). \tag{2.31}$$

Poiché $v_m \left(1 - \frac{2\rho}{\rho_m} \right) = q'(\rho)$, vediamo che (2.31) è equivalente a

$$\rho(x,t) = r \left(\frac{x}{t} \right),$$

dove $r = (q')^{-1}$ è la funzione inversa di q'. Infatti, questa è la forma generale di un'onda di rarefazione (centrata nell'origine) per una legge di conservazione.

Abbiamo costruito una soluzione ρ, continua in tutto il piano, raccordando i due stati costanti ρ_m e 0 (corrispondenti a due onde progressive) con un'onda di rarefazione (Figura 2.13). Si noti, comunque, che non è ancora chiaro in quale senso ρ è soluzione attraverso le rette $x = \pm v_m t$, sulle quali le derivate di ρ hanno una discontinuità a salto. Dobbiamo dedurre che su queste rette l'equazione differenziale non ha senso?

Torneremo in seguito su questa importante questione.

2.3.4 Traffico crescente con x. Onde d'urto e condizione di Rankine-Hugoniot

Supponiamo ora che il dato iniziale sia

$$g(x) = \begin{cases} \frac{1}{8}\rho_m & x < 0 \\ \rho_m & x > 0. \end{cases}$$

In questa configurazione iniziale, per $x > 0$ le auto sono ferme, in quanto la densità è massima. Quelle a sinistra si muoveranno verso destra con velocità $v = \frac{7}{8}v_m$ per cui sarà inevitabile una collisione. Abbiamo:

$$q'(g_0) = \begin{cases} \frac{3}{4}v_m & g_0 = \frac{\rho_m}{8} \\ -v_m & g_0 = \rho_m \end{cases}$$

e quindi le caratteristiche sono le rette

$$x = \frac{3}{4}v_m t + x_0 \qquad \text{se } x_0 < 0$$
$$x = -v_m t + x_0 \qquad \text{se } x_0 > 0.$$

La configurazione delle caratteristiche (si veda la Figura (2.14)) indica che esse si intersecano in un tempo finito. Da questo istante in poi il metodo delle caratteristiche non funziona più. Occorre ammettere discontinuità a salto della soluzione. Ma in questo caso la derivazione dell'equazione di conservazione va rivista, in quanto è stata ricavata presupponendo condizioni di regolarità della soluzione. Ritorniamo dunque alla legge di conservazione

$$\frac{d}{dt}\int_{x_1}^{x_2} \rho(x,t)\ dx = -q(\rho(x_2,t)) + q(\rho(x_1,t)), \qquad (2.32)$$

valida in ogni intervallo $[x_1, x_2]$, e sia ρ una soluzione che presenti al tempo t una *discontinuità a salto* nel punto

$$x = s(t).$$

Se ciò succede per tutti i t appartenenti ad un intervallo temporale $[t_1, t_2]$ allora $x = s(t)$ definisce una linea che prende il nome di **linea d'urto o di shock**. L'idea è che una discontinuità segnali un brusco cambiamento (shock) e che questo si propaghi lungo una linea nel piano x, t.

Cerchiamo un'equazione per la funzione $s(t)$, supponendola almeno differenziabile. Al di fuori della linea d'urto assumiamo che la nostra soluzione sia regolare, almeno dotata di derivate continue. Per t fissato, consideriamo un intervallo $[x_1, x_2]$ che contenga il punto di discontinuità $s(t)$. Dalla (2.32) abbiamo

$$\frac{d}{dt}\left\{\int_{x_1}^{s(t)} \rho(y,t)\,dy + \int_{s(t)}^{x_2} \rho(y,t)\,dy\right\} + q[\rho(x_2,t)] - q[\rho(x_1,t)] = 0. \qquad (2.33)$$

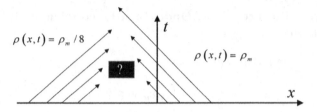

Figura 2.14. Ci si aspetta uno ... shock

Osserviamo ora che

$$\frac{d}{dt} \int_{x_1}^{s(t)} \rho\left(y,t\right) dy = \int_{x_1}^{s(t)} \rho_t\left(y,t\right) dy + \rho^-\left(s\left(t\right),t\right) \dot{s}\left(t\right)$$

e

$$\frac{d}{dt} \int_{s(t)}^{x_2} \rho\left(y,t\right) dy = \int_{s(t)\rho t}^{x_2} \rho_t\left(y,t\right) dy - \rho^+\left(s\left(t\right),t\right) \dot{s}\left(t\right),$$

dove

$$\rho^-\left(s\left(t\right),t\right) = \lim_{y \uparrow s(t)} \rho\left(y,t\right), \qquad \rho^+\left(s\left(t\right),t\right) = \lim_{y \downarrow s(t)} \rho\left(y,t\right)$$

per cui la (2.33) diventa

$$\int_{x_1}^{x_2} \rho_t\left(y,t\right) dy + \left[\rho^-\left(s\left(t\right),t\right) - \rho^+\left(s\left(t\right),t\right)\right] \dot{s}\left(t\right) = q\left[\rho\left(x_1,t\right)\right] - q\left[\rho\left(x_2,t\right)\right].$$

Passando al limite per $x_2 \downarrow s\left(t\right)$ e $x_1 \uparrow s\left(t\right)$ otteniamo

$$\left[\rho^-\left(s\left(t\right),t\right) - \rho^+\left(s\left(t\right),t\right)\right] \dot{s}\left(t\right) = q\left[\rho^-\left(s\left(t\right),t\right)\right] - q\left[\rho^+\left(s\left(t\right),t\right)\right],$$

ossia

$$\dot{s}\left(t\right) = \frac{q\left[\rho^+\left(s\left(t\right),t\right)\right] - q\left[\rho^-\left(s\left(t\right),t\right)\right]}{\rho^+\left(s\left(t\right),t\right) - \rho^-\left(s\left(t\right),t\right)}, \tag{2.34}$$

che possiamo scrivere sinteticamente nella forma

$$\dot{s} = \frac{\left[q\left(\rho\right)\right]_-^+}{\left[\rho\right]_-^+},$$

dove $\left[\cdot\right]_-^+$ indica il salto da destra a sinistra della linea d'urto.

La (2.34) è un'equazione differenziale per $s = s\left(t\right)$ e prende il nome di **condizione di Rankine-Hugoniot.** Essa *esprime la legge di conservazione attraverso la linea d'urto ed indica che la velocità di propagazione dello shock è determinata dal salto della funzione di flusso diviso per il salto della densità.* Se quindi si conoscono i valori di ρ da entrambi i lati della linea d'urto *ed il punto iniziale di quest'ultima,* si può determinarne la locazione.

Applichiamo queste considerazioni al nostro problema di traffico[8]. Si ha

$$\rho^+ = \rho_m, \qquad \rho^- = \frac{\rho_m}{8},$$

mentre

$$q\left[\rho^+\right] = 0 \qquad q\left[\rho^-\right] = \frac{7}{64}v_m\rho_m$$

e quindi la (2.34) è

$$\dot{s} = \frac{q\left[\rho^+\right] - q\left[\rho^-\right]}{\rho^+ - \rho^-} = -\frac{1}{8}v_m.$$

Essendo poi $s\left(0\right) = 0$, si trova che la linea d'urto è la retta di equazione

$$x = -\frac{1}{8}v_m t.$$

Si noti che la *pendenza è negativa: lo shock si propaga all'indietro con velocità* $-\frac{1}{8}v_m$. Ciò è in perfetto accordo con l'esperienza[9]: ad un improvviso rallentamento rileviamo che le luci dei freni delle auto davanti a noi si propagano all'indietro.

La costruzione della soluzione discontinua è illustrata nella Figura 2.15, dove le caratteristiche sono separate questa volta da un'onda d'urto. La formula per la densità è

$$\rho\left(x,t\right) = \begin{cases} \frac{1}{8}\rho_m & x < -\frac{1}{8}v_m t \\ \rho_m & x > -\frac{1}{8}v_m t. \end{cases}$$

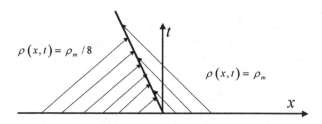

Figura 2.15. Onda d'urto

---

[8] Nel caso presente si può usare la formuletta (di facile verifica)

$$\frac{q\left(w\right) - q\left(z\right)}{w - z} = v_m\left(1 - \frac{w + z}{\rho_m}\right).$$

[9] Quotidiana, per alcuni sfortunati.

2.4 Riesame del metodo delle caratteristiche

Il metodo delle caratteristiche usato per il modello di traffico funziona in generale per il problema

$$\begin{cases} u_t + q(u)_x = 0 \\ u(x,0) = g(x). \end{cases} \tag{2.35}$$

La soluzione u è definita dalla (2.27) (con $x_0 = \xi$):

$$u(x,t) = g[x - q'(g(\xi))t] \tag{2.36}$$

e rappresenta una famiglia di onde progressive con velocità locale $q'(g(\xi))$. Essendo $u(x,t) \equiv g(\xi)$ lungo la caratteristica

$$x = q'(g(\xi))t + \xi, \tag{2.37}$$

uscente dal punto $(\xi, 0)$, la (2.36) indica che u è definita implicitamente dall'equazione

$$G(x,t,u) \equiv u - g[x - q'(u)t] = 0. \tag{2.38}$$

Se g e q' sono funzioni regolari, il teorema delle funzioni implicite implica che la (2.38) definisce u come funzione di (x,t) finché vale la condizione

$$G_u(x,t,u) = 1 + tq''(u)g'[x - q'(u)t] \neq 0.$$

Calcolando G_u lungo le caratteristiche (2.37), abbiamo $u = g(\xi)$ e

$$G_u(x,t,u) = 1 + tq''(g(\xi))g'(\xi). \tag{2.39}$$

Una immediata conseguenza è che se $q''(g(\xi))g'(\xi) \geq 0$ in $\mathbb{R}$, in particolare se q'' e g' hanno lo stesso segno, la soluzione costruita col metodo delle caratteristiche è definita e regolare per ogni $t \geq 0$. Ciò non è sorprendente, in quanto

$$q''(g(\xi))g'(\xi) = \frac{d}{d\xi}q'(g(\xi))$$

e la condizione $q''(g(\xi))g'(\xi) \geq 0$ esprime il fatto che le caratteristiche hanno pendenza crescente con ξ, cosicché non possono intersecarsi.

Precisamente, abbiamo:

Microteorema 2.2. *Assumiamo che $q \in C^2(\mathbb{R})$, $g \in C^1(\mathbb{R})$ e $q''(g(\xi))g'(\xi) \geq 0$ in $\mathbb{R}$. Allora la (2.38) definisce $u = u(x,t)$ come l'unica soluzione del problema (2.3). Inoltre $u \in C^1(\mathbb{R} \times [0, +\infty))$.*

Dimostrazione. Sotto le ipotesi indicate

$$G_u = 1 + tq''(u)g'[x - q'(u)t] \geq 1, \qquad \forall t > 0$$

e inoltre, sempre dal teorema delle funzioni implicite,

$$u_t(x,t) = -\frac{g'[x - q'(u)t]q'(u)}{1 + tq''(u)g'[x - q'(u)t]}, \quad u_x(x,t) = \frac{g'[x - q'(u)t]}{1 + tq''(u)g'[x - q'(u)t]}$$

e quindi u_t, u_x sono rapporti di funzioni continue, con denominatore positivo. □

Abbiamo constatato che, se $q'' \circ g$ e g' hanno lo stesso segno, le caratteristiche non si intersecano.

Per esempio, nella ε−approssimazione del problema al semaforo, q è concava g_ε è decrescente. Sebbene g_ε non sia differenziabile nei due punti $x = 0$ e $x = \varepsilon$, le caratteristiche non si intersecano e ρ_ε è ben definita per tutti i tempi $t > 0$. Nel passaggio al limite per $\varepsilon \to 0$, la discontinuità di g riappare e il ventaglio di caratteristiche produce l'onda di rarefazione.

Che cosa succede se $q''(g(\xi))g'(\xi) \leq 0$ in un intervallo $[a, b]$, per esempio? Il Microteorema 2.2 continua a valere per tempi piccoli, poiché $G_u \sim 1$ se $t \sim 0$, ma all'avanzare del tempo ci aspettiamo la formazione di uno shock. Infatti, supponiamo per esempio che q sia concava e g sia crescente. Quando ξ cresce, g cresce, mentre $q'(g(\xi))$ decresce cosicché ci aspettiamo un'intersezione di caratteristiche lungo una linea d'urto. Il problema che si presenta è determinare l'istante t_s (*breaking time*) e il punto x_s in cui **parte lo shock**.

Dalla discussione precedente, l'istante in cui parte l'onda d'urto deve coincidere col primo istante t in cui l'espressione

$$G_u(x, t, u) = 1 + tq''(u)g'[x - q'(u)t]$$

si azzera. In riferimento alla (2.39), consideriamo la funzione nonnegativa

$$z(\xi) = -q''(g(\xi))g'(\xi) \qquad \xi \in [a, b]$$

e supponiamo che assuma il suo massimo *solo* nel punto ξ_M. Allora $z(\xi_M) > 0$ e

$$t_s = \min_{\xi \in [a,b]} \frac{1}{z(\xi)} = \frac{1}{z(\xi_M)}. \tag{2.40}$$

Poiché x_s appartiene alla caratteristica $x = q'(g(\xi_M))t + \xi_M$, troviamo

$$x_s = \frac{q'(g(\xi_M))}{z(\xi_M)} + \xi_M. \tag{2.41}$$

Nota 2.2. È interessante osservare che il punto (x_s, t_s) è il punto a coordinata temporale minima sull'inviluppo, se esiste, della famiglia di caratteristiche

$$x = q'(g(\xi))t + \xi. \tag{2.42}$$

Tale inviluppo si ottiene eliminando il parametro ξ dalle equazioni (2.42) e

$$0 = q''(g(\xi))g'(\xi)t + 1,$$

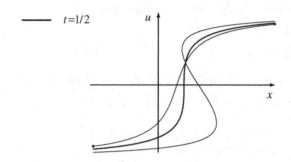

Figura 2.16. Breaking time per il problema (2.43)

ottenuta derivando la (2.42) rispetto a ξ ed il punto a coordinata temporale minima è dato proprio dalla (2.40).

Naturalmente, la linea d'urto, determinata dalle condizioni di Rankine Hugoniot, non coincide con l'inviluppo.

Esempio 2.2. Consideriamo il problema

$$\begin{cases} u_t + (1 - 2u)u_x = 0 \\ u(x, 0) = \arctan x. \end{cases} \tag{2.43}$$

Abbiamo $q(u) = u - u^2$, $q'(u) = 1 - 2u$, $q''(u) = -2$, e $g(\xi) = \arctan \xi$, $g'(\xi) = 1/(1 + \xi^2)$. Quindi, la funzione

$$z(\xi) = -q''(g(\xi))g'(\xi) = \frac{2}{\left(1 + \xi^2\right)}$$

assume il massimo in $\xi_M = 0$ e $z(0) = 2$. Il breaking-time è $t_S = 1/2$ e $x_S = 1/2$. Pertanto, l'onda d'urto parte dal punto $(1/2, 1/2)$. Per $0 \leq t < 1/2$ la soluzione u è regolare e definita implicitamente dall'equazione

$$u - \arctan\left[x - (1 - 2u)t\right] = 0. \tag{2.44}$$

Dopo $t = 1/2$, la (2.44) definisce u come funzione di (x, t) a più valori, che non ha più significato fisico. La Figura 2.16 mostra che cosa succede per $t = 1/4, 1/2$ e 1. Si noti che il punto comune di intersezione è $(1/2, \tan 1/2)$, che non è il punto di partenza dello shock.

Come evolve la soluzione dopo $t = 1/2$? Dobbiamo inserire uno shock nel grafico in Figura 2.16 in modo da preservare la legge di conservazione. La posizione corretta di inserimento è quella prescritta dalla condizione di Rankine-Hugoniot. Si può mostrare che ciò corrisponde a tagliare dal grafico in Figura 2.16 due regioni A e B di **aree uguali** come descritto in Figura 2.17 (*equal area rule*, si veda G. B. Whitham, 1974).

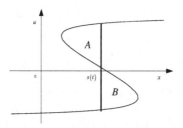

Figura 2.17. Inserimento di uno shock con la regola di Whitham

2.5 Soluzioni generalizzate. Unicità e condizione di entropia

Abbiamo visto che quando il metodo delle caratteristiche non funziona più, si può ricorrere ad onde di rarefazione o ad onde d'urto soddisfacenti la condizione di Rankine-Hugoniot, per costruire soluzioni che non siano differenziabili, mantenendo la validità della legge di conservazione originale. Chiameremo *soluzioni generalizzate* queste soluzioni non regolari.

A volte tuttavia, può succedere che vi sia più di una soluzione generalizzata, ma che una sola abbia significato fisico. Sorge dunque il problema di selezionare quella corretta.

Ci serviamo di un esempio.

Esempio 2.3. *Non unicità.* Immaginiamo un flusso di particelle in moto lungo l'asse x, ciascuna con velocità costante, e supponiamo che $u = u(x,t)$ rappresenti il *campo di velocità* associato, che cioè assegni la velocità della particella che si trova in x al tempo t. Adottiamo un punto di vista lagrangiano introducendo il cammino $x = x(t)$ di una particella. La sua velocità al tempo t è allora assegnata dalla funzione costante $\dot{x}(t) = u(x(t), t)$. Differenziando, otteniamo

$$0 = \frac{d}{dt} u(x(t), t) = u_t(x(t), t) + u_x(x(t), t)\,\dot{x}(t)$$
$$= u_t(x(t), t) + u_x(x(t), t)\, u(x(t), t)$$

che, ritornando ad una visione euleriana del mondo, si scrive nella forma

$$u_t + u u_x = u_t + \left(\frac{u^2}{2}\right)_x = 0.$$

Questa equazione differenziale si chiama *equazione di Burgers* e corrisponde ad una legge di conservazione in cui

$$q(u) = \frac{u^2}{2}.$$

Si noti che q è strettamente convessa, $q'(u) = u$ e $q''(u) = 1$. Le caratteristiche sono le rette di equazione

$$x = g(x_0) t + x_0. \tag{2.45}$$

Risolviamo l'equazione di Burgers con la condizione iniziale

$$u\left(x,0\right)=g\left(x\right)=\begin{cases}0 & x<0\\ 1 & x>0.\end{cases}$$

Osservando le caratteristiche, si trova $u=0$ se $x<0$ e $u=1$ se $x>t$. Nel settore $S=\{0<x<t\}$ non passano caratteristiche. Procedendo come nel caso del modello per il traffico, in S definiamo u come un'*onda di rarefazione* che raccordi con continuità i valori 0 e 1. Si perviene in tal modo alla soluzione continua

$$u\left(x,t\right)=\begin{cases}0 & x\leq 0\\ \frac{x}{t} & 0<x<t\\ 1 & x\geq t.\end{cases}$$

Non è l'unica soluzione generalizzata! Esiste anche un'onda d'urto che è soluzione, con curva di shock uscente dall'origine. Poiché

$$u^{-}=0,\ u^{+}=1,\ q\left(u^{-}\right)=0,\ q\left(u^{+}\right)=\frac{1}{2},$$

la condizione di Rankine-Hugoniot dà

$$\dot{s}\left(t\right)=\frac{q(u^{+})-q(u^{-})}{u^{+}-u^{-}}=\frac{1}{2}.$$

Dovendo poi essere $s\left(0\right)=0$, la linea di shock è la retta di equazione

$$x=\frac{t}{2}.$$

La funzione

$$w\left(x,t\right)=\begin{cases}0 & x<\frac{t}{2}\\ 1 & x>\frac{t}{2}\end{cases}$$

è un'altra soluzione generalizzata. Le due soluzioni sono illustrate in Figura 2.18.

Quale delle due soluzioni ha significato fisico? La risposta non è elementare ed è basata in ultima analisi sul secondo principio della termodinamica, secondo il quale il passaggio attraverso uno shock ha un carattere di irreversibilità (l'entropia del sistema aumenta). Si può mostrare che ciò si traduce nella seguente condizione geometrica sulle caratteristiche: *la pendenza di una linea d'urto è minore di quella delle caratteristiche che vi arrivano da sinistra e maggiore di quella delle caratteristiche che vi arrivano da destra.*

In termini un po' pittoreschi, le caratteristiche *entrano* nella linea d'urto, cosicché *non è possibile percorrere a ritroso nel tempo una caratteristica e imbattersi in uno shock.* Quest'ultima osservazione fornisce una vaga giustificazione del termine entropia, poiché esprime una sorta di irreversibilità degli eventi dopo un urto. D'altra parte, in uno shock "non fisico" le caratteristiche escono dalla linea d'urto

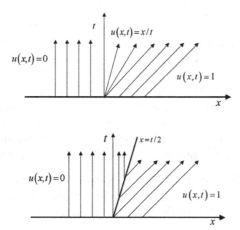

Figura 2.18. Onda di rarefazione e shock *non fisico* nell'Esempio 2.3

cosicchè il valore della soluzione *dipende dal suo valore su tale linea e non più direttamente dal dato iniziale.*

Se per esempio q è *strettamente convessa,* questa condizione equivale a

$$q'\left(u^+\right) < \dot{s} < q'\left(u^-\right) \tag{2.46}$$

se $x = s\left(t\right)$ è una linea di shock. La (2.46) si chiama **disuguaglianza dell'entropia**. Le soluzioni che la soddisfano si chiamano **soluzioni di entropia**.

Vale il seguente risultato, che ci limitiamo ad enunciare per il problema di Cauchy con dati iniziali g *limitati e continui a tratti,* cioè continui in $\mathbb{R}$ *tranne che in un numero finito di punti di discontinuità a salto.*

Teorema 2.3. *Siano $q \in C^2\left(\mathbb{R}\right)$, convessa (o concava) e g limitata e continua a tratti. Allora esiste ed è unica la soluzione generalizzata del problema*

$$\begin{cases} u_t + q\left(u\right)_x = 0 \ x \in \mathbb{R}, \ t > 0 \\ u\left(x,0\right) = g\left(x\right) \ x \in \mathbb{R} \end{cases}$$

che soddisfi la condizione di entropia.

Nell'esempio precedente di non unicità, la soluzione w non soddisfa la condizione di entropia e va considerata come uno *shock non fisico.* La soluzione corretta è l'altra.

2.6 Esercizi ed applicazioni

2.6.1 Esercizi

E. 2.1. Nel caso del traffico al semaforo descritto dalla legge di conservazione (2.23), con condizione iniziale data da $\rho(x,0) = g(x)$, con g assegnata nella (2.28), calcolare: la densità di auto al semaforo per $t > 0$ ed il tempo impiegato da un'auto che si trova al tempo t_0 nel punto $x_0 = -v_m t_0$ per superare il semaforo.

E. 2.2. Utilizziamo il modello di traffico dato dall'equazione (2.23) per descrivere la densità $\rho = \rho(x,t)$ di automobili che percorrono una strada rettilinea e supponiamo che la densità iniziale di traffico sia data da

$$\rho_0 = \begin{cases} a\,\rho_m & x < 0 \\ \rho_m/2 & x > 0. \end{cases}$$

Descrivere, al variare di $a \in [0,1]$, l'evoluzione di ρ per $t > 0$: determinare le caratteristiche, le eventuali linee d'urto e costruire una soluzione in tutto il piano (x,t). Interpretare il risultato.

E. 2.3. Studiare il problema (equazione di Burgers, con dato costante a tratti)

$$\begin{cases} u_t + u u_x = 0 & x \in \mathbb{R}, \, t > 0 \\ u(x,0) = g(x) & x \in \mathbb{R} \end{cases}$$

nei casi in cui il dato iniziale $g(x)$ è rispettivamente assegnato dalle funzioni:

$$a) \begin{cases} 0 & \text{se } x < 0 \\ 1 & \text{se } 0 < x < 1 \\ 0 & \text{se } x > 1 \end{cases} \quad b) \begin{cases} 1 & \text{se } x < 0 \\ 2 & \text{se } 0 < x < 1 \\ 0 & \text{se } x > 1 \end{cases} \quad c) \begin{cases} 1 & \text{se } x \leq 0 \\ 1-x & \text{se } 0 < x < 1 \\ 0 & \text{se } x \geq 1. \end{cases}$$

E. 2.4. È data la legge di conservazione

$$u_t + u^3 u_x = 0 \quad x \in \mathbb{R}, \, t > 0.$$

Risolvere il problema con il metodo delle caratteristiche evidenziando eventuali onde d'urto e di rarefazione, nel caso

$$u(x,0) = g(x) = \begin{cases} 0 & \text{se } x < 0 \\ 1 & \text{se } 0 < x < 1 \\ 0 & \text{se } x > 1. \end{cases}$$

E. 2.5. Disegnare le caratteristiche e descrivere l'evoluzione per $t \to +\infty$ della soluzione di

$$\begin{cases} u_t + u u_x = 0 & t > 0, x \in \mathbb{R} \\ u(x,0) = \begin{cases} \sin x & 0 < x < \pi \\ 0 & x \leq 0 \text{ o } x \geq \pi. \end{cases} \end{cases}$$

2.6.2 Soluzioni

S. 2.1. Il problema è affrontato nella Sezione 2.3.3, e la sua soluzione è espressa dalla formula (2.30), che riportiamo:

$$\rho(x,t) = \begin{cases} \rho_m & \text{per } x \leq -v_m t \\ \dfrac{\rho_m}{2}\left(1 - \dfrac{x}{v_m t}\right) & \text{per } -v_m t < x < v_m t \;. \\ 0 & \text{per } x \geq v_m t \end{cases}$$

Dunque, la densità di auto al semaforo, che si trova nel punto $x = 0$, è $\rho(0,t) = \rho_m/2$ ed è costante nel tempo.

Inoltre, secondo il modello adottato, la velocità di un'auto dipende solo dalla densità di autovetture in quel tratto di strada, seguendo la legge

$$v(\rho) = v_m\left(1 - \frac{\rho}{\rho_m}\right).$$

Fino al raggiungimento del semaforo la macchina che all'istante t_0 occupa la posizione $x_0 = -v_m t_0$ si muove nella zona $-v_m t_0 < x < v_m t_0$; se indichiamo con $x = x(t)$ la legge oraria del veicolo, utilizzando l'espressione trovata per la densità ρ, abbiamo:

$$v(\rho(x)) = \dot{x} = v_m\left(\frac{1}{2} - \frac{x}{2v_m t}\right).$$

Il moto dell'auto è allora descritto dal problema ai valori iniziali:

$$\begin{cases} \dot{x} = \dfrac{v_m}{2} + \dfrac{x}{2t} \\ x(t_0) = -v_m t_0. \end{cases}$$

L'equazione è lineare[10], e per $t > 0$ la sua soluzione è $x(t) = \sqrt{t}\left(C + v_m\sqrt{t}\right)$; quindi, imponendo la condizione iniziale, troviamo

$$x(t) = v_m(t - 2\sqrt{t_0 t}).$$

Da cui deduciamo che $x(t) = 0$ per $t = 4t_0$. L'auto impiega $4t_0$ per raggiungere il semaforo.

S. 2.2. Nel modello introdotto nella Sezione 2.3.3 si assume che la velocità v delle automobili sia massima quando la concentrazione di automobili ρ è nulla e decresca linearmente a zero nel caso in cui la concentrazione di automobili sia

---

[10] La soluzione generale dell'equazione lineare del primo ordine $\dot{y} = \alpha(t)y(t) + \beta(t)$ è

$$y(t) = e^{\int \alpha\, dt}\left(C + \int \beta e^{-\int \alpha\, dt} dt\right).$$

massima. Il flusso di automobili (velocità per densità delle auto) dipende allora dalla concentrazione secondo la relazione costitutiva

$$q(\rho) = \rho v(\rho) = v_m \rho \left(1 - \frac{\rho}{\rho_m} \right). \tag{2.47}$$

Determiniamo ora le caratteristiche uscenti dal punto $(x_0, 0)$. Si tratta delle rette di equazione (2.26); essendo

$$q'(\rho) = v_m \left(1 - \frac{2\rho}{\rho_m} \right),$$

abbiamo

$$x = x_0 + v_m \left(1 - \frac{2\rho(x,0)}{\rho_m} \right) t.$$

Consideriamo il dato iniziale assegnato: per i valori $x_0 < 0$ la disposizione delle caratteristiche dipende dal valore assunto dal parametro a:

$$x = x_0 + v_m \left(1 - 2a \right) t.$$

Invece, se $x_0 > 0$ le caratteristiche sono le rette verticali $x = x_0$.

Se le caratteristiche che partono dai punti di ascissa negativa hanno pendenza positiva, occorre determinare l'equazione della linea d'urto nel primo quadrante del piano (x, t) lungo la quale si propaga la discontinuità, dovuta al fatto che alcune caratteristiche che trasportano dati diversi si intersecano in un tempo finito. Se, viceversa, le caratteristiche che si originano nei punti di ascissa negativa hanno pendenza negativa, nell'origine avrà vertice una zona di rarefazione.

Analizziamo i due casi, relativi ai valori assunti dal parametro a nell'intervallo assegnato: se $v_m(1 - 2a) > 0$, ovvero $0 \le a < 1/2$, si assiste alla propagazione di una discontinuità nel primo quadrante; se $v_m(1 - 2a) < 0$, ovvero $1/2 < a \le 1$, esiste un'onda di rarefazione; se $a = 1/2$, le caratteristiche saranno tutte parallele, e il traffico si muove alla stessa velocità in tutto il tratto di strada descritto dal modello.

Occupiamoci di determinare l'equazione della linea $s = s(t)$ lungo la quale si propaga la discontinuità nel caso $0 \le a < 1/2$, utilizzando la condizione di Rankine-Hugoniot (2.34). Indichiamo con q^+ e q^-, rispettivamente, il flusso alla destra ed alla sinistra della linea d'urto, distinguendo le zone del piano (x, t) raggiunte da caratteristiche che partono all'istante $t = 0$ da punti di ascissa positiva, e trasportano il dato $\rho^+ = \rho_m/2$ e quelle che partono da punti di ascissa negativa e trasportano il dato $\rho^- = a\rho_m$. Abbiamo

$$q^+ = \frac{v_m \rho_m}{4} \quad \text{e} \quad q^- = a v_m \rho_m (1 - a);$$

la condizione (2.34) diventa:

$$\dot{s} = \frac{q^+ - q^-}{\rho^+ - \rho^-} = \frac{v_m \rho_m/4 - v_m a \rho_m (1 - a)}{\rho_m/2 - a\rho_m} = v_m \left(\frac{1}{2} - a \right)$$

che può essere facilmente integrata. Dunque, nel caso $0 \leq a < 1/2$, una linea di discontinuità della soluzione si propaga a partire dall'origine con equazione $s(t) = v_m \left(\dfrac{1}{2} - a \right) t$.

Analizziamo il caso $1/2 < a \leq 1$; le caratteristiche nella regione di rarefazione

$$v_m(1 - 2a)t < x < 0$$

si distribuiscono secondo il ventaglio di rette uscenti dall'origine

$$x = ht \quad \text{con } v_m(1 - 2a) < h < 0$$

lungo le quali la densità di auto è costante. All'istante $\bar{t}$ la densità delle auto che si trovano nei punti di ascissa compresa tra $v_m(1 - 2a)\bar{t}$ e 0 decresce linearmente passando da $a\rho_m$ a $\rho_m/2$.

La densità di auto nella zona di rarefazione può essere ottenuta anche in modo formale a partire dall'equazione delle caratteristiche $x = v_m \left(1 - 2\rho/\rho_m \right)$, con $x_0 = 0$, ed esplicitando ρ:

$$\rho(x, t) = \frac{(v_m t - x)\rho_m}{2v_m t}.$$

S. 2.3. L'equazione di Burgers, introdotta nella Sezione 2.5, è un caso particolare di equazione di conservazione $u_t + q(u)_x = 0$, dove il flusso q della concentrazione u è rappresentato dalla legge $q(u) = u^2/2$.

Per le equazioni di conservazione, le rette caratteristiche uscenti dal punto $(x_0, 0)$ hanno equazione $x = x_0 + q'(g(x_0))t$; nel caso dell'equazione di Burgers troviamo

$$x = x_0 + g(x_0)t.$$

Analizziamo ora le tre condizioni iniziali assegnate.

a) Tenendo conto del dato $g(x)$, le caratteristiche sono le rette verticali $x = x_0$ se $x_0 < 0$ oppure $x_0 > 1$, e sono le rette $x = x_0 + t$ se $0 < x < 1$.

Nel settore $S = \{0 < x < t\}$ non passano caratteristiche. In questa zona possiamo definire u come un'onda di rarefazione che raccorda con continuità i valori da 0 ad 1. Procedendo formalmente, come nella Sezione 2.3.3 per il modello di traffico, possiamo dedurre l'equazione dell'onda di rarefazione passante per il punto (x_0, t_0) utilizzando la formula

$$u(x, t) = r \left(\frac{x - x_0}{t - t_0} \right),$$

dove r è la funzione inversa di q'. Nel caso dell'equazione di Burgers, poiché $q'(u) = u$, l'onda di rarefazione che ha vertice nell'origine è $u = x/t$.

Studiamo ora la linea d'urto di equazione $s = s(t)$ che si genera dall'incontro delle caratteristiche verticali che trasportano il dato $u^- = 0$, con le caratteristiche $x = x_0 + t$ (per $0 < x_0 < 1$) che trasportano il dato $u^+ = 1$; rispettivamente, da una parte e dall'altra della linea d'urto, avremo $q^- = q(u^-) = 0$ e $q^+ = q(u^+) = 1/2$. Il fronte d'urto soddisfa la condizione di Rankine-Hugoniot (2.34), dunque:

$$\dot{s} = \frac{q^+ - q^-}{u^+ - u^-} = \frac{1}{2}$$

e soddisfa la condizione iniziale $s(0) = 1$. Tornando ad indicare con x la variabile spaziale, il fronte d'urto ha equazione $x(t) = t/2 + 1$ (Figura 2.19).

Quanto abbiamo ottenuto vale fino all'istante $t = 2$, in cui la caratteristica $x = t$ interseca la linea d'urto e la caratteristica $x = 2$, che trasporta il dato $u = 0$. Da questo momento in poi, il fronte d'urto riflette la discontinuità che si manifesta dall'incontro di caratteristiche che trasportano il dato $u^- = 0$ con le caratteristiche che trasportano il valore u corrispondente all'onda di rarefazione, dove abbiamo $u^+(s,t) = s/t$ e, conseguentemente, $q^+ = q(u^+) = s^2/2t^2$. Utilizzando di nuovo la condizione (2.34), per il nuovo fronte d'urto troviamo:

$$\dot{s} = \frac{s}{2t}$$

con la condizione iniziale $s(2) = 2$, la cui soluzione, integrando separatamente le variabili, è $s = \sqrt{2t}$.

Riassumendo, lo schema delle caratteristiche e della linea d'urto è rappresentato in Figura 2.19, e corrisponde alla soluzione

$$u(x,t) = \begin{cases} 0 & \text{se } x \leq 0 \\ x/t & \text{se } 0 \leq x \leq t, \text{ con } t \leq 2 \text{ oppure } 0 \leq x \leq \sqrt{2t} \\ 1 & t \leq x < t/2 + 1 \text{ con } t < 2 \\ 0 & \text{se } x > t/2 + 1, \text{ con } t \leq 2 \text{ oppure } x > \sqrt{2t}, \text{ con } t \geq 2. \end{cases}$$

b) Con il dato $g(x_0)$ assegnato, le caratteristiche hanno equazione:

$$\begin{cases} x = x_0 + t & \text{se } x_0 < 0 \\ x = x_0 + 2t & \text{se } 0 < x_0 < 1 \\ x = x_0 & \text{se } x_0 > 1 \end{cases}$$

e sono rappresentate in Figura 2.19.

Nel settore $S = \{t < x < 2t\}$ non passano caratteristiche; procedendo come nel modello di traffico possiamo definire la soluzione u come un'onda di rarefazione che raccordi con continuità, a t fissato, i valori tra $u = 1$ e $u = 2$ trasportati rispettivamente dalle caratteristiche $x = t$ e $x = 2t$. Come nel caso a), l'onda di rarefazione che origina in (x_0, t_0) è data dalla formula

$$u(x,t) = r\left(\frac{x - x_0}{t - t_0}\right),$$

dove r è la funzione inversa di q'. Nel caso dell'equazione di Burgers, l'onda di rarefazione ha vertice nell'origine ed è $u = x/t$. Lungo le rette $x = ht$, con $1 < h < 2$, u è costante.

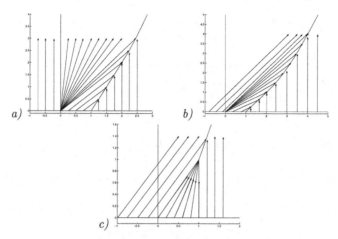

Figura 2.19. Caratteristiche per l'equazione di Burgers, risolta nell'Esercizio 2.3, rispettivamente con il dato iniziale assegnato nei tre casi

La collisione di caratteristiche genera un discontinuità $x = x(t)$ che si propaga seguendo le condizioni di Rankine-Hugoniot (2.34); nel caso in esame, tenendo conto che $q = u^2/2$, almeno per tempi piccoli la linea d'urto è dovuta alla discontinuità creata dal dato $u^+ = 2$ (a cui corrisponde il flusso $q^+ = q(u^+) = 2$) trasportato lungo le caratteristiche $x = x_0 + 2t$ e il dato $u^- = 0$ (corrispondente a $q^- = q(u^-) = 0$) trasportato dalle caratteristiche verticali. La linea d'urto, dunque, è determinata dalla soluzione del problema

$$\begin{cases} \dot{x} = 1 \\ x(0) = 1 \end{cases} \qquad \text{da cui } x = t + 1.$$

Per tempi $t > 1$, ovvero a partire dal punto $(2, 1)$, la linea d'urto viene deformata poiché le caratteristiche verticali $x = x_0$, con $x_0 > 2$, incontrano l'onda di rarefazione $u = x/t$. In questa situazione, la condizione Rankine-Hugoniot (2.34) va applicata considerando $u^+ = x/t$ e $q^+ = x^2/2t^2$; quindi la linea d'urto è determinata dal problema di Cauchy

$$\begin{cases} \dot{x} = x/2t \\ x(1) = 2 \end{cases}$$

che può essere risolto per separazione delle variabili, ottenendo $x = 2\sqrt{t}$.

Successivamente, per tempi $t > 4$ ovvero a partire dal punto $(4, 4)$, la linea d'urto incontra le linee caratteristiche $x = x_0 + t$, con $x_0 < 0$, che trasportano il dato $u = 1$, e viene deviata rispettando la (2.34); in questo caso abbiamo $u^+ = 1$ e $q^+ = q(u^+) = 1/2$. La linea d'urto $x = x(t)$ si trova risolvendo il problema

$$\begin{cases} \dot{x} = 1/2 \\ x(4) = 4 \end{cases} \qquad \text{da cui} \qquad x = \frac{t}{2} + 2.$$

La linea d'urto, nei tre tratti raccordati nei punti $(2, 1)$ e $(4, 4)$, è rappresentata in Figura 2.19, e corrisponde alla soluzione

$$
u(x, t) = \begin{cases}
0 & \text{se } x < t < 4 \text{ o } x < t/2 + 2 \text{ con } t > 4 \\
x/t & \text{se } t \le x \le 2t, \text{ con } x \le 2\sqrt{t} \\
2 & \text{se } 2t \le x < t + 1 \\
0 & \text{se } t + 1 < x < 2 \text{ o } t < x^2/4 \text{ con } 2 \le x < 4 \text{ o } t < 2x - 4 \text{ con } x \ge 4
\end{cases}
$$

visualizzata in tre dimensioni in Figura 2.20.

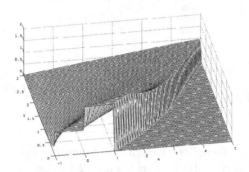

Figura 2.20. Soluzione dell'Esercizio 2.3 *b)*, calcolata numericamente con il metodo up wind

c) Con il dato assegnato deduciamo che le caratteristiche hanno equazione:

$$
\begin{cases}
x = x_0 + t & \text{se } x_0 \le 0 \\
x = x_0 + (1 - x_0)t & \text{se } 0 < x_0 < 1 \\
x = x_0 & \text{se } x_0 \ge 1.
\end{cases}
$$

Tutte le caratteristiche che hanno origine sul segmento $0 < x_0 < 1$ passano per il punto $(1, 1)$, quindi fino all'istante $t = 1$ non si intersecano e non c'è discontinuità nella soluzione. La discontinuità appare nel punto $(1, 1)$ dalla collisione tra le caratteristiche verticali che trasportano il dato $u^- = 0$, e le caratteristiche $x = x_0 + t$ che trasportano il dato $u^+ = 1$; corrispondentemente, indichiamo con $q^- = 0$ e $q^+ = 1/2$ il flusso ai due lati della discontinuità. Secondo la condizione (2.34), il fronte d'urto risolve dunque il problema

$$
\begin{cases}
\dot{x} = 1/2 \\
x(1) = 1
\end{cases}
$$

ed è dunque $x(t) = (t + 1)/2$ (Figura 2.19).

Nella sezione $S = \{0 \le x < 1, 0 \le t < x\}$ la soluzione è definita implicitamente dall'equazione

$$
u = g(x - q'(u)t)
$$

nel nostro caso, essendo $g(x) = 1 - x$, si ha

$$u(x,t) = \frac{1-x}{1-t}.$$

Riassumendo, la soluzione è data da

$$u(x,t) = \begin{cases} 1 & \text{se } x < t < 1 \text{ o } x < (t+1)/2 \text{ con } t > 1 \\ (1-x)/(1-t) & \text{se } 0 < t < x < 1 \\ 0 & \text{se } t < 2x - 1 \text{ con } x > 1. \end{cases}$$

S. 2.4. Nell'equazione assegnata, il flusso corrisponde a $q(u) = u^4/4$ e $q' = u^3$. Trattandosi di un'equazione di conservazione, le caratteristiche sono rette, di equazione $x = x_0 + q'(g(x_0))t$. Tenendo conto del dato iniziale, troviamo:

$$\begin{cases} x = x_0 & \text{se } x_0 < 0 \\ x = x_0 + t & \text{se } 0 < x_0 < 1 \\ x = x_0 & \text{se } x_0 > 1. \end{cases}$$

Le caratteristiche sono rappresentate in Figura 2.21: il dato $u = 0$ è trasportato da caratteristiche verticali fuori dal segmento $0 < x_0 < 1$, da dove invece partono con pendenza 1 caratteristiche che trasportano il dato $u = 1$; nel punto $(0,0)$ ha origine un ventaglio di soluzioni di rarefazione, che possiamo calcolare esplicitamente. A partire da tale punto, per trovare la soluzione di rarefazione, invertiamo la relazione $x = q'(u)t$, che definisce implicitamente la soluzione. Essendo $q' = u^3$, troviamo che soluzione di rarefazione è $u = \sqrt[3]{x/t}$.

La collisione di caratteristiche che trasportano dati diversi genera un discontinuità $s = s(t)$ che si propaga seguendo le condizioni di Rankine-Hugoniot (2.34); nel caso in esame, il primo punto in cui ha origine la discontinuità è il punto $(1,0)$, quindi almeno per tempi piccoli, $s = s(t)$ risolve il problema ai valori iniziali:

$$\begin{cases} \dot s = 1/4 \\ s(0) = 1 \end{cases} \quad \text{da cui} \quad s = \frac{t}{4} + 1.$$

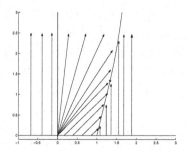

Figura 2.21. Le caratteristiche dell'Esercizio 2.4. La linea d'urto quando $0 < t < 4/3$ ha equazione $x = t/4 + 1$, mentre per $t > 4/3$ ha equazione $x = \sqrt[4]{4^3 t/3^3}$. La soluzione nella zona di rarefazione che ha vertice nell'origine è $u = \sqrt[3]{x/t}$

Le considerazioni fatte fin qui valgono fin quando la linea d'urto incontra la caratteristica $x = t$, nel punto $(4/3, 4/3)$. Per tempi $t > 4/3$, la discontinuità si genera dalla collisione tra le caratteristiche verticali che hanno origine nei punti di ascissa $x_0 > 1$ e trasportano il dato $u^- = 0$ e la soluzione di rarefazione $u^+ = \sqrt[3]{s/t}$; utilizzando nuovamente la condizione di Rankine-Hugoniot (2.34), e i corrispondenti valori del flusso $q^+ = 4^{-1}(s/t)^{4/3}$ e $q^- = 0$, troviamo che la linea d'urto si propaga secondo il problema ai valori iniziali

$$\begin{cases} \dot{s} = \dfrac{1}{4}\dfrac{s}{t} \\ s(4/3) = 4/3 \end{cases}$$

che, integrando a variabili separabili, fornisce $s = \sqrt[4]{4^3 t/3^3}$. La progressione della linea d'urto e l'insieme delle caratteristiche sono rappresentate nella Figura 2.21. Riassumendo, la soluzione è data da

$$u(x,t) = \begin{cases} 1 & \text{se } 0 < t < x < 1 + t/4 \\ 0 & \text{se } x \le 0 \text{ o } 1 < x < t/4 + 1 \text{ con } t < 4/3 \\ & \text{o } x > \sqrt[4]{4^3 t/3^3} \text{ con } t > 4/3 \\ \sqrt[3]{x/t} & \text{se } 0 \le x \le t \text{ con } t < 4/3 \text{ o } x < \sqrt[4]{4^3 t/3^3} \text{ con } t \ge 4/3. \end{cases}$$

S. 2.5. Per l'equazione di Burgers, essendo $q' = u$, le caratteristiche sono $x = x_0 + g(x_0)t$; utilizzando il dato, troviamo che hanno equazione

$$x = x_0 + \sin x_0 \, t$$

se $0 < x_0 < \pi$, altrimenti sono rette verticali.

Per la convessità di q, le caratteristiche che originano nei punti $(x_0, 0)$ dove il dato iniziale cresce formano un'onda di rarefazione. Analogamente, le caratteristiche che hanno origine nei punti $(x_0, 0)$ dove il dato iniziale decresce formano un'onda di compressione originando una linea d'urto. Il punto di partenza di quest'ultima è il punto a coordinata temporale minima sull'inviluppo delle caratteristiche uscenti da un punto tra $\pi/2$ e π. Per determinare l'equazione dell'inviluppo di caratteristiche consideriamo il sistema

$$\begin{cases} x = x_0 + \sin x_0 \, t \\ 0 = 1 + \cos x_0 \, t, \end{cases}$$

dove la seconda è ottenuta dalla prima derivando rispetto al parametro x_0. L'equazione dell'inviluppo può essere dunque scritta nella forma parametrica:

$$\begin{cases} x = x_0 - \tan x_0 \\ t = -1/\cos x_0 \end{cases}$$

dalla quale possiamo dedurre che il primo istante (positivo) in cui ha origine la linea d'urto è $t = 1$, cui corrisponde il punto $x = \pi$ (Figura 2.22).

La soluzione numerica dell'esercizio calcolata con il metodo upwind e con un metodo più accurato, necessario per catturarne le forti discontinuità, è visualizzata nella Figura 2.25.

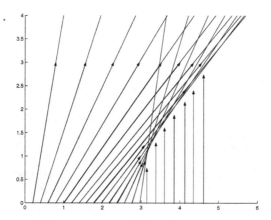

Figura 2.22. Fascio delle caratteristiche associato ad un'equazione di conservazione convessa e dato iniziale $g(x) = \sin x$ per $0 < x < \pi$ e zero altrove. È visibile l'inviluppo delle caratteristiche

2.7 Metodi numerici e simulazioni

2.7.1 Discretizzazione alle differenze finite delle leggi di conservazione

Consideriamo una legge di conservazione scalare in una striscia $x \in (0, R)$, $t > 0$, si veda in particolare il problema (2.19). Il metodo delle **differenze finite** consiste nel ricavare uno schema discreto che approssimi l'equazione $u_t + a u_x = 0$ sostituendo alle derivate in spazio e tempo opportuni rapporti incrementali. A tal fine, definiamo innanzitutto una griglia di calcolo, ottenuta a partire da partizioni (ad esempio uniformi) degli intervalli in spazio e tempo su cui è definito il problema. Siano dunque

$$x_i = i\,h \text{ con } h = \frac{R}{N} \text{ ed } i, N \in \mathbb{N}, \quad t^n = n\,\tau \text{ con } n \in \mathbb{N}$$

le suddette partizioni. La griglia di calcolo è definita dai nodi (x_i, t^n), come indicato in Figura 2.23.

Mettendo in relazione i rapporti incrementali definiti sui nodi della griglia con le derivate della funzione u (sotto l'ipotesi che questa sia sufficientemente regolare) otteniamo,

$$u_t(x_i, t^n) = \frac{1}{\tau}\big(u(x_i, t^{n+1}) - u(x_i, t^n)\big) + \mathcal{O}(\tau) \tag{2.48}$$

$$u_x(x_i, t^n) = \begin{cases} \frac{1}{h}\big(u(x_i, t^n) - u(x_{i-1}, t^n)\big) + \mathcal{O}(h) \\[2mm] \frac{1}{h}\big(u(x_{i+1}, t^n) - u(x_i, t^n)\big) + \mathcal{O}(h). \end{cases} \tag{2.49}$$

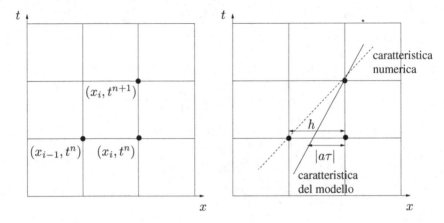

Figura 2.23. A sinistra è riportato uno schema della griglia di calcolo per il metodo differenze finite con i nodi coinvolti dal metodo upwind nel caso $a > 0$. Sulla destra è illustrato graficamente il significato della condizione CFL

Sia u_i^n un approssimante di $u(x_i, t^n)$, soluzione di (2.19). Sostituendo nell'equazione $u_t + au_x = 0$ i rapporti incrementali definiti rispetto ai valori di u_i^n, otteniamo il seguente schema numerico,

$$\frac{1}{\tau}\left(u_i^{n+1} - u_i^n\right) + \frac{a}{h}\left(u_i^n - u_{i-1}^n\right) = 0$$

$$u_i^{n+1} - u_i^n + a\lambda\left(u_i^n - u_{i-1}^n\right) = 0, \text{ dove } \lambda = \frac{\tau}{h},$$

che si riferisce al caso $a > 0$. Abbiamo così ottenuto uno **schema in avanti e decentrato** in quanto l'approssimazione temporale procede in avanti rispetto all'istante di riferimento t^n e l'approssimazione in spazio è decentrata rispetto al nodo x_i. Grazie a questa scelta, l'informazione si propaga nella direzione delle linee caratteristiche quando $a > 0$. Dunque, nel caso opposto $a < 0$, applichiamo l'approssimazione

$$au_x(x_i, t^n) \simeq \begin{cases} \frac{a}{h}\left(u_i^n - u_{i-1}^n\right) & \text{se } a > 0 \\ \frac{a}{h}\left(u_{i+1}^n - u_i^n\right) & \text{se } a < 0 \end{cases}$$

$$\simeq \frac{1}{2}\frac{a}{h}\left(u_{i+1}^n - u_{i-1}^n\right) - \frac{1}{2}\frac{|a|}{h}\left(u_{i+1}^n - 2u_i^n + u_{i-1}^n\right),$$

che conduce al seguente schema

$$u_i^{n+1} = u_i^n - \frac{1}{2}a\lambda\left(u_{i+1}^n - u_{i-1}^n\right) + \frac{1}{2}|a|\lambda\left(u_{i+1}^n - 2u_i^n + u_{i-1}^n\right). \tag{2.50}$$

Per la proprietà di essere un metodo decentrato che propaga l'informazione nella stessa direzione delle caratteristiche, tale schema è chiamato **metodo upwind**.

Le relazioni (2.48) e (2.49) mostrano che l'errore commesso nell'approssimazione delle derivate è di ordine $\mathcal{O}(\tau + h)$. Ne deduciamo dunque che l'accuratezza del metodo upwind è del primo ordine.

La precedente trattazione costituisce solamente brevi cenni rispetto alla derivazione ed all'analisi delle tecniche di approssimazione delle leggi di conservazione tramite differenze finite. In particolare, abbiamo omesso alcune considerazioni sulle proprietà di stabilità che sono di fondamentale importanza per la corretta applicazione e comprensione di questa famiglia di metodi. Brevemente, si tratta della cosiddetta **condizione CFL** (da Courant-Friedrichs-Lewy) che assicura che la velocità di propagazione dell'informazione relativa allo schema numerico non sia inferiore alla velocità di propagazione propria del modello, che nel caso dell'equazione $u_t + a u_x = 0$ è data dalla costante a. Come illustrato in Figura 2.23, fissato un intervallo temporale (t^n, t^{n+1}) di ampiezza τ, tale condizione si traduce nel richiedere che

$$|a\tau| \le h \quad \text{ovvero} \quad |a\lambda| \le 1.$$

Si intuisce che se questa condizione non fosse soddisfatta, potremmo modificare lo stato iniziale del sistema, e quindi la soluzione esatta nel nodo (x_i, t^{n+1}), senza che la soluzione approssimata u_i^{n+1} ne risenta. Di conseguenza, se la condizione CFL non è soddisfatta, il metodo upwind può non convergere alla soluzione esatta del modello quando $\tau, h \to 0$.

Uno schema generale per analizzare le proprietà di approssimazione del metodo upwind è brevemente descritto nell'Appendice C. Tuttavia, per una più completa trattazione ed analisi dei metodi di approssimazione delle leggi di conservazione rimandiamo il lettore interessato a Quarteroni, 2008 e Le Veque, 1992.

2.7.2 Esempio: una legge di conservazione scalare a coefficienti costanti

Applichiamo il metodo upwind per la discretizzazione del seguente problema,

$$\begin{cases} u_t + u_x = 0 \quad \text{per} \; -1 < x < 15, \; t > 0 \\[2mm] u(-1,t) = u(15,t) \quad \text{per} \; t > 0 \\[2mm] u(x,0) = \begin{cases} \sin(x) & 0 < x < \pi \\ 0 & \text{altrove,} \end{cases} \end{cases}$$

dove abbiamo utilizzato condizioni al bordo periodiche per rappresentare un dominio infinitamente esteso. La condizione iniziale e la soluzione numerica agli istanti $t = 2, 4, 8$ sono rappresentate in Figura 2.24. Tali simulazioni sono state ottenute in particolare utilizzando $h = \tau = 0.2$.

Osservando i risultati ottenuti si nota che il metodo utilizzato propaga lo stato iniziale verso destra con velocità unitaria. Tuttavia, la soluzione numerica viene progressivamente smussata, come si nota dal confronto della Figura 2.24 (alto) con la soluzione esatta riportata in Figura 2.3, oppure anche dal confronto dei grafici a $t = 0$ e $t = 8$. In questo caso si dice che il metodo mostra un comportamento

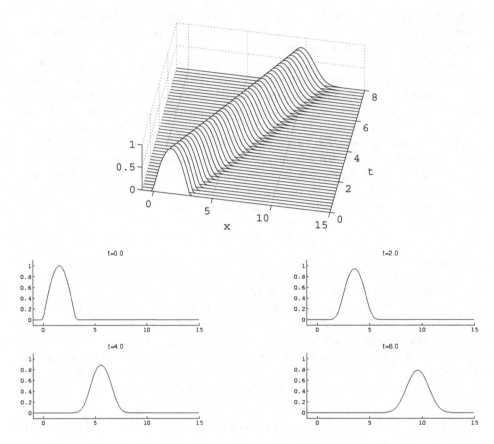

Figura 2.24. Applicazione del metodo upwind ad una legge di trasporto scalare a coefficienti costanti. La soluzione numerica è rappresentata sul piano (x, t) ed anche ad istanti fissati $t = 0, 2, 4, 8$

diffusivo. Tale comportamento si può facilmente spiegare alla luce dell'espressione (2.50). Supponiamo infatti che la funzione $u(x, t)$ sia sufficientemente regolare. Combinando opportunamente i suoi sviluppi in serie di Taylor, centrati nel nodo (x_i, t^n) si dimostra che

$$\frac{1}{2}\frac{a}{h}\left(u(x_{i+1}, t^n) - u(x_{i-1}, t^n)\right) - \frac{1}{2}\frac{|a|}{h}\left(u(x_{i+1}, t^n) - 2u(x_i, t^n) + u(x_{i-1}, t^n)\right)$$

$$= au_x(x_i, t^n) - \frac{|a|h}{2}u_{xx}(x_i, t^n) + \mathcal{O}(h^2).$$

Si nota dunque che il metodo upwind approssima più correttamente l'equazione $u_t + au_x - \frac{1}{2}|a|hu_{xx} = 0$ rispetto a quella originale $u_t + au_x = 0$. Ciò spiega la sua tendenza ad introdurre una diffusione numerica proporzionale a $\frac{1}{2}|a|h$. Questo effetto risulta essere dannoso, in particolare quando la soluzione che si vuole approssimare presenta gradienti molto elevati oppure è discontinua. Un caso particolarmente rilevante è dato dalle leggi di conservazione a coefficienti non costanti, che possono sviluppare autonomamente soluzioni discontinue, come verrà discusso nel prossimo esempio.

2.7.3 Esempio: l'equazione di Burgers

Applichiamo il metodo upwind per la discretizzazione dell'equazione di Burgers con le seguenti condizioni,

$$\begin{cases} u_t + uu_x = 0 \quad \text{per } -1 < x < 15, \ t > 0 \\ u(-1,t) = u(15,t) \quad \text{per } t > 0 \\ u(x,0) = \begin{cases} \sin(x) & 0 < x < \pi \\ 0 & \text{altrove,} \end{cases} \end{cases} \tag{2.51}$$

la cui soluzione è qualitativamente descritta nell'Esercizio 2.5 attraverso il metodo delle caratteristiche e consiste in un ventaglio di onde di rarefazione a monte del picco della soluzione seguito da una compressione e dalla corrispondente onda d'urto a valle del picco. Applichiamo il metodo upwind per l'approssimazione numerica di tale problema al fine di verificare la sua accuratezza nel rappresentare l'onda d'urto. Inoltre, come confermato dai risultati riportati in Figura 2.25 (in basso a sinistra), il metodo upwind tende a smussare la discontinuità. Per ottenere una migliore approssimazione, occorre ricorrere a schemi numerici avanzati, ad alta risoluzione (*high resolution methods*) si veda Le Veque, 1992, Cap. 16. Si tratta essenzialmente di schemi del secondo ordine, modificati opportunamente al fine di catturare forti gradienti o discontinuità, producendo così una soluzione numerica accurata e priva di oscillazioni spurie, come si può verificare in Figura 2.25 (destra).

2.7.4 Esempio: un modello di traffico

Consideriamo il modello di traffico (2.22) con coefficienti unitari, $v_m = \rho_m = 1$, riducendoci in particolare al seguente problema,

$$\begin{cases} \rho_t + (1 - 2\rho)\rho_x = 0 & \text{per } -5 < x < 5, \ t > 0 \\ \rho(-3,t) = \rho(3,t) & \text{per } t > 0 \\ \rho(x,0) = 0.2 \exp\left(-x^2\right) & \text{per } -5 \leq x \leq 5. \end{cases} \tag{2.52}$$

Lo stato iniziale del sistema corrisponde ad una zona di strada con maggiore densità di veicoli a causa di qualche ostacolo nel traffico o di qualcosa che distrae i conducenti. Verifichiamo tramite una simulazione numerica che questo stato produce la pericolosa situazione in cui un conducente che precorre una strada libera si trova improvvisamente davanti ad un fronte di auto ad alta densità.

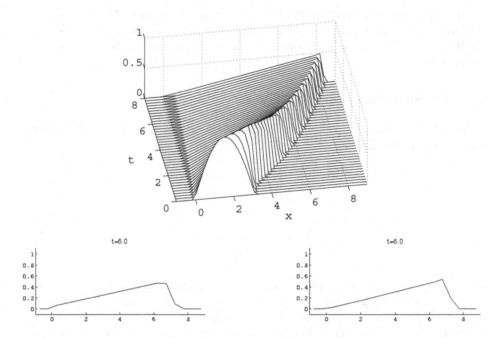

Figura 2.25. Soluzione numerica del problema (2.51) rappresentata sul piano (x, t) ed ottenuta attraverso uno schema ad alta risoluzione. Il confronto tra il metodo upwind (colonna sinistra) ed un metodo più accurato (colonna destra) è riportato sotto per l'istante $t = 6$

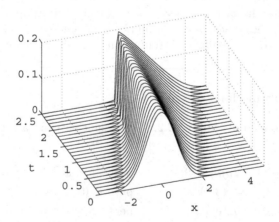

Figura 2.26. Approssimazione numerica del problema (2.52) rappresentata sul piano (x, t) calcolata attraverso il metodo ad alta risoluzione

Le precedenti osservazioni sono confermate dai risultati numerici riportati in Figura 2.26. Infatti, come si può dedurre applicando il metodo delle caratteristiche, si vedano le Sezioni 2.3.2 e 2.4, il gradiente della parte crescente dello stato iniziale tende ad aumentare con l'avanzare del tempo (onda di compressione), mentre la parte decrescente dello stato iniziale dà origine ad un'onda di rarefazione. Dunque, la densità di veicoli ρ evolve verso una soluzione discontinua, che si manifesta a partire dall'istante $t = 2$.

3

Diffusione

3.1 L'equazione di diffusione

3.1.1 Introduzione

L'equazione di *diffusione* o del *calore* per una funzione $u = u(x,t)$, x variabile reale spaziale, t variabile temporale, ha la forma

$$u_t - Du_{xx} = f, \tag{3.1}$$

dove D è una costante positiva che prende il nome di *coefficiente di diffusione*. In dimensione spaziale $n > 1$, cioè quando $\mathbf{x} \in \mathbb{R}^n$, l'equazione di diffusione è

$$u_t - D\Delta u = f, \tag{3.2}$$

dove Δ indica l'*operatore di Laplace:*

$$\Delta = \sum_{k=1}^{n} \partial_{x_k x_k}.$$

Se $f \equiv 0$, l'equazione si dice *omogenea* e vale il **principio di sovrapposizione:** se u e v sono soluzioni e a, b scalari (reali o complessi), anche $au+bv$ è soluzione. Più in generale, se $u_k(\mathbf{x},t)$ è soluzione per ogni valore (intero o reale) di k e $g = g(k)$ è una funzione che si annulla abbastanza rapidamente all'infinito, allora

$$\sum_{k=1}^{\infty} u_k(\mathbf{x},t)\, g(k) \qquad \text{e} \qquad \int_{-\infty}^{+\infty} u_k(\mathbf{x},t)\, g(k)\, dk$$

sono formalmente ancora soluzioni.

La denominazione "equazione di diffusione o del calore" è dovuta al fatto che essa è soddisfatta dalla temperatura in un mezzo omogeneo e isotropo rispetto alla propagazione del calore; f rappresenta l'"intensità" di una sorgente esogena di calore, distribuita nel mezzo. D'altra parte, le (3.1), (3.2) costituiscono modelli

Salsa S, Vegni FMG, Zaretti A, Zunino P: Invito alle equazioni alle derivate parziali.
© Springer-Verlag Italia 2009, Milano

di diffusione molto più generali, dove per **diffusione** si intende, per esempio, il *trasporto di materia dovuto al moto molecolare del mezzo in cui essa è immersa.* In tal caso, la soluzione u potrebbe rappresentare la concentrazione di un soluto o di un inquinante oppure anche una densità di probabilità. In ultima analisi si potrebbe dire che l'equazione sintetizza e unifica sotto una scala macroscopica una molteplicità di fenomeni assai differenti tra loro se osservati in scala microscopica.

In condizioni di equilibrio, cioè quando non c'è evoluzione nel tempo, la soluzione dell'equazione di diffusione soddisfa la versione *stazionaria* ($D = 1$)

$$-\Delta u = f \tag{3.3}$$

($-u_{xx} = f$, in dimensione $n = 1$). La (3.3) si chiama equazione *di Poisson* o *del potenziale.* Se $f = 0$ si chiama *equazione di Laplace* e le sue soluzioni sono così importanti in così tanti campi da meritarsi il nome speciale di **funzioni armoniche.**

Nell'introduzione abbiamo visto che l'equazione di Poisson/Laplace non si presenta solo come versione stazionaria dell'equazione di diffusione e, data la sua importanza, vi ritorneremo più avanti.

3.1.2 La conduzione del calore

Il *calore* è una forma di energia che frequentemente conviene considerare isolata da altre forme. Per ragioni storiche, si usa come unità di misura la *caloria,* che corrisponde a 4.182 *joules.* Vogliamo derivare un modello matematico per la *conduzione* del calore in un corpo rigido. Assumiamo che il corpo rigido sia omogeneo ed isotropo, con densità costante ρ e che possa ricevere energia da una sorgente esogena (per esempio, dal passaggio di corrente elettrica o da una reazione chimica oppure dal calore prodotto per assorbimento o irraggiamento dall'esterno). Indichiamo con r il tasso di calore per unità di massa fornito al corpo dall'esterno[1].

Poiché il calore è una forma di energia, è naturale usare la relativa legge di conservazione che possiamo formulare nel modo seguente:

Sia V un elemento arbitrario di volume all'interno del corpo rigido. *Il tasso di variazione dell'energia interna in V eguaglia il flusso di calore attraverso il bordo ∂V di V, dovuto alla conduzione, più quello dovuto alla sorgente esterna.*

Se indichiamo con $e = e(\mathbf{x}, t)$ l'energia interna per unità di massa, la quantità di energia interna in V è data da

$$\int_V e\rho \, d\mathbf{x},$$

cosicché il suo tasso di variazione è[2]

$$\frac{d}{dt} \int_V e\rho \, d\mathbf{x} = \int_V e_t\rho \, d\mathbf{x}.$$

---

[1] Le dimensioni di r sono: $[r] = [calore] \times [tempo]^{-1} \times [massa]^{-1}$.

[2] Assumendo di poter derivare sotto il segno di integrale.

Indichiamo il vettore *flusso di calore*[3] con **q**. Questo vettore assegna la direzione del flusso di calore e la sua velocità per unità di area. Precisamente, se $d\sigma$ è un elemento d'area contenuto in ∂V con versore normale esterno $\boldsymbol{\nu}$, $\mathbf{q} \cdot \boldsymbol{\nu} d\sigma$ è la velocità con la quale l'energia fluisce attraverso $d\sigma$ e quindi il flusso di calore *entrante* attraverso ∂V è dato da

$$-\int_{\partial V} \mathbf{q} \cdot \boldsymbol{\nu}\, d\sigma \underset{\text{(teorema di Gauss)}}{=} -\int_V \text{div}\mathbf{q}\, dx.$$

Infine, il contributo dovuto alla sorgente esterna è uguale a

$$\int_V r\rho\, d\mathbf{x}.$$

Il bilancio dell'energia richiede dunque:

$$\int_V e_t\rho\, d\mathbf{x} = -\int_V \text{div}\mathbf{q}\, d\mathbf{x} + \int_V r\rho\, d\mathbf{x}. \tag{3.4}$$

L'arbitrarietà di V permette di convertire l'equazione integrale (3.4) nell'equazione

$$e_t\rho = -\text{div}\mathbf{q} + r\rho, \tag{3.5}$$

che costituisce la legge fondamentale della conduzione del calore. Poiché e e $\mathbf{q}$ sono incognite occorrono *leggi costitutive* per queste quantità. Assumiamo le seguenti leggi:

• **Legge di Fourier** per la conduzione del calore; in condizioni "normali", il flusso è proporzionale al gradiente di temperatura:

$$\mathbf{q} = -\kappa\nabla\theta, \tag{3.6}$$

dove θ è la temperatura assoluta e $\kappa > 0$, *conduttività termica*[4], è legata alle proprietà del materiale. Il segno meno tiene conto del fatto che il calore fluisce verso regioni dove la temperatura è minore. In generale, κ può dipendere da θ, ma in molti casi concreti la sua variazione è trascurabile. Qui la consideriamo costante per cui

$$\text{div}\mathbf{q} = -\kappa\Delta\theta. \tag{3.7}$$

• L'energia interna è proporzionale alla temperatura assoluta

$$e = c_v\theta, \tag{3.8}$$

ove c_v è il *calore specifico*[5] (a volume costante) del materiale. Anche c_v, nei casi concreti più comuni, può essere considerato costante.

Tenuto conto di queste leggi, la (3.5) diventa

$$\theta_t = \frac{\kappa}{c_v\varrho}\Delta\theta + \frac{1}{c_v}r,$$

che è l'equazione di diffusione con $D = \kappa/(c_v\varrho)$ e $f = r/c_v$. Nel coefficiente D è sintetizzata la *risposta termica del materiale*.

---

[3] $[\mathbf{q}] = [calore] \times [lunghezza]^{-2} \times [tempo]^{-1}$.

[4] $[\kappa] = [calore] \times [temperatura]^{-1} \times [tempo]^{-1} \times [lunghezza]^{-1}$.

[5] $[c_v] = [calore] \times [temperatura]^{-1} \times [massa]^{-1}$.

3.1.3 Problemi ben posti ($n = 1$)

Come abbiamo accennato nel primo capitolo, per ottenere un problema ben posto in un modello matematico occorrono ulteriori informazioni. *Quali sono i problemi ben posti per l'equazione di diffusione?*

Cominciamo in *dimensione* (spaziale) $n = 1$. Consideriamo l'evoluzione della temperatura u di una sbarra cilindrica di lunghezza L e area di base A, di lunghezza molto superiore al raggio della sezione, *isolata termicamente* ai lati. Sebbene la sbarra sia tridimensionale, possiamo assumere che il calore fluisca solo lungo l'asse del cilindro e che sia distribuito uniformemente in ogni sezione della sbarra. Possiamo dunque pensare di adottare un modello unidimensionale, identificando la sbarra con un segmento del tipo $0 \le x \le L$ e assumere che $e = e(x, t)$, $r = r(x, t)$, con $0 \le x \le L$. Coerentemente, $u = u(x, t)$ e le relazioni costitutive (3.6) e (3.8) diventano

$$e(x, t) = c_v u(x, t), \quad \mathbf{q} = -\kappa u_x \mathbf{i}.$$

Scegliendo $V = A \times [x, x + \Delta x]$ in (3.4), l'area A della sezione si semplifica e otteniamo

$$\int_x^{x+\Delta x} c_v \rho u_t \, dx = \int_x^{x+\Delta x} \kappa u_{xx} \, dx + \int_x^{x+\Delta x} r\rho \, dx,$$

che dà per u l'equazione unidimensionale

$$u_t - D u_{xx} = f.$$

Vogliamo studiare l'evoluzione della temperatura in un intervallo di tempo, diciamo da $t = 0$ fino a $t = T$. È allora ragionevole precisare qual è la distribuzione iniziale: diverse configurazioni iniziali corrisponderanno, in generale, ad evoluzioni differenti di temperatura lungo la sbarra. Occorre dunque assegnare il **dato iniziale** (o *di Cauchy*) $u(x, 0)$.

Questo però non è sufficiente; è necessario tener conto di come la sbarra interagisce con l'ambiente circostante; per convincersene, basti pensare al fatto che, partendo da una data configurazione iniziale, potremmo influire sull'evoluzione di u controllando ciò che succede agli estremi della sbarra; un modo per farlo è, per esempio, usare un termostato per mantenere la temperatura al livello desiderato. Ciò equivale ad assegnare

$$u(0, t) = h_1(t), \quad u(L, t) = h_2(t) \quad t \in (0, T], \qquad (3.9)$$

che si chiamano **condizioni di Dirichlet**.

Anziché la temperatura, si può controllare il flusso di calore uscente/entrante dagli estremi. Adottando sempre la legge di Fourier, si ha:

flusso di calore entrante in $x = 0$: $-\kappa u_x(0, t)$

flusso di calore entrante in $x = L$: $\kappa u_x(L, t)$,

dove $\kappa > 0$ è la costante di conduttività termica. Controllare il flusso agli estremi corrisponde dunque ad assegnare

$$-u_x\left(0,t\right) = h_1\left(t\right), u_x\left(L,t\right) = h_2\left(t\right) \qquad t \in (0,T], \qquad (3.10)$$

che si chiamano **condizioni di Neumann.**

Può presentarsi il caso in cui occorra assegnare **condizioni miste**: in un estremo una condizione di Dirichlet, nell'altro una di Neumann. In altre situazioni è appropriata una **condizione di radiazione** (o **di Robin**) in uno o in entrambi gli estremi. Supponiamo che il mezzo circostante sia tenuto alla temperatura U e che il flusso di calore entrante attraverso un estremo, per esempio $x = L$, sia proporzionale alla differenza $U - u$, cioè[6]

$$\kappa u_x\left(L,t\right) = \gamma(U - u\left(L,t\right)) \qquad t \in (0,T], \qquad (3.11)$$

dove $\gamma > 0$. Ponendo $\alpha = \gamma/\kappa > 0$ e $\beta = \gamma U/\kappa$ la condizione di Robin in $x = L$ si scrive

$$u_x\left(L,t\right) + \alpha u\left(L,t\right) = \beta \qquad t \in (0,T]. \qquad (3.12)$$

Le condizioni agli estremi (3.9), (3.10), (3.12) e miste sono fra le più usate problemi ad esse associati ne ereditano il nome.

Riassumendo, abbiamo i seguenti tipi di problemi: *dati $f = f\left(x,t\right)$ (sorgente esterna) e $g = g\left(x\right)$ (dato iniziale o di Cauchy), determinare $u = u\left(x,t\right)$ tale che:*

$$\begin{cases} u_t - Du_{xx} = f & 0 < x < L, 0 < t < T \\ u\left(x,0\right) = g\left(x\right) & 0 \leq x \leq L \\ + \text{ condizioni agli estremi } 0 < t < T \end{cases}$$

dove le condizioni agli estremi possono essere le seguenti:

- *di Dirichlet:*
$$u\left(0,t\right) = h_1\left(t\right), \; u\left(L,t\right) = h_2\left(t\right);$$

- *di Neumann:*
$$-u_x\left(0,t\right) = h_1\left(t\right), \; u_x\left(L,t\right) = h_2\left(t\right);$$

- *di radiazione o di Robin:*
$$-u_x\left(0,t\right) + \alpha u\left(0,t\right) = h_1\left(t\right), \; u_x\left(L,t\right) + \alpha u\left(L,t\right) = h_2\left(t\right) \qquad (\alpha > 0).$$

Coerentemente, abbiamo i problemi di Cauchy-Dirichlet, Cauchy-Neumann e così via. Quando $h_1 = h_2 = 0$, diciamo che le condizioni al bordo sono **omogenee.**

---

[6] La formula (3.11) è basata sulla *legge (lineare) di raffreddamento di Newton*: la perdita di calore dalla superficie di un corpo è funzione lineare della differenza di temperatura $U - u$ dall'ambiente esterno alla superficie. Rappresenta una buona approssimazione della perdita di calore irradiato da un corpo quando $|U - u|/u \ll 1$.

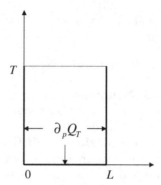

Figura 3.1. La frontiera parabolica di Q_T

Nota 3.1. Notiamo espressamente che *nessuna condizione finale* (*per $t = T$*) è assegnata. Le condizioni sono assegnate solo sulla cosiddetta *frontiera parabolica* del cilindro Q_T, indicata con $\partial_p Q_T$ e data dall'unione della base $(0, L) \times \{t = 0\}$ e della parte laterale costituita dai punti $(0, t)$ e (L, t) con $t \in [0, T]$.

In importanti applicazioni, come per esempio alla Finanza Matematica, si presenta il caso in cui x varia in insiemi illimitati, tipicamente intervalli del tipo $(0, \infty)$ o anche tutto $\mathbb{R}$, che corrisponderebbe al caso di una sbarra ideale, infinita. In questi casi occorre richiedere che la soluzione non diverga all'infinito troppo rapidamente. Vedremo condizioni precise più avanti. Abbiamo dunque, in tal caso, il

- *problema di Cauchy globale.*

$$\begin{cases} u_t - Du_{xx} = f & x \in \mathbb{R}, 0 < t < T \\ u(x, 0) = g(x) & x \in \mathbb{R} \\ + \text{ condizioni per } x \to \infty. \end{cases}$$

3.1.4 Un esempio elementare. Il metodo di separazione delle variabili

Dimostreremo che, sotto ipotesi non troppo onerose sui dati, i problemi considerati sopra sono ben posti, cioè la soluzione, esiste è unica e dipende con continuità dai dati. A volte ciò si può fare con metodi elementari, come quello di *separazione delle variabili*, che presentiamo servendoci di un semplice esempio di conduzione del calore. Consideriamo la situazione seguente. Una sbarra (che consideriamo unidimensionale) di lunghezza L è tenuta inizialmente a temperatura θ_0. Successivamente, l'estremo $x = 0$ è mantenuto alla stessa temperatura, mentre l'estremo $x = L$ viene mantenuto ad una temperatura costante $\theta_1 > \theta_0$. Vogliamo sapere come evolve la temperatura θ.

Prima di fare calcoli, proviamo a congetturare che cosa può succedere. Dato che $\theta_1 > \theta_0$, dall'estremo *caldo* comincerà a fluire calore causando un aumento della temperatura all'interno e una fuoruscita di calore dall'estremo *freddo*. All'inizio, il flusso entrante sarà superiore al flusso uscente, ma col tempo, con l'aumento di temperatura all'interno, esso comincerà a diminuire, mentre il flusso uscente aumenterà. Ci si aspetta che prima o poi i due flussi si bilancino e si assesteranno su una situazione stazionaria. Sarebbe poi interessante avere informazioni sul tempo d'assestamento.

Cerchiamo ora di dimostrare che questo è esattamente il comportamento che il nostro modello matematico riproduce. Il problema è:

$$\begin{cases} \theta_t - D\theta_{xx} = 0 & t > 0, 0 < x < L \\ \theta(x,0) = \theta_0 & 0 \le x \le L \\ \theta(0,t) = \theta_0, \ \theta(L,t) = \theta_1 & t > 0. \end{cases} \tag{3.13}$$

Poiché siamo interessati al comportamento a regime della soluzione, lasciamo t illimitato. Non lasciamoci impressionare dal fatto che il dato iniziale *non si raccordi con continuità con quello laterale all'estremo* $x = L$; vedremo dopo che cosa ciò comporti.

Variabili adimensionali

Conviene riformulare il problema passando a *variabili adimensionali*, riducendo contemporaneamente i dati a 0 e 1. A tale scopo, occorre *riscalare spazio, tempo e temperatura rispetto a grandezze caratteristiche del problema*. Per la variabile spaziale è facile. Una grandezza caratteristica è la lunghezza della sbarra. Poniamo quindi

$$y = \frac{x}{L},$$

che è ovviamente una grandezza adimensionale, essendo rapporto di lunghezze. Notiamo che

$$0 \le y \le 1.$$

Come riscalare il tempo? Osserviamo che le dimensioni di D sono $[lungh.]^2 \times [tempo]^{-1}$. La costante $\tau = \frac{L^2}{D}$ ha dunque le dimensioni di un tempo ed è indubbiamente legata alle caratteristiche del problema. Introduciamo perciò il tempo adimensionale

$$s = \frac{t}{\tau}.$$

Poniamo infine

$$u(y,s) = \frac{\theta(Ly, \tau s) - \theta_0}{\theta_1 - \theta_0}.$$

Risulta

$$u(y,0) = \frac{\theta(Ly,0) - \theta_0}{\theta_1 - \theta_0} = 0, \quad 0 \le y \le 1$$

$$u(0,s) = \frac{\theta(0,\tau s) - \theta_0}{\theta_1 - \theta_0} = 0, \quad u(1,s) = \frac{\theta(L,\tau s) - \theta_0}{\theta_1 - \theta_0} = 1.$$

Inoltre,

$$(\theta_1 - \theta_0)u_s = \frac{\partial t}{\partial s}\theta_t = \tau\theta_t = \frac{L^2}{D}\theta_t$$

$$(\theta_1 - \theta_0)u_{yy} = \left(\frac{\partial x}{\partial y}\right)^2 \theta_{xx} = L^2\theta_{xx}$$

per cui, essendo $\theta_t = D\theta_{xx}$,

$$(\theta_1 - \theta_0)(u_s - u_{yy}) = \frac{L^2}{D}\theta_t - L^2\theta_{xx} = \frac{L^2}{D}D\theta_{xx} - L^2\theta_{xx} = 0.$$

Riassumendo, si ha

$$u_s - u_{yy} = 0 \tag{3.14}$$

con le condizioni $u(y, 0) = 0$ e

$$u(0, s) = 0, \quad u(1, s) = 1. \tag{3.15}$$

Osserviamo che nella formulazione adimensionale i parametri L e D non compaiono, evidenziando la struttura matematica del problema. D'altro canto, vedremo più avanti l'utilità dell'adimensionalizzazione nella modellistica.

La soluzione stazionaria

Cominciamo a determinare la soluzione stazionaria u^{St}, che si dimentica della condizione iniziale e soddisfa l'equazione $u_{yy} = 0$, oltre alle condizioni (3.15). Si trova immediatamente la retta

$$u^{St}(y) = y.$$

Tornando alle variabili originali, la soluzione stazionaria è

$$\theta^{St}(x) = \theta_0 + (\theta_1 - \theta_0)\frac{x}{L}$$

che corrisponde ad un flusso uniforme di calore lungo la sbarra, dato dalla legge di Fourier:

$$\text{flusso di calore} = -\kappa\theta_x = -\kappa\frac{(\theta_1 - \theta_0)}{L}.$$

Il regime transitorio

Conviene a questo punto porre

$$U(y, s) = u^{St}(y, s) - u(y, s) = y - u(y, s).$$

U rappresenta il *regime transitorio* che ci aspettiamo tenda a zero per $s \to \infty$. La velocità di convergenza a zero di U dà informazioni sul tempo che la temperatura impiega ad assestarsi sulla posizione di equilibrio u^{St}. U soddisfa l'equazione (3.14) con la condizione iniziale

$$U(y, 0) = y \tag{3.16}$$

e le condizioni di Dirichlet *omogenee*

$$U(0,s) = 0 \quad \text{e} \quad U(1,s) = 0. \tag{3.17}$$

Separazione delle variabili

Cerchiamo ora una formula esplicita per U, usando, come abbiamo anticipato, il metodo di separazione delle variabili. L'idea è di sfruttare la natura lineare del problema costruendo la soluzione mediante sovrapposizione di soluzioni della forma $w(s)\,v(y)$ in cui le variabili s e y si presentano *separate*. Sottolineiamo che è essenziale avere condizioni agli estremi omogenee.

Passo 1. Si comincia a cercare soluzioni della (3.14) nella forma

$$U(y,s) = w(s)\,v(y).$$

con $v(0) = v(1) = 0$. Sostituendo, si trova

$$0 = U_s - U_{yy} = w'(s)\,v(y) - w(s)\,v''(y),$$

da cui, separando le variabili,

$$\frac{w'(s)}{w(s)} = \frac{v''(y)}{v(y)}. \tag{3.18}$$

Ora, la (3.18) è un'*identità*, valida per ogni $s > 0$ ed ogni $y \in (0,1)$. Essendo il primo membro funzione *solo* della variabile s ed il secondo funzione *solo* della variabile y, l'identità è possibile unicamente nel caso in cui entrambi i membri siano uguali ad una costante comune, diciamo λ. Abbiamo, dunque,

$$v''(y) - \lambda v(y) = 0 \tag{3.19}$$

con

$$v(0) = v(1) = 0 \tag{3.20}$$

e

$$w'(s) - \lambda w(s) = 0. \tag{3.21}$$

Passo 2. Risolviamo prima il problema (3.19), (3.20). Vi sono tre possibili forme dell'integrale generale di (3.19).

a) Se $\lambda = 0$, $v(y) = A + By$ (A, B constanti arbitrarie) e le condizioni (3.20) implicano $A = B = 0$.

b) Se λ è positivo, diciamo $\lambda = \mu^2 > 0$, allora

$$v(y) = Ae^{-\mu y} + Be^{\mu y}$$

e ancora le condizioni (3.20) implicano $A = B = 0$.

c) Se infine $\lambda = -\mu^2 < 0$, allora

$$v(y) = A\sin \mu y + B\cos \mu y.$$

Imponendo le condizioni (3.20), si trova

$$v(0) = B = 0$$
$$v(1) = A \sin \mu + B \cos \mu = 0,$$

da cui

$$A \text{ arbitrario}, \ B = 0, \ \mu = m\pi, \ m = 1, 2, \dots .$$

Solo il terzo caso produce dunque soluzioni non nulle del tipo

$$v_m(y) = A \sin m\pi y.$$

Problemi come (3.19), (3.20) si chiamano *problemi agli autovalori*. I valori μ_m si chiamano *autovalori* e le soluzioni v_m sono le corrispondenti *autofunzioni*.

Con i valori $\lambda = -\mu^2 = -m^2\pi^2$, la (3.21) ha come integrale generale,

$$w_m(s) = Ce^{-m^2\pi^2 s} \quad (C \text{ costante arbitraria}).$$

Otteniamo così soluzioni della forma

$$U_m(y, s) = A_m e^{-m^2\pi^2 s} \sin m\pi y.$$

Passo **3**. Le soluzioni U_m non soddisfano la condizione iniziale $U(y, 0) = y$. Come abbiamo già accennato, cerchiamo di costruire la soluzione desiderata sovrapponendo le infinite soluzioni U_m mediante la formula

$$U(y, s) = \sum_{m=1}^{\infty} U_m(y, t) = \sum_{m=1}^{\infty} A_m e^{-m^2\pi^2 s} \sin m\pi y.$$

Si presentano spontaneamente tre questioni.

Q1. La condizione iniziale impone

$$U(y, 0) = \sum_{m=1}^{\infty} A_m \sin m\pi y = y \qquad \text{per } 0 \le y \le 1. \tag{3.22}$$

È possibile scegliere le costanti A_m in modo che la (3.22) sia verificata? In quale senso U soddisfa la condizione iniziale? Per esempio, è vero che

$$U(z, s) \to y \quad \text{se} \quad (z, s) \to (y, 0)?$$

Q2. Ogni singola funzione U_m è soluzione dell'equazione del calore, ma lo sarà anche U? Per verificarlo occorrerebbe poter differenziare per serie cosicché:

$$(\partial_s - \partial_{yy})U(y, s) = \sum_{m=1}^{\infty} (\partial_s - \partial_{yy})U_m(y, s) = 0. \tag{3.23}$$

E le condizioni agli estremi?

Q3. Anche supponendo che tutto vada bene, siamo sicuri che U sia l'unica soluzione del problema e quindi descriva senza ombra di dubbio l'evoluzione della temperatura?

Q1. La questione 1 è di carattere molto generale e riguarda la possibilità di *sviluppare una funzione in serie di Fourier* ed in particolare la funzione $f(y) = y$, nell'intervallo $(0, 1)$. Per via delle condizioni di Dirichlet omogenee agli estremi è naturale sviluppare $f(y) = y$ con una serie di soli *seni*, ossia sviluppare la funzione *periodica di periodo 2, che coincide con y nell'intervallo* $[-1, 1]$. I coefficienti di Fourier si calcolano con la formula

$$A_k = 2 \int_0^1 y \sin k\pi y \, dy = -\frac{2}{k\pi} [y \cos k\pi y]_0^1 + \frac{2}{k\pi} \int_0^1 \cos k\pi y \, dy =$$

$$= -2\frac{\cos k\pi}{k\pi} = (-1)^{k+1} \frac{2}{k\pi}.$$

Lo sviluppo di $f(y) = y$ è, dunque:

$$y = \sum_{m=1}^{\infty} (-1)^{m+1} \frac{2}{m\pi} \sin m\pi y. \tag{3.24}$$

Dove è valido lo sviluppo (3.24)? Si vede subito che in $y = 1$ non può essere vero, in quanto $\sin m\pi = 0$ per ogni m e si otterrebbe $1 = 0$.

La teoria delle serie di Fourier implica che lo sviluppo (3.24) è valido nell'intervallo $(-1, 1)$, mentre agli estremi la serie è ovviamente nulla. Inoltre, la serie converge uniformemente in ogni intervallo $[a, b] \subset (-1, 1)$.

L'uguaglianza (3.24) vale anche **in media quadratica**, ovvero

$$\int_0^1 [y - \sum_{m=1}^{N} (-1)^{m+1} \frac{2}{m\pi} \sin m\pi y]^2 dy \to 0 \qquad \text{per } N \to \infty.$$

In conclusione, la nostra (per ora solo candidata) soluzione è

$$U(y, s) = \sum_{m=1}^{\infty} (-1)^{m+1} \frac{2}{m\pi} e^{-m^2\pi^2 s} \sin m\pi y. \tag{3.25}$$

Controlliamo che il dato iniziale è assunto *in media quadratica*, ossia che

$$\lim_{s\to 0} \int_0^1 [U(y, s) - y]^2 dy = 0. \tag{3.26}$$

Infatti, dall'uguaglianza di Parseval, possiamo scrivere

$$\int_0^1 [U(y, s) - y]^2 dy = \frac{4}{\pi^2} \sum_{m=1}^{\infty} \frac{\left(e^{-m^2\pi^2 s} - 1\right)^2}{m^2}. \tag{3.27}$$

Ora, per $s \geq 0$, si ha

$$\frac{\left(e^{-m^2\pi^2 s} - 1\right)^2}{m^2} \leq \frac{1}{m^2}$$

e la serie $\sum 1/m^2$ è convergente. Ne segue che la serie (3.27) converge uniformemente in $[0, \infty)$ e che possiamo passare al limite per $s \to 0^+$ sotto il segno di somma, ottenendo (3.26).

Un po' più delicato è mostrare[7] che $U(x, s) \to y$ se $(x, s) \to (y, 0)$, con l'unica eccezione del punto $y = 1$, dove, del resto, già i dati non si raccordavano con continuità.

Q2. L'espressione di U è abbastanza confortante: è una sovrapposizione di vibrazioni sinusoidali di frequenza m sempre maggiore e di ampiezza fortemente attenuata dalla presenza dell'esponenziale, *almeno per $s > 0$*. In queste condizioni, la rapida convergenza a zero del termine generale della serie e delle sue derivate di qualunque ordine, sia rispetto al tempo, sia rispetto allo spazio, permette di scambiare le operazioni di derivazione con quella di somma.

Concludiamo perciò che U è effettivamente soluzione dell'equazione del calore. Consideriamo i dati agli estremi. Per $s > 0$, sempre a causa della rapida convergenza a zero del termine generale, è facile mostrare che $U \to 0$ agli estremi $[0, 1] \times (0, +\infty)$ e che la soluzione possiede derivate continue di qualunque ordine. Sottolineiamo che la soluzione s'è "dimenticata" *immediatamente* della discontinuità iniziale.

Q3. Per mostrare che U è l'unica soluzione seguiamo un metodo detto "dell'energia", che svilupperemo in seguito in contesti molto più generali. Moltiplichiamo per u l'equazione

$$u_s - u_{yy} = 0$$

e integriamo rispetto ad y sull'intervallo $[0, 1]$ mantenendo $s > 0$, fissato; si trova:

$$\int_0^1 u u_s \, dx - \int_0^1 u u_{yy} \, dy = 0. \tag{3.28}$$

Osserviamo ora che

$$\int_0^1 u u_s \, dx = \frac{1}{2} \int_0^1 \partial_s \left(u^2\right) dy = \frac{1}{2} \frac{d}{ds} \int_0^1 u^2 dy$$

mentre, integrando per parti,

$$\int_0^1 u u_{yy} \, dy = [u(1, s) u_y(1, s) - u(0, s) u_y(0, s)] - \int_0^1 (u_y)^2 \, dy.$$

La (3.28) è allora equivalente a

$$\frac{1}{2} \frac{d}{ds} \int_0^1 u^2 dy = [u(1, s) u_y(1, s) - u(0, s) u_y(0, s)] - \int_0^1 (u_y)^2 \, dy. \tag{3.29}$$

---

[7] Omettiamo la dimostrazione, un po' troppo tecnica.

Se ora u e v sono soluzioni del nostro problema di Cauchy-Dirichlet, cioè con *gli stessi dati iniziali e al bordo,* la differenza $w = u - v$ è soluzione dell'equazione $w_s - w_{yy} = 0$ con dati iniziali e al bordo nulli. Applicando la (3.29) a w, si trova

$$\frac{1}{2}\frac{d}{ds}\int_0^1 w^2 dy = -\int_0^1 (w_y)^2\, dy \le 0, \qquad (3.30)$$

essendo

$$w\left(L, s\right) w_y\left(L, s\right) - w\left(0, s\right) w_y\left(0, s\right) = 0.$$

La (3.30) indica che la funzione non negativa

$$E\left(s\right) = \int_0^1 w^2\left(y, s\right) dy$$

ha derivata minore o uguale a zero e perciò è decrescente. Ma dalla (3.26), sempre applicata a w, si ha

$$E\left(s\right) \to 0 \qquad se\ s \to 0^+$$

e quindi si deduce che $E\left(s\right) = 0$, per ogni $s > 0$. Essendo $w^2\left(y, s\right)$ continua e non negativa se $s > 0$, deve essere $w = 0$ per ogni $s > 0$, che significa $u = v$.

Ritorno alle origini
Ritornando al problema di partenza, la soluzione nelle variabili originali risulta

$$\theta\left(x, t\right) = \left\{\theta_0 + \left(\theta_1 - \theta_0\right)\frac{x}{L}\right\} - \left(\theta_1 - \theta_0\right)\sum_{m=1}^{\infty}\left(-1\right)^{m+1}\frac{2}{m\pi}e^{\frac{-m^2\pi^2 D}{L^2}t}\sin\frac{m\pi}{L}x.$$
$$(3.31)$$

Dalla formula per la soluzione troviamo conferma della congettura sull'evoluzione della temperatura, fatta all'inizio. Infatti, tutti i termini della serie convergono a zero esponenzialmente per $t \to +\infty$ e quindi è facile dimostrare che, a regime, la temperatura si assesta, almeno in media quadratica, sulla soluzione stazionaria:

$$\theta\left(x, t\right) \to \theta_0 + \left(\theta_1 - \theta_0\right)\frac{x}{L} \qquad t \to +\infty.$$

Non solo. Dei vari termini della serie, il primo ($m = 1$) è quello che decade più lentamente e perciò, coll'andar del tempo, è quello che determina la deviazione dall'equilibrio, indipendentemente dalla condizione iniziale. Questo termine è

$$\frac{2}{\pi}e^{\frac{-\pi^2 D}{L^2}t}\sin\frac{\pi}{L}x$$

ed ha un andamento sinusoidale smorzato, di ampiezza massima $\frac{2}{\pi}e^{\frac{-\pi^2 D}{L^2}t}$. In un tempo t dell'ordine di $L^2/4D$ tale ampiezza è minore di $e^{-\pi^2/4}$, circa l' 8% del suo valore iniziale. Questo semplice calcolo fornisce l'importante informazione che, per raggiungere lo stato di equilibrio, ci vuole un tempo dell'ordine di grandezza di $\frac{L^2}{D}$.

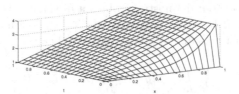

Figura 3.2. La soluzione del problema (3.14), (3.15)

Non a caso, il fattore di scala del tempo adimensionale τ era esattamente $\frac{L^2}{D}$. La formulazione adimensionale, oltre che semplificare i calcoli, è estremamente utile nel fare predizioni usando modelli sperimentali. Per avere risultati attendibili, questi modelli devono riprodurre le stesse caratteristiche a scale differenti. Per esempio, se la nostra sbarra fosse un modello sperimentale di una trave molto più grande, lunga L_0, con coefficiente di diffusione D_0, per avere gli stessi effetti temporali di diffusione del calore, occorre scegliere materiale (D) e lunghezza (L) in modo che $\frac{L^2}{D} = \frac{L_0^2}{D_0}$. In Figura 3.2: la soluzione del problema (3.14)), (3.15) per $0 < t \leq 1$.

3.1.5 Problemi in dimensione $n > 1$

Ragioniamo ora in dimensione spaziale n generica, appoggiando l'intuizione sui casi $n = 2$ o $n = 3$. Supponiamo di voler determinare l'evoluzione della temperatura in un corpo conduttore del calore, che occupi nello spazio un dominio[8] Ω *limitato*, nell'intervallo di tempo $[0, T]$. Sotto le ipotesi della Sezione 3.1.2, la temperatura sarà una funzione $u = u(\mathbf{x}, t)$, che soddisfa l'equazione del calore $u_t - D\Delta u = f$ nel *cilindro spazio-temporale*

$$Q_T = \Omega \times (0, T).$$

Per determinarla univocamente occorre assegnare prima di tutto la sua *distribuzione iniziale*

$$u(\mathbf{x}, 0) = g(\mathbf{x}) \qquad \mathbf{x} \in \overline{\Omega},$$

dove $\overline{\Omega} = \Omega \cup \partial\Omega$ indica la *chiusura* of Ω.

Il controllo dell'interazione con l'ambiente circostante si modella mediante *opportune condizioni sul bordo* $\partial\Omega$. Le più comuni sono le seguenti.

Condizione di Dirichlet. La temperatura è mantenuta in ogni punto di $\partial\Omega$ ad un livello assegnato; in formule ciò si traduce nell'assegnare

$$u(\boldsymbol{\sigma}, t) = h(\boldsymbol{\sigma}, t) \qquad \boldsymbol{\sigma} \in \partial\Omega \text{ e } t \in (0, T].$$

---

[8] Ricordiamo che *dominio* significa *aperto connesso in* $\mathbb{R}^n$. Occorre naturalmente evitare confusioni con la definizione di *dominio di una funzione,* che può essere un insieme qualunque.

Condizione di Neumann. Si assegna il flusso di calore entrante/uscente attraverso $\partial\Omega$, che supponiamo essere una curva o una superficie "liscia", ossia dotata di retta o piano tangente in ogni suo punto[9]. Per esprimere questa condizione, indichiamo con $\boldsymbol{\nu} = \boldsymbol{\nu}(\boldsymbol{\sigma})$ il versore normale al piano tangente a $\partial\Omega$ nel punto σ, *orientato esternamente* a Ω. Dalla legge di Fourier abbiamo

$$\mathbf{q} = \text{flusso di calore} = -\kappa\nabla u,$$

per cui il flusso *entrante* è

$$-\mathbf{q}\cdot\boldsymbol{\nu} = \kappa\nabla u\cdot\boldsymbol{\nu} = \kappa\partial_\nu u.$$

Di conseguenza, la condizione di Neumann equivale ad assegnare la derivata normale $\partial_\nu u(\boldsymbol{\sigma}, t)$, per ogni $\boldsymbol{\sigma}\in\partial\Omega$ e $t\in[0, T]$:

$$\partial_\nu u(\boldsymbol{\sigma}, t) = h(\boldsymbol{\sigma}, t) \qquad \boldsymbol{\sigma}\in\partial\Omega \ \text{ e } \ t\in(0, T].$$

Condizione di radiazione o di Robin. Il flusso (per esempio *entrante*) attraverso $\partial\Omega$ dipende linearmente dalla differenza[10] $U - u$:

$$-\mathbf{q}\cdot\boldsymbol{\nu} = \gamma(U - u) \qquad (\gamma > 0)$$

dove U è la temperatura ambiente. Dalla legge di Fourier si ottiene

$$\partial_\nu u + \alpha u = \beta \qquad \text{su } \partial\Omega$$

con $\alpha = \gamma/\kappa > 0$, $\beta = \gamma U/\kappa$.

Condizioni miste. La frontiera di Ω è scomposta in varie parti, su ciascuna delle quali è assegnata una diversa condizione. Per esempio, una formulazione del problema misto Dirichlet-Neumann si ottiene scrivendo

$$\partial\Omega = \partial_D\Omega\cup\partial_N\Omega \quad \text{con} \quad \partial_D\Omega\cap\partial_N\Omega = \varnothing,$$

dove $\partial_D\Omega$ e $\partial_N\Omega$ sono sottoinsiemi "ragionevoli" di $\partial\Omega$. Tipicamente, $\partial_N\Omega = \partial\Omega\cap A$, dove A è un aperto in $\mathbb{R}^n$. In questo caso diciamo che $\partial_N\Omega$ è *un aperto* in $\partial\Omega$.

Assegniamo poi

$$u = h_1 \text{ su } \partial_D\Omega\times(0, T]$$
$$\partial_\nu u = h_2 \text{ su } \partial_N\Omega\times(0, T].$$

Riassumendo, abbiamo i seguenti tipi di problemi: *dati $f = f(\mathbf{x}, t)$ e $g = g(\mathbf{x})$, determinare $u = u(\mathbf{x}, t)$ tale che:*

$$\begin{cases} u_t - D\Delta u = f & \text{in } Q_T \\ u(\mathbf{x}, 0) = g(\mathbf{x}) & \text{in } \overline{\Omega} \\ + \text{ condizioni al bordo su } \partial\Omega\times(0, T], \end{cases}$$

dove le condizioni al bordo possono essere le seguenti.

---

[9] Possiamo anche ammettere alcuni punti angolosi, come nel caso di un un cono, e anche qualche spigolo, come nel caso di un cubo.

[10] Legge (lineare) del raffreddamento di Newton.

- *Dirichlet:*

$$u = h,$$

- *Neumann:*

$$\partial_\nu u = h,$$

- *radiazione o Robin:*

$$\partial_\nu u + \alpha u = \beta \qquad (\alpha > 0),$$

- *miste:*

$$u = h_1 \text{ su } \partial_D \Omega, \qquad \partial_\nu u = h_2 \text{ su } \partial_N \Omega.$$

Anche in dimensione $n > 1$, importanti applicazioni fanno intervenire domini illimitati di vario tipo. Un esempio tipico è il problema di Cauchy globale:

$$\begin{cases} u_t - D\Delta u = f & \mathbf{x} \in \mathbb{R}^n, 0 < t < T \\ u(\mathbf{x}, 0) = g(\mathbf{x}) & \mathbf{x} \in \mathbb{R}^n \end{cases}$$

a cui va aggiunta una condizione per $|\mathbf{x}| \to \infty$.

Notiamo ancora espressamente che *nessuna condizione finale* (per $t = T$, $\mathbf{x} \in \Omega$) è assegnata. Le condizioni sono assegnate solo sulla cosiddetta *frontiera parabolica* del cilindro Q_T, data dall'unione della base $\overline{\Omega} \times \{t = 0\}$ e della parte laterale $S_T = \partial\Omega \times (0, T]$:

$$\partial_p Q_T = \left(\overline{\Omega} \times \{t = 0\} \right) \cup S_T.$$

3.2 Principi di massimo e questioni di unicità

Il fatto che il calore fluisca sempre verso regioni dove la temperatura è più bassa ha come conseguenza che una soluzione dell'equazione omogenea del calore *assume massimi e minimi globali sulla frontiera parabolica* $\partial_p Q_T$. Questo risultato è noto come *principio di massimo*. Inoltre, l'equazione risente dell'irreversibilità temporale nel senso che il futuro è influenzato dal passato ma non viceversa (*principio di causalità*). In altri termini, il valore di una soluzione u al tempo t è indipendente da ogni cambiamento nei dati dopo t. In termini matematici, abbiamo il seguente teorema, che vale per funzioni nella classe $C^{2,1}(Q_T) \cap C(\overline{Q}_T)$. Queste funzioni sono continue fino al bordo del cilindro con derivate seconde spaziali e prime temporali continue all'interno di Q_T.

Teorema 3.1. *Sia* $w \in C^{2,1}(Q_T) \cap C(\overline{Q}_T)$ *tale che*

$$w_t - D\Delta w = q \leq 0 \qquad \text{in } Q_T. \tag{3.32}$$

Allora il massimo di w è assunto sulla frontiera parabolica $\partial_p Q_T$ di Q_T:

$$\max_{\overline{Q}_T} w = \max_{\partial_p Q_T} w.$$

In particolare, se w è negativa su $\partial_p Q_T$, allora è negativa in tutto Q_T.

Dimostrazione. Ricordiamo che la frontiera parabolica è costituita dai punti sulla base del cilindro Q_T e da quelli sulla parte laterale. Distinguiamo due passi.
Passo 1. Sia $\varepsilon > 0$ tale che $T - \varepsilon > 0$. Dimostriamo che

$$\max_{\overline{Q}_{T-\varepsilon}} w \le \max_{\partial_p Q_T} w + \varepsilon T. \tag{3.33}$$

Poniamo $u = w - \varepsilon t$. Allora

$$u_t - D\Delta u = q - \varepsilon < 0. \tag{3.34}$$

Mostriamo che il massimo di u in $\overline{Q}_{T-\varepsilon}$ è assunto in un punto di $\partial_p Q_{T-\varepsilon}$. Supponiamo che ciò non sia vero. Allora esiste un punto $(\mathbf{x}_0, t_0)$, $\mathbf{x}_0 \in \Omega$, $0 < t_0 \le T - \varepsilon$, nel quale u assume il massimo in $\overline{Q}_{T-\varepsilon}$.
Ma allora, essendo $u_{x_j x_j}(\mathbf{x}_0, t_0) \le 0$ per ogni $j = 1, \dots, n$, si avrebbe

$$\Delta u(\mathbf{x}_0, t_0) \le 0$$

e

$$u_t(\mathbf{x}_0, t_0) = 0 \qquad \text{se } t_0 < T - \varepsilon,$$

oppure

$$u_t(\mathbf{x}_0, t_0) \ge 0 \qquad \text{se } t_0 = T - \varepsilon.$$

In ogni caso si avrebbe

$$u_t(\mathbf{x}_0, t_0) - \Delta u(\mathbf{x}_0, t_0) \ge 0,$$

incompatibile con (3.34). Pertanto

$$\max_{\overline{Q}_{T-\varepsilon}} u \le \max_{\partial_p Q_{T-\varepsilon}} u \le \max_{\partial_p Q_T} w,$$

essendo $u \le w$. D'altra parte, $w \le u + \varepsilon T$ e quindi

$$\max_{\overline{Q}_{T-\varepsilon}} w \le \max_{\partial_p Q_{T-\varepsilon}} u + \varepsilon T \le \max_{\partial_p Q_T} w + \varepsilon T, \tag{3.35}$$

che è la (3.33).
Passo 2. Poiché w è continua in $\overline{Q}_T$, deduciamo che[11]

$$\max_{\overline{Q}_{T-\varepsilon}} w \to \max_{\overline{Q}_T} w \qquad \text{per } \varepsilon \to 0.$$

---

[11] Si invita il lettore a dimostrarlo.

Passando allora al limite per $\varepsilon \to 0$ nella (3.33) si ricava

$$\max_{\overline{Q}_T} w \le \max_{\partial_p Q_T} w$$

che conclude la dimostrazione. $\qquad\qquad\qquad\qquad\qquad\qquad\qquad\qquad\square$

Come conseguenza immediata del Teorema 3.1 abbiamo: *se*

$$w_t - D\Delta w = 0 \qquad \text{in } Q_T \tag{3.36}$$

il massimo ed il minimo di w sono assunti sulla frontiera parabolica $\partial_p Q_T$ di Q_T. In particolare

$$\min_{\partial_p Q_T} w \le w\,(\mathbf{x},t) \le \max_{\partial_p Q_T} w \qquad \text{per ogni } (\mathbf{x},t) \in Q_T.$$

Inoltre:

Corollario 3.2. *(Confronto, unicità e stabilità. Problema di Cauchy-Dirichlet). Siano v e w soluzioni in $C^{2,1}\,(Q_T) \cap C\left(\overline{Q}_T\right)$ di*

$$v_t - D\Delta v = f_1 \qquad e \qquad w_t - D\Delta w = f_2,$$

rispettivamente, con f_1, f_2 limitate in Q_T. Allora:

a) Se $v \ge w$ su $\partial_p Q_T$ e $f_1 \ge f_2$ in Q_T allora $v \ge w$ in tutto Q_T.

b) Vale la stima di stabilità

$$\max_{\overline{Q}_T} |v - w| \le \max_{\partial_p Q_T} |v - w| + T \max_{\overline{Q}_T} |f_1 - f_2|\,. \tag{3.37}$$

In particolare il problema di C-Dirichlet ha al più una soluzione che dipende con continuità dai dati.

La disuguaglianza (3.37) è una *stima di stabilità uniforme*, utile in molte situazioni concrete. Infatti, se $v = g_1$ e $w = g_2$ su $\partial_p Q_T$ e

$$\max_{\overline{Q}_T} |g_1 - g_2| \le \varepsilon, \ \max_{\overline{Q}_T} |f_1 - f_2| \le \varepsilon,$$

allora

$$\max_{\overline{Q}_T} |v - w| \le \varepsilon\,(1 + T)\,.$$

Ne segue che, su un intervallo temporale finito, una piccola distanza tra i dati implica una piccola distanza tra le corrispondenti soluzioni.

Abbiamo visto che il massimo e il minimo di una soluzione u dell'equazione del calore coincidono con massimo e minimo di u sulla frontiera parabolica $\partial_p Q_T$. Vale il seguente importante principio che ci limitiamo ad enunciare.

Teorema 3.3. *(Principio di Hopf). Siano Ω un dominio e $u \in C^{2,1}(Q_T) \cap C(\overline{Q}_T)$ soluzione di*

$$u_t - D\Delta u \leq 0 \qquad (risp. \geq 0) \ in \ Q_T.$$

Se valgono le seguenti condizioni:

i) $(x_0, t_0) \in S_T$ *è un punto di massimo (risp. minimo) per u,*

ii) esiste $\partial_\nu u(x_0, t_0)$,

iii) in $\{x_0\}$ vale la proprietà di sfera interna: $\exists\, B_r(x_0) \subset \Omega$ tale che $\partial B_r(x_0) \cap \partial\Omega = \{x_0\}$.

Allora, o u è costante in Q_{t_0} oppure

$$\partial_\nu u(x_0, t_0) > 0 \qquad (risp.\ \partial_\nu u(x_0, t_0) < 0).$$

Il punto chiave espresso nel teorema è che la derivata normale **non** può essere nulla in (x_0, t_0). Un'immediata conseguenza è il seguente risultato di unicità per i problemi di Cauchy-Neumann e Robin.

Corollario 3.4. *(Unicità per i problemi di Cauchy-Neumann/Robin). Se ogni ogni punto di $\partial\Omega$ ha la proprietà della sfera interna, allora esiste un'unica soluzione $u \in C^{2,1}(Q_T) \cap C(\overline{Q}_T)$ di*

$$\begin{cases} u_t - D\Delta u = f & in \ Q_T \\ \partial_\nu u + \alpha u = h & (\alpha \geq 0) \quad su \ S_T \\ u(x, 0) = g(x) & su \ \Omega. \end{cases}$$

Dimostrazione. Se esistessero due soluzioni, u e v, allora $w = u - v$ sarebbe soluzione dell'equazione omogenea, con $w(x,0) = 0$ e $\partial_\nu w + \alpha w = 0$ su S_T. Se w è costante allora è zero. Altrimenti, se avesse un massimo *positivo* in un punto $(x_0, t_0) \in S_T$ dovrebbe essere $\partial_\nu w(x_0, t_0) > 0$, in contraddizione con la condizione al bordo

$$\partial_\nu w(x_0, t_0) = -\alpha w(x_0, t_0) \leq 0.$$

Analogamente, se w avesse un minimo negativo in un punto $(x_0, t_0) \in S_T$ dovrebbe essere $\partial_\nu w(x_0, t_0) < 0$, ancora contraddizione. Deve dunque essere $w = 0$. $\square$

3.3 La soluzione fondamentale

Vi sono alcune soluzioni "privilegiate" dell'equazione di diffusione, mediante le quali se ne possono costruire molte altre. In questa sezione ci proponiamo di scoprire uno di questi mattoni, il più importante.

3.3.1 Trasformazioni invarianti

Consideriamo l'equazione omogenea

$$u_t - D\Delta u = 0 \tag{3.38}$$

e cominciamo a metterne in evidenza alcune semplici ma importanti proprietà. Per semplicità, consideriamo soluzioni nel semispazio $\mathbb{R}^n \times (0, +\infty)$.

• *Cambio di direzione temporale*. Sia $u = u(\mathbf{x}, t)$ una soluzione di (3.38). La funzione
$$v(\mathbf{x},t) = u(\mathbf{x}, -t),$$
ottenuta con il cambiamento di variabile $t \longmapsto -t$, è soluzione dell'equazione **aggiunta** o **backward**.
$$v_t = -D\Delta v.$$

Coerentemente l'equazione originale è, a volte, denominata **forward**. La non-invarianza dell'equazione del calore rispetto ad un cambio di segno nel tempo è un segnale di irreversibilità temporale dei fenomeni che essa descrive.

• *Invarianza rispetto a traslazioni (nello spazio e nel tempo)*. Sia $u = u(\mathbf{x}, t)$ una soluzione di (3.38). La funzione
$$v(\mathbf{x},t) = u(\mathbf{x} - \mathbf{y}, t - s),$$
per $\mathbf{y}$, s fissati, è ancora soluzione di (3.38). La verifica è immediata. Naturalmente, rispetto ad $\mathbf{y}$ ed s, la funzione $u(\mathbf{x} - \mathbf{y}, t - s)$ è soluzione dell'equazione *backward*.

• *Invarianza rispetto a dilatazioni paraboliche*. La trasformazione
$$\mathbf{x} \longmapsto a\mathbf{x}, \qquad t \longmapsto bt, \qquad u \longmapsto cu \quad (a, b, c > 0)$$
rappresenta geometricamente una dilatazione/contrazione (precisamente un'*omotetia*) del grafico di u. Cerchiamo condizioni sui coefficienti a, b, c affinché la funzione
$$u^*(\mathbf{x},t) = cu(a\mathbf{x},bt)$$
sia ancora soluzione dell'equazione (3.38). Abbiamo:
$$u_t^*(\mathbf{x},t) - D\Delta u^*(\mathbf{x},t) = cbu_t(a\mathbf{x},bt) - ca^2 D\Delta u(a\mathbf{x},bt)$$
e quindi u^* è soluzione di (3.38) se
$$b = a^2.$$

Poiché il coefficiente di dilatazione temporale è il quadrato di quello spaziale, la trasformazione delle variabili indipendenti data da
$$\mathbf{x} \longmapsto a\mathbf{x}, \qquad t \longmapsto a^2 t \qquad (a, b > 0)$$
prende il nome di *dilatazione parabolica (di rapporto a)*. Le dilatazioni paraboliche lasciano invariati i blocchi
$$\frac{|\mathbf{x}|^2}{t} \qquad \text{oppure} \qquad \frac{\mathbf{x}}{\sqrt{t}}$$

e non è quindi sorprendente che tale combinazione di variabili compaia frequentemente nello studio dei fenomeni di diffusione.

• *Dilatazioni paraboliche e conservazione della massa (o dell'energia)*. Sia $u = u(\mathbf{x}, t)$ una soluzione di (3.38) nel semispazio $\mathbb{R}^n \times (0, +\infty)$. Abbiamo appena verificato che

$$u^*(\mathbf{x}, t) = cu(a\mathbf{x}, a^2 t) \qquad (a > 0)$$

è ancora soluzione nello stesso insieme. Supponiamo ora che u soddisfi l'ulteriore condizione

$$\int_{\mathbb{R}^n} u(\mathbf{x}, t) \, d\mathbf{x} = q \qquad \text{per ogni } t > 0, \tag{3.39}$$

con q costante. Se, per esempio, u rappresenta la concentrazione di una sostanza, la (3.39) indica che la massa totale è q e che questa massa rimane invariata nel tempo. Se u rappresenta una temperatura, la (3.39) indica che l'energia interna totale rimane invariata nel tempo $(= \rho c_v q)$.

Vogliamo stabilire per quali a, c la soluzione u^* soddisfa anche (3.39). Abbiamo:

$$\int_{\mathbb{R}^n} u^*(\mathbf{x}, t) \, d\mathbf{x} = \int_{\mathbb{R}^n} cu(a\mathbf{x}, a^2 t) \, d\mathbf{x}.$$

Ponendo $\mathbf{y} = a\mathbf{x}$ cosicché $d\mathbf{y} = a^n d\mathbf{x}$, troviamo

$$\int_{\mathbb{R}^n} u^*(\mathbf{x}, t) \, d\mathbf{x} = \int_{\mathbb{R}^n} cu(a\mathbf{x}, a^2 t) \, d\mathbf{x} = \int_{\mathbb{R}^n} cu(\mathbf{y}, a^2 t) \, a^{-n} d\mathbf{y} = ca^{-n} q$$

e (3.39) richiede

$$c = a^n.$$

In conclusione, *se $u = u(\mathbf{x}, t)$ è una soluzione di (3.38) che verifica la (3.39)*, anche la funzione

$$u^*(\mathbf{x}, t) = a^n u(a\mathbf{x}, a^2 t) \tag{3.40}$$

soddisfa le stesse equazioni.

3.3.2 Soluzione fondamentale ($n = 1$)

Passiamo ora a costruire la nostra soluzione speciale, ragionando per il momento in dimensione $n = 1$. Per fissare le idee, interpretiamo u come concentrazione (densità lineare) di una sostanza di massa totale q che vogliamo mantenere invariata nel tempo.

Poiché le dimensioni fisiche della costante di diffusione sono $[lunghezza]^2 [tempo]^{-1}$, la combinazione di variabili $x/\sqrt{Dt}$ non è solo adimensionale ma anche invariante per dilatazioni paraboliche. È allora naturale cercare soluzioni *adimensionali* di (3.38) dipendenti da questo blocco adimensionale. Per riscalare u osserviamo che $\sqrt{Dt}$ ha le dimensioni di una lunghezza, per cui la quantità $q/\sqrt{Dt}$ rappresenta un tipico ordine di grandezza per la concentrazione. Siamo così condotti a cercare soluzioni della forma

$$u^* (x,t) = \frac{q}{\sqrt{Dt}} U \left(\frac{x}{\sqrt{Dt}} \right) \tag{3.41}$$

dove U è una funzione (adimensionale) della singola variabile reale $\xi = x/\sqrt{Dt}$.

Ci chiediamo: è possibile determinare $U = U(\xi)$, $\xi \in \mathbb{R}$, in modo che u^* sia soluzione della (3.38)? Soluzioni della forma (3.41) si chiamano *soluzioni di autosimilarità* (*self similar solutions*[12]).

Inoltre, poiché stiamo interpretando u^* come una concentrazione, richiediamo $U \geq 0$. Per la conservazione della massa deve poi essere

$$1 = \frac{1}{\sqrt{Dt}} \int_{\mathbb{R}} U \left(\frac{x}{\sqrt{Dt}} \right) dx \underset{\xi = x/\sqrt{Dt}}{=} \int_{\mathbb{R}} U(\xi) \, d\xi$$

per cui richiediamo che

$$\int_{\mathbb{R}} U(\xi) \, d\xi = 1. \tag{3.42}$$

Controlliamo ora se u^* è soluzione di (3.38). Abbiamo:

$$u_t^* = \frac{q}{\sqrt{D}} \left[-\frac{1}{2} t^{-\frac{3}{2}} U(\xi) - \frac{1}{2\sqrt{D}} x t^{-2} U'(\xi) \right] = -\frac{q}{2t\sqrt{Dt}} [U(\xi) + \xi U'(\xi)]$$

$$u_{xx}^* = \frac{q}{(Dt)^{3/2}} U''(\xi),$$

e perciò

$$u_t^* - D u_{xx}^* = -\frac{q}{t\sqrt{Dt}} \left\{ U''(\xi) + \frac{1}{2} \xi U'(\xi) + \frac{1}{2} U(\xi) \right\}.$$

Affinché u^* sia soluzione della (3.1) occorre dunque che la funzione U soddisfi l'equazione differenziale ordinaria in $\mathbb{R}$

$$U''(\xi) + \frac{1}{2} \xi U'(\xi) + \frac{1}{2} U(\xi) = 0. \tag{3.43}$$

Essendo un'equazione del secondo ordine, per selezionare una soluzione ci vogliono due condizioni supplementari. Essendo $U > 0$, la (3.42) implica[13]:

$$U(-\infty) = U(+\infty) = 0.$$

---

[12] Una soluzione di un particolare problema di evoluzione si dice di *autosimilarità* o *autosimile* se la sua configurazione spaziale (grafico) rimane simile a sé stesso per ogni tempo durante l'evoluzione. In una dimensione spaziale, le soluzioni *autosimili* hanno la forma generale

$$u(x,t) = a(t) F(x/b(t))$$

dove, preferibilmente, u/a e x/b sono quantità adimensionali.

[13] Rigorosamente, implica solo

$$\liminf_{x \to \pm\infty} U(x) = 0.$$

D'altra parte, l'equazione (3.43) è invariante rispetto al cambio di variabili

$$\xi \mapsto -\xi,$$

per cui è ragionevole cercare soluzioni *pari*. Ci si può quindi limitare al semiasse $\xi \geq 0$, imponendo le condizioni

$$U'(0) = 0 \text{ e } U(+\infty) = 0. \qquad (3.44)$$

Per risolvere (3.43), riscriviamola nella forma

$$\frac{d}{d\xi} \left\{ U'(\xi) + \frac{1}{2}\xi U(\xi) \right\} = 0,$$

da cui

$$U'(\xi) + \frac{1}{2}\xi U(\xi) = C \qquad (C \in \mathbb{R}). \qquad (3.45)$$

Inserendo $\xi = 0$ nella (3.45) e ricordando (3.44) si deduce che $C = 0$. La (3.45) diventa

$$U'(\xi) + \frac{1}{2}\xi U(\xi) = 0,$$

che è a variabili separabili ed ha come integrale generale la famiglia di esponenziali

$$U(\xi) = c_0 e^{-\frac{\xi^2}{4}} \qquad (c_0 \in \mathbb{R}).$$

Queste funzioni sono positive, pari, si annullano all'infinito. Rimane solo da scegliere c_0 in modo che valga (3.42). Poiché[14]

$$\int_{\mathbb{R}} e^{-\frac{\xi^2}{4}} d\xi \underset{\xi=2z}{=} 2 \int_{\mathbb{R}} e^{-z^2} dz = 2\sqrt{\pi}$$

la scelta corretta è $c_0 = (4\pi)^{-1/2}$.

Ritornando alle variabili originali, abbiamo trovato un'unica soluzione positiva dell'equazione del calore della forma

$$u^*(x,t) = \frac{q}{\sqrt{4\pi D t}} e^{-\frac{x^2}{4Dt}}, \qquad x \in \mathbb{R},\, t > 0$$

e tale che

$$\int_{\mathbb{R}} u^*(x,t)\, dx = q \qquad \text{per ogni } t > 0.$$

Se $q = 1$ si tratta di una *famiglia di Gaussiane* e la mente corre alla densità di una *distribuzione normale* di probabilità.

Definizione 3.1. *La funzione*

$$\Gamma_D(x,t) = \frac{1}{\sqrt{4\pi D t}} e^{-\frac{x^2}{4Dt}}, \qquad x \in \mathbb{R},\, t > 0$$

si chiama **soluzione fondamentale** *dell'equazione di diffusione in dimensione uno.*

---

[14] Ricordare che

$$\int_{\mathbb{R}} e^{-z^2} = \sqrt{\pi}.$$

3.3.3 La distribuzione di Dirac

Esaminiamo il comportamento della soluzione fondamentale per $t \to 0^+$. Per ogni $x \neq 0$, fissato,

$$\lim_{t \downarrow 0} \Gamma_D(x, t) = \lim_{t \downarrow 0} \frac{1}{\sqrt{4\pi Dt}} e^{-\frac{x^2}{4Dt}} = 0, \qquad (3.46)$$

mentre

$$\lim_{t \downarrow 0} \Gamma_D(0, t) = \lim_{t \downarrow 0} \frac{1}{\sqrt{4\pi Dt}} = +\infty. \qquad (3.47)$$

Le (3.46), (3.47) insieme a $\int_{\mathbb{R}} \Gamma_D(x, t)\, dx = 1$ per ogni $t > 0$, implicano che, quando si fa tendere t a 0, la soluzione fondamentale tende a concentrarsi intorno all'origine. Se interpretiamo Γ_D come densità (di massa o di probabilità), al limite, tutta la massa (unitaria) è concentrata in $x = 0$ (il grafico di Γ_1, rappresentata con diversi metodi numerici, è illustrato in Figura 3.13).

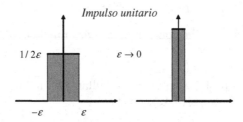

Figura 3.3. Approssimazione della *delta di Dirac*

La distribuzione limite di massa si può modellare matematicamente introducendo la *distribuzione (o misura o massa[15]) di* Dirac nell'origine, che si indica con il simbolo δ_0 o semplicemente con δ. La sua denominazione indica che non si tratta di una funzione nel solito senso dell'analisi: dovrebbe infatti avere le proprietà seguenti:

- $\delta(0) = \infty$, $\delta(x) = 0$ per $x \neq 0$;
- $\int_{\mathbb{R}} \delta(x)\, dx = 1$,

chiaramente incompatibili con ogni concetto classico di funzione e di integrale. La sua definizione rigorosa si colloca all'interno della teoria delle *funzioni generalizzate* o *distribuzioni* (ma non nel senso probabilistico) di L. Schwarz, che tratteremo nel Capitolo 7. Qui ci limitiamo a qualche considerazione euristica. Consideriamo la funzione caratteristica dell'intervallo $[0, \infty)$, ovvero la *funzione di Heaviside* che abbiamo già introdotto:

$$\mathcal{H}(x) = \begin{cases} 1 \text{ se } x \geq 0 \\ 0 \text{ se } x < 0, \end{cases}$$

---

[15] In realtà si dovrebbe dire *densità di massa* di Dirac.

e osserviamo che

$$\frac{\mathcal{H}(x+\varepsilon) - \mathcal{H}(x-\varepsilon)}{2\varepsilon} = \begin{cases} \frac{1}{2\varepsilon} & \text{se } -\varepsilon \le x < \varepsilon \\ 0 & \text{altrove.} \end{cases} \qquad (3.48)$$

Indichiamo ora con $I_\varepsilon(x)$ il rapporto (3.48); valgono le seguenti proprietà:

i) per ogni $\varepsilon > 0$,

$$\int_{\mathbb{R}} I_\varepsilon(x)\, dx = \frac{1}{2\varepsilon} \times 2\varepsilon = 1.$$

Si può interpretare I_ε come un *impulso unitario di durata* 2ε (Figura 3.3).

ii)

$$\lim_{\varepsilon \downarrow 0} I_\varepsilon(x) = \begin{cases} 0 & \text{se } x \ne 0 \\ \infty & \text{se } x = 0. \end{cases}$$

iii) Se $\varphi = \varphi(x)$ è una funzione regolare, nulla al di fuori di un intervallo limitato $(-\varepsilon, \varepsilon)$ (*funzione test*), si ha

$$\int_{\mathbb{R}} I_\varepsilon(x)\varphi(x)\, dx = \frac{1}{2\varepsilon} \int_{-\varepsilon}^{\varepsilon} \varphi(x)\, dx \xrightarrow[\varepsilon \to 0]{} \varphi(0).$$

Le proprietà i) e ii) indicano che I_ε ha come limite un oggetto, che ha precisamente le proprietà formali della distribuzione di Dirac nell'origine. La iii) suggerisce come identificare questo oggetto e cioè *attraverso la sua azione su una funzione test*.

Definizione 3.2. *Si chiama distribuzione di Dirac nell'origine la funzione generalizzata che si indica con* δ *e che agisce su una funzione test* φ *nel seguente modo:*

$$\delta[\varphi] = \varphi(0). \qquad (3.49)$$

La relazione (3.49) viene spesso scritta nella forma $\langle \delta, \varphi \rangle = \varphi(0)$ o anche

$$\int \delta(x)\varphi(x)\, dx = \varphi(0),$$

dove, naturalmente, il simbolo di integrale è puramente formale. Notiamo anche che la proprietà ii) indica che, formalmente, vale la formula notevole

$$\mathcal{H}' = \delta.$$

Se anziché nell'origine, la massa unitaria è concentrata in un punto y, si parla di *distribuzione di Dirac in* y, indicata con δ_y oppure $\delta(x-y)$, definita dalla relazione

$$\int_{\mathbb{R}} \delta(x-y)\varphi(x)\, dx = \varphi(y).$$

La funzione $\Gamma_D(x-y,t)$ è allora l'unica soluzione dell'equazione del calore con massa totale unitaria per ogni tempo, che soddisfi la condizione iniziale

$$\Gamma_D(x-y,0) = \delta(x-y).$$

Così come una soluzione u della (3.1) ha molte interpretazioni (densità di probabilità, concentrazione di una sostanza, temperatura in una barra) anche la soluzione fondamentale si può interpretare in vari modi.

Si può pensarla come una **unit source solution**: $\Gamma_D\,(x,t)$ dà la concentrazione in x all'istante t tra x e $x+dx$, generata dalla diffusione di **una massa unitaria inizialmente** (per $t=0$) **concentrata nell'origine**. Da un altro punto di vista, se immaginiamo la massa unitaria composta da un enorme numero N di particelle, $\Gamma_D\,(x,t)\,dx$ dà la probabilità che una singola particella si trovi tra x e $x+dx$ al tempo t, ovvero la percentuale delle N particelle che si trovano nell'intervallo $(x,x+dx)$ all'istante t.

Inizialmente Γ_D è nulla al di fuori dell'origine. Appena $t>0$, Γ_D è sempre positiva: questo fatto indica che la massa concentrata in $x=0$ diffonde istantaneamente su tutto l'asse reale e quindi con **velocità di propagazione infinita**. Ciò, a volte, costituisce un limite all'uso della (3.1) come modello realistico, anche se, come si vede in Figura 3.13, per $t>0$, piccolo, Γ_D è praticamente nulla al di fuori di un intervallo centrato nell'origine, di ampiezza un poco più grande di $4D$.

3.3.4 Inquinante in un canale. Diffusione, trasporto e reazione

Ritorniamo al semplice modello dell'inquinante lungo un canale considerato nella Sezione 2.1 dove c indica la concentrazione di inquinante. Ricordiamo che la legge generale di conservazione della massa conduce all'equazione

$$c_t = -q_x. \tag{3.50}$$

Esaminiamo l'effetto combinato di *trasporto* e *diffusione*. Se adottiamo per quest'ultima la *legge di Fick*: abbiamo per q la legge costitutiva

$$q\,(x,t) = vc\,(x,t) - Dc_x\,(x,t).$$

Dalla (3.50) deduciamo

$$c_t = Dc_{xx} - vc_x. \tag{3.51}$$

Poiché D e v sono costanti, è facile determinare l'evoluzione di una massa Q di inquinante posta inizialmente nell'origine. Si tratta di determinare la soluzione di (3.51) con la condizione iniziale

$$c\,(x,0) = Q\delta\,(x),$$

dove δ è la distribuzione di Dirac nell'origine. Ci si può liberare del termine $-vc_x$ con un semplice cambiamento di variabili. Infatti, poniamo

$$w\,(x,t) = c\,(x,t)\,e^{hx+kt}$$

con h,k da determinarsi opportunamente. Si ha:

$$w_t = [c_t + kc]e^{hx+kt}$$
$$w_x = [c_x + hc]e^{hx+kt}, \qquad w_{xx} = [c_{xx} + 2hc_x + h^2c]e^{hx+kt}$$

e quindi, usando l'uguaglianza $c_t = Du_{xx} - vc_x$,

$$w_t - Dv_{xx} = e^{hx+kt}[c_t - Dc_{xx} - 2Dhc_x + (k - Dh^2)c] =$$
$$= e^{hx+kt}[(-v - 2Dh)c_x + (k - Dh^2)c],$$

per cui, se scegliamo

$$h = -\frac{v}{2D}, \qquad k = \frac{v^2}{4D},$$

la funzione w è soluzione dell'equazione del calore $w_t - Dw_{xx} = 0$, con la condizione iniziale

$$w(x,t) = c(x,0) e^{-\frac{v}{2D}x} = Q\delta(x) e^{-\frac{v}{2D}x}.$$

Nel Capitolo 7 vedremo che $\delta(x) e^{-\frac{v}{2D}x} = \delta(x)$, per cui $w(x,t) = \Gamma_D(x,t)$ e di conseguenza

$$c(x,t) = Q e^{\frac{v}{2D}\left(x - \frac{v}{2}t\right)} \Gamma_D(x,t),$$

che è la Γ_D "trasportata e modulata" dall'onda progressiva $Q \exp\left\{\frac{v}{2D}\left(x - \frac{v}{2}t\right)\right\}$, in moto verso destra con velocità $v/2$.

Nota 3.2. Se v e D *non* fossero costanti, la (3.51) diventerebbe

$$c_t = (Dc)_x - (vc)_x. \tag{3.52}$$

In situazioni realistiche, l'inquinante è soggetto a decadimento per decomposizione biologica. L'equazione che ne deriva è

$$c_t = Dc_{xx} - vc_x - \gamma c, \tag{3.53}$$

dove $\gamma \, (> 0)$ è il tasso percentuale di decadimento[16].

Nota 3.3. Il termine $-\gamma c$ appare nella (3.53) come un termine di decadimento. D'altra parte, in importanti situazioni, γ potrebbe essere *negativo*, modellando questa volta una *creazione di massa* al tasso percentuale $|\gamma|$. Per questa ragione l'ultimo termine prende il nome generico di *termine di reazione* e la (3.53) costituisce un modello di *diffusione con deriva e reazione*. Ci occuperemo di questi modelli nel seguito.

Riassumendo, esaminiamo separatamente gli effetti dei tre termini a secondo membro della (3.53):

- $c_t = Dc_{xx}$ modella la sola diffusione. Il comportamento della soluzione fondamentale Γ_D ne codifica l'evoluzione tipica nel tempo, caratterizzata dagli effetti di espansione, regolarizzazione (smoothing) e appiattimento del dato iniziale;
- $c_t = -c_x$ è un'equazione di puro trasporto, che abbiamo considerato nel Capitolo 2. Le soluzioni sono onde progressive della forma $g(x + bt)$;
- $c_t = -\gamma c$ è un modello di reazione lineare. Le soluzioni sono multipli di $e^{-\gamma t}$ che decadono (crescono) se $\gamma > 0$ ($\gamma < 0$).

---

[16] $[\gamma] = [tempo]^{-1}$.

3.3.5 Soluzione fondamentale (n>1)

In dimensione spaziale maggiore di 1, si possono ripetere sostanzialmente gli stessi discorsi. Cerchiamo una soluzione u^* di (3.38), positiva, adimensionale, autosimile, con massa totale uguale a q per ogni tempo, cioè

$$\int_{\mathbb{R}^n} u^* (\mathbf{x},t)\, d\mathbf{x} = q \qquad \text{per ogni } t > 0. \tag{3.54}$$

Poiché $q/(Dt)^{n/2}$ ha le dimensioni di una concentrazione per unità di volume, poniamo

$$u^* (\mathbf{x},t) = \frac{q}{(Dt)^{n/2}} U(\xi), \qquad \xi = |\mathbf{x}|/\sqrt{Dt}.$$

Si trovano soluzioni della forma

$$u^* (\mathbf{x},t) = \frac{q}{(4\pi Dt)^{n/2}} \exp\left(-\frac{|\mathbf{x}|^2}{4Dt}\right), \qquad (\mathbf{x} \in \mathbb{R}^n, t > 0).$$

Come in dimensione $n = 1$, la scelta $q = 1$ è speciale.

Definizione 3.3. *La funzione*

$$\Gamma_D (\mathbf{x},t) = \frac{1}{(4\pi Dt)^{n/2}} e^{-\frac{|\mathbf{x}|^2}{4Dt}} \qquad (\mathbf{x} \in \mathbb{R}^n, t > 0)$$

*si chiama **soluzione fondamentale** dell'equazione di diffusione in dimensione n.*

Le osservazioni fatte dopo la Definizione 3.1 si possono generalizzare facilmente al caso multidimensionale. Si può, in particolare, definire la distribuzione di Dirac in un punto $\mathbf{y}$ mediante la relazione

$$\int_{\mathbb{R}^n} \delta (\mathbf{x} - \mathbf{y})\, \varphi (\mathbf{x})\, dx = \varphi (\mathbf{y}),$$

dove φ è una funzione *test*, continua in $\mathbb{R}^n$ e nulla al di fuori di un insieme chiuso e limitato (cioè *compatto*). La soluzione fondamentale $\Gamma_D (\mathbf{x} - \mathbf{y},t)$, per $\mathbf{y}$ fissato, è l'unica soluzione del problema di Cauchy

$$\begin{cases} u_t - D\Delta_{\mathbf{x}} u = 0 & \mathbf{x} \in \mathbb{R}^n, t > 0 \\ u (\mathbf{x},0) = \delta (\mathbf{x} - \mathbf{y}) & \mathbf{x} \in \mathbb{R}^n \end{cases}$$

che soddisfi la (3.54) con $q = 1$.

3.4 Il problema di Cauchy globale (n=1)

3.4.1 Il caso omogeneo

In questa sezione ci occupiamo del *problema di Cauchy* (*o ai valori iniziali*) *globale*, limitandoci alla dimensione 1; idee, tecniche e formule si estendono senza difficoltà e con pochi cambiamenti al caso multidimensionale.

Cominciamo col problema omogeneo

$$\begin{cases} u_t - Du_{xx} = 0 \text{ in } \mathbb{R} \times (0, \infty) \\ u(x,0) = g(x) \text{ in } \mathbb{R}, \end{cases}$$

dove g, il *dato iniziale,* è assegnato. Il problema si presenta, per esempio, quando si voglia determinare l'evoluzione della temperatura o di una concentrazione di massa lungo un filo molto lungo (infinito), conoscendone la distribuzione al tempo iniziale $t = 0$.

Un ragionamento intuitivo porta a congetturare quale possa essere la soluzione, ammesso per il momento che esista e sia unica. Ritorniamo alla massa unitaria composta da un numero $M \gg 1$ di particelle e interpretiamo u come concentrazione (o se si preferisce come percentuale) di particelle, nel senso che $u(x,t)\,dx$ assegna la massa che si trova nell'intervallo $(x, x + dx)$ al tempo t; allora g è la concentrazione iniziale e vogliamo determinare la concentrazione in x al tempo t, dovuta alla diffusione della massa iniziale (Figura 3.4).

La quantità $g(y)\,dy$ rappresenta la massa concentrata nell'intervallo $(y, y + dy)$ al tempo $t = 0$ (Figura 3.4). Come abbiamo visto, la funzione $\Gamma(x - y, t)$ è una *unit source solution,* che descrive la diffusione di una massa unitaria inizialmente concentrata nel punto y. Di conseguenza,

$$\Gamma_D(x - y, t)\,g(y)\,dy$$

fornisce la percentuale di massa che si trova in x al tempo t, dovuta alla diffusione della massa $g(y)\,dy$. Grazie alla linearità dell'equazione di diffusione, possiamo usare ora il *principio di sovrapposizione,* che permette di calcolare la soluzione come somma dei singoli contributi. Si trova così la formula:

$$u(x,t) = \int_{\mathbb{R}} g(y)\,\Gamma_D(x - y, t)\,dy = \frac{1}{\sqrt{4\pi Dt}} \int_{\mathbb{R}} g(y)\,e^{-\frac{(x-y)^2}{4Dt}}\,dy. \qquad (3.55)$$

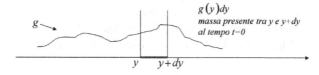

Figura 3.4. Profilo iniziale di concentrazione

Naturalmente, tutto ciò è euristico ed occorre usare un po' di matematica per assicurarsi che le cose funzionino anche rigorosamente. In particolare bisogna accertarsi che, sotto ipotesi ragionevoli sul dato iniziale g, la (3.55) sia effettivamente l'unica soluzione del problema di Cauchy. Che questo non sia un controllo peregrino è dimostrato dal seguente contro-esempio di Tychonov, riguardante l'unicità della soluzione. Sia

$$h\left(t\right) = \begin{cases} \exp\left[-t^{-2}\right] & \text{per } t > 0 \\ 0 & \text{per } t \leq 0. \end{cases}$$

La funzione (anche se un po' anomala)

$$u\left(x,t\right) = \sum_{k=0}^{\infty} \frac{h^{(k)}\left(t\right)}{(2k)!} x^{2k},$$

è soluzione del problema di Cauchy con dato iniziale nullo. Poiché anche $u_1\left(x,t\right) \equiv 0$ è soluzione dello stesso problema, si deduce che, in generale, il problema di Cauchy *non ha soluzione unica e che pertanto non è ben posto*.

Si vede poi che, se g cresce troppo per $x \to \pm\infty$, cioè più di un esponenziale del tipo e^{ax^2}, $a > 0$, la pur rapida convergenza a 0 della gaussiana non è sufficiente a far convergere l'integrale nella (3.55).

3.4.2 Esistenza della soluzione

Il seguente teorema assicura che la (3.55) sia effettivamente soluzione del problema di Cauchy sotto ipotesi abbastanza naturali sul dato iniziale, verificate in casi importanti per le applicazioni.

Teorema 3.5. *Sia g una funzione limitata con un numero finito di punti di discontinuità in $\mathbb{R}$. Allora:*

i) la (3.55) è ben definita e differenziabile fino a qualunque ordine in $\mathbb{R}\times(0,+\infty)$ e

$$u_t - Du_{xx} = 0.$$

ii) Se x_0 è un punto in cui g è continua, allora

$$u\left(y,t\right) \to g\left(x_0\right) \qquad se \ (y,t) \to (x_0,0), \ t > 0.$$

iii)

$$|u\left(x,t\right)| \leq \max_{\mathbb{R}} |g| \qquad \forall x,t \in \mathbb{R}\times(0,T).$$

Nota 3.4. La proprietà *i)* enuncia un fatto piuttosto interessante: anche se il dato iniziale è discontinuo in qualche punto, immediatamente dopo la soluzione è diventata continua e anzi dotata di derivate di ogni ordine (si dice di *classe C^∞*). La diffusione è quindi un **processo regolarizzante,** che tende cioè a smussare le irregolarità. In Figura 3.5, il fenomeno è illustrato per il dato iniziale $g\left(x\right) = \chi_{(-2,0)}\left(x\right) + \chi_{(1,4)}\left(x\right)$.

La proprietà *ii)* indica che, se il dato iniziale è continuo, allora la soluzione è continua fino a $t = 0$.

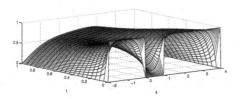

Figura 3.5. Effetto regolarizzante dell'equazione del calore

3.4.3 Il caso non omogeneo. Metodo di Duhamel

Consideriamo ora l'equazione non omogenea

$$\begin{cases} v_t - Dv_{xx} = f(x,t) \text{ in } \mathbb{R} \times (0,T), \\ v(x,0) = 0 \qquad\qquad \text{ in } \mathbb{R}. \end{cases} \tag{3.56}$$

dove f rappresenta l'azione di sorgente distribuita che produca/tolga densità di massa al tasso $f(x,t)$. Precisamente[17]: $f(x,t)\,dxdt$ è la massa prodotta/tolta (dipende dal segno di f) tra x e $x+dx$, nell'intervallo di tempo $(t,t+dt)$. Inizialmente non è presente alcuna massa.

Per costruire la soluzione nel punto (x,t), ragioniamo euristicamente come prima. Calcoliamo il contributo di una massa $f(y,s)\,dyds$, concentrata tra y e $y+dy$ e prodotta nell'intervallo $(s,s+ds)$. È come se avessimo un secondo membro della forma $f^*(x,t) = f(x,t)\,\delta(x-y,t-s)$.

Fino all'istante $t=s$ non succede niente e *dopo* questo istante $\delta(x-y,t-s) = 0$, quindi è come se cominciassimo da $t=s$ e risolvessimo il problema

$$p_t - Dp_{xx} = 0, \quad x \in \mathbb{R}, \, t > s,$$

con condizione iniziale

$$p(x,s) = f(y,s)\,\delta(x-y,t-s).$$

Quale può essere la soluzione? Abbiamo già risolto questo problema quando $s=0$: la soluzione è $f(y,s)\,\Gamma_D(x-y,t)$. Una traslazione nel tempo fornisce la soluzione per s generico, e cioè

$$p(x,t) = f(y,s)\,\Gamma_D(x-y,t-s),$$

che rappresenta la percentuale di massa presente all'istante t, tra x e $x+dx$, dovuta alla diffusione della massa $f(y,s)\,dyds$. Il contributo totale (la soluzione) si ottiene per sovrapposizione e cioè:

---

[17] Le dimensioni fisiche di f sono $[massa] \times [lunghezza]^{-1} \times [tempo]^{-1}$.

- sommando i contributi delle masse concentrate tra y e $y + dy$:

$$\int_{\mathbb{R}} f(y, s)\, \Gamma_D (x - y, t - s)\, dy;$$

- sommando ulteriormente i contributi in ciascun intervallo di tempo:

$$\int_0^t \int_{\mathbb{R}} f(y, s)\, \Gamma_D (x - y, t - s)\, dy ds.$$

La costruzione euristica che abbiamo presentato è un esempio di applicazione del *metodo di Duhamel*, che enunciamo e dimostriamo nel nostro caso. Nello stesso tempo, indichiamo alcune ipotesi sotto le quali tutto funziona. Per semplicità, assumiamo che f sia una funzione *limitata*: esiste cioè un numero positivo M tale che

$$|f(x, t)| \le M, \qquad \text{per ogni } x \in \mathbb{R}, \, t > 0.$$

Inoltre richiediamo che f e le sue derivate f_t, f_x, f_{xx} siano *continue* in $\mathbb{R} \times (0, \infty)$. Tecnicamente queste ipotesi si esprimono dicendo che f è di *classe* $C^2(\mathbb{R})$ rispetto ad x e $C^1(0, \infty)$ rispetto a t.

Metodo di Duhamel. *Per costruire la soluzione del problema (3.56), si eseguono i seguenti passi:*

1. Si costruisce una famiglia di soluzioni del problema di Cauchy omogeneo, in cui il tempo iniziale, anziché essere $t = 0$, fissato, è un tempo $s > 0$, variabile, ed il dato iniziale è $f(x, s)$.

2. Si integra la famiglia così trovata rispetto ad s, tra 0 e t.

Eseguiamo i due passi.

1. La funzione $\Gamma^{y,s}(x, t) = \Gamma_D(x - y, t - s)$ è la soluzione fondamentale che soddisfa, per $t = s$, la condizione iniziale

$$\Gamma^{y,s}(x, s) = \delta(x - y)$$

e quindi, da quanto visto in precedenza, la funzione

$$w(x, t, s) = \int_{\mathbb{R}} \Gamma_D(x - y, t - s)\, f(y, s)\, dy$$

è soluzione del problema

$$\begin{cases} w_t - D w_{xx} = 0 & x \in \mathbb{R}, \, t > s \\ w(x, s, s) = f(x, s) & x \in \mathbb{R} \end{cases} \tag{3.57}$$

e pertanto coincide con la famiglia di soluzioni richiesta, nella quale il tempo iniziale ha il ruolo di parametro.

2. Integriamo w rispetto ad s; si trova

$$v(x,t) = \int_0^t w(x,t,s)\,ds = \int_0^t \int_{\mathbb{R}} \Gamma_D(x-y,t-s)\,f(y,s)\,dyds. \qquad (3.58)$$

Controlliamo: si ha, usando le (3.57),

$$v_t - Dv_{xx} = w(x,t,t) + \int_0^t [w_t(x,t,s) - Dw_{xx}(x,t,s)] = f(x,t).$$

Inoltre $v(x,0) = 0$ e pertanto v è la soluzione cercata di (3.56).

Per la linearità dei problemi omogeneo e non omogeneo, la formula per il caso generale si trova per sovrapposizione delle (3.55) e (3.56). Sintetizziamo tutto nel

Teorema 3.6. *Sotto le ipotesi indicate su f e se g è una funzione limitata con un numero finito di punti di discontinuità in $\mathbb{R}$, la funzione*

$$z(x,t) = \int_{\mathbb{R}} \Gamma_D(x-y,t)\,g(y)\,dy + \int_0^t \int_{\mathbb{R}} \Gamma(x-y,t-s)\,f(y,s)\,dyds \qquad (3.59)$$

è continua in $\mathbb{R} \times (0,T)$ con le sue derivate z_t, z_x, z_{xx} ed è l'unica soluzione del problema di Cauchy non omogeneo

$$\begin{cases} z_t - Dz_{xx} = f & in\ \mathbb{R} \times (0,T) \\ z(x,0) = g & in\ \mathbb{R}. \end{cases} \qquad (3.60)$$

La condizione iniziale va intesa nel senso che, se x_0 è un punto di continuità di g, allora $z(x,t) \to g(x_0)$ quando $(x,t) \to (x_0,0)$, $t > 0$. In particolare, se g è continua in $\mathbb{R}$, allora z è continua in $\mathbb{R} \times [0,T)$.

Stabilità

Dalla formula (3.59) si ricava facilmente il seguente risultato di stabilità (per tempi finiti). Siano z_1 e z_2 soluzioni di (3.60), con dati g_1, f_1 e g_2, f_2 rispettivamente. Se le ipotesi del Corollario 3.2 sono soddisfatte, si ha

$$\sup_{\mathbb{R} \times [0,T]} |z_1 - z_2| \le \sup_{\mathbb{R}} |g_1 - g_2| + T \sup_{\mathbb{R} \times [0,T]} |f_1 - f_2|.$$

Quindi, se il massimo scarto tra f_1 e f_2 e tra g_1 e g_2 tende a zero, anche il massimo scarto tra le soluzioni tende a zero. Il problema di Cauchy risulta così *ben posto*.

Infatti,

$$|z_1(x,t) - z_2(x,t)| \leq \int_{\mathbb{R}} \Gamma_D(x-y,t) |g_1(y) - g_2(y)| \, dy +$$

$$+ \int_0^t \int_{\mathbb{R}} \Gamma(x-y,t-s) |f_1(y,s) - f_2(y,s)| \, dy ds$$

$$\leq \sup_{\mathbb{R}} |g_1 - g_2| \int_{\mathbb{R}} \Gamma_D(x-y,t) \, dy +$$

$$+ \sup_{\mathbb{R} \times [0,T]} |f_1 - f_2| \int_0^T \int_{\mathbb{R}} \Gamma(x-y,t-s) \, dy ds$$

$$= \sup_{\mathbb{R}} |g_1 - g_2| + T \sup_{\mathbb{R} \times [0,T]} |f_1 - f_2|,$$

essendo $\int_{\mathbb{R}} \Gamma_D(x-y,t) \, dy = 1$ e $\int_0^T \int_{\mathbb{R}} \Gamma(x-y,t-s) \, dy ds = T$.

Confronto

Dal principio di massimo e dalla formula di rappresentazione (3.59) si possono ricavare informazioni spesso interessanti per le applicazioni. Per esempio, da $f \geq 0$ e $g \geq 0$ segue che anche $z \geq 0$. Analogamente, se $f_1 \geq f_2$ e $g_1 \geq g_2$, e u_1, u_2 sono le corrispondenti soluzioni, si ha

$$u_1 \geq u_2.$$

3.5 Un esempio di diffusione nonlineare. Equazione dei mezzi porosi

Tutti i modelli matematici che abbiamo esaminato finora sono *lineari*. D'altra parte, la natura ella maggior parte dei problemi reali è nonlineare. Per esempio, problemi di filtrazione richiedono modelli di *diffusione non lineare*; termini di *trasporto non lineari* si presentano in fluidodinamica; termini di reazione *non lineare* sono molto frequenti in dinamica delle popolazioni o in modelli di cinetica chimica.

La presenza di una non linearità in un modello matematico dà origine a una varietà di fenomeni interessanti che non hanno corrispettivo nel caso lineare. Per esempio, la velocità di diffusione può essere *finita* oppure la soluzione può diventare *non limitata in un tempo finito* oppure ancora possono esistere soluzioni in forma di *onde progressive* con profili speciali, ciascuno con la propria velocità di propagazione.

In questa sezione cerchiamo di indurre un po' di intuizione su che cosa possa succedere in un tipico esempio di diffusione di un gas in un mezzo poroso.

Consideriamo la diffusione di un gas di densità $\rho = \rho(\mathbf{x}, t)$ in un mezzo poroso. Siano $\mathbf{v} = \mathbf{v}(\mathbf{x}, t)$ la velocità del gas e κ la *porosità del mezzo*, che rappresenta la frazione di volume occupato dal gas. La legge di conservatione della massa dà, in questo caso:

$$\kappa \rho_t + \text{div}\,(\rho \mathbf{v}) = 0. \tag{3.61}$$

Oltre a (3.61), il flusso è governato dalle seguenti due leggi costitutive (empiriche).

• **Legge di Darcy**:

$$\mathbf{v} = -\frac{\mu}{\nu}\nabla p, \tag{3.62}$$

dove $p = p(\mathbf{x}, t)$ è la pressione, μ è la *permeabilità* del mezzo è ν è la *viscosità* del gas. Assumiamo che μ e ν sono costanti positive.

• **Equazione di stato**:

$$p = p_0 \rho^\alpha \qquad p_0 > 0, \alpha > 0. \tag{3.63}$$

Da (3.62) e (3.63) abbiamo, poiché $p^{1/\alpha}\nabla p = (1 + 1/\alpha)^{-1}\Delta(p^{1+1/\alpha})$,

$$\text{div}\,(\rho \mathbf{v}) = -\frac{\mu}{(1 + 1/\alpha)\nu p_0^{1/\alpha}}\Delta(p^{1+1/\alpha}) = -\frac{(m-1)\,\mu p_0}{m\nu}\Delta\,(\rho^m),$$

dove $m = 1 + \alpha > 1$. Da (3.61) otteniamo

$$\rho_t = \frac{(m-1)\,\mu p_0}{\kappa m \nu}\Delta(\rho^m).$$

Riscalando il tempo $(t \mapsto \dfrac{(m-1)\,\mu p_0}{\kappa m \nu}t)$ otteniamo infine l'**equazione dei mezzi porosi**

$$\rho_t = \Delta(\rho^m). \tag{3.64}$$

Poiché

$$\Delta(\rho^m) = \text{div}\,\left(m\rho^{m-1}\nabla\rho\right),$$

il coefficiente di diffusione nella (3.64) è $D(\rho) = m\rho^{m-1}$ e perciò l'effetto di diffusione cresce con la densità.

Si può scrivere l'equazione dei mezzi porosi in termini della pressione

$$u = p/p_0 = \rho^{m-1}.$$

Si controlla subito che l'equazione per u è data da

$$u_t = u\Delta u + \frac{m}{m-1}\,|\nabla u|^2, \tag{3.65}$$

che mostra ancora una volta la dipendenza da u del coefficiente di diffusione.

Uno dei problemi relativi alla (3.64) o alla (3.65) consiste nel capire come un dato iniziale ρ_0, confinato in una piccola regione Ω evolva col tempo. Il punto chiave è quindi esaminare l'evoluzione della frontiera incognita $\partial\Omega$, la cosiddetta *frontiera libera* del gas, la cui velocità di espansione, dalla (3.62), dovrebbe risultare proporzionale a $|\nabla u|$. Ciò significa che ci aspettiamo una *velocità finita di propagazione*, in contrasto con il caso classico $m = 1$.

L'equazione dei mezzi porosi non può essere trattata con strumenti elementari, poiché per densità molto basse l'effetto diffusivo è tenue e l'equazione degenera. Tuttavia possiamo ricavare un pò di intuizione su ciò che può succedere esaminando una specie di soluzione fondamentale, la cosiddetta *soluzione di Barenblatt*, in dimensione spaziale 1.

Consideriamo dunque l'equazione

$$\rho_t = (\rho^m)_{xx} . \tag{3.66}$$

Cerchiamo *soluzioni di similarità nonnegative* della forma

$$\rho(x,t) = t^{-\alpha} U\left(xt^{-\beta}\right) \equiv t^{-\alpha} U(\xi)$$

e soddisfacenti la condizione (conservazione della massa)

$$\int_{-\infty}^{+\infty} \rho(x,t)\, dx = 1.$$

Quest'ultima condizione richiede che

$$1 = \int_{-\infty}^{+\infty} t^{-\alpha} U\left(xt^{-\beta}\right) dx = t^{\beta-\alpha} \int_{-\infty}^{+\infty} U(\xi)\, d\xi,$$

cosicché deve essere $\alpha = \beta$ and $\int_{-\infty}^{+\infty} U(\xi)\, d\xi = 1$. Sostituendo nella (3.66), troviamo

$$\alpha t^{-\alpha-1}(-U - \xi U') = t^{-m\alpha-2\alpha}(U^m)''.$$

Quindi, se scegliamo $\alpha = 1/(m+1)$, otteniamo per U l'equazione differenziale ordinaria

$$(m+1)(U^m)'' + \xi U' + U = 0,$$

che può essere scritta nella forma

$$\frac{d}{d\xi}\left[(m+1)(U^m)' + \xi U\right] = 0.$$

Abbiamo dunque

$$(m+1)(U^m)' + \xi U = \text{constante}.$$

Scegliendo la costante uguale a zero, si ha

$$(m+1)(U^m)' = (m+1) m U^{m-1} U' = -\xi U,$$

ossia

$$(m+1) m U^{m-2} U' = -\xi,$$

che è equivalente a

$$\frac{(m+1) m}{m-1}(U^{m-1})' = -\xi.$$

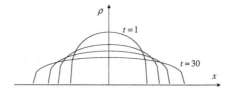

Figura 3.6. La soluzione di Barenblatt $\rho(x,t) = t^{-1/5}\left[1 - x^2t^{-2/5}\right]_+^{1/3}$ per $t = 1, 4, 10, 30$

Integrando, troviamo

$$U(\xi) = \left[A - B_m\xi^2\right]^{1/(m-1)},$$

dove A è una costante arbitraria e $B_m = (m-1)/2m(m+1)$. Naturalmente, per mantenere un significato fisico, dobbiamo avere $A > 0$ e $A - B_m\xi^2 \geq 0$.

In conclusione abbiamo trovato soluzioni dell'equazione dei mezzi porosi della forma

$$\rho(x,t) = \begin{cases} \dfrac{1}{t^\alpha}\left[A - B_m\dfrac{x^2}{t^{2\alpha}}\right]^{1/(m-1)} & \text{se } x^2 \leq At^{2\alpha}/B_m \\ 0 & \text{se } x^2 > At^{2\alpha}/B_m. \end{cases} \qquad (\alpha = 1/(m+1)).$$

note come *soluzioni di Barenblatt* (Figura 3.6). I punti

$$x = \pm\sqrt{A/B_m}\,t^\alpha \equiv \pm r(t)$$

rappresentano la frontiera della regione dove si trova il gas. La sua velocità di propagazione è dunque

$$\dot{r}(t) = \alpha\sqrt{A/B_m}\,t^{\alpha-1}.$$

3.6 Esercizi ed applicazioni

3.6.1 Esercizi

E. 3.1. Una sbarra omogenea è dislocata lungo l'intervallo $0 \leq x \leq 1$ (la sezione della sbarra è trascurabile rispetto alla sua lunghezza). La superficie laterale della sbarra è termicamente isolata e la sua temperatura u al tempo $t = 0$ vale $u(x,0) = g(x)$. Inoltre, all'istante $t = 0$ gli estremi della sbarra, $x = 0$ e $x = 1$ vengono portati e successivamente mantenuti alle temperature, rispettivamente, u_0 ed u_1. Il coefficiente di risposta termica della sbarra vale $D\,m^2/s$. Scrivere il modello matematico che regola l'evoluzione di u per $t > 0$. Quindi, calcolare u nel caso $g(x) = x$, $u_0 = 1$, $u_1 = 0$.

E. 3.2. Usare il metodo di separazione delle variabili per risolvere il seguente problema di Cauchy-Neumann:

$$\begin{cases} u_t - u_{xx} = 0 & 0 < x < L, t > 0 \\ u(x,0) = x & 0 < x < L \\ u_x(0,t) = u_x(L,t) = 0 & t > 0. \end{cases}$$

Esaminare il comportamento asintotico di $u(x,t)$ per $t \to +\infty$.

E. 3.3. Usare il metodo di separazione delle variabili per risolvere il seguente problema non omogeneo di Cauchy-Neumann:

$$\begin{cases} u_t - u_{xx} = tx & 0 < x < \pi, t > 0 \\ u(x,0) = 1 & 0 \le x \le \pi \\ u_x(0,t) = u_x(\pi,t) = 0 & t > 0. \end{cases}$$

E. 3.4. (*Evoluzione di una soluzione chimica*). Consideriamo un tubo di lunghezza L e sezione di area A costante, con asse nella direzione dell'asse x, contenente una soluzione salina di concentrazione c (dimensionalmente $[massa] \times [lunghezza]^{-3}$). Assumiamo che: A sia abbastanza piccola da poter ritenere che la concentrazione c dipenda solo da x e t; la diffusione del sale sia uni-dimensionale, nella direzione x e che la velocità del fluido sia trascurabile. All'estremità sinistra $x = 0$ del tubo si immette una soluzione di concentrazione costante C_0 ($[massa] \times [lunghezza]^{-3}$) ad una velocità R_0 ($[lunghezza]^3 \times [tempo]$) mentre dall'altro estremo $x = L$ la soluzione è rimossa alla stessa velocità.

Utilizzando la *legge di Fick*, mostrare che c è soluzione di un opportuno problema di Neumann-Robin. Quindi, risolvere esplicitamente il problema e verificare che, per $t \to +\infty$, $c(x,t)$ tende ad una concentrazione di equilibrio.

E. 3.5. (*Diffusione da sorgente concentrata in un punto, costante nel tempo*). Trovare soluzioni autosimili di $u_t - u_{xx} = 0$ della forma $u(x,t) = U\left(x/\sqrt{t}\right)$ esprimendo il risultato in termini della *funzione errore*

$$\operatorname{erf}(x) = \frac{2}{\sqrt{\pi}} \int_0^x e^{-z^2} dz.$$

Quindi, usare il risultato per risolvere il seguente problema di diffusione su una semiretta, con concentrazione mantenuta costante in $x = 0$ per $t > 0$:

$$\begin{cases} u_t - u_{xx} = 0 & x > 0, t > 0 \\ u(0,t) = C, \ \lim_{x \to +\infty} u(x,t) = 0 & t > 0 \\ u(x,0) = 0 & x > 0. \end{cases}$$

E. 3.6. (*Un problema in dimensione $n - 3$*). Dato $B_R = \left\{ \mathbf{x} \in \mathbb{R}^3 : |\mathbf{x}| < 1 \right\}$, sia B_R il volume occupato da un materiale omogeneo, con temperatura costante U a $t = 0$. Quando $t > 0$, la temperatura sul bordo della sfera viene portata e mantenuta a zero. Descrivere l'evoluzione della temperatura nei vari punti della sfera, e verificare che nel centro della sfera la temperatura tende a zero per $t \to +\infty$.

E. 3.7. (*Un problema di ... invasione*). Una popolazione di densità $P = P(x, y, t)$ e massa M è inizialmente $(t = 0)$ concentrata in un punto isolato del piano, diciamo l'origine $(0, 0)$, e cresce ad un tasso lineare $a > 0$ diffondendosi con costante D.
a) Scrivere il problema che governa l'evoluzione di P e risolverlo.
b) Determinare l'evoluzione della massa

$$M(t) = \int_{\mathbb{R}^2} P(x, y, t)\, dx dy.$$

c) Sia B_R il cerchio centrato in $(0, 0)$ e raggio R. Determinare $R = R(t)$ in modo che

$$\int_{\mathbb{R}^2 - B_{R(t)}} P(x, y, t)\, dx dy = M.$$

Definita *area metropolitana* la regione $B_{R(t)}$ e *area rurale* $\mathbb{R}^2 - B_{R(t)}$, trovare la velocità di avanzamento del *fronte metropolitano*.

3.6.2 Soluzioni

S. 3.1. Adottiamo il modello unidimensionale descritto nella Sezione 3.1.3, con condizioni di Cauchy-Dirichlet sulla frontiera parabolica:

$$\begin{cases} u_t - D u_{xx} = 0 & (0, 1) \times (0, +\infty) \\ u(x, 0) = g(x) & 0 \le x \le 1 \\ u(0, t) = u_0,\ u(1, t) = u_1 & t > 0. \end{cases}$$

Nel caso specifico, dobbiamo risolvere il problema:

$$\begin{cases} u_t - D u_{xx} = 0 & (0, 1) \times (0, +\infty) \\ u(x, 0) = x & 0 \le x \le 1 \\ u(0, t) = 1,\ u(1, t) = 0 & t > 0. \end{cases}$$

Proviamo a congetturare cosa succede. Siccome il dato iniziale è crescente in x, una quantità di calore fluisce inizialmente lungo la sbarra da destra verso sinistra. Per $t > 0$ dato che $u_0 > u_1$, dall'estremo sinistro (più caldo) comincerà a fluire calore verso destra che provoca l'aumento della temperatura all'interno. Queste due correnti al crescere del tempo tenderanno a stabilizzarsi.

Determiniamo per prima cosa la soluzione stazionaria (di regime) u^{St}; poiché $u^{St}_{xx} = 0$ e $u^{St}(0) = 1$, $u^{St}(1) = 0$ risulta $u^{St} = 1 - x$.

Analizziamo adesso il regime transitorio $v = u - u^{St}$, aspettandoci che tenda a zero per $t \to +\infty$. La funzione v risolve il seguente problema, con dato di Dirichlet omogeneo:

$$\begin{cases} v_t - D v_{xx} = 0 & (0, 1) \times (0, +\infty) \\ u(x, 0) = 2x - 1 & 0 < x < 1 \\ u(0, t) = 0,\ u(1, t) = 0 & t > 0 \end{cases} \qquad (3.67)$$

ed usiamo, a questo punto, la separazione di variabili cercando una soluzione non nulla del tipo

$$v(x, t) = y(x)\, w(t).$$

Sostituendo nella prima delle (3.67), si trova $w'(t)\,y(x) - D\,w(t)\,y''(x) = 0$. Separando le variabili, troviamo che:

$$\frac{w'(t)}{D\,w(t)} = \frac{y''(x)}{y(x)} \tag{3.68}$$

trattandosi di una e l'identità sussiste solo se entrambi i membri sono uguali ad una costante λ.

In particolare, deduciamo che y risolve il problema agli autovalori $y'' - \lambda y = 0$ con $y(0) = y(1) = 0$. Se $\lambda \geq 0$, l'unica soluzione che rispetta le condizioni omogenee agli estremi è $y = 0$. Ciò è immediato da verificare nel caso $\lambda = 0$ in cui le soluzioni sono rette; mentre quando $\lambda > 0$ abbiamo soluzioni di tipo esponenziale

$$y(x) = Ae^{\sqrt{\lambda}t} + Be^{-\sqrt{\lambda}t}$$

e imponendo le condizioni agli estremi $y(0) = y(1) = 0$ troviamo infatti

$$\begin{cases} A + B = 0 \\ Ae^{\sqrt{\lambda}} + Be^{-\sqrt{\lambda}} = 0, \end{cases}$$

che ha solo la soluzione nulla, poiché la matrice dei coefficienti è non singolare.

Il caso $\lambda = -\mu^2 < 0$ fornisce invece soluzioni non nulle del tipo

$$y(x) = A\sin\mu t + B\cos\mu t.$$

Imponendo le condizioni agli estremi $y(0) = y(1) = 0$, troviamo

$$\begin{cases} B = 0 \\ A\sin\mu + B\cos\mu = 0, \end{cases}$$

che ci conduce a scegliere

$$A \text{ arbitrario, } B = 0, \mu = k\pi, \text{ con } k = 1,2,3,\cdots.$$

Abbiamo dunque soluzioni non banali del tipo $y_k(x) = \sin k\pi x$ (autosoluzioni) solo se $\lambda = -k^2\pi^2$ (autovalori). In corrispondenza di tali autovalori, w risolve l'equazione lineare a coefficienti costanti $w' + Dk^2\pi^2 w = 0$, il cui integrale generale è

$$w_k = b_k e^{-D\pi^2 k^2 t}.$$

Otteniamo quindi soluzioni della forma

$$v_k(x,y) = b_k e^{-D\pi^2 k^2 t}\sin k\pi x,$$

ma nessuna di queste soddisfa la condizione iniziale. Sfruttiamo, allora, il principio di sovrapposizione (pag. 61) e sia

$$v(x,t) = \sum_{k=1}^{\infty} v_k(x,t) = \sum_{k=1}^{\infty} b_k e^{-D\pi^2 k^2 t}\sin k\pi x.$$

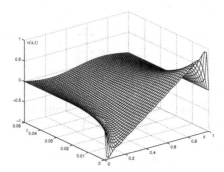

Figura 3.7. Il transitorio $v(x,t)$ in (3.69) rappresentato con MatLab usando i primi 40 termini dello sviluppo di Fourier

Imponendo $v(x,0) = 2x - 1$ abbiamo:

$$v(x,0) = \sum_{k=1}^{\infty} b_k \sin k\pi x = 2x - 1$$

dunque, i coefficienti b_k coincidono con lo sviluppo in serie di Fourier[18] di soli seni di $2x - 1$ in $(-1, 1)$; dalla (A.5):

$$b_k = 2 \int_0^1 (2x - 1) \sin k\pi x \, dx.$$

Data la simmetria dell'integranda rispetto al punto medio dell'intervallo di integrazione, troviamo che

$$b_k = \begin{cases} 0 & \text{se } k \text{ è dispari} \\ 4 \int_0^{1/2} (2x - 1) \sin k\pi x \, dx & \text{se } k \text{ è pari} \end{cases}$$

$$= \begin{cases} 0 & \text{se } k \text{ è dispari} \\ -\dfrac{4}{k\pi} & \text{se } k \text{ è pari.} \end{cases}$$

Posto $k = 2n$, abbiamo allora che

$$v(x,t) = -\frac{2}{\pi} \sum_{n=1}^{\infty} \frac{1}{n} e^{-4D\pi^2 n^2 t} \sin 2n\pi x. \qquad (3.69)$$

Analizziamo il comportamento del transitorio v per $t \to +\infty$ (Figura 3.7): trattandosi di esponenziali, il termine dominante è quello corrispondente a $n = 1$, quindi

$$v(x,t) \sim -\frac{2}{\pi} e^{-4D\pi^2 t} \sin 2\pi x \longrightarrow 0,$$

---

[18] Appendice A.

da cui deduciamo che, al crescere di t, la soluzione del problema

$$u(x,t) = u^{St} + v = 1 - x - \frac{2}{\pi} \sum_{n=1}^{\infty} \frac{1}{n} e^{-4D\pi^2 n^2 t} \sin 2n\pi x$$

tende alla soluzione stazionaria u^{St}.

S. 3.2. Trattandosi di un problema di Cauchy-Neuman con condizioni omogenee, possiamo applicare il metodo di separazione delle variabili cercando una soluzione non nulla del tipo

$$u(x,t) = y(x)w(t).$$

Ritroviamo l'equazione (3.68), studiata nell'esercizio precedente[19], cui associamo però diverse condizioni agli estremi.

In particolare, y risolve $y'' - \lambda y = 0$ con $y'(0) = y'(L) = 0$. Al solito, distinguiamo 3 casi.

Caso $\lambda = \mu^2 > 0$. L'integrale generale è

$$y(x) = Ae^{\mu x} + Be^{-\mu x},$$

da cui ricaviamo che $y'(x) = \mu \left(Ae^{\mu x} - Be^{-\mu x} \right)$. Le condizioni agli estremi sono ricondotte al sistema lineare omogeneo

$$\begin{cases} A - B = 0 \\ e^{\mu L} A - e^{-\mu L} B = 0, \end{cases}$$

che ha solo la soluzione nulla poiché la matrice dei coefficienti è non singolare.

Caso $\lambda = 0$. Si ha $y(x) = Ax + B$. Le condizioni al bordo sono soddisfatte con $A = 0$ e B qualsiasi. Perciò, $\lambda = 0$ è un autovalore del problema, cui sono associate le autofunzioni costanti.

Caso $\lambda = -\mu^2$. La soluzione generale è

$$y(x) = A\cos\mu x + B\sin\mu x,$$

da cui ricaviamo che $y'(x) = \mu(-A\sin\mu x + B\cos\mu x)$. Da $y'(0) = y'(L) = 0$ deduciamo

$$A \text{ qualsiasi}, \ B = 0, \ \mu L = k\pi, \text{ con } k = 1, 2, 3, \cdots.$$

Riassumendo le situazioni che generano soluzioni non nulle, gli autovalori del problema sono $\lambda_k = -k^2\pi^2 L^{-2}$, cui corrispondono le autofunzioni $y_k = \cos k\pi x L^{-1}$, con $k \in \mathbb{N}$.

Il problema per l'incognita w è allora

$$w'(t) + \frac{k^2\pi^2}{L^2} w(t) = 0,$$

che dà

$$w_k = a_k e^{-\frac{k^2\pi^2}{L^2}t}.$$

---

[19] In questo caso il coefficiente di risposta termica D è pari ad 1.

Abbiamo trovato le infinite soluzioni

$$u_k(x,t) = y(x)w(t) = a_k e^{-\frac{k^2\pi^2}{L^2}t} \cos\frac{k\pi}{L}x,$$

che soddisfano la condizione di Neumann omogenea agli estremi. Rimane da verificare la condizione iniziale $u(x,0) = x$ per $0 < x < L$. Usiamo il principio di sovrapposizione e imponiamo che

$$u(x,t) = \sum_{k=0}^{\infty} a_k e^{-\frac{k^2\pi^2}{L^2}t} \cos\frac{k\pi}{L}x$$

soddisfi

$$u(x,0) = \sum_{k=0}^{\infty} a_k \cos\frac{k\pi}{L}x = x.$$

Dunque i coefficienti c_k coincidono coi coefficienti dello sviluppo in serie di Fourier di soli coseni della funzione $g(x) = x$ nell'intervallo $[-L, L]$, con simmetria pari:

$$g(x) = \frac{a_0}{2} + \sum_{k=1}^{\infty} a_k \cos\frac{k\pi x}{L}.$$

Dalle formule (A.3) e (A.4), per $g(x) = x$, troviamo

$$a_0 = \frac{2}{L}\int_0^L x\,dx = L$$

$$a_k = \frac{2}{L}\int_0^L x\cos\frac{k\pi x}{L}\,dx$$

$$= \frac{2L}{k^2\pi^2}\left[(-1)^k - 1\right].$$

Perciò, la soluzione è

$$u(x,t) = \frac{L}{2} + \frac{2L}{\pi^2}\sum_{k=1}^{\infty}\frac{(-1)^k - 1}{k^2} e^{-\frac{k^2\pi^2}{L^2}t}\cos\frac{k\pi}{L}x.$$

Osserviamo, infine, che per $t \to +\infty$ la soluzione u converge al valore $L/2$, ovvero, al valore medio del dato iniziale. In effetti, le condizioni al bordo di tipo Neumann corrispondono ad un'evoluzione senza interazione con l'ambiente esterno[20]. L'equazione regola l'evoluzione della concentrazione di una sostanza soggetta a diffusione, la cui massa totale, se non sono possibili scambi con l'esterno, si conserva e tende a distribuirsi uniformemente, dunque il dato iniziale diffonde sul segmento $[0, L]$ raggiungendo la configurazione stazionaria.

---

[20] Estremi adiabatici, nel caso del modello per la conduzione di calore nella sbarra.

S. 3.3. Si tratta di un problema di Cauchy-Neumann non omogeneo, con condizioni al bordo omogenee. Siccome nell'equazione compare una sorgente esogena proporzionale ad x e t, ci aspettiamo che la soluzione cresca rispetto a tali variabili.

Affrontiamo formalmente il problema scrivendo la candidata soluzione come

$$u(x,t) = \sum_{k=0}^{\infty} c_k(t) v_k(x)$$

dove le v_k sono le autofunzioni del problema agli autovalori associato all'equazione omogenea:

$$\begin{cases} v''(x) - \lambda v(x) = 0 & 0 < x < \pi \\ v'(0) = v'(\pi) = 0 \end{cases}$$

risolto nell'Esercizio 3.2, dove $L = \pi$. Gli autovalori sono $\lambda_k = -k^2$ e le corrispondenti autofunzioni $v_k(x) = \cos kx$, con $k \in \mathbb{N}$.

Sia dunque

$$u(x,t) = \sum_{k=0}^{\infty} c_k(t) \cos kx;$$

occorre a questo punto soddisfare le condizioni

$$\begin{cases} u_t(x,t) - u_{xx}(x,t) = \sum_{k=0}^{\infty} \left(c_k'(t) + k^2 c_k(t) \right) \cos kx = t\,x & 0 < x < \pi,\ t > 0 \\ u(x,0) = \sum_{k=0}^{\infty} c_k(0) \cos kx = 1 & 0 \le x \le \pi. \end{cases}$$

$$(3.70)$$

Sviluppiamo la funzione $g(x) = x$ in serie di Fourier di soli coseni nell'intervallo $(-\pi, \pi)$:

$$x = \frac{a_0}{2} + \sum_{n=1}^{\infty} a_n \cos nx,$$

dove i coefficienti a_0 e a_k sono definiti dalle (A.3) e (A.4) in Appendice A. Abbiamo:

$$x = \frac{\pi}{2} + \sum_{n=1}^{\infty} \frac{-4}{\pi(2n+1)^2} \cos(2n+1)x.$$

Confrontando la prima delle (3.70) con l'equazione precedente troviamo che le funzioni $c_k(t)$ devono soddisfare i seguenti problemi differenziali ordinari

$$\begin{cases} c_0'(t) = \pi t/2 \\ c_{2n}'(t) + 4n^2 c_{2n}(t) = 0 & n > 0 \\ c_{2n+1}'(t) + (2n+1)^2 c_{2n+1}(t) = \dfrac{-4t}{\pi(2n+1)^2} & n \ge 0, \end{cases}$$

rispettivamente associati ai valori iniziali che otteniamo confrontando la seconda delle (3.70) con lo sviluppo in serie di soli coseni della costante 1:

$$\begin{cases} c_0(0) = 1 \\ c_{2n}(0) = 0 & n > 0 \\ c_{2n+1}(0) = 0 & n \geq 0. \end{cases}$$

I problemi sono lineari a coefficienti costanti e le soluzioni possono essere trovate semplicemente sommando ad una soluzione particolare dell'equazione forzata l'integrale generale della parte omogenea; dunque:

$$\begin{cases} c_0(t) = \dfrac{\pi t^2}{4} + 1 \\ c_{2n}(0) = 0 & n > 0 \\ c_{2n+1}(t) = \dfrac{-4}{\pi(2n+1)^4}\left[t + \dfrac{e^{-(2n+1)^2 t} - 1}{(2n+1)^2}\right] & n \geq 0. \end{cases}$$

Quindi, la soluzione (Figura 3.8) è

$$u(x,t) = 1 + \frac{t^2\pi}{4} + \sum_{n=0}^{\infty} \frac{-4}{\pi(2n+1)^4}\left[t + \frac{e^{-(2n+1)^2 t} - 1}{(2n+1)^2}\right]\cos(2n+1)x. \quad (3.71)$$

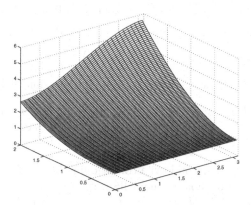

Figura 3.8. La funzione (3.71), rappresentata con MatLab nell'intervallo $0 \leq t \leq 2$, usando i primi 15 termini non nulli dello sviluppo di Fourier

S. 3.4. La concentrazione c soddisfa l'equazione

$$c_t = Dc_{xx} \qquad 0 < x < L, \, t > 0.$$

Se denominiamo con $\mathbf{i}$ il versore dell'asse x, dalla *legge di Fick*, il flusso entrante in $x = 0$ è dato da

$$\int_{A_0} \mathbf{q} \left(c \left(0, t \right) \right) \cdot \mathbf{i} \, dxdy = \int_{A_0} -Dc_x \left(0, t \right) dxdy = -DAc_x \left(0, t \right) = C_0 R_0,$$

mentre quello uscente in $x = L$ è

$$\int_{A_0} \mathbf{q} \left(c \left(L, t \right) \right) \cdot \mathbf{i} \, dxdy = \int_{A_0} -Dc_x \left(L, t \right) dxdy = -DAc_x \left(L, t \right) = c \left(L, t \right) R_0.$$

Pertanto abbiamo le condizioni miste Neumann-Robin seguenti

$$c_x \left(0, t \right) = -B \quad \text{e} \quad c_x \left(L, t \right) + Ec \left(L, t \right) = 0,$$

dove abbiamo posto

$$B = \frac{C_0 R_0}{DA} \quad \text{ed} \quad E = \frac{R_0}{DA},$$

con la condizione iniziale

$$c \left(x, 0 \right) = c_0 \left(x \right).$$

Determiniamo, innanzi tutto, la soluzione stazionaria c^{St}, che soddisfa le condizioni

$$c_{xx}^{St} = 0 \qquad\qquad\qquad\qquad\qquad\qquad 0 < x < L, t > 0$$

$$c_x^{St} \left(0, t \right) = -B, \, c_x^{St} \left(L, t \right) + Ec^{St} \left(L, t \right) = 0 \quad t > 0.$$

Si trova facilmente

$$c^{St} \left(x \right) = B \left(L - x \right) + \frac{B}{E}.$$

Poniamo ora $u \left(x, t \right) = c \left(x, t \right) - c^{St} \left(x \right)$. Allora u è soluzione del seguente problema:

$$
\begin{aligned}
&u_t = Du_{xx} &&\qquad 0 < x < L, t > 0 \\
&u_x \left(0, t \right) = 0, \, u_x \left(L, t \right) + Eu \left(L, t \right) = 0 &&\qquad t > 0 \\
&u \left(x, 0 \right) = c_0 \left(x \right) - c^{St} \left(x \right) &&\qquad 0 < x < L.
\end{aligned}
$$

In questo modo, ci siamo ricondotti a condizioni al bordo omogenee, essenziali per poter usare il metodo di separazione delle variabili.

Separiamo le variabili, ponendo $u(x, t) = y(x)w(t)$; abbiamo che

$$\frac{w'(t)}{Dw'(t)} = \frac{y''(x)}{y(x)} = \lambda,$$

dunque w soddisfa l'equazione $w'(t) = \lambda Dw(t)$ che ha soluzione

$$V \left(t \right) = e^{\lambda Dt},$$

mentre y è soluzione del problema agli autovalori seguente:

$$y''(x) - \lambda y(x) = 0,$$

con condizioni

$$y'(0,t) = 0, \, y'(L,t) + Ey(L,t) = 0.$$

Se $\lambda > 0$, la soluzione generale è $y(x) = c_1 e^{-\sqrt{\lambda}x} + c_1 e^{\sqrt{\lambda}x}$. Imponendo le condizioni ai limiti si trova:

$$\begin{cases} -c_1 + c_2 = 0 \\ c_1(E - \sqrt{\lambda})e^{-\sqrt{\lambda}L} + c_2(E + \sqrt{\lambda})e^{\sqrt{\lambda}L} = 0. \end{cases} \tag{3.72}$$

Ora,

$$\det \begin{pmatrix} -1 & 1 \\ (E - \sqrt{\lambda})e^{-\sqrt{\lambda}L} & (E + \sqrt{\lambda})e^{\sqrt{\lambda}L} \end{pmatrix}$$

$$= -(E + \sqrt{\lambda})e^{\sqrt{\lambda}L} - (E - \sqrt{\lambda})e^{-\sqrt{\lambda}L}$$

$$= (E + \sqrt{\lambda})e^{-\sqrt{\lambda}L} \left(\frac{\sqrt{\lambda} - E}{\sqrt{\lambda} + E} - e^{2\sqrt{\lambda}L} \right)$$

è sempre negativo, essendo $e^{2\sqrt{\lambda}L} > 1$ e $(\sqrt{\lambda} - E)/(\sqrt{\lambda} + E) < 1$. Il sistema (3.72) ha dunque solo soluzioni $c_1 = c_2 = 0$.

Lo stesso discorso si può fare se $\lambda = 0$.

Se infine $\lambda < 0$, si trovano le condizioni:

$$\begin{cases} U'(0) = \sqrt{-\lambda}c_2 = 0 \\ U'(L,t) + EU(L,t) = c_1 \left[\cos\left(\sqrt{-\lambda}L\right) - \sqrt{-\lambda}\sin\left(\sqrt{-\lambda}L\right) \right] = 0. \end{cases}$$

Pertanto λ soddisfa l'equazione

$$\cot\left(\sqrt{-\lambda}L\right) = \sqrt{-\lambda}.$$

Esaminiamo i grafici delle funzioni $f_1(x) = \cot Lx$ e $f_2(x) = x$ (Figura 3.9): si vede che esistono infiniti punti k_m, con $0 < k_m < m\pi/L$, $m > 0$. Allora $\lambda_m = k_m^2$ e la corrispondente autofunzione è $\cos(k_m x)$.

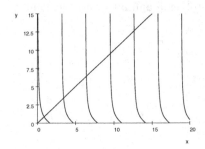

Figura 3.9. Intersezioni di $y = x$ e $y = \cot x$

Abbiamo dunque

$$u\left(x,t\right) = \sum_{m=1}^{\infty} u_m e^{-Dx_m^2 t} \cos(k_m x)$$

dove u_m è il coefficiente di Fourier[21] di $u\left(x,0\right)$ rispetto alle autofunzioni $\cos(k_m x)$:

$$u_m = \frac{1}{\alpha_m} \int_0^L u\left(x,0\right) \cos\left(k_m x\right) dx \qquad \alpha_m = \int_0^L \cos^2\left(k_m x\right) dx \, .$$

Per la concentrazione c troviamo dunque la formula

$$c\left(x,t\right) = \frac{B}{E} + B\left(L - x\right) + \sum_{m=1}^{\infty} u_m e^{-Dx_m^2 t} \cos(k_m x).$$

Essendo $k_m > 0$ per ogni m, ogni termine della serie converge a zero esponenzialmente per cui c si assesta a regime sulla soluzione di equilibrio c^{St}:

$$c\left(x,t\right) \to C_0 + \frac{C_0 R_0}{DA}\left(L - x\right).$$

S. 3.5. Procediamo come nella Sezione 3.3.2 e sostituiamo nell'equazione $u_t - u_{xx} = 0$ dopo aver posto

$$\xi = \frac{x}{\sqrt{t}}.$$

Otteniamo :

$$\frac{\partial \xi}{\partial x} = \frac{1}{\sqrt{t}} \qquad \frac{\partial \xi}{\partial t} = -\frac{x}{2t\sqrt{t}} \qquad \frac{\partial^2 \xi}{\partial x^2} = 0.$$

---

[21] Si può provare che $\int_0^L \cos(k_n x) \cos\left(k_m x\right) dx = 0$ se $m \neq n$. Inoltre, le funzioni $\varphi_m\left(x\right) = \cos\left(k_m x\right)/\sqrt{\alpha_m}$ costituiscono una base nello spazio $L^2\left(0, L\right)$ delle funzioni a quadrato integrabile (Capitolo 7).

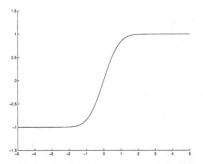 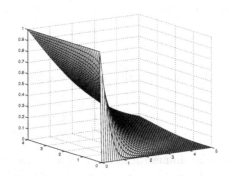

Figura 3.10. A sinistra, la funzione errore erf(x) $= \frac{2}{\sqrt{\pi}} \int_0^x e^{-z^2}\, dz$. A destra, la funzione (3.73), rappresentata con MatLab; essa esprime la diffusione sulla semiretta $x > 0$ di una sorgente $C = 1$ concentrata nell'origine, costante nel tempo

Da $u(x,t) = U(x/\sqrt{t})$, ricaviamo:

$$u_t(x,t) = U'(\xi)\frac{\partial \xi}{\partial t} = -U'(\xi)\frac{x}{2t\sqrt{t}}$$

$$u_x(x,t) = U'(\xi)\frac{\partial \xi}{\partial t} = U'(\xi)\frac{1}{\sqrt{t}}$$

$$u_{xx}(x,t) = \frac{1}{\sqrt{t}}U''(\xi)\frac{\partial \xi}{\partial x} = U''(\xi)\frac{1}{t}.$$

L'equazione $u_t - u_{xx} = 0$ diventa allora $-U'(\xi)\frac{x}{2t\sqrt{t}} - \frac{1}{t}U''(\xi) = 0$ che possiamo riscrivere come

$$U'(\xi)\xi + 2U''(\xi) = 0.$$

Si tratta di un'equazione lineare del primo ordine rispetto all'incognita U', che ha come soluzione generale

$$U'(\xi) = ce^{-\xi^2/4}.$$

Quest'ultima, integrata ancora, dà

$$U(\xi) = c_1 + c_2 \int e^{-\xi^2/4}\, d\xi = c_1 + c_2 \int_0^{\xi/2} e^{-x^2}\, dz.$$

Se utilizziamo la funzione errore (il cui grafico è riportato in Figura 3.10), possiamo, infine, scrivere

$$u(x,t) = U\left(\frac{x}{\sqrt{t}}\right) = c_1 + c_2 \mathrm{erf}\left(\frac{x}{\sqrt{t}}\right).$$

Per soddisfare le condizioni agli estremi

$$u(0,t) = C, \qquad \lim_{x \to +\infty} u(x,t) = 0 \qquad t > 0$$

occorre scegliere $c_1 = C$ e $c_2 = -2C/\sqrt{\pi}$, e dunque

$$u(x,t) = C\left(1 - \mathrm{erf}\left(\frac{x}{2\sqrt{t}}\right)\right). \tag{3.73}$$

S. 3.6. Si tratta di risolvere il seguente problema di diffusione:

$$\begin{cases} u_t - \Delta u = 0 & \mathbf{x} \in B_R, t > 0 \\ u(\mathbf{x}, 0) = U & \mathbf{x} \in B_R \\ u(\boldsymbol{\sigma}, t) = 0 & \boldsymbol{\sigma} \in \partial B_R, t > 0 \end{cases}$$

che ha simmetria radiale, quindi conviene cercare una soluzione del tipo $u(\mathbf{x}, t) = u(r, t)$, con $r = |\mathbf{x}|$. Scrivendo il laplaciano in coordinate polari[22], osserviamo che

$$\Delta u = u_{rr} + \frac{2}{r}u_r = \frac{1}{r}(ru_{rr}).$$

Il problema quindi diventa:

$$\begin{cases} u_t - \frac{1}{r}(ru)_{rr} = 0 & 0 < r < R, t > 0 \\ u(r, 0) = U & 0 \le r < R \\ u(R, t) = 0 & t > 0. \end{cases}$$

Posto $v = ru$, la nuova incognita v soddisfa il problema unidimensionale

$$\begin{cases} v_t - v_{rr} = 0 & 0 < r < R, t > 0 \\ v(r, 0) = ru(r, 0) = rU & 0 \le r < R \\ v(0, t) = v(R, t) = 0 & t > 0. \end{cases}$$

Il problema unidimensionale con condizioni di Dirichlet omogenee è stato risolto nell'Esercizio 3.1 con il metodo di separazione delle variabili[23], ed ha autovalori $-k^2\pi^2/R^2$ ed autofunzioni corrispondenti $\sin k\pi r/R$, con $k = 1, 2, \cdots$. Quindi

$$v(r, t) = \sum_{k=1}^{\infty} b_k e^{-\frac{k^2\pi^2}{R^2}t} \sin \frac{k\pi r}{R},$$

dove i b_k sono i coefficienti dello sviluppo di Fourier in serie di soli seni del dato iniziale $g(r) = rU$ su $(-R, R)$:

$$b_k = \frac{2U}{R} \int_0^R r \sin \frac{k\pi r}{R} \, dr = \frac{2RU}{k\pi}(-1)^{k+1}.$$

Troviamo dunque

$$u(\mathbf{x}, t) = \frac{1}{|\mathbf{x}|}v(\mathbf{x}, t) = \frac{2RU}{\pi|\mathbf{x}|} \sum_{k=1}^{\infty} \frac{(-1)^{k+1}}{k} e^{-\frac{k^2\pi^2}{R^2}t} \sin \frac{k\pi|\mathbf{x}|}{R}.$$

Si deduce quindi che $u(\mathbf{0}, t) \to 0$ per $t \to +\infty$.

---

[22] Appendice D.
[23] Vedi equazione (3.67).

S. 3.7. Si tratta di un problema bidimensionale di diffusione con termine di reazione lineare.

a) Indicando con δ la distribuzione di Dirac e con $\rho = \sqrt{x^2 + y^2}$ la distanza dall'origine, la densità di popolazione $P = P(x, y, t)$ è soluzione del problema

$$\begin{cases} P_t - D\Delta P = aP & (x, y) \in \mathbb{R}^2, t > 0 \\ P(x, y, 0) = M\delta & (x, y) \in \mathbb{R}^2 \\ \lim_{\rho \to +\infty} P(x, y, t) = 0 & t > 0. \end{cases}$$

Utilizziamo la sostituzione $P(x, y, t) = e^{at}u(x, y, t)$; risulta:

$$P_t = ae^{at}u + e^{at}u_t \qquad e \qquad \Delta P = e^{at}\Delta u.$$

Dunque, u risolve il problema

$$\begin{cases} u_t - D\Delta u = 0 & (x, y) \in \mathbb{R}^2, t > 0 \\ u(x, y, 0) = P(x, y, 0) = M\delta & (x, y) \in \mathbb{R}^2 \\ \lim_{\rho \to +\infty} u(x, y, t) = 0 & t > 0, \end{cases}$$

la cui soluzione (positiva, autosimile) è data dalla soluzione fondamentale (vedi Sezione 3.3.5) per $n = 2$:

$$u(x, y, t) = \frac{M}{4\pi Dt}e^{-(x^2 + y^2)/4Dt}$$

e, tornando all'incognita originaria

$$P(x, y, t) = \frac{M}{4\pi Dt}e^{at - (x^2 + y^2)/4Dt}.$$

b) L'evoluzione del numero totale di individui si trova risolvendo l'integrale:

$$\begin{aligned} M(t) &= \int_{\mathbb{R}^2} P(x, y, t)\, dx\, dy \\ &= \frac{M}{4\pi Dt}e^{at}\int_{\mathbb{R}^2} e^{-(x^2 + y^2)/4Dt}\, dx\, dy \\ &= \frac{M}{4\pi Dt}e^{at}\int_0^{2\pi} d\theta \int_0^{\infty} e^{-\rho^2/4Dt}\rho\, d\rho = Me^{at}, \end{aligned}$$

dunque la popolazione cresce esponenzialmente.

c) Gli individui che si stabiliscono nell'area rurale sono pari a quello del nucleo originario. Abbiamo che

$$\begin{aligned} M &= \int_{\mathbb{R}^2 - B_{R(t)}} P(x, y, t)\, dx\, dy \\ &= \frac{M}{4\pi Dt}e^{at}\int_{\mathbb{R}^2 - B_{R(t)}} e^{-(x^2 + y^2)/4Dt}\, dx\, dy \\ &= \frac{M}{4\pi Dt}e^{at}\int_0^{2\pi} d\theta \int_{R(t)}^{\infty} e^{-\rho^2/4Dt}\rho\, d\rho = Me^{at - R^2(t)/4Dt}, \end{aligned}$$

da cui immediatamente deduciamo

$$R(t) = 2t\sqrt{aD}.$$

Il fronte metropolitano, perciò, avanza con velocità costante pari a $2\sqrt{aD}$.

3.7 Metodi numerici e simulazioni

3.7.1 Discretizzazione alle differenze finite dell'equazione del calore

Consideriamo l'equazione del calore, ovvero (3.1), in una striscia $x \in (0,1)$, $t \in \mathbb{R}^+$ ed utilizziamo condizioni al bordo di tipo misto al fine di illustrare contemporaneamente la discretizzazione delle condizioni al bordo di Dirichlet e di Neumann,

$$\begin{cases} u_t - u_{xx} = f & 0 < x < 1,\ t > 0 \\ u(0,t) = 0,\ u_x(1,t) = 0 & t > 0 \\ u(x,0) = u_0(x) & 0 \le x \le 1. \end{cases} \tag{3.74}$$

Applichiamo il metodo alle differenze finite, già introdotto nel Capitolo 2. Dopo aver definito la griglia di calcolo, ottenuta ad esempio a partire da partizioni uniformi,

$$x_i = i\,h \text{ con } h = \frac{1}{N} \text{ ed } i, N \in \mathbb{N}, \quad t^n = n\,\tau \text{ con } n \in \mathbb{N},$$

(dove n in t^n rappresenta d'ora in poi un indice e non un esponente) consideriamo la seguente approssimazione per le derivate in spazio

$$u_{xx}(x_i, t) = \frac{1}{h^2}\big(u(x_{i+1}, t) - 2u(x_i, t) + u(x_{i-1}, t)\big) + \mathcal{O}(h^2), \tag{3.75}$$

alla quale si deve aggiungere una discretizzazione per la derivata che appare nella condizione di Neumann in $x_N = 1$,

$$u_x(x_N, t) = \frac{1}{2h}\big(-3u(x_{N-2}, t) + 2u(x_{N-1}, t) - u(x_N, t)\big) + \mathcal{O}(h^2).$$

Siano $u_i(t)$ opportune approssimazioni di $u(x_i, t)$. Sostituendo nell'equazione (3.74) il rapporto incrementale (3.75) definito rispetto ai valori di $u_i(t)$, otteniamo le seguenti relazioni,

$$\begin{cases} \dot{u}_i(t) - \frac{1}{h^2}\big(u_{i-1}(t) - 2u_i(t) + u_{i-1}(t)\big) = f(x_i, t)) & i = 1, N-1 \\ u_0(t) = 0 \\ \frac{1}{2h}\big(-3u_{N-2}(t) + 2u_{N-1}(t) - u_N(t)\big) = 0 \\ u_i(0) = u_0(x_i) & i = 1, N+1, \end{cases} \tag{3.76}$$

che rappresenta un **sistema di equazioni differenziali** nelle variabili $u_i(t)$ e prende il nome di **problema semi-discreto**, poiché non abbiamo ancora affrontato la discretizzazione della variabile temporale. Osserviamo che il problema (3.76) può essere riscritto in forma compatta come segue. Sia $\mathbf{U}(t) = \{u_i(t)\}_{i=1}^{N} \in \mathbb{R}^N$ il vettore che raccoglie le incognite nei nodi x_i con $i = 1, \ldots, N$, da cui abbiamo escluso il nodo associato alla condizione di Dirichlet, in quanto la soluzione in quel punto è nota. Siano date la matrice $\mathbf{A}_h^M$ (dove l'indice M ricorda che stiamo affrontando il problema misto) ed il vettore $\mathbf{F}(t)$,

$$
\mathbf{A}_h^M = \frac{1}{h^2}
\begin{bmatrix}
2 & -1 & 0 & \ldots & & & \ldots & 0 \\
-1 & 2 & -1 & 0 & \ldots & & \ldots & 0 \\
0 & -1 & 2 & -1 & 0 & \ldots & \ldots & 0 \\
\vdots & & \ddots & \ddots & \ddots & & & \vdots \\
\vdots & & & \ddots & \ddots & \ddots & & \vdots \\
0 & \ldots & & \ldots & -1 & 2 & -1 & 0 \\
0 & \ldots & & \ldots & & -1 & 2 & -1 \\
0 & \ldots & & \ldots & & -\frac{3}{2} & 2 & -\frac{1}{2}
\end{bmatrix},
\quad
\mathbf{F}(t) =
\begin{bmatrix}
f(x_1, t) \\
\vdots \\
\\
\vdots \\
f(x_{N-1}, t) \\
0
\end{bmatrix}.
\tag{3.77}
$$

Osserviamo che la matrice $\mathbf{A}_h^M$ rappresenta la controparte discreta dell'operatore differenziale $-\partial_{xx}$ associato a condizioni al bordo di tipo misto (da cui l'indice M). Tramite questa notazione il problema (3.76) equivale a risolvere,

$$
\dot{\mathbf{U}}(t) + \mathbf{A}_h^M \mathbf{U}(t) = \mathbf{F}(t), \quad \mathbf{U}(0) = \{u_i(0)\}_{i=1}^{N}.
\tag{3.78}
$$

Il problema (3.78) è un sistema di equazioni differenziali ordinarie equivalente a (3.76). La via più semplice per determinare u_i^n, un approssimante di $u(x_i, t^n)$, consiste nell'applicare gli schemi di **Eulero** al problema (3.78). Per la discretizzazione della derivata temporale utilizziamo il seguente rapporto incrementale del primo ordine,

$$
u_t(x_i, t^{n+1}) = \frac{1}{\tau}\big(u(x_i, t^{n+1}) - u(x_i, t^n)\big) + \mathcal{O}(\tau), \quad \dot{\mathbf{U}}(t^{n+1}) = \frac{1}{\tau}\big(\mathbf{U}(t^{n+1}) - \mathbf{U}(t^n)\big).
$$

Il punto cruciale consiste nel determinare a quale istante, tra t^n e t^{n+1}, valutare l'approssimazione della derivata seconda $u_{xx}(x_i, t)$ o analogamente il temine $\mathbf{A}_h^M \mathbf{U}(t)$ in (3.78). Indicando con $\mathbf{U}_n$ un'approssimazione di $\mathbf{U}(t^n)$, consideriamo in particolare sia il caso **in avanti**, anche detto **esplicito**, che il caso **all'indietro**, che risulta **implicito**, corrispondenti rispettivamente ai seguenti schemi,

$$
\frac{1}{\tau}(\mathbf{U}_{n+1} - \mathbf{U}_n) + \mathbf{A}_h^M
\begin{pmatrix} \mathbf{U}_n \\ \mathbf{U}_{n+1} \end{pmatrix}
=
\begin{pmatrix} \mathbf{F}(t^n) \\ \mathbf{F}(t^{n+1}) \end{pmatrix}.
\tag{3.79}
$$

Dato lo stato iniziale $\mathbf{U}_0 = \mathbf{U}(0)$ e considerando per semplicità il caso omogeneo $\mathbf{F}(t) = 0$, la controparte discreta del problema (3.78) consiste nel determinare una successione di vettori $\mathbf{U}_n$ determinati dal sistema di equazioni algebriche lineari

$$
\mathbf{U}_{n+1} = \mathbf{C}_h^\tau \mathbf{U}_n \quad \text{dove}
\begin{cases}
\mathbf{C}_h^\tau = I - \tau \mathbf{A}_h^M & \text{Eulero in avanti (esplicito)} \\
\mathbf{C}_h^\tau = \big(I + \tau \mathbf{A}_h^M\big)^{-1} & \text{Eulero all'indietro (implicito).}
\end{cases}
\tag{3.80}
$$

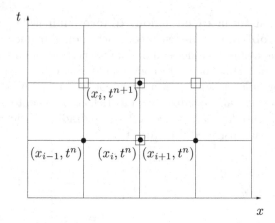

Figura 3.11. La griglia di calcolo per il metodo differenze finite con i nodi coinvolti dai metodi di Eulero in avanti (indicati con •) ed Eulero all'indietro (indicati con □)

Si nota immediatamente che il vantaggio di uno schema esplicito consiste nel poter **direttamente** calcolare $\mathbf{U}_{n+1}$ a partire da $\mathbf{U}_n$, come evidenziato in Figura 3.11, mentre nel caso implicito è necessario risolvere un sistema lineare associato alla matrice $I + \tau \mathbf{A}_h^M$ ad ogni passo temporale, poiché i gradi di libertà all'istante t^{n+1} sono accoppiati tra loro. A causa di questa sostanziale differenza, i due schemi possiedono delle proprietà di stabilità fondamentalmente diverse, come verrà analizzato nel prossimo paragrafo.

3.7.2 Analisi di stabilità dei metodi di Eulero

Per semplificare l'esposizione consideriamo in questa sezione il problema di Cauchy-Dirichlet omogeneo. Per discretizzare il problema di Cauchy-Dirichlet la matrice $\mathbf{A}_h^M \in \mathbb{R}^{N \times N}$ viene sostituita da $\mathbf{A}_h \in \mathbb{R}^{(N-1) \times (N-1)}$, che si ottiene eliminando l'ultima riga e l'ultima colonna di $\mathbf{A}_h^M$. Ricordiamo che la soluzione del problema di Cauchy-Dirichlet omogeneo, ovvero $u(0,t) = u(1,t) = 0$ ed $f = 0$, è tale che

$$\lim_{t \to \infty} \max_{x \in (0,1)} |u(x,t)| = 0. \tag{3.81}$$

La proprietà di stabilità per uno schema del tipo (3.79) richiede che la soluzione numerica $\mathbf{U}_n$ soddisfi una proprietà analoga a (3.81), ovvero,

$$\lim_{n \to \infty} \|\mathbf{U}_n\|_\infty = 0, \tag{3.82}$$

dove $\|\cdot\|_\infty$ indica la norma del massimo ovvero $\|\mathbf{U}\|_\infty = \max_{i=1,\dots,N-1} |u_i|$.

Osserviamo che le proprietà di stabilità del metodo di Eulero implicito ed esplicito, dipendono sostanzialmente dalle proprietà algebriche della matrice $\mathbf{C}_h^\tau$ ed in particolare della matrice $\mathbf{A}_h$ gode delle seguenti proprietà fondamentali.

Teorema 3.7. *La matrice* $\mathbf{A}_h$ *è simmetrica definita positiva con i seguenti autovalori*

$$\lambda_i = \frac{4}{h^2} \sin^2\left(\frac{\pi}{2}ih\right), \quad i = 1, \ldots, N-1.$$

Corollario 3.8. *Siano* μ_i *gli autovalori associati alla matrice dello schema di Eulero esplicito, ovvero* $I - \tau \mathbf{A}_h$, *e siano* η_i *quelli della matrice di Eulero implicito, ovvero* $\left(I + \tau \mathbf{A}_h\right)^{-1}$. *Si ha,* $\mu_i = 1 - \tau \lambda_i$, $\eta_i = \left(1 + \tau \lambda_i\right)^{-1}$.

Per procedere, osserviamo che (3.80) implica che $\mathbf{U}_n = (\mathbf{C}_h^\tau)^n \mathbf{U}_0$ (dove la matrice $\mathbf{C}_h^\tau$ è elevata alla potenza n). La seguente proprietà mette in luce il ruolo degli autovalori della matrice $\mathbf{C}_h^\tau$ nel determinare la stabilità del corrispondente metodo di Eulero.

Teorema 3.9. *Condizione necessaria e sufficiente affinché* $\lim_{n \to \infty} \|(\mathbf{C}_h^\tau)^n \mathbf{U}_0\|_\infty = 0$, *per ogni* $\mathbf{U}_0 \in \mathbb{R}^{(N-1)}$ *è che* $\max_{i=1,\ldots,N-1} |\lambda_i| < 1$, *dove* λ_i *sono gli autovalori di* $\mathbf{C}_h^\tau$.

Si nota che gli autovalori λ_i sono disposti in ordine crescente rispetto ad i e sono maggiorati dal valore $4/h^2$. Osserviamo inoltre che per verificare il criterio di stabilità basta soddisfare il Teorema 3.9 per l'autovalore massimo o per una sua maggiorazione. Combinando quindi il Corollario 3.8 con il Teorema 3.9 si ottengono facilmente i seguenti risultati. Per maggiori dettagli, rimandiamo il lettore a Quarteroni, Sacco, Saleri, 2007.

Corollario 3.10. *Il metodo di Eulero implicito è incondizionatamente assolutamente stabile, ovvero soddisfa la proprietà* (C.5) *senza restrizioni su* h *e* τ.

Corollario 3.11. *Il metodo di Eulero esplicito è condizionatamente assolutamente stabile, ovvero soddisfa la proprietà* (C.5) *a patto che* $\sqrt{2\tau} < h$.

Osserviamo inoltre che grazie alla condizione $2\tau < h^2$ la matrice $\mathbf{C}_h^\tau$ associata al metodo di Eulero esplicito risulta essere una **matrice positiva**, ovvero una matrice i cui elementi sono positivi o nulli (escluso il caso della matrice nulla). Sotto l'ipotesi $\mathbf{F}(t) = 0$ e grazie alla relazione $\mathbf{U}_n = (\mathbf{C}_h^\tau)^n \mathbf{U}_0$, si deduce che se il vettore $\mathbf{U}_0$ è positivo allora $\mathbf{U}_n$ si mantiene positivo per ogni $n > 0$. Questa proprietà si può rileggere come la controparte discreta del principio del massimo per un problema di Cauchy-Dirichlet omogeneo. Con maggiore sforzo, si può dimostrare che una proprietà analoga vale anche per il metodo di Eulero implicito, senza alcuna condizione su h e τ.

Concludiamo osservando che, sotto opportune condizioni, i Corollari 3.10 e 3.11 implicano la convergenza dei metodi di Eulero. Questo risultato si applica a diversi schemi alle differenze finite ed è dimostrato nell'Appendice C, in un contesto sufficientemente generale.

3.7.3 Interpretazione probabilistica dell'equazione del calore

Consideriamo una particella che si muova su una griglia di nodi uniformemente distribuiti sul semipiano $x \in \mathbb{R}$, $t \in \mathbb{R}^+$. Siano h e τ la spaziatura lungo l'asse x e t rispettivamente. Supponiamo che in ogni intervallo di ampiezza τ la particella si muova a destra o a sinistra di un passo h, a partire dal punto $x = 0$ dove si trova all'istante iniziale. La particella non può restare ferma.

Sia (x, t) un generico nodo di tale griglia. Vogliamo determinare la probabilità che la particella si trovi nel punto $(x, t + \tau)$, detta $p(x, t + \tau)$. Osserviamo che la particella può raggiungere $(x, t + \tau)$ solo a partire dai nodi $(x \pm h, t)$, si veda ad esempio Figura 3.12 (sinistra). Ne deduciamo che

$$p(x, t + \tau) = \frac{1}{2} \left(p(x - h, t) + p(x + h, t) \right).$$

Supponendo che la funzione $p(\cdot, \cdot)$ sia sufficientemente regolare rispetto ai suoi argomenti e applicando i seguenti sviluppi in serie di Taylor di $p(\cdot, \cdot)$,

$$p(x, t + \tau) = p(x, t) + \tau p_t(x, t) + \mathcal{O}(\tau^2)$$

$$p(x \pm h, t) = p(x, t) \pm h p_x(x, t) + \frac{1}{2} h^2 p_{xx}(x, t) \pm \frac{1}{6} h^3 p_{xxx}(x, t) + \mathcal{O}(h^4),$$

possiamo facilmente ricavare la seguente relazione,

$$p_t + \mathcal{O}(\tau) = \frac{h^2}{2\tau} p_{xx} + \frac{h^2}{\tau} \mathcal{O}(h^2).$$

Osserviamo che mantenendo costante il rapporto $h^2/2\tau$, ovvero applicando una dilatazione parabolica, possiamo passare al limite per $\tau, h \to 0$. Ponendo $D = h^2/2\tau$, che assume il ruolo di coefficiente di diffusione, osserviamo che la densità di probabilità $p(\cdot, \cdot)$ è soluzione dell'equazione del calore,

$$p_t = D p_{xx}, \quad (x, t) \in \mathbb{R} \times \mathbb{R}^+.$$

Alla luce di tale interpretazione, fissando ad esempio $D = 1$, osserviamo che il **libero cammino medio**, h^*, che una particella può coprire nell'intervallo di tempo τ deve soddisfare la relazione $(h^*)^2 = 2\tau$ e quindi $h^* = \sqrt{2\tau}$.

Concludiamo quindi osservando che la condizione di stabilità per il metodo di Eulero esplicito richiede che, fissata l'ampiezza h delle celle di calcolo, il passo di discretizzazione temporale sia sufficientemente piccolo affinché il libero cammino medio di una particella che parta dal centro della cella sia interamente contenuto nella cella stessa, come descritto in Figura 3.12 (destra).

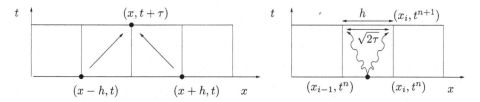

Figura 3.12. Interpretazione probabilistica della condizione di stabilità $\sqrt{2\tau} < h$ per il metodo di Eulero esplicito

3.7.4 Esempio: i metodi di Eulero per il problema di Cauchy-Dirichlet

Consideriamo il seguente problema,

$$\begin{cases} u_t - u_{xx} = 0 & -L < x < L, \ \tau < t < T \\ u(-L,t) = u(L,t) = 0 & \tau < t < T \\ u(x,\tau) = \Gamma_1(x,\tau) & -L \le x \le L, \end{cases}$$

la cui soluzione è sostanzialmente equivalente alla soluzione fondamentale $\Gamma_1(x,t)$ a patto che l'ampiezza del dominio sia sufficientemente grande in modo da garantire che le condizioni al bordo non interferiscano con la regione dove $u \gg 0$, come si può verificare dal confronto riportato in Figura 3.13.

Per la discretizzazione di tale problema applichiamo gli schemi di Eulero esplicito ed implicito, descritti in (3.80). In particolare vogliamo verificare numericamente le loro diverse proprietà di stabilità, riassunte nei Corollari 3.10 e 3.11. Incominciamo col considerare il metodo di Eulero esplicito con la scelta $\tau = \frac{1}{4}h^2$ che soddisfa la condizione di stabilità $\sqrt{2\tau} < h$. Osserviamo in Figura 3.13 (alto, sinistra) il buon comportamento del metodo, come ci si aspettava. Incrementando progressivamente il valore di τ sino alla soglia $\tau^* = \frac{1}{2}h^2$, il metodo si mantiene stabile. Tuttavia, superata tale soglia si manifestano le prime instabilità sotto forma di oscillazioni spurie nella soluzione numerica, riportate in Figura 3.13 (alto, destra) per il valore $\tau = \frac{3}{4}h^2$. Infine, per gli stessi valori di h e τ, proviamo a sostituire lo schema esplicito con quello implicito. Dai risultati di Figura 3.13 (basso destra) osserviamo che le proprietà di incondizionata stabilità sono confermate.

3.7.5 Esempio: evoluzione di una soluzione chimica

Consideriamo il problema proposto nell'Esercizio 3.4. Assegnando valore unitario ai coefficienti ed ai dati, vogliamo trovare la concentrazione $c(x,t)$ tale che,

$$\begin{cases} c_t - c_{xx} = 0 & 0 < x < 1, \ t > 0 \\ c(0,t) = -1, \ c_x(1,t) + c(1,t) = 0 & t > 0 \\ c(x,0) = c_0(x) & 0 \le x \le 1. \end{cases} \tag{3.83}$$

La soluzione di tale problema evolve verso lo stato stazionario $c^*(x) = 2 - x$, a partire da qualunque stato iniziale positivo, trattandosi di concentrazioni. Attraverso

Eulero esplicito $\tau = \frac{1}{4}h^2$ Eulero esplicito $\tau = \frac{3}{4}h^2$

Eulero implicito $\tau = \frac{3}{4}h^2$ $\Gamma_1(x,t)$

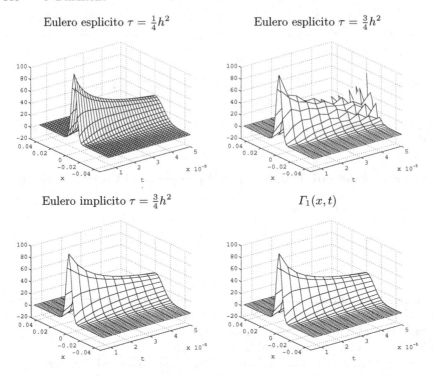

Figura 3.13. Confronto tra i metodi di Eulero esplicito ed implicito

il cambiamento di variabile $u(x,t) = c(x,t) - c^*(x)$, otteniamo dunque il seguente problema la cui soluzione evolve verso zero,

$$\begin{cases} u_t - u_{xx} = 0 & 0 < x < 1,\ t > 0 \\ u(0,t) = 0,\ u_x(1,t) + u(1,t) = 0 & t > 0 \\ u(x,0) = c_0(x) - c^*(x) & 0 \le x \le 1, \end{cases} \qquad (3.84)$$

dove abbiamo scelto $c_0(x) = \frac{1}{2}x^2 - x + \frac{1}{2}$ in modo che sia compatibile con le condizioni al bordo del problema (3.83). I risultati delle simulazioni sono riportati in Figura 3.14. Abbiamo ottenuto tali soluzioni numeriche applicando il metodo di Eulero implicito con $\tau = 0.1$ e $h = 0.05$, che risulta stabile benché $2\tau \gg h^2$.

Soluzione $u(x,t)$ di (3.84)   Soluzione $c(x,t)$ di (3.83)

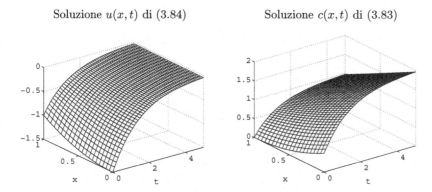

Figura 3.14. Soluzione del problema 2.4 calcolata attraverso lo schema di Eulero implicito

4

Equazione di Laplace

4.1 Introduzione

L'equazione di Poisson $\Delta u = f$ e la sua controparte omogenea, l'equazione di Laplace $\Delta u = 0$ (in questo caso u si dice *armonica*), appaiono frequentemente nelle scienze applicate. Per esempio, la temperatura di un corpo omogeneo e isotropo in condizioni di equilibrio è armonica. In questo senso, l'equazione di Laplace descrive il caso stazionario (indipendente dal tempo) dell'equazione di diffusione. La posizione di equilibrio di una membrana perfettamente elastica è una funzione armonica, come pure il potenziale di velocità di un fluido omogeneo. Più in generale l'equazione di Poisson svolge un ruolo importante nelle *teorie dei campi conservativi* (elettrico, magnetico, gravitazionale ed altri ancora) dove il vettore campo è gradiente di un potenziale. Se $\mathbf{E}$ è un campo elettrostatico in un dato dominio Ω di $\mathbb{R}^3$, div $\mathbf{E}$ rappresenta la densità di una distribuzione di cariche elettriche: in unità di misura standard, div $\mathbf{E} = \frac{4\pi\rho}{\varepsilon}$, dove ρ è la densità di carica ed ε è la costante dielettrica del mezzo. Quando esiste un *potenziale* u tale che $\nabla u = -\mathbf{E}$, allora $\Delta u = \mathrm{div}\nabla u = -4\pi\rho/\varepsilon$. Se il campo è creato da cariche fuori da Ω, allora $\rho = 0$ in Ω ed u è una funzione armonica in Ω.

In dimensione 2, la teoria delle funzioni armoniche è strettamente legata a quella delle funzioni olomorfe[1]. Infatti, le parti reale ed immaginaria di una funzione olomorfa sono armoniche. Per esempio, le funzioni

$$u(x,y) = \left(x^2 - y^2\right) \qquad e \qquad v(x,y) = 2xy,$$

che sono rispettivamente parte reale ed immaginaria di $f(z) = z^2$, sono armoniche.

---

[1] Una funzione $f = f(z)$ si dice *olomorfa* in un aperto Ω del piano $\mathbb{C}$ se è ivi derivabile in senso complesso, cioè se in ogni punto $z_0 \in \Omega$ il limite

$$\lim_{z \to z_0} \frac{f(z) - f(z_0)}{z - z_0} = f'(z_0)$$

esiste finito.

Salsa S, Vegni FMG, Zaretti A, Zunino P: Invito alle equazioni alle derivate parziali.
© Springer-Verlag Italia 2009, Milano

Più in generale, essendo

$$z^m = \rho^m \left(\cos m\theta + i \sin m\theta \right) \qquad m \in \mathbb{N}$$

olomorfa in tutto il piano complesso $\mathbb{C}$, le funzioni

$$u\left(\rho, \theta\right) = \rho^m \cos m\theta \text{ e } v\left(\rho, \theta\right) = \rho^m \sin m\theta$$

risultano armoniche in $\mathbb{R}^2$.

Altri esempi sono

$$u\left(x, y\right) = e^{\alpha x} \cos \alpha y, \quad v\left(x, y\right) = e^{\alpha x} \sin \alpha y \qquad (\alpha \in \mathbb{R}),$$

che corrispondono alle parti reale ed immaginaria di $f\left(z\right) = e^{\alpha z}$, entrambe armoniche in $\mathbb{R}^2$, e

$$u\left(r, \theta\right) = \log r, \quad v\left(r, \theta\right) = \theta,$$

parti reale ed immaginaria di $f\left(z\right) = \log_0 z = \log r + i\theta$, armoniche in $\mathbb{R}^2 \backslash \left(0, 0\right)$ e $\mathbb{R}^2 \backslash \left\{\theta = 0\right\}$, rispettivamente.

In questo capitolo presentiamo la formulazione dei più importanti problemi ben posti e le proprietà classiche delle funzioni armoniche, con particolare attenzione ai casi bi e tri-dimensionali. Centrale è la nozione di *soluzione fondamentale*, che sviluppiamo con i primi elementi della cosiddetta *teoria del potenziale*.

4.2 Problemi ben posti. Unicità

Consideriamo l'equazione di Poisson

$$\Delta u = f \quad \text{in } \Omega \tag{4.1}$$

dove $\Omega \subset \mathbb{R}^n$ è un **dominio limitato**, dove per *dominio* si intende un insieme *aperto e connesso*.

I problemi ben posti associati all'equazione di Poisson sono sostanzialmente quelli già visti per l'equazione di diffusione, naturalmente senza condizione iniziale. Sulla frontiera $\partial\Omega$ possiamo assegnare:

- Una *condizione di Dirichlet*. Si assegnano i valori di u:

$$u = g. \tag{4.2}$$

- Una *condizione di Neumann*. Si assegna la derivata normale di u

$$\partial_{\boldsymbol{\nu}} u = h \tag{4.3}$$

  dove $\boldsymbol{\nu}$ è la normale esterna a $\partial\Omega$.

- Una *condizione di Robin*. Si assegna

$$\partial_{\boldsymbol{\nu}} u + \alpha u = h \qquad (\alpha > 0)$$

oppure

- *Condizioni miste.* Per esempio si assegna

$$u = g \qquad \text{su } \Gamma_D \tag{4.4}$$
$$\partial_\nu u = h \qquad \text{su } \Gamma_N,$$

dove $\Gamma_D \cup \Gamma_N = \partial\Omega$, $\Gamma_D \cap \Gamma_N = \varnothing$ e Γ_D è un aperto (non vuoto) relativamente a $\partial\Omega$.

Quando $g = h = 0$ diciamo che le precedenti condizioni sono *omogenee*. Alcune interpretazioni sono le seguenti.

Se u è la posizione di una membrana perfettamente flessibile ed f è un carico esterno distribuito[2], allora (4.1) descrive uno stato d'equilibrio. Con questa interpretazione dell'equazione, la condizione di Dirichlet corrisponde a fissare la posizione del bordo della membrana. La condizione di Robin descrive un attacco elastico al bordo mentre una condizione di Neumann omogenea indica che il bordo della membrana è libero di muoversi verticalmente senz'attrito.

Se u è la concentrazione di equilibrio di una sostanza, la condizione di Dirichlet prescrive il livello di u al bordo, mentre quella di Neumann assegna il flusso di u attraverso il bordo.

Usando l'identità di Green (1.11), possiamo dimostrare il seguente teorema di unicità.

Teorema 4.1. *Sia $\Omega \subset \mathbb{R}^n$ un dominio limitato con frontiera regolare. Allora esiste al più una funzione di classe $C^2(\Omega) \cap C^1(\overline{\Omega})$ soluzione di $\Delta u = f$ in Ω e tale che, su $\partial\Omega$,*

$$u = g \qquad \text{oppure} \qquad \partial_\nu u + \alpha u = h \qquad (\alpha > 0),$$

oppure ancora

$$u = g \quad \text{su } \Gamma_D \subset \partial\Omega \quad e \quad \partial_\nu u = h \quad \text{su } \Gamma_N = \partial\Omega \backslash \Gamma_D,$$

dove Γ_D è un aperto (non vuoto) relativamente a $\partial\Omega$ e f, g, h sono funzioni continue assegnate. Nel caso del problema di Neumann, cioè

$$\partial_\nu u = h \qquad \text{su } \partial\Omega,$$

due soluzioni differiscono per una costante.

Dimostrazione. Siano u e v soluzioni dello stesso problema. Poniamo $w = u - v$. Allora $\Delta w = 0$ e soddisfa condizioni (una delle quattro indicate) nulle al bordo. Sostituendo $u = v = w$ nella (1.11) si trova

$$\int_\Omega |\nabla w|^2 \, d\mathbf{x} = \int_{\partial\Omega} w \partial_\nu w \, d\sigma.$$

---

[2] f esprime una forza verticale per unità di superficie; se $f > 0$ (risp. $f < 0$) il carico è impresso dall'alto (basso) verso il basso (alto).

Ma

$$\int_{\partial\Omega} w\partial_\nu w \, d\sigma = 0$$

nel caso del problema di Dirichlet e di quello misto, mentre

$$\int_{\partial\Omega} w\partial_\nu w \, d\sigma = -\int_{\partial\Omega} \alpha w^2 d\sigma \leq 0,$$

nel caso del problema di Robin. In ogni caso si deduce che

$$\int_\Omega |\nabla w|^2 \, d\mathbf{x} \leq 0,$$

che implica $\nabla w = \mathbf{0}$ e cioè $w = u - v = $ costante. Questo conclude la dimostrazione nel caso del problema di Neumann. Negli altri casi la costante deve essere nulla (perché?), da cui $u = v$.   □

Nota 4.1. Se $\Delta u = f$ in Ω e $\partial_\nu u = h$ su $\partial\Omega$ e sostituiamo u nella (1.12), si trova

$$\int_\Omega f \, d\mathbf{x} = \int_{\partial\Omega} h \, d\sigma. \tag{4.5}$$

È questa una condizione di compatibilità sui dati f ed h, necessaria per l'esistenza di una soluzione del problema di Neumann. Vedremo più avanti il significato fisico di questa condizione.

4.3 Funzioni armoniche

4.3.1 Proprietà di media

Occupiamoci ora di funzioni armoniche. Precisamente:

Definizione 4.1. *Una funzione u è armonica in un dominio $\Omega \subseteq \mathbb{R}^n$ se $u \in C^2(\Omega)$ e $\Delta u = 0$ in Ω.*

Per queste funzioni vale un'importante proprietà di media, espressa nel seguente teorema, in cui $n = 2$.

Teorema 4.2. *Sia u armonica in $\Omega \subset \mathbb{R}^2$. Allora, per ogni cerchio $B_R(\mathbf{x})$ tale che $\overline{B}_R(\mathbf{x}) \subset \Omega$ valgono le formule:*

$$u(\mathbf{x}) = \frac{1}{\pi R^2} \int_{B_R(\mathbf{x})} u(\mathbf{y}) \, d\mathbf{y},$$

$$u(\mathbf{x}) = \frac{1}{2\pi R} \int_{\partial B_R(\mathbf{x})} u(\boldsymbol{\sigma}) \, d\sigma,$$

dove $d\sigma$ è l'elemento di lunghezza sulla circonferenza $\partial B_R(\mathbf{x})$.

Dimostrazione. Cominciamo dalla seconda formula. Poniamo, per $r \leq R$,

$$g(r) = \frac{1}{2\pi r} \int_{\partial B_r(\mathbf{x})} u(\boldsymbol{\sigma}) \, d\sigma$$

e cambiamo variabili, ponendo $\boldsymbol{\sigma} = \mathbf{x} + r\boldsymbol{\sigma}'$. Allora $\boldsymbol{\sigma}' \in \partial B_1(\mathbf{0})$, $d\sigma = r \, d\sigma'$ e quindi

$$g(r) = \frac{1}{2\pi} \int_{\partial B_1(\mathbf{0})} u(\mathbf{x} + r\boldsymbol{\sigma}') \, d\sigma'.$$

Poniamo $v(\mathbf{y}) = u(\mathbf{x} + r\mathbf{y})$ e osserviamo che

$$\nabla v(\mathbf{y}) = r \nabla u(\mathbf{x} + r\mathbf{y})$$
$$\Delta v(\mathbf{y}) = r^2 \Delta u(\mathbf{x} + r\mathbf{y}).$$

Si ha, dunque,

$$g'(r) = \frac{1}{2\pi} \int_{\partial B_1(\mathbf{0})} \frac{d}{dr} u(\mathbf{x} + r\boldsymbol{\sigma}') \, d\sigma' = \frac{1}{2\pi} \int_{\partial B_1(\mathbf{0})} \nabla u(\mathbf{x} + r\boldsymbol{\sigma}') \cdot \boldsymbol{\sigma}' d\sigma'$$

$$= \frac{1}{2\pi r} \int_{\partial B_1(\mathbf{0})} \nabla v(\boldsymbol{\sigma}') \cdot \boldsymbol{\sigma}' d\sigma' = \quad \text{(teorema della divergenza)}$$

$$= \frac{1}{2\pi r} \int_{B_1(\mathbf{0})} \Delta v(\mathbf{y}) \, d\mathbf{y} = \frac{r}{2\pi} \int_{B_1(\mathbf{0})} \Delta u(\mathbf{x} + r\mathbf{y}) \, d\mathbf{y} = 0.$$

Dunque g è costante in $(0, R]$ e poiché $g(r) \to u(\mathbf{x})$ per $r \to 0$, si ha la tesi. Per dimostrare la prima formula, moltiplichiamo la seconda (con $R = r$) per r e integriamo entrambi i membri tra 0 ed R. Si trova

$$\frac{R^2}{2} u(\mathbf{x}) = \frac{1}{2\pi} \int_0^R dr \int_{\partial B_r(\mathbf{x})} u(\boldsymbol{\sigma}) \, d\sigma = \frac{1}{2\pi} \int_{B_R(\mathbf{x})} u(\mathbf{y}) \, d\mathbf{y},$$

da cui la tesi. □

Molto più significativo è che vale anche un inverso del Teorema 4.2: una funzione **continua** con la proprietà di media in un dominio Ω è necessariamente armonica. Si ottiene così una caratterizzazione delle funzioni armoniche mediante la proprietà di media. Come sottoprodotto si deduce che ogni funzione armonica è automaticamente dotata di derivate di ogni ordine (cioè di classe C^∞), *che risultano esse stesse armoniche* (perché?).

Si noti che questo fatto non è banale. Una funzione u che soddisfa l'equazione $u_{xx} = 0$ può non possedere le derivate che non compaiono nell'equazione; $u(x, y) = x + |y|$ è un esempio.

Teorema 4.3. *Sia* $u \in C(\Omega)$. *Se per ogni punto* $\mathbf{x} \in \Omega$ *e per ogni cerchio* $B_R(\mathbf{x}) \subset\subset \Omega$ *vale una delle formule di media, allora* $u \in C^\infty(\Omega)$ *ed è armonica in* Ω.

Posticipiamo la dimostrazione alla fine della prossima sezione.

Nota 4.2. I Teoremi 4.2 e 4.3 valgono in dimensione $n > 1$ qualunque. In particolare, le formule di media in dimensione $n = 3$ assumono la forma seguente:

$$u(\mathbf{x}) = \frac{3}{4\pi R^3} \int_{B_R(\mathbf{x})} u(\mathbf{y})\, d\mathbf{y},$$

$$u(\mathbf{x}) = \frac{1}{4\pi R^2} \int_{\partial B_R(\mathbf{x})} u(\boldsymbol{\sigma})\, d\sigma,$$

dove $B_R(\mathbf{x})$ è la sfera di centro $\mathbf{x}$ e raggio R e $d\sigma$ è l'elemento di superficie sul bordo della sfera.

4.3.2 Principi di massimo

Se una funzione possiede la proprietà di media in un dominio Ω, non può avere massimi o minimi globali, *interni a* Ω, a meno che essa non sia costante. È questo un principio di massimo espresso nel seguente teorema, valido in dimensione n qualunque, ma che ci limitiamo a dimostrare in dimensione $n = 2$.

Teorema 4.4. *Se $u \in C(\Omega)$ ha la proprietà di media nel dominio $\Omega \subseteq \mathbb{R}^n$ e $\mathbf{p} \in \Omega$ è un punto di estremo (massimo o minimo) globale per u, allora u è costante.*

Dimostrazione. (Per $n = 2$). Sia u non costante e $\mathbf{p}$ sia, per fissare le idee, punto di minimo:

$$m = u(\mathbf{p}) \le u(\mathbf{y}) \qquad \forall \mathbf{y} \in \Omega.$$

Sia $\mathbf{q}$ un altro punto di Ω. Poiché Ω è un dominio, è sempre possibile determinare una sequenza finita di cerchi $B(\mathbf{x}_j) \subset\subset \Omega$, $j = 0, ..., N$, tali che (Figura 4.1):

- $\mathbf{x}_j \in B(\mathbf{x}_{j-1})$, $j = 1, ..., N$
- $x_0 = \mathbf{p}$, $x_N = \mathbf{q}$.

Per la proprietà di media (se R è il raggio di $B(\mathbf{p})$), si ha:

$$m = u(\mathbf{p}) = \frac{1}{\pi R^2} \int_{B(\mathbf{p})} u(\mathbf{y})\, d\mathbf{y}.$$

Se esistesse $\mathbf{z} \in B(\mathbf{p})$ con $u(\mathbf{z}) > m$, preso un cerchio $B_r(\mathbf{z}) \subset B(\mathbf{p})$ si avrebbe la contraddizione

$$
\begin{aligned}
m &= \frac{1}{\pi R^2} \int_{B(\mathbf{p})} u(\mathbf{y})\, d\mathbf{y} \\
&= \frac{1}{\pi R^2} \left\{ \int_{B(\mathbf{p}) \setminus B_r(\mathbf{z})} u(\mathbf{y})\, d\mathbf{y} + \int_{B_r(\mathbf{z})} u(\mathbf{y})\, d\mathbf{y} \right\} \\
&\ge \frac{1}{\pi R^2} \left\{ \pi(R^2 - r^2)m + \pi r^2 u(\mathbf{z}) \right\} \\
&> \frac{1}{R^2} \left\{ (R^2 - r^2)m + r^2 m \right\} = m.
\end{aligned}
$$

Ne segue che $u = m$ in $B(\mathbf{p})$ e in particolare in $\mathbf{x}_1$. Ripetendo il ragionamento appena fatto si trova che $u = m$ in $B(\mathbf{x}_1)$ e, in particolare, in $\mathbf{x}_2$. Iterando il procedimento, si deduce che $u = m$ anche in $\mathbf{x}_N = \mathbf{q}$. Essendo $\mathbf{q}$ un punto arbitrario di Ω, si conclude che $u = m$ in tutto Ω. $\qquad\square$

Nelle ipotesi del teorema, se u è continua in $\overline{\Omega}$ assume *massimo e minimo sul bordo di* Ω:

$$\max_{\overline{\Omega}} u = \max_{\partial\Omega} u, \qquad \min_{\overline{\Omega}} u = \min_{\partial\Omega} u.$$

Come semplice corollario si ricava un teorema di unicità per il problema di Dirichlet e di stabilità della corrispondenza

$$dati \to soluzione.$$

Per ogni funzione g, indichiamo con u_g la soluzione di

$$\begin{cases} \Delta u = 0 & \text{in } \Omega \\ u = g & \text{su } \partial\Omega. \end{cases} \tag{4.6}$$

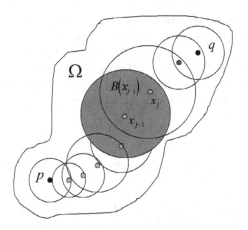

Figura 4.1. Cammino di cerchi in numero finito da p a q

Microteorema 4.5. *Siano Ω un dominio limitato di $\mathbb{R}^2$ e $g \in C(\partial\Omega)$. Il problema (4.6) ha al massimo una soluzione appartenente a $C^2(\Omega) \cap C(\overline{\Omega})$. Siano inoltre $g_1, g_2 \in C(\partial\Omega)$:*

(a) (Confronto). Se $g_1 \geq g_2$ su $\partial\Omega$ e $g_1 \neq g_2$ in almeno un punto di $\partial\Omega$, allora

$$u_{g_1} > u_{g_2} \quad in \ \Omega. \tag{4.7}$$

(b) (Stabilità).

$$\max_{\overline{\Omega}} |u_{g_1} - u_{g_2}| = \max_{\partial\Omega} |g_1 - g_2|. \tag{4.8}$$

Dimostrazione. Dimostriamo prima (a) e (b). La funzione $w = u_{g_1} - u_{g_2}$ è armonica ed è uguale a $g_1 - g_2$ su $\partial\Omega$. Poiché g_1 e g_2 differiscono in almeno un punto di $\partial\Omega$, w non è costante e dal Teorema 4.4

$$w\left(\mathbf{x}\right) > \min_{\partial\Omega}(g_1 - g_2) \geq 0 \quad \text{per ogni } \mathbf{x} \in \Omega,$$

che è la (4.7). Per provare (b), applichiamo il Teorema 4.4 a w e $-w$. Deduciamo le disuguaglianze

$$\pm w\left(\mathbf{x}\right) \leq \max_{\partial\Omega}|g_1 - g_2| \quad \text{per ogni } \mathbf{x} \in \Omega,$$

che equivalgono a (4.8).

Se ora $g_1 = g_2$, la (4.8) implica $\max_{\overline{\Omega}}|u_1 - u_2| = 0$ e cioè $u_1 = u_2$, da cui l'unicità per il problema di Dirichlet (4.6). $\square$

4.3.3 Formula di Poisson

Dimostrare, sotto ipotesi ragionevoli sui dati, l'esistenza di una soluzione di uno dei problemi al contorno per l'equazione di Laplace/Poisson non è elementare. Nella seconda parte del testo, in particolare nel Capitolo 7, affronteremo il problema in grande generalità. Nel caso di geometrie particolarmente favorevoli, si può ricorrere a metodi speciali, come il metodo di separazione delle variabili. Usiamolo per calcolare la soluzione del problema di Dirichlet in un cerchio nel piano. Siano $B_R = B_R\left(\mathbf{p}\right)$ il cerchio di raggio R e centro $\mathbf{p} = (p_1, p_2)$ e g una funzione regolare definita su ∂B_R. Vogliamo determinare la soluzione u del problema di Dirichlet:

$$\begin{cases} \Delta u = 0 & \text{in } B_R \\ u = g & \text{su } \partial B_R. \end{cases} \tag{4.9}$$

Teorema 4.6. *L'unica soluzione u del problema (4.9) è data dalla seguente formula di Poisson:*

$$u\left(\mathbf{x}\right) = \frac{R^2 - |\mathbf{x} - \mathbf{p}|^2}{2\pi R} \int_{\partial B_R(\mathbf{p})} \frac{g\left(\boldsymbol{\sigma}\right)}{|\boldsymbol{\sigma} - \mathbf{x}|^2} d\sigma. \tag{4.10}$$

In particolare, $u \in C^\infty\left(B_R\right) \cap C\left(\overline{B}_R\right)$.

Dimostrazione. La simmetria del dominio suggerisce il passaggio a coordinate polari; poniamo

$$x_1 = p_1 + r\cos\theta \qquad x_2 = p_2 + r\sin\theta$$

e

$$U\left(r, \theta\right) = u\left(p_1 + r\cos\theta, p_2 + r\sin\theta\right), \quad G\left(\theta\right) = g\left(p_1 + R\cos\theta, p_2 + R\sin\theta\right).$$

Scrivendo l'operatore di Laplace in coordinate polari[3], si perviene all'equazione

$$U_{rr} + \frac{1}{r}U_r + \frac{1}{r^2}U_{\theta\theta} = 0, \qquad 0 < r < R, \, 0 \leq \theta \leq 2\pi, \tag{4.11}$$

---

[3] Appendice D.

con la condizione di Dirichlet

$$U(R, \theta) = G(\theta), \qquad 0 \le \theta \le 2\pi.$$

Poiché la soluzione u dev'essere continua nel cerchio (chiuso) richiediamo che U e G siano limitate e periodiche di periodo 2π rispetto a θ. Utilizziamo il metodo di separazione delle variabili, cercando prima soluzioni della forma

$$U(r, \theta) = v(r) w(\theta),$$

con v, w limitate e w periodica di periodo 2π. Sostituendo nella (4.11) si trova

$$v''(r) w(\theta) + \frac{1}{r} v'(r) w(\theta) + \frac{1}{r^2} v(r) w''(\theta) = 0,$$

ossia, separando le variabili

$$-\frac{r^2 v''(r) + r v'(r)}{v(r)} = \frac{w''(\theta)}{w(\theta)}.$$

Indichiamo il valore comune dei due quozienti nell'ultima equazione con $-\lambda^2$. Si è così ricondotti alle due equazioni ordinarie

$$w''(\theta) + \lambda^2 w(\theta) = 0$$

e

$$r^2 v''(r) + r v'(r) - \lambda^2 v(r) = 0.$$

La prima equazione è risolta da

$$w(\theta) = a \cos \lambda\theta + b \sin \lambda\theta \qquad (a, b \in \mathbb{R}).$$

Per la periodicità 2π, deve essere $\lambda = m$, intero ≥ 0. La seconda equazione[4], con $\lambda = m$ è risolta da

$$v(r) = d_1 r^{-m} + d_2 r^m \qquad (d_1, d_2 \in \mathbb{R}).$$

Dovendo essere v limitata, occorre escludere r^{-m}, $m > 0$, e ciò implica $d_1 = 0$. Abbiamo così trovato le infinite funzioni armoniche

$$r^m \{a_m \cos m\theta + b_m \sin m\theta\} \qquad m = 0, 1, 2, \ldots,$$

sovrapponendo le quali (l'equazione di Laplace è lineare) confezioniamo la candidata soluzione:

$$U(r, \theta) = a_0 + \sum_{m=1}^{\infty} r^m \{a_m \cos m\theta + b_m \sin m\theta\},$$

---

[4] È un'equazione di Eulero. Si riconduce a coefficienti costanti col cambio di variabile $s = \log r$.

per la quale occorre imporre la condizione al bordo

$$\lim_{(r,\phi)\to(R,\theta)} U(r,\phi) = G(\theta).$$

Essendo g una funzione regolare, G risulta in particolare dotata di derivata G' continua in $[0, 2\pi]$. Si può quindi sviluppare G in serie di Fourier:

$$G(\theta) = \frac{\alpha_0}{2} + \sum_{m=1}^{\infty} \{\alpha_m \cos m\theta + \beta_m \sin m\theta\},$$

dove la serie converge uniformemente e

$$\alpha_m = \frac{1}{\pi} \int_0^{2\pi} G(\varphi) \cos m\varphi \, d\varphi, \qquad \beta_m = \frac{1}{\pi} \int_0^{2\pi} G(\varphi) \sin m\varphi \, d\varphi.$$

L'uguaglianza

$$\lim_{(r,\phi)\to(R,\theta)} U(r,\phi) = G(\theta)$$

si ottiene allora se

$$a_0 = \frac{\alpha_0}{2}, \quad a_m = R^{-m}\alpha_m, \quad b_m = R^{-m}\beta_m.$$

Sostituiamo dunque questi valori di a_0, a_m, b_m nell'espressione di U e riarrangiamo opportunamente i termini:

$$U(r,\theta) = \frac{\alpha_0}{2} + \sum_{m=1}^{\infty} \left(\frac{r}{R}\right)^m \{\alpha_m \cos m\theta + \beta_m \sin m\theta\} =$$

$$= \frac{1}{\pi} \int_0^{2\pi} G(\varphi) \left[\frac{1}{2} + \sum_{m=1}^{\infty} \left(\frac{r}{R}\right)^m \{\cos m\varphi \cos m\theta + \sin m\varphi \sin m\theta\}\right] d\varphi$$

$$= \frac{1}{\pi} \int_0^{2\pi} G(\varphi) \left[\frac{1}{2} + \sum_{m=1}^{\infty} \left(\frac{r}{R}\right)^m \cos m(\varphi - \theta)\right] d\varphi.$$

Osserviamo che, per $r \le R_0 < R$, la serie nell'ultimo membro converge uniformemente insieme a tutte le derivate di qualunque ordine, cosicché non ci sono problemi nel derivare sotto il segno di integrale prima e di somma poi. Poiché tutti gli addendi sono funzioni armoniche, anche la $U(r,\theta)$ risulta armonica per $r < R$ (e anche $C^\infty(B_R)$). Per ottenere un'espressione migliore, osserviamo che la serie entro parentesi quadre è la parte reale di una serie geometrica e precisamente:

$$\sum_{m=1}^{\infty} \left(\frac{r}{R}\right)^m \cos m(\varphi - \theta) = \text{Re} \left[\sum_{m=1}^{\infty} \left(e^{i(\varphi-\theta)}\frac{r}{R}\right)^m\right].$$

Poiché

$$\text{Re} \sum_{m=1}^{\infty} \left(e^{i(\varphi-\theta)}\frac{r}{R}\right)^m = \text{Re} \frac{1}{1 - e^{i(\varphi-\theta)}\frac{r}{R}} - 1 = \frac{R^2 - rR\cos(\varphi - \theta)}{R^2 + r^2 - 2rR\cos(\varphi - \theta)} - 1$$

si ottiene

$$\frac{1}{2} + \sum_{m=1}^{\infty} \left(\frac{r}{R}\right)^m \cos m(\varphi - \theta) = \frac{1}{2} \frac{R^2 - r^2}{R^2 + r^2 - 2rR\cos(\varphi - \theta)},$$

che sostituita nella formula per U dà

$$U(r, \theta) = \frac{R^2 - r^2}{2\pi} \int_0^{2\pi} \frac{G(\varphi)}{R^2 + r^2 - 2Rr\cos(\theta - \varphi)} d\varphi.$$

Per ritornare a variabli cartesiane, poniamo $\boldsymbol{\sigma} = R(p_1 + \cos\varphi, p_2 + \sin\varphi)$ e $d\sigma = Rd\varphi$. Allora

$$\begin{aligned}
|\mathbf{x} - \boldsymbol{\sigma}|^2 &= (R\cos\varphi - r\cos\theta)^2 + (R\sin\varphi - r\sin\theta)^2 \\
&= R^2 + r^2 - 2Rr(\cos\varphi\cos\theta + \sin\varphi\sin\theta) \\
&= R^2 + r^2 - 2Rr\cos(\theta - \varphi).
\end{aligned}$$

e si trova la (4.10).

L'unicità segue dal Microteorema 4.5.   □

Formula di Poisson nel caso $n = 3$. Se Ω coincide con la sfera $B_R = B_R(\mathbf{p})$ e $g \in C(\partial B_R)$, la soluzione $u \in C^2(B_R) \cap C(\overline{B}_R)$ del problema di Dirichlet

$$\begin{cases} \Delta u = 0 & \text{in } B_R \\ u = g & \text{su } \partial B_R \end{cases}$$

è

$$u(\mathbf{x}) = \frac{R^2 - |\mathbf{x} - \mathbf{p}|^2}{4\pi R} \int_{\partial B_R(\mathbf{p})} \frac{g(\boldsymbol{\sigma})}{|\boldsymbol{\sigma} - \mathbf{x}|^3} d\sigma.$$

Dimostrazione del Teorema 4.3. Osserviamo preliminarmente che se due funzioni hanno la proprietà di media in un dominio, allora anche la loro differenza ha la stessa proprietà. Sia ora $u \in C(\Omega)$ con la proprietà di media e consideriamo un cerchio $B \subset\subset \Omega$. Chiamiamo v la soluzione del problema

$$\Delta v = 0 \qquad \text{in } B, \qquad v = u \text{ su } \partial B.$$

Dal Teorema 4.6, $v \in C^{\infty}(B) \cap C(\overline{B})$ ed essendo armonica ha la proprietà di media in B. Allora anche la funzione $w = v - u$ ha la proprietà di media in B e pertanto assume massimo e minimo su ∂B. Essendo $w = 0$ su ∂B si conclude che $u = v$ e quindi $u \in C^{\infty}(B)$ ed è armonica. Per l'arbitrarietà di B segue la tesi.   □

4.3.4 Disuguaglianza di Harnack e Teorema di Liouville

Dalle formule di Poisson e di media si ricava un altro principio di massimo, noto come *disuguaglianza di Harnack*, che enunciamo nel caso $n = 3$.

Teorema 4.7. *Sia u armonica e nonnegativa in una sfera B_R di raggio R, che possiamo sempre pensare centrata nell'origine; allora, per ogni $\mathbf{x} \in B_R$,*

$$\frac{R(R - |\mathbf{x}|)}{(R + |\mathbf{x}|)^2} u(\mathbf{0}) \le u(\mathbf{x}) \le \frac{R(R + |\mathbf{x}|)}{(R - |\mathbf{x}|)^2} u(\mathbf{0}). \tag{4.12}$$

Dimostrazione. Dalla formula di Poisson:

$$u(\mathbf{x}) = \frac{R^2 - |\mathbf{x}|^2}{4\pi R} \int_{\partial S_R} \frac{u(\boldsymbol{\sigma})}{|\boldsymbol{\sigma} - \mathbf{x}|^3} d\sigma.$$

Osserviamo che $R - |\mathbf{x}| \le |\boldsymbol{\sigma} - \mathbf{x}| \le R + |\mathbf{x}|$ e che $R^2 - |\mathbf{x}|^2 = (R - |\mathbf{x}|)(R + |\mathbf{x}|)$. Allora

$$u(\mathbf{x}) \le \frac{R(R + |\mathbf{x}|)}{(R - |\mathbf{x}|)^2} \frac{1}{4\pi R^2} \int_{\partial S_R} u(\boldsymbol{\sigma}) \, d\sigma = \frac{R(R + |\mathbf{x}|)}{(R - |\mathbf{x}|)^2} u(\mathbf{0}).$$

Analogamente

$$u(\mathbf{x}) \ge \frac{R(R - |\mathbf{x}|)}{(R + |\mathbf{x}|)^2} \frac{1}{4\pi R^2} \int_{\partial S_R} u(\boldsymbol{\sigma}) \, d\sigma = \frac{R(R - |\mathbf{x}|)}{(R + |\mathbf{x}|)^2} u(\mathbf{0}). \qquad \square$$

La disuguaglianza di Harnack ha un'importante conseguenza: le uniche funzioni armoniche in $\mathbb{R}^n$, limitate inferiormente (o superiormente), sono le costanti.

Corollario 4.8. *(Teorema di Liouville). Se u è armonica in $\mathbb{R}^n$ e $u(\mathbf{x}) \ge M$, allora u è costante.*

Dimostrazione $(n = 3)$. La funzione $w = u - M$ è armonica in $\mathbb{R}^3$ e nonnegativa. Fissiamo $\mathbf{x} \in \mathbb{R}^3$ e scegliamo $R > |\mathbf{x}|$; la disuguaglianza di Harnack dà

$$\frac{R(R - |\mathbf{x}|)}{(R + |\mathbf{x}|)^2} w(\mathbf{0}) \le w(\mathbf{x}) \le \frac{R(R + |\mathbf{x}|)}{(R - |\mathbf{x}|)^2} w(\mathbf{0}).$$

Passando al limite per $R \to \infty$ si trova

$$w(\mathbf{0}) \le w(\mathbf{x}) \le w(\mathbf{0}),$$

ossia $w(\mathbf{0}) = w(\mathbf{x})$. Essendo $\mathbf{x}$ arbitrario, si conclude che w, e conseguentemente anche u, è costante. $\qquad \square$

4.4 Soluzione Fondamentale e Potenziale Newtoniano

4.4.1 Soluzione fondamentale

In questa sezione consideriamo formule che coinvolgono *potenziali* di vario tipo, costruiti usando come mattone principale una particolare funzione armonica in tutto $\mathbb{R}^n$, tranne che in un punto, e che chiameremo *soluzione fondamentale dell'operatore di Laplace*.

Come per l'equazione di diffusione, cominciamo col cercare soluzioni con particolari proprietà. Quali proprietà? Ce ne sono due che caratterizzano l'operatore Δ e sono l'*invarianza per traslazioni* e l'*invarianza rotazioni dello spazio*. Sia $u = u(\mathbf{x})$ armonica in $\mathbb{R}^n$. Invarianza per traslazioni significa che è armonica anche la funzione $v(\mathbf{x}) = u(\mathbf{x} - \mathbf{y})$ per ogni $\mathbf{y}$ fissato. Il controllo è immediato. Invarianza per rotazioni significa che, data una rotazione in $\mathbb{R}^n$, rappresentata da una matrice ortogonale $\mathbf{M}$ (i.e. $\mathbf{M}^T = \mathbf{M}^{-1}$), anche $v(\mathbf{x}) = u(\mathbf{M}\mathbf{x})$ è armonica in $\mathbb{R}^n$. Per dimostrarlo, osserviamo che, se indichiamo con $D^2 u$ la matrice Hessiana di u, si ha

$$\Delta u = \mathrm{Tr} D^2 u = \text{ traccia della Hessiana di } u.$$

Poiché

$$D^2 v(\mathbf{x}) = M^T D^2 u(M\mathbf{x}) M$$

ed M è ortogonale,

$$\Delta v(\mathbf{x}) = \mathrm{Tr}[M^T D^2 u(M\mathbf{x}) M] = \mathrm{Tr} D^2 u(M\mathbf{x}) = \Delta u(M\mathbf{x}) = 0$$

e perciò v è armonica. Una tipica espressione invariante per rotazioni è *la distanza di un punto* (diciamo) *dall'origine*, cioè $r = |\mathbf{x}|$.

Cerchiamo dunque funzioni armoniche che dipendano solo da r, ovvero *soluzioni a simmetria radiale* $u = u(r)$. Ragioniamo in dimensione $n = 3$. Se passiamo a coordinate sferiche (r, ψ, θ), $r > 0$, $0 < \psi < \pi$, $0 < \theta < 2\pi$, l'operatore Δ ha l'espressione seguente[5]:

$$\Delta = \underbrace{\frac{\partial^2}{\partial r^2} + \frac{2}{r}\frac{\partial}{\partial r}}_{\text{parte radiale}} + \frac{1}{r^2}\underbrace{\left\{ \frac{1}{(\sin\psi)^2}\frac{\partial^2}{\partial\theta^2} + \frac{\partial^2}{\partial\psi^2} + \cot\psi\frac{\partial}{\partial\psi} \right\}}_{\text{parte sferica (operatore di Laplace-Beltrami)}}.$$

Per u ci si riduce all'equazione differenziale ordinaria

$$\frac{\partial^2 u}{\partial r^2} + \frac{2}{r}\frac{\partial u}{\partial r} = 0,$$

il cui integrale generale è

$$u(r) = \frac{C}{r} + C_1 \qquad C, C_1 \text{ costanti arbitrarie.}$$

Se $n = 2$, si trova (passando a coordinate polari)

$$\frac{\partial^2 u}{\partial r^2} + \frac{1}{r}\frac{\partial u}{\partial r} = 0$$

e quindi

$$u(r) = C\log r + C_1.$$

---

[5] Appendice D.

Scegliamo, $C = \frac{1}{4\pi}$ se $n = 3$, $C = -\frac{1}{2\pi}$ se $n = 2$ e in entrambi i casi $C_1 = 0$. Definiamo

$$\Phi\left(\mathbf{x}\right) = \begin{cases} -\dfrac{1}{2\pi}\log|\mathbf{x}| & n = 2 \\ \dfrac{1}{4\pi\,|\mathbf{x}|} & n = 3 \end{cases} \tag{4.13}$$

e chiamiamo Φ **soluzione fondamentale** per l'operatore di Laplace Δ. Dimostreremo nel Capitolo 7 che

$$\Delta\Phi = -\delta \quad \text{in } \mathbb{R}^n,$$

dove δ indica la *distribuzione di Dirac in* $\mathbf{x} = \mathbf{0}$. Notevole è il significato fisico: se $n = 3$, in unità standard, $4\pi\Phi$ rappresenta il potenziale elettrostatico (o gravitazionale) generato da una carica (o massa) unitaria posta nell'origine che si annulla all'infinito. Se la carica è posta in un punto $\mathbf{y}$, il potenziale corrispondente sarà[6] $\Phi\left(\cdot - \mathbf{y}\right)$ ed allora $\Delta\Phi\left(\cdot - \mathbf{y}\right) = -\delta_{\mathbf{y}}$, dove $\delta_{\mathbf{y}}$ è la *delta di Dirac in* $\mathbf{y}$. Notiamo che, per simmetria, si avrà anche $\Delta\Phi\left(\mathbf{x} - \cdot\right) = -\delta_{\mathbf{x}}$, dove stavolta è fissato $\mathbf{x}$.

4.4.2 Il potenziale Newtoniano

Supponiamo che $(4\pi)^{-1} f\left(\mathbf{x}\right)$ rappresenti la densità di una carica localizzata all'interno di un sottoinsieme compatto di $\mathbb{R}^3$. Allora $\Phi\left(\mathbf{x} - \mathbf{y}\right) f\left(\mathbf{y}\right) d\mathbf{y}$ rappresenta il potenziale in $\mathbf{x}$ generato dalla carica $(4\pi)^{-1} f\left(\mathbf{y}\right) d\mathbf{y}$, presente in una piccola regione di volume $d\mathbf{y}$, centrata in $\mathbf{y}$. Il potenziale totale si ottiene sommando tutti i contributi e si trova

$$\mathcal{N}_f\left(\mathbf{x}\right) = \int_{\mathbb{R}^3} \Phi\left(\mathbf{x} - \mathbf{y}\right) f\left(\mathbf{y}\right) d\mathbf{y} = \frac{1}{4\pi}\int_{\mathbb{R}^3} \frac{f\left(\mathbf{y}\right)}{|\mathbf{x} - \mathbf{y}|} d\mathbf{y}, \tag{4.14}$$

che è la *convoluzione* tra f e Φ ed è chiamato **potenziale Newtoniano** di f. Formalmente, abbiamo

$$\Delta\mathcal{N}_f\left(\mathbf{x}\right) = \int_{\mathbb{R}^3} \Delta_{\mathbf{x}}\Phi\left(\mathbf{x} - \mathbf{y}\right) f\left(\mathbf{y}\right) d\mathbf{y} = -\int_{\mathbb{R}^3} \delta\left(\mathbf{x} - \mathbf{y}\right) f\left(\mathbf{y}\right) d\mathbf{y} = -f\left(\mathbf{x}\right). \tag{4.15}$$

Sotto opportune ipotesi su f, per esempio se f si annulla rapidamente all'infinito[7], la (4.15) è infatti vera. Chiaramente, $\mathcal{N}_f\left(\mathbf{x}\right)$ non è la sola soluzione di $\Delta v = -f$, poiché se c è costante, anche $\mathcal{N}_f + c$ è soluzione della stessa equazione. Tuttavia, il potenziale Newtoniano è la sola soluzione che si annulla all'infinito. Precisamente,

---

[6] In dimensione 2,

$$2\pi\Phi\left(x_1, x_2\right) = -\log\sqrt{x_1^2 + x_2^2}$$

rappresenta il potenziale generato da una carica di densità 1, distribuita lungo l'asse x_3.

[7] Basta, per esempio, che $f\left(\mathbf{x}\right) \sim |\mathbf{x}|^{-3}$ per $|\mathbf{x}| \to +\infty$.

vale il seguente risultato, dove, per semplicità, assumiamo che $f \in C^2 (\mathbb{R}^3)$ con supporto compatto[8]:

Teorema 4.9. *Sia $f \in C^2 (\mathbb{R}^3)$ a supporto **compatto**. Allora $\mathcal{N}_f \in C^2 (\mathbb{R}^3)$ ed è l'unica soluzione in $\mathbb{R}^3$ dell'equazione*

$$\Delta u = -f, \qquad (4.16)$$

che si annulla all'infinito.

Dimostrazione. Unicità. Sia $v \in C^2 (\mathbb{R}^3)$ un'altra soluzione di (4.16) che si annulla all'infinito. Allora $w = u - v$ è una funzione armonica *limitata* in $\mathbb{R}^3$ e quindi costante, in base al Teorema di Liouville (Corollario 4.8). Poiché w si annulla all'infinito deve essere zero, cioè $u = v$.

Per mostrare che $\mathcal{N}_f \in C^2 (\mathbb{R}^3)$, osserviamo che possiamo scrivere la (4.14) nella forma alternativa

$$\mathcal{N}_f (\mathbf{x}) = \int_{\mathbb{R}^3} \Phi (\mathbf{y}) f (\mathbf{x} - \mathbf{y}) \, d\mathbf{y} = \frac{1}{4\pi} \int_{\mathbb{R}^3} \frac{f (\mathbf{x} - \mathbf{y})}{|\mathbf{y}|} d\mathbf{y}.$$

Poiché $1/ |\mathbf{y}|$ è integrabile in un intorno dell'origine e f è nulla fuori da un compatto, possiamo differenziare due volte sotto il segno di integrale per ottenere, per ogni $j, k = 1, \ldots, n$:

$$\partial_{x_j x_k} \mathcal{N}_f (\mathbf{x}) = \int_{\mathbb{R}^3} \Phi (\mathbf{y}) f_{x_j x_k} (\mathbf{x} - \mathbf{y}) \, d\mathbf{y}. \qquad (4.17)$$

Poiché $f_{x_j x_k} \in C (\mathbb{R}^3)$, la (4.17) mostra che ognuna delle derivate $\partial_{x_j x_k} \mathcal{N}_f$ è continua, per cui $\mathcal{N}_f \in C^2 (\mathbb{R}^3)$.

Resta da dimostrare la (4.16). Poiché $\Delta_{\mathbf{x}} f (\mathbf{x} - \mathbf{y}) = \Delta_{\mathbf{y}} f (\mathbf{x} - \mathbf{y})$, dalla (4.17) abbiamo

$$\Delta \mathcal{N}_f(\mathbf{x}) = \int_{\mathbb{R}^3} \Phi (\mathbf{y}) \Delta_{\mathbf{x}} f (\mathbf{x} - \mathbf{y}) \, d\mathbf{y} = \int_{\mathbb{R}^3} \Phi (\mathbf{y}) \Delta_{\mathbf{y}} f (\mathbf{x} - \mathbf{y}) \, d\mathbf{y}.$$

Vogliamo integrare per parti usando la formula (1.11). Tuttavia, poiché Φ ha una singolarità in $\mathbf{y} = \mathbf{0}$, occorre prima isolare l'origine, scegliendo $B_r = B_r (\mathbf{0})$ scrivendo

$$\Delta u(\mathbf{x}) = \int_{B_r(\mathbf{0})} \cdots \, d\mathbf{y} + \int_{\mathbb{R}^3 \setminus B_r(\mathbf{0})} \cdots \, d\mathbf{y} \equiv \mathbf{I}_r + \mathbf{J}_r. \qquad (4.18)$$

Usando coordinate sferiche, troviamo:

$$|\mathbf{I}_r| \leq \frac{\max |\Delta f|}{4\pi} \int_{B_r(\mathbf{0})} \frac{1}{|\mathbf{y}|} \, d\mathbf{y} = \max |\Delta f| \int_0^r \rho \, d\rho = \frac{\max |\Delta f|}{2} r^2,$$

---

[8] Ricordiamo che il *supporto* di una funzione continua f è la *chiusura dell'insieme dove f è non nulla.*

da cui

$$\mathbf{I}_r \to 0 \qquad \text{if } r \to 0.$$

Ricordando che f si annulla fuori da un compatto, possiamo integrare $\mathbf{J}_r$ per parti (due volte); si ottiene:

$$\mathbf{J}_r = \frac{1}{4\pi r} \int_{\partial B_r} \nabla_\sigma f(\mathbf{x} - \boldsymbol{\sigma}) \cdot \boldsymbol{\nu}_\sigma \, d\sigma - \int_{\mathbb{R}^3 \setminus B_r(0)} \nabla \Phi(\mathbf{y}) \cdot \nabla_\mathbf{y} f(\mathbf{x} - \mathbf{y}) \, d\mathbf{y}$$

$$= \frac{1}{4\pi r} \int_{\partial B_r} \nabla_\sigma f(\mathbf{x} - \boldsymbol{\sigma}) \cdot \boldsymbol{\nu}_\sigma \, d\sigma - \int_{\partial B_r} f(\mathbf{x} - \boldsymbol{\sigma}) \nabla \Phi(\boldsymbol{\sigma}) \cdot \boldsymbol{\nu}_\sigma \, d\sigma,$$

poiché $\Delta \Phi = 0$ in $\mathbb{R}^3 \setminus B_r(0)$. Abbiamo:

$$\frac{1}{4\pi r} \left| \int_{\partial B_r} \nabla_\sigma f(\mathbf{x} - \boldsymbol{\sigma}) \cdot \boldsymbol{\nu}_\sigma \, d\sigma \right| \leq r \max |\nabla f| \to 0 \qquad \text{se } r \to 0.$$

D'altra parte, $\nabla \Phi(\mathbf{y}) = -\mathbf{y} |\mathbf{y}|^{-3}$ e il versore normale esterno a ∂B_r (rispetto a $\mathbb{R}^3 \setminus B_r$) è $\boldsymbol{\nu}_\sigma = -\boldsymbol{\sigma}/r$, cosicché

$$\int_{\partial B_r} f(\mathbf{x} - \boldsymbol{\sigma}) \nabla \Phi(\boldsymbol{\sigma}) \cdot \boldsymbol{\nu}_\sigma \, d\sigma = \frac{1}{4\pi r^2} \int_{\partial B_r} f(\mathbf{x} - \boldsymbol{\sigma}) \, d\sigma \to f(\mathbf{x}) \qquad \text{se } r \to 0.$$

Concludiamo che $\mathbf{J}_r \to -f(\mathbf{x})$ quando $r \to 0$.

Infine, passando al limite per $r \to 0$ nella (4.18), ricaviamo $\Delta u(\mathbf{x}) = -f(\mathbf{x})$.

$\square$

Nota 4.3. Una versione appropriata del Teorema 4.9 vale in dimensione $n = 2$, con il potenziale Newtoniano sostituito da *potenziale logaritmico*

$$\mathcal{L}_f(\mathbf{x}) = \int_{\mathbb{R}^2} \Phi(\mathbf{x} - \mathbf{y}) f(\mathbf{y}) \, d\mathbf{y} = -\frac{1}{2\pi} \int_{\mathbb{R}^2} \log |\mathbf{x} - \mathbf{y}| \, f(\mathbf{y}) \, d\mathbf{y}. \qquad (4.19)$$

Il potenziale logaritmico non si annulla all'infinito; il suo andamento asintotico è il seguente

$$u(\mathbf{x}) = -\frac{M}{2\pi} \log |\mathbf{x}| + O\left(\frac{1}{|\mathbf{x}|}\right) \qquad \text{per } |\mathbf{x}| \to +\infty, \qquad (4.20)$$

dove

$$M = \int_{\mathbb{R}^2} f(\mathbf{y}) \, d\mathbf{y}.$$

Precisamente, il potenziale logaritmico è l'unica soluzione dell'equazione $\Delta u = -f$ in $\mathbb{R}^2$ con l'andamento asintotico (4.20).

4.4.3 Formula di scomposizione di Helmholtz

Usando le proprietà del potenziale Newtoniano possiamo risolvere i seguenti due problemi, che intervengono in numerose applicazioni, per es. in elasticità lineare, fluidodinamica o elettrostatica.

Problema 1. *Ricostruzione di un campo vettoriale in $\mathbb{R}^3$ conoscendo divergenza e rotore*. Si tratta di risolvere il seguente problema. Dati uno scalare f ed un campo vettoriale $\boldsymbol{\omega}$, determinare $\mathbf{u} \in C^2\left(\mathbb{R}^3\right)$ tale che

$$
\begin{cases} \operatorname{div} \mathbf{u} = f \\ \operatorname{rot} \mathbf{u} = \boldsymbol{\omega} \end{cases} \quad \text{in } \mathbb{R}^3, \tag{4.21}
$$

e inoltre

$$
\mathbf{u}\left(\mathbf{x}\right) \to \mathbf{0} \quad \text{se} \quad |\mathbf{x}| \to \infty.
$$

Problema 2. *Scomposizione di un campo vettoriale $\mathbf{u}$ nella somma di un campo solenoidale (a divergenza nulla) e di uno irrotazionale (a rotore nullo)*. Precisamente, dato $\mathbf{u}$, si vuole trovare uno scalare φ e un campo vettoriale $\mathbf{w}$ tali che valga la seguente formula di scomposizione di *Helmholtz*:

$$
\mathbf{u} = \nabla\varphi + \operatorname{rot} \mathbf{w}. \tag{4.22}
$$

Consideriamo il problema **1**. Anzitutto osserviamo che div rot $\mathbf{u} = 0$ per cui deve essere div $\boldsymbol{\omega} = 0$, altrimenti non c'è soluzione.

Occupiamoci di stabilire se la soluzione è unica. Vista la linearità degli operatori differenziali coinvolti, ragioniamo come al solito e supponiamo che $\mathbf{u}_1$ e $\mathbf{u}_2$ siano soluzioni del problema con gli stessi dati f e $\boldsymbol{\omega}$. Poniamo $\mathbf{w} = \mathbf{u}_1 - \mathbf{u}_2$ ed osserviamo che

$$
\operatorname{div} \mathbf{w} = 0 \quad \text{e} \quad \operatorname{rot} \mathbf{w} = \mathbf{0} \quad \text{in } \mathbb{R}^3
$$

ed inoltre $\mathbf{w}$ si annulla all'infinito. Da rot $\mathbf{w} = \mathbf{0}$ si deduce che esiste uno scalare U tale che

$$
\nabla U = \mathbf{w},
$$

mentre da div $\mathbf{w} = 0$ si ha

$$
\operatorname{div}\nabla U = \Delta U = 0.
$$

Dunque U è armonica ed allora lo sono anche le sue derivate (Esercizio 4.1), ossia le componenti w_j di $\mathbf{w}$. Ma ogni w_j è continua in $\mathbb{R}^3$ e tende a zero all'infinito, per cui è limitata. Il Teorema di Liouville (Corollario 4.8) implica che w_j è costante e perciò nulla. Pertanto *la soluzione del problema* **1** *è unica*.

Per determinare $\mathbf{u}$, scriviamo $\mathbf{u} = \mathbf{z} + \mathbf{v}$ e cerchiamo $\mathbf{z}$ e $\mathbf{v}$ in modo che

$$
\begin{aligned}
\operatorname{div} \mathbf{z} &= 0 & \operatorname{rot} \mathbf{z} &= \boldsymbol{\omega} \\
\operatorname{div} \mathbf{v} &= f & \operatorname{rot} \mathbf{v} &= \mathbf{0}.
\end{aligned}
$$

Da rot $\mathbf{v} = \mathbf{0}$ si deduce l'esistenza di uno scalare φ tale che $\nabla\varphi = \mathbf{v}$ mentre div $\mathbf{v} = f$ implica $\Delta\varphi = f$. Sotto ipotesi opportune su f, in base al Teorema 4.9, l'unica soluzione di $\Delta\varphi = f$ che si annulla all'infinito è

$$
-\mathcal{N}_f\left(\mathbf{x}\right) = -\int_{\mathbb{R}^3} \Phi\left(\mathbf{x} - \mathbf{y}\right) f\left(\mathbf{y}\right) d\mathbf{y}
$$

e $\mathbf{v} = -\nabla \mathcal{N}_f$. Per determinare $\mathbf{z}$, ricordiamo l'identità

$$\text{rot rot } \mathbf{z} = \nabla \text{div } \mathbf{z} - \Delta \mathbf{z} \tag{4.23}$$

che, dovendo essere div $\mathbf{z} = 0$ e rot $\mathbf{z} = \boldsymbol{\omega}$, si riduce a

$$\text{rot } \boldsymbol{\omega} = -\Delta \mathbf{z}.$$

Usando ancora il Teorema 4.9, scriviamo

$$\mathbf{z}(\mathbf{x}) = \mathcal{N}_{\text{rot } \boldsymbol{\omega}}(\mathbf{x}) = \int_{\mathbb{R}^3} \Phi(\mathbf{x} - \mathbf{y}) \text{ rot } \boldsymbol{\omega}(\mathbf{y}) \, d\mathbf{y}.$$

Se f e rot $\mathbf{w}$ si annullano rapidamente all'infinito, la soluzione per il nostro problema è dunque il campo vettoriale

$$\mathbf{u}(\mathbf{x}) = \mathcal{N}_{\text{rot } \boldsymbol{\omega}}(\mathbf{x}) - \nabla \mathcal{N}_f(\mathbf{x}). \tag{4.24}$$

Veniamo ora al problema **2**. Dalla (4.24), possiamo scrivere

$$\mathbf{u}(\mathbf{x}) = \int_{\mathbb{R}^3} \Phi(\mathbf{x} - \mathbf{y}) \text{ rot rot } \mathbf{u}(\mathbf{y}) \, d\mathbf{y} - \nabla \int_{\mathbb{R}^3} \Phi(\mathbf{x} - \mathbf{y}) \text{ div } \mathbf{u}(\mathbf{y}) \, d\mathbf{y}.$$

Poiché si ha

$$\int_{\mathbb{R}^3} \Phi(\mathbf{x} - \mathbf{y}) \text{ rot rot } \mathbf{u}(\mathbf{y}) \, d\mathbf{y} = \text{rot} \int_{\mathbb{R}^3} \Phi(\mathbf{x} - \mathbf{y}) \text{ rot } \mathbf{u}(\mathbf{y}) \, d\mathbf{y} \tag{4.25}$$

e si conclude che

$$\mathbf{u} = \nabla \varphi + \text{rot } \mathbf{w}$$

con

$$\varphi(\mathbf{x}) = -\mathcal{N}_{\text{div } \mathbf{u}}(\mathbf{x}) \qquad \text{e} \qquad \mathbf{w}(\mathbf{x}) = \mathcal{N}_{\text{rot } \mathbf{u}}(\mathbf{x}). \qquad \square$$

Un'applicazione alla fluidodinamica. Consideriamo il moto tridimensionale di un fluido incomprimibile di densità ρ e viscosità μ, costanti, soggetto all'azione di un campo di forze conservativo[9] $\mathbf{F} = \nabla f$. Se $\mathbf{u} = \mathbf{u}(\mathbf{x},t)$ indica la velocità del fluido, $p = p(\mathbf{x},t)$ è la pressione idrostatica e $\mathbf{T}$ il tensore degli sforzi, la legge di conservazione per la massa

$$\frac{D\rho}{Dt} + \rho \text{div} \mathbf{u} = 0,$$

la legge di bilancio del momento angolare

$$\rho \frac{D\mathbf{u}}{Dt} = \mathbf{F} + \text{div} \mathbf{T}$$

___
[9] Il campo gravitazionale, per esempio.

e la legge costitutiva (propria dei fluidi Newtoniani)

$$\mathbf{T} = -p\mathbf{I} + \mu\nabla\mathbf{u},$$

danno per $\mathbf{u}$ e p le celebrate *equazioni di Navier-Stokes*:

$$\text{div } \mathbf{u} = 0 \tag{4.26}$$

e

$$\frac{D\mathbf{u}}{Dt} = \mathbf{u}_t + (\mathbf{u}\cdot\nabla)\mathbf{u} = -\frac{1}{\rho}\nabla p + \nu\Delta\mathbf{u} + \frac{1}{\rho}\nabla f \qquad (\nu = \mu/\rho). \tag{4.27}$$

Cerchiamo una soluzione di (4.26), (4.27) in $\mathbb{R}^3 \times (0, +\infty)$, che soddisfi la condizione iniziale

$$\mathbf{u}(\mathbf{x},0) = \mathbf{g}(\mathbf{x}) \qquad \mathbf{x} \in \mathbb{R}^3, \tag{4.28}$$

dove anche $\mathbf{g}$ è solenoidale:

$$\text{div } \mathbf{g} = 0.$$

La quantità $\frac{D\mathbf{u}}{Dt}$ si chiama *derivata materiale di* $\mathbf{u}$, ed è data dalla somma di $\mathbf{u}_t$, l'accelerazione del fluido dovuta al carattere non stazionario del moto, e di $(\mathbf{u}\cdot\nabla)\mathbf{u}$, l'accelerazione inerziale dovuta al trasporto di fluido[10].

In generale, il sistema (4.26), (4.27) è difficile da risolvere. Nel caso in cui la velocità sia bassa, per esempio a causa dell'elevata viscosità, il termine inerziale diventa trascurabile rispetto, per esempio, a $\nu\Delta\mathbf{u}$, e la (4.27) si riduce all'equazione linearizzata

$$\mathbf{u}_t = -\frac{1}{\rho}\nabla p + \nu\Delta\mathbf{u} + \nabla f. \tag{4.29}$$

È possibile scrivere una formula per la soluzione di (4.26), (4.28), (4.29) scrivendo l'equazione per $\boldsymbol{\omega} = \text{rot } \mathbf{u}$. Infatti, calcolando il rotore di (4.29) e (4.28), essendo $\text{rot}(\nabla p + \nu\Delta\mathbf{u} + \nabla f) = \nu\Delta\boldsymbol{\omega}$, otteniamo,

$$\begin{cases} \boldsymbol{\omega}_t = \nu\Delta\boldsymbol{\omega} & \mathbf{x} \in \mathbb{R}^3, \, t > 0 \\ \boldsymbol{\omega}(\mathbf{x},0) = \text{rot } \mathbf{g}(\mathbf{x}) & \mathbf{x} \in \mathbb{R}^3. \end{cases}$$

Questo è un problema di Cauchy globale per l'equazione del calore. Se $\mathbf{g} \in C^2(\mathbb{R}^3)$ e rot $\mathbf{g}$ è limitato, possiamo scrivere

$$\boldsymbol{\omega}(\mathbf{x},t) = \frac{1}{(4\pi\nu t)^{3/2}} \int_{\mathbb{R}^3} \exp\left(-\frac{|\mathbf{y}|^2}{4\nu t}\right) \text{rot } \mathbf{g}(\mathbf{x} - \mathbf{y}) \, d\mathbf{y}. \tag{4.30}$$

---

[10] La $i - esima$ componente di $(\mathbf{u}\cdot\nabla)\mathbf{u}$ è data da $\sum_{j=1}^{3} u_j \frac{\partial u_i}{\partial x_j}$. Per esempio, calcoliamo $\frac{D\mathbf{u}}{Dt}$, per un fluido che ruota uniformemente nel piano x, y con velocità angolare $\omega\mathbf{k}$.
Allora $\mathbf{u}(x, y) = -\omega y\mathbf{i} + \omega x\mathbf{j}$. Poiché $\mathbf{u}_t = \mathbf{0}$, il moto è stazionario e

$$\frac{D\mathbf{u}}{Dt} = (\mathbf{u}\cdot\nabla)\mathbf{u} = \left(-\omega y\frac{\partial}{\partial x} + \omega x\frac{\partial}{\partial y}\right)(-\omega y\mathbf{i} + \omega x\mathbf{j}) = -\omega^2(-x\mathbf{i} + y\mathbf{j}),$$

che è l'accelerazione centrifuga.

Inoltre, per $t > 0$, differenziando sotto il segno di integrale in (4.30) deduciamo che div $\boldsymbol{\omega} = 0$. Ne segue che, se rot $\mathbf{g}(\mathbf{x})$ si annulla rapidamente all'infinito[11], possiamo risalire a $\mathbf{u}$ risolvendo il sistema

$$\text{rot } \mathbf{u} = \boldsymbol{\omega}, \quad \text{div } \mathbf{u} = 0,$$

ed usando la formula (4.24) con $f = 0$.

Resta da calcolare la pressione. Da (4.29) abbiamo l'equazione per p :

$$\nabla p = -\rho \mathbf{u}_t + \mu \Delta \mathbf{u} - \nabla f. \tag{4.31}$$

Poiché $\boldsymbol{\omega}_t = \nu \Delta \boldsymbol{\omega}$, il secondo membro della (4.31) ha rotore nullo e quindi la (4.31) si può risovere e determina p a meno di una costante additiva (come deve essere).

In conclusione: *Siano $f \in C^1(\mathbb{R}^3)$, $\mathbf{g} \in C^2(\mathbb{R}^3)$, con div $\mathbf{g} = 0$ e rot $\mathbf{g}$ che si annulla rapidamente all'infinito. Esistono un'unica $\mathbf{u} \in C^2(\mathbb{R}^3)$, con rot $\mathbf{u}$ che si annulla all'infinito, e $p \in C^1(\mathbb{R}^3)$, unica a meno di una costante additiva, soddisfacenti il sistema (4.26), (4.28), (4.29).*

4.5 La funzione di Green

La (4.14) dà una rappresentazione della soluzione dell'equazione di Poisson in tutto $\mathbb{R}^3$. In domini limitati, ogni formula di rappresentazione deve tener conto dei dati al bordo, come indicato nel seguente teorema, che ci limitiamo ad enunciare.

Teorema 4.10. *Siano $\Omega \subset \mathbb{R}^3$ un dominio limitato regolare e $u \in C^2(\overline{\Omega})$. Allora*

$$u(\mathbf{x}) = -\int_\Omega \Phi(\mathbf{x} - \mathbf{y}) \Delta u(\mathbf{y}) \; d\mathbf{y}$$

$$+ \int_{\partial\Omega} \Phi(\mathbf{x} - \boldsymbol{\sigma}) \partial_\nu u(\boldsymbol{\sigma}) \; d\sigma - \int_{\partial\Omega} \partial_{\nu_\sigma} \Phi(\mathbf{x} - \boldsymbol{\sigma}) u(\boldsymbol{\sigma}) \; d\sigma. \tag{4.32}$$

Il primo integrale nella (4.32) è il potenziale Newtoniano di $-\Delta u$ in Ω. Gli integrali di superficie prendono il nome di potenziali di *strato semplice* con *densità* $\partial_\nu u$ e di *doppio strato* con *momento* u, rispettivamente. Non avremo modo di esaminare questi potenziali. Infatti, la (4.32) ci serve come strumento per arrivare ad una formula di rappresentazione per la soluzione dei problemi di Dirichlet e Neumann. Abbiamo prima bisogno di introdurre un nuovo tipo di soluzione fondamentale.

Infatti, mentre la funzione Φ definita in (4.13) è la soluzione fondamentale di Δ in tutto lo spazio $\mathbb{R}^n$ ($n = 2, 3$), si può definire anche la soluzione fondamentale per l'operatore Δ in un dominio $\Omega \subset \mathbb{R}^n$, limitato o illimitato, con l'idea che essa rappresenti il potenziale generato da una carica unitaria posta in un punto $\mathbf{y}$ all'interno di un conduttore, che occupa la regione Ω e che sia *messo a terra* al

---

[11] È sufficiente $|\text{rot } \mathbf{g}(\mathbf{x})| \leq M/|\mathbf{x}|^{2+\varepsilon}$, con $\varepsilon > 0$.

bordo. Indichiamo con $G(\mathbf{x}, \mathbf{y})$ questa funzione, che prende il nome di *funzione di Green in Ω* per l'operatore Δ. Per $\mathbf{x} \in \Omega$, fissato, G soddisfa il problema

$$\begin{cases} \Delta_{\mathbf{y}} G(\mathbf{x}, \mathbf{y}) = -\delta_{\mathbf{x}} & \text{in } \Omega \\ G(\mathbf{x}, \boldsymbol{\sigma}) = 0 & \boldsymbol{\sigma} \in \partial\Omega, \end{cases}$$

per via della messa a terra del conduttore. Si vede allora che vale la formula

$$G(\mathbf{x}, \mathbf{y}) = \Phi(\mathbf{x} - \mathbf{y}) - \varphi(\mathbf{x}, \mathbf{y}),$$

dove φ, come funzione di $\mathbf{y}$, per $\mathbf{x}$ fissato, è soluzione del problema di Dirichlet

$$\begin{cases} \Delta_{\mathbf{y}} \varphi(\mathbf{x}, \mathbf{y}) = 0 & \text{in } \Omega \\ \varphi(\mathbf{x}, \boldsymbol{\sigma}) = \Phi(\mathbf{x} - \boldsymbol{\sigma}) & \text{su } \partial\Omega. \end{cases} \tag{4.33}$$

Tre importanti proprietà della funzione di Green sono le seguenti (omettiamo la prova):

(a) $G(\mathbf{x}, \mathbf{y}) > 0$, per ogni $\mathbf{x}, \mathbf{y} \in \Omega$;

(b) $G(\mathbf{x}, \mathbf{y}) \to +\infty$ se $\mathbf{x} - \mathbf{y} \to \mathbf{0}$;

(c) *Simmetria*: $G(\mathbf{x}, \mathbf{y}) = G(\mathbf{y}, \mathbf{x})$.

L'esistenza delle funzione di Green per un particolare dominio dipende dalla risolubilità del problema di Dirichlet (4.33). Tuttavia, anche sapendo che la funzione di Green esiste, si conoscono formule esplicite solo per domini molto particolari. A volte, funziona una tecnica nota come *metodo delle immagini*. In questo metodo, $\varphi(\mathbf{x}, \cdot)$ è considerato come il potenziale generato da una carica virtuale q posta in un opportuno punto $\mathbf{x}^*$, l'*immagine di* $\mathbf{x}$, appartenente al complementare di Ω. La carica q e il punto $\mathbf{x}^*$ devono essere scelti in modo che, su $\partial\Omega$, $\varphi(\mathbf{x}, \cdot)$ sia uguale al potenziale generato da una carica unitaria posta in $\mathbf{x}$.

Il modo più semplice per illustrare il metodo è calcolare la funzione di Green per un semispazio. Naturalmente, trattandosi di una funzione di Green, richiediamo che G si annulli all'infinito.

• *La funzione di Green per il semispazio superiore in $\mathbb{R}^3$*. Sia $\mathbb{R}^3_+$ il semispazio:

$$\mathbb{R}^3_+ = \{(x_1, x_2, x_3) : x_3 > 0\}.$$

Fissiamo $\mathbf{x} = (x_1, x_2, x_3)$ e osserviamo che se scegliamo $\mathbf{x}^* = (x_1, x_2, -x_3)$, allora, su $y_3 = 0$ abbiamo:

$$|\mathbf{x}^* - \mathbf{y}| = |\mathbf{x} - \mathbf{y}|.$$

Se, dunque, $\mathbf{x} \in \mathbb{R}^3_+$, allora $\mathbf{x}^*$ appartiene al complementare di $\mathbb{R}^3_+$, la funzione

$$\varphi(\mathbf{x}, \mathbf{y}) = \Phi(\mathbf{x}^* - \mathbf{y}) = \frac{1}{4\pi |\mathbf{x}^* - \mathbf{y}|}$$

è armonica in $\mathbb{R}^3_+$ e $\varphi(\mathbf{x}, \mathbf{y}) = \Phi(\mathbf{x} - \mathbf{y})$ sul piano $y_3 = 0$. In conclusione,

$$G(\mathbf{x}, \mathbf{y}) = \frac{1}{4\pi |\mathbf{x} - \mathbf{y}|} - \frac{1}{4\pi |\mathbf{x}^* - \mathbf{y}|} \tag{4.34}$$

è la funzione di Green per il semispazio superiore.

• *La funzione di Green per la sfera* (Figura 4.2). Sia $\Omega = B_R = B_R(0) \subset \mathbb{R}^3$. Per trovare la funzione di Green per B_R, siano

$$\varphi(\mathbf{x}, \mathbf{y}) = \frac{q}{4\pi |\mathbf{x}^* - \mathbf{y}|}$$

e $\mathbf{x}$ fissato in B_R. Cerchiamo di determinare $\mathbf{x}^*$, nel complementare di B_R, e q in modo che

$$\frac{q}{4\pi |\mathbf{x}^* - \mathbf{y}|} = \frac{1}{4\pi |\mathbf{x} - \mathbf{y}|}, \qquad (4.35)$$

quando $|\mathbf{y}| = R$ (Figura 4.2). La (4.35) dà

$$|\mathbf{x}^* - \mathbf{y}|^2 = q^2 |\mathbf{x} - \mathbf{y}|^2, \qquad (4.36)$$

ossia

$$|\mathbf{x}^*|^2 - 2\mathbf{x}^* \cdot \mathbf{y} + R^2 = q^2(|\mathbf{x}|^2 - 2\mathbf{x} \cdot \mathbf{y} + R^2).$$

Riordinando i termini, possiamo scrivere

$$|\mathbf{x}^*|^2 + R^2 - q^2(R^2 + |\mathbf{x}|^2) = 2\mathbf{y} \cdot (\mathbf{x}^* - q^2\mathbf{x}). \qquad (4.37)$$

Poiché il primo membro non dipende da $\mathbf{y}$, deve essere $\mathbf{x}^* = q^2\mathbf{x}$ e

$$q^4 |\mathbf{x}|^2 - q^2(R^2 + |\mathbf{x}|^2) + R^2 = 0,$$

da cui $q = R/|\mathbf{x}|$. Tutto funzione per $\mathbf{x} \neq \mathbf{0}$ e dà

$$G(\mathbf{x}, \mathbf{y}) = \frac{1}{4\pi}\left[\frac{1}{|\mathbf{x} - \mathbf{y}|} - \frac{R}{|\mathbf{x}| |\mathbf{x}^* - \mathbf{y}|}\right] = \Phi(\mathbf{x} - \mathbf{y}) - \Phi\left(\frac{|\mathbf{x}|}{R}(\mathbf{x}^* - \mathbf{y})\right),$$

$$(4.38)$$

dove $\mathbf{x}^* = \dfrac{R^2}{|\mathbf{x}|^2}\mathbf{x}$, $\mathbf{x} \neq \mathbf{0}$. Poiché

$$|\mathbf{x}^* - \mathbf{y}| = |\mathbf{x}|^{-1}\left(R^4 - 2R^2\mathbf{x} \cdot \mathbf{y} + \mathbf{y}|\mathbf{x}|^2\right)^{1/2},$$

quando $\mathbf{x} \to \mathbf{0}$ abbiamo

$$\varphi(\mathbf{x}, \mathbf{y}) = \frac{1}{4\pi}\frac{R}{|\mathbf{x}| |\mathbf{x}^* - \mathbf{y}|} \to \frac{1}{4\pi R}$$

e quindi possiamo definire

$$G(\mathbf{0}, \mathbf{y}) = \frac{1}{4\pi}\left[\frac{1}{|\mathbf{y}|} - \frac{1}{R}\right].$$

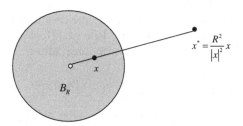

Figura 4.2. L'immagine $\mathbf{x}^*$ di $\mathbf{x}$ nella costruzione della funzione di Green per la sfera

4.5.1 Formula di rappresentazione di Green

Dal Teorema 4.10 sappiamo che ogni funzione regolare u può essere scritta come somma di un potenziale di volume (Newtoniano) con densità $-\Delta u$, di un potenziale di strato semplice con densità $\partial_\nu u$ e di un potenziale di doppio strato di *momento* u. Supponiamo che u sia soluzione del seguente problema di Dirichlet:

$$\begin{cases} \Delta u = f & \text{in } \Omega \\ u = g & \text{su } \partial\Omega. \end{cases} \tag{4.39}$$

Dalla (4.32) ricaviamo, $\mathbf{x} \in \Omega$,

$$u(\mathbf{x}) = -\int_\Omega \Phi(\mathbf{x} - \mathbf{y}) f(\mathbf{y}) \, d\mathbf{y} + $$
$$+ \int_{\partial\Omega} \Phi(\mathbf{x} - \boldsymbol{\sigma}) \partial_{\nu_\sigma} u(\boldsymbol{\sigma}) \, d\sigma - \int_{\partial\Omega} g(\boldsymbol{\sigma}) \partial_{\nu_\sigma} \Phi(\mathbf{x} - \boldsymbol{\sigma}) \, d\sigma. \tag{4.40}$$

Questa formula di rappresentazione esprime u in termini dei dati f e g ma fa intervenire anche la derivata normale $\partial_{\nu_\sigma} u$, sulla quale non si hanno informazioni. Per liberarsi del termine contenente $\partial_{\nu_\sigma} u$, consideriamo la funzione di Green $G(\mathbf{x}, \mathbf{y}) = \Phi(\mathbf{x} - \mathbf{y}) - \varphi(\mathbf{x}, \mathbf{y})$ in Ω. Poiché $\varphi(\mathbf{x}, \cdot)$ è armonica in Ω, possiamo applicare la (1.13) a u e $\varphi(\mathbf{x}, \cdot)$; troviamo:

$$0 = \int_\Omega \varphi(\mathbf{x}, \mathbf{y}) f(\mathbf{y}) \, d\mathbf{y} + $$
$$- \int_{\partial\Omega} \varphi(\mathbf{x}, \boldsymbol{\sigma}) \partial_{\nu_\sigma} u(\boldsymbol{\sigma}) \, d\sigma + \int_{\partial\Omega} g(\boldsymbol{\sigma}) \partial_{\nu_\sigma} \varphi(\mathbf{x}, \boldsymbol{\sigma}) \, d\sigma. \tag{4.41}$$

Sommando le (4.40), (4.41) e ricordando che $\varphi(\mathbf{x}, \boldsymbol{\sigma}) = \Phi(\mathbf{x} - \boldsymbol{\sigma})$ su $\partial\Omega$, otteniamo:

Teorema 4.11. *Sia Ω un dominio regolare e u una funzione regolare del problema (4.39). Allora:*

$$u(\mathbf{x}) = -\int_\Omega f(\mathbf{y}) G(\mathbf{x}, \mathbf{y}) \, d\mathbf{y} - \int_{\partial\Omega} g(\boldsymbol{\sigma}) \partial_{\nu_\sigma} G(\mathbf{x}, \boldsymbol{\sigma}) \, d\sigma. \tag{4.42}$$

Pertanto, la soluzione del problema (4.39) può essere scritta come somma dei due potenziali di Green a secondo membro delle (4.42), che fanno intervenire solo i dati del problema. In particolare, se u è armonica, allora

$$u(\mathbf{x}) = -\int_{\partial\Omega} g(\boldsymbol{\sigma}) \partial_{\boldsymbol{\nu}_\sigma} G(\mathbf{x}, \boldsymbol{\sigma}) \, d\sigma. \tag{4.43}$$

La funzione

$$P(\mathbf{x}, \boldsymbol{\sigma}) = -\partial_{\boldsymbol{\nu}_\sigma} G(\mathbf{x}, \boldsymbol{\sigma})$$

si chiama **nucleo di Poisson**. Poiché $G(\cdot, \mathbf{y}) > 0$ in Ω e si annulla su $\partial\Omega$, P è *nonnegativo* (in realtà positivo).

D'altra parte, la formula

$$u(\mathbf{x}) = -\int_\Omega f(\mathbf{y}) G(\mathbf{x}, \mathbf{y}) \, d\mathbf{y}$$

dà la soluzione dell'equazione di Poisson $\Delta u = f$ in Ω, che si annulla su $\partial\Omega$. Dalla positività di G deduciamo che:

$$f \geq 0 \quad \text{in } \Omega \text{ implica } u \leq 0 \text{ in } \Omega,$$

che è un'altra forma del principio di massimo.

4.5.2 La funzione di Neumann

Possiamo ricavare una formula di rappresentazione anche per la soluzione dei problemi di Neumann o di Robin. Per esempio, sia u una soluzione regolare del problema

$$\begin{cases} \Delta u = f & \text{in } \Omega \\ \partial_\nu u = h & \text{su } \partial\Omega, \end{cases} \tag{4.44}$$

dove f e h devono soddisfare le condizioni di compatibilità

$$\int_{\partial\Omega} h(\boldsymbol{\sigma}) \, d\sigma = \int_\Omega f(\mathbf{y}) \, d\mathbf{y}, \tag{4.45}$$

e ricordando che u è univocamente determinata a meno di costanti additive. Dal Teorema 4.9 possiamo scrivere

$$u(\mathbf{x}) = -\int_\Omega \Phi(\mathbf{x} - \mathbf{y}) f(\mathbf{y}) \, d\mathbf{y} +$$
$$+ \int_{\partial\Omega} h(\boldsymbol{\sigma}) \Phi(\mathbf{x} - \boldsymbol{\sigma}) \, d\sigma - \int_{\partial\Omega} u(\boldsymbol{\sigma}) \partial_{\boldsymbol{\nu}_\sigma} \Phi(\mathbf{x} - \boldsymbol{\sigma}) \, d\sigma. \tag{4.46}$$

Questa volta non abbiamo informazioni sul valore di u su $\partial\Omega$ e perciò occorre liberarsi del secondo integrale. Imitando il procedimento seguito per il problema di Dirichlet, cerchiamo di trovare un analogo della funzione di Green, cioè una funzione $N = N(\mathbf{x}, \mathbf{y})$ data da

$$N(\mathbf{x}, \mathbf{y}) = \Phi(\mathbf{x} - \mathbf{y}) - \psi(\mathbf{x}, \mathbf{y}),$$

dove, per $\mathbf{x}$ fissato, ψ è soluzione di

$$\begin{cases} \Delta_{\mathbf{y}}\psi = 0 & \text{in } \Omega \\ \partial_{\boldsymbol{\nu}_\sigma}\psi(\mathbf{x},\boldsymbol{\sigma}) = \partial_{\boldsymbol{\nu}_\sigma}\Phi(\mathbf{x}-\boldsymbol{\sigma}) & \text{su } \partial\Omega, \end{cases}$$

per avere $\partial_{\boldsymbol{\nu}_\sigma} N(\mathbf{x},\boldsymbol{\sigma}) = 0$ su $\partial\Omega$. Ma questo problema di Neumann non ha soluzione in quanto la condizione di compatibilità

$$\int_{\partial\Omega} \partial_{\boldsymbol{\nu}_\sigma}\Phi(\mathbf{x}-\boldsymbol{\sigma})\,d\sigma = 0$$

non è soddisfatta. Infatti, ponendo $u \equiv 1$ in (4.32), otteniamo

$$\int_{\partial\Omega} \partial_{\boldsymbol{\nu}_\sigma}\Phi(\mathbf{x}-\boldsymbol{\sigma})\,d\sigma = -1. \tag{4.47}$$

Tenendo conto della (4.47), chiediamo invece che ψ sia soluzione del problema

$$\begin{cases} \Delta_{\mathbf{y}}\psi = 0 & \text{in } \Omega \\ \partial_{\boldsymbol{\nu}_\sigma}\psi(\mathbf{x},\boldsymbol{\sigma}) = \partial_{\boldsymbol{\nu}_\sigma}\Phi(\mathbf{x}-\boldsymbol{\sigma}) + \dfrac{1}{|\partial\Omega|} & \text{su } \partial\Omega. \end{cases} \tag{4.48}$$

In questo modo si ha

$$\int_{\partial\Omega} \left(\partial_{\boldsymbol{\nu}_\sigma}\Phi(\mathbf{x}-\boldsymbol{\sigma}) + \frac{1}{|\partial\Omega|} \right) d\sigma = 0$$

e il problema (4.48) è risolubile. Osserviamo che, con questa scelta di ψ, abbiamo

$$\partial_{\boldsymbol{\nu}_\sigma} N(\mathbf{x},\boldsymbol{\sigma}) = -\frac{1}{|\partial\Omega|} \quad \text{su } \partial\Omega. \tag{4.49}$$

Applichiamo ora la formula (1.13) a u e $\psi(\mathbf{x},\cdot)$; otteniamo:

$$0 = -\int_{\partial\Omega} \psi(\mathbf{x},\boldsymbol{\sigma})\,\partial_{\boldsymbol{\nu}_\sigma} u(\boldsymbol{\sigma})\,d\sigma + \int_{\partial\Omega} h(\boldsymbol{\sigma})\,\partial_{\boldsymbol{\nu}_\sigma}\psi(\boldsymbol{\sigma})\,d\sigma + \int_{\Omega} \psi(\mathbf{y})\,f(\mathbf{y})\,d\mathbf{y}. \tag{4.50}$$

Sommando la (4.50) alla (4.46) ed usando la (4.49) troviamo infine:

Teorema 4.12. *Sia Ω un dominio regolare e u una soluzione regolare di (4.44). Allora:*

$$u(\mathbf{x}) - \frac{1}{|\partial\Omega|} \int_{\partial\Omega} u(\boldsymbol{\sigma})\,d\sigma = \int_{\partial\Omega} h(\boldsymbol{\sigma})\,N(\mathbf{x},\boldsymbol{\sigma})\,d\sigma - \int_{\Omega} f(\mathbf{y})\,N(\mathbf{x},\mathbf{y})\,d\mathbf{y}.$$

Pertanto, anche la soluzione del problema di Neumann (4.44) può essere scritta come somma di due potenziali, a meno della costante additiva $c = \frac{1}{|\partial\Omega|} \int_{\partial\Omega} u(\boldsymbol{\sigma})\,d\sigma$, il valor medio di u in Ω.

La funzione N si chiama *funzione di Neumann* (o anche funzione di Green per il problema di Neumann) ed è definita a meno di una costante additiva.

4.6 Esercizi ed applicazioni

4.6.1 Esercizi

E. 4.1. (*Funzioni armoniche*). Sia u una funzione armonica in un domino $\Omega \subseteq \mathbb{R}^n$; dimostrare che le derivate di qualunque ordine di u sono armoniche in Ω.

E. 4.2. Risolvere, usando il metodo di separazione delle variabili, il seguente problema non omogeneo

$$\begin{cases} \Delta u = f & \text{in } B_R \subset \mathbb{R}^2 \\ u = 0 & \text{su } \partial B_R. \end{cases}$$

E. 4.3. Risolvere il problema non omogeneo con condizioni non omogenee

$$\begin{cases} \Delta u\,(x,y) = y & \text{in } B_1 \subset \mathbb{R}^2 \\ u = 1 & \text{su } \partial B_1. \end{cases}$$

E. 4.4. (*Principio di riflessione*). Sia $B_1^+ = \left\{ (x,y) \in \mathbb{R}^2 : x^2 + y^2 < 1,\, y > 0 \right\}$ e sia $u \in C^2\left(B_1^+\right) \cap C\left(\overline{B_1^+}\right)$ armonica in B_1^+ e tale che $u\,(x,0) = 0$. Dimostrare che la funzione

$$U\,(x,y) = \begin{cases} u\,(x,y) & y \geq 0 \\ -u\,(x,-y) & y < 0, \end{cases}$$

ottenuta per riflessione dispari rispetto a y da u, è armonica in tutto B_1.

E. 4.5. (*Funzioni sub e superarmoniche*). Diciamo che una funzione $u \in C^2(\Omega)$, $\Omega \subseteq \mathbb{R}^n$ è *subarmonica* (risp. *superarmonica*) in Ω se $\Delta u \geq 0$ ($\Delta u \leq 0$) in Ω.

Per $n = 2$ mostrare che:

a) Se u è subarmonica[12], allora, per ogni $B_R\,(\mathbf{x}) \subset\subset \Omega$,

$$u\,(\mathbf{x}) \leq \frac{1}{\pi R^2} \int_{B_R(\mathbf{x})} u\,(\mathbf{y})\, d\mathbf{y} \qquad \text{e} \qquad u\,(\mathbf{x}) \leq \frac{1}{2\pi R} \int_{\partial B_R(\mathbf{x})} u\,(\mathbf{y})\, d\mathbf{y}.$$

b) Se u è subarmonica (superarmonica) e inoltre $u \in C\left(\overline{\Omega}\right)$, il massimo (minimo) di u è assunto solo in un punto di $\partial\Omega$, a meno che u sia costante.

c) Se u è armonica in Ω allora u^2 è subarmonica.

d) Sia u subarmonica in Ω, consideriamo una funzione $F : \mathbb{R} \to \mathbb{R}$, con $F \in C^2(\mathbb{R})$. Sotto quali condizioni su F la funzione composta $F \circ u$ è subarmonica?

E. 4.6. (*Problema di torsione*). Sia $\Omega \subset \mathbb{R}^2$ un dominio limitato e $v \in C^2\,(\Omega) \cap C^1\left(\overline{\Omega}\right)$ la soluzione del problema

$$\begin{cases} v_{xx} + v_{yy} = -2 & \text{in } \Omega \\ v = 0 & \text{su } \partial\Omega. \end{cases} \tag{4.51}$$

Mostrare che $u = |\nabla v|^2$ assume il suo massimo su $\partial\Omega$.

---

[12] Se u fosse superarmonica, il segno nelle disuguaglianze andrebbe invertito, infatti l'enunciato potrebbe essere applicato a $-u$.

4.6.2 Soluzioni

S. 4.1. Una funzione u è armonica in un dominio Ω se ha due derivate continue e inoltre $\Delta u = 0$ in Ω. Inoltre, possiede la proprietà di media e dal Teorema 4.3, u è di classe $C^\infty(\Omega)$. Basta mostrare allora che se u è armonica, allora

$$w = \frac{\partial u}{\partial x_i}$$

è armonica (perché?). Infatti

$$\Delta w = \Delta \frac{\partial u}{\partial x_i} = \frac{\partial \Delta u}{\partial x_i} = 0,$$

poiché vale il Teorema di Schwarz.

S. 4.2. Data la simmetria del problema e del dominio, usiamo le coordinate polari nel piano e supponiamo che $f = f(r, \theta)$ si possa sviluppare in serie di Fourier di soli seni rispetto a θ, in $[0, 2\pi]$:

$$f(r, \theta) = \sum_{m=1}^{\infty} f_m(r) \sin m\theta.$$

Scriviamo la candidata soluzione nella forma

$$u(r, \theta) = \sum_{m=1}^{\infty} u_m(r) \sin m\theta,$$

dove occorre determinare i coefficienti $u_m(r)$. Sostituiamo nell'equazione di Laplace (4.11), riscritta usando le coordinate polari (pag. 430). Si trova:

$$\sum_{m=1}^{\infty} \left\{ u_m'' \sin m\theta (r) + \frac{1}{r} u'(r) \sin m\theta + \frac{1}{r^2} u_m(r) \frac{\partial^2 \sin m\theta}{\partial \theta^2} \right\} = \sum_{m=1}^{\infty} f_m(r) \sin m\theta$$

e i coefficienti u_m si determinano dunque risolvendo le infinite equazioni ordinarie

$$u_m''(r) + \frac{1}{r} u'(r) - \frac{m^2}{r^2} u_m(r) = f_m(r) \qquad m \geq 1, \tag{4.52}$$

con le condizioni

$$u_m(R) = 0, \qquad u_m \text{ limitata in } [0, 1].$$

S. 4.3. Sfruttiamo la linearità del problema per suddividerlo nei due problemi seguenti:

$$\begin{cases} \Delta w(x, y) = y & \text{in } B_1 \\ w = 0 & \text{su } \partial B_1 \end{cases} \qquad \begin{cases} \Delta z(x, y) = 0 & \text{in } B_1 \\ z = 1 & \text{su } \partial B_1. \end{cases}$$

Evidentemente si ha $z = 1$ in B_1. Per risolvere il primo problema, sfruttiamo la soluzione dell'Esercizio 4.2 osservando che la forzante esterna nella forma $y =$

$r \sin \theta$ è già sviluppata in serie di Fourier di soli seni rispetto a θ, in $[0, 2\pi]$. In particolare, cerchiamo una soluzione del tipo:

$$w(r, \theta) = \sum_{m=1}^{\infty} w_m(r) \sin m\theta$$

e, sostituendo nelle condizioni (4.52), troviamo[13]:

$$\begin{cases} w_1'' + w_1'/r - w_1/r^2 = r \\ w_m'' + w_m'/r - m^2 w_m/r^2 = 0 \qquad \text{per } m > 1, \end{cases} \tag{4.53}$$

con le condizioni

$$w_m(1) = 0 \text{ e } w_m \text{ limitata in } (0, 1)$$

per ogni $m \geq 1$.

Risolviamo la prima delle (4.53) con la sostituzione $t = \log r$, che la trasforma nell'equazione a coefficienti costanti $v'' - v = e^{3t}$, la cui soluzione generale è

$$v(t) = c_1 e^t + c_2 e^{-t} + \frac{1}{8} e^{3t}.$$

Ritornando alla variabile r si ha:

$$w_1(r) = c_1 r + c_2 \frac{1}{r} + \frac{1}{8} r^3.$$

La condizione di limitatezza richiede $c_2 = 0$, mentre da $w_1(1) = 0$ deduciamo $c_1 = 1/8$.

Con il medesimo procedimento si ha subito che le altre w_m, $m > 1$, hanno solo la soluzione nulla.

Dunque, abbiamo ottenuto:

$$w(r, \theta) = \frac{r}{8}(r^2 - 1) \sin \theta$$

e la soluzione del problema iniziale, usando le coordinate cartesiane, risulta

$$u(x, y) = \frac{y}{8}(x^2 + y^2 - 1) + 1.$$

S. 4.4. Sia v la soluzione del problema $\Delta v = 0$ in B_1 tale che $v = U$ su ∂B_1. Questa funzione esiste, è unica e può essere scritta esplicitamente usando la formula di Poisson 4.10.

Consideriamo la funzione $v(x, -y)$, che è armonica in B_1 e su ∂B_1 assume i valori di v cambiati di segno.

Poniamo, quindi, $w(x, y) = v(x, y) + v(x, -y)$; per il principio del massimo $w \equiv 0$, infatti w risolve il problema

$$\begin{cases} \Delta w(x, y) = 0 & \text{in } B_1 \\ w = 0 & \text{su } \partial B_1. \end{cases}$$

---

[13] Di nuovo, si tratta di equazioni di Eulero.

Quindi $v(x, y) = -v(x, -y)$ ovvero v è dispari rispetto a y, ed, in particolare $v(x, 0) = 0$; dunque, v risolve

$$\begin{cases} \Delta v(x, y) = 0 & \text{in } B_1^+ \\ v = u & \text{su } \partial B_1^+. \end{cases}$$

Siccome u risolve lo stesso problema, per unicità troviamo che $v = u = U$ in B_1. Inoltre, poiché sia v sia U sono funzioni dispari rispetto a y, abbiamo che $v = U$ in B_1 e dunque $\Delta U = 0$ in B_1.

S. 4.5. Cominciamo dalla seconda formula; poniamo, per $r \le R$,

$$g(r) = \frac{1}{2\pi r} \int_{\partial B_r(\mathbf{x})} u(\boldsymbol{\sigma}) \, d\sigma.$$

Con un cambiamento di variabili, e poi derivando, riproducendo i primi passaggi della dimostrazione a pagina 125 otteniamo

$$g'(r) = \frac{r}{2\pi} \int_{B_1(\mathbf{0})} \Delta u(\mathbf{x} + r\mathbf{y}) \, d\mathbf{y} \ge 0.$$

Dunque g è non decrescente, e poiché $g(r) \to u(\mathbf{x})$ per $r \to 0$ la seconda disuguaglianza è provata. La prima può essere dedotta direttamente dalla seconda (con $R = r$) moltiplicandola per r ed integrando entrambi i membri tra 0 ed R:

$$\frac{R^2}{2} u(\mathbf{x}) \ge \frac{1}{2\pi} \int_0^R dr \int_{\partial_r(\mathbf{x})} u(\boldsymbol{\sigma}) d\sigma = \frac{1}{2\pi} \int_{B_R(\mathbf{x})} u(\mathbf{y}) d\mathbf{y},$$

che dimostra la tesi.

   b) Dimostriamo l'enunciato per le funzioni subarmoniche. Supponiamo che per qualche $\mathbf{x}_0 \in \Omega$ si abbia

$$u(\mathbf{x}_0) = \sup_{x \in \Omega} u(\mathbf{x}).$$

Utilizzando la disuguaglianza trovata al punto precedente per una palla di raggio r centrata in $\mathbf{x}_0$ tutta contenuta in Ω, si ha

$$u(\mathbf{x}_0) \le \frac{1}{\pi r^2} \int_{B_r(\mathbf{x}_0)} u(\mathbf{y}) d\mathbf{y},$$

da cui

$$\int_{B_r(\mathbf{x}_0)} (u(\mathbf{y}) - u(\mathbf{x}_0)) d\mathbf{y} \ge 0.$$

L'integranda è una funzione continua per ipotesi e non positiva; ne deduciamo che

$$u(\mathbf{y}) - u(\mathbf{x}_0) \equiv 0,$$

ovvero che u è costante in tutto $B_r(\mathbf{x}_0)$. Possiamo ripetere questo ragionamento sostituendo ad $\mathbf{x}_0$ un qualsiasi punto di $B_r(\mathbf{x}_0)$. Ora, poiché Ω è un dominio, dato un qualsiasi altro punto $\mathbf{y} \in \Omega$ possiamo determinare una sequenza finita di cerchi $B(\mathbf{x}_j) \subset\subset \Omega$ con $j = 0, \cdots, m$ tali che $\mathbf{x}_i \in B(\mathbf{x}_{i-1})$ ed $x_m = \mathbf{y}$. Mediante il ragionamento precedente, u è costante all'interno di ogni palla, e la tesi segue dall'arbitrarietà del punto $\mathbf{y}$.

c) Le funzioni u ed u^2 sono di classe $C^\infty(\Omega)$. Utilizzando la formula:

$$\Delta(uv) = v\Delta u + u\Delta v + 2\nabla u \cdot \nabla v$$

con $u = v$ deduciamo

$$\Delta(u^2) = 2u\Delta u + 2|\nabla u|^2 = 2|\nabla u|^2 \geq 0,$$

quindi u^2 è subarmonica.

d) Sia $w = F(u)$. Abbiamo allora che

$$w_x = F'(u)u_x, \quad w_{xx} = F''(u)u_x^2 + F'(u)u_{xx}$$

e lo stesso risultato per la variabile y. Deduciamo che

$$\Delta u = F''(u)|\nabla u|^2 + F'(u)\Delta u.$$

La funzione composta w è dunque subarmonica nel caso in cui F sia crescente e convessa.

S. 4.6. Sia Ω la sezione di un cilindro con asse parallelo all'asse z, sottoposto a torsione. Lo sforzo dovuto alla torsione è tangenziale ad ogni sezione; denotando con σ_1 e σ_2 le componenti scalari dello sforzo nei piani (x, z) e (y, z) rispettivamente. Si può provare che la *funzione di stress* v, tale che $v_x = \sigma_1$ e $v_y = \sigma_2$, risolve il problema (4.51).

Poniamo

$$u(x, y) = v(x, y) + \frac{x^2 + y^2}{2},$$

dunque $\Delta u = 0$. Quindi u è di classe C^∞ e dunque anche v, per differenza, lo è. Dall'Esercizio 4.1, tutte le derivate di u sono armoniche e dunque anche le derivate v_x e v_y sono armoniche perché somma di funzioni armoniche più una funzione lineare. Infine,

$$|\nabla v| = v_x^2 + v_y^2$$

è subarmonica, essendo la somma di quadrati di funzioni armoniche (Esercizio 4.5). Lo sforzo $|\nabla v|^2$ è dunque massimo sul bordo $\partial\Omega$.

4.7 Metodi numerici e simulazioni

4.7.1 Lo schema a 5 punti per l'equazione di Poisson

Consideriamo il problema di Poisson con condizioni al bordo di Dirichlet,

$$\begin{cases} -\Delta u = f & \text{in } \Omega = (0, L_x) \times (0, L_y) \\ u = g & \text{su } \partial\Omega. \end{cases} \tag{4.54}$$

A differenza dei capitoli precedenti, questo problema è stazionario ma è definito su un dominio bidimensionale, per semplicità il rettangolo $(0, L_x) \times (0, L_y)$. La griglia di calcolo sarà quindi definita da un insieme di nodi equidistribuiti, ottenuti ad esempio attraverso il prodotto tensore di partizioni uniformi degli intervalli $(0, L_x)$ e $(0, L_y)$ sull'asse delle ascisse e delle ordinate rispettivamente. Precisamente, dati due interi N_x e N_y, definiamo

$$x_i = i \cdot h_x, \ h_x = L_x/(N_x + 1), \ i = 0, \ldots, N_x + 1$$

$$y_j = j \cdot h_y, \ h_y = L_y/(N_y + 1), \ j = 0, \ldots, N_y + 1,$$

da cui si ricavano immediatamente i punti (x_i, y_j) sui quali vogliamo determinare un'approssimazione della soluzione, detta $u_{ij} \simeq u(x_i, y_j)$. Presentiamo qui una breve discussione di un semplice schema alle differenze finite per approssimare (4.54) e rimandiamo a Le Veque, 2007 per maggiori dettagli.

Al fine della discretizzazione osserviamo che, lavorando in coordinate cartesiane, l'operatore di Laplace è semplicemente dato da $\Delta u = \partial_{xx} u + \partial_{yy} u$. Possiamo quindi discretizzare l'operatore Δ utilizzando in ciascuna direzione la formula a 3 punti per la derivata seconda, ovvero (3.75), ottenendo così le seguenti approssimazioni,

$$\partial_{xx} u(x_i, y_j) = \frac{1}{h_x^2} \left(u(x_{i+1}, y_j) - 2u(x_i, y_j) + u(x_{i-1}, y_j) \right) + \mathcal{O}(h_x^2)$$

$$\partial_{yy} u(x_i, y_j) = \frac{1}{h_y^2} \left(u(x_i, y_{j+1}) - 2u(x_i, y_j) + u(x_i, y_{j-1}) \right) + \mathcal{O}(h_y^2).$$

Sostituendo nell'espressione $\Delta u = \partial_{xx} u + \partial_{yy} u$ e supponendo per semplicità $h_x = h_y = h$, otteniamo il cosiddetto **schema a 5 punti** per l'operatore di Laplace,

$$\Delta u(x_i, y_j) =$$
$$\frac{1}{h^2} \left(u(x_{i+1}, y_j) + u(x_i, y_{j+1}) - 4u(x_i, y_j) + u(x_{i-1}, y_j) + u(x_i, y_{j-1}) \right) + \mathcal{O}(h^2),$$

da cui si deduce immediatamente che, analogamente al caso monodimensionale, si tratta di uno schema del secondo ordine rispetto ad h. L'estensione al caso generale $h_x \neq h_y$ è ovvia e verrà ripresa in seguito. Su una griglia con spaziatura uniforme su entrambi gli assi, la controparte discreta del problema (4.54) è data da,

$$
\begin{cases}
\frac{1}{h^2} \left(u_{i+1,j} + u_{i,j+1} - 4u_{ij} + u_{i-1,j} + u_{i,j-1} \right) = f(x_i, y_j) & i = 1, \ldots, N_x \\
& j = 1, \ldots, N_y \\
u_{i,0} = g(x_i, 0), \ u_{i,N_y+1} = g(x_i, L_x) & i = 0, \ldots, N_x + 1 \\
u_{0,j} = g(0, y_j), \ u_{N_x+1,j} = g(L_y, y_j) & j = 0, \ldots, N_y + 1.
\end{cases}
$$
$$(4.55)$$

A questo punto, la principale difficoltà consiste nel tradurre in forma matriciale il problema (4.55). Per prima cosa, occorre definire un **ordinamento** dei gradi di libertà u_{ij} al fine di organizzarli in un vettore $\mathbf{U} = \{\mathbf{U}_k\}_{k=1}^N$ dove $N = N_x \times N_y$. Se questo passaggio era immediato per il caso monodimensionale, nel caso multidimensionale ci sono più possibilità. In particolare consideriamo sia l'ordinamento per righe che quello per colonne, corrispondenti rispettivamente alle seguenti relazioni tra (i, j) e k,

ordinamento per righe $\mathbf{U}_k = u_{ij}$ per $k = (j - 1) \cdot N_x + i$

ordinamento per colonne $\mathbf{U}_k = u_{ij}$ per $k = (i - 1) \cdot N_y + j$.

D'ora in avanti procediamo con l'ordinamento per righe, è evidente che l'ordinamento per colonne si ottiene scambiando l'indice i con j e N_x con N_y. Osserviamo che il problema (4.55) è equivalente ad un sistema lineare

$$\mathbf{A}_h \mathbf{U} = \mathbf{F}, \quad \mathbf{A}_h \in \mathbb{R}^{N \times N}, \ \mathbf{U} \in \mathbb{R}^N, \ \mathbf{F}_h \in \mathbb{R}^N, \tag{4.56}$$

dove la matrice $\mathbf{A}_h$ ed il vettore termine noto $\mathbf{F}_h$ devono essere opportunamente definiti mentre l'indice h ci ricorda che i loro coefficienti dipendono da $1/h_x^2$ e $1/h_y^2$. Osserviamo che nel caso dell'ordinamento per righe, possiamo definire $\mathbf{A}_h$ come una matrice a blocchi, dove i blocchi diagonali, detti $\mathbf{D}_h \in \mathbb{R}^{N_x \times N_x}$, esprimono l'accoppiamento tra i nodi su una stessa riga, mentre i blocchi extradiagonali, detti $\mathbf{E}_h \in \mathbb{R}^{N_x \times N_x}$, tengono conto del fatto che lo schema a 5 punti coinvolge anche nodi su righe diverse. Alla luce di questa decomposizione, le matrici $\mathbf{D}_h$ ed $\mathbf{E}_h$ sono definite come segue indipendentemente dalla riga che si sta considerando,

$$\mathbf{D}_h = \begin{bmatrix} \alpha & \beta & 0 & \dots & & \dots & 0 \\ \beta & \alpha & \beta & 0 & \dots & & \dots & 0 \\ 0 & \beta & \alpha & \beta & 0 & \dots & \dots & 0 \\ \vdots & & \ddots & \ddots & \ddots & & & \vdots \\ \vdots & & & \ddots & \ddots & \ddots & & \vdots \\ 0 & \dots & & \dots & \beta & \alpha & \beta & 0 \\ 0 & \dots & & & \dots & \beta & \alpha & \beta \\ 0 & \dots & & & \dots & 0 & \beta & \alpha \end{bmatrix}, \quad \mathbf{E}_h = \begin{bmatrix} \gamma & 0 & 0 & \dots & & \dots & 0 \\ 0 & \gamma & 0 & 0 & \dots & & \dots & 0 \\ 0 & 0 & \gamma & 0 & 0 & \dots & \dots & 0 \\ \vdots & & \ddots & \ddots & \ddots & & & \vdots \\ \vdots & & & \ddots & \ddots & \ddots & & \vdots \\ 0 & \dots & & \dots & 0 & \gamma & 0 & 0 \\ 0 & \dots & & & \dots & 0 & \gamma & 0 \\ 0 & \dots & & & \dots & 0 & 0 & \alpha \end{bmatrix}$$

$$\alpha = \frac{2}{h_x^2} + \frac{2}{h_y^2}, \ \beta = -\frac{1}{h_x^2}, \ \gamma = -\frac{1}{h_y^2}.$$

Alla decomposizione della matrice $\mathbf{A}_h$ corrisponde inoltre una decomposizione del termine noto $\mathbf{F}_h$ nei sotto-vettori $\mathbf{F}_{h,j} \in \mathbb{R}^{N_x}$ associati alla j−esima riga,

$$
\mathbf{F}_{h,1} = \begin{bmatrix} f(x_1, y_1) + \frac{g(0,y_1)}{h_x^2} + \frac{g(x_1,0)}{h_y^2} \\ f(x_2, y_1) + \frac{g(x_2,0)}{h_y^2} \\ \vdots \\ f(x_i, y_1) + \frac{g(x_i,0)}{h_y^2} \\ \vdots \\ f(x_{N_x-1}, y_1) + \frac{g(x_{N_x-1},0)}{h_y^2} \\ f(x_{N_x}, y_1) + \frac{g(L_x,y_1)}{h_x^2} + \frac{g(L_x,0)}{h_y^2} \end{bmatrix},
$$

$$
\mathbf{F}_{h,N_y} = \begin{bmatrix} f(x_1, y_{N_y}) + \frac{g(0,y_{N_y})}{h_x^2} + \frac{g(x_1,L_y)}{h_y^2} \\ f(x_2, y_{N_y}) + \frac{g(x_2,L_y)}{h_y^2} \\ \vdots \\ f(x_i, y_{N_y}) + \frac{g(x_i,L_y)}{h_y^2} \\ \vdots \\ f(x_{N_x-1}, y_{N_y}) + \frac{g(x_{N_x-1},L_y)}{h_y^2} \\ f(x_{N_x}, y_{N_y}) + \frac{g(L_x,y_{N_y})}{h_x^2} + \frac{g(L_x,L_y)}{h_y^2} \end{bmatrix},
$$

$$
\mathbf{F}_{h,j} = \begin{bmatrix} f(x_1, y_j) + \frac{g(0,y_j)}{h_x^2} \\ f(x_2, y_j) \\ \vdots \\ f(x_i, y_j) \\ \vdots \\ f(x_{N_x-1}, y_j) \\ f(x_{N_x}, y_j) + \frac{g(L_x,y_j)}{h_x^2} \end{bmatrix}, \quad j = 2, \dots, N_y - 1.
$$

Assemblando i blocchi $\mathbf{D}_h$, $\mathbf{E}_h$ ed $\mathbf{F}_{h,j}$ otteniamo quindi la matrice $\mathbf{A}_h$ ed il vettore $\mathbf{F}_h$,

$$
\mathbf{A}_h = \begin{bmatrix} \mathbf{D}_h & \mathbf{E}_h & 0 & \dots & & \dots & 0 \\ \mathbf{E}_h & \mathbf{D}_h & \mathbf{E}_h & 0 & \dots & & \dots 0 \\ 0 & \mathbf{E}_h & \mathbf{D}_h & \mathbf{E}_h & 0 & \dots & \dots 0 \\ \vdots & & \ddots & \ddots & \ddots & & \vdots \\ \vdots & & & \ddots & \ddots & \ddots & \vdots \\ 0 & \dots & & \dots & \mathbf{E}_h & \mathbf{D}_h & \mathbf{E}_h & 0 \\ 0 & \dots & & & \dots & \mathbf{E}_h & \mathbf{D}_h & \mathbf{E}_h \\ 0 & \dots & & & \dots & 0 & \mathbf{E}_h & \mathbf{D}_h \end{bmatrix}, \quad \mathbf{F}_h = \begin{bmatrix} \mathbf{F}_{h,1} \\ \mathbf{F}_{h,2} \\ \mathbf{F}_{h,3} \\ \vdots \\ \vdots \\ \mathbf{F}_{h,N_y-2} \\ \mathbf{F}_{h,N_y-1} \\ \mathbf{F}_{h,N_y} \end{bmatrix}. \tag{4.57}
$$

Come osservato nel Capitolo 3, il problema (4.54) può essere generalizzato al caso non stazionario,

$$\begin{cases} u_t - \Delta u = f & \text{in } \Omega \times \mathbb{R}^+ \\ u = g & \text{su } \partial\Omega \times \mathbb{R}^+ \\ u(t=0) = u_0 & \text{su } \Omega \times \{t=0\}. \end{cases}$$

Per la discretizzazione di tale problema occorre accoppiare lo schema a 5 punti appena descritto con uno schema di avanzamento in tempo, ad esempio uno degli schemi di Eulero visti in precedenza. Ricordiamo dal Capitolo 3 che l'applicazione di uno schema esplicito (in particolare Eulero in avanti) è soggetta a una condizione tra h ed il passo di discretizzazione temporale, τ, per assicurare l'assoluta stabilità del metodo. Attraverso il Teorema 3.9, abbiamo visto che tale condizione è strettamente legata agli autovalori della matrice $\mathbf{C}_h^\tau = \mathbf{I} - \tau\mathbf{A}_h$, che a loro volta si calcolano direttamente a partire dagli autovalori di $\mathbf{A}_h$. Al fine di permettere al lettore interessato di ripercorrere l'analisi di stabilità proposta nel capitolo precedente, enunciamo quindi la seguente proprietà.

Teorema 4.13. *La matrice* $\mathbf{A}_h$ *definita in* (4.57) *è simmetrica definita positiva con i seguenti autovalori,*

$$\lambda_k = \frac{4}{h_x^2}\sin^2\left(\frac{\pi}{2}\frac{ih_x}{L_x}\right) + \frac{4}{h_y^2}\sin^2\left(\frac{\pi}{2}\frac{jh_y}{L_y}\right),$$

dove $k = (j-1)\cdot N_x + i$ *con* $i = 1,\ldots,N_x$ *e* $j = 1,\ldots,N_y$.

4.7.2 Esempio: la flessione di una membrana elastica

Nella Sezione 4.2 abbiamo visto che l'equazione di Poisson, che ora scriviamo nella forma $-\Delta u = f$, può essere utilizzata per descrivere la flessione di una membrana elastica sottoposta al carico f (forza per unità di superficie). Le diverse condizioni al bordo di Dirichlet, Neumann e Robin possono essere interpretate come diverse tecniche per fissare la membrana. Ad esempio, nel caso omogeneo, le prime corrispondono ad un completo incastro della membrana mentre le seconde richiedono che il bordo della membrana sia libero di muoversi verticalmente senza attrito.

Consideriamo ad esempio il quadrato unitario, ovvero $L_x = L_y = 1$, ed applichiamo un carico uniforme diretto dal basso verso l'alto, $f = 2$. Per la discretizzazione del problema utilizziamo lo schema a 5 punti con $h_x = h_y = 0.05$ che si traduce nel sistema (4.56) dove $N_x = N_y = 19$. Utilizziamo sia le condizioni al bordo di Dirichlet omogenee, $u = 0$ su $\partial\Omega$ che quelle di Neumann $\partial_\nu u = -1/2$ su $\partial\Omega$. Ricordiamo che in quest'ultimo caso occorre prestare attenzione alle condizioni di compatiblità tra il dato di Neumann e il carico f, che nell'analogia meccanica si può reinterpretare come l'equilibrio tra le forze di superficie e le forze esterne. Osserviamo che nel nostro caso la relazione (4.5) è rispettata. Infine, per eliminare l'indeterminazione rispetto alle costanti per il problema di Neumann, fissiamo

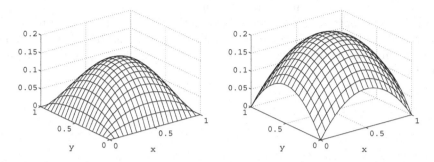

Figura 4.3. Approssimazione numerica del problema di Poisson con condizioni al bordo di Dirichlet $u = 0$ (sinistra) e di Neumann $\partial_\nu u = -1/2$ (destra)

$u(0,0) = 0$. Il risultato della simulazione è riportato in Figura 4.3, e conferma in modo evidente l'interpretazione fisica del problema (4.54). Si nota infine che la soluzione del problema di Neumann è esattamente $u(x,y) = \frac{1}{2}x(1-x) + \frac{1}{2}y(1-y)$.

4.7.3 Esempio: verifica dei principi di massimo

Consideriamo il seguente problema:

$$\begin{cases} -\Delta u = 0 & \text{in } \Omega = (0,1) \times (0,1) \\ \partial_\nu u = \sin(2\pi s) & \text{su } \partial\Omega \end{cases} \tag{4.58}$$

dove s è l'ascissa curvilinea lungo $\partial\Omega$ a partire dal punto $(0,0)$. Osserviamo che la soluzione di (4.58) è una funzione armonica, ci aspettiamo quindi che assuma massimo e minimo sulla frontiera del dominio. Anche in questo caso, per eliminare l'indeterminazione rispetto alle costanti, fissiamo $u(0,0) = 0$.

La soluzione numerica del problema, ricavata utilizzando $h = 0.05$, è riportata in Figura 4.4. Si nota immediatamente che il principio del massimo è correttamente soddisfatto. Si intuisce inoltre che l'andamento della soluzione al bordo sia $u(s) \simeq \sin(2\pi s)$ su $\partial\Omega$, riferendoci all'ascissa curvilinea s. Osserviamo dunque che i punti

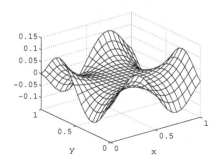

Figura 4.4. Approssimazione numerica del problema (4.58)

in cui la soluzione assume massimo e minimo corrispondono in questo caso agli estremi della derivata normale. Questa proprietà è in accordo con il principio di Hopf, si veda il Teorema 3.3, dal quale si ricava che nei punti in cui una funzione armonica ammette minimo deve valere $\partial_\nu u < 0$ e viceversa, nei punti di massimo si ha $\partial_\nu u > 0$.

Modelli di diffusione-reazione

In questo capitolo ci occupiamo di modelli in cui reazione e diffusione sono in un certo senso, in competizione, ed è particolarmente interessante lo studio dell'evoluzione nel tempo delle soluzioni, per esempio, stabilire se esistono soluzioni *stazionarie* (indipendenti dal tempo) *stabili o asintoticamente stabili.*

Nella prima sezione presentiamo alcuni modelli di pura reazione, che conducono ad equazioni o a sistemi di equazioni differenziali ordinarie e richiamiamo brevemente alcune nozioni e risultati sui punti di equilibrio, approfonditi nell'Appendice B.

Nelle sezioni successive, presentiamo alcuni risultati generali su modelli di reazione e diffusione, per equazioni e per sistemi di equazioni, applicando poi la teoria ad alcuni esempi tipici, a partire dal caso semplice della reazione lineare. Il modello di Fisher-Kolmogoroff ci servirà come prototipo per il caso di equazione non lineare, mentre un modello di instabilità di Turing ci servirà ad illustrare alcuni fenomeni tipici dei sistemi con diversa velocità di diffusione.

5.1 Modelli di reazione

5.1.1 La legge dell'azione di massa (mass action law)

Consideriamo un sistema consistente di m sostanze chimiche $C_1, C_2, \ldots, C_m$ in grado di reagire tra loro. La **legge di reazione** (dalla meccanica statistica) stabilisce che se queste sostanze reagiscono secondo la formula

$$\lambda_1 C_1 + \lambda_2 C_2 + \ldots + \lambda_m C_m \to \mu_1 C_1 + \mu_2 C_2 + \ldots + \mu_m C_m,$$

la velocità alla quale la reazione procede è

$$\dot{r} = k c_1^{\lambda_1} c_2^{\lambda_2} \cdots c_m^{\lambda_m}, \tag{5.1}$$

dove $c_j = [C_j]$ indica la *concentrazione* di C_j.

Salsa S, Vegni FMG, Zaretti A, Zunino P: Invito alle equazioni alle derivate parziali.
© Springer-Verlag Italia 2009, Milano

La velocità (*reaction rate*) $\dot{r}$ ha le dimensioni $[moli] \times [lunghezza]^{-3} \times [tempo]^{-1}$; k è una costante dimensionale e λ_j, μ_j sono i *coefficienti stechiometrici*. Tipicamente $\dot{r}$ sta tra 10^{-7} e 10^{-10} $mol \times m^{-3} \times s^{-1}$.

La conservazione delle massa implica

$$\sum_{j=1}^{m} \lambda_j m_j = \sum_{j=1}^{m} \mu_j m_j$$

dove m_j è la *massa molare* della sostanza j. Ricordiamo che, per la legge di Avogadro, una mole di qualsiasi sostanza contiene lo stesso numero di molecole $N = 6.022 \times 10^{23}$ (**numero di Avogadro**).

La conservazione della massa riferita ad ogni singola sostanza si può scrivere nella forma

$$\frac{dc_j}{dt} = (\mu_j - \lambda_j)\, \dot{r}. \tag{5.2}$$

Esempio 5.1. La combustione dell'idrogeno è descritta dalla reazione

$$2H_2 + O_2 \to 2H_2O,$$

con velocità di reazione proporzionale a $h^2 o$ $(h = [H_2], o = [O_2])$.

Esempio 5.2. Una sostanza P decade in una sostanza A secondo la reazione

$$P \to A.$$

Indicando con p ed a la concentrazione delle due sostanze, la reazione ha velocità proporzionale a p (con costante di proporzionalità $k > 0$) e le equazioni di reazione sono

$$\frac{dp}{dt} = -kp \qquad \frac{da}{dt} = kp.$$

Con dati iniziali p_0 e a_0 si trovano le soluzioni:

$$p(t) = p_0 e^{-kt} \qquad a(t) = a_0 + p_0 \left(1 - e^{-kt}\right).$$

Essendo $k > 0$, p si estingue a velocità esponenziale.

Quando $a = -k > 0$ (cioè $k < 0$) l'equazione

$$\frac{dp}{dt} = ap$$

ha soluzione $p(t) = p_0 e^{at}$ che mostra una crescita esponenziale. Questo modello è detto di Malthus e si presenta in dimanica delle popolazioni, come vedremo.

Esempio 5.3. *Reazioni autocatalitiche.* L'autocatalisi è un processo in cui una sostanza è coinvolta nella produzione di stessa. Per esempio:

$$A + B \to 2B,$$

con velocità di reazione kab, per cui, maggiore è la concentrazione b di B e più rapidamente B è prodotta. Le equazioni di reazione sono date da:

$$\frac{da}{dt} = -kab \qquad \frac{db}{dt} = kab.$$

Notiamo che, sommando le due equazioni si ricava:

$$\frac{d\,(a+b)}{dt} = 0,$$

per cui $a\,(t) + b\,(t) = a_0 + b_0$. Ricavando $a = a_0 + b_0 - b$ e sostituendo nella seconda, si trova

$$\frac{db}{dt} = kb\,(a_0 + b_0 - b),$$

che è a variabili separabili. Risolvendo, abbiamo

$$b\,(t) = \frac{b_0\,(a_0 + b_0)\,e^{k(a_0+b_0)t}}{a_0 + b_0 e^{k(a_0+b_0)t}} \qquad a\,(t) = \frac{a_0\,(a_0 + b_0)}{a_0 + b_0 e^{k(a_0+b_0)t}}.$$

Si noti che $a\,(t) \to 0$ per $t \to \infty$, mentre $b\,(t) \to a_0 + b_0$.

Esempio 5.4. Se consideriamo la doppia reazione

$$A + B \rightleftarrows 2B$$

e la concentrazione a di A è tenuta costante, allora l'equazione per b diventa:

$$\frac{db}{dt} = kab - k^- b^2 = akb\left(1 - \frac{k^-}{ak}b\right),$$

dove $k^- b^2$ è la velocità della reazione opposta. Questo è il *modello logistico* (descritto nell'Esempio B.1) e la concentrazione limite è $b = ka/k^-$, asintoticamente stabile, con bacino di attrazione dato da $(0, +\infty)$.

Anche questo tipo di modello è importante in dinamica delle popolazioni. Il tipico andamento di una soluzione dell'equazione logistica è indicato in Figura 5.1 (per $p_0 = 1/3$).

5.1.2 Inibizione, attivazione

Reazioni biochimiche avvengono continuamente in ogni organismo vivente e la maggior parte di esse coinvolge proteine, chiamate *enzimi*, che agiscono come *catalizzatori*. Gli enzimi reagiscono selettivamente su determinati composti, detti *substrati*. Per esempio, l'*emoglobina* nel sangue è un enzima e l'ossigeno col quale si combina è un substrato. Gli enzimi sono importanti nella regolazione di processi biologici, per esempio come *attivatori* o *inibitori* in una reazione.

Presentiamo alcuni modelli che descrivono alcuni aspetti, prevalentemente cinetici, di reazioni biochimiche molto complesse. Questo riflette il fatto che in quasi

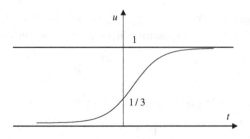

Figura 5.1. Andamento della soluzione dell'equazione logistica per $ka/k^- = 1$ e $p_0 = 1/3$

tutti i processi biologici, spesso non si sa con precisione quali reazioni biochimiche avvengano. Tuttavia si conosce l'effetto qualitativo di una variazione di un dato reagente o di una variazione delle condizioni operative.

Sono questi effetti che un modello di meccanismo deve cercare di riprodurre, per essere utile nell'eseguire predizioni. Questi modelli, quando tengono conto delle sole reazioni chimiche, sono costituiti da equazioni differenziali ordinarie.

Se i reagenti sono due, si trovano equazioni del tipo

$$\frac{du}{dt} = f(u,v) \qquad \frac{dv}{dt} = g(u,v).$$

Si dice che u è *attivatore (inibitore) di* v se $g_u > 0$ (< 0) mentre v è *inibitore (attivatore) di* u se $f_v < 0$ (> 0).

Le soluzioni costanti $u(t) \equiv u_0$, $v(t) \equiv v_0$ del sistema si chiamano **equilibri** (*steady states*) e si trovano risolvendo il sistema algebrico

$$f(u,v) = g(u,v) = 0.$$

La *stabilità lineare* di una soluzione di un equilibrio (u_0, v_0) si trova considerando gli autovalori della matrice Jacobiana :

$$J(u_0, v_0) = \frac{\partial f(u_0, v_0)}{\partial g(u_0, v_0)} = \begin{pmatrix} f_u(u_0, v_0) & f_v(u_0, v_0) \\ g_u(u_0, v_0) & g_v(u_0, v_0) \end{pmatrix}.$$

Se λ_1, λ_2 sono gli autovalori, si ha

$$\mathrm{Tr}J = f_u + g_u = \lambda_1 + \lambda_2 \qquad \det J = |J| = f_u g_v - f_v g_u = \lambda_1 \lambda_2.$$

Tra i risultati, richiamati nell'Appendice B, ricordiamo il seguente teorema.

Microteorema 5.1. *Se* $TrJ(u_0, v_0) < 0$ *e* $detJ(u_0, v_0) > 0$ *allora l'equilibrio* (u_0, v_0) *è (localmente) asintoticamente stabile. Se* $detJ(u_0, v_0) < 0$ *oppure* $TrJ(u_0, v_0) > 0$ *allora* (u_0, v_0) *è instabile.*

Esempio 5.5. Esaminiamo il meccanismo descritto dal seguente modello.

$$\frac{du}{dt} = \frac{a}{b+v} - cu = f(u,v)$$

$$\frac{dv}{dt} = du - ev = g(u,v)$$

dove a, b, c, d, e sono costanti positive.

L'interpretazione biologica del modello è la seguente: u *attiva* v attraverso il termine du ($g_u = d > 0$) ed entrambe u e v degradano linearmente (termini $-cu$ e $-ev$). Questo decadimento lineare si chiama *decadimento cinetico del prim'ordine*.

Il termine $a/(b+v)$ indica un feedback negativo di v sulla produzione di u, poiché quando v cresce rallenta la crescita di u e quindi di sé stessa, indirettamente ($f_v = -a/(b+v)^2 < 0$ e $d > 0$). Questo è un esempio di *inibizione retroattiva*.

Gli equilibri sono le soluzioni (positive, per il loro significato) del sistema algebrico

$$\begin{cases} \dfrac{a}{b+v} - cu = 0 \\ du - ev = 0. \end{cases}$$

Si trova l'unica soluzione

$$u_0 = -\frac{eb}{2d} + \frac{1}{2}\sqrt{\frac{e^2 b^2}{d^2} + \frac{4ae}{cd}}, \quad v_0 = \frac{du_0}{e}.$$

La matrice Jacobiana in (u_0, v_0) è

$$J(u_0, v_0) = \begin{pmatrix} -c & -\dfrac{a}{(v_0+b)^2} \\ d & -e \end{pmatrix}.$$

Quindi:

$$\mathrm{Tr}J(u_0,v_0) = -c - e < 0 \qquad \det J(u_0,v_0) = ec + \frac{ad}{(v_0+b)^2} > 0,$$

per cui (u_0, v_0) è asintoticamente stabile (in realtà è anche globalmente stabile).

Esempio 5.6. Esaminiamo il meccanismo descritto dal seguente modello (*Thomas 1975*):

$$\frac{du}{dt} = a - u - \rho R(u,v) = f(u,v)$$

$$\frac{dv}{dt} = \alpha(b-v) - \rho R(u,v) = g(u,v),$$

dove a, b, α, ρ sono costanti positive e

$$R(u,v) = \frac{uv}{1+u+Ku^2}.$$

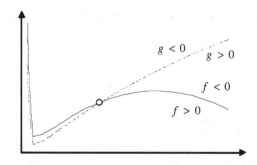

Figura 5.2. Modello di Thomas. Isocline $f(u,v) = 0$ (linea solida) e $g(u,v) = 0$ per $a = 150$, $b = 100$, $\alpha = 1.5$, $\rho = 13$, $K = 0.05$

Nel modello u rappresenta la concentrazione di *acido urico (attivatore)* che reagisce con il substrato v (concentrazione di *ossigeno, inibitore*). Qui u e v sono prodotte a un tasso costante a e αb, decadono linearmente ($-u$ e $-\alpha v$) ed entrambe sono usate nella reazione $R(u,v)$.

La forma di R mostra *inibizione del substrato*. Fissata v, se u è piccola, $R(u,v) \sim uv$ e quindi è lineare in u mentre se u è grande $R(u,v) \sim v/Ku$.

Pertanto, se u è piccola R cresce con u ma per u grande decresce con u.

Le due isocline $f(u,v) = 0$ e $g(u,v) = 0$ si intersecano in un unico punto di equilibrio che risulta essere un fuoco asintoticamente stabile (Figura 5.2). Si vede che $f_u > 0$ e $g_v < 0$ nel punto di equilibrio; infatti, $f(u,v_0)$ passa da valori negativi per $u < u_0$ a valori positivi per $u > u_0$ mentre $g(u_0,v)$ passa da valori positivi per $v < v_0$ a valori positivi per $v > v_0$).

5.2 Diffusione e reazione lineare

5.2.1 Comportamento asintotico per la diffusione pura

Consideriamo l'equazione di diffusione in una dimensione spaziale

$$u_t = Du_{xx} \quad \text{in } (0,L) \times (0,+\infty), \tag{5.3}$$

con la condizione iniziale

$$u(x,0) = g(x). \tag{5.4}$$

Qui u rappresenta, per esempio, la concentrazione di una sostanza o la densità di una popolazione.

Troviamo l'espressione analitica della soluzione di (5.3), (5.4) con le seguenti condizioni al bordo:

1. **Dirichlet:** $u(0,t) = u(L,t) = 0$ (*ambiente esterno ostile*);
2. **Neumann:** $u_x(0,t) = u_x(L,t) = 0$ (*isolamento, no flux condition*).

Separando le variabili, cerchiamo soluzioni nella forma $u(x,t) = U(x)V(t)$. Sostituendo in (5.3), troviamo

$$\frac{V'(t)}{DV(t)} = \frac{U''(x)}{U(x)} = \lambda = \text{costante}.$$

Per V si risolve l'equazione

$$V'(t) = \lambda DV(t),$$

da cui

$$V(t) = e^{\lambda Dt}.$$

Per U si trova il problema agli autovalori

$$U''(x) - \lambda U(x) = 0, \tag{5.5}$$

con le condizioni

$$U(0) = U(L) = 0,$$

nel caso di Dirichlet, e

$$U_x(0) = U_x(L) = 0,$$

nel caso di Neumann.

La soluzione generale dell'equazione (5.5) è data da:

$$
\begin{aligned}
U(x) &= c_1 e^{-\sqrt{\lambda}x} + c_2 e^{\sqrt{\lambda}x} && \text{se } \lambda > 0 \\
U(x) &= c_1 + c_2 x && \text{se } \lambda = 0 \\
U(x) &= c_1 \sin\left(\sqrt{-\lambda}x\right) + c_2 \cos\left(\sqrt{-\lambda}x\right) && \text{se } \lambda < 0,
\end{aligned}
$$

con c_1 e c_2 arbitrari.

Condizioni di Dirichlet. Se $\lambda \geq 0$, imponendo le condizioni $U(0) = U(L) = 0$ si trova solo $U(x) = 0$. Se $\lambda < 0$, risulta

$$U(0) = c_2 = 0$$
$$U(L) = c_1 \sin\left(\sqrt{-\lambda}L\right) + c_2 \cos\left(\sqrt{-\lambda}L\right) = 0,$$

da cui

$$\sin\left(\sqrt{-\lambda}L\right) = 0$$

che dà gli autovalori $\lambda_k = -k^2\pi^2/L^2$ e le autofunzioni

$$U_k(x) = \sin\frac{k\pi x}{L}.$$

Sviluppiamo allora il dato iniziale in serie di Fourier di soli seni:

$$g(x) = \sum_{k=1}^{\infty} b_k \sin\frac{k\pi x}{L} \qquad b_k = \frac{2}{L}\int_0^L g(x)\sin\frac{k\pi x}{L}dx.$$

La soluzione cercata è

$$u\left(x,t\right) = \sum_{k=1}^{\infty} b_k V_k(t) U_k(x) = \sum_{k=1}^{\infty} b_k \exp\left(-D\frac{k^2\pi^2}{L^2}t\right) \sin\frac{k\pi x}{L}.$$

Dalla formula si vede che tutti i termini tendono a zero esponenzialmente per $t \to +\infty$. Il profilo asintotico di u è dato dal termine che decade meno velocemente, corrispondente a $k = 1$:

$$u\left(x,t\right) \sim b_1 \exp\left(-D\frac{\pi^2}{L^2}t\right) \sin\frac{\pi x}{L} \qquad \text{per } t \to +\infty.$$

La soluzione nulla è asintoticamente stabile.

Condizioni di Neumann. Se $\lambda \geq 0$, imponendo le condizioni $U_x\left(0\right) = U_x\left(L\right) = 0$ si trova ancora $U\left(x\right) = 0$. Se $\lambda < 0$, abbiamo

$$U_x\left(0\right) = c_1\sqrt{-\lambda} = 0$$
$$U_x\left(L\right) = c_1\sqrt{-\lambda}\cos\left(\sqrt{-\lambda}L\right) - c_2\sqrt{-\lambda}\sin\left(\sqrt{-\lambda}L\right) = 0,$$

da cui $\sin\left(\sqrt{-\lambda}L\right) = 0$ che dà ancora gli autovalori $\lambda_k = -k^2\pi^2/L^2$ e le autofunzioni

$$U_k\left(x\right) = \cos\frac{k\pi x}{L}.$$

Sviluppiamo allora il dato iniziale in serie di Fourier di soli coseni:

$$g\left(x\right) = \frac{a_0}{2} + \sum_{k=1}^{\infty} a_k \cos\frac{k\pi x}{L} \qquad a_k = \frac{2}{L}\int_0^L g\left(x\right)\cos\frac{k\pi x}{L}dx.$$

La soluzione cercata è quindi

$$u\left(x,t\right) = \frac{a_0}{2} + \sum_{k=1}^{\infty} a_k \exp\left(-D\frac{k^2\pi^2}{L^2}t\right)\cos\frac{k\pi x}{L}.$$

Dalla formula si vede che tutti i termini della serie tendono a zero esponenzialmente per $t \to +\infty$ e quindi $u \to a_0/2$. Il profilo asintotico di u è dato da

$$u\left(x,t\right) \sim \frac{a_0}{2} + a_1 \exp\left(-D\frac{\pi^2}{L^2}t\right)\cos\frac{\pi x}{L} \qquad \text{per } t \to +\infty.$$

Osserviamo che

$$\frac{a_0}{2} = \frac{1}{L}\int_0^L g\left(x\right)dx$$

e quindi *la soluzione tende al valor medio del dato iniziale.*

Conclusione: nei due casi esaminati, le soluzioni tendono a due soluzioni costanti, che risultano essere *soluzioni di equilibrio,* cioè soluzioni indipendenti dal tempo. In questo caso, le soluzioni di equilibrio sono anche *omogenee nello spazio.*

5.2.2 Comportamento asintotico in domini generali

Col metodo si separazione delle variabili si può calcolare esplicitamente la soluzione di problemi lineari in una dimensione spaziale. In dimensione spaziale 2 e 3 ciò è ancora possibile nel caso in cui il dominio abbia una geometria molto particolare, come, per esempio, un quadrato, un settore circolare, un cubo o una sfera, ecc.. Si può comunque determinare l'andamento asintotico delle soluzioni dei problemi visti sopra, utilizzando metodi diversi, in particolare quello illustrato nel seguente teorema.

Teorema 5.2. *Sia* u *soluzione del problema*

$$\begin{cases} u_t - D\Delta u = 0 & \mathbf{x} \in \Omega,\ t > 0 \\ u(\mathbf{x},0) = g(\mathbf{x}) & \mathbf{x} \in \Omega, \end{cases}$$

dove Ω *è un dominio limitato e regolare di* $\mathbb{R}^n$ *(*$n = 1, 2, 3$*) e* g *è continua in* $\overline{\Omega}$.
(i) (Condizioni di Dirichlet) Se $u = 0$ *su* $\partial\Omega$ *allora*

$$u(\mathbf{x},t) \to 0 \quad per\ t \to \infty,$$

per ogni $x \in \Omega$.
(ii) (Condizioni di Neumann) Se $\partial_\nu u = 0$ *su* $\partial\Omega$ *allora*

$$\int_\Omega u(\mathbf{x},t)\,d\mathbf{x} = \int_\Omega g(\mathbf{x})\,d\mathbf{x} \quad per\ ogni\ t \geq 0$$

ed inoltre u *tende al valor medio del dato iniziale:*

$$u(\mathbf{x},t) \to \frac{1}{|\Omega|} \int_\Omega g(\mathbf{x})\,d\mathbf{x} \quad per\ t \to \infty,$$

per ogni $x \in \Omega$.
(iii) (Condizioni di Robin) Se $\partial_\nu u + hu = 0$ *su* $\partial\Omega$ *e* $h > 0$, *allora*

$$u(\mathbf{x},t) \to 0 \quad per\ t \to \infty,$$

per ogni $x \in \Omega$.

Dimostrazione. La facciamo per semplicità nel caso $n = 1$, con $\Omega = (0, L)$. Moltiplichiamo l'equazione per u ed integriamo rispetto ad x tra 0 ed L:

$$\int_0^L u u_t dx = D \int_0^L u u_{xx} dx. \tag{5.6}$$

Si ha:

$$\int_0^L u u_t dx = \frac{1}{2} \int_0^L (u^2)_t dx = \frac{1}{2} \frac{d}{dt} \int_0^L u^2 dx. \tag{5.7}$$

Integrando per parti si trova

$$\int_0^L u u_{xx} dx = [u(L, t) u_x(L, t) - u(0, t) u_x(0, t)] - \int_0^L (u_x)^2 dx. \tag{5.8}$$

(*i*) Usiamo ora le condizioni di Dirichlet. Poiché $u(L,t) = u(0,t) = 0$, si ha:

$$\int_0^L uu_{xx}dx = -\int_0^L (u_x)^2 dx, \tag{5.9}$$

e le formule (5.6), (5.7), (5.8) e (5.9) danno

$$\frac{1}{2}\frac{d}{dt}\int_0^L u^2(x,t)\,dx = -D\int_0^L u_x^2(x,t)\,dx.$$

Poniamo $E(t) = \int_0^L u^2(x,t)\,dx$. L'ultima equazione mostra che

$$\dot{E}(t) = -2D\int_0^L u_x^2(x,t)\,dx < 0 \text{ per } t > 0$$

e perciò E decresce. Essendo $E(t) \geq 0$ e decrescente, il limite per $t \to +\infty$ esiste ed è ≥ 0. Da qui si può dedurre (ma non è semplice) che $\dot{E}(t) \to 0$ e cioè

$$\int_0^L u_x^2(x,t)\,dx \to 0 \qquad \text{per } t \to +\infty. \tag{5.10}$$

Dal teorema fondamentale del calcolo, essendo $u(0,t) = 0$, si ha:

$$u(x,t) = \int_0^x u_x(s,t)\,ds,$$

da cui, per la disuguaglianza di Schwarz:

$$|u(x,t)| \leq \int_0^L |u_x(s,t)|\,ds \leq \sqrt{L}\sqrt{\int_0^L u_x^2(x,t)\,dx} \tag{5.11}$$

e quindi la (5.10) implica che $u(x,t) \to 0$ per $t \to +\infty$, per ogni $x \in (0,L)$.

(*ii*) Usiamo ora le condizioni di Neumann $u_x(L,t) = u_x(0,t) = 0$ nella (5.8); ragionando esattamente come sopra, si trova ancora

$$\dot{E}(t) = -2D\int_0^L u_x^2(x,t)\,dx < 0 \text{ per } t > 0.$$

Di nuovo possiamo concludere che vale la (5.10).

D'altra parte, osserviamo che, integrando l'equazione $u_t = Du_{xx}$ rispetto ad x nell'intervallo $(0,L)$, si trova

$$\frac{d}{dt}\int_0^L u(x,t)\,dx = \int_0^L u_t(x,t)\,dx = D\int_0^L u_{xx}(x,t)\,dx.$$

Ma dal teorema fondamentale del calcolo integrale si deduce che

$$\int_0^L u_{xx}(x,t)\,dx = u_x(L,t) - u_x(0,t) = 0,$$

per cui

$$\frac{d}{dt} \int_0^L u(x,t)\,dx = 0.$$

Ciò implica che $\int_0^L u(x,t)\,dx$ è costante nel tempo e si mantiene uguale al suo valore in $t = 0$. Perciò:

$$\frac{1}{L} \int_0^L u(x,t)\,dx = \frac{1}{L} \int_0^L g(x)\,dx \equiv K \qquad \text{per ogni } t \geq 0.$$

Mostriamo ora che $u(x,t) \to K$ per $t \to +\infty$. Osserviamo prima che, per il teorema del valor medio integrale, per ogni t esiste $\tilde{x}(t)$ tra 0 ed L tale che

$$K = \frac{1}{L} \int_0^L u(x,t)\,dx = u(\tilde{x}(t),t).$$

Dal teorema fondamentale del calcolo, si ha allora:

$$u(x,t) - K = \int_{\tilde{x}(t)}^x u_x(s,t)\,ds,$$

da cui, per la disuguaglianza di Schwarz:

$$|u(x,t) - K| \leq \int_0^L |u_x(s,t)|\,ds \leq \sqrt{L}\sqrt{\int_0^L (u_x(x,t))^2 dx}$$

e dalla (5.10) deduciamo che $u(x,t) \to K$.

(iii) Usiamo ora le condizioni di Robin $u_x(L,t) + hu(L,t) = u_x(0,t) + hu(0,t) = 0$ nella (5.8); si ha:

$$\int_0^L u u_{xx}\,dx = -h\left[u^2(L,t) + u^2(0,t)\right] - \int_0^L (u_x)^2 dx. \tag{5.12}$$

Le formule (5.6), (5.7) e (5.12) danno, essendo $h > 0$,

$$\frac{1}{2}\dot{E}(t) = -hD\left[u^2(L,t) + u^2(0,t)\right] - D\int_0^L u_x^2(x,t)\,dx < 0.$$

Ancora si deduce che E decresce e tende per $t \to +\infty$ ad un limite ≥ 0 e che $\dot{E}(t) \to 0$. Pertanto

$$hD\left[u^2(L,t) + u^2(0,t)\right] + \int_0^L (u_x(x,t))^2 dx \to 0 \qquad \text{per } t \to +\infty. \tag{5.13}$$

Essendo tutti i termini nella (5.13) positivi, si deduce che $u(L,t), u(0,t)$ e $\int_0^L u_x^2(x,t)\,dx$ tendono a zero per $t \to +\infty$, per ogni $x \in (0,L)$. Ragionando come nel caso (i) si ottiene

$$|u(x,t) - u(0,t)| \leq \int_0^L |u_x(s,t)|\,ds \leq \sqrt{L}\sqrt{\int_0^L (u_x(x,t))^2 dx}.$$

Si conclude che $u(x,t) \to 0$ se $t \to +\infty$, per ogni $x \in (0,L)$. $\square$

5.2.3 Reazione lineare. Dimensione critica

Il più semplice meccanismo di reazione è quello di Malthus cioè $\dot{u} = au$ con $a > 0$. Consideriamo l'effetto combinato della diffusione e di una reazione malthusiana su una popolazione la cui evoluzione sia governata dal seguente problema:

$$\begin{cases} u_t - Du_{xx} = au & 0 < x < L, t > 0 \\ u(0,t) = u(L,t) = 0 & t > 0 \\ u(x,0) = g(x) & 0 < x < L, \end{cases}$$

dove u indica la densità della popolazione.

Dati i valori nulli agli estremi (ambiente esterno ostile) la diffusione provoca una diminuzione della popolazione che però viene "rigenerata" attraverso l'effetto di reazione. Si tratta dunque di effetti contrapposti, in competizione. Vediamo quali fattori determinano il sopravvento di uno dei due.

Per prima cosa, visto che a è costante, possiamo ridurre l'equazione a quella di diffusione standard, liberandoci del termine au attraverso un cambio di variabile. Poniamo

$$u(x,t) = e^{at}w(x,t).$$

Vediamo quale equazione si ottiene per w. Abbiamo:

$$u_t = e^{at}(aw + w_t), \quad u_x = e^{at}w_x, \quad u_{xx} = e^{at}w_{xx}.$$

Sostituendo nell'equazione di partenza, si trova:

$$e^{at}(aw + w_t) - De^{at}w_{xx} = ae^{at}w.$$

Semplificando per e^{at} ed elidendo il termine aw otteniamo per w l'equazione

$$w_t - Dw_{xx} = 0,$$

con le stesse condizioni agli estremi ed iniziali:

$$w(0,t) = w(L,t) = 0$$
$$w(x,0) = w(x).$$

Abbiamo già risolto questo problema nella Sezione 5.2.1. La soluzione è

$$w(x,t) = \sum_{k=1}^{\infty} b_k \exp\left(-D\frac{k^2\pi^2}{L^2}t\right)\sin\frac{k\pi x}{L}.$$

Pertanto la soluzione del problema di diffusione-reazione è

$$u(x,t) = \sum_{k=1}^{\infty} b_k \exp\left\{(a - D\frac{k^2\pi^2}{L^2})t\right\}\sin\frac{k\pi x}{L}. \tag{5.14}$$

Sebbene il calcolo della soluzione sia matematicamente simile al caso della diffusione pura, le conclusioni sono un po' diverse. Ciò che determina l'evoluzione della popolazione è il primo coefficiente di t nell'esponenziale ($k = 1$). Abbiamo:

Se $a - D\dfrac{\pi^2}{L^2} < 0$, cioè

$$\frac{aL^2}{D} < \pi^2 \text{ allora } \lim_{t \to +\infty} u\left(x, t\right) = 0, \tag{5.15}$$

essendo $a - D\dfrac{k^2\pi^2}{L^2} < a - D\dfrac{\pi^2}{L^2}$ per ogni $k > 1$.

Se, invece,

$$a - D\frac{\pi^2}{L^2} > 0 \text{ allora } \lim_{t \to +\infty} u\left(x, t\right) = \infty,$$

poiché il primo termine ha una crescita esponenziale e gli altri sono di ordine inferiore o vanno a zero esponenzialmente.

Ora, i coefficienti a e D sono parametri intrinseci, che codificano la natura della popolazione e le proprietà dell'ambiente. Con questi parametri fissati, è la grandezza dell'habitat che svolge il ruolo principale. Infatti, il valore

$$L_0 = \pi\sqrt{\frac{D}{a}}$$

è un *valore critico* per la sopravvivenza della popolazione. Se $L < L_0$, cioè se l'ambiente è troppo piccolo, la popolazione si avvierà verso l'estinzione; se al contrario $L > L_0$, la crescita sarà esponenziale.

Si dice che in corrispondenza al valore L_0 si verifica una *biforcazione*, in quanto la soluzione di equilibrio $u\left(x, t\right) = 0$ passa da stabile per $L < L_0$ a instabile per $L > L_0$.

Che cosa succede per $L = L_0$? In questo caso la soluzione (5.14) si presenta nella forma seguente:

$$u\left(x, t\right) = b_1 \sin \frac{\pi x}{L} + \sum_{k=2}^{\infty} b_k \exp\left\{(a - D\frac{k^2\pi^2}{L_0^2})t\right\} \sin \frac{k\pi x}{L}.$$

Si noti che

$$u_1\left(x, t\right) = b_1 \sin \frac{\pi x}{L}$$

è l'autofunzione corrispondente al primo autovalore $k_1 = -\pi^2/L^2$ ed essendo indipendente dal tempo è una soluzione di equilibrio. Poiché $a - Dk^2\pi^2/L_0^2 < 0$ se $k > 1$, deduciamo che

$$u\left(x, t\right) \to b_1 \sin \frac{\pi x}{L} \quad \text{per } t \to +\infty.$$

Osserviamo infine che, se per qualche $\overline{k} \geq 1$, si ha $a - D\overline{k}\pi^2/L^2 > 0$ allora per ogni $1 \leq k < \overline{k}$, tutti i termini $a - Dk\pi^2/L_0^2$ sono positivi e i corrispondenti termini contribuiscono alla instabilità della soluzione nulla: diremo che *i modi di vibrazione*

$$b_k \exp\left\{(a - D\frac{k^2\pi^2}{L_0^2})t\right\} \sin \frac{k\pi x}{L}$$

per $k = 1, 2, ..., \overline{k}$ *sono attivati.*

5.2.4 Reazione lineare e diffusione in dimensione spaziale 2

Vediamo un esempio di separazione delle variabili per un problema di diffusione-reazione (lineare) in dimensione due. Sia R il rettangolo

$$R = (0, p) \times (0, q).$$

Consideriamo il problema di Neumann seguente:

$$\begin{cases} u_t = D\left(u_{xx} + u_{yy}\right) + \lambda u & (x, y) \in R,\ t > 0 \\ \nabla u \cdot \mathbf{n} = 0 & (x, y) \in \partial R,\ t > 0 \\ u\left(x, y, 0\right) = g\left(x, y\right) & (x, y) \in R, \end{cases}$$

dove D, λ, p, q sono costanti positive.

Cerchiamo soluzioni della forma

$$u\left(x, y, t\right) = U\left(t\right) V\left(x, y\right).$$

Sostituendo nell'equazione differenziale otteniamo:

$$U'\left(t\right) V\left(x, y\right) = DU\left(t\right)\left(V_{xx}\left(x, y\right) + V_{yy}\left(x, y\right)\right) + \lambda U\left(t\right) V\left(x, y\right).$$

Dividendo per $DU\left(t\right) V\left(x, y\right)$ otteniamo:

$$\frac{U'\left(t\right)}{DU\left(t\right)} - \frac{\lambda}{D} = \frac{V_{xx}\left(x, y\right) + V_{yy}\left(x, y\right)}{V\left(x, y\right)} = k \text{ (costante).}$$

Per U troviamo

$$U'\left(t\right) = (\lambda + Dk)U\left(t\right),$$

che dà:

$$U\left(t\right) = ce^{(\lambda + Dk)t}.$$

Per V troviamo il problema agli autovalori

$$\begin{cases} V_{xx} + V_{yy} = kV & (x, y) \in R \\ \nabla V \cdot \mathbf{n} = 0 & (x, y) \in \partial R. \end{cases}$$

Separiamo ulteriormante le variabili, ponendo

$$V\left(x, y\right) = W\left(x\right) Z\left(y\right).$$

Con una sostituzione, si trova

$$\frac{W''\left(x\right)}{W\left(x\right)} + \frac{Z''\left(y\right)}{Z\left(y\right)} = k,$$

che si spezza nei due problemi di Neumann

$$W''\left(x\right) = k_1 W\left(x\right), \qquad W'\left(0\right) = W'\left(p\right) = 0$$
$$Z''\left(y\right) = k_2 Z\left(y\right), \qquad Z'\left(0\right) = Z'\left(q\right) = 0$$

con
$$k_1 + k_2 = k.$$

Ricordando i calcoli nelle sezioni precedenti, abbiamo:

$$k_{1m} = -\frac{m^2\pi^2}{p^2} \qquad W_m(x) = \cos\frac{m\pi x}{p} \qquad m = 0, 1, 2, \ldots$$

e

$$k_{2n} = -\frac{n^2\pi^2}{q^2} \qquad Z_n(y) = \cos\frac{n\pi y}{q} \qquad n = 0, 1, 2, \ldots.$$

Abbiamo dunque

$$k_{mn} = -\frac{\pi^2 m^2}{p^2} - \frac{n^2\pi^2}{q^2}$$

e

$$V_{mn}(x, y) = \cos\frac{m\pi x}{p}\cos\frac{n\pi y}{q} = W_m(x)Z_n(y).$$

Ponendo

$$g_{mn} = \frac{4}{pq}\int_0^p\int_0^q g(x, y)\cos\frac{m\pi x}{p}\cos\frac{n\pi y}{q}dxdy,$$

otteniamo, infine, la soluzione del problema originale:

$$u(x, y, t) = \sum_{m,n=0}^{\infty} g_{mn}U_{mn}(t)V_{mn}(x, y) = \sum_{m,n=0}^{\infty} g_{mn}e^{(Dk_{mn}+\lambda)t}\cos\frac{m\pi x}{p}\cos\frac{n\pi y}{q}dxdy.$$

Notiamo che, poiché $\lambda > 0$, il primo termine della serie ($m = n = 0$) è $g_{00}e^{\lambda t}$, che cresce esponenzialmente.

5.3 Diffusione e reazione non lineare

5.3.1 Questioni generali

In questa sezione consideriamo equazioni di diffusione e reazione del tipo

$$u_t - \Delta u = f(u) \tag{5.16}$$

in un cilindro spazio-temporale $D_T = \Omega \times (0, T)$, dove Ω è un dominio regolare[1], tipicamente con condizioni omogenee di Dirichlet o di Neumann su $S_T = \partial\Omega \times (0, T]$:

$$u = 0 \qquad \text{oppure} \qquad \frac{\partial u}{\partial \nu} = 0 \tag{5.17}$$

(ν normale esterna) e condizioni iniziali

$$u(\mathbf{x}, 0) = g(\mathbf{x}). \tag{5.18}$$

---

[1] Possiamo ammettere domini con spigoli o angoli.

Come ipotesi base assumiamo

$$f \in C^1(\mathbb{R}), \ g \in C\left(\overline{\Omega}\right).$$

Se la condizione al bordo è di Dirichlet assumiamo che $g = 0$ su $\partial\Omega$ (*condizione di compatibilità*).

Data la non linearità del problema, l'esistenza e/o l'unicità della soluzione in tutto l'intervallo $[0,T]$ non è in generale scontata (già non lo è per l'equazione ordinaria $\dot{u} = u^2$, per esempio) per cui è utile segnalare alcuni risultati in questa direzione. Abbiamo bisogno della nozione di *sopra/sotto soluzione*.

Definizione 5.1. *Una funzione* $\overline{u} \in C\left(\overline{D_T}\right) \cap C^{2,1}(D_T)$ *è detta soprasoluzione del problema (5.16), (5.17), (5.18) se soddisfa le disuguaglianze seguenti:*[2]

$$\overline{u}_t - \Delta\overline{u} \geq f(\overline{u}) \qquad\qquad in \ D_T$$

$$\overline{u} \geq 0 \quad oppure \quad \frac{\partial\overline{u}}{\partial\nu} \geq 0 \quad su \ S_T \qquad\qquad (5.19)$$

$$\overline{u}(\mathbf{x}, 0) \geq g(\mathbf{x}) \qquad\qquad in \ \overline{\Omega}.$$

Analogamente $\underline{u} \in C\left(\overline{D_T}\right) \cap C^{2,1}(D_T)$ *è detta sottosoluzione se soddisfa le disuguaglianze opposte in (5.19).*

Ovviamente, u è soluzione se e solo se è sia sotto che soprasoluzione. Notiamo che, per il teorema del valor medio, in ogni intervallo $[a, b]$ possiamo scrivere, per v opportuno tra u_1 e u_2,

$$f(u_1) - f(u_2) = f'(v)(u_1 - u_2) \geq -M(u_1 - u_2), \qquad\qquad (5.20)$$

dove $M = \max_{[a,b]} |f'|$. Vale il seguente risultato.

Lemma 5.3 *Se* $\overline{u}$ *e* $\underline{u}$ *sono, rispettivamente, sopra e sottosoluzione del problema (5.16), (5.17), (5.18), allora*

$$\underline{u} \leq \overline{u} \qquad in \ D_T.$$

Dimostrazione. La funzione $w = \overline{u} - \underline{u}$ soddisfa le disuguaglianze (ricordare la (5.20)):

$$w_t - \Delta w \geq f(\overline{u}) - f(\underline{u}) \geq -M_0 w \quad in \ D_T$$

$$w \geq 0 \quad oppure \quad \frac{\partial w}{\partial\nu} \geq 0 \qquad\qquad su \ S_T$$

$$w(\mathbf{x}, 0) \geq 0 \qquad\qquad in \ \overline{\Omega},$$

con $M_0 = \max_{[\underline{u},\overline{u}]} |f'|$. Basta ora applicare il principio di massimo (Teorema 3.1) oppure il principio di Hopf (Teorema 3.3), rispettivamente, per l'equazione del calore a $v = e^{M_0 t} w$. Si deduce che $v \geq 0$.   □

---

[2] Se la condizione è di Neumann in (5.19), assumiamo che la derivata normale esista su $\partial\Omega$.

Nel seguente teorema, costruiamo la soluzione del problema (5.16), (5.17), (5.18) mediante uno schema monotono iterativo.

Teorema 5.4. *Siano $\overline{u}$ e $\underline{u}$ sopra e sottosoluzione del problema (5.16), (5.17), (5.18), rispettivamente. Se Ω è un dominio regolare, a e b due costanti e*

$$a \le \underline{u}(\mathbf{x}, 0) \le g(\mathbf{x}) \le \overline{u}(\mathbf{x}, 0) \le b \quad in\ \Omega,$$

allora esiste un'unica soluzione u tale che

$$\underline{u}(\mathbf{x}, t) \le u(\mathbf{x}, t) \le \overline{u}(\mathbf{x}, t) \quad in\ D_T. \tag{5.21}$$

Dimostrazione (parziale). La facciamo per le condizioni di Dirichlet. Per quelle di Neumann il ragionamento è analogo.

L'idea è costruire una successione per ricorrenza nel seguente modo. Poniamo $F(s) = f(s) + M$ in modo che

$$F'(s) = f'(s) + M \ge -M + M = 0,$$

cosicché F è crescente in $[a, b]$. Riscriviamo l'equazione originale nella forma

$$u_t - \Delta u + Mu = f(u) + Mu \equiv F(u).$$

Definiamo $u^{(0)} = \underline{u}$ e $u^{(1)}$ come la soluzione del problema lineare

$$\begin{cases} u_t^{(1)} - \Delta u^{(1)} + Mu^{(1)} = F(u^{(0)}) & \text{in } D_T \\ u^{(1)} = 0 & \text{su } S_T \\ u^{(1)}(\mathbf{x}, 0) = g(\mathbf{x}) & \text{in } \overline{\Omega}. \end{cases}$$

Essendo $F(u^{(0)})$ limitata e regolare in D_T, esiste un'unica soluzione $u^{(1)} \in C(\overline{D_T}) \cap C^{2,1}(D_T)$.

La funzione $w^{(1)} = u^{(1)} - u^{(0)}$ soddisfa la disuguaglianza

$$w_t^{(1)} - \Delta w^{(1)} + Mw^{(1)} \ge F(u^{(0)}) - F(u^{(0)}) = 0 \text{ in } D_T$$

ed inoltre $u^{(1)} = 0$ su S_T e $u^{(1)}(\mathbf{x}, 0) = 0$ in $\overline{\Omega}$. Dal principio di massimo e dal Lemma 5.3 deduciamo che

$$a \le u^{(0)} \le u^{(1)} \le \overline{u} \le b \quad in\ \overline{D_T}.$$

Proseguiamo definendo come $u^{(2)}$ la soluzione del problema

$$\begin{cases} u_t^{(2)} - \Delta u^{(2)} + Mu^{(2)} = F(u^{(1)}) & \text{in } D_T \\ u^{(2)} = 0 & \text{su } S_T \\ u^{(2)}(\mathbf{x}, 0) = g(\mathbf{x}) & \text{in } \overline{\Omega}. \end{cases}$$

La funzione $w^{(2)} = u^{(2)} - u^{(2)}$ soddisfa la disuguaglianza

$$w_t^{(2)} - \Delta w^{(2)} + Mw^{(2)} = F(u^{(1)}) - F(u^{(0)}) \quad in\ D_T,$$

ed inoltre $u^{(2)} = 0$ su S_T e $u^{(2)}(\mathbf{x}, 0) = 0$ in $\overline{\Omega}$. Essendo $a \leq u^{(0)} \leq u^{(1)} \leq b$ ed F crescente in $[a, b]$ si ha $F(u^{(1)}) - F(u^{(0)}) \geq 0$. Dal principio di massimo (ed ancora il Lemma 5.3) deduciamo che

$$a \leq u^{(0)} \leq u^{(1)} \leq u^{(2)} \leq \overline{u} \leq b \quad \text{in } \overline{D_T}.$$

Iterando il procedimento, definiamo una successione di funzioni $\left\{u^{(k)}\right\}_{k \geq 1}$, tali che

$$\begin{cases} u_t^{(k)} - \Delta u^{(k)} + M w^{(k)} = F(u^{(k-1)}) & \text{in } D_T \\ u^{(k)} = 0 & \text{su } S_T \\ u^{(k)}(\mathbf{x}, 0) = g(\mathbf{x}) & \text{in } \overline{\Omega} \end{cases} \tag{5.22}$$

e

$$\underline{u} \leq u^{(1)} \leq u^{(2)} \leq \cdots \leq u^{(k)} \leq u^{(k+1)} \leq \cdots \leq \overline{u}$$

in D_T. Essendo monotona crescente e limitata superiormente, la successione $\left\{u^{(k)}\right\}$ converge ad una funzione u che soddisfa la (5.21). Passando al limite per $k \to +\infty$ nel problema (5.22) si ottiene[3] che u è soluzione del problema (5.16), (5.17), (5.18).

L'unicità segue ancora dal Lemma 5.3. Siano u_1 e u_2 soluzioni verificanti la (5.21). Allora, essendo entrambe sotto e soprasoluzioni deve essere simultaneamente $u_1 \geq u_2$ e $u_2 \geq u_1$.   □

Nota 5.1. Se fossimo partiti da $u^{(0)} = \overline{u}$, la successione $\left\{u^{(k)}\right\}$ convergerebbe decrescendo alla soluzione u.

In molti casi di interesse, si trovano sotto o sopra soluzioni *indipendenti dal tempo*. In questo caso è interessante osservare che la soluzione che si ottiene è *globale*, nel senso che è definita per ogni $t > 0$. Inoltre è *monotona nel tempo* e questo ha conseguenze notevoli sullo studio della stabilità degli equilibri. Vale infatti il seguente

Lemma 5.5 *Siano $\varphi = \varphi(\mathbf{x})$ sottosoluzione e $\psi = \psi(\mathbf{x})$ soprasoluzione. Siano u^- e u^+ le soluzioni costruite nel Teorema 5.4 a partire da $u^{(0)} = \varphi$, con dato iniziale $u^-(\mathbf{x}, 0) = \varphi(\mathbf{x})$ e a partire da $u^{(0)} = \psi$ con dato iniziale $u^+(\mathbf{x}, 0) = \psi(\mathbf{x})$, rispettivamente. Allora, per ogni $\mathbf{x} \in \Omega$ e $t > 0$,*

$$\varphi(\mathbf{x}) \leq u^-(\mathbf{x}, t) \leq u^+(\mathbf{x}, t) \leq \psi(\mathbf{x}). \tag{5.23}$$

Inoltre

$$u_t^-(\mathbf{x}, t) \geq 0 \ e \ u_t^+(\mathbf{x}, t) \leq 0.$$

Come conseguenza, esistono i limiti

$$U^-(x) = \lim_{t \to +\infty} u^-(x, t) \quad e \quad U^+(x) = \lim_{t \to +\infty} u^-(x, t) \tag{5.24}$$

---

[3] La giustificazione del passaggio al limite sulle derivate non è elementare, per cui preferiamo ometterla.

e le funzioni U^- e U^+ sono soluzioni del problema stazionario

$$\begin{cases} \Delta u + f(u) = 0 & in \ \Omega \times (0, +\infty) \\ u = 0 \quad oppure \quad \dfrac{\partial u}{\partial \nu} = 0 & su \ \partial\Omega \times (0, +\infty). \end{cases} \qquad (5.25)$$

Dimostrazione (parziale). La (5.23) segue dal Teorema 5.4. Sia $\delta > 0$ e poniamo $U(\mathbf{x},t) = u^-(\mathbf{x},t+\delta) - u^-(\mathbf{x},t)$. La funzione U soddisfa l'equazione

$$U_t - \Delta U = f\left(u^-(\mathbf{x},t+\delta)\right) - f(u^-(\mathbf{x},t)) = f'\left(\eta(\mathbf{x},t)\right)U \geq -MU,$$

dove η è opportuno tra $u^-(\mathbf{x},t+\delta)$ e $u^-(\mathbf{x},t)$. Inoltre, U soddisfa le condizioni al bordo omogenee ed essendo per costruzione

$$\varphi(\mathbf{x}) \leq u^-(\mathbf{x},t) \leq \psi(\mathbf{x}),$$

per ogni $t > 0$, si ha

$$U(\mathbf{x},0) = u^-(\mathbf{x},\delta) - \varphi(\mathbf{x}) \geq 0.$$

Dal principio di massimo, si deduce $U \geq 0$ che implica u^- crescente per cui $u_t^- \geq 0$. Analogamente si ragiona nell'altro caso. Essendo u^- e u^+ limitate e monotone in tempo, i limiti $U^-(x)$ e $U^+(x)$ in (5.24) esistono finiti. Si può poi mostrare (ancora, la prova non è elementare) che $U^-(x)$ e $U^+(x)$ sono soluzioni del problema stazionario (5.25). $\qquad\qquad\square$

5.3.2 Equazione di Fisher-Kolmogoroff

I risultati precedenti si applicano in particolare al seguente problema di Cauchy-Dirichlet

$$\begin{cases} w_\tau = Dw_{yy} + aw\left(1 - \dfrac{w}{N}\right) & 0 < y < L, \tau > 0 \\ w(y,0) = g(y) & 0 < y < L \\ w(0,\tau) = w(L,\tau) = 0 & \tau > 0, \end{cases} \qquad (5.26)$$

dove $g \geq 0$. L'equazione differenziale in (5.26) (detta di *Fisher-Kolmogoroff*) è un modello di diffusione con reazione logistica (vedi Esempio 5.4). Senza diffusione, la risultante equazione (ordinaria) ha due soluzioni di equilibrio spazialmente omogenee (indipendenti dallo spazio) $w = 0$, instabile e $w = N$, asintoticamente stabile con bacino di attrazione $(0, +\infty)$.

Oltre al coefficiente di diffusione D, sono presenti i parametri a, che codifica la velocità relativa di reazione (misurata in $[tempo]^{-1}$) ed N, che rappresenta la *capacità dell'ambiente*, una soglia limite per i valori di w.

Per esaminare il comportamento delle soluzioni, conviene adimensionalizzare l'equazione riscalando opportunamente le variabili y, τ e w. Poiché L è una lunghezza tipica, poniamo

$$x = \frac{y}{L}.$$

Il tempo si può riscalare in due modi. Per esempio, ricordando che le dimensioni di D sono $[lunghezza]^2 \times [tempo]^{-1}$, si può porre

$$t = a\tau \quad \text{oppure} \quad t = \frac{D\tau}{L^2}.$$

Scegliamo, per esempio, la seconda. Per riscalare w basta usare N come grandezza tipica e porre

$$u(x,t) = \frac{1}{N} w \left(Lx, \frac{L^2 t}{D} \right).$$

Abbiamo:

$$u_t = w_\tau \frac{d\tau}{dt} = w_\tau \frac{L^2}{ND}, \quad u_{xx} = \frac{1}{N} w_{yy} \frac{d^2 y}{dx^2} = w_{yy} \frac{L^2}{N}.$$

Sostituendo nella (5.26) si ottiene

$$u_t = u_{xx} + \lambda u (1 - u) \qquad 0 < x < 1,$$

dove

$$\lambda = \frac{aL^2}{D},$$

con condizione iniziale

$$u(x,0) = g(Lx)/N \equiv G(x) \qquad 0 < x < 1$$

e condizioni di Dirichlet omogenee

$$u(0,t) = u(1,t) = 0 \quad t > 0.$$

Come conseguenza dei risultati della Sezione 5.3.1, possiamo provare facilmente che, se $0 \le g \le 1$, esiste per ogni $t > 0$ un'unica soluzione u, tale che $0 \le u \le 1$.

Basta infatti osservare che $\underline{u} = 0$ e $\overline{u} = 1$ sono rispettivamente sotto e soprasoluzione. Ciò che interessa maggiormente è il comportamento asintotico per $t \to +\infty$ ed allora il parametro λ, *parametro di biforcazione*, assume un ruolo fondamentale.

Notiamo che tale parametro è lo stesso che appare nella (5.15). Abbiamo visto che, se $\lambda < \pi^2$ la soluzione dell'equazione "*linearizzata*", ottenuta eliminando il termine non lineare $-\lambda u^2$, tende rapidamente a zero. Ciò accade anche per l'equazione di Fisher-Kolmogoroff: infatti, intuitivamente, aggiungendo il termine $-\lambda u^2$ si accentua l'effetto di decadimento e quindi, a maggior ragione, $u(x,t) \to 0$ per $t \to +\infty$.

Se invece $\lambda > \pi^2$ che cosa succede? Vedremo che, in questo caso, la soluzione u evolve verso una soluzione $v = v(x)$, positiva tra 0 e 1, che è *indipendente dal tempo*, è cioè di equilibrio, soluzione del problema

$$\begin{cases} v_{xx} + \lambda v (1 - v) = 0 & 0 < x < 1 \\ v(0) = v(L) = 0. \end{cases} \tag{5.27}$$

Il seguente calcolo preliminare indica che la conclusione è plausibile. Poniamo
$f(u) = \lambda u(1-u)$, $F(u) = \int_0^u f(s)\,ds$ e

$$S(t) = \int_0^L [\frac{1}{2}u_x^2(x,t) - F(u(x,t))]dx.$$

Abbiamo, integrando per parti:

$$\frac{dS}{dt} = \int_0^L [u_x u_{tx} - F'(u)u_t]dx = \int_0^L [u_x u_{tx} - f(u)u_t]dx$$

$$= [u_x u_t]_0^L - \int_0^L [u_{xx}u_t + f(u)u_t]dx.$$

Tenendo conto che $u_{xx} + f(u) = u_t$ ed agli estremi dell'intervallo si ha $u_t = 0$, si ottiene

$$\frac{dS}{dt} = -\int_0^L u_t^2 dx \le 0.$$

Dunque $S(t)$ è decrescente ed essendo u limitata, $S(t)$ è limitata inferiormente. Pertanto $S(t) \to S_0$ e

$$\frac{dS}{dt} = -\int_0^L u_t^2 dx \to 0 \qquad \text{per } t \to +\infty.$$

Ciò implica che $u_t(x,t) \to 0$ in media quadratica, ossia che u evolve verso una funzione indipendente dal tempo, soluzione di (5.27).

5.3.3 Equilibri, linearizzazione e stabilità

Per giustificare le affermazioni fatte, utilizziamo una tecnica di linearizzazione, simile a quella valida per equazioni ordinarie, che presentiamo per un'equazione generale del tipo

$$u_t = \Delta u + f(u) \qquad \text{in } \Omega \times (0,+\infty), \tag{5.28}$$

dove, sempre, $f \in C^1(\mathbb{R})$,

$$u(\mathbf{x},0) = g(\mathbf{x}) \qquad \text{in } \overline{\Omega}, \tag{5.29}$$

e con condizioni al bordo *omogenee, di Dirichlet o Neumann*.

Consideriamo una soluzione di equilibrio $v_s = v_s(\mathbf{x})$, cioè una soluzione *del problema stazionario*

$$\begin{cases} \Delta v + f(v) = 0 & \text{in } \Omega \\ v = 0 \quad \text{oppure} \quad \dfrac{\partial v}{\partial \nu} = 0 & \text{su } \partial\Omega. \end{cases} \tag{5.30}$$

In particolare, una soluzione di equilibrio può essere costante (spazialmente omogenea). Quelle *non costanti* corrispondono a configurazioni eterogenee nello spazio.

Nelle applicazioni biologiche sono particolarmente rilevanti e prendono il nome di *pattern*.

Vogliamo esaminare la stabilità della soluzione v_s, ossia sotto quali condizioni, $u(\mathbf{x}, t) \to v_s(\mathbf{x})$ per $t \to +\infty$, per ogni $\mathbf{x} \in \Omega$.

Precisamente, diremo che v_s è (**neutralmente**) **stabile** se, per ogni $\varepsilon > 0$, esiste δ tale che, se u è una soluzione *limitata* del problema (5.28), (5.29) con

$$|g(\mathbf{x}) - v_s(\mathbf{x})| < \delta, \, \forall \mathbf{x} \in \Omega,$$

si ha

$$|u(\mathbf{x}, t) - v_s(\mathbf{x})| < \varepsilon \qquad \forall \mathbf{x} \in \Omega, \forall t > 0.$$

Se inoltre

$$\lim_{t \to +\infty} \sup_{x \in \Omega} |u(\mathbf{x}, t) - v_s(\mathbf{x})| = 0,$$

allora v è **asintoticamente stabile**. Se v non è neutralmente stabile si dice **instabile**.

Poniamo

$$w(\mathbf{x}, t) = u(\mathbf{x}, t) - v_s(\mathbf{x}).$$

La funzione w è soluzione del problema

$$w_t = \Delta w + [f(u) - f(v_s)], \tag{5.31}$$

con

$$w(\mathbf{x}, 0) = g(\mathbf{x}) - v_s(\mathbf{x}) \qquad \text{in } \overline{\Omega}$$

e

$$w = 0 \text{ oppure } \frac{\partial w}{\partial \nu} = 0 \qquad \text{su } S_T.$$

Usando il teorema del valor medio, possiamo scrivere

$$f(u(\mathbf{x}, t)) - f(v(\mathbf{x})) = f'(v(\mathbf{x})) w(\mathbf{x}, t) + R(\mathbf{x}, t),$$

dove $R(\mathbf{x}, t)$ è infinitesimo di ordine superiore a $w(\mathbf{x}, t)$ se $w \to 0$.

Procediamo formalmente *linearizzando* il problema, cioè trascurando il resto R. La (5.31) diventa

$$w_t = \Delta w + f'(v_s(\mathbf{x})) w,$$

che è lineare in w.

Se $w(\mathbf{x}, t) \to 0$ per $t \to +\infty$ allora v è *linearmente* asintoticamente stabile (cioè stabile per il sistema linearizzato). Controlliamo quando ciò accade e, soprattutto, se la stabilità lineare implica quella per il problema originale. Possiamo usare la separazione di variabili ponendo $w(\mathbf{x}, t) = U(\mathbf{x}) Z(t)$. Sostituendo, ricaviamo

$$U(\mathbf{x}) Z'(t) = \Delta U(\mathbf{x}) Z(t) + f'(v_s(\mathbf{x})) U(\mathbf{x}) Z(t)$$

e separando le variabili si arriva a

$$\frac{\Delta U(\mathbf{x}) + f'(v_s(\mathbf{x})) U(\mathbf{x})}{U(\mathbf{x})} = \frac{Z'(t)}{Z(t)}.$$

Uguagliando entrambi i membri ad una costante μ, arriviamo al seguente *problema agli autovalori*

$$\Delta U\left(\mathbf{x}\right) + f'\left(v_s\left(\mathbf{x}\right)\right)U\left(\mathbf{x}\right) = \mu U\left(\mathbf{x}\right) \qquad \text{in } \Omega, \tag{5.32}$$

con le condizioni

$$U = 0 \text{ oppure } \frac{\partial U}{\partial \nu} = 0 \qquad \text{su } \partial\Omega. \tag{5.33}$$

Se $f'\left(v_s\left(\mathbf{x}\right)\right)$ non è identicamente nulla, vale il seguente teorema[4]:

Teorema 5.6. *Sia $v_s = v_s\left(\mathbf{x}\right)$ soluzione di equilibrio del problema (5.30). Allora:*
1. Esiste una successione decrescente

$$\cdots < \mu_{k+1} < \mu_k < \cdots < \mu_2 < \mu_1$$

di autovalori reali del problema (5.32), (5.33) tale che $\mu_k \to -\infty$. In particolare esiste solo un numero finito di autovalori positivi.
2. Le autofunzioni corrispondenti all'autovalore principale μ_1 sono multipli di un'unica autofunzione φ_1, positiva in Ω se le condizioni sono di Dirichlet, positiva in $\overline{\Omega}$ se sono di Neumann.

Da questo teorema possiamo dedurre ciò che ci serve.

Teorema 5.7. *Sia $v_s = v_s\left(\mathbf{x}\right)$ soluzione di equilibrio del problema (5.30).*
(a) Se $\mu_1 < 0$ allora v_s è asintoticamente stabile nel senso seguente: esistono numeri positivi ρ ed α tali che la disuguaglianza

$$\left|u\left(\mathbf{x},t\right) - v_s\left(\mathbf{x}\right)\right| \le \rho e^{-\alpha t}\varphi_1\left(\mathbf{x}\right) \qquad \forall \mathbf{x} \in \overline{\Omega} \tag{5.34}$$

è vera per $t > 0$, non appena risulti vera per $t = 0$.
(b) Se $\mu_1 > 0$ allora v_s è instabile, e precisamente, per ogni numero $\sigma \in (0,1)$, esistono numeri positivi ρ ed α tali che la disuguaglianza

$$u\left(\mathbf{x},t\right) - v_s\left(\mathbf{x}\right) \ge \rho(1 - \sigma e^{-\alpha t})\varphi_1\left(\mathbf{x}\right) \qquad \forall \mathbf{x} \in \overline{\Omega} \tag{5.35}$$

è vera per $t > 0$, non appena risulti vera per $t = 0$.

Dimostrazione. (a) Sia $w\left(\mathbf{x}, t\right) = v_s\left(\mathbf{x}\right) + \rho e^{-\alpha t}\varphi_1\left(\mathbf{x}\right)$. Scegliamo ρ e α in modo che w sia una soprasoluzione. Si ha:

$$\begin{aligned}
w_t - \Delta w &= -\Delta v_s + (-\alpha\varphi_1 - \Delta\varphi_1)\rho e^{-\alpha t} \\
&= f\left(v_s\right) + \left(-\alpha - \mu_1 + f'\left(v_s\right)\right)\rho e^{-\alpha t}\varphi_1.
\end{aligned}$$

Ora, dal teorema del valor medio, per $\eta = \eta\left(\mathbf{x},t\right)$ opportuno, $0 < \eta < \rho$, possiamo scrivere

$$f\left(v_s\right) = f\left(w\right) - f'\left(v_s + \eta\right)\rho e^{-\alpha t}\varphi_1.$$

---

[4] Si veda S. Salsa, *Equazioni a derivate Parziali*, Springer, 2004.

Essendo $f \in C^1(\mathbb{R})$ e $\mu_1 < 0$, se $-\alpha - \mu_1 > 0$ e ρ è sufficientemente piccolo, si ha

$$-\alpha - \mu_1 + f'(v_s) > f'(v_s + \eta),$$

per cui, ricordando che $\varphi_1 > 0$,

$$w_t - \Delta w = f(w) + [-\alpha - \mu_1 + f'(v_s) - f'(v_s + \eta)]\rho e^{-\alpha t}\varphi_1 \geq f(w).$$

Osserviamo ora che, dalla (5.34) per $t = 0$, $w(\mathbf{x}, 0) = v_s(\mathbf{x}) + \rho\varphi_1(\mathbf{x}) \geq u(\mathbf{x}, 0) = g(\mathbf{x})$ e $w = 0$ oppure $\partial_\nu w = 0$ su S_T. Ne segue che w è soprasoluzione e quindi

$$u(\mathbf{x}, t) \leq v_s(\mathbf{x}) + \rho e^{-\alpha t}\varphi_1(\mathbf{x}) \qquad t > 0, \mathbf{x} \in \overline{\Omega}.$$

Analogamente, si mostra che, scegliendo opportunamente ρ e α, la funzione $z(\mathbf{x}, t) = v_s(\mathbf{x}) - \rho e^{-\alpha t}\varphi_1(\mathbf{x})$ è una sottosoluzione e quindi

$$u(\mathbf{x}, t) \geq v_s(\mathbf{x}) - \rho e^{-\alpha t}\varphi_1(\mathbf{x}) \qquad t > 0, \mathbf{x} \in \overline{\Omega}.$$

La (5.34) è così dimostrata.

(b) Basta verificare che, se $\sigma \in (0, 1)$, $w(\mathbf{x}, t) = v_s(\mathbf{x}) + \rho(1 - \sigma e^{-\alpha t})\varphi_1(\mathbf{x})$ è una sottosoluzione quando ρ e α sono scelti opportunamente. Lasciamo il controllo come esercizio.   □

Nota 5.2. Nel caso di condizioni di Neumann, la (5.34) esprime la stabilità asintotica della soluzione stazionaria v_s, essendo $\varphi_1 \geq c_0 > 0$ in $\overline{\Omega}$.

Nel caso di condizioni di Dirichlet, rigorosamente, la soluzione v attrae solo le soluzioni vicine a v, che si annullano al bordo, essendo in questo caso $\varphi_1 = 0$ su $\partial\Omega$. Con una piccolo sforzo si può eliminare questo inconveniente e mostrare che anche nel caso di dati di Dirichlet la v è asintoticamente stabile.

5.3.4 Applicazione all'equazione di Fisher (condizioni di Dirichlet)

Applichiamo il Teorema 5.7 all'equazione di Fisher con condizioni di Dirichlet omogenee e dato iniziale g positivo in $(0, 1)$. Consideriamo la soluzione di equilibrio $v \equiv 0$. Poiché $f'(u) = (1 - 2u)$, abbiamo $f'(0) = 1$ ed il problema (5.32), (5.33) si riduce a

$$U''(x) = (\mu - \lambda)U(x) \qquad 0 < x < 1$$

con

$$U(0) = U(1) = 0.$$

Abbiamo già calcolato gli autovalori di questo problema; si ha

$$\mu - \lambda = -k^2\pi^2 \qquad k \geq 1$$

e perciò

$$\mu_1 = \lambda - \pi^2.$$

Dal Teorema 5.7 concludiamo che:

Microteorema 5.8. *Se $\lambda < \pi^2$ la soluzione nulla è asintoticamente stabile. Se $\lambda > \pi^2$ la soluzione nulla è instabile.*

Si può anche vedere che $v = 0$ è l'unica soluzione di equilibrio nonnegativa se $\lambda < \pi^2$. Infatti, moltiplicando l'equazione $v'' + \lambda f(v) = 0$ per $\sin \pi x$ ed integrando in $(0,1)$ si ha

$$\int_0^1 v'' \sin \pi x \, dx = - \int_0^1 \lambda v (1-v) \sin \pi x \, dx.$$

Integrando per parti, si trova, usando le condizioni al bordo nulle:

$$\int_0^1 v'' \sin \pi x \, dx = - \int_0^1 \pi^2 v \sin \pi x \, dx,$$

per cui

$$(\lambda - \pi^2) \int_0^1 v \sin \pi x \, dx = \int_0^1 \lambda v^2 \sin \pi x \, dx. \tag{5.36}$$

Se $\lambda < \pi^2$, la (5.36) è possibile solo se $v = 0$ in tutto $(0,1)$.

Ciò implica tra l'altro che ogni altra soluzione con dati iniziali g, limitati e nonnegativi, converge per $t \to +\infty$ alla soluzione nulla.

Notiamo che, poiché in termini del problema originale (non adimensionale) si ha $\lambda = aL^2/D$, il Microteorema 5.8 indica che se la diffusione è molto grande o se la lunghezza dell'habitat è piccola la popolazione è destinata ad estinguersi.

Esaminiamo ora il caso $\lambda > \pi^2$. Faremo vedere in seguito, con un'analisi nel piano delle fasi per l'equazione $v'' + \lambda f(v) = 0$, che l'equazione di Fisher con condizioni di Dirichlet nulle ha un'altra (unica) soluzione di equilibrio v, $0 \le v \le 1$, positiva in $(0,1)$. Per il momento assumiamo che tale soluzione esista e studiamone la stabilità utilizzando il Teorema 5.7. Non essendo v costante, gli autovalori del problema stazionario non si calcolano esplicitamente e le cose sono un pò più complicate.

Vale il seguente risultato:

Teorema 5.9. *Siano $\lambda > \pi^2$ e v_s una soluzione di equilibrio, positiva in $(0,1)$ del problema*

$$\begin{cases} v'' + \lambda f(v) = 0 & 0 < x < 1 \\ v(0) = v(1) = 0. \end{cases} \tag{5.37}$$

Allora v_s è asintoticamente stabile.

Dimostrazione. Facciamo vedere che il problema (5.32), (5.33) con $f(s) = s(1-s)$ ha il primo autovalore $\mu_1 < 0$. Ricordiamo che $\varphi_1(x) > 0$ in $(0,1)$.

Moltiplichiamo l'equazione di Fisher stazionaria per φ_1 ed integriamo su $(0,1)$:

$$\int_0^1 [v_s''(x) + \lambda f(v_s(x))] \varphi_1(x) \, dx = 0.$$

Moltiplichiamo l'equazione

$$\varphi_1''(x) + \lambda f'(v_s(x)) \varphi_1(x) = \mu_1 \varphi_1(x)$$

per v ed integriamo su $(0,1)$:

$$\int_0^1 [\varphi_1''(x) + \lambda f'(v_s(x)) \varphi_1(x)] v_s(x) \, dx = -\mu_1 \int_0^1 \varphi_1(x) v_s(x) \, dx.$$

Sottraendo le due equazioni ottenute, si trova:

$$\int_0^1 [v_s''(x) \varphi_1(x) - v_s(x) \varphi_1''(x)] \, dx + \lambda \int_0^1 [f(v_s(x)) - f'(v_s(x)) v_s(x)] \varphi_1(x) \, dx$$

$$= -\mu_1 \int_0^1 \varphi_1(x) v_s(x) \, dx.$$

Integriamo per parti il primo termine:

$$\int_0^1 [v_s''(x) \varphi_1(x) - v_s(x) \varphi_1''(x)] \, dx$$

$$= [v_s'(x) \varphi_1(x) - v_s(x) \varphi_1'(x)]_0^1 - \int_0^1 [v_s'(x) \varphi_1'(x) - v_s'(x) \varphi_1'(x)] \, dx$$

$$= 0.$$

Abbiamo pertanto

$$\lambda \int_0^1 [f(v_s(x)) - f'(v_s(x)) v_s(x)] \varphi_1(x) \, dx = -\mu_1 \int_0^1 \varphi_1(x) v_s(x) \, dx. \qquad (5.38)$$

Essendo $\lambda > \pi^2$, $\varphi_1 > 0$ e $v_s > 0$ in $(0,1)$ e, inoltre,

$$f(v_s) - f'(v_s) v_s = v_s - v_s^2 - (1 - 2v_s) v_s = v_s^2 > 0 \quad \text{in } (0,1),$$

si deduce da (5.38) che deve essere $\mu_1 < 0$. Il Teorema 5.7 implica allora che v_s è asintoticamente stabile. $\qquad \square$

Veniamo ora all'esistenza della soluzione di equilibrio $v_s = v_s(x)$. In realtà dimostreremo anche l'unicità. Come conseguenza, ogni soluzione u dell'equazione di Fisher con dato iniziale $g(x) > 0$ in $(0,1)$ tende a v_s per $t \to +\infty$.

Vale il seguente risultato.

Teorema 5.10. *Esiste un'unica soluzione v_s del problema (5.37), positiva in $(0,1)$ e asintoticamente stabile (per il Teorema 5.9). Il bacino di attrazione di v_s contiene tutte le soluzioni dell'equazione di Fisher con dato iniziale $g(x) > 0$ in $(0,1)$.*

Dimostrazione. Poniamo $v' = w$ e consideriamo il sistema

$$\begin{cases} v' = w \\ w' = -\lambda v (1 - v) = -\lambda f(v). \end{cases} \qquad (5.39)$$

Sia $F(v) = \int_0^v f(s) \, ds = \dfrac{v^2}{2} - \dfrac{v^3}{3}$. L'equazione differenziale delle orbite nel piano delle fasi v, w è

$$\frac{dw}{dv} = \frac{\lambda f(v)}{w}.$$

ossia
$$wdw = -\lambda f(v)\,dv.$$

Integrando si trova la seguente famiglia di curve nel piano delle fasi v, w :

$$w^2 = -2\lambda F(v) + c = -\lambda \left(v^2 - \frac{2}{3}v^3\right) + c \qquad c \in \mathbb{R}. \qquad (5.40)$$

Le orbite sono simmetriche rispetto all'asse v (passare da w a $-w$ non cambia l'equazione) e la loro configurazione al variare di c è illustrata nella Figura 5.3:

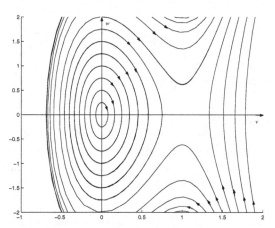

Figura 5.3. Orbite nel piano delle fasi relative al sistema (5.39), con $\lambda > \pi^2$

Una soluzione v_s che si annulli in $x = 0, x = 1$ corrisponde ad una semiorbita periodica, essendo $v_s(0) = v_s(1) = 0$, ed è dunque sempre positiva (semiorbita a destra) o negativa (semiorbita a sinistra).

Concentriamoci sulle semiorbite positive. La loro simmetria implica che $m = \max v_s = v_s(1/2)$ mentre $w_s(1/2) = 0$. Inoltre, $w_s > 0$ in $(0, 1/2)$ e $w_s < 0$ in $(1/2, 1)$. Possiamo dunque limitarci a $0 \le x \le 1/2$. Dalla configurazione delle orbite deve essere $0 < m < 1$.

Osserviamo che, ponendo $x = 1/2$ nella (5.40) otteniamo

$$c = 2\lambda F\left(v_s\left(\frac{1}{2}\right)\right) = 2\lambda F(m) = \lambda\left(m^2 - \frac{2}{3}m^3\right),$$

per cui possiamo riscrivere la (5.40) nella forma

$$w_s^2 = 2\lambda[F(m) - F(v_s)] = \frac{\lambda}{3}\left(3m^2 - 2m^3 - 3v_s^2 + 2v_s^3\right). \qquad (5.41)$$

Vogliamo stabilire per quali valori di λ esistono tali orbite e in particolare, calcolare il minimo di tali λ (*valore minimo di biforcazione*).

Dall'equazione differenziale $v'_s = w_s$ e da (5.41), abbiamo:

$$\frac{dv_s}{dx} = \sqrt{\frac{\lambda}{3} \left(3m^2 - 2m^3 - 3v_s^2 + 2v_s^3\right)},$$

da cui

$$dx = \sqrt{\frac{3}{\lambda}} \frac{dv_s}{\sqrt{3m^2 - 2m^3 - 3v_s^2 + 2v_s^3}}.$$

Se integriamo in x tra 0 ad $1/2$, la soluzione v_s, se esiste, deve corrispondentemente variare tra 0 ed m. Deve allora essere

$$\frac{1}{2} = \int_0^m \sqrt{\frac{3}{\lambda}} \frac{dv}{\sqrt{3m^2 - 2m^3 - 3v^2 + 2v^3}}.$$

Questo integrale è improprio (in un intorno di $v = m$ l'integranda è illimitata) ma convergente[5], per cui questa equazione definisce univocamente $\lambda = \lambda(m)$, per $0 < m < 1$:

$$\lambda(m) = 12 \left(\int_0^m \frac{dv}{\sqrt{3m^2 - 2m^3 - 3v^2 + 2v^3}} \right)^2.$$

Facciamo vedere che $\lambda(m)$ è strettamente crescente. Per ridurci ad un integrale con estremi indipendenti da m, poniamo $v = my$. Allora y varia tra 0 e 1, mentre $dv = mdy$. L'integrale (che è positivo) diventa:

$$\int_0^m \frac{dv}{\sqrt{3m^2 - 2m^3 - 3v^2 + 2v^3}} = \int_0^1 \frac{dy}{\sqrt{3 - 2m - 3y^2 + 2my^3}} \equiv \int_0^1 G(m, y) \, dy.$$

Si ha:

$$\frac{\partial G}{\partial m} = \frac{1 - y^3}{(3 - 2m - 3y^2 + 2my^3)^{3/2}} > 0 \text{ per ogni } y \in (0, 1)$$

e quindi $\lambda(m)$ è crescente. Il valore di biforcazione è dunque (il passaggio al limite si può giustificare in modo rigoroso):

$$\lambda_{\min} = \lim_{m \to 0+} \lambda(m) = 4 \left(\int_0^1 \frac{dy}{\sqrt{1 - y^2}} \right)^2 = 4 \left([\arcsin y]_0^1 \right)^2 = \pi^2.$$

Inoltre,

$$\lim_{m \to 1^-} \lambda(m) = +\infty.$$

---

[5] Si ha (reminiscenze di un tempo ormai lontano ...):

$$3m^2 - 2m^3 - 3v^2 + 2v^3 = (m - s)\left(3m + 3v - 2m^2 - 2mv - 2v^2\right)$$

e quindi, se $v \to m$,

$$3m^2 - 2m^3 - 3v^2 + 2v^3 \sim 6(m - v)\left(m - m^2\right),$$

per cui l'integranda è dell'ordine di $(m - v)^{-1/2}$ che è integrabile vicino a $v = m$.

Concludiamo che, per ogni $\overline{\lambda} > \pi^2$ esiste un'unica soluzione stazionaria $v = v_s(\mathbf{x})$, positiva in $(0,1)$, tale che $\lambda(m) = \overline{\lambda}$.

Veniamo ora al bacino di attrazione di v_s. Sia u la soluzione dell'equazione di Fisher con dato iniziale $g > 0$ in $(0,1)$. Allora $u(x,t) > 0$ per $t > 0$ e, fissato $t_1 > 0$, esiste $\delta_1 > 0$ (piccolo) tale che, se $0 < \delta \le \delta_1$,

$$w(x) = \delta \sin \pi x \le u(x,t_1)$$

in $(0,1)$. Essendo $\lambda > \pi^2$ e scegliendo $\delta < (\pi^2 - \lambda)/\lambda$, si ha

$$w_t - w_{xx} - \lambda w + \lambda w^2 = \delta \sin \pi x \left(\pi^2 - \lambda + \lambda \delta \sin \pi x\right) < 0,$$

per cui w è una sottosoluzione. All'opposto, ogni costante $K \ge 1$ è una soprasoluzione.

Siano u^- la soluzione dell'equazione di Fisher con dato iniziale w e u^+ quella con dato iniziale K. Poiché $w(x) \le u(x,t_1) \le K$, $t \ge t_1$ si deduce

$$u^-(x,t) \le u(x.t) \le u^+(x,t). \tag{5.42}$$

Dal Lemma 5.5 deduciamo che u^- ed u^+ convergono ciascuna per $t \to +\infty$ ad una soluzione stazionaria, che per l'unicità appena mostrata, deve essere v_s. Dalla (5.42) segue che anche $u \to v_s$ per $t \to +\infty$ e la dimostrazione è completa.   □

Nota 5.3. Si noti come l'unicità della soluzione stazionaria v_s implichi che il suo bacino d'attrazione sia costituito da tutte le soluzioni con dato iniziale positivo.

5.3.5 Applicazione all'equazione di Fisher (condizioni di Neumann)

Esaminiamo ora il comportamento asintotico della soluzione dell'equazione $u_t = u_{xx} + f(u)$ con condizioni di Neumann omogenee e condizione iniziale g, $0 \le g \le 1$ in $(0, L)$.

La prima cosa da osservare è che una soluzione di equilibrio non spazialmente omogenea (cioè un *pattern*) *non può avere segno costante*. Ciò segue dall'analisi nel piano delle fasi nella dimostrazione del Teorema 5.10, poiché stavolta i *pattern* corrispondono a semiorbite che connettono due punti dell'asse v. Inoltre, in questo caso *non esistono pattern asintoticamente stabili*. Infatti, usando il Teorema 5.7 possiamo mostrare che:

Teorema 5.11. *Sia $v = v(x)$ una soluzione di equilibrio non costante, cioè soluzione del problema*

$$v'' + \lambda f(v) = 0 \qquad 0 < x < 1,$$

con

$$v'(0) = v'(1) = 0.$$

Allora v è instabile.

Dimostrazione. Siano μ_1 e φ_1 autovalore principale ed autofunzione corrispondente per il problema linearizzato di Neumann stazionario:

$$\varphi_1''(x) + \lambda f'(v(x)) \varphi_1(x) = \mu_1 \varphi_1(x), \qquad (5.43)$$

con

$$\varphi_1'(0) = \varphi_1'(1) = 0.$$

Possiamo scegliere φ_1 *positiva in tutto* $[0, L]$.

Poiché v cambia segno occorre procedere in modo leggermente diverso dal Teorema 5.10. Differenziamo l'equazione per v, ottenendo un'equazione per v' :

$$(v')'' + \lambda f'(v) v' = 0 \qquad 0 < x < 1.$$

Moltiplichiamo questa equazione per φ_1 e integriamo in $(0, 1)$:

$$\int_0^1 [(v')'' + \lambda f'(v) v'] \varphi_1 dx = 0.$$

Moltiplichiamo la (5.43) per v' e integriamo in $(0, 1)$:

$$\int_0^1 [\varphi_1'' + \lambda f'(v) \varphi_1] v' dx = \mu_1 \int_0^1 \varphi_1 v' dx.$$

Sottraiamo le due equazioni:

$$\int_0^1 [\varphi_1'' v' - (v')'' \varphi_1] dx = \mu_1 \int_0^1 \varphi_1 v' dx.$$

Integriamo per parti il primo termine, usando le condizioni di Neumann:

$$\int_0^1 [\varphi_1'' v' - (v')'' \varphi_1] dx = [\varphi_1' v' - v'' \varphi_1]_0^L = -v''(1) \varphi_1(1) + v''(0) \varphi_1(0).$$

Distinguiamo tre casi, ricordando che $\varphi_1(1) > 0$ e $\varphi_1(0) > 0$.

a) Se v cresce in $[0, 1]$, allora $v' \geq 0$, $v''(0) \geq 0$ e $v''(1) \leq 0$. In tal caso

$$-v''(1) \varphi_1(1) + v''(0) \varphi_1(0) \geq 0 \quad e \quad \int_0^1 \varphi_1 v' dx > 0.$$

Pertanto deve essere $\mu_1 > 0$.

b) Se v decresce in $[0, 1]$, allora $v' \geq 0$, $v''(0) \leq 0$ e $v''(1) \leq 0$. In tal caso

$$-v''(1) \varphi_1(1) + v''(0) \varphi_1(0) \leq 0 \quad e \quad \int_0^1 \varphi_1 v' dx < 0.$$

Ancora deve essere $\mu_1 > 0$.

c) Se v non è crescente né decrescente, allora esiste un intervallo $(a, b) \subset (0, 1)$ tale che $v'(a) = v'(b) = 0$, $v''(a) \geq 0$, $v''(b) \leq 0$ e $v' \geq 0$ in (a, b). In tal caso basta integrare su (a, b) anziché $(0, 1)$ ed usare il ragionamento nel punto a).

In ogni caso deve essere $\mu_1 > 0$ e quindi v è instabile.   □

Quale può essere l'andamento asintotico di una soluzione? Qui abbiamo due soluzioni di equilibrio costanti, $v \equiv 0$ e $v \equiv 1$.

Consideriamo la soluzione di equilibrio $v \equiv 0$. Come nel caso delle condizioni di Dirichlet abbiamo $f'(0) = 1$ ed il problema (5.32), (5.33) si riduce a

$$U''(x) = (\mu - \lambda)U(x) \qquad 0 < x < 1,$$

con

$$U'(0) = U'(1) = 0.$$

Gli autovalori di questo problema sono

$$\mu - \lambda = -k^2\pi^2 \qquad k \geq 0$$

e perciò

$$\mu_1 = \lambda > 0.$$

In **ogni caso**, $v \equiv 0$ è **instabile**.

Proviamo ora con $v \equiv 1$. Poiché $f'(u) = (1 - 2u)$, abbiamo $f'(1) = -1$ ed il problema (5.32), (5.33) si riduce a

$$U''(x) = (\mu + \lambda)U(x) \qquad 0 < x < 1,$$

con

$$U'(0) = U'(1) = 0.$$

Gli autovalori di questo problema sono

$$\mu + \lambda = -k^2\pi^2 \qquad k \geq 0$$

e perciò

$$\mu_1 = -\lambda < 0.$$

In **ogni caso**, $v \equiv 1$ è **asintoticamente stabile**. Qual è il suo bacino d'attrazione? Siano $g > 0$ in $[0, 1]$ e K_1, K_2 tali che $g(x) < K_1 < 1$ e $K_2 > 1$. Siano $U_1 = U_1(t), U_2 = U_2(t)$ le soluzioni dell'equazione ordinaria logistica

$$\dot{u} = \lambda u(1 - u)$$

con dati iniziali $U_1(0) = K_1$ e $U_2(0) = K_2$. Allora U_1 è sottosoluzione mentre U_2 è soprasoluzione. Allora se u è la soluzione con dato iniziale g, si ha

$$U_1(t) \leq u(x, t) \leq U_2(t).$$

Essendo $U = 1$ asintoticamente stabile per la logistica, deduciamo che $u(x, t) \to 1$ per $t \to +\infty$.

Conclusione: nel caso dell'equazione di Fisher con condizioni di Neumann omogenee, una soluzione con dato iniziale positivo evolve verso la soluzione (costante) di equilibrio della corrispondente equazione ordinaria $\dot{u} = \lambda u(1 - u)$.

5.4 Sistemi di equazioni di diffusione-reazione

5.4.1 Il meccanismo di instabilità di Turing

La situazione descritta alla fine del capitolo precedente relativa all'equazione di Fisher con condizioni di Neumann omogenee può essere generalizzata immediatamente (con dimostrazione analoga) ad equazioni del tipo

$$u_t = D\Delta u + f(u).$$

Infatti, se $u \equiv c$ è soluzione di equilibrio di

$$\frac{du}{dt} = f(u),$$

cioè $f(c) = 0$, e $f'(c) < 0$, allora $u \equiv c$ è asintoticamente stabile. Ciò significa che una popolazione che si *autoorganizza* (flusso zero agli estremi) evolve verso uno stato spazialmente omogeneo.

Se però, invece di un'equazione, consideriamo per esempio un sistema di due equazioni di reazione-diffusione, la situazione può cambiare. Infatti può avvenire che uno stato asintoticamente stabile per il sistema senza diffusione, diventi instabile in presenza di diffusione.

Infatti, Alan Turing (1952), nell'articolo *The chemical basis of morphogenesis*, mostrò che, sotto certe condizioni, determinati componenti chimici possono reagire e diffondere in modo tale da produrre distribuzioni stabili di concentrazione di elementi chimici o morfogeni, non omogenei nello spazio (*patterns*).

Per semplicità consideriamo modelli bi-dimensionali.

Supponiamo che due elementi chimici con concentrazioni $A = A(\xi,\eta,\tau)$ e $B = B(\xi,\eta,\tau)$ diffondano e reagiscano in un certo dominio (per noi tipicamente un rettangolo) secondo le equazioni

$$\begin{cases} A_\tau = D_A \Delta A + F(A, B) \\ B_\tau = D_B \Delta A + G(A, B), \end{cases}$$

dove F e G (quasi sempre *nonlineari*) modellano le reazioni chimiche che coinvolgono A e B.

Vediamo qual è l'idea di Turing. In assenza di diffusione ($D_A = D_B = 0$) si ottiene il sistema di equazioni ordinarie

$$\begin{cases} A_\tau = F(A, B) \\ B_\tau = G(A, B). \end{cases}$$

Supponiamo che, in queste condizioni, A e B tendano per $t \to +\infty$ a uno stato A_0, B_0 omogeneo nello spazio (cioè A_0 e B_0 non dipendono da (ξ,η)) e *asintoticamente stabile per il sistema linearizzato*

$$\begin{cases} a_\tau = F_A(A_0, B_0)(a - A_0) + F_B(A_0, B_0)(b - B_0) \\ b_\tau = G_A(A_0, B_0)(a - A_0) + G_A(A_0, B_0)(b - B_0). \end{cases}$$

Ora, sotto certe condizioni che vedremo, se $D_A \neq D_B$, per il sistema originale lo stato A_0, B_0 diventa instabile e la soluzione evolve verso uno stato stabile non omogeneo nello spazio. Diciamo in tal caso che si verifica una *instabilità da diffusione* (*diffusion driven instability*).

Poiché la diffusione è solitamente un elemento stabilizzante, la dimostrazione di Turing risultò piuttosto sorprendente. Un esempio (pittoresco) del biomatematico Murray può dare un'idea, anche se vaga, di come ciò possa accadere.

Consideriamo un campo di erba secca nel quale si annida un gran numero di cavallette. Sottoposte a forte calore, queste ultime generano un elevato tasso di umidità per sudorazione.

Supponiamo che in un certo punto del campo si dia fuoco all'erba e che quindi un fronte di combustione comuncia a propagarsi. Pensiamo al fuoco come *attivatore* e alle cavallette (o meglio l'umidità da essa prodotta) come *inibitore*.

Se non si creassero zone umide, il fuoco si propagherebbe ovunque e si raggiungerebbe uno stato di carbonizzazione uniforme. Supponiamo invece che all'avvicinarsi del fuoco le cavallette creino zone umide che attenuino fino ad estinguere il fuoco. Quindi, quando il fuoco raggiunge queste zone, l'erba non brucia.

Lo scenario è allora il seguente. Il fuoco comincia a diffondere (con coefficiente D_F, diciamo) Quando le cavallette sentono il fronte avvicinarsi, cominciano a muoversi velocemente e diffondono con un coefficiente D_C più grande di D_F. Contemporaneamente, le cavallette generano una zona umida nella quale il fuoco non si propaga. In questo modo, la zona carbonizzata è delimitata dalla zona umida e la dimensione di quest'area dipende dai coefficienti di diffusione e dai vari parametri che entrano nelle reazioni chimiche.

Se invece di un singolo fuoco, ci fosse una accensione in vari punti distribuiti in modo casuale, il processo descritto condurrebbe alla fine ad una configurazione spaziale non omogenea (cioè costituita da zone arse e zone umide) e ad una distribuzione conseguente di cavallette.

Evidentemente, se la cavallette "diffondessero" alla stessa velocità del fuoco, quest'ultimo tipi di configurazione finale non potrebbe essere possibile.

Nel seguito, analizziamo il processo in termini di reazione e diffusione tra due morfogeni e stabiliamo le condizioni sotto le quali avviene il fenomeno dell'instabilità da diffusione.

Come modello tipico per le reazioni F e G, scegliamo il modello di reazione di Thomas (1975):

$$F(A, B) = k_1 - k_2 A - H(A, B), \quad G(A, B) = k_3 - k_4 B - H(A, B),$$

dove

$$H(A, B) = \frac{k_5 AB}{k_6 + k_7 A + k_8 A^2}.$$

Qui A e B sono le concentrazioni di un substrato di ossigeno e di acido urico. Abbiamo inibizione del substrato evidenziata dal termine $k_8 A^2$.

È piuttosto importante procedere ad una *adimensionalizzazione* del modello. Se L è una lunghezza tipica (per esempio una media delle dimensioni del rettangolo), possiamo porre:

$$A = \frac{k_6}{k_7}u, \; B = \frac{k_6}{k_7}v, \; x = \frac{\xi}{L}, \; y = \frac{\eta}{L}, \; t = \frac{D_A \tau}{L^2}$$

$$\gamma = \frac{L^2 k_2}{D_A}, d = \frac{D_B}{D_A}$$

ed ottenere il sistema adimensionale

$$\begin{cases} u_t = u_{xx} + u_{yy} + \gamma \left[a - u - \dfrac{\rho u v}{1 + u + Ku^2} \right] \\ v_t = d(v_{xx} + v_{yy}) + \gamma \left[\alpha(b - v) - \dfrac{\rho u v}{1 + u + Ku^2} \right], \end{cases} \tag{5.44}$$

dove a, b, ρ, α, K sono opportune costanti positive.

Questo sistema è dunque della forma

$$\begin{cases} u_t = \Delta u + \gamma f(u, v) \\ v_t = d\Delta v + \gamma g(u, v), \end{cases} \tag{5.45}$$

dove $u = u(x, y, t)$, $v = v(x, y, t)$ con $0 < x < p, 0 < y < q$, $t > 0$ e dove il parametro γ ha le seguenti possibili interpretazioni:

a) γ è proporzionale all'area dell'habitat;

b) γ rappresenta l'intensità dei termini di reazione;

c) un aumento di γ equivale ad una diminuzione del coefficiente d.

Al sistema (5.45) associamo la condizione iniziale

$$u(x, y, 0) = u_0(x, y), v(x, y, 0) = v(x, y) \qquad 0 < x < p, 0 < y < q$$

e condizioni di Neumann omogenee sul bordo del rettangolo

$$u_x(0, y, t) = u_x(p, y, t) = u_y(x, 0, t) = u_y(x, q, t) = 0$$
$$v_x(0, y, t) = v_x(p, y, t) = v_y(x, 0, t) = v_y(x, q, t) = 0,$$

che possiamo scrivere sinteticamente nella forma

$$\nabla u \cdot \mathbf{n} = \nabla v \cdot \mathbf{n} = 0 \quad \text{su } \partial R,$$

dove $\mathbf{n}$ indica il versore normale esterno a R.

Ponendo

$$\mathbf{w} = \begin{pmatrix} u \\ v \end{pmatrix}, \; \mathbf{F}(\mathbf{w}) = \begin{pmatrix} f(u, v) \\ g(u, v) \end{pmatrix} \text{ e } \mathbf{D} = \begin{pmatrix} 1 & 0 \\ 0 & d \end{pmatrix},$$

possiamo riscrivere il sistema in forma compatta:

$$\mathbf{w}_t = \mathbf{D}\Delta\mathbf{w} + \gamma\mathbf{F}(\mathbf{w}). \tag{5.46}$$

Consideriamo il sistema senza diffusione

$$\mathbf{w}_t = \gamma\mathbf{F}(\mathbf{w})$$

e linearizziamolo nello stato di equilibrio $\mathbf{w}_0 = \begin{pmatrix} u_0 \\ v_0 \end{pmatrix}$. Ponendo $\mathbf{z} = \mathbf{w} - \mathbf{w}_0$ si ottiene il sistema

$$\mathbf{z}_t = \gamma \mathbf{A}\mathbf{z}, \tag{5.47}$$

dove

$$\mathbf{A} = \begin{pmatrix} f_u \ f_v \\ g_u \ g_v \end{pmatrix}_{(u_0, v_0)}.$$

Supponiamo ora che $\mathbf{w}_0$ sia (linearmente) asintoticamente stabile, ossia che il vettore $\mathbf{0}$ sia asintoticamente stabile per (5.47). Allora deve essere (le derivate di f e g si intendono calcolate in (u_0, v_0)):

$$\mathrm{tr}\mathbf{A} = f_u + g_v < 0 \quad \text{e} \quad |\mathbf{A}| = f_u g_v - f_v g_u > 0. \tag{5.48}$$

Linearizziamo in $\mathbf{w}_0$ anche il sistema originale (5.46), ottenendo

$$\mathbf{z}_t = \mathbf{D}\Delta\mathbf{z} + \gamma \mathbf{A}\mathbf{z}, \tag{5.49}$$

ancora con $\mathbf{z} = \mathbf{w} - \mathbf{w}_0$.

Il nostro obiettivo è ora il seguente: *determinare condizioni sotto le quali la soluzione $\mathbf{z} = \mathbf{0}$ è instabile per il sistema* (5.49).

Analizziamo dunque la stabilità di $\mathbf{z} = \mathbf{0}$ per il sistema (5.49). Usiamo il metodo di separazione delle variabili. Per semplificare i calcoli, introduciamo le autofunzioni $\mathbf{w}_{mn}$ e i corrispondenti autovalori μ_{mn} del problema di Neumann

$$\begin{cases} \Delta\mathbf{w}_{mn} + \mu_{mn}\mathbf{w}_{mn} = 0 & \text{in } R \\ \nabla\mathbf{w}_{mn} \cdot \mathbf{n} = \mathbf{0} & \text{su } \partial R. \end{cases}$$

Dai calcoli fatti nella Sezione 5.2.4, abbiamo

$$\mu_{mn} = \pi^2 \left(\frac{n^2}{p^2} + \frac{m^2}{q^2} \right), \qquad n, m = 0, 1, 2, \dots$$

e

$$\mathbf{w}_{mn}(x, y) = \mathbf{c}\cos\frac{n\pi x}{p}\cos\frac{m\pi y}{q}, \qquad \mathbf{c} = \begin{pmatrix} c_1 \\ c_2 \end{pmatrix}.$$

Poiché nella variabile t troviamo sempre un'esponenziale $e^{\lambda t}$, cerchiamo soluzioni della (5.49) della forma

$$\mathbf{z}(x, y, t) = e^{\lambda t}\mathbf{w}_{mn}(x, y).$$

Sostituendo nella (5.49) troviamo, dopo aver semplificato per $e^{\lambda t}$,

$$\lambda\mathbf{w}_{mn}(x, y) = \mathbf{D}\Delta\mathbf{w}_{mn} + \gamma \mathbf{A}\mathbf{w}_{mn},$$

ossia, essendo $\Delta\mathbf{w}_{mn} = -\mu_{mn}\mathbf{w}_{mn}$,

$$(\lambda\mathbf{I} - \gamma\mathbf{A} + \mathbf{D}\mu_{mn})\mathbf{w}_{mn} = \mathbf{0}, \tag{5.50}$$

dove $\mathbf{I}$ è la matrice identità.

Per avere soluzioni non banali della (5.50) occorre dunque che

$$|\lambda \mathbf{I} - \gamma \mathbf{A} + \mathbf{D}\mu_{mn}| = 0.$$

Questa condizione si traduce in un'equazione per λ in funzione di μ_{mn} : $\lambda_{mn} = \lambda(\mu_{mn})$. Esplicitamente si trova

$$\lambda^2 + \lambda\left[\mu_{mn}(1+d) - \gamma \text{tr}\mathbf{A}\right] + h(\mu_{mn}) = 0, \qquad (5.51)$$

dove

$$h(\mu_{mn}) = d\mu_{mn}^2 - \gamma(df_u + g_v)\mu_{mn} + \gamma^2|\mathbf{A}|. \qquad (5.52)$$

Anche se μ_{mn} è un numero reale, λ_{mn} potrebbe essere un numero complesso. La soluzione del problema linearizzato sarà pertanto della forma

$$\mathbf{w}(x,y,t) = \sum_{m,n} \mathbf{c}_{n,m} e^{\lambda_{mn} t} \mathbf{w}_{mn}(x,y), \qquad (5.53)$$

dove i $\mathbf{c}_k$ sono i coefficienti di Fourier dello sviluppo in serie di coseni del dato iniziale.

Per avere instabilità occorre che

$$\text{Re}\,\lambda_{mn} > 0$$

per qualche coppia m, n. Questo può verificarsi in due casi: o $\mu_{mn}(1+d) - \gamma \text{tr}\mathbf{A} < 0$ oppure $h(\mu_{mn}) < 0$ per qualche coppia m, n.

Essendo $\text{tr}\mathbf{A} < 0$ e $\mu_{mn}(1+d) \geq 0$ l'unica possibilità è la seconda. Dalla (5.52), essendo $|\mathbf{A}| > 0$, per avere $h(\mu_{mn}) < 0$ è necessario che

$$df_u + g_v > 0.$$

Poiché $f_u + g_v = \text{tr}\mathbf{A} < 0$ occorre che $d \neq 1$ e che f_u e g_v abbiano segni diversi:

$$df_u + g_v > 0 \quad \implies \quad d \neq 1 \ \text{e} \ f_u g_v < 0. \qquad (5.54)$$

Pertanto:

Microteorema 5.12. *Condizione necessaria affinché vi possa essere instabilità da diffusione è che i coefficienti di diffusione D_A e D_B siano diversi.*

Abbiamo visto (Esempio 5.6) che nel modello di Thomas le due isocline $f(u,v) = 0$ e $g(u,v) = 0$ si intersecano in un unico punto di equilibrio $(u_0, v_0,)$, asintoticamente stabile per il sistema senza diffusione e che $f_u(u_0, v_0,) > 0$ e $g_v(u_0, v_0,) < 0$. Pertanto, in questo caso, deve essere $d > 1$ che significa, in termini di meccanismo attivatore-inibitore, che l'inibitore diffonde più velocemente dell'attivatore (come nel caso fuoco-cavallette).

La condizione (5.54) è solo necessaria ma non sufficiente per garantire che esistano coppie m, n tali che $h(\mu_{mn}) < 0$. Per assicurarsi che ciò avvenga il *minimo di $h(\mu_{mn})$ deve essere negativo.*

Esaminando la parabola

$$s \longmapsto h(s) = ds^2 - \gamma(df_u + g_v)s + \gamma^2|A|$$

(Figura 5.4). Si vede che il minimo è assunto nel punto

$$s_{\min} = \frac{\gamma(df_u + g_v)}{2d}$$

e ha il valore

$$h_{\min} = h(s_{\min}) = \gamma^2\left[|\mathbf{A}| - \frac{(df_u + g_v)^2}{4d}\right].$$

Deduciamo che $h_{\min} < 0$ se

$$\frac{(df_u + g_v)^2}{4d} > |\mathbf{A}|.$$

L'uguaglianza $(d_c f_u + g_v)^2 = 4d_c|\mathbf{A}|$, ossia

$$d_c^2 f_u^2 + 2(2f_v g_u - f_u g_v)d_c + g_v^2 = 0, \tag{5.55}$$

quando tutti gli altri parametri sono fissati, definisce il **valore critico** d_c per il rapporto dei coefficienti di diffusione, e cioè la soluzione > 1 dell'equazione[6] precedente. In corrispondenza di questo valore d_c abbiamo **un valore critico per** s_c (quindi anche per μ_{mn}) dato da

$$s_c = \frac{\gamma(d_c f_u + g_v)}{2d_c} = \gamma\left[\frac{|\mathbf{A}|}{d_c}\right]^{1/2}.$$

Quando $d > d_c$, $h(s)$ ha due zeri s_1 ed s_2 dati da

$$s_1 = \frac{\gamma}{2d}\left[(df_u + g_v) - \left\{(df_u + g_v)^2 - 4d|\mathbf{A}|\right\}^{1/2}\right]$$

$$s_2 = \frac{\gamma}{2d}\left[(df_u + g_v) - \left\{(df_u + g_v)^2 - 4d|\mathbf{A}|\right\}^{1/2}\right].$$

Tra questi due zeri si trovano gli eventuali valori di μ_{mn} che corrispondono a Re λ_{mn}. Potrebbe non essercene alcun, avendo i μ_{mn} valori piuttosto particolari. In altri termini, se vi sono valori di μ_{mn} tali che

$$s_1 \leq \mu_{mn} \leq s_2, \tag{5.56}$$

questi corrispondono a termini nella serie (5.53) che crescono esponenzialmente. Ciò significa che, per t grande,

$$\mathbf{z}(x, y, t) \sim \sum_{s_1 \leq \mu_{mn} \leq s_2} \mathbf{c}_{mn} e^{\lambda_{mn} t}\mathbf{w}_{mn}(x, y).$$

---

[6] Non è difficile controllare che la soluzione maggiore della (5.55) è sempre maggiore di 1, essendo $(\mathrm{tr}\mathbf{A})^2 < 4|\mathbf{A}|$. Infatti, tale relazione è conseguenza che il punto di equilibrio nel sistema di Thomas è un fuoco (Esempio 5.6).

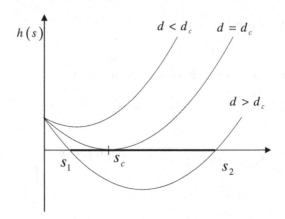

Figura 5.4. Intersezioni della parabola $h(s)$ con l'asse s al variare di d

Si noti la dipendenza dal dominio del numero di *modi attivati*. Un aumento delle dimensioni p o q implica un maggior numero di modi attivati. Come nel caso scalare, la crescita esponenziale sarà frenata dalle nonlinearità presenti nei termini di reazione e alla fine emergeranno configurazioni di equilibrio non omogenee nello spazio, che inevitabilmente risentiranno di quali modi sono stati attivati. La dimostrazione di questi fatti non è elementare e non possiamo presentarla qui.

Per comodità del lettore prima di concludere, riassumiamo le condizioni necessarie di instabilità:

1, $f_u + g_v < 0$;
2. $df_u + g_v > 0$;
3. $f_u g_v - f_v g_u > 0$;
4. $(df_u + g_v)^2 - 4d(f_u g_v - f_v g_u) > 0$.

Le prime tre corrispondono alle (5.48) e (5.54), l'ultima garantisce valori reali per gli zeri s_1 ed s_2.

Cenno alla formazione dei "coat patterns" in alcuni mammiferi

Una delle applicazioni più interessanti della teoria di Turing riguarda la colorazione del mantello di alcuni animali come zebre, leopardi, capre e molti altri. La relazione tra formazione di *pattern* sulla pelle di alcuni animali e modelli matematici di diffusione-reazione è stato messo in evidenza da James D. Murray nei primi anni ottanta (si veda J.D. Murray, 2003). Murray ritiene che un meccanismo basato su un sistema tipo reazione-diffusione, caratterizzato da instabilità per diffusione, possa spiegare il manifestarsi di diversi *pattern* tipo una colorazione uniforme piuttosto che la presenza di corpi maculati e code striate.

Tra i protagonisti principali che entrano nel meccanismo vi sono oltre alla *melanina*, un pigmento che influisce sul colore della pelle, degli occhi e dei capelli, i cosiddetti *morfogeni*, elementi chimici nel tessuto embrionico che influenzano il movimento e l'organizzazione di alcune cellule geneticamente determinate (*melanoblasti*) durante la morfogenesi, attraverso la creazione di gradienti di concentrazione.

La creazione e la colorazione del mantello avvengono durante la fase embrionale. I melanoblasti migrano sulla superficie dell'embrione e si trasformano in cellule atte a produrre melanina (*melanociti*). Su base sperimentale si crede che la produzione di melanina sia dovuta alla reazione con i morfogeni, per cui la colorazione finale riflette la distribuzione spaziale di concentrazione di questi ultimi.

Naturalmente una delle maggiori difficoltà è l'identificazione dei morfogeni nonché della loro cinetica chimica. Un modello matematico ricava la sua plausibilità dalla compatibilità dei *pattern* generati con quelli effettivamente osservati.

La scelta del modello di Thomas è dettata prevalentemente dal fatto che descrive una cinetica realmente osservabile, con parametri realistici.

A titolo d'esempio consideriamo un modello matematico per la colorazione della coda di un felino o di un serpente. Indichiamo con p la lunghezza e con q la circonferenza. Adottiamo il sistema (5.44) con una condizione iniziale

$$u\left(x,y,0\right) = u_0\left(x,y\right), v\left(x,y,0\right) = v\left(x,y\right) \qquad 0 < x < p,\, 0 < y < q.$$

Se si pensa alla superficie della coda come ad un rettangolo ottenuto tagliando la coda nel senso longitudinale e spianandola, sui due lembi che corrispondono ai lati superiore ed inferiore del rettangolo è naturale assegnare condizioni di periodicità per u, v e u_x, v_x. Sugli altri due lati è sensata una condizione di Neumann omogenea. Abbiamo perciò:

$$u\left(x,0,t\right) = u\left(x,q,t\right), v\left(x,0,t\right) = v\left(x,q,t\right)$$
$$u_x\left(0,y,t\right) = u_x\left(q,y,t\right),\, v_x\left(x,0,t\right) = v_x\left(x,q,t\right)$$

e

$$u_x\left(0,y,t\right) = u_x\left(p,y,t\right) = 0$$
$$v_x\left(0,y,t\right) = v_x\left(p,y,t\right) = 0.$$

I calcoli fatti precedentemente valgono ancora con l'unica variazione che, per t grande, la soluzione del sistema linearizzato è

$$\mathbf{z}\left(x,y,t\right) \sim \sum_{s_1 \leq \mu_{mn} \leq s_2} \mathbf{c}_{mn} e^{\lambda_{mn} t} \cos\left(\frac{n\pi x}{p}\right) \cos\left(\frac{2m\pi y}{p}\right),$$

dove i λ_{mn} sono soluzioni di

$$\lambda^2 + \lambda\left[\mu_{mn}\left(1+d\right) - \gamma \mathrm{tr}\mathbf{A}\right] + h\left(\mu_{mn}\right) = 0$$

con

$$\mu_{mn} = \pi^2\left(\frac{n^2}{p^2} + \frac{4m^2}{q^2}\right).$$

Traiamo alcune conclusioni qualitative della teoria, esaminando l'espressione degli autovalori μ_{mn} e ricordando la (5.56).

1, I modi instabili determinano la colorazione del mantello.

2. L'instabilità di un modo d'evoluzione è determinato dai parametri $\gamma = \dfrac{S}{D_A}$ e $d = \dfrac{D_B}{D_A}$ dove S è proporzionale all'area del rettangolo.

3. La formazione di *pattern* è possibile solo se $d > 1$. In tal caso le varie colorazioni compaiono in accordo alla (5.56).

4. Se $q < p$, è probabile la formazione di strisce trasversali, costanti nella direzione y; se $q > p$, sono possibili macchie (*spot patterns*), non costanti nella direzione y.

I serpenti sono un esempio di q/p piccolo e spesso hanno colorazioni a strisce trasversali. In presenza di code di diametro non uniforme, i pattern più probabili sono: macchie nella parte più larga e strisce trasversali nella parte più stretta (giaguaro, leopardo), oppure solo strisce (genetta) oppure solo macchie (leopardo).

Applicando le stesse considerazioni anche al corpo, non solo alla coda, si può concludere che *è raro osservare animali con corpo striato e coda maculata, mentre è abbastanza frequente il contrario.*

Per esempio, zebre e tigri hanno corpo e coda striati, i leopardi hanno corpo e coda maculati, le giraffe e la genetta (una specie di lince) hanno corpo maculato e coda striata.

Si possono trarre alcune conseguenze (sempre qualitative) sull'effetto dell'ampiezza del dominio (il corpo in questo caso):

a) se γ è molto piccolo non vi sono *pattern* non spazialmente omogenei (molti animali piccoli sono di colore uniforme (scoiattoli, pecore, piccoli cani);

b) se γ è molto grande, esistono pattern non spazialmente omogenei, ma la loro struttura è molto fine (elefanti, orsi, ippopotami).

Osservazione finale. Come tutte le teorie, quella di Turing-Murray riesce a spiegare in certa misura alcune formazioni di pattern in alcune specie animali, ma certamente non ha pretese di universalità. Infatti le anomalie sono molto frequenti ed i fenomeni biochimici coinvolti presentano una complessità tale che non si può pensare di ridurre tutto ad un semplice meccanismo di diffusione-reazione.

Quella che abbiamo presentato è solo una piccola parte iniziale, ancorché importante, di una teoria generale.

5.5 Metodi numerici e simulazioni

5.5.1 Discretizzazione di un modello di diffusione e reazione non lineare

Vogliamo discretizzare il problema (5.16) in una dimensione spaziale, ovvero

$$
\begin{cases}
u_t = u_{xx} + f(u) & 0 < x < 1,\ t > 0 \\
u(0,t) = u(1,t) = 0 \quad \text{oppure} \quad u_x(0,t) = u_x(1,t) = 0 & t > 0 \\
u(x,0) = g(x) & 0 \le x \le 1,
\end{cases}
\tag{5.57}
$$

attraverso un opportuno schema alle differenze finite. Per semplicità ci limitiamo al caso di condizioni al bordo omogenee. Consideriamo innanzitutto la discretizzazione della variabile spaziale. A tal fine, definiamo una partizione dell'intervallo $(0,1)$ in $N+1$ nodi equispaziati $x_i = i\,h$, $h = 1/N$, $i = 0,\dots,N$. Abbiamo visto precedentemente che la discretizzazione dell'operatore differenziale $-\partial_{xx}$ con condizioni di Dirichlet o Neumann, corrisponde rispettivamente ai seguenti operatori algebrici (matrici), $\mathbf{A}_h^D \in \mathbb{R}^{(N-1)\times(N-1)}$, $\mathbf{A}_h^N \in \mathbb{R}^{(N+1)\times(N+1)}$, dove $\mathbf{A}_h^D$ e $\mathbf{A}_h^N$ sono definite nel Capitolo 3, precisamente in (3.77). In altre parole, dette $u_i(t)$ le approssimazioni di $u(x,t)$ nei nodi x_i e detti $\mathbf{U}^D(t) = \{u_i(t)\}_{i=1}^{N-1} \in \mathbb{R}^{(N-1)}$, $\mathbf{U}^N(t) = \{u_i(t)\}_{i=0}^{N} \in \mathbb{R}^{(N+1)}$ i vettori che raccolgono le incognite nel caso di condizioni al bordo di Dirichlet e Neumann rispettivamente, la controparte discreta del termine u_{xx} è data da $-\mathbf{A}_h^*\mathbf{U}^*$, dove $* = D, N$ a seconda delle condizioni al bordo. Dunque, sostituendo $-\mathbf{A}_h^*\mathbf{U}^*$ al termine u_{xx} di (5.57), otteniamo un sistema di equazioni differenziali autonome non lineari per il vettore di incognite $\mathbf{U}(t)$, ovvero

$$
\dot{\mathbf{U}}^*(t) = f(\mathbf{U}^*) - \mathbf{A}_h^*\mathbf{U}^*, \quad \mathbf{U}^*(0) = \mathbf{g} = \{g(x_i)\},
\tag{5.58}
$$

dove $f(\mathbf{U}^*)$ indica l'applicazione di f ad ogni componente di $\mathbf{U}^*$. Il problema (5.58) è detto problema **semi-discreto**, poiché abbiamo portato a termine la sola discretizzazione rispetto ad x.

La principale difficoltà consiste ora nello scegliere un opportuno schema per discretizzare la variabile temporale. La presenza del termine non lineare suggerisce di utilizzare uno schema esplicito. L'esempio più semplice è costituito dallo schema di Eulero in avanti, che si traduce nella seguente relazione,

$$
\mathbf{U}_{n+1}^* = \mathbf{U}_n^* + \tau f(\mathbf{U}_n^*) - \tau \mathbf{A}_h^*\mathbf{U}_n^*.
\tag{5.59}
$$

Tale schema, tuttavia, è affetto da forti limitazioni che riguardano la sua stabilità ed accuratezza. Infatti, per risolvere in modo accurato i successivi esempi, è necessario utilizzare un metodo più efficace. Una naturale generalizzazione di (5.59) è data dai metodi di **Runge-Kutta espliciti**. Riportiamo come esempio un metodo di Runge-Kutta esplicito del 3° ordine. A partire dal vettore $\mathbf{U}_n^*$, tale schema richiede di determinare $\mathbf{U}^*_{n+1}$ attraverso i seguenti tre passi intermedi,

$$
\begin{cases}
\mathbf{U}^*_a = \mathbf{U}^*_n + \tau\big(f(\mathbf{U}^*_n) - \mathbf{A}^*_h \mathbf{U}^*_n\big) \\
\mathbf{U}^*_b = \big(\tfrac{3}{4}\mathbf{U}^*_n + \tfrac{1}{4}\mathbf{U}^*_a\big) + \tfrac{\tau}{4}\big(f(\mathbf{U}^*_a) - \mathbf{A}^*_h \mathbf{U}^*_a\big) \\
\mathbf{U}^*_c = \mathbf{U}^*_{n+1} = \big(\tfrac{1}{3}\mathbf{U}^*_n + \tfrac{2}{3}\mathbf{U}^*_b\big) + \tfrac{2\tau}{3}\big(f(\mathbf{U}^*_b) - \mathbf{A}^*_h \mathbf{U}^*_b\big).
\end{cases}
\tag{5.60}
$$

Per una più completa trattazione dei metodo di Runge-Kutta rimandiamo a Quarteroni, Sacco, Saleri, 2008.

Osserviamo infine che il procedimento di discretizzazione che ci ha portato da (5.57) a (5.58) fino a (5.59) si applica analogamente al caso di un sistema di equazioni di diffusione-reazione in due dimensioni spaziali, come il problema (5.45), ovvero,

$$
\begin{cases}
u_t = \Delta u + f(u, v) \\
v_t = d\Delta v + g(u, v).
\end{cases}
\tag{5.61}
$$

Detta $\mathbf{A}_h$ la matrice che corrisponde allo schema a 5 punti per l'operatore $-\Delta$ con opportune condizioni al bordo e detti $\mathbf{U}^n$ e $\mathbf{V}^n$ i vettori che raccolgono i gradi di libertà per l'approssimazione di $u(x, y, t)$ e $v(x, y, t)$ all'istante t^n, otteniamo il seguente schema di Eulero esplicito per risolvere (5.61) numericamente,

$$
\begin{cases}
\mathbf{U}^*_{n+1} = \mathbf{U}^*_n + \tau\big[f(\mathbf{U}^*_n, \mathbf{V}^*_n) - \mathbf{A}^*_h \mathbf{U}^*_n\big] \\
\mathbf{V}^*_{n+1} = \mathbf{V}^*_n + \tau\big[g(\mathbf{U}^*_n, \mathbf{V}^*_n) - \mathbf{A}^*_h \mathbf{V}^*_n\big].
\end{cases}
\tag{5.62}
$$

Come già accennato, tale schema si può generalizzare sostituendo ad Eulero in avanti uno schema di avanzamento in tempo di tipo Runge-Kutta, ad esempio (5.60).

5.5.2 Esempio: convergenza all'equilibrio dell'equazione di Fisher-Kolmogoroff

Consideriamo il seguente problema di Cauchy-Dirichlet,

$$
\begin{cases}
u_t = u_{xx} + \lambda u(1 - u) & 0 < x < 1,\ t > 0 \\
u(0, t) = u(1, t) = 0 & t > 0 \\
u(x, 0) = c\sin(x) & 0 \le x \le 1.
\end{cases}
\tag{5.63}
$$

Vogliamo illustrare il Microteorema 5.8 ed il Teorema 5.9 attraverso le simulazioni numeriche ottenute tramite lo schema (5.60). In Figura 5.5 riportiamo i risultati ottenuti per diverse combinazioni dei parametri λ e c.

Osserviamo che nel caso $\lambda = \pi^2 - 1$, $c = 0.1$ la soluzione tende per $t \to \infty$ all'equilibrio stabile $u(x, t) = 0$, in accordo con il Microteorema 5.8. Al contrario, se λ supera la soglia pari a π^2, l'unico equilibrio stabile è una funzione positiva in $(0, 1)$ ed il suo bacino d'attrazione contiene tutte le soluzioni con dato iniziale positivo in $(0, 1)$, si veda il Teorema 5.10. Ciò è confermato dalle simulazioni con $\lambda = \pi^2 + 1$, $c = 0.075$ e $c = 0.25$, per cui il dato iniziale è rispettivamente inferiore

Caso $\lambda = \pi^2 - 1,\ c = 0.1$

Caso $\lambda = \pi^2 + 1,\ c = 0.075$

Caso $\lambda = \pi^2 + 1,\ c = 0.15$

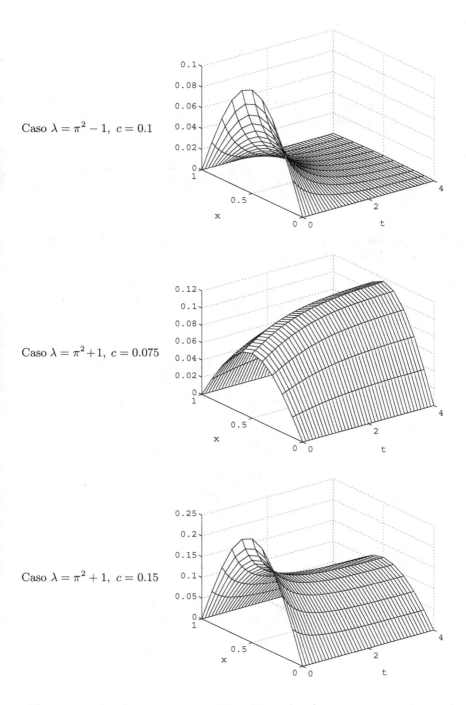

Figura 5.5. Simulazione numerica del problema (5.63) rappresentata sul piano (x, t)

e superiore all'equilibrio, il cui picco è circa pari a 0.11, come si può verificare dalla Figura 5.5.

Passiamo ora ad un problema di Cauchy-Neumann,

$$\begin{cases} u_t = u_{xx} + \lambda u(1-u) & 0 < x < 1,\ t > 0 \\ u_x(0,t) = u_x(1,t) = 0 & t > 0 \\ u(x,0) = c\exp(-10x^2) & 0 \le x \le 1. \end{cases} \qquad (5.64)$$

In accordo con l'analisi descritta nelle precedenti sezioni, verifichiamo che la soluzione di (5.64) evolve verso lo stato stabile $u = 1$ per ogni valore di λ e c. In Figura 5.6 consideriamo ad esempio il caso $\lambda = \pi^2$ ed i valori $c = 0.5$ e $c = 1.5$ per la condizione iniziale.

5.5.3 Esempio: onde progressive per l'equazione di Fisher-Kolmogoroff con condizioni di Neumann omogenee

Questo esempio mostra che nel caso a reazione dominante, ovvero $\lambda \gg 1$, l'equazione di Fisher-Kolmogoroff rappresenta un fenomeno propagativo. Infatti, tale

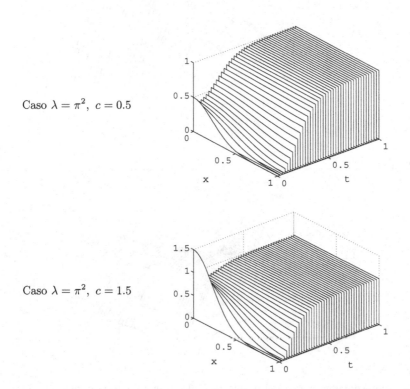

Caso $\lambda = \pi^2$, $c = 0.5$

Caso $\lambda = \pi^2$, $c = 1.5$

Figura 5.6. Simulazione numerica del problema (5.64) rappresentata sul piano (x,t)

equazione è stata proposta da R.A. Fisher nell'articolo intitolato *The wave of advance of advantageous genes* pubblicato su Annals of Eugenics nel 1937, al fine di descrivere la propagazione di un gene dominante all'interno di una popolazione. Tale modello prevede che il gene dominante, distribuito su una piccola percentuale di individui, si propaghi velocemente fino ad essere distribuito sull'intera popolazione.

Nella simulazione riportata in Figura 5.7, consideriamo $\lambda = 50\pi^2 \simeq 500$ ed una condizione iniziale $g(x) = \exp(-50x^2)$ che rappresenta la distribuzione sul territorio degli individui che possiedono il gene dominante. Si nota che essi sono inizialmente confinati su una piccola regione intorno all'origine, tuttavia la loro densità si propaga velocemente verso destra, raggiungendo in breve il valore unitario sull'intero dominio, che corrisponde allo stato in cui il gene è condiviso dall'intera popolazione.

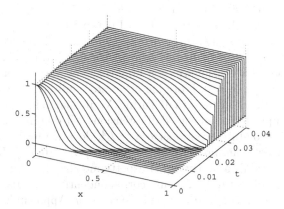

Figura 5.7. Simulazione numerica del problema (5.64) con $\lambda = 50\pi^2$ e $u(x,0) = \exp(-50x^2)$, rappresentata sul piano (x,t)

5.5.4 Esempio: verifica del meccanismo di instabilità di Turing e della formazione di pattern

Consideriamo il sistema di equazioni di diffusione e reazione (5.45) su un dominio rettangolare. In particolare consideriamo $\Omega = (0,p) \times (0,q)$ dove $p = 1$ e $1/q$ rappresenta il coefficiente di allungamento, che scegliamo pari a 5, ed imponiamo condizioni al bordo di tipo Neumann lungo i lati verticali, mentre utilizziamo condizioni periodiche lungo i lati orizzontali. In questo modo, il dominio Ω è equivalente ad un cilindro orientato lungo l'asse x. Alla luce dell'interpretazione della colorazione del mantello degli animali tramite le instabilità di Turing, il nostro modello approssima ciò che accade sul torso o sulla coda di questi. Precisamente cerchiamo $u(x, y, t)$, $v(x, y, t)$ tali che

$$
\begin{cases}
u_t = \Delta u + \gamma f(u, v) \quad v_t = d\Delta v + \gamma g(u, v) & (x, y, t) \in (0, 1) \times (0, q) \times \mathbb{R}^+ \\
u_x(0, y, t) = u_x(1, y, t) = 0 & y \in (0, q),\ t \in \mathbb{R}^+ \\
v_x(0, y, t) = v_x(1, y, t) = 0 & y \in (0, q), t \in \mathbb{R}^+ \\
u(x, 0, t) = u(x, q, t) = 0 & x \in (0, 1),\ t \in \mathbb{R}^+ \\
v(x, 0, t) = v(x, q, t) = 0 & x \in (0, 1), t \in \mathbb{R}^+ \\
u(x, y, 0) = u_0(x, y), \quad v(x, y, 0) = v_0(x, y) & (x, y) \in (0, 1) \times (0, q),
\end{cases}
$$
$$(5.65)$$

dove $f(u, v)$ e $g(u, v)$ corrispondono al modello di Thomas precedentemente introdotto,

$$
f(u, v) = a - u - \frac{\rho u v}{1 + u + K u^2}, \quad g(u, v) = \alpha(b - v) - \frac{\rho u v}{1 + u + K u^2},
$$

con $a = 92$, $b = 64$, $K = 0.1$, $\alpha = 1.5$, $\rho = 18.5$. In seguito, analizzeremo il comportamento delle soluzioni al variare del parametro $\gamma \in \mathbb{R}^+$.

Applicando lo schema di discretizzazione (5.62) modificato utilizzando lo schema di Runge-Kutta (5.60), vogliamo verificare che la soluzione del problema (5.65) ammette una soluzione stazionaria non uniforme, che varia intorno ai valori $\bar{u}$, $\bar{v}$ tali che $f(\bar{u}, \bar{v}) = g(\bar{u}, \bar{v}) = 0$. L'origine di questo equilibrio non uniforme, o pattern, è il meccanismo di instabilità di Turing. Verifichiamo inoltre che la formazione del pattern dipende fortemente dall'estensione del dominio, che in coordinate adimensionali è regolata dal parametro $\gamma \simeq L^2$, dove L rappresenta la dimensione caratteristica del dominio originale, ovvero $(0, L) \times (0, Lq)$. In accordo con il meccanismo di instabilità di Turing, ci aspettiamo che all'aumentare di γ si attivino diversi modi di instabilità, prima corrispondenti ad oscillazioni lungo l'asse longitudinale x, poi anche in direzione trasversale y. Applicando la trasformazione $\xi = Lx$, $\eta = L(x)y$ da $(x, y) \in (0, 1) \times (0, q)$ a $(\xi, \eta) \in (0, L) \times (0, L(x)q)$, dove $L(x)$ è una funzione lineare della variabile x, possiamo anche analizzare la formazione di pattern su un dominio trapezoidale. Ciò corrisponde a modificare il sistema (5.65) introducendo $\gamma = \gamma(x)$. Ad esempio, attraverso il modello $\gamma(x) = \gamma_{max} x + \gamma_{min}$, $x \in (0, 1)$, $\gamma_{max} > \gamma_{min} > 0$, possiamo rappresentare l'effetto di un dominio che si dilata progressivamente al crescere dell'ascissa.

Per mettere in evidenza l'insorgere di instabilità rappresentiamo la funzione $\chi(u_\infty; \bar{u})$ definita come segue,

$$
\chi(u_\infty; \bar{u}) = \begin{cases} 0 \text{ se } u_\infty < \bar{u} \\ 1 \text{ se } u_\infty \geq \bar{u}, \end{cases}
$$

dove $u_\infty = \lim_{t \to \infty}$ è lo stato di equilibrio del problema (5.65).

In Figura 5.8 è rappresentata l'approssimazione di $\chi(u_\infty; \bar{u})$ attraverso lo schema (5.62)–(5.60), in cui la simulazione è stata arrestata ad un tempo sufficientemente lungo per garantire che l'equilibrio venga raggiunto entro una determinata tolleranza. Come già accennato, la Figura 5.8 si presta all'interpretazione alla luce della formazione dei pattern sul mantello di alcuni animali. Avendo considerato un dominio allungato, caratterizzato da $p/q = 5$, possiamo immaginare che esso rappresenti la coda di questi. Interpretiamo inoltre i risultati per diversi valori di γ come ciò che accade per animali di dimensioni crescenti. Osserviamo che gli animali piccoli, identificati da $\gamma = 10, 100$, presentano macchie o striature ben definite. Al crescere delle dimensioni, la frequenza delle striature aumenta, fino ad arrivare al caso dei mantelli completamente maculati, $\gamma = 1000$.

Infine, l'analisi con $\gamma(x) = \gamma_{max}x + \gamma_{min}$ è riportata in Figura 5.9. Osserviamo che il patttern si modifica al variare di x ed in particolare la frequenza delle oscillazioni aumenta al crescere dell'ascissa. Ciò corrisponde ad esempio alla colorazione della coda dei grandi felini (leopardo, giaguaro, ghepardo). Benché il loro mantello sia maculato, la loro coda è spesso striata e termina con una macchia monocro-

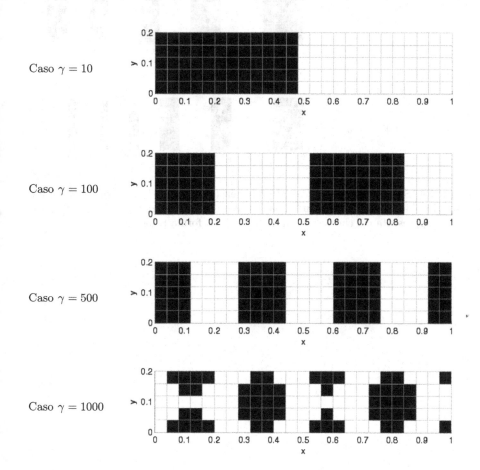

Figura 5.8. Simulazione numerica del problema (5.65) rappresentata attraverso l'approssimazione di $\chi(u_\infty; \bar{u})$ riportata sul piano (x, y), dove i pixel neri corrispondono al valore $\chi = 1$

matica (spesso scura). Questo fenomeno si manifesta in Figura 5.9 in prossimità di $x = 0$, dove γ è più piccolo e quindi il dominio reale risulta più stretto, come appunto nel caso dell'estremità della coda o di una zampa.

Caso $\gamma(x) = 1000x + 10$

Caso $\gamma(x) = 2000x + 20$

Caso $\gamma(x) = 3000x + 30$

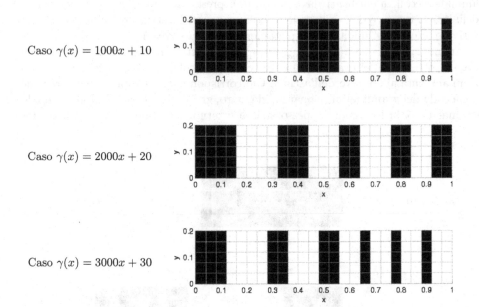

Figura 5.9. Simulazione numerica del problema (5.65) con γ linearmente crescente rispetto ad x. Si nota che la frequenza delle oscillazioni è proporzionale all'ascissa. Questo modello rappresenta ciò che accade su un dominio di forma trapezioidale

6

Onde e vibrazioni

6.1 Tipi di onde

Quotidianamente abbiamo a che fare con onde sonore, onde elettromagnetiche (come le onde radio o quelle luminose), onde d'acqua, in superficie o in profondità, onde elastiche nei solidi. Fenomeni ondosi emergono anche in contesti e in modi meno macroscopici e noti, come nel caso di onde di rarefazione e d'urto in un flusso di traffico o in quello delle onde elettrochimiche che regolano il battito del cuore o il controllo dei movimenti attraverso impulsi nervosi. La fisica quantistica, poi, ci ha rivelato che tutto può essere descritto in termini di onde, ad una scala sufficientemente piccola.

Sorprendentemente, la definizione di onda non è così facile da confezionare in modo da comprendere, per esempio, tutti i fenomeni appena citati. Consultando lo *Zingarelli,* alla voce onda o meglio *onde* (fis.) si trova: ≪Movimenti periodici oscillatori e vibratori propagati attraverso un mezzo continuo≫.

Possiamo certamente adottare un un atteggiamento pragmatico e accontentarci di questa definizione anche se: le onde *stazionarie* non si propagano; nelle onde di rarefazione o d'urto in un flusso di traffico ciò che si propaga non è un movimento, ma un segnale (aumento o diminuzione della densità d'auto); l'interazione con il mezzo circostante è molto diversa quando si tratti di onde d'acqua in uno stagno, che lasciano invariato il mezzo al loro passaggio, o quando si tratti di onde chimiche che mutano lo stato delle specie reagenti al loro passaggio; vi sono onde che non hanno bisogno di un mezzo che le "sostenga" per propagarsi, per esempio le onde elettromagnetiche.

Forse, semplicemente, non esiste una singola definizione di onda!

In questa sezione introduciamo un po' di terminologia ed alcuni concetti generali. In dimensione spaziale uno distinguiamo:

a. *Onde **progressive** (travelling waves).* Sono onde descritte da una funzione del tipo

$$u(x,t) = g(x - ct).$$

Salsa S, Vegni FMG, Zaretti A, Zunino P: Invito alle equazioni alle derivate parziali.
© Springer-Verlag Italia 2009, Milano

Per $t = 0$, si ha $u(x, 0) = g(x)$, che è il profilo "iniziale" della perturbazione. Questo profilo si propaga inalterato nella forma con velocità $|c|$, verso destra (sinistra) se $c > 0$ ($c < 0$). Abbiamo già incontrato onde di questo tipo nei Capitoli 2 e 3.

b. Fra le onde progressive, hanno particolare importanza le *onde armoniche*, della forma

$$u(x, t) = A \exp\{i(kx - \omega t)\}, \qquad A, k, \omega \in \mathbb{R}, \qquad (6.1)$$

con la tacita intesa di considerarne solo la *parte reale*

$$A \cos(kx - \omega t).$$

La forma esponenziale complessa è spesso più maneggevole nei calcoli. Nella (6.1) distinguiamo, considerando per semplicità ω e k positivi:

- l'*ampiezza* dell'onda $|A|$;
- il *numero d'onde k*, ossia il numero di oscillazioni complete nell'intervallo $[0, 2\pi]$, e la *lunghezza d'onda* $\lambda = 2\pi k^{-1}$, ossia la distanza tra successivi massimi (creste) o minimi;
- la *frequenza angolare* ω e la *frequenza* $f = \frac{\omega}{2\pi}$, ossia il numero di oscillazioni complete nell'unità di tempo (Hertz);
- la *velocità dell'onda o velocità di fase* $c_p = \omega k^{-1}$ ossia la velocità con cui viaggiano le creste (per esempio);
- la *velocità di gruppo* $c_g = \frac{d\omega}{dk}$, sulla quale ritorneremo brevemente in seguito.

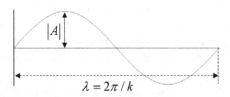

Figura 6.1. Onda sinusoidale

c. *Onde stazionarie.* Sono onde descritte da espressioni del tipo

$$u(x, t) = B \cos kx \cos \omega t.$$

Queste onde presentano un'onda base sinusoidale $\cos kx$, modulata nel tempo in ampiezza da $B \cos \omega t$. Un'onda stazionaria si ottiene, per esempio, sovrapponendo due onde armoniche con ampiezza identica, propagantisi in direzioni opposte:

$$A \cos(kx - \omega t) + A \cos(kx + \omega t) = 2A \cos kx \cos \omega t.$$

Passiamo in dimensione spaziale $n > 1$.

d. *Onde piane.* Le onde progressive sono un caso particolare di *onde piane* ossia funzioni, scalari o vettoriali, *costanti in un piano (il fronte d'onda) che si* *muove parallelamente alla direzione di propagazione.* Precisamente, le onde piane scalari sono descritte da funzioni del tipo

$$u(\mathbf{x}, t) = f(\mathbf{k} \cdot \mathbf{x} - \omega t).$$

L'onda si propaga nella direzione di $\mathbf{k}$ con velocità di fase $c_p = \omega / |\mathbf{k}|$. I piani di equazione

$$\theta(\mathbf{x}, t) = \mathbf{k} \cdot \mathbf{x} - \omega t = \text{costante}$$

costituiscono i *fronti d'onda.*

Onde armoniche piane sono della forma

$$u(\mathbf{x}, t) = A \exp\{i(\mathbf{k} \cdot \mathbf{x} - \omega t)\}.$$

Il vettore $\mathbf{k}$ prende il nome di *vettore numero d'onde* e ω è la *frequenza angolare.* Il vettore $\mathbf{k}$ è ortogonale al fronte d'onda e $|\mathbf{k}|/2\pi$ dà il numero d'onde per unità di lunghezza. Lo scalare $\omega/2\pi$ dà il numero di oscillazioni complete al secondo (Hertz) in un punto fissato.

e. *Onde sferiche.* Sono descitte da funzioni del tipo

$$u(\mathbf{x}, t) = v(r, t)$$

dove $r = |\mathbf{x} - \mathbf{x}_0|$ e $\mathbf{x}_0 \in \mathbb{R}^n$ è un punto fissato. In particolare, $u(\mathbf{x}, t) = e^{i\omega t} v(r)$ rappresenta un'onda sferica stazionaria mentre $u(\mathbf{x}, t) = v(r - ct)$ è un'onda progressiva i cui fronti d'onda sono le sfere di equazione $r - ct = \text{costante}$, che si muovono con velocità $|c|$, dilatandosi se $c > 0$ (*outgoing waves*), contraendosi se $c < 0$ (*incoming waves*).

Velocità di gruppo e relazione di dispersione
Molti sistemi fisici possono essere modellati da equazioni che hanno onde armoniche come soluzioni *con la frequenza angolare funzione nota del numero d'onde,* in generale **non lineare:**

$$\omega = \omega(k).$$

Nel caso lineare, se cioè $\omega(k) = ck$, c costante, le creste si muovono con velocità c indipendente dal numero d'onde (e quindi indipendente dalla lunghezza d'onda). Se però $\omega(k)$ non è proporzionale a k, le creste si muovono con velocità $c_p = \omega(k)/k$, che *dipende dal numero d'onde.* In altri termini, le creste si muovono con velocità diverse in corrispondenza a diverse lunghezze d'onda. In un pacchetto d'onde costituito da sovrapposizione di onde armoniche di diversa lunghezza d'onda, ciò comporta, a regime, una separazione o *dispersione* delle varie componenti.

Per questa ragione, la relazione $\omega = \omega(k)$ è detta **relazione di dispersione.** La velocita di gruppo,

$$c_g = \omega'(k)$$

è un concetto centrale nella teoria delle onde per i seguenti motivi.

1. È la velocità alla quale *viaggia* (*come insieme*) un *pacchetto d'onde isolato.*
2. Spariti gli effetti di una perturbazione iniziale localizzata (tipo il sasso che entra nello stagno) è la velocità alla quale *un osservatore deve viaggiare se*

vuole vedere onde della stessa lunghezza $2\pi/k$. In altri termini, c_g è la velocità di propagazione dei numeri d'onda.

3. È la velocità alla quale **l'energia viene trasportata da onde di lunghezza** $2\pi/k$.

Ci soffermiamo per brevità sulla prima osservazione. Un pacchetto d'onde si ottiene dalla sovrapposizione di onde armoniche, per esempio attraverso un integrale di Fourier del tipo

$$u\left(x,t\right) = \int_{-\infty}^{+\infty} a\left(k\right) e^{i[kx-\omega(k)t]}dk, \tag{6.2}$$

dove sempre s'intende che si debba considerare solo la parte reale. Consideriamo un pacchetto d'onde localizzato, con numero d'onde quasi costante $k \approx k_0$ con ampiezze lentamente variabili rispetto a x (in modo da avere un grande numero di creste), cosicché le ampiezze $|a\left(k\right)|$ delle varie componenti di Fourier saranno molto piccole, tranne che in prossimità di k_0. Il primo grafico nella Figura 6.2 mostra il profilo iniziale di un pacchetto d'onde Gaussiano,

$$\operatorname{Re} u\left(x,0\right) = \frac{3}{\sqrt{2}} \exp\left\{-\frac{x^2}{32}\right\} \cos 14x,$$

lentamente modulato in x, al tempo $t = 0$, con $k_0 = 14$. La seconda figura mostra la trasformata di Fourier di $\operatorname{Re} u\left(x,0\right)$:

$$a\left(k\right) = 6\exp\left\{-8\left(k-14\right)^2\right\}.$$

Come si vede le ampiezze delle componenti di Fourier sono apprezzabilmente non nulle solo in prossimità di k_0. Possiamo allora scrivere

$$\omega\left(k\right) \approx \omega\left(k_0\right) + \omega'\left(k_0\right)\left(k-k_0\right) = \omega\left(k_0\right) + c_g\left(k-k_0\right)$$

e quindi

$$u\left(x,t\right) \approx e^{i\{k_0x-\omega(k_0)t\}} \int_{-\infty}^{+\infty} a\left(k\right) e^{i(k-k_0)(x-c_gt)}dk,$$

che risulta essere il prodotto di un'onda armonica pura di lunghezza d'onda $2\pi/k_0$ e velocità di fase $\omega\left(k_0\right)/k_0$ e di un'altra onda, funzione di $(x-c_gt)$, che rappresenta l'inviluppo del pacchetto d'onde (quindi il pacchetto nel suo insieme) e che si muove con la velocità di gruppo.

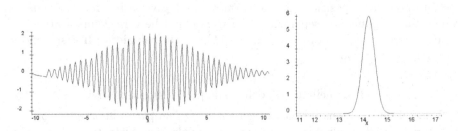

Figura 6.2. Pacchetto d'onde e sua trasformata di Fourier

6.2 Onde trasversali in una corda

6.2.1 Derivazione del modello

Vogliamo ricavare un modello per le piccole vibrazioni trasversali di una corda, come può essere quella di un violino. Assumiamo le seguenti ipotesi.

1. *Le vibrazioni della corda sono di piccola ampiezza.* Ciò significa che abbiamo piccoli cambiamenti nella forma della corda rispetto all'orizzontale.
2. *Lo spostamento di un punto della corda è considerato verticale.* Vibrazioni orizzontali sono trascurate, coerentemente con 1.
3. *Lo spostamento verticale di un punto dipende dal tempo e dalla sua posizione sulla corda.* Se si indica con u lo spostamento verticale di un punto che si trova in posizione x quando la corda è a riposo, abbiamo dunque $u = u(x, t)$ e, coerentemente con 1, $|u_x(x, t)| \ll 1$.
4. *La corda è perfettamente flessibile.* Non offre cioè nessuna resistenza alla flessione. In particolare, lo sforzo può essere modellato con una forza $\mathbf{T}$ diretta tangenzialmente alla corda[1], di intensità τ, detta *tensione*.
5. *L'attrito è trascurabile.*

Sotto le ipotesi indicate, l'equazione del moto può essere dedotta dalla legge di conservazione della massa e da quella del bilancio del momento lineare.

Sia $\rho_0 = \rho_0(x)$ la densità lineare di massa della corda in posizione di equilibrio e $\rho = \rho(x, t)$ la densità al tempo t. Consideriamo il tratto di corda tra x e $x + \Delta x$ e indichiamo con Δs l'elemento di lunghezza corrispondente al tempo t. La legge di conservazione della massa implica che

$$\rho_0(x)\,\Delta x = \rho(x, t)\,\Delta s. \tag{6.3}$$

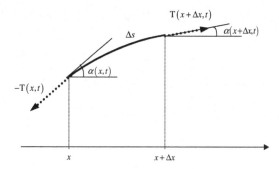

Figura 6.3. Tensione agli estremi di un piccolo arco di corda

---

[1] Consequenza dell'assenza di momenti distribuiti lungo la corda.

L'equazione del bilancio del momento lineare si ricava uguagliando la forza totale agente sul generico tratto considerato al tasso di variazione del momento lineare. Poiché il moto è verticale, le componenti orizzontali delle forze devono bilanciarsi.

Se $\tau(x,t)$ indica la tensione (scalare) in x, deve essere (in riferimento alla Figura 6.3)

$$\tau(x + \Delta x, t) \cos\alpha(x + \Delta x, t) - \tau(x,t)\cos\alpha(x,t) = 0.$$

Dividendo per Δx e passando al limite per $\Delta x \to 0$, si ha

$$\frac{\partial}{\partial x}[\tau(x,t)\cos\alpha(x,t)] = 0,$$

da cui

$$\tau(x,t)\cos\alpha(x,t) = \tau_0(t), \qquad (6.4)$$

dove $\tau_0(t)$ è *positiva*, essendo l'intensità della componente orizzontale della tensione.

Calcoliamo le componenti verticali delle forze agenti sul tratto in esame. Per la tensione si ha, usando la (6.4):

$$\tau_{vert}(x,t) = \tau(x,t)\sin\alpha(x,t) = \tau_0(t)\tan\alpha(x,t) = \tau_0(t)u_x(x,t).$$

Quindi, la componente verticale (scalare) della forza dovuta alla tensione è data da

$$\tau_{vert}(x + \Delta x, t) - \tau_{vert}(x,t) = \tau_0(t)[u_x(x + \Delta x, t) - u_x(x,t)].$$

Possiamo poi considerare forze (verticali) di volume come il peso ed eventuali carichi. Sia $f(x,t)$ l'intensità per unità di massa della risultante di tali forze. Usando la (6.3), la forza agente sul tratto di corda è data da

$$\rho(x,t)f(x,t)\Delta s = \rho_0(x)f(x,t)\Delta x.$$

Usando ancora la (6.3) e osservando che u_{tt} è l'accelerazione scalare, la legge di Newton dà:

$$\rho_0(x)\Delta x\, u_{tt} = \tau_0(t)[u_x(x + \Delta x) - u_x(x)] + \rho_0(x)f(x,t)\Delta x.$$

Dividendo per Δx e passando al limite per $\Delta x \to 0$, si ha infine

$$u_{tt} - c^2 u_{xx} = f, \qquad (6.5)$$

dove

$$c^2(x,t) = \tau_0(t)/\rho_0(x).$$

Se la corda è omogenea, ρ_0 è costante. Se inoltre è **perfettamente elastica**[2] allora anche τ_0 è costante, poiché la tensione orizzontale è praticamente la stessa della corda a riposo, in posizione orizzontale.

---

[2] Per esempio, corde di chitarra e violino possono essere considerate omogenee, perfettamente flessibili ed elastiche.

6.2.2 Energia

Supponiamo che al tempo $t = 0$, una corda *perfettamente flessibile ed elastica* sia a riposo, in posizione orizzontale, che possiamo identificare col segmento $[0, L]$ sull'asse x. Poiché $u_t(x, t)$ è la velocità di vibrazione verticale della particella di corda localizzata in x, l'espressione

$$E_{cin}(t) = \frac{1}{2} \int_0^L \rho_0 u_t^2 \, dx$$

rappresenta l'**energia cinetica totale** durante la vibrazione. La corda immagazzina anche energia potenziale dovuta al lavoro delle forze elastiche. Poiché stiamo trattando piccole vibrazioni, abbiamo visto che la tensione τ_0 non dipende da x. In un elemento di corda con lunghezza a riposo Δx, queste forze provocano un allungamento pari a[3]

$$\int_x^{x+\Delta x} \sqrt{1 + u_x^2} \, dx - \Delta x = \int_x^{x+\Delta x} \left(\sqrt{1 + u_x^2} - 1 \right) dx \approx \frac{1}{2} u_x^2 \Delta x.$$

Pertanto, il lavoro compiuto dalle forze elastiche su questo elemento di corda è

$$dW = \frac{1}{2} \tau_0 u_x^2 \Delta x.$$

Sommando i contributi di tutti gli elementi di corda, l'**energia potenziale** totale ha l'espressione

$$E_{pot}(t) = \frac{1}{2} \int_0^L \tau_0 u_x^2 \, dx.$$

In conclusione, l'energia totale della corda è

$$E(t) = \frac{1}{2} \int_0^L [\rho_0 u_t^2 + \tau_0 u_x^2] \, dx. \tag{6.6}$$

Calcoliamo la variazione di energia. Si ha, derivando sotto il segno di integrale (ricordiamo che $\rho_0 = \rho_0(x)$ e τ_0 è costante),

$$E'(t) = \int_0^L [\rho_0 u_t u_{tt} + \tau_0 u_x u_{xt}] \, dx.$$

Integrando per parti il secondo termine si trova

$$\int_0^L \tau_0 u_x u_{xt} \, dx = \tau_0 [u_x(L, t) u_t(L, t) - u_x(0, t) u_t(0, t)] - \tau_0 \int_0^L u_t u_{xx} dx,$$

per cui

$$E'(t) = \int_0^L [\rho_0 u_{tt} - \tau_0 u_{xx}] u_t dx + \tau_0 [u_x(L, t) u_t(L, t) - u_x(0, t) u_t(0, t)].$$

---

[3] Ricordiamo che, al prim'ordine, se $\varepsilon \ll 1$, si ha $\sqrt{1 + \varepsilon} - 1 \simeq \varepsilon/2$.

Usando l'equazione (6.5), si ha infine:

$$E'(t) = \int_0^L \rho_0 f u_t \, dx + \tau_0 [u_x(L,t) u_t(L,t) - u_x(0,t) u_t(0,t)]. \tag{6.7}$$

In particolare, se $f = 0$ e agli estremi u è costante (quindi $u_t(L,t) = u_t(0,t) = 0$) si deduce $E'(t) = 0$ da cui

$$E(t) = E(0),$$

che esprime la *conservazione dell'energia*.

6.3 L'equazione delle onde unidimensionale

6.3.1 Condizioni iniziali e al bordo

La (6.5) si chiama *equazione delle onde (unidimensionale)*. Il coefficiente c (che d'ora in poi riterremo costante) ha le dimensioni di una velocità ed è infatti la velocità della perturbazione. Se $f \equiv 0$, l'equazione si dice *omogenea* e vale il *principio di sovrapposizione*[4].

Per l'equazione del calore, nella quale appare una derivata rispetto al tempo, è appropriato assegnare una condizione che descriva la distribuzione di temperatura allo stato iniziale. Nell'equazione (6.5) appare una derivata seconda rispetto al tempo ed è quindi opportuno (ricordando il problema di Cauchy per le equazioni ordinarie del secondo ordine) assegnare oltre alla posizione della corda, anche la sua velocità iniziale. Supponiamo, per esempio, di pizzicare una corda di violino e di lasciarla vibrare un paio di secondi. Poi, all'istante $t = 0$, fotografiamo la situazione "iniziale" che prevede posizione e velocità istantanea della corda. Questi sono i dati iniziali. In formule, se la corda occupa a riposo il segmento $[0, L]$ dell'asse x, le condizioni iniziali si scrivono:

$$u(x, 0) = g(x), \ u_t(x, 0) = h(x) \qquad x \in [0, L].$$

Veniamo alle condizioni agli estremi della corda, che sono formalmente dello stesso tipo di quelle considerate per l'equazione del calore. Come vedremo, si ottengono problemi che sono *ben posti,* sotto ragionevoli ipotesi sui dati.

Condizioni di Dirichlet. Tipicamente si bloccano gli estremi della corda:

$$u(0, t) = u(L, t) = 0 \qquad t > 0,$$

oppure si può descrivere come gli estremi si muovano verticalmente:

$$u(0, t) = a(t), \ u(L, t) = b(t) \qquad t > 0.$$

Condizioni di Neumann. La condizione di Neumann descrive la tensione (verticale) esercitata agli estremi della corda, che possiamo modellare con $\tau_0 u_x$; per esempio

$$\tau_0 u_x(0, t) = a(t), \ -\tau_0 u_x(L, t) = b(t) \qquad t > 0$$

---

[4] Sezione 3.1.1.

indica che la tensione applicata agli estremi varia nel tempo secondo le funzioni a e b. Nel caso molto speciale $a(t) = b(t) = 0$, entrambi gli estremi della corda sono fissati ad una guida e sono liberi di muoversi verticalmente senza attrito.

Condizioni di Robin. Descrivono un tipo di attacco elastico agli estremi che si può realizzare, per esempio, fissando gli estremi ad una molla (lineare) di costante elastica k. Analiticamente, ciò si traduce nelle condizioni

$$\tau_0 u_x(0,t) = ku(0,t), \ \tau_0 u_x(L,t) = -ku(L,t) \qquad t > 0,$$

dove k (positivo) è la costante elastica della molla.

Semplici considerazioni basate sulla formula dell'energia (6.7), assicurano che in condizioni di sufficiente regolarità, esiste al più una soluzione dei precedenti problemi. Infatti:

Microteorema 6.1. *I problemi di Cauchy-Dirichlet, Neumann e Robin hanno un'unica soluzione regolare.*

Dimostrazione. Siano u e v due soluzioni dello stesso problema, *con gli stessi dati iniziali e al bordo*. La differenza $w = u - v$ soddisfa l'equazione omogenea $w_{tt} - c^2 w_{xx} = 0$, con dati iniziali e al bordo nulli, per cui, applicando la (6.7) a w, si trova

$$E'(t) = \tau_0[w_x(L,t)w_t(L,t) - w_x(0,t)w_t(0,t)]$$

per ogni $t > 0$.

Nel caso di dati di Dirichlet o Neumann, abbiamo ad entrambi gli estremi $w_t = 0$ oppure $w_x = 0$, rispettivamente. Pertanto si ha che $E'(t) = 0$ ossia che $E(t)$ è costante. Essendo $E(0) = 0$, deve essere

$$E(t) = E_{cin}(t) + E_{pot}(t) \equiv 0.$$

D'altra parte, poiché $E_{cin}(t) \geq 0$, $E_{pot}(t) \geq 0$, si deduce che

$$E_{cin}(t) \equiv 0, \ E_{pot}(t) \equiv 0,$$

che implicano $w_t = w_x \equiv 0$. Dunque w è costante. Essendo $w(x,0) = 0$, deve essere $w(x,t) \equiv 0$ per ogni $t > 0$, che significa $u = v$. La soluzione è quindi unica. $\square$

Per calcolare la soluzione, spesso si può ricorrere al metodo di separazione delle variabili (Esercizio 6.1).

6.3.2 Problema di Cauchy globale e formula di d'Alembert

Si può idealmente pensare ad una corda di lunghezza infinita ed assegnare solo i dati iniziali (*problema di Cauchy globale*):

$$\begin{cases} u_{tt} - c^2 u_{xx} = 0 & x \in \mathbb{R}, \ t > 0 \\ u(x,0) = g(x), \ u_t(x,0) = h(x) & x \in \mathbb{R}. \end{cases} \tag{6.8}$$

Anche se questa situazione è fisicamente irrealizzabile, la soluzione del problema di Cauchy globale è di estrema importanza e si può esprimere mediante una celebre formula di d'Alembert, che dimostriamo subito.

L'equazione delle onde si può fattorizzare nel modo seguente:

$$(\partial_t - c\partial_x)(\partial_t + c\partial_x)u = 0.$$

Poniamo

$$v = u_t + cu_x. \tag{6.9}$$

Allora v soddisfa l'equazione lineare del trasporto

$$v_t - cv_x = 0$$

e quindi

$$v(x,t) = \psi(x + ct),$$

con ψ arbitraria, differenziabile. Da (6.9)

$$u_t + cu_x = \psi(x + ct)$$

e dal Microteorema 2.1, sappiamo che la soluzione generale è

$$u(x,t) = \int_0^t \psi(x - c(t - s) + cs)\, ds + \varphi(x - ct) = \tag{6.10}$$

$$[x - ct + 2cs = y] = \frac{1}{2c} \int_{x-ct}^{x+ct} \psi(y)\, dy + \varphi(x - ct),$$

con φ, ψ da scegliere in accordo alle condizioni iniziali. Si ha:

$$u(x,0) = \varphi(x) = g(x)$$

$$u_t(x,0) = \psi(x) - c\varphi'(x) = h(x),$$

da cui

$$\psi(x) = h(x) + cg'(x).$$

Sostituendo nella (6.10) si trova:

$$u(x,t) = \frac{1}{2c} \int_{x-ct}^{x+ct} [h(y) + cg'(y)]\, dy + g(x - ct)$$

$$= \frac{1}{2c} \int_{x-ct}^{x+ct} h(y)\, dy + \frac{1}{2}[g(x + ct) - g(x - ct)] + g(x - ct)$$

ed infine l'importante **formula di d'Alembert**

$$u(x,t) = \frac{1}{2}[g(x + ct) + g(x - ct)] + \frac{1}{2c} \int_{x-ct}^{x+ct} h(y)\, dy. \tag{6.11}$$

Esaminiamo subito alcune informazioni contenute nella formula attraverso una serie di osservazioni. Altre sono inserite nella prossima sezione. Le prime due indicano che il problema di Cauchy è *ben posto* se g ed h sono sufficientemente regolari.

Se $g \in C^2(\mathbb{R})$ e $h \in C^1(\mathbb{R})$ la (6.11) definisce una soluzione di classe C^2 nel semipiano $\mathbb{R} \times [0, +\infty)$. Viceversa, una soluzione u di classe C^2 nel semipiano $\mathbb{R} \times [0, +\infty)$ deve essere data dalla (6.11), proprio per il ragionamento fatto per arrivare alla formula. La soluzione è quindi *unica*.

Riordinando i termini della (6.10) si deduce che ogni soluzione dell'equazione delle onde si può scrivere nella forma

$$u(x, t) = F(x + ct) + G(x - ct), \qquad (6.12)$$

ossia come *sovrapposizione di un'onda progressiva che si muove verso sinistra con velocità c e di una che si muove verso destra con la stessa velocità*, senza effetti di dispersione. La (6.12) indica che le famiglie di rette γ^+ e γ^- di equazione

$$x + ct = \text{costante}, \qquad x - ct = \text{costante}$$

"trasportano i dati iniziali" e si chiamano *caratteristiche*.

La (6.11) è definita anche con dati g ed h meno regolari e fornisce la soluzione dell'equazione delle onde in un senso generalizzato opportuno, analogo a quello presentato nel Capitolo 9. Ciò è importante per includere dati realistici.

Nelle Figure 6.4 e 6.5 è illustrata la propagazione di onde in una corda infinita, "pizzicata" nell'origine ed inizialmente ferma (si veda anche la Figura 6.9). Il problema è

$$\begin{cases} u_{tt} - u_{xx} = 0 & x \in \mathbb{R}, \, t > 0 \\ u(x, 0) = T_\varepsilon(x) \; u_t(x, 0) = 0 & x \in \mathbb{R} \end{cases}$$

dove T_ε è il profilo triangolare indicato in Figura 6.4.

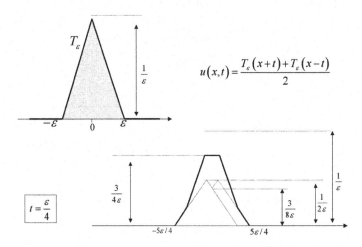

Figura 6.4. Corda pizzicata nell'origine

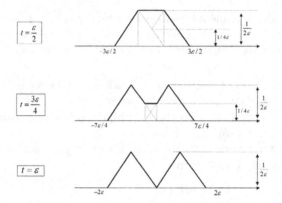

Figura 6.5. Onde progressive nella corda pizzicata

6.3.3 Domini di dipendenza, di influenza

Dalla formula di d'Alembert, il valore di u nel punto (x, t) è determinato dai valori di h nell'intervallo $[x - ct, x + ct]$ e da quelli di g agli estremi $x - ct$ e $x + ct$. Questo intervallo prende il nome di **dominio di dipendenza** del punto (x, t) (Figura 6.6).

Da un altro punto di vista, i valori di g e h nel punto $(\xi, 0)$ sull'asse x influenzano il valore di u nei punti (x, t) del settore

$$\xi - ct \leq x \leq \xi + ct,$$

che si chiama **dominio di influenza di** ξ (Figura 6.6). Dal punto di vista fisico, ciò significa che il *segnale viaggia con velocità c* lungo le caratteristiche γ_ξ^+, di equazione $x + ct = \xi$ e γ_ξ^-, di equazione $x - ct = \xi$: una perturbazione inizialmente localizzata in ξ *non viene avvertita nel punto* x fino al tempo

$$t = \frac{|x - \xi|}{c}.$$

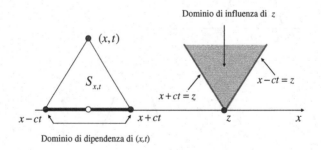

Figura 6.6

6.3.4 L'equazione non omogenea. Metodo di Duhamel

Consideriamo ora il problema non omogeneo

$$\begin{cases} u_{tt} - c^2 u_{xx} = f(x,t) & x \in \mathbb{R}, \, t > 0 \\ u(x,0) = 0, \; u_t(x,0) = 0 & x \in \mathbb{R}. \end{cases} \tag{6.13}$$

Per risolverlo usiamo il metodo di Duhamel (si veda la Sezione 3.4.3). Per s fissato, sia $w = w(x,t;s)$ soluzione del problema

$$\begin{cases} w_{tt} - c^2 w_{xx} = 0 & x \in \mathbb{R}, \, t > s \\ w(x,s;s) = 0, \; w_t(x,s;s) = f(x,s) & x \in \mathbb{R}. \end{cases}$$

Dalla (6.11), con $t - s$ al posto di t,

$$w(x,t;s) = \frac{1}{2c} \int_{x-c(t-s)}^{x+c(t-s)} f(y,s) \, dy.$$

La soluzione di (6.13) è

$$u(x,t) = \int_0^t w(x,t;s) \, ds = \frac{1}{2c} \int_0^t ds \int_{x-c(t-s)}^{x+c(t-s)} f(y,s) \, dy.$$

La formula mostra come il valore di u nel punto (x,t) dipenda dai valori della forzante esterna *in tutto il settore* triangolare $S_{x,t}$ indicato in Figura 6.6.

6.3.5 Effetti di dispersione e dissipazione

Nei fenomeni di propagazione ondosa sono importanti gli effetti di *dissipazione e dispersione*. Ritorniamo al modello della corda vibrante, assumendo che il suo peso sia trascurabile e che non vi siano carichi esterni.

Dissipazione esogena
Forze dissipative (esogene) quali l'attrito esterno possono benissimo essere incluse nel modello. La loro espressione analitica è determinata sperimentalmente. Se, per esempio, si ritiene ragionevole una resistenza proporzionale alla velocità, sul tratto di corda tra x e $x + \Delta x$ agisce una forza del tipo

$$-k\rho u_t \, \Delta s = -k\rho_0 u_t \, dx$$

e la legge di Newton prende la forma

$$\rho_0 u_{tt} - \tau_0 u_{xx} + k\rho_0 u_t = 0.$$

Se la corda è fissata agli estremi, con gli stessi calcoli della Sezione 6.2.2, troviamo

$$E'(t) = -\int_0^L k u_t^2 = -k E_{cin}(t) \leq 0,$$

che mostra una velocità di dissipazione dell'energia proporzionale all'energia cinetica. Il corrispondente problema ai valori iniziali è ancora ben posto, sotto ragionevoli ipotesi sui dati. In particolare, l'unicità della soluzione segue ancora dal fatto che, se $E(0) = 0$, essendo $E(t)$ decrescente e non negativa, deve essere nulla per ogni $t > 0$.

Dissipazione interna

La derivazione dell'equazione della corda conduce all'equazione

$$\rho_0 u_{tt} = (\tau_{vert})_x,$$

dove τ_{vert} è la componente verticale della tensione. L'ipotesi di piccola ampiezza delle vibrazioni corrisponde sostanzialmente ad assumere che

$$\tau_{vert} = \tau_0 u_x, \tag{6.14}$$

dove τ_0 è la componente orizzontale (costante) della tensione. In altri termini, s'è assunto che le forze verticali agenti agli estremi di un elemento di corda fossero proporzionali allo spostamento relativo delle particelle componenti la corda. D'altra parte queste particelle sono costantemente in frizione tra loro quando la corda vibra, convertendo energia cinetica in calore. Più rapida è la vibrazione (quindi più rapido è lo spostamento relativo tra le particelle) più calore è generato[5]. Ciò implica una diminuzione della tensione e uno smorzamento della vibrazione. La tensione verticale nella corda dipende dunque anche dalla velocità di variazione di u_x e siamo portati a modificare la (6.14) inserendo un termine proporzionale a u_{xt}:

$$\tau_{vert} = \tau_0 u_x + \gamma u_{xt} \qquad (\gamma \geq 0).$$

La costante γ è da ritenersi *non negativa*: infatti se in un punto si ha, per esempio, $u_x > 0$ e l'energia decresce, ci aspettiamo che la pendenza della corda *decresca nel tempo* e cioè che $(u_x)_t < 0$. Poiché anche la tensione decresce, coerentemente deve essere $\gamma \geq 0$. Si ottiene allora l'equazione del terz'ordine

$$\rho_0 u_{tt} - \tau_0 u_{xx} - \gamma u_{xxt} = 0. \tag{6.15}$$

Nonostante la presenza del termine u_{xxt} i problemi ben posti per l'equazione della corda continuano ad essere ben posti per la (6.15). In particolare, i problemi di Cauchy-Dirichlet e di Cauchy-Neumann sono ben posti sotto ragionevoli condizioni sui dati. L'unicità della soluzione segue ancora una volta dal fatto che l'energia meccanica totale decresce; infatti, con i soliti calcoli si trova

$$E'(t) = -\int_0^L \gamma \rho_0 u_{xt}^2 \leq 0.$$

---

[5] Nel film *La leggenda del pianista sull'oceano* c'è una dimostrazione pratica del fenomeno.

Dispersione

Se la corda è sottoposta ad una forza elastica di richiamo proporzionale ad u, l'equazione diventa

$$u_{tt} - c^2 u_{xx} + \lambda u = 0 \qquad (\lambda > 0)$$

rilevante anche in meccanica quantistica relativistica, dove prende il nome di equazione *di Klein-Gordon linearizzata*. Per sottolineare meglio l'effetto del termine λu, cerchiamo soluzioni che siano *onde armoniche* del tipo

$$u(x,t) = Ae^{i(kx-\omega t)}.$$

Sostituendo nell'equazione differenziale si trova la *relazione di dispersione*

$$\omega^2 - c^2 k^2 = \lambda \qquad \Longrightarrow \qquad \omega(k) = \pm\sqrt{c^2 k^2 + \lambda}.$$

Abbiamo dunque onde che si propagano verso destra e verso sinistra con velocità di fase $c_p(k) = \sqrt{c^2 k^2 + \lambda}|k|^{-1}$ e velocità di gruppo

$$c_g = \frac{d\omega}{dk} = \frac{c^2|k|}{\sqrt{c^2 k^2 + \lambda}}.$$

Osserviamo che $c_g < c_p$.

Possiamo ottenere un *treno discreto* di onde sovrapponendo onde dispersive con diverso numero d'onde:

$$u(x,t) = \sum_{j=1}^{N} A_j e^{i(k_j x - \omega_j t)},$$

mantenendo valida la relazione $\omega_j = \pm\sqrt{c^2 k_j^2 + \lambda}$. Le onde corrispondenti a numeri d'onda diversi si propagano a velocità diverse. Si può generalizzare sovrapponendo infinite armoniche purché le ampiezze A_j si smorzino con sufficiente rapidità per $j \to \infty$ ed infine si può pensare di ottenere soluzioni corrispondenti ad un *pacchetto d'onde* della forma

$$u(x,t) = \int_{-\infty}^{+\infty} A(k) e^{i[kx - \omega(k)t]} dk, \qquad (6.16)$$

con un integrazione su tutti i possibili numeri d'onda. Si noti che in tal caso

$$u(x,0) = \frac{1}{2\pi} \int_{-\infty}^{+\infty} A(k) e^{ikx} dk,$$

e cioè $A(k)$ è la trasformata di Fourier della condizione iniziale:

$$A(k) = \int_{-\infty}^{+\infty} u(x,0) e^{-ikx} dx.$$

Ciò significa che, anche se la condizione iniziale è *localizzata* in un intervallo molto piccolo, *tutte* le lunghezze d'onda contribuiscono al valore della soluzione. Si noti che la dispersione non comporta effetti di dissipazione di energia. Per esempio, nel caso della corda fissata agli estremi, l'energia meccanica totale è data da

$$E\left(t\right) = \frac{\rho_0}{2} \int_0^L \left(u_t^2 + c^2 u_x^2 + \lambda u^2\right) dx$$

ed è facile verificare che $E'\left(t\right) = 0$, per ogni $t > 0$.

Nella prossima sezione ci occupiamo di equazioni più generali, in particolare, con termini di dissipazione e reazione.

6.4 Equazioni lineari del secondo ordine

6.4.1 Classificazione

Alla formula (6.12) si può arrivare usando l'equazione delle caratteristiche nel modo seguente. Cambiamo variabili nell'equazione $u_{tt} - c^2 u_{xx} = 0$, ponendo

$$\xi = x + ct, \qquad \eta = x - ct \tag{6.17}$$

o

$$x = \frac{\xi + \eta}{2}, \qquad t = \frac{\xi - \eta}{2c}.$$

Posto poi $U\left(\xi, \eta\right) = u\left(\frac{\xi+\eta}{2}, \frac{\xi-\eta}{2c}\right)$, si ha

$$U_\xi = \frac{1}{2} u_x + \frac{1}{2c} u_t, \quad U_{\xi\eta} = \frac{1}{4} u_{xx} - \frac{1}{4c} u_{xt} + \frac{1}{4c} u_{xt} - \frac{1}{4c^2} u_{tt} = 0.$$

L'equazione $u_{tt} - c^2 u_{xx} = 0$ diventa dunque

$$U_{\xi\eta} = 0, \tag{6.18}$$

che si chiama (seconda) *forma canonica*[6] dell'equazione delle onde; la soluzione è immediata:

$$U\left(\xi, \eta\right) = F\left(\xi\right) + G\left(\eta\right),$$

da cui, ritornando alle variabili originali, la (6.12).

Consideriamo ora un'equazione lineare generale del second'ordine della forma seguente:

$$a u_{tt} + 2b u_{xt} + c u_{xx} + d u_t + e u_x + h u = f \tag{6.19}$$

con x, t variabili, in generale, in un aperto Ω del piano. Assumiamo che i coefficienti a, b, c, d, e, h, f siano funzioni regolari[7] in Ω.

---

[6] La prima è l'equazione originale.

[7] Per esempio due volte differenziabili con continuità.

Il complesso dei termini del second'ordine

$$a\,(x,t)\,\partial_{tt} + 2b\,(x,t)\,\partial_{xt} + c\,(x,t)\,\partial_{xx} \tag{6.20}$$

si chiama **parte principale** dell'operatore differenziale a primo membro della (6.19) e determina il tipo di equazione secondo la classificazione seguente, in analogia con la classificazione delle *coniche*. Nel piano p, q consideriamo l'equazione

$$H\,(p,q) = ap^2 + 2bpq + cq^2 = 1 \qquad (a > 0). \tag{6.21}$$

Essa definisce un'iperbole se $b^2 - ac < 0$, una parabola se $b^2 - ac = 0$ e un'ellisse se $b^2 - ac > 0$. Coerentemente, l'equazione (6.19) si dice:

a) **iperbolica** se $b^2 - ac < 0$;

b) **parabolica** se $b^2 - ac = 0$;

c) **ellittica** se $b^2 - ac > 0$.

Si noti che la forma quadratica $H\,(p,q)$ è, nei tre casi, *indefinita, semidefinita positiva, definita positiva*, rispettivamente. In questa forma, la classificazione si generalizza ad equazioni in n variabili, come vedremo nel Capitolo 8.

Come casi particolari ritroviamo quasi tutte le equazioni trattate finora; in particolare, l'equazione *delle onde* è *iperbolica*: $a\,(x,t) = 1$, $c\,(x,t) = -c^2$, gli altri coefficienti nulli:

$$u_{tt} - c^2 u_{xx} = 0.$$

L'equazione di *diffusione* è *parabolica*: $e\,(x,t) = 1$, $c\,(x,t) = -D$, gli altri coefficienti nulli:

$$u_t - Du_{xx} = 0.$$

L'equazione di *Laplace* è *ellittica*: $a = 1$, $c = 1$, gli altri coefficienti nulli[8]:

$$u_{tt} + u_{xx} = 0.$$

Può succedere che un'equazione sia di tipo diverso in domini diversi. Per esempio, l'equazione *di Tricomi* $u_{tt} - tu_{xx} = 0$ è iperbolica se $t > 0$, *parabolica* se $t = 0$, *ellittica* se $t < 0$ (Esercizio 6.2).

Possiamo ridurre ad una forma simile alla (6.18) anche l'equazione di diffusione e di Laplace? Proviamo a cercare le caratteristiche per queste equazioni, rivedendo prima brevemente il procedimento per l'equazione delle onde; si scompone l'operatore differenziale (che coincide con la sua parte principale) in fattori del prim'ordine nel modo seguente:

$$\partial_{tt} - c^2 \partial_{xx} = (\partial_t - c\partial_x)\,(\partial_t + c\partial_x).$$

Le caratteristiche sono costituite dalle famiglie di caratteristiche dei due fattori e cioè dalla doppia famiglia di rette

$$\varphi\,(x,t) = x + ct = \text{costante}, \qquad \psi\,(x,t) = x - ct = \text{costante}.$$

---

[8] Qui la variabile t non ha, di solito, il significato di *tempo*.

Si noti che tali famiglie si trovano risolvendo le equazioni differenziali

$$\frac{dx}{dt} = -c \quad \text{e} \quad \frac{dx}{dt} = c$$

rispettivamente. Note le caratteristiche, il cambio di variabili (6.17) riduce l'equazione alla forma (6.18).

Per l'operatore di diffusione si avrebbe, dovendo considerare solo la parte principale,

$$\partial_{xx} = \partial_x \partial_x,$$

per cui troviamo una sola famiglia di linee caratteristiche, data da $\varphi(x,t) = t = $ costante. L'equazione di diffusione è già nella sua forma "canonica".

Per l'operatore di Laplace abbiamo

$$\partial_{tt} + \partial_{xx} = (\partial_t + i\partial_x)(\partial_t - i\partial_x),$$

per cui le caratteristiche sono costituite dalla doppia famiglia di rette *complesse*

$$\varphi(x,t) = x + it = \text{costante}, \qquad \psi(x,t) = x - it = \text{costante}.$$

Il cambio di variabili

$$z = x + it, \qquad \overline{z} = x - it$$

conduce all'equazione

$$\partial_{z\overline{z}} U = 0$$

con soluzione generale

$$U(z, \overline{z}) = F(z) + G(\overline{z}),$$

che può essere considerata una caratterizzazione delle funzioni armoniche nel piano complesso. Dovrebbe risultare chiaro, comunque, che le caratteristiche per le equazioni di diffusione e di Laplace non svolgono un ruolo così rilevante come per l'equazione delle onde.

6.4.2 Caratteristiche

Torniamo all'equazione (6.19) e poniamoci la stessa domanda: qual è la forma canonica della parte principale? C'è una ragione sostanziale per cercare una risposta ed è legata al tipo di problema ben posto associato alla (6.19): quali tipi di dati occorre assegnare e dove, per produrre un'unica soluzione che dipenda con continuità dai dati? Per equazioni ellittiche, paraboliche o iperboliche i problemi ben posti sono esattamente quelli per i loro prototipi: le equazioni di Laplace, di diffusione e delle onde, rispettivamente. Naturalmente, ciò influisce anche sulla scelta dei metodi numerici da usarsi per calcolare una soluzione approssimata, in assenza di formule esplicite.

Per arrivare alla forma canonica della parte principale, seguiamo il procedimento usato prima. Anzitutto, se $a = c = 0$, la parte principale è già nella forma canonica (6.18); supponiamo dunque $a > 0$.

Scomponiamo ora la parte principale (6.20) in fattori di primo grado; si trova[9]

$$a \left(\partial_t - \Lambda^+ \partial_x \right) \left(\partial_t - \Lambda^- \partial_x \right) \tag{6.22}$$

dove

$$\Lambda^{\pm} = \frac{-b \pm \sqrt{b^2 - ac}}{a}.$$

Caso 1: $b^2 - ac > 0$, **equazioni iperboliche.** Esistono **due** famiglie di linee caratteristiche $\phi(x,t) = k$ e $\psi(x,t) = k$ soluzioni delle seguenti equazioni ordinarie

$$\frac{dx}{dt} = -\Lambda^+ \quad \text{e} \quad \frac{dx}{dt} = -\Lambda^-, \tag{6.23}$$

che si possono compattare nella seguente equazione (*delle caratteristiche*):

$$a \left(\frac{dx}{dt} \right)^2 - 2b \frac{dx}{dt} + c = 0. \tag{6.24}$$

Note ϕ e ψ, effettuiamo il cambio di variabili

$$\xi = \phi(x,t), \qquad \eta = \psi(x,t). \tag{6.25}$$

Controlliamo che le (6.25) definiscano una trasformazione invertibile, almeno localmente. Occorre che

$$\frac{\partial(\phi, \psi)}{\partial(x,t)} = \begin{vmatrix} \phi_x & \phi_t \\ \psi_x & \psi_t \end{vmatrix} \neq 0$$

ed infatti si ha

$$\begin{vmatrix} \phi_x & \phi_t \\ \psi_x & \psi_t \end{vmatrix} = \begin{vmatrix} 1 & \Lambda^+ \\ 1 & \Lambda^- \end{vmatrix} \phi_x \psi_x = -\frac{2}{a} \sqrt{b^2 - ac} \, \phi_x \psi_x$$

che, per le ipotesi fatte, è non nullo. Esiste dunque, almeno localmente, la trasformazione inversa

$$x = \Phi(\xi, \eta), \qquad t = \Psi(\xi, \eta).$$

Poniamo

$$U(\xi, \eta) = u(\Phi(\xi, \eta), \Psi(\xi, \eta)).$$

Allora, risparmiando i calcoli al lettore, la (6.19) diventa un'equazione del tipo

$$U_{\xi\eta} = F(\xi, \eta, U, U_{\xi}, U_{\eta}),$$

che costituisce la sua forma canonica.

---

[9] Scomposizione di un trinomio di secondo grado.

Esempio 6.1. Consideriamo l'equazione

$$u_{tt} - 5u_{xt} + 6u_{xx} = 0. \tag{6.26}$$

Essendo $5^2 - 4 \cdot 6 = 1 > 0$, l'equazione è iperbolica. L'equazione delle caratteristiche è

$$\left(\frac{dx}{dt}\right)^2 + 5\frac{dx}{dt} + 6 = 0$$

da cui

$$\frac{dx}{dt} = -2, \qquad \frac{dx}{dt} = -3.$$

Abbiamo dunque la doppia famiglia di caratteristiche

$$\phi(x,t) = x + 2t = \text{costante}, \qquad \psi(x,t) = x + 3t = \text{costante}.$$

Cambiamo variabili:

$$\xi = x + 2t, \qquad \eta = x + 3t$$

ovvero

$$x = 3\xi - 2\eta, \qquad t = \eta - \xi.$$

Sia $U(\xi, \eta) = u(3\xi - 2\eta, \eta - \xi)$; l'equazione per U è

$$U_{\xi\eta} = 0,$$

da cui $U(\xi, \eta) = F(\xi) + G(\eta)$ con F, G arbitrarie. Ritornando alle variabili orginali si ottiene

$$u(x,t) = F(x + 2t) + G(x + 3t),$$

che è la soluzione generale della (6.26).

Caso 2: $b^2 - ac \equiv 0$, **equazioni paraboliche.** L'equazione delle caratteristiche (6.24) fornisce *una sola* famiglia di linee caratteristiche $\phi(x,t) = k$. Nota ϕ, scegliamo una qualunque funzione regolare ψ in modo che $\nabla\phi$ e $\nabla\psi$ siano indipendenti e che $a\psi_t^2 + 2b\psi_t\psi_x + c\psi_x^2 = A \neq 0$. Effettuiamo il cambio di variabili

$$\xi = \phi(x,t), \qquad \eta = \psi(x,t)$$

e, come nel caso **1,** poniamo.

$$U(\xi, \eta) = u(\Phi(\xi, \eta), \Psi(\xi, \eta)).$$

Si arriva ad un'equazione del tipo

$$AU_{\eta\eta} = F(\xi, \eta, U, U_\xi, U_\eta),$$

che costituisce la *forma canonica.*

Esempio 6.2. L'equazione

$$u_{tt} - 6u_{xt} + 9u_{xx} = 0$$

è parabolica, con l'unica famiglia di caratteristiche $\phi(x,t) = 3t + x = $ costante.
Poniamo

$$\xi = 3t + x, \qquad \eta = x$$

e

$$U(\xi,\eta) = u\left(\frac{\xi - \eta}{3}, x\right).$$

Si trova per U l'equazione $U_{\eta\eta} = 0$ che ha come soluzione generale

$$U(\xi,\eta) = F(\xi) + \eta G(\xi),$$

con F, G arbitrarie. Tornando alle variabili originali, si trova infine

$$u(x,t) = F(3t + x) + xG(3t + x).$$

Caso 3: $b^2 - ac < 0$, **equazioni ellittiche.** In questo caso non vi sono caratteristiche reali. Se i coefficienti a, b, c sono funzioni analitiche[10] si può procedere
come nel caso **1**, però con due famiglie complesse di caratteristiche, pervenendo
ad una forma canonica del tipo

$$U_{zw} = G(z, w, U, U_z, U_w) \qquad z, w \in \mathbf{C}.$$

Per eliminare le variabili complesse si pone

$$z = \xi + i\eta, \; w = \xi - i\eta$$

e $\widetilde{U}(\xi,\eta) = U(\xi + i\eta, \xi + i\eta)$. Si arriva infine alla forma canonica reale

$$\widetilde{U}_{\xi\xi} + \widetilde{U}_{\eta\eta} = G\left(\xi, \eta, \widetilde{U}, \widetilde{U}_\xi, \widetilde{U}_\eta\right).$$

Nota 6.1. Si osservi che se i coefficienti a, b, c sono costanti, le caratteristiche sono
rette mentre se sono funzioni regolari le caratteristiche sono linee nel piano x, t.
Per esempio, l'equazione

$$u_{tt} - t^2 u_{xx} \quad (t \neq 0)$$

ha come caratteristiche nel semipiano le due famiglie di soluzioni delle equazioni

$$\frac{dx}{dt} = \pm t,$$

ossia la famiglia di parabole $x = \pm t^2/2 + k, \; k \in \mathbb{R}$.

---

[10] Rappresentabili cioè localmente come serie di Taylor.

6.5 Equazione delle onde ($n > 1$)

6.5.1 Onde sferiche

L'*equazione delle onde*

$$u_{tt} - c^2 \Delta u = f, \tag{6.27}$$

dove $u = u(\mathbf{x},t)$, $\mathbf{x} \in \mathbb{R}^n$, costituisce il modello base per descrivere un notevole numero di fenomeni vibratori in dimensione spaziale $n > 1$. Come nel caso unidimensionale, il coefficiente c ha le dimensioni di una velocità ed è infatti la velocità della perturbazione. Se $f \equiv 0$, l'equazione si dice *omogenea* e vale il *principio di sovrapposizione*. Soluzioni particolarmente importanti della (6.27) sono le onde sferiche in $\mathbb{R}^3$, della forma

$$u(\mathbf{x},t) = w(r,t),$$

dove $\mathbf{x} = (x_1, x_2, x_3)$, $r = |\mathbf{x}| = \sqrt{x_1^2 + x_2^2 + x_3^2}$. Determiniamone la forma generale. In questo caso conviene passare a coordinate sferiche

$$x_1 = r \cos\theta \sin\psi, \quad x_2 = r \sin\theta \sin\psi, \quad x_3 = \cos\psi,$$

dove $\theta \in [0, 2\pi)$ è la longitudine e $\psi \in [0, \pi]$ la colatitudine. L'equazione delle onde diventa[11]

$$\frac{1}{c^2} u_{tt} - u_{rr} - \frac{2}{r} u_r - \frac{1}{r^2} \left\{ \frac{1}{(\sin\psi)^2} u_{\theta\theta} + u_{\psi\psi} + \frac{\cos\psi}{\sin\psi} u_\psi \right\} = 0. \tag{6.28}$$

Sostituendo $u(\mathbf{x},t) = w(r,t)$ nella (6.28), si trova

$$w_{tt} - c^2 \left\{ w u_{rr}(r) + \frac{2}{r} w u_r \right\} = 0.$$

Che si può scrivere nella forma

$$(rw)_{tt} - c^2 (rw)_{rr} = 0. \tag{6.29}$$

Ma allora la funzione $v(r,t) = ru(r,t)$ è soluzione dell'equazione delle onde unidimensionale. Dalla formula di d'Alembert troviamo

$$w(r,t) = \frac{F(r+ct)}{r} + \frac{G(r-ct)}{r} \equiv w_i(r,t) + w_o(r,t), \tag{6.30}$$

che rappresenta la sovrapposizione di due onde sferiche progressive smorzate. I fronti d'onda di w_o sono le sfere $r - ct = costante$, che hanno raggio crescente con t, per cui u_o rappresenta un'onda che si allontana dall'origine (*outgoing wave*). La w_i è invece un'onda che si avvicina all'origine (*incoming wave*) essendo i suoi fronti d'onda dati dalle sfere $r + ct = costante$, che hanno raggio decrescente col tempo.

---

[11] Appendice D.

In molti problemi concreti che coinvolgono onde progressive, per esempio in presenza di onde generate da una sorgente localizzata, si impone una *condizione*, detta *di radiazione*, che esclude l'esistenza di onde di quest'ultimo tipo[12].

6.5.2 Problemi ben posti. Unicità

I problemi ben posti più comuni sono gli stessi del caso unidimensionale. Sia

$$Q_T = \Omega \times (0, T)$$

un *cilindro spazio-temporale*, dove Ω è un dominio *limitato* in $\mathbb{R}^n$. Una soluzione $u(\mathbf{x},t)$ è univocamente determinata assegnando le *condizioni iniziali e opportune condizioni sul bordo* $\partial\Omega$ del dominio Ω, che supponiamo essere una superficie "liscia", ossia dotata di piano tangente in ogni suo punto[13].

Sintetizzando, abbiamo i seguenti tipi di problemi: *determinare* $u = u(\mathbf{x}, t)$ tale che:

$$\begin{cases} u_{tt} - c^2 \Delta u = f & \mathbf{x} \in \Omega, \, 0 < t < T \\ u(\mathbf{x}, 0) = g(\mathbf{x}), \, u_t(\mathbf{x}, 0) = h(\mathbf{x}) \, \mathbf{x} \in \Omega \\ + \text{ condizioni al bordo} & \boldsymbol{\sigma} \in \partial\Omega, \, 0 \leq t < T, \end{cases} \quad (6.31)$$

dove le condizioni al bordo sono le solite:
- $u = h$ (Dirichlet),
- $\partial_\nu u = h$ (Neumann),
- $\partial_\nu u + \alpha u = \beta$ ($\alpha \geq 0$, Robin),
- $u = h_1$ su $\partial_D \Omega$ e $\partial_\nu u = h_2$ su $\partial_N \Omega$ (problema misto) con $\partial\Omega = \partial_D \Omega \cup \partial_N \Omega$, $\partial_D \Omega \cap \partial_N \Omega = \emptyset$, $\partial_D \Omega$ e $\partial_N \Omega$ sottoinsiemi "ragionevoli" di $\partial\Omega$.

Anche in dimensione $n > 1$ ha particolare importanza il *problema di Cauchy globale*.

$$\begin{cases} u_{tt} - c^2 \Delta u = f & \mathbf{x} \in \mathbb{R}^n, t > 0 \\ u(\mathbf{x}, 0) = g(\mathbf{x}), \, u_t(\mathbf{x}, 0) = h(\mathbf{x}) & \mathbf{x} \in \mathbb{R}^n, \end{cases}$$

che avremo modo di esaminare in dettaglio. Vedremo, in particolare che per $n = 1, 2, 3$ le soluzioni hanno proprietà molto diverse tra loro.

Sotto ipotesi abbastanza naturali sui dati si può provare che il problema (6.31) ha al massimo una soluzione, qualunque siano le condizioni al bordo. Usiamo ancora la conservazione dell'energia, che definiamo con la formula[14]

$$E(t) = \frac{1}{2} \int_\Omega \left\{ u_t^2 + c^2 |\nabla u|^2 \right\} d\mathbf{x}.$$

Calcoliamo la variazione di E:

$$E'(t) = \int_\Omega \left\{ u_t u_{tt} + c^2 \nabla u \cdot \nabla u_t \right\} d\mathbf{x}.$$

---

[12] Che implicherebbero l'esistenza di sorgenti lontane o "all'infinito".

[13] Possiamo anche ammettere alcuni punti angolosi, come nel caso di un un settore o un cono, e anche qualche spigolo, come nel caso di un rettangolo o un cubo.

[14] Nei casi concreti possono apparire altre costanti legate alla natura del problema.

Integrando per parti il secondo termine ed usando l'equazione differenziale, si ha:

$$E'(t) = \int_\Omega \left\{ u_{tt} - c^2 \Delta u \right\} u_t \, d\mathbf{x} + c^2 \int_{\partial\Omega} u_t \partial_\nu u \, d\sigma = c^2 \int_{\partial\Omega} u_t \partial_\nu u \, d\sigma. \qquad (6.32)$$

È ora semplice dimostrare il seguente risultato, dove con il simbolo $C^{h,k}(D)$ si intende l'insieme delle funzioni che hanno h derivate spaziali continue e k derivate temporali continue.

Microteorema 6.2. *Il problema (6.31), con le condizioni al bordo indicate, ha al massimo una soluzione in* $C^{2,2}(Q_T) \cap C^{1,1}(\overline{Q}_T)$.

Dimostrazione. Siano u_1 e u_2 soluzioni dello stesso problema con gli stessi dati iniziali e al bordo. La differenza $w = u_1 - u_2$ è soluzione del problema omogeneo, cioè con dati nulli. Nel caso di dati di Dirichlet, Neumann e misti, dalla (6.32) si ha $E'(t) = 0$. Pertanto $E(t)$ è costante e, dato che inizialmente è zero, deve essere sempre uguale a zero:

$$E(t) = \frac{1}{2} \int_\Omega \left\{ w_t^2 + c^2 |\nabla w|^2 \right\} d\mathbf{x} = 0, \qquad \forall t > 0.$$

Si deduce che $w(\mathbf{x},t)$ è costante ad ogni livello temporale; essendo nulla inizialmente deve essere nulla per ogni $t > 0$. Nel caso del problema di Robin, si ha

$$E'(t) = -c^2 \int_{\partial\Omega} \alpha w w_t \, d\sigma = -\frac{c^2}{2} \frac{d}{dt} \int_{\partial\Omega} \alpha w^2 \, d\sigma$$

e cioè

$$\frac{d}{dt} \left\{ E(t) + \frac{c^2}{2} \int_{\partial\Omega} \alpha w^2 \, d\sigma \right\} = 0.$$

La quantità $E(t) + \frac{c^2}{2} \int_{\partial\Omega} \alpha w^2 \, d\sigma$ è dunque costante ed essendo nulla inizialmente, è nulla per $t > 0$. Poiché $\alpha \geq 0$, si conclude ancora che $w \equiv 0$. □

6.5.3 Piccole vibrazioni di una membrana elastica.

Le piccole vibrazioni trasversali di una membrana la cui posizione a riposo è orizzontale, come nel caso di un tamburo, possono esser descritte in modo analogo a quelle della corda nella Sezione 6.2.1. Assumiamo le seguenti ipotesi.

1. *Le vibrazioni della membrana sono piccole.* Ciò significa che abbiamo piccoli cambiamenti nella forma della membrana rispetto al piano orizzontale.
2. *Lo spostamento di un punto della membrana è considerato verticale.* Vibrazioni orizzontali sono trascurate, coerentemente con 1.
3. *Lo spostamento verticale di un punto dipende dal tempo e dalla sua posizione sulla membrana.* Se dunque si indica con u lo spostamento verticale di un punto che si trova in posizione (x, y) quando la membrana è a riposo, abbiamo $u = u(x, y, t)$.

4. *La membrana è perfettamente flessibile*. Non offre cioè nessuna resistenza alla flessione. In particolare, lo sforzo può essere modellato con una forza diretta tangenzialmente alla membrana, di intensità T, detta *tensione*[15].

5. *Gli attriti sono trascurabili*.

Sia $\rho_0 = \rho_0(x, y)$ la densità superficiale di massa della membrana in posizione di equilibrio. Ragionamenti analoghi a quelli fatti per la corda vibrante, conducono all'equazione

$$u_{tt} - c^2 \Delta u = f,$$

dove $c^2 = T/\rho_0$ e f è la risultante del peso e di eventuali carichi esterni per unità di massa.

Membrana quadrata

Consideriamo una membrana quadrata di lato a, fissata al bordo. Studiamone le vibrazioni quando la membrana, inizialmente nella sua posizione di riposo (orizzontale), è sollecitata in modo in modo che la sua velocità iniziale sia $h = h(x, y)$. Se il peso della membrana è trascurabile e non vi sono carichi esterni, le vibrazioni della membrana sono descritte dal seguente problema

$$\begin{cases} u_{tt} - c^2 \Delta u = 0 & 0 < x < a, \, 0 < y < a, \, t > 0 \\ u(x, y, 0) = 0, \, u_t(x, y, 0) = h(x, y) & 0 < x < a, \, 0 < y < a \\ u(0, y, t) = u(a, y, t) = 0 & 0 < y < a, \, t \geq 0 \\ u(x, 0, t) = u(x, a, t) = 0 & 0 < x < a, \, t \geq 0. \end{cases}$$

Come nel caso della corda vibrante, usiamo il metodo di separazione delle variabili, cercando prima soluzioni della forma

$$u(x, y, t) = v(x, y) \, q(t).$$

Sostituendo nell'equazione delle onde troviamo

$$q''(t) \, v(x, y) - c^2 q(t) \, \Delta v(x, y) = 0,$$

ossia, separando le variabili[16],

$$\frac{q''(t)}{c^2 q(t)} = \frac{\Delta v(x, y)}{v(x, y)} = -\lambda^2,$$

da cui

$$\Delta v + \lambda^2 v = 0 \tag{6.33}$$

---

[15] La tensione T ha il seguente significato: lungo ogni segmento di lunghezza ds, il materiale da un lato del segmento esercita sul materiale dall'altro lato una forza di intensità $T ds$, normale al segmento e tangente alla membrana.

[16] I due rapporti devono essere uguali ad una costante, che, per ragioni estetiche, chiamiamo $-\lambda^2$.

e

$$q''(t) + c^2\lambda^2 q(t) = 0. \tag{6.34}$$

Occupiamoci prima della (6.33) cercando soluzioni v nulle al bordo del rettangolo. Separiamo ancora le variabili ponendo $v(x,y) = X(x)Y(y)$, con le condizioni

$$X(0) = X(a) = 0, \qquad Y(0) = Y(a) = 0.$$

Sostituendo nella (6.33), si trova che deve essere

$$\frac{Y''(y)}{Y(y)} + \lambda^2 = -\frac{X''(x)}{X(x)} = \mu^2,$$

dove μ è una nuova costante. Ponendo $\nu^2 = \lambda^2 - \mu^2$, occorre risolvere i due sottoproblemi seguenti, in $0 < x < a$ e $0 < y < a$, rispettivamente:

$$\begin{cases} X''(x) + \mu^2 X(x) = 0 \\ X(0) = X(a) = 0 \end{cases} \qquad \begin{cases} Y''(y) + \nu^2 Y(y) = 0 \\ Y(0) = Y(a) = 0. \end{cases}$$

Le soluzioni si trovano senza eccessivo sforzo:

$$X(x) = A_m \sin \mu_m x, \qquad \mu_m = \frac{m\pi}{a}$$

$$Y(y) = B_n \sin \nu_n y, \qquad \nu_n = \frac{n\pi}{a},$$

con $m, n = 1, 2, \dots$. Poiché $\lambda^2 = \nu^2 + \mu^2$, abbiamo

$$\lambda_{mn}^2 = \frac{\pi^2}{a^2}\left(m^2 + n^2\right), \qquad m, n = 1, 2, \dots, \tag{6.35}$$

corrispondenti alle soluzioni

$$v_{mn}(x, y) = C_{mn} \sin \mu_m x \sin \nu_n y.$$

Quando λ è uno dei valori λ_{mn}, l'integrale generale della (6.34) è

$$q_{mn}(t) = \bar{a}_{mn} \cos c\lambda_{mn} t + \bar{b}_m \sin c\lambda_{mn} t.$$

Abbiamo così trovato la seguente successione doppia di soluzioni, che si annullano al bordo:

$$u_{mn} = (a_{mn} \cos c\lambda_{mn} t + b_{mn} \sin c\lambda_{mn} t) \sin \mu_m x \sin \nu_n y.$$

Ciascuna delle u_{mn} corrisponde ad un particolare modo di vibrazione della membrana. La frequenza *fondamentale* di vibrazione è $f_{11} = c\sqrt{2}/2a$, corrispondente a $m = n = 1$, mentre le frequenze degli altri modi di vibrazione sono $f_{mn} = c\sqrt{m^2 + n^2}/2a$. Quando un tamburo è sollecitato in maniera arbitraria, molti modi di vibrazione sono simultaneamente presenti e il fatto che le frequenze di tali modi **non** siano multipli interi di quella fondamentale produce una bassa qualità musicale dei toni emessi.

Tornando al problema di partenza, per trovare la soluzione che soddisfi anche i dati iniziali, sovrapponiamo le u_{mn}, definendo

$$u(x,y,t) = \sum_{m,n=1}^{\infty} (a_{mn} \cos c\lambda_{mn} t + b_{mn} \sin c\lambda_{mn} t) \sin \mu_m x \sin \nu_n y.$$

Da $u(x,y,0) = 0$ deduciamo $a_{mn} = 0$ per ogni $m,n \geq 1$. Da $u_t(x,y,0) = h(x,y)$ deduciamo

$$\sum_{m,n=1}^{\infty} c b_{mn} \lambda_{mn} \sin \mu_m x \sin \nu_n x = h(x,y). \qquad (6.36)$$

Se, quindi, h è sviluppabile nella serie doppia di Fourier:

$$h(x,y) = \sum_{m,n=1}^{\infty} h_{mn} \sin \mu_m x \sin \nu_n y,$$

dove i coefficienti h_{mn} sono dati da

$$h_{mn} = \frac{4}{a^2} \int_Q h(x,y) \sin \frac{m\pi}{a} x \sin \frac{n\pi}{a} y \, dxdy,$$

basterà scegliere $b_{mn} = h_{mn}/c\lambda_{mn}$ affinché la (6.36) sia soddisfatta. In conclusione, la candidata soluzione è

$$u(x,y,t) = \sum_{m,n=1}^{\infty} \frac{h_{mn}}{c\lambda_{mn}} \sin c\lambda_{mn} t \sin \mu_m x \sin \nu_n y. \qquad (6.37)$$

Se poi i coefficienti $h_{mn}/c\lambda_{mn}$ tendono a zero abbastanza rapidamente[17], si può provare che la (6.37) è effettivamente l'unica soluzione.

6.5.4 Onde sonore nei gas

La propagazione di onde sonore in un gas *isotropo*, proprio in virtù dell'isotropia del gas, può essere descritta in termini di una singola quantità scalare. Le onde sonore sono perturbazioni di piccola ampiezza nella pressione e nella densità di un gas. Il fatto che l'ampiezza sia piccola permette la *linearizzazione* delle equazioni della Meccanica dei Continui. Due di queste equazioni entrano in maniera rilevante. La prima è l'equazione di *conservazione della massa* che esprime la relazione tra la densità ρ del gas e la sua velocità $\mathbf{v}$:

$$\rho_t + \text{div}(\rho \mathbf{v}) = 0.$$

---

[17] Non approfondiamo questo punto tecnico.

La seconda è l'*equazione del momento lineare*, che descrive come un volume di gas reagisce alla pressione esercitata su di esso dal resto del gas. Poiché stiamo trascurando la viscosità del gas, la forza esercitata su un volumetto dal resto del gas è data dalla *pressione normale* $p\boldsymbol{\nu}$ sul bordo del volume. Trascurando la gravità, l'equazione del momento lineare è allora,

$$\frac{D\mathbf{v}}{Dt} \equiv \mathbf{v}_t + (\mathbf{v}\cdot\nabla)\,\mathbf{v} = -\frac{1}{\rho}\nabla p. \tag{6.38}$$

La quantità $\frac{D\mathbf{v}}{Dt}$ si chiama *derivata totale o materiale di* $\mathbf{v}$; calcolata nel punto $(\mathbf{x},t)$, rappresenta l'accelerazione delle particella che si trova in $\mathbf{x}$ al tempo t ed è somma del termine $\mathbf{v}_t$, accelerazione del fluido nel punto $\mathbf{x}$ dovuta alla non-stazionarietà del moto, e del termine $(\mathbf{v}\cdot\nabla)\,\mathbf{v}$ dovuto al trasporto di materia[18].

Una terza ed ultima equazione, l'equazione di stato (una legge costitutiva) esprime la relazione tra pressione e densità.

Come Laplace fece osservare già nel 19-esimo secolo, le fluttuazioni della pressione in un'onda sonora sono così rapide che la temperatura del gas *non rimane costante*. Infatti, la compressione/espansione del gas avviene in modo *adiabatico*, *senza perdita di calore*. In queste condizioni si può ritenere che l'equazione di stato abbia la forma

$$p = f\left(\rho\right) = \sigma\rho^{\gamma}, \tag{6.39}$$

dove $\gamma = c_p/c_v$ è il rapporto tra i calori specifici del gas ($\gamma = 1.4$ circa per l'aria).

Usiamo ora l'ipotesi di piccola ampiezza dalla perturbazione per linearizzare il sistema di equazioni ottenuto. Indichiamo con ρ_0 e p_0 (costanti) densità e pressione atmosferica allo stato di quiete, nel quale si ha ovviamente $\mathbf{v} = \mathbf{0}$. Scriviamo

$$\rho = (1 + s)\,\rho_0 \approx \rho_0,$$

dove s è una quantità piccola e adimensionale che si chiama *condensazione* e rappresenta lo scostamento relativo della densità dall'equilibrio. Per la pressione abbiamo allora

$$p - p_0 \approx f'\left(\rho_0\right)\left(\rho - \rho_0\right) = s\rho_0 f'\left(\rho_0\right) \tag{6.40}$$

e $\nabla p \approx \rho_0 f'\left(\rho_0\right)\nabla s$. Se ora $\mathbf{v}$ anche è piccola, possiamo trascurare nelle equazioni di stato i termini non lineari in ρ e $\mathbf{v}$. Di conseguenza, possiamo approssimare la (6.38) con l'equazione lineare

$$\mathbf{v}_t = -f'\left(\rho_0\right)\nabla s \tag{6.41}$$

---

[18] La componente $i-esima$ del termine convettivo $(\mathbf{v}\cdot\nabla)\,\mathbf{v}$ è data da $\sum_{j=1}^{3} v_j \frac{\partial v_i}{\partial x_j}$. Calcoliamo, per esempio, $\frac{D\mathbf{v}}{Dt}$ per un fluido piano in rotazione uniforme con velocità angolare ω. Si ha $\mathbf{v}\left(x,y\right) = -\omega y\mathbf{i} + \omega x\mathbf{j}$. Essendo $\mathbf{v}_t = \mathbf{0}$, il moto è stazionario e si ha

$$\frac{D\mathbf{v}}{Dt} = (\mathbf{v}\cdot\nabla)\,\mathbf{v} = \left(-\omega y\frac{\partial}{\partial x} + \omega x\frac{\partial}{\partial y}\right)\left(-\omega y\mathbf{i} + \omega x\mathbf{j}\right) = -\omega^2\left(-x\mathbf{i} + y\mathbf{j}\right),$$

che rappresenta l'accelerazione centrifuga.

e la conservazione della massa con

$$s_t + \text{div } \mathbf{v} = 0, \tag{6.42}$$

dopo aver diviso in entrambe per ρ_0. Vogliamo ora mostrare che da queste ultime due equazioni possiamo dedurre il seguente risultato.

Microteorema 6.3. a) *La condensazione* s *soddisfa l'equazione delle onde*

$$s_{tt} - c^2 \Delta s = 0, \tag{6.43}$$

dove $c = \sqrt{f'(\rho_0)} = \sqrt{\gamma p_0/\rho_0}$ *è la velocità del suono.*

b) *Se* $\mathbf{v}(\mathbf{x},0) = \mathbf{0}$, *esiste un potenziale* ϕ *di velocità (potenziale acustico), tale cioè che* $\mathbf{v} = \nabla \phi$, *che soddisfa la stessa equazione* (6.43).

Dimostrazione. a) Calcoliamo la divergenza in entrambi i membri della (6.41):

$$\text{div } \mathbf{v}_t = -f'(\rho_0)\,\Delta s$$

e la derivata rispetto a t di entrambi i membri della (6.42):

$$s_{tt} = -(\text{div } \mathbf{v})_t.$$

Scambiando l'ordine di derivazione, $(\text{div } \mathbf{v})_t = \text{div } \mathbf{v}_t$, e sommando le due equazioni si ottiene subito la (6.43).

b) Dalla (6.41) si ha $\mathbf{v}_t = -\nabla(c^2 s)$. Poniamo

$$\phi(\mathbf{x},t) = -\int_0^t c^2 s(\mathbf{x},z)\,dz.$$

Poiché $\phi_t = -c^2 s$, possiamo scrivere la (6.41) nella forma

$$\frac{\partial}{\partial t}[\mathbf{v} - \nabla \phi] = \mathbf{0},$$

da cui, essendo $\phi(\mathbf{x},0) = 0$, $\mathbf{v}(\mathbf{x},0) = \mathbf{0}$,

$$\mathbf{v}(\mathbf{x},t) - \nabla \phi(\mathbf{x},t) = \mathbf{v}(\mathbf{x},0) - \nabla \phi(\mathbf{x},0) = \mathbf{0}$$

e quindi $\mathbf{v} = \nabla \phi$. Infine

$$\phi_{tt} = -c^2 s_t = c^2 \text{div } \mathbf{v} = c^2 \Delta \phi,$$

che è ancora l'equazione (6.43). $\qquad\qquad\qquad\qquad\qquad\qquad\qquad\square$

Nota 6.2. Una volta noto il potenziale ϕ di velocità, si possono calcolare la velocità $\mathbf{v}$, la condensazione s e la fluttuazione della pressione $p - p_0$ dalle formule

$$\mathbf{v} = \nabla \phi, \qquad s = -\frac{1}{c^2}\phi_t, \qquad p - p_0 = -\rho_0 \phi_t.$$

Consideriamo per esempio un'onda piana rappresentata da un potenziale del tipo

$$\phi(\mathbf{x},t) = w(\mathbf{x} \cdot \mathbf{k} - \omega t).$$

Sappiamo che se $c^2 |\mathbf{k}|^2 = \omega^2$, ϕ è soluzione dell'equazione (6.43). Per questo potenziale si ha:

$$\mathbf{v} = w'\mathbf{k}, \qquad s = -\frac{\omega}{c^2}w', \qquad p - p_0 = \rho_0 \omega w'.$$

Esempio 6.3. *Moto di un gas generato da un pistone.* Consideriamo un tubo rettilineo di sezione costante con asse parallelo all'asse x_1, contenente gas nella regione $x_1 > 0$. Il movimento di un pistone mette in moto il gas. Assumiamo che la posizione della superficie del pistone a contatto col gas sia descritta dall'equazione $x_1 = h(t)$, che essa rimanga molto vicina a $x_1 = 0$ e che la sua velocità sia piccola rispetto a quella del suono nel gas. In tal caso il moto del pistone genera onde sonore di piccola ampiezza e il potenziale di velocità ϕ del gas soddisfa l'equazione delle onde tridimensionale omogenea. La velocità normale del gas sulla superficie del pistone deve coincidere con quella del pistone stesso e quindi

$$\phi_{x_1}(h(t), x_2, x_3, t) = h'(t).$$

Essendo $h(t) \sim 0$, possiamo approssimare questa condizione con

$$\phi_{x_1}(0, x_2, x_3, t) = h'(t). \tag{6.44}$$

Sulle pareti del tubo la velocità normale del gas è nulla per cui

$$\nabla \phi \cdot \boldsymbol{\nu} = 0, \tag{6.45}$$

sulle pareti del tubo. Infine, poiché le onde sono generate dal movimento del pistone, non ci aspettiamo onde "provenienti da lontano". Cerchiamo dunque soluzioni sotto forma di **onda piana**, che si allontana lungo il tubo:

$$\phi(\mathbf{x},t) = w(\mathbf{x} \cdot \mathbf{n} - ct),$$

con $\mathbf{n}$ *versore.* Dalla (6.45) si ha

$$\nabla \phi \cdot \boldsymbol{\nu} = w'(\mathbf{x} \cdot \mathbf{n} - ct)\, \mathbf{n} \cdot \boldsymbol{\nu} = 0,$$

per cui $\mathbf{n} \cdot \boldsymbol{\nu} = 0$ per ogni versore $\boldsymbol{\nu}$ ortogonale alla superficie del tubo. Deve dunque essere $\mathbf{n} = (1, 0, 0)$ e, di conseguenza $\phi(\mathbf{x},t) = w(x_1 - ct)$. Imponendo la (6.44) si ottiene

$$w'(-ct) = h'(t),$$

da cui, (assumendo $h(0) = 0$),

$$w(s) = -ch\left(-\frac{s}{c}\right).$$

La soluzione del nostro problema è quindi

$$\phi(\mathbf{x},t) = -ch\left(t - \frac{x_1}{c}\right),$$

che rappresenta l'onda sonora generata dal pistone. Abbiamo quindi

$$\mathbf{v} = c\mathbf{i}, \quad s = \frac{1}{c}h'\left(t - \frac{x_1}{c}\right), \quad p = c\rho_0 h'\left(t - \frac{x_1}{c}\right) + p_0.$$

Nota 6.3. *Dubbio eretico:* non abbiamo fatto troppe semplificazioni nella derivazione del modello? Riesaminiamo la situazione. Abbiamo trascurato: 1) il termine $(\mathbf{v}\cdot\nabla)\mathbf{v}$ che corrisponde all'accelerazione convettiva; 2) la viscosità; 3) la gravità. Giustifichiamo la 1). Dal Microteorema 6.3, parte b), rot $\mathbf{v} = \mathbf{0}$ ed allora dall'identità[19]

$$(\mathbf{v}\cdot\nabla)\mathbf{v} = \text{rot } \mathbf{v} \wedge \mathbf{v} + \frac{1}{2}\nabla\left(|\mathbf{v}|^2\right)$$

si ha

$$(\mathbf{v}\cdot\nabla)\mathbf{v} = +\frac{1}{2}\nabla\left(|\mathbf{v}|^2\right)$$

e questo termine, se confrontato col primo termine $\mathbf{v}_t = (\nabla\phi)_t = -c^2\nabla s$, diventa trascurabile quando

$$|\mathbf{v}|^2 \ll c^2\,|s|\,. \tag{6.46}$$

Controlliamo la validità di questa approssimazione usando l'onda piana della Nota 6.2. In tal caso la (6.46) si riduce a

$$|\mathbf{v}| \ll c$$

ossia, *la velocità di fluttuazione deve essere molto più piccola della velocità del suono.* Il numero $M = |\mathbf{v}|/c$ si chiama *numero di Mach*.

Se non si trascura la viscosità del gas, a secondo membro dell'equazione del momento lineare occorre inserire il termine $\mu\Delta\mathbf{v}$. Con conti analoghi ai precedenti, ci si convince che questo termine è molto piccolo rispetto, per esempio, al gradiente di pressione, quando

$$\mu\,|\mathbf{v}|\,/\lambda^2 \ll \rho_0 c\,|\mathbf{v}|\,/\lambda,$$

ossia

$$\lambda \gg \mu/\rho_0 c.$$

Nell'aria $\mu/\rho_0 c \sim 3 \times 10^{-7}m$. In termini di frequenza dell'onda richiediamo che $f = c/\lambda \ll 10^9$ Hertz, ampiamente sopra la soglia dell'udibile. Si può poi mostrare che trascurare la gravità è ragionevole non appena $f \gg 0.03$ Hertz, ampiamente sotto la soglia dell'udibile.

Un'ultima osservazione riguarda la velocità iniziale. Se $\mathbf{v}(\mathbf{x},0) \neq \mathbf{0}$, il termine convettivo $(\mathbf{v}\cdot\nabla)\mathbf{v}$ non è più trascurabile e i ragionamenti precedenti non sono più validi. Infatti, $\mathbf{v}$ non è più irrotazionale ed effetti di dispersione possono entrare pesantemente in gioco. Una situazione che si riscontra per esempio quando, in presenza di vento forte, occorre avvicinare l'orecchio ad un nostro interlocutore per distinguerne le parole.

---

[19] Appendice D.

6.6 Il Problema di Cauchy

6.6.1 Equazione omogenea e soluzione fondamentale in dimensione 3

In questa sezione consideriamo il problema di Cauchy globale

$$\begin{cases} u_{tt} - c^2 \Delta u = 0 & \mathbf{x} \in \mathbb{R}^3, t > 0 \\ u\left(\mathbf{x}, 0\right) = g\left(\mathbf{x}\right), \quad u_t\left(\mathbf{x}, 0\right) = h\left(\mathbf{x}\right) & \mathbf{x} \in \mathbb{R}^3 \end{cases} \tag{6.47}$$

e ci proponiamo di trovare una formula di rappresentazione per la soluzione. Per il momento supporremo che la soluzione sia di classe C^2 in tutto il semispazio $\mathbb{R}^3 \times [0, +\infty)$. L'osservazione contenuta nel seguente teorema permette di ricondursi ad un problema con $g = 0$.

Microteorema 6.4. *Indichiamo con w_h la soluzione del problema*

$$\begin{cases} w_{tt} - c^2 \Delta w = 0 & \mathbf{x} \in \mathbb{R}^3, t > 0 \\ w\left(\mathbf{x}, 0\right) = 0, \quad w_t\left(\mathbf{x}, 0\right) = h\left(\mathbf{x}\right) & \mathbf{x} \in \mathbb{R}^3. \end{cases} \tag{6.48}$$

Allora la soluzione del problema (6.47) è data da

$$u = \partial_t w_g + w_h. \tag{6.49}$$

Dimostrazione. La funzione $v = \partial_t w_g$ soddisfa

$$(\partial_{tt} - c^2 \Delta)v = (\partial_{tt} - c^2 \Delta)\partial_t w_g = \partial_t(\partial_{tt} w_g - c^2 \Delta w_g) = 0$$

e, essendo w di classe C^2 in tutto il semispazio $\mathbb{R}^3 \times [0, +\infty)$,

$$v\left(\mathbf{x}, 0\right) = \partial_t w_g\left(\mathbf{x}, 0\right) = g\left(\mathbf{x}\right), \qquad v_t\left(\mathbf{x}, 0\right) = \partial_{tt} w_g\left(\mathbf{x}, 0\right) = c^2 \Delta w_g\left(\mathbf{x}, 0\right) = 0.$$

Di conseguenza, $u = v + w_h$ soddisfa (6.47). $\square$

Il microteorema indica che, trovata una formula per la soluzione di (6.48), la soluzione del problema completo (6.47) si deduce dalla (6.49).

Cominciamo a considerare un dato h particolare, che corrisponde, per esempio nel caso delle onde sonore, ad un improvviso cambiamento di densità dell'aria concentrato in un punto, diciamo $\mathbf{y}$, rispetto ad un livello costante di riferimento. Se u rappresenta la variazione di densità rispetto a tale livello e l'intensità della perturbazione iniziale è unitaria, allora u è soluzione di un problema del tipo

$$\begin{cases} w_{tt} - c^2 \Delta w = 0 & \mathbf{x} \in \mathbb{R}^3, t > 0 \\ w\left(\mathbf{x}, 0\right) = 0, \quad w_t\left(\mathbf{x}, 0\right) = \delta\left(\mathbf{x} - \mathbf{y}\right) & \mathbf{x} \in \mathbb{R}^3, \end{cases} \tag{6.50}$$

dove $\delta\left(\mathbf{x} - \mathbf{y}\right)$ è la distribuzione di Dirac in $\mathbf{y}$, tridimensionale. La soluzione di questo problema si chiama **soluzione fondamentale dell'equazione delle onde**, che indichiamo con $K\left(\mathbf{x}, \mathbf{y}, t\right)$. Poiché il dato è tutto fuorché regolare, per risolvere il problema approssimiamo la distribuzione di Dirac con una funzione opportuna riservandoci poi di passare al limite. Come approssimante possiamo scegliere la soluzione fondamentale dell'equazione di diffusione in dimensione 3; sappiamo infatti che (Sezione 3.3.5, con $t = \varepsilon$, $D = 1$, $n = 3$)

$$\Gamma\left(\mathbf{x} - \mathbf{y}, \varepsilon\right) = \frac{1}{(4\pi\varepsilon)^{3/2}} \exp\left\{-\frac{|\mathbf{x} - \mathbf{y}|^2}{4\varepsilon}\right\} \to \delta\left(\mathbf{x} - \mathbf{y}\right),$$

se $\varepsilon \to 0$. Indichiamo con w_ε la soluzione del problema (6.50) con $\Gamma\left(\mathbf{x} - \mathbf{y}, \varepsilon\right)$ al posto di $\delta\left(\mathbf{x} - \mathbf{y}\right)$. Poiché $\Gamma\left(\mathbf{x} - \mathbf{y}, \varepsilon\right)$ ha simmetria radiale con centro in $\mathbf{y}$, ci aspettiamo che w_ε abbia lo stesso tipo di simmetria e cioè che $w_\varepsilon = w_\varepsilon\left(r, t\right)$, $r = |\mathbf{x} - \mathbf{y}|$, ovvero che sia un'onda sferica. Abbiamo visto che le onde sferiche hanno la forma generale

$$w\left(r, t\right) = \frac{F\left(r + ct\right)}{r} + \frac{G\left(r - ct\right)}{r}. \tag{6.51}$$

Le condizioni iniziali richiedono

$$F\left(r\right) + G\left(r\right) = 0 \qquad \text{e} \qquad c(F'\left(r\right) - G'\left(r\right)) = r\Gamma\left(r, \varepsilon\right).$$

Pertanto

$$F = -G \qquad \text{e} \qquad G'\left(r\right) = -r\Gamma\left(r, \varepsilon\right)/2c,$$

da cui

$$G\left(r\right) = -\frac{1}{2c(4\pi\varepsilon)^{3/2}} \int_0^r s \exp\left\{-\frac{s^2}{4\varepsilon}\right\} ds = \frac{1}{4\pi c}\frac{1}{\sqrt{4\pi\varepsilon}}\left(\exp\left\{-\frac{r^2}{4\varepsilon}\right\} - 1\right)$$

ed infine

$$w_\varepsilon\left(r, t\right) = \frac{1}{4\pi cr}\left\{\frac{1}{\sqrt{4\pi\varepsilon}}\exp\left\{-\frac{(r - ct)^2}{4\varepsilon}\right\} - \frac{1}{\sqrt{4\pi\varepsilon}}\exp\left\{-\frac{(r + ct)^2}{4\varepsilon}\right\}\right\}.$$

Osserviamo ora che la funzione

$$\widetilde{\Gamma}\left(r, \varepsilon\right) = \frac{1}{\sqrt{4\pi\varepsilon}}\exp\left\{-\frac{r^2}{4\varepsilon}\right\}$$

è la soluzione fondamentale dell'equazione di diffusione in dimensione $n = 1$, con $x = r$ e $t = \varepsilon$. Passando al limite per $\varepsilon \to 0$ si trova[20]

$$w_\varepsilon\left(r, t\right) \to \frac{1}{4\pi cr}\left\{\delta(r - ct) - \delta(r + ct)\right\}.$$

Essendo $r + ct > 0$, si ha $\delta(r + ct) = 0$, da cui la formula

$$K\left(\mathbf{x}, \mathbf{y}, t\right) = \frac{\delta(r - ct)}{4\pi cr} \qquad r = |\mathbf{x} - \mathbf{y}|. \tag{6.52}$$

---

[20] La δ è ora unidimensionale!

La soluzione fondamentale rappresenta quindi un'onda sferica progressiva (*outgoing wave*), concentrata inizialmente in **y** e successivamente sull'insieme

$$\{\mathbf{x} : |\mathbf{x} - \mathbf{y}| = ct\},$$

che può essere visto, in ogni istante t fissato, come **bordo della sfera** $S_{ct}(\mathbf{x})$ di centro **x** e raggio ct o, se si lavora nello spazio-tempo, come superficie conica con vertice in $(\mathbf{y},0)$, di apertura $\theta = \tan^{-1} c$ (*cono caratteristico in avanti o forward characteristic cone*).

6.6.2 Formula di Kirchhoff e principio di Huygens

Possiamo ora scrivere una formula per la soluzione del problema (6.48) con dato h generale. Pensiamo h come sovrapposizione di impulsi concentrati in **y**, di intensità $h(\mathbf{y})$, e scriviamo

$$h(\mathbf{x}) = \int_{\mathbb{R}^3} \delta(\mathbf{x} - \mathbf{y}) \, h(\mathbf{y}) \, d\mathbf{y}.$$

La soluzione di (6.48) è allora la corrispondente sovrapposizione delle soluzioni dello stesso problema con dato $\delta(\mathbf{x} - \mathbf{y}) h(\mathbf{y})$. Essendo queste date da $K(\mathbf{x},\mathbf{y},t) h(\mathbf{y})$, si trova

$$w_h(\mathbf{x},t) = \int_{\mathbb{R}^3} K(\mathbf{x},\mathbf{y},t) \, h(\mathbf{y}) \, d\mathbf{y} = \int_{\mathbb{R}^3} \frac{\delta(|\mathbf{x} - \mathbf{y}| - ct)}{4\pi c |\mathbf{x} - \mathbf{y}|} \, h(\mathbf{y}) \, d\mathbf{y},$$

che scriviamo subito meglio. Infatti, indicando con $S_r(\mathbf{x})$ la sfera di raggio r e centro **x** e usando la formula $\int_0^\infty \delta(r - ct) f(r) \, dr = f(ct)$ si può scrivere

$$w_h(\mathbf{x},t) = \int_0^\infty \frac{\delta(r - ct)}{4\pi cr} dr \int_{\partial S_r(\mathbf{x})} h(\boldsymbol{\sigma}) \, d\sigma = \frac{1}{4\pi c^2 t} \int_{\partial S_{ct}(\mathbf{x})} h(\boldsymbol{\sigma}) \, d\sigma. \qquad (6.53)$$

Naturalmente, data la natura non rigorosa del ragionamento che ha condotto alla (6.53), occorrerebbe controllare che effettivamente tale formula è soluzione di (6.48)[21]. Usando ora la (6.49), si perviene al seguente risultato.

Teorema 6.5. *(Formula di Kirchhoff). Siano* $g \in C^3(\mathbb{R}^3)$ *e* $h \in C^2(\mathbb{R}^3)$. *Allora l'unica soluzione del problema (6.47), di classe* C^2 *nel semispazio* $\mathbb{R}^3 \times [0, +\infty)$, *è assegnata dalla seguente formula*

$$u(\mathbf{x},t) = \frac{\partial}{\partial t} \left[\frac{1}{4\pi c^2 t} \int_{\partial S_{ct}(\mathbf{x})} g(\boldsymbol{\sigma}) \, d\sigma \right] + \frac{1}{4\pi c^2 t} \int_{\partial S_{ct}(\mathbf{x})} h(\boldsymbol{\sigma}) \, d\sigma. \qquad (6.54)$$

La formula (6.54) contiene importanti informazioni. Anzitutto, il valore di u nel punto $(\mathbf{x}_0, t_0)$ dipende *solo* dai valori di g e h *sulla superficie sferica*

$$\partial S_{ct_0}(\mathbf{x}_0) = \{|\boldsymbol{\sigma} - \mathbf{x}_0| = ct_0\},$$

---

[21] Preferiamo soprassedere a questa verifica tecnica, che, d'altra parte, potrebbe costituire un buon esercizio di calcolo.

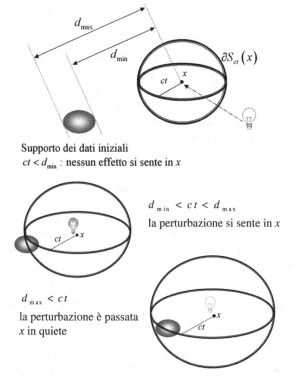

Supporto dei dati iniziali
$ct < d_{\min}$: nessun effetto si sente in x

$d_{\min} < ct < d_{\max}$
la perturbazione si sente in x

$d_{\max} < ct$
la perturbazione è passata
x in quiete

Figura 6.7. Il principio di Huygens

che si chiama *dominio di dipendenza del punto* $(\mathbf{x}_0, t_0)$. Questa superficie è l'intersezione della superficie conica spazio-temporale di equazione

$$|\boldsymbol{\sigma} - \mathbf{x}_0| = c(t_0 - t),$$

con l'iperpiano $t = 0$. Il cono ha vertice in $(\mathbf{x}_0, t_0)$ e si estende all'indietro nel tempo (*cono caratteristico retrogrado* o *backward characteristic cone*).

Supponiamo ora che i dati iniziali g e h abbiano supporto in un insieme limitato $D \subset \mathbb{R}^3$. Siano $d_{\min}$ e $d_{\max}$ la minima e massima distanza da $\mathbf{x}_0$ dei punti di D (Figura 6.7):

$$d_{\min} = \min_{\mathbf{y} \in D} |\mathbf{x}_0 - \mathbf{y}| \qquad d_{\max} = \max_{\mathbf{y} \in D} |\mathbf{x}_0 - \mathbf{y}|.$$

Se $ct_0 < d_{\min}$, la superficie sferica $\partial S_{ct_0}(\mathbf{x}_0)$ non interseca D per cui $\mathbf{x}_0$ è in quiete al tempo t_0 e $u(\mathbf{x}_0, t_0) = 0$. Nell'intervallo $d_{\min} < ct_0 < d_{\max}$, si avverte in $\mathbf{x}_0$ una perturbazione che dipende dai valori dei dati su $\partial S_{ct_0}(\mathbf{x}_0) \cap D$. Dopo l'istante $d_{\max}/c$, $\mathbf{x}_0$ ritorna in quiete, essendo $\partial S_{ct_0}(\mathbf{x}_0) \cap D = \emptyset$ (Figura 6.7).

In particolare, se D si riduce al punto $\boldsymbol{\xi}$, nel punto $\mathbf{x}_0$ la perturbazione viene avvertita *solo* all'istante $t_0 = |\mathbf{x}_0 - \boldsymbol{\xi}|/c$. In altri termini, in tre dimensioni, una sorgente puntiforme produce segnali istantanei (*sharp signals*). Questo fenomeno si chiama **principio di Huygens** in forma forte[22].

Un altro modo di vedere il principio di Huygens fa intervenire il *dominio di influenza* di un punto o di un insieme: il valore di g, h in un punto ξ influenza il valore di u nei punti della superficie conica $|\mathbf{x}-\xi| = ct$, che si chiama *dominio di influenza*. Come prima, sia D il supporto dei dati iniziali e, fissato t, consideriamo l'unione di tutte le superfici sferiche di raggio ct e centro in un punto di ∂D. L'inviluppo di queste sfere costituisce il fronte d'onda[23] al tempo t e si espande alla velocità c. Al di fuori della regione che ha come bordo il fronte d'onda, si ha $u = 0$.

6.6.3 Il problema di Cauchy nel caso bidimensionale

La soluzione del problema di Cauchy bidimensionale può essere ottenuta dalla formula di Kirchhoff utilizzando il cosiddetto *metodo della discesa* di Hadamard, che consiste nel considerare il problema bidimensionale come un problema in dimensione $n = 3$, pensando di aggiungere una terza variabile. Per maggior chiarezza, poniamo $\Delta_n = \partial_{x_1 x_1} + \cdots + \partial_{x_n x_n}$. Consideriamo prima il problema

$$\begin{cases} w_{tt} - c^2 \Delta_2 w = 0 & \mathbf{x} \in \mathbb{R}^2, \, t > 0 \\ w(\mathbf{x}, 0) = 0, \quad w_t(\mathbf{x}, 0) = h(\mathbf{x}) & \mathbf{x} \in \mathbb{R}^2. \end{cases} \tag{6.55}$$

Aggiungiamo ora la variabile x_3 e indichiamo con $(\mathbf{x}, x_3)$ i punti di $\mathbb{R}^3$. Sia la soluzione $w = w(\mathbf{x}, t)$ del problema (6.55) che il dato $h(\mathbf{x})$ possono essere pensati come funzioni di $(\mathbf{x}, x_3)$ ed allora w è soluzione del problema

$$w_{tt} - c^2 \Delta_3 w = 0, \quad \text{in } (\mathbf{x}, x_3) \in \mathbb{R}^3, \, t > 0,$$

con le stesse condizioni iniziali, ma ora in $\mathbb{R}^3$:

$$w(\mathbf{x}, 0) = 0, \quad w_t(\mathbf{x}, 0) = h(\mathbf{x}), \quad (\mathbf{x}, x_3) \in \mathbb{R}^3.$$

Dalla formula di Kirchhoff, abbiamo, per x_3 fissato, qualunque:

$$w(\mathbf{x}, t) = \frac{1}{4\pi c^2 t} \int_{\partial S_{ct}(\mathbf{x}, x_3)} h \, d\sigma.$$

La superficie sferica $\partial S_{ct}(\mathbf{x}, x_3)$ è unione dei due emisferi di equazione

$$y_3 = F(y_1, y_2) = x_3 \pm \sqrt{c^2 t^2 - r^2}, \qquad r^2 = (y_1 - x_1)^2 + (y_2 - x_2)^2.$$

Su entrambi gli emisferi si ha:

$$d\sigma = \sqrt{1 + |\nabla F|^2} \, dy_1 dy_2 = \sqrt{1 + \frac{r^2}{c^2 t^2 - r^2}} \, dy_1 dy_2$$

$$= \frac{ct}{\sqrt{c^2 t^2 - r^2}} \, dy_1 dy_2$$

---

[22] Si noti come, in ultima analisi, il principio di Huygens si fondi sul fatto che il supporto della soluzione fondamentale $K(\mathbf{x}, \mathbf{0}, t)$ sia la superficie conica $|\mathbf{x}| = ct$.

[23] Questo fatto è noto come principio di Huygens in *forma debole*.

e quindi i contributi dei due emisferi al valore di w sono uguali. Abbiamo perciò $(d\mathbf{y} = dy_1 dy_2)$

$$w(\mathbf{x}, t) = \frac{1}{2\pi c} \int_{K_{ct}(\mathbf{x})} \frac{h(\mathbf{y})}{\sqrt{c^2 t^2 - |\mathbf{x} - \mathbf{y}|^2}} d\mathbf{y},$$

dove $K_{ct}(\mathbf{x})$ è il cerchio di centro $\mathbf{x}$ e raggio ct.

Teorema 6.6. *(Formula di Poisson). Siano $g \in C^3(\mathbb{R}^2)$ e $h \in C^2(\mathbb{R}^2)$. Allora l'unica soluzione del problema*

$$\begin{cases} u_{tt} - c^2 \Delta u = 0 & \mathbf{x} \in \mathbb{R}^2, t > 0 \\ u(\mathbf{x}, 0) = g(\mathbf{x}), \quad u_t(\mathbf{x}, 0) = h(\mathbf{x}) & \mathbf{x} \in \mathbb{R}^2 \end{cases}$$

di classe C^2 nel semipiano $\mathbb{R}^2 \times [0, +\infty)$, è assegnata dalla seguente formula

$$u(\mathbf{x}, t) = \frac{1}{2\pi c} \left\{ \frac{\partial}{\partial t} \int_{K_{ct}(\mathbf{x})} \frac{g(\mathbf{y})}{\sqrt{c^2 t^2 - |\mathbf{x} - \mathbf{y}|^2}} d\mathbf{y} + \int_{K_{ct}(\mathbf{x})} \frac{h(\mathbf{y})}{\sqrt{c^2 t^2 - |\mathbf{x} - \mathbf{y}|^2}} d\mathbf{y} \right\}.$$

La formula per la soluzione in dimensione $n = 2$ presenta un'importante differenza rispetto al caso tridimensionale. Infatti il *dominio di dipendenza* della soluzione è costituito dal cerchio *pieno* $K_{ct}(\mathbf{x})$. Ciò comporta che una perturbazione localizzata in un punto $\boldsymbol{\xi}$ del piano comincia a far sentire il suo effetto nel punto $\mathbf{x}$ all'istante $t_{\min} = |\mathbf{x} - \boldsymbol{\xi}|/c$, ma questo effetto continua anche dopo in quanto, per $t > t_{\min}$, $\boldsymbol{\xi}$ continua ad appartenere al cerchio $K_{ct}(\mathbf{x})$. Di conseguenza il *principio di Huygens forte non vale in dimensione 2* e non esistono segnali *sharp*. Il fenomeno si può osservare ponendo un turacciolo in acqua calma e lasciando cadere un sasso poco distante. Il tappo rimane in quiete fino all'arrivo del primo fronte d'onda ma persiste nell'oscillazione anche dopo che questo è passato.

6.6.4 Equazione non omogenea. Potenziali ritardati

La soluzione del problema di Cauchy non omogeneo si può risolvere col metodo di Duhamel. È istruttivo segnalare un altro metodo che consiste nell'usare la trasformata di Laplace rispetto al tempo e quella di Fourier rispetto alle variabili spaziali. Il metodo funziona particolarmente bene in dimensione $n = 3$. Il problema è

$$\begin{cases} u_{tt} - c^2 \Delta u = f & \mathbf{x} \in \mathbb{R}^3, t > 0 \\ u(\mathbf{x}, 0) = 0, \quad u_t(\mathbf{x}, 0) = 0 & \mathbf{x} \in \mathbb{R}^3. \end{cases} \tag{6.56}$$

Per semplicità, supponiamo che f sia un funzione regolare a supporto compatto, contenuto nel semispazio $t > 0$.

La trasformata di Laplace $\mathcal{L}[V]$ di una funzione $V = V(t)$ definita in $\mathbb{R}$, uguale a zero per $t < 0$, è

$$\mathcal{L}[V](p) = \int_0^\infty e^{-pt} V(t) \, dt, \qquad p \in \mathbb{C}$$

ed in generale esiste solo in un semipiano del tipo $\operatorname{Re} p > \alpha$. Ci interessano solo un paio di proprietà della trasformata di Laplace. La *trasformata delle derivate prima e seconda*:

$$\mathcal{L}[V'](p) = p\mathcal{L}[V](p) - V(0), \quad \mathcal{L}[V''](p) = p^2\mathcal{L}[V](p) - pV(0) - V'(0)$$

e la *formule del ritardo*:

$$\mathcal{L}[V(t - t_0)](p) = e^{-pt_0}\mathcal{L}[V].$$

La trasformata tridimensionale di Fourier di una funzione w è

$$\widehat{w}(\boldsymbol{\xi}) = \int_{\mathbb{R}^3} w(\mathbf{x}) e^{-i\mathbf{x}\cdot\boldsymbol{\xi}} d\xi.$$

Le proprietà della trasformata che ci servono sono:

$$\widehat{w_{x_j}}(\boldsymbol{\xi}) = i\xi_j\widehat{w}(\boldsymbol{\xi}), \qquad \widehat{\Delta w}(\boldsymbol{\xi}) = -|\boldsymbol{\xi}|^2\widehat{w}(\boldsymbol{\xi}).$$

Se w e $\widehat{w}$ sono integrabili in modulo[24], allora w è la *trasformata inversa di* $\widehat{w}$ e cioè

$$w(\mathbf{x}) = \frac{1}{(2\pi)^3}\int_{\mathbb{R}^3}\widehat{w}(\boldsymbol{\xi}) e^{i\mathbf{x}\cdot\boldsymbol{\xi}} d\xi.$$

Per esempio, la trasformata di

$$w(\mathbf{x}) = \frac{1}{4\pi|\mathbf{x}|}e^{-a|\mathbf{x}|}, \qquad (a > 0),$$

integrabile in $\mathbb{R}^3$, è $\widehat{w}(\boldsymbol{\xi}) = \frac{1}{a^2+|\boldsymbol{\xi}|^2}$, che è a quadrato sommabile in $\mathbb{R}^3$. Infine ricordiamo che la trasformata di una convoluzione

$$(w * v)(\mathbf{x}) = \int w(\mathbf{x} - \mathbf{y}) v(\mathbf{y}) d\mathbf{y}$$

è il prodotto delle trasformate $\widehat{w}(\boldsymbol{\xi})\widehat{v}(\boldsymbol{\xi})$.

Siamo ora pronti per risolvere il problema di Cauchy. Poniamo $U(\mathbf{x},p) = \mathcal{L}[u](\mathbf{x},p)$ e $F(\mathbf{x},p) = \mathcal{L}[f](\mathbf{x},p)$, ricordando che $f(\mathbf{x},t) = 0$ per $t < 0$. Eseguendo la trasformata di Laplace (rispetto a t) di entrambi i membri dell'equazione $u_{tt} - c^2\Delta u = f$ si trova

$$p^2 U - c^2\Delta U = F$$

essendo $u(\mathbf{x},0) = 0$, $u_t(\mathbf{x},0) = 0$. Eseguiamo ora la trasformata di Fourier dell'equazione così ottenuta; si trova

$$\left(p^2 + c^2|\boldsymbol{\xi}|^2\right)\widehat{U}(\boldsymbol{\xi},p) = \widehat{F}(\boldsymbol{\xi},p),$$

---

[24] O anche a quadrato sommabile.

ovvero

$$\widehat{U}(\boldsymbol{\xi},p) = \frac{1}{c^2} \frac{1}{|\boldsymbol{\xi}|^2 + p^2/c^2} \widehat{F}(\boldsymbol{\xi},p).$$

Da quanto osservato sopra, $\frac{1}{|\boldsymbol{\xi}|^2+p^2/c^2}$ è la trasformata di Fourier di $\frac{1}{4\pi|\mathbf{x}|}e^{-(p/c)|\mathbf{x}|}$ e quindi il teorema di convoluzione dà

$$U(\mathbf{x},p) = \frac{1}{4\pi c^2} \int_{\mathbb{R}^3} \frac{1}{|\mathbf{x}-\mathbf{y}|} e^{-(p/c)|\mathbf{x}-\mathbf{y}|} F(\mathbf{y},p)\, d\mathbf{y}.$$

Infine, usando la formula del ritardo con $t_0 = |\mathbf{x}-\mathbf{y}|/c$, si ottiene

$$u(\mathbf{x},t) = \frac{1}{4\pi c^2} \int_{\mathbb{R}^3} \frac{1}{|\mathbf{x}-\mathbf{y}|} f\left(\mathbf{y},t - \frac{|\mathbf{x}-\mathbf{y}|}{c}\right) d\mathbf{y}. \tag{6.57}$$

La (6.57) definisce la soluzione del problema (6.56) come *potenziale ritardato*. Infatti, la perturbazione al tempo t nel punto $\mathbf{x}$ non dipende dai contributi della sorgente nei singoli punti $\mathbf{y}$ al tempo t, bensì da questi contributi ad un tempo precedente $t' = t - |\mathbf{x}-\mathbf{y}|/c$. La differenza $t - t'$ è il tempo necessario alla perturbazione per propagarsi da $\mathbf{y}$ a $\mathbf{x}$.

Si noti che, essendo $f = 0$ per $t < 0$, l'integrale è in realtà esteso alla sfera $B_{ct}(\mathbf{x}) = \{\mathbf{y}: |\mathbf{x}-\mathbf{y}| \le ct\}$. Questa scrittura indica che il valore della soluzione in $(\mathbf{x},t)$ dipende dai valori di f nel *cono caratteristico all'indietro* con vertice in $(\mathbf{x},t)$, troncato a $t \ge 0$.

6.7 Esercizi ed applicazioni

6.7.1 Esercizi

E. 6.1. (*La corda di violino*). Supponiamo che il problema di Cauchy-Dirichlet

$$\begin{cases} u_{tt} - c^2 u_{xx} = 0 & 0 < x < L, t > 0 \\ u(0,t) = u(L,t) = 0 & t \ge 0 \\ u(x,0) = g(x), u_t(x,0) = 0 & 0 \le x \le L, \end{cases}$$

con $c^2 = \frac{\tau}{\rho_0}$ costante, modellizzi la vibrazioni di una corda di violino. Scrivere la formula che ne descrive la soluzione usando il metodo di separazione delle variabili.

E. 6.2. Determinare le caratteristiche dell'equazione di Tricomi $u_{tt} - t u_{xx} = 0$.

E. 6.3. Classificare l'equazione

$$u_{xx} - y u_{yy} - \frac{1}{2} u_y = 0$$

e determinarne le caratteristiche. Ridurla poi a forma canonica e trovare la soluzione generale.

E. 6.4. Determinare le caratteristiche dell'equazione

$$t^2 u_{tt} + 2t u_{xt} + u_{xx} - u_x = 0.$$

Ridurla quindi in forma canonica e trovarne la soluzione generale.

6.7.2 Soluzioni

S. 6.1. Osserviamo che le condizioni al bordo sono omogenee e ciò è indispensabile per l'applicazione del metodo di separazione delle variabili. Cerchiamo dunque soluzioni della forma

$$U(x,t) = w(t)\, v(x).$$

Sostituendo nell'equazione, si trova

$$0 = U_{tt} - c^2 U_{xx} = w''(t)\, v(x) - c^2 w(t)\, v''(x),$$

da cui, separando le variabili,

$$\frac{1}{c^2} \frac{w''(t)}{w(t)} = \frac{v''(x)}{v(x)} \tag{6.58}$$

e l'uguaglianza è possibile unicamente nel caso in cui entrambi i membri siano uguali ad una costante, diciamo λ. Abbiamo, dunque,

$$v''(x) - \lambda v(x) = 0 \qquad \text{e} \qquad w''(t) - \lambda c^2 w(t) = 0. \tag{6.59}$$

Cerchiamo di determinare λ imponendo a v le condizioni

$$v(0) = v(1) = 0. \tag{6.60}$$

Vi sono tre possibili forme dell'integrale generale della prima delle (6.59).

Se $\lambda = 0$, $v(x) = A + Bx$ e le condizioni (6.60) implicano $A = B = 0$.

Se $\lambda = \mu^2 > 0$, $v(x) = Ae^{-\mu x} + Be^{\mu x}$ e ancora le condizioni (6.60) implicano $A = B = 0$.

Se infine $\lambda = -\mu^2 < 0$, $v(x) = A\sin\mu x + B\cos\mu x$. Imponendo le condizioni (6.60), si trova

$$v(0) = B = 0$$
$$v(1) = A\sin\mu L + B\cos\mu L = 0,$$

da cui

$$A \text{ arbitrario}, \ B = 0, \ \mu L = m\pi, \ m = 1, 2, \dots.$$

Solo l'ultimo caso porta a soluzioni non nulle, del tipo

$$v_m(x) = A_m \sin\mu_m x, \qquad \mu_m = \frac{m\pi}{L}.$$

Tenendo conto dei valori $\lambda = -\mu_m^2 = -m^2\pi^2/L^2$, la seconda delle (6.59) ha come integrale generale,

$$w_m(t) = C_m \cos(\mu_m ct) + D_m \sin(\mu_m ct).$$

Otteniamo così soluzioni della forma

$$U_m(x,t) = [a_m \cos(\mu_m ct) + b_m \sin(\mu_m ct)] \sin \mu_m x,$$

con a_m e b_m costanti arbitrarie. Ciascuna di queste funzioni rappresenta un possibile moto della corda, noto come $m - esimo$ *modo di vibrazione* o $m - armonica$, che è una vibrazione di frequenza $\frac{mc}{2L}$. La frequenza *fondamentale* è la più bassa, corrispondente a $m = 1$, mentre le altre frequenze sono multipli interi di quella fondamentale: è per questa proprietà che una corda è capace di produrre toni di buona qualità musicale (così non è per una membrana vibrante, vedere Sezione 6.5.3).

Se

$$g(x) = a_m \sin \mu_m x,$$

allora la soluzione del nostro problema è esattamente U_m e la corda vibra solo nel suo $m - esimo$ modo. In generale, l'idea è di costruire la soluzione sovrapponendo le infinite armoniche U_m mediante la formula

$$u(x,t) = \sum_{m=1}^{\infty} [a_m \cos(\mu_m ct) + b_m \sin(\mu_m ct)] \sin \mu_m x. \qquad (6.61)$$

Le condizioni iniziali impongono:

$$u(x,0) = \sum_{m=1}^{\infty} a_m \sin \mu_m x = g(x) \qquad (6.62)$$

$$u_t(x,0) = \sum_{m=1}^{\infty} c\mu_m b_m \sin \mu_m x = 0 \qquad (6.63)$$

per $0 \le x \le L$.

Si ricava subito $b_m = 0$ per ogni $m \ge 1$. Assumiamo poi che g sia sviluppabile in serie di Fourier di soli seni nell'intervallo $[0, L]$. Siano dunque

$$\hat{g}_m = \frac{2}{L} \int_0^L g(x) \sin\left(\frac{m\pi}{L}x\right) dx \qquad m \ge 1$$

i coefficienti di Fourier di g. Se scegliamo nella (6.61)

$$a_m = \hat{g}_m, \quad b_m = 0, \qquad (6.64)$$

allora la (6.61) soddisfa le condizioni (6.62), (6.63) ed è la nostra candidata soluzione.

Osserviamo che ogni U_m è un'*onda stazionaria*

$$\hat{g}_m \cos(\mu_m ct) \sin \mu_m x$$

e u è una sovrapposizione di tali vibrazioni sinusoidali di frequenza sempre maggiore.

Se assumiamo che i coefficienti a_m tendano a zero abbastanza rapidamente per $m \to \infty$, per esempio, se

$$|\hat{g}_m| \le \frac{C}{m^4}, \qquad (6.65)$$

non è difficile controllare che si può derivare due volte termine a termine. Quindi u è effettivamente soluzione del nostro problema.

Nota 6.4. Le formule (6.61) e (6.64) indicano che la vibrazione della corda è costituita dalla sovrapposizione di quelle armoniche la cui ampiezza corrisponde ai coefficienti di Fourier non nulli dei dati iniziali. La presenza o meno di varie armoniche conferisce al suono emesso da una corda una particolare caratteristica nota come "timbro", in contrasto col "tono puro" prodotto da uno strumento elettronico, corrispondente ad una singola frequenza.

S. 6.2. Associamo all'equazione di Tricomi la forma quadratica (6.21)

$$H(p, q) = p^2 - tq^2,$$

da cui ricaviamo che l'equazione è iperbolica se $t > 0$ ed ellittica se $t < 0$, in analogia con la forma della conica $H(p, q) = 1$, come abbiamo già evidenziato a pag. 221.

Nel caso $t > 0$ le caratteristiche non sono reali. Per $t = 0$ abbiamo una sola famiglia di caratteristiche $\phi(x, t) = k$ che risolvono l'equazione

$$\frac{dx}{dt} = 0.$$

Troviamo $\phi(x, t) = x$, dunque le caratteristiche e l'insieme $t = 0$ si intersecano in un solo punto, e l'insieme $t = 0$ ha interno vuoto e non è, effettivamente, caratteristico in nessun punto.

Consideriamo il caso $t > 0$. Esistono due famiglie di linee caratteristiche $\phi(x, t) = k$, $\psi(x, t) = k$ che risolvono l'equazione

$$\left(\frac{dx}{dt}\right)^2 - t = 0,$$

ovvero $\frac{dx}{dt} = \pm\sqrt{t}$. Troviamo immediatamente che le caratteristiche corrispondono alle linee di livello delle superfici

$$\xi = \phi(x, t) = 3x + t^{3/2} \quad \text{e} \quad \eta = \psi(x, t) = 3x - t^{3/2}$$

nel semipiano $t > 0$.

S. 6.3. L'equazione assegnata è ellittica nel semipiano $y < 0$, iperbolica nel semipiano $y > 0$ e parabolica per $y = 0$.

Le caratteristiche sono reali solo se $y \leq 0$; nel caso parabolico le caratteristiche sono le costanti $y = k$, e tra queste solo la retta $y = 0$ appartiene all'insieme caratteristico.

Nel semipiano $y > 0$ cerchiamo le due famiglie di funzioni $\phi(x, y) = k$ e $\psi(x, y) = k$ che risolvono l'equazione caratteristica (6.24), che in questo caso diventa

$$\left(\frac{dy}{dx} \right)^2 - y = 0,$$

ovvero $y' = \pm\sqrt{y}$. Integrando con la separazione di variabili, troviamo

$$2\sqrt{y} = \pm x + \text{costante}.$$

Dunque, le linee caratteristiche corrispondono alle linee di livello delle superfici

$$\begin{cases} \xi = \phi(x, y) = 2\sqrt{y} + x \\ \eta = \psi(x, y) = 2\sqrt{y} - x. \end{cases}$$

Per scrivere l'equazione in forma canonica, effettuiamo il cambio di variabile dato dalle equazioni scritte sopra e sfruttiamo le relazioni:

$$\xi_x = 1 \qquad \xi_y = y^{-1/2} \qquad \eta_x = -1 \qquad \eta_y = y^{-1/2}.$$

Se scriviamo la soluzione come $u(x, y) = U(\xi(x, y), \eta(x, y))$, risulta:

$$u_x = U_\xi \xi_x + U_\eta \eta_x = U_\xi - U_\eta$$

$$u_y = U_\xi \xi_y + U_\eta \eta_y = \frac{U_\xi + U_\eta}{\sqrt{y}}$$

$$u_{xx} = U_{\xi\xi} \xi_x + U_{\xi\eta} \eta_x - U_{\eta\xi} \xi_x - U_{\eta\eta} \eta_x = U_{\xi\xi} - 2U_{\xi\eta} + U_{\eta\eta}$$

$$u_{yy} = -\frac{1}{2} y^{-3/2} (U_\xi + U_\eta) + \frac{1}{\sqrt{y}} (U_{\xi\xi} \xi_y + U_{\xi\eta} \eta_y + U_{\eta\xi} \xi_y + U_{\eta\eta} \eta_y)$$

$$= -\frac{U_\xi + U_\eta}{2y^{3/2}} + \frac{1}{y} (U_{\xi\xi} + 2U_{\xi\eta} + U_{\eta\eta}).$$

Sostituendo nell'equazione $u_{xx} - yu_{yy} - \frac{1}{2}u_y = 0$ le relazioni appena trovate si ottiene la forma canonica dell'equazione:

$$-4U_{\eta\xi} = 0,$$

da cui ricaviamo che

$$U(\xi, \eta) = f(\xi) + g(\eta),$$

con f e g funzioni arbitrarie. Tornando alle variabili originarie, la soluzione generale dell'equazione è

$$u(x, y) = f(2\sqrt{y} + x) + g(2\sqrt{y} - x).$$

S. 6.4. L'equazione assegnata è parabolica. Esiste allora una famiglia di linee caratteristiche $\phi(x,t) = k$ che soddisfano l'equazione

$$t^2 \left(\frac{dx}{dt} \right)^2 + 2t \frac{dx}{dt} + 1 = 0,$$

ovvero

$$t \frac{dx}{dt} - 1 = 0.$$

Integrando troviamo subito $x = \log|t| + \text{costante}$, da cui $te^{-x} = k$, $k \in \mathbb{R}$. Dunque $\phi(x,t) = te^{-x}$.

Nota la ϕ, per effettuare il cambiamento di variabile per portare l'equazione in forma canonica consideriamo una funzione regolare ψ, che preciseremo in seguito, in modo che $\nabla\phi$ e $\nabla\psi$ siano indipendenti e che

$$t^2 \psi_t^2 + 2t\psi_t\psi_x + \psi_x^2 = A \neq 0.$$

Per semplicità, possiamo cominciare a scegliere $\psi = \psi(x)$, con derivata prima positiva. Effettuiamo dunque il cambio di coordinate

$$\begin{cases} \xi = te^{-x} \\ \eta = \psi(x) \end{cases}$$

(la condizione $\psi' > 0$ assicura inoltre l'invertibilità locale della trasformazione), da cui deduciamo che

$$\xi_x = -te^{-x} \qquad \eta_x = \psi' \qquad \xi_t = e^{-x} \qquad \eta_t = 0.$$

Sia $U(\xi,\eta)$ una funzione tale che $u(x,t) = U(te^{-x}, \psi(x))$, allora risulta:

$$u_x = -te^{-x}U_\xi + U_\eta\psi'$$

$$u_t = e^{-x}U_\xi$$

$$u_{xx} = te^{-x}U_\xi + t^2e^{-2x}U_{\xi\xi} - 2te^{-x}\psi'U_{\eta\xi} + (\psi')^2U_{\eta\eta} + \psi''U_\eta$$

$$u_{x,t} = -e^{-x}U_\xi - te^{-2x}U_{\xi\xi} + e^{-x}\psi'U_{\eta\xi}$$

$$u_{tt} = e^{-2x}U_{\xi\xi}.$$

Possiamo sostituire nell'equazione $t^2 u_{tt} + 2t u_{xt} + u_{xx} - u_x = 0$ ed otteniamo

$$(\psi')^2 U_{\eta\eta} + (\psi'' - \psi')U_\eta = 0$$

che è la forma canonica dell'equazione. Con la scelta

$$\psi(x) = e^x,$$

il secondo coefficiente si annulla e troviamo $U_{\eta\eta} = 0$, che integrata dà

$$U = f(\xi) + \eta\, g(\xi),$$

dove f e g sono funzioni arbitrarie. Tornando alle variabili originarie, abbiamo la soluzione generale dell'equazione:

$$u(x,t) = f(te^{-x}) + e^x g(te^{-x}).$$

6.8 Metodi numerici e simulazioni

6.8.1 Approssimazione dell'equazione monodimensionale delle onde

Consideriamo il problema di Cauchy-Dirichlet associato all'equazione delle onde monodimensionale sull'intervallo unitario con condizioni al bordo e forzanti omogenee,

$$\begin{cases} u_{tt} - c^2 u_{xx} = 0 & 0 < x < 1,\ t > 0 \\ u(0,t) = u(1,t) = 0 & t > 0 \\ u(x,0) = g(x), \quad u_t(x,0) = h(x) & 0 \le x \le 1. \end{cases} \qquad (6.66)$$

Nel ricavare la formula di d'Alembert per il corrisypondente problema sulla retta reale, abbiamo visto che l'equazione delle onde è strettamente legata alle leggi di conservazione. In particolare, la soluzione di tale equazione si ottiene come sovrapposizione di due onde che si muovono in direzioni opposte con la stessa velocità. Alla stessa conclusione si giunge anche per una strada diversa, che può risultare utile ai fini dell'approssimazione numerica.

Consideriamo il cambiamento di variabile $w_1 = u_x$ e $w_2 = u_t$. Consideriamo l'equazione delle onde insieme all'identità che assicura l'uguaglianza delle derivate miste. Applicando a queste relazioni la trasformazione sopra indicata otteniamo,

$$\begin{cases} u_{xt} = u_{tx} \\ u_{tt} - c^2 u_{xx} = 0 \end{cases} \Rightarrow \begin{cases} \partial_t w_1 - \partial_x w_2 = 0 \\ \partial_t w_2 - c^2 \partial_x w_1 = 0. \end{cases}$$

Siamo così giunti ad un sistema di leggi di conservazione a coefficienti costanti per la funzione $\mathbf{w}(x,t) = [w_1(x,t), w_2(x,t)] : (0,1) \times \mathbb{R}^+ \to \mathbb{R}^2$ che soddisfa la seguente equazione,

$$\mathbf{w}_t - \mathbf{Z}\mathbf{w}_x = 0 \quad \text{dove} \quad \mathbf{Z} = \begin{bmatrix} 0 & -1 \\ -c^2 & 0 \end{bmatrix}. \qquad (6.67)$$

Dato che la matrice $\mathbf{Z}$ possiede due autovalori reali $\mu_{1,2} = \pm c$, è possibile diagonalizzare il sistema di leggi di conservazione (6.67), ottenendo così due equazioni disaccoppiate, le cui soluzioni sono onde che si propagano in direzioni opposte, come precedentemente affermato.

Ci si chiede quindi se sia possibile discretizzare l'equazione delle onde a partire dalle leggi di conservazione ad essa equivalenti, per le quali potremmo applicare i metodi visti nel Capitolo 2. Il punto cruciale affinché questo sia possibile, è determinare le condizioni iniziali ed al bordo per il sistema (6.67). Osserviamo che le condizioni iniziali per w_1 e w_2 si deducono direttamente da quelle per (6.66). Infatti si ricava,

$$w_2(x,0) = u_t(x,0) = h(x), \quad w_1(x,0) = u_x(x,0) = g'(x).$$

Il problema fondamentale, che limita sostanzialmente questo approccio, riguarda le condizioni al bordo. Infatti non è possibile mettere direttamente in relazione le condizioni di Dirichlet per u, ovvero $u(0,t) = u(1,t) = 0$ con delle corrispondenti condizioni che esprimano $w_1(1,t)$ (se $\mu_1 = c$) e $w_2(0,t)$ (se $\mu_2 = -c$), rispettivamente.

Per superare questo problema, non ci resta che procedere tramite una discretizzazione diretta del problema (6.66). A tal fine, applichiamo il metodo delle differenze finite su una griglia uniforme di punti sul dominio $(0,1) \times \mathbb{R}^+$, detti $(x_i, t^n) = (h \cdot i, \tau \cdot n)$ per $i = 0, \ldots, N$, $n \in \mathbb{N}$, fissati i passi di discretizzazione spaziale e temporale h, τ. Per l'approssimazione delle derivate seconde rispetto a t ed x, utilizziamo i consueti rapporti incrementali,

$$u_{tt}(x_i, t^n) = \frac{1}{\tau^2}\left(u(x_i, t^{n+1}) - 2u(x_i, t^n) + u(x_i, t^{n-1})\right) + \mathcal{O}(\tau^2)$$

$$u_{xx}(x_i, t^n) = \frac{1}{h^2}\left(u(x_{i+1}, t^n) - 2u(x_i, t^n) + u(x_{i-1}, t^n)\right) + \mathcal{O}(h^2).$$

Sia $\lambda = \tau/h$, sostituendo nell'equazione delle onde otteniamo lo **schema leapfrog**,

$$\begin{cases} u_i^{n+1} - 2u_i^n + u_i^{n-1} = (c\lambda)^2\left(u_{i+1}^n - 2u_i^n + u_{i-1}^n\right) & i = 1, \ldots, N-1, \ n > 1 \\ u_0^{n+1} = u_N^{n+1} = 0 & n > 1 \\ u_i^0 = g(x_i), \ u_i^1 = u_i^0 + \tau h(x_i) & i = 0, \ldots, N. \end{cases}$$

$$(6.68)$$

Osserviamo che questo metodo è localmente del secondo ordine. Inoltre, si tratta di uno schema esplicito, poiché il valore di u_i^{n+1} si può determinare a direttamente a partire dai passi temporali precedenti. Osserviamo anche che il metodo in esame permette di soddisfare le condizioni di Dirichlet in modo del tutto immediato. Il trattamento delle condizioni iniziali, in particolare per la derivata temporale richiede più attenzione. In (6.68) abbiamo considerato un semplice schema di avanzamento del primo ordine, che a partire da $g(x)$ e $h(x)$ ci permette di calcolare i valori u_i^0 e u_i^1 necessari per determinare u_i^2 ed avviare il calcolo della soluzione approssimata per ogni valore di n. Infine, come già visto in numerosi esempi nei capitoli precedenti, ricordiamo che l'applicazione di metodi espliciti richiede di soddisfare opportune condizioni tra h e τ. In particolare, affinché il metodo (6.68) sia stabile, deve essere soddisfatta una **condizione CFL**, $|c\lambda| \leq 1$.

Per superare questa limitazione, si può utilizzare un metodo implicito. Consideriamo ad esempio il **metodo di Newmark**,

$$\begin{cases} u_i^{n+1} - 2u_i^n + u_i^{n-1} = \frac{(c\lambda)^2}{4}\left(z_i^{n+1} + 2z_i^n + z_i^{n-1}\right) \\ z_i^n = u_{i+1}^n - 2u_i^n + u_{i-1}^n, \end{cases}$$

$$(6.69)$$

completato dalle stesse condizioni al bordo e iniziali di (6.68). Osserviamo immediatamente che tale metodo è implicito a causa della presenza del termine $z_i^{n+1} = u_{i+1}^{n+1} - 2u_i^{n+1} + u_{i-1}^{n+1}$ che coinvolge i valori dell'incognita al tempo t^{n+1} in diversi nodi. Ad ogni passo temporale, occorre dunque risolvere un sistema lineare per determinare tutti i valori u_i^{n+1}, $i = 1, \ldots, N-1$ simultaneamente. Questo costo addizionale è tuttavia compensato dal fatto che lo schema di Newmark è

incondizionatamente stabile. Infine, grazie alla relazione

$$z(x_i, t^n) = \frac{1}{4}\left(z(x_i, t^{n-1}) + 2z(x_i, t^n) + z(x_i, t^{n+1})\right) + \mathcal{O}(\tau^2),$$

osserviamo che il metodo di Newmark è un metodo del secondo ordine. Grazie alle sue migliori proprietà si di stabilità, per le simulazioni dei prossimi paragrafi utilizzeremo principalmente il metodo (6.69). Per eventuali approfondimenti, rimandiamo il lettore interessato a Quarteroni, 2008 oppure a Le Veque, 2007.

6.8.2 Esempio: approssimazione della corda vibrante

Studiamo le vibrazioni di una corda fissata agli estremi, descritte dal modello (6.66). Vogliamo innanzitutto sviluppare opportune soluzioni di riferimento, al fine di analizzare il comportamento dello schema di Newmark. A questo proposito, è utile partire dalla formula di d'Alembert, valida per una corda infinitamente estesa.

Analizziamo ad esempio le vibrazioni di una corda generate da una determinata configurazione iniziale. Utilizzando la formula di d'Alembert, (6.11), si ha

$$g(x) = \sin(2\pi x), \ h(x) = 0 \quad \Rightarrow \quad u(x,t) = \frac{1}{2}\left(\sin(2\pi(x+t)) + \sin(2\pi(x-t))\right).$$

Per tale soluzione, la posizione della corda rimane invariata nei **nodi** $x = i/2$ con $i \in \mathbb{N}$. Di conseguenza, la funzione $u(x,t) = \left(\sin(2\pi(x+t)) + \sin(2\pi(x-t))\right)/2$ è anche soluzione del problema di Cauchy-Dirichlet, (6.66) con dati iniziali $g(x) = \sin(2\pi x)$ e $h(x) = 0$.

Applichiamo a questo problema lo schema di Newmark, con $h = \tau = 0.05$ ed in Figura 6.8 (sinistra) riportiamo la soluzione numerica. Si nota l'ottimo comportamento dello schema numerico, nonostante che il passo di discretizzazione scelto non sia eccessivamente fine. Analizziamo anche le vibrazioni di una corda determinate assegnando una velocità iniziale. Utilizzando ancora la formula di d'Alembert otteniamo la soluzione $u(x,t)$ valida sulla retta reale,

$$g(x) = 0, \ h(x) = \sin(2\pi x) \quad \Rightarrow \quad u(x,t) = \frac{1}{4\pi}\left(\cos(2\pi(x-t)) - \cos(2\pi(x+t))\right),$$

i cui nodi sono ancora $x = i/2$ con $i \in \mathbb{N}$. Anche questa funzione è soluzione di (6.66), a parità di condizioni iniziali. Come nel caso precedente, la soluzione numerica riportata in Figura 6.8 (destra) rappresenta con accuratezza la soluzione esatta.

Consideriamo ora il caso della corda pizzicata, caratterizzata da una configurazione iniziale non regolare, continua ma non derivabile. Precisamente, lo stato iniziale è dato da,

$$g(x) = \max[-4|1 - 2x| + 1, 0], \quad h(x) = 0.$$

Osserviamo che l'espressione di $u(x,t) = \left(g(x+t) + g(x-t)\right)/2$, ottenuta applicando formalmente la formula di d'Alembert, è continua ma non derivabile.

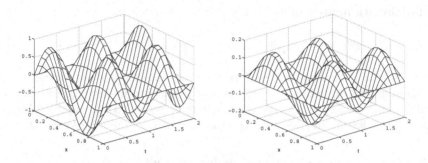

Figura 6.8. Approssimazione numerica del problema (6.66) con dati iniziali $g(x) = \sin(2\pi x)$, $h(x) = 0$ (sinistra) e $g(x) = \sin(2\pi x)$, $h(x) = 0$ (destra)

Questa funzione rappresenta la soluzione in un opportuno senso, detta soluzione **in senso generalizzato** dell'equazione delle onde. Confrontando la soluzione numerica (calcolata con $h = \tau = 0.02$) con quella esatta, si nota che le singolarità di quest'ultima, ovvero i punti in cui $g(x)$ non è derivabile, si propagano lungo le direzioni caratteristiche. Dai risultati riportati in Figura 6.9, osserviamo che in questo caso la soluzione numerica presenta delle oscillazioni, che si originano a causa della difficoltà nell'approssimare le singolarità della soluzione esatta.

Infine, consideriamo il caso in cui la corda è eccitata da un impulso in un punto, ad esempio $x = 1/2$. Precisamente, utilizziamo le seguenti condizioni iniziali,

$$g(x) = 0, \quad h(x) = \delta(x - 1/2),$$

dove $\delta(x)$ indica una sorgente concentrata nell'origine, la cosiddetta *delta di Dirac*, mentre $\mathcal{H}(x)$ indicherà la corrispondente funzione di Heaviside tale che

$$\mathcal{H}(x) = \int_{-\infty}^{x} \delta(y)dy.$$

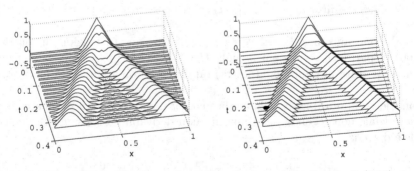

Figura 6.9. Approssimazione numerica della soluzione generalizzata di (6.66) con dati iniziali $g(x) = \max[-4|1 - 2x| + 1; 0]$ e $h(x) = 0$ (sinistra) e la relativa soluzione esatta (destra)

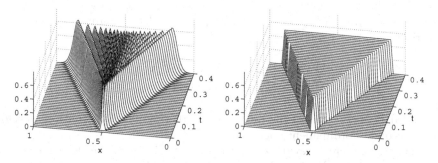

Figura 6.10. Approssimazione numerica della soluzione fondamentale dell'equazione delle onde monodimensionale (sinistra) e la relativa soluzione esatta (destra)

Applicando formalmente la formula di d'Alembert, si ottiene la seguente soluzione generalizzata dell'equazione delle onde,

$$u(x,t) = \frac{1}{2}\left(\mathcal{H}(x+t-1/2) - \mathcal{H}(x-t-1/2)\right),$$

che prende il nome di **soluzione fondamentale** per il caso monodimensionale.

Applicando lo schema di Newmark al problema in esame, si nota l'intrinseca difficoltà degli schemi alle differenze finite nell'approssimare soluzioni fortemente singolari, caratterizzate da discontinuità di salto. Il confronto tra la soluzione esatta e quella calcolata, utilizzando $h = \tau = 0.01$ è riportato in Figura 6.10.

6.8.3 Esempio: approssimazione della membrana vibrante

Consideriamo una membrana quadrata di lato unitario, identificata dal dominio $\Omega = (0,1) \times (0,1)$ e vincolata lungo il suo perimetro. Come visto nelle sezioni precedenti, le piccole vibrazioni della membrana sono descritte dall'equazione delle onde multidimensionale,

$$\begin{cases} u_{tt} = \Delta u & \text{in } \Omega \times \mathbb{R}^+ \\ u = 0 & \text{su } \partial\Omega \times \mathbb{R}^+ \\ u(x,y,0) = g(x,y), \ u_t(x,y,0) = h(x,y) & \text{su } \Omega, \end{cases}$$

dove abbiamo posto per semplicità $c = 1$. Per quanto riguarda la discretizzazione spaziale utilizziamo lo schema a 5 punti introdotto nel capitolo 4. Dopo aver definito una griglia uniforme di passo h sul quadrato unitario e dopo aver ordinato i nodi per righe, otteniamo che la discretizzazione di $-\Delta u(t)$ con condizioni al bordo di Dirichlet omogenee è rappresentata da $(1/h^2)\mathbf{A}\mathbf{U}(t)$, dove $\mathbf{A} = h^2 \mathbf{A}_h \in \mathbb{R}^{N \times N}$ è una matrice i cui coefficienti sono indipendenti da h ed $\mathbf{U}(t) \in \mathbb{R}^N$ è il vettore che contiene le approssimazioni di $u(x,y,t)$ nei nodi della griglia spaziale. Per l'avanzamento in tempo, applichiamo lo schema leapfrog che ha il vantaggio di essere esplicito. Utilizziamo inoltre un passo di discretizzazione uniforme, τ, scelto in modo da soddisfare la condizione CFL, ovvero $|c\lambda| \leq 1$ dove $\lambda = \tau/h$. Il problema discreto per il modello in esame richiede quindi di determinare la successione di vettori $\mathbf{U}_n$ con $n > 1$ tali che,

$$\begin{cases} \mathbf{U}_{n+1} = 2\mathbf{U}_n - \mathbf{U}_{n-1} - \lambda^2 \mathbf{A}\mathbf{U}_n \\ \mathbf{U}_0 = \mathbf{G} \quad \mathbf{U}_1 = \mathbf{G} + \tau\mathbf{H}, \end{cases}$$

dove $\mathbf{G}$ ed $\mathbf{H}$ sono i vettori che raccolgono i valori nodali delle funzioni $g(x,y)$ e $h(x,y)$ secondo l'ordinamento per righe.

Vogliamo mettere in evidenza i diversi modi di vibrazione della membrana. Attraverso il metodo di separazione delle variabili, abbiamo dimostrato che i modi di vibrazione di una membrana di lato unitario con $c = 1$, detti $u_{mn}(x,y,t)$, assumono le seguente forma,

$$u_{mn}(x,y,t) = \big(a_{mn}\cos(\lambda_{mn}t) + b_{mn}\sin(\lambda_{mn}t)\big)\sin(\mu_m x)\sin(\nu_n y),$$

dove $\lambda_{mn} = \sqrt{\pi^2(m^2 + n^2)}$, $\mu_m = m\pi$, $\nu_n = n\pi$ con $n, m \in \mathbb{N}$. Dunque, al fine di mettere in luce separatamente i diversi modi, eccitiamo la membrana indeformata, $g(x,y) = 0$, con la seguente velocità iniziale,

$$h_{mn}(x,y) = \sin(m\pi x)\sin(n\pi y).$$

Il corrispondente periodo di vibrazione è dato da $T_{mn} = 2/\sqrt{n^2 + m^2}$.

In Figura 6.11 è riportata la configurazione della membrana calcolata attraverso lo schema leapfrog per diverse scelte di n, m nella definizione di h_{mn}. Visualizziamo la membrna negli istanti corrispondenti a diverse frazioni del periodo con spaziatura $T_{mn}/8$, partendo dall'istante $t_1 = T_{mn}/8$ fino all'istante $t_7 = 7T_{mn}/8$

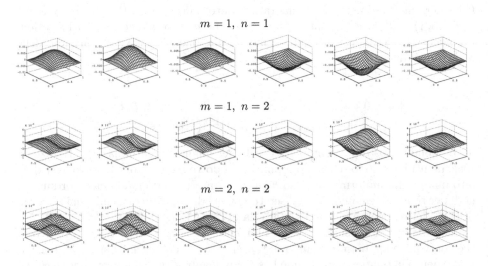

Figura 6.11. Simulazione numerica della membrana vibrante

procedendo da sinistra verso destra. Inoltre, abbiamo escluso l'istante $t_4 = 4T_{mn}/8$ quando la membrana ha spostamento nullo. Osserviamo che la configurazione assunta dalla membrana è coerente con quanto precedentemente dedotto attraverso il metodo di separazione delle variabili.

Parte II

Metodi di analisi funzionale per problemi differenziali

7

Elementi di analisi funzionale

L'obiettivo principale nei capitoli precedenti è stata l'introduzione di una parte della teoria classica di alcune importanti equazioni della fisica matematica. L'enfasi sugli aspetti fenomenologici dovrebbe aver sviluppato nel lettore un po' di intuizione e di "feeling" sull'interpretazione e sui limiti dei modelli presentati.

In questo capitolo, dopo una breve introduzione all'integrazione secondo Lebesgue, svilupperemo quegli elementi di Analisi Funzionale che permetteranno di definire l'ambiente naturale per la formulazione e la soluzione, anche numerica, di un'ampia classe di problemi per equazioni a derivate parziali.

7.1 Misura ed integrale di Lebesgue

7.1.1 Un problema di ... conteggio

Presentiamo una breve introduzione su misura e integrazione secondo Lebesgue.

Due persone, che per ragioni di privacy indichiamo con R ed L, devono calcolare il valore totale di un insieme M di monete da un centesimo fino a due euro. R decide di suddividere le monete in mucchi, ciascuno, diciamo, di 10 monete qualsiasi, di calcolare il valore di ciascun mucchio e poi di sommare i valori così ottenuti. L, invece, decide di suddividere le monete in mucchi omogenei, da un centesimo, da due e così via, contenenti cioè monete dello stesso tipo, di calcolare il valore di ogni mucchio e poi di sommarne i valori.

In termini più analitici, introduciamo la funzione "valore"

$$V : M \to \mathbb{N},$$

che associa ad ogni elemento di M (cioè ad ogni moneta) il suo valore in euro. R *suddivide il dominio* di V in sottoinsiemi disgiunti, somma i valori di V su tali sottoinsiemi e poi somma il tutto. L *suddivide il codominio* di V nei sottoinsiemi (che si riducono poi ad un punto) corrispondenti ad un centesimo, due centesimi e così via. Considera *la controimmagine* di questi sottoinsiemi (i mucchi omogenei di monete), calcola il valore corrispondente ed infine somma il tutto.

Salsa S, Vegni FMG, Zaretti A, Zunino P: Invito alle equazioni alle derivate parziali.
© Springer-Verlag Italia 2009, Milano

Questi due modi di procedere corrispondono alla "filosofia" sottostante la definizione dei due integrali di Riemann e di Lebesgue, rispettivamente. Essendo la nostra funzione valore definita su un insieme discreto e a valori interi, in entrambi i casi non vi sono problemi nel sommare i suoi valori e la scelta di uno o dell'altro metodo è determinata da un criterio di efficienza. Di solito, il metodo di L è ritenuto più efficiente.

Nel caso di funzioni a valori reali (o complessi) si tratta di "somme sul continuo" ed inevitabilmente occorre un passaggio al limite su somme approssimanti. La "filosofia" di L risulta allora un po' più laboriosa e richiede lo sviluppo di nuovi strumenti. Esaminiamo il caso particolare di una funzione *positiva,* definita e *limitata* su un intervallo contenuto in $\mathbb{R}$. Sia

$$f : [a, b] \to [\inf f, \sup f] \,.$$

Per definire l'integrale di Riemann, si suddivide l'intervallo $[a, b]$ in sottointervalli $I_1, ..., I_N$ (i mucchi di R), in ogni intervallo I_k si sceglie un valore ξ_k e si calcola $f(\xi_k) \, l(I_k)$ (il valore approssimato del mucchio $k-esimo$), dove $l(I_k)$ è la *lunghezza* di I_k. Si sommano i valori $f(\xi_k) \, l(I_k)$ e si definisce

$$(R) \int_a^b f = \lim_{\delta \to 0} \sum_{k=1}^N f(\xi_k) \, l(I_k),$$

dove δ è la massima ampiezza dei sottointervalli della suddivisione. Il limite deve esistere finito ed essere indipendente dalla scelta dei punti ξ_k. Questo, forse, è il punto più delicato della definizione di Riemann.

Ma passiamo all'integrale secondo Lebesgue. Stavolta si parte suddividendo l'intervallo $[\inf f, \sup f]$ in sottointervalli $[y_{k-1}, y_k]$ (i valori in euro) con

$$\inf f = y_0 < y_1 < \ldots < y_{N-1} < y_N = \sup f.$$

Si considerano le controimmagini $E_k = f^{-1}([y_{k-1}, y_k])$ (i mucchi omogenei di L) e se ne calcola la ... lunghezza. Ma E_k, in generale, *non* è un intervallo o un'unione di intervalli; potrebbe essere un insieme molto irregolare. Ecco che si presenta la necessità di associare ad insiemi come gli E_k una *misura che generalizzi la lunghezza degli intervalli.* Occorre quindi introdurre quella che si chiama *misura di Lebesgue* di un insieme E, che si indica con $|E|$. Potendo misurare gli E_k (il numero di monete in ogni mucchio), si sceglie un'ordinata qualunque $\overline{\alpha}_k \in [y_{k-1}, y_k]$ e si calcola $\overline{\alpha}_k |E_k|$ (valore approssimato del mucchio $k - esimo$). Si sommano i valori $\overline{\alpha}_k |E_k|$ e si definisce

$$(L) \int_a^b f = \lim_{\delta \to 0} \sum_{k=1}^N \overline{\alpha}_k |E_k| \,,$$

dove δ è la massima ampiezza degli intervalli $[y_{k-1}, y_k]$. In realtà, in questa definizione basta scegliere $\overline{\alpha}_k = y_{k-1}$, cioè l'ordinata più bassa nell'intervallo considerato. Infatti

$$\sum_{k=1}^N (\overline{\alpha}_k - y_{k-1}) |E_k| \le \delta \sum_{k=1}^N |E_k| \le \delta (b - a),$$

che tende a zero per $\delta \to 0$. Questa osservazione è alla base della definizione generale dell'integrale di Lebesgue che presenteremo più avanti:

il numero $\sum_{k=1}^{N} y_{k-1} |E_k|$ non è altro che l'integrale di una funzione che assume un numero finito di valori, $y_0 < ... < y_{N-1}$, e che approssima per difetto f. L'integrale di f è allora l'estremo superiore di questi numeri.

La teoria risultante ha notevolissimi vantaggi rispetto a quella di Riemann. Per esempio, la classe delle funzioni integrabili è molto più ampia: una funzione integrabile secondo Riemann è *sempre* integrabile anche secondo Lebesgue (e il valore dei due integrali coincide), ma non è vero il viceversa; inoltre non c'è bisogno di distinzione tra insiemi limitati e non, tra funzioni limitate e non. Un aspetto più rilevante è che le operazioni di passaggio al limite e di derivazione sotto il segno di integrale, nonché di integrazione per serie, sono significativamente semplificate. Inoltre, gli spazi di funzioni integrabili secondo Lebesgue costituiscono gli ambienti funzionali più comunemente usati in un grande numero di questioni teoriche ed applicate.

7.1.2 Misura di Lebesgue in $\mathbb{R}^n$. Funzioni misurabili

Che cosa vuol dire introdurre una misura in $\mathbb{R}^n$? Una misura è da considerarsi una *funzione d'insieme*, nel senso che è definita su una particolare classe di sottoinsiemi, detti *misurabili*, e che deve "comportarsi bene" rispetto alle operazioni insiemistiche fondamentali: unione, intersezione e passaggio all'insieme complementare. Essendo la nostra definita su sottoinsiemi di $\mathbb{R}^n$, vogliamo che la misura degli insiemi che conosciamo fin dall'infanzia corrisponda a quella abituale: alla lunghezza per gli intervalli contenuti in $\mathbb{R}$, all'area per le figure piane standard, al volume per i ... solidi noti in $\mathbb{R}^3$.

Cominciamo introducendo le classi di sottoinsiemi più adatte allo scopo: le σ-*algebre*.

Definizione 7.1. *Una famiglia $\mathcal{F}$ di sottoinsiemi di $\mathbb{R}^n$ si chiama $\sigma-$algebra se:*
(i) $\varnothing, \mathbb{R}^n \in \mathcal{F}$;
(ii) $A \in \mathcal{F}$ implica $\mathbb{R}^n \setminus A \in \mathcal{F}$;
(iii) se $\{A_k\}_{k \in \mathbb{N}} \subset \mathcal{F}$ allora anche $\cup A_k$ e $\cap A_k$ appartengono a $\mathcal{F}$.

Il seguente teorema indica l'esistenza in $\mathbb{R}^n$ di una $\sigma-algebra$ $\mathcal{M}$ e di una misura su $\mathcal{M}$, con le caratteristiche richieste sopra.

Teorema 7.1. *In $\mathbb{R}^n$ esiste una $\sigma-$algebra $\mathcal{M}$ e una misura*

$$|\cdot| : \mathcal{M} \to [0, +\infty]$$

con le seguenti proprietà:
1 Ogni insieme aperto, e quindi ogni insieme chiuso, appartiene a $\mathcal{M}$.
2. Se $A \in \mathcal{M}$ e A ha misura nulla, ogni sottoinsieme di A appartiene a $\mathcal{M}$ e ha misura nulla.

3. Se $A = \{\mathbf{x} \in \mathbb{R}^n : a_j < x_j < b_j; j = 1, ..., n\}$ allora $|A| = \prod_{j=1}^{n} (b_j - a_j)$.

4. Se $\{A_k\}_{k \in \mathbb{N}} \subset \mathcal{M}$ e gli insiemi A_k sono a due a due disgiunti, allora

$$|\cup_{k \in \mathbb{N}} A_k| = \sum_{k \in \mathbb{N}} |A_k| \qquad (\sigma - \text{additività}).$$

Definizione 7.2. *Gli elementi di $\mathcal{M}$ sono gli **insiemi misurabili secondo Lebesgue** e $|\cdot|$ si chiama **misura** $n-$dimensionale di Lebesgue.*

Nota 7.1. Gli insiemi di misura nulla sono piuttosto importanti. Eccone alcuni esempi: in $\mathbb{R}$, gli insiemi costituiti da un'infinità numerabile di punti, come l'insieme $\mathbb{Q}$ dei numeri razionali; in $\mathbb{R}^2$, rette e archi di curva regolari; in $\mathbb{R}^3$, rette, piani e loro sottoinsiemi, curve e superfici regolari.

Si dice che *una proprietà vale quasi ovunque in $A \in \mathcal{M}$* (in breve q.o. in A) *se è vera in tutti i punti di A tranne che in un sottoinsieme di misura nulla*. Per esempio, la successione $f_k(x) = \exp(-k|\sin x|)$ converge a zero q.o. in $\mathbb{R}$.

Possiamo ora definire la classe delle funzioni *misurabili*; la proprietà che le caratterizza è che la controimmagine di ogni insieme chiuso è misurabile.

Definizione 7.3. *Sia $A \subseteq \mathbb{R}^n$ misurabile e $f : A \to \mathbb{R}$. Si dice che f è misurabile se $f^{-1}(C)$ è misurabile per ogni insieme chiuso $C \subset \mathbb{R}$.*

Esempi. Se f è continua o anche q.o. continua, è misurabile. Somma e prodotto di funzioni misurabili sono misurabili. Limiti puntuali di successioni di funzioni misurabili sono misurabili. La funzione di Dirichlet è misurabile.

Ogni funzione misurabile può essere approssimata da funzioni **semplici**. Una funzione $s \colon A \subseteq \mathbb{R}^n \to \mathbb{R}$ è **semplice** *se assume un numero finito* di valori $s_1, ..., s_N$ in corrispondenza a insiemi misurabili $A_1, ..., A_N$, contenuti in A. Introducendo le funzioni caratteristiche χ_{A_j}, si può scrivere

$$s = \sum_{j=1}^{N} s_j \chi_{A_j}.$$

Vale il seguente

Teorema 7.2. *Sia $f : A \to \mathbb{R}$, misurabile. Esiste una successione $\{s_k\}$ di funzioni semplici convergente ad f in ogni punto di A. Se inoltre f è non negativa, si può scegliere $\{s_k\}$ monotona crescente in ogni punto di A.*

7.1.3 L'integrale di Lebesgue

Possiamo ora definire l'integrale di Lebesgue di una funzione misurabile su un insieme A misurabile. Per una funzione semplice $s = \sum_{j=1}^{N} s_j \chi_{A_j}$ definiamo

$$\int_A s = \sum_{j=1}^{N} s_j |A_j|$$

con la convenzione che se $s_j = 0$ e $|A_j| = +\infty$, $s_j |A_j| = 0$.

Se $f \geq 0$ è misurabile, definiamo

$$\int_A f = \sup \int_A s,$$

dove l'estremo superiore è calcolato al variare di s tra tutte le funzioni semplici minori o uguali ad f su A.

In generale, se f è misurabile, scriviamo $f = f^+ - f^-$, dove $f^+ = \max(f, 0)$ e $f^- = \max(-f, 0)$ sono le parti positiva e negativa di f, rispettivamente. Definiamo poi

$$\int_A f = \int_A f^+ - \int_A f^-,$$

a condizione che almeno uno dei due integrali sia finito.

Se entrambi gli integrali sono finiti, la funzione f si dice **integrabile** o **sommabile** in A. Dalla definizione, segue subito che una funzione misurabile f è *integrabile se e solo se* $|f|$ *è integrabile*.

Come l'integrale di Riemann, l'integrale di Lebesgue soddisfa le proprietà di linearità, additività e monotonia. L'insieme delle funzioni integrabili in A si indica con $L^1(A)$. Le funzioni in $L^1(A)$ possono essere molto irregolari. Per esempio, la funzione di Dirichlet è integrabile ed il suo integrale è nullo.

D'altra parte, si può dimostrare che: *ogni funzione integrabile secondo Riemann è integrabile anche secondo Lebesgue ed i due integrali hanno lo stesso valore*.

Un esempio interessante di funzione non integrabile in $(0, +\infty)$ è $h(x) = \sin x/x$. Infatti[1]:

$$\int_0^{+\infty} \frac{|\sin x|}{x} dx = +\infty.$$

Osserviamo che, viceversa, l'integrale di Riemann *generalizzato di h esiste finito*. Infatti si può provare che

$$\lim_{N \to +\infty} \int_0^N \frac{\sin x}{x} dx = \frac{\pi}{2}.$$

7.1.4 Alcuni teoremi fondamentali

Tra i teoremi più importanti dal punto di vista operativo della teoria di Lebesgue, ci sono i seguenti teoremi di passaggio al limite sotto il segno di integrale, che ci limitiamo ad elencare qui di seguito.

---

[1] Si può scrivere

$$\int_0^{+\infty} \frac{|\sin x|}{x} dx = \sum_{k=1}^{\infty} \int_{(k-1)\pi}^{k\pi} \frac{|\sin x|}{x} dx \geq \sum_{k=1}^{\infty} \frac{1}{k\pi} \int_{(k-1)\pi}^{k\pi} |\sin x| \, dx = \sum_{k=1}^{\infty} \frac{2}{k\pi} = +\infty.$$

Teorema 7.3. *(Della convergenza dominata). Sia* $\{f_k\}$ *una successione di funzioni integrabili in A tali che* $f_k \to f$ *q.o. in A. Se esiste una funzione* $g \geq 0$, *integrabile in A e tale che* $|f_k| \leq g$ *q.o. in A, allora*

$$\lim_{k \to \infty} \int_A f_k = \int_A f.$$

Teorema 7.4. *(Della convergenza monotona). Sia* $\{f_k\}$ *una successione di funzioni misurabili e non negative in A tali che*

$$f_1 \leq f_2 \leq \cdots \leq f_k \leq f_{k+1} \leq \cdots .$$

Allora

$$\lim_{k \to \infty} \int_A f_k = \int_A \lim_{k \to \infty} f_k.$$

Infine, il teorema fondamentale del calcolo si estende all'integrale di Lebesgue nella forma seguente:

Teorema 7.5. *(Di differenziazione). Sia* $f \in L^1(\mathbb{R})$. *Allora*

$$\frac{d}{dx} \int_a^x f(t)\, dt = f(x) \qquad q.o. \ x \in \mathbb{R}.$$

7.2 Spazi di Hilbert

Nelle prossime tre sezioni svilupperemo alcuni elementi della teoria degli spazi di Hilbert, ambiente naturale per la formulazione e la soluzione di un'ampia classe di problemi al contorno per operatori differenziali.

7.2.1 Norme e spazi di Banach

Richiamiamo brevemente la nozione di *spazio normato*. Sia X uno spazio vettoriale sul campo reale o complesso. Uno spazio è normato se in esso è definita una *norma* che è un'applicazione

$$\|\cdot\| : X \to \mathbb{R}$$

tale che, per ogni scalare λ e ogni $x, y \in X$, valgono le seguenti proprietà:
1. $\|x\| \geq 0$; $\|x\| = 0$ se e solo se $x = 0$ (*annullamento*);
2. $\|\lambda x\| = |\lambda|\, \|x\|$ (*omogeneità*);
3. $\|x + y\| \leq \|x\| + \|y\|$ (*disuguaglianza triangolare*).

Uno spazio normato è anche *metrico*, con la distanza indotta dalla norma:

$$d(x, y) = \|x - y\|.$$

Una successione $\{x_n\}$ di elementi di X si dice *fondamentale o di Cauchy* se

$$d(x_m, x_n) = \|x_m - x_n\| \to 0 \qquad \text{per } m, n \to \infty,$$

mentre si dice *convergente a* $x \in X$ se

$$d\left(x_n, x\right) = \|x_n - x\| \to 0 \qquad \text{per } n \to \infty.$$

Come in ogni spazio metrico,

$$\{x_n\} \text{ convergente } \mathbf{implica} \ \{x_n\} \text{ fondamentale.} \tag{7.1}$$

Ciò segue subito dalla disuguaglianza triangolare per la norma:

$$\|x_m - x_n\| \le \|x_m - x\| + \|x_n - x\|.$$

Se ora $\{x_n\}$ è convergente, i due addendi a destra tendono a 0 e quindi anche $\|x_m - x_n\| \to 0$, per cui $\{x_n\}$ è fondamentale. Per convincersi che l'implicazione opposta non è sempre vera, basta pensare allo spazio metrico $\mathbb{Q}$, dei numeri razionali, con la solita distanza $d(x, y) = |x - y|$, ed alla successione

$$x_n = \left(1 + \frac{1}{n}\right)^n,$$

che è fondamentale ma non convergente in $\mathbb{Q}$ (converge al numero $e \notin \mathbb{Q}$).

Se nella (7.1) vale anche l'implicazione opposta, lo spazio normato si dice **completo**.

Definizione 7.4. *Uno spazio **normato completo** prende il nome di **spazio di Banach**.*

La definizione di limite per funzioni operanti tra spazi metrici o normati si riconduce a limiti per funzioni reali (le distanze). Siano X, Y spazi normati, con norme rispettive $\|\cdot\|_X$ e $\|\cdot\|_Y$, e sia F una funzione da X a Y. F si dice *continua in* $x \in X$ quando

$$\|F(y) - F(x)\|_Y \to 0 \qquad \text{se } \|y - x\|_X \to 0$$

o, equivalentemente, quando, per ogni successione $\{x_n\} \subset X$,

$$\|x_n - x\|_X \to 0 \quad \text{implica} \quad \|F(x_n) - F(x)\|_Y \to 0.$$

F si dice *continua in* X quando è *continua in ogni* $x \in X$.

• *Ogni norma in uno spazio X è continua in X.*

Dimostrazione. Sia $\|\cdot\|$ una norma in X. Dalla disuguaglianza triangolare, si ha

$$\|y\| \le \|y - x\| + \|x\| \text{ e } \|x\| \le \|y - x\| + \|y\|,$$

da cui

$$\big|\|y\| - \|x\|\big| \le \|y - x\|.$$

Perciò se $\|y - x\| \to 0$, anche $\big|\|y\| - \|x\|\big| \to 0$, che esprime la continuità della norma. □

• Due norme $\|\cdot\|_1$ e $\|\cdot\|_2$ definite in X si dicono *equivalenti* quando esistono due numeri positivi c_1 e c_2 tali che

$$c_1 \|x\|_2 \leq \|x\|_1 \leq c_2 \|x\|_2 \qquad \text{per ogni } x \in X.$$

Una successione $\{x_n\} \subset X$ è fondamentale rispetto alla norma $\|\cdot\|_1$ se e solo se lo è rispetto alla norma $\|\cdot\|_2$. In particolare, X è completo rispetto alla norma $\|\cdot\|_1$ se e solo se lo è rispetto alla norma $\|\cdot\|_2$.

Spazi di funzioni continue. Sia A un sottoinsieme compatto di $\mathbb{R}^n$. Il simbolo $C^0(A)$, o semplicemente $C(A)$, indica lo spazio vettoriale delle funzioni continue (reali o complesse) in A. Indichiamo con

$$\|f\|_{C(A)} = \max_A |f|$$

la norma langrangiana. Una successione di funzioni $\{f_m\}$ converge a f in $C(A)$, dotato di tale norma, se

$$\max_A |f_m - f| \to 0,$$

cioè se f_m *converge uniformemente a f in A*. Poiché il limite uniforme di funzioni continue è continuo, $C(A)$ è uno spazio completo e quindi di Banach rispetto alla norma langrangiana.

Si noti che altre norme sono possibili in $C(A)$; infatti

$$\|f\|_2 = \left(\int_A |f|^2 \right)^{1/2}$$

è un'altra possibile norma, detta norma *integrale di ordine* 2 o norma $L^2(A)$, rispetto alla quale, però, lo spazio non è completo. Per provarlo, sia per esempio $A = [-1, 1] \subset \mathbb{R}$. La successione

$$f_n(t) = \begin{cases} 0 & t \leq 0 \\ nt & 0 < t \leq n^{-1} \\ 1 & t > n^{-1} \end{cases} \qquad (n \geq 1)$$

è contenuta in $C([-1, 1])$ ed è di Cauchy rispetto alla norma integrale di ordine 2. Infatti $(m > k)$ si ha

$$\|f_m - f_k\|_{L^2(A)}^2 = \int_{-1}^1 |f_m(t) - f_k(t)|^2 \, dt = (m-k)^2 \int_0^{1/m} t^2 dt + \int_0^{1/k} (1 - kt)^2 \, dt$$

$$= \frac{(m-k)^2}{3m^3} + \frac{1}{3k} < \frac{1}{3} \left(\frac{1}{m} + \frac{1}{k} \right) \to 0 \qquad m, k \to \infty.$$

Tuttavia f_n converge nella norma $L^2(-1, 1)$ alla funzione di Heaviside

$$\mathcal{H}(t) = \begin{cases} 1 & t \geq 0 \\ 0 & t < 0, \end{cases}$$

che è discontinua in $t = 0$ e quindi non appartiene a $C([-1, 1])$.

Naturalmente, la successione $\{f_n\}$ non è di Cauchy rispetto alla norma $\|f\|_{C(A)}$.

Più in generale, consideriamo lo spazio $C^k(A)$, $k \geq 0$ intero, costituito dalle funzioni differenziabili con continuità in A fino all'ordine k incluso.

Per indicare una generica derivata di ordine m, è comodo introdurre l'$n-upla$ di interi non negativi (o *multi-indice*) $\alpha = (\alpha_1, ..., \alpha_n)$, di *lunghezza* $|\alpha| = \alpha_1 + ... + \alpha_n = m$, e porre

$$D^\alpha = \frac{\partial^{\alpha_1}}{\partial x_1^{\alpha_1}} ... \frac{\partial^{\alpha_n}}{\partial x_n^{\alpha_n}}.$$

Naturalmente, ricorreremo a questo simbolo solo in caso di stretta necessità! Introduciamo in $C^k(A)$ la norma (*norma lagrangiana di ordine k*)

$$\|f\|_{C^k(A)} = \|f\|_{C(A)} + \sum_{|\alpha|=1}^{k} \|D^\alpha f\|_{C(A)}.$$

Se $\{f_n\}$ è di Cauchy in $C^k(A)$, tutte le successioni $\{D^\alpha f_n\}$ con $0 \leq |\alpha| \leq k$ sono di Cauchy in $C(A)$. Dai teoremi di derivazione termine a termine, segue che lo spazio risultante è di Banach.

Nota 7.2. Con l'introduzione degli spazi funzionali stiamo facendo un importante passo verso l'astrazione, riguardando le singole funzioni da una diversa prospettiva. Nei corsi introduttivi di Analisi Matematica una funzione è un'applicazione univoca da un insieme in un altro (una *point map*); qui una funzione è un *singolo elemento* o *punto* o *vettore* di uno spazio.

Spazi di funzioni sommabili e di funzioni limitate. Sia Ω un insieme *aperto* in $\mathbb{R}^N$ e $p \geq 1$ un numero reale. Indichiamo col simbolo $L^p(\Omega)$ l'insieme delle funzioni f che siano $p-sommabili$ in Ω secondo Lebesgue, tali cioè che $\int_\Omega |f|^p < \infty$, ritenendo due funzioni identiche quando sono uguali quasi ovunque e cioè differiscono su un insieme di misura (di Lebesgue) nulla. $L^p(\Omega)$ risulta uno spazio di Banach con la norma integrale di ordine p:

$$\|f\|_{L^p(\Omega)} = \left(\int_\Omega |f|^p \right)^{1/p}.$$

L'dentificazione di due funzioni uguali q.o. implica che ogni elemento di $L^p(\Omega)$ non è una singola funzione bensì una *classe di equivalenza* di funzioni, che differiscono a due a due solo su un insieme di misura nulla. Una situazione perfettamente analoga è quella dei *numeri razionali*. Infatti, rigorosamente, un numero razionale è definito come una classe di equivalenza di frazioni: per esempio, le frazioni $2/3$, $4/6$, $8/12$ ... rappresentano lo *stesso* numero, anche se per un uso concreto ci si può riferire al rappresentante (la frazione) più conveniente. Lo stesso accade con le funzioni di L^p anche se vedremo che in alcune circostanze occorre cautela.

• Una funzione $f : \Omega \to \mathbb{R}$ (o $\mathbb{C}$) si dice *essenzialmente limitata* se esiste un numero reale M tale che

$$|f(x)| \leq M \qquad \text{q.o. in } \Omega. \tag{7.2}$$

Indichiamo col simbolo $L^\infty(\Omega)$ l'insieme delle funzioni *essenzialmente* limitate in Ω, ritenendo due funzioni identiche quando differiscono su un insieme di misura (di Lebesgue) nulla. L'estremo inferiore dei numeri M con la proprietà (7.2) si chiama *estremo superiore essenziale di* f ed è una norma su $L^\infty(\Omega)$, che indicheremo con

$$\|f\|_{L^\infty(\Omega)} = \operatorname*{ess\,sup}_{\Omega} |f|.$$

Si noti che l'estremo superiore essenziale può differire dall'estremo superiore; ad esempio, se $f = \chi_\mathbb{Q}$ è la funzione caratteristica dei razionali, si ha $\sup f = 1$, ma $\operatorname{ess\,sup} f = 0$, essendo $|\mathbb{Q}| = 0$.

Rispetto alla norma $\|f\|_{L^\infty(\Omega)}$, $L^\infty(\Omega)$ risulta uno spazio di Banach.

• *Disuguaglianza di Hölder*. La seguente disuguaglianza generalizza quella di Schwarz:

$$\left| \int_\Omega fg \right| \leq \|f\|_{L^p(\Omega)} \|g\|_{L^q(\Omega)} \qquad \forall\, f \in L^p(\Omega),\ g \in L^q(\Omega) \tag{7.3}$$

dove $q = p/(p-1)$ si chiama *esponente coniugato di* p, includendo anche il caso $p = 1$, $q = \infty$.

7.2.2 Prodotto interno e spazi di Hilbert

Veniamo ora agli *spazi di Hilbert*. Sia X uno spazio vettoriale sul campo *reale*. Si dice che X è uno spazio *pre-Hilbertiano* oppure uno spazio *dotato di prodotto interno* se è definita una funzione

$$\langle \cdot, \cdot \rangle : X \times X \to \mathbb{R},$$

detta *prodotto interno o scalare*, tale che, per ogni $x, y, z \in X$ e ogni $\lambda, \mu \in \mathbb{R}$ si abbia

1. $\langle x, x \rangle \geq 0$ e $\langle x, x \rangle = 0$ se e solo se $x = 0$ \qquad (*annullamento*);
2. $\langle x, y \rangle = \langle y, x \rangle$ \qquad (*simmetria*);
3. $\langle \mu x + \lambda y, z \rangle = \mu \langle x, z \rangle + \lambda \langle y, z \rangle$ \qquad (*bilinearità*).

La 3 indica che il prodotto interno è lineare rispetto al primo argomento. Dalla 2 si deduce che esso è lineare anche rispetto al secondo. Si dice allora che $\langle \cdot, \cdot \rangle$ è una *forma bilineare* da $X \times X$ in $\mathbb{R}$.

Nota 7.3. Se il campo di scalari è quello dei numeri complessi $\mathbb{C}$, allora si ha

$$\langle \cdot, \cdot \rangle : X \times X \to \mathbb{C}$$

e la proprietà di simmetria 2 è sostituita dalla seguente:

2*. $\langle x, y \rangle = \overline{\langle y, x \rangle}$ (*emisimmetria*),

dove la barra sta per *coniugato*. La proprietà di linearità rispetto al secondo argomento si modifica di conseguenza nel modo seguente:

$$\langle z, \mu x + \lambda y \rangle = \overline{\mu} \langle z, x \rangle + \overline{\lambda} \langle z, y \rangle.$$

Si dice allora che $\langle \cdot, \cdot \rangle$ è *antilineare rispetto al secondo argomento* e che è una forma *sesquilineare* da $X \times X$ in $\mathbf{C}$.

Un prodotto interno induce nello spazio una *norma* tramite la formula

$$\|x\| = \sqrt{\langle x, x \rangle}$$

ben definita grazie alla proprietà 1 del prodotto scalare. Pertanto uno spazio pre-Hilbertiano è anche normato. Valgono le seguenti importanti proprietà.

- **Disuguaglianza di Schwarz**

$$|\langle x, y \rangle| \leq \|x\| \, \|y\|$$

  con uguaglianza se e solo se *x* e *y* sono linearmente dipendenti.
- **Legge del parallelogramma**

$$\|x + y\|^2 + \|x - y\|^2 = 2 \|x\|^2 + 2 \|y\|^2.$$

Se si interpreta $\|x\|$ come la lunghezza del vettore x, la legge del parallelogramma afferma che *la somma dei quadrati della lunghezza delle diagonali di un parallelogramma uguaglia la somma dei quadrati della lunghezza dei suoi lati*.

La dimostrazione di queste proprietà ricalca quella valida in spazi vettoriali a dimensione finita. Ricordiamo brevemente come si mostra la disuguaglianza di Schwarz.

Per ogni $t \in \mathbb{R}$ ed ogni $x, y \in X$, si ha, utilizzando le proprietà del prodotto interno,

$$0 \leq \langle tx + y, tx + y \rangle = t^2 \|x\|^2 + 2t \langle x, y \rangle + \|y\|^2 \equiv P(t).$$

Ciò significa che il trinomio in $P(t)$ è sempre non negativo e pertanto deve avere discriminante non positivo, ossia

$$(\langle x, y \rangle)^2 - \|x\|^2 \|y\|^2 \leq 0,$$

che equivale alla disuguaglianza di Schwarz. L'uguaglianza si ha solo se $tx + y = 0$ ossia se x e y sono dipendenti.   □

- *Sia X pre-Hilbertiano. Allora, per ogni $y \in X$, fissato, la funzione*

$$x \longmapsto \langle x, y \rangle$$

è continua in X.

Dimostrazione. Dalla linearità e dalla disuguaglianza di Schwarz:

$$|\langle z, y\rangle - \langle x, y\rangle| = |\langle z - x, y\rangle| \le \|z - x\| \, \|y\|$$

e quindi, se $\|z - x\| \to 0$, anche il primo membro tende a zero, da cui la continuità richiesta. □

Definizione 7.5. *Si chiama* **spazio di Hilbert** *uno spazio vettoriale dotato di prodotto interno,* **completo** *rispetto alla norma indotta.*

Esempio 7.1. $\mathbb{R}^n$ è uno spazio di Hilbert rispetto al prodotto scalare usuale

$$\langle \mathbf{x}, \mathbf{y}\rangle = \sum_{i=1}^{n} x_i y_i, \qquad \mathbf{x} = (x_1, ..., x_n), \; \mathbf{y} = (y_1, ..., y_n).$$

Più in generale, se $\mathbf{A} = (a_{ij})_{i.j=1,...,n}$ è una matrice quadrata di ordine n, *simmetrica e definita positiva,* l'espressione

$$\langle \mathbf{x}, \mathbf{y}\rangle_{\mathbf{A}} = \sum_{i=1}^{n} a_{ij} x_i y_j \tag{7.4}$$

definisce un prodotto scalare in $\mathbb{R}^n$. Anzi, si può mostrare che *ogni* prodotto scalare in $\mathbb{R}^n$ si può scrivere nella forma (7.4), con un'opportuna matrice $\mathbf{A}$.

$\mathbf{C}^n$ è uno spazio di Hilbert rispetto al prodotto scalare

$$\langle \mathbf{x}, \mathbf{y}\rangle = \sum_{i=1}^{n} x_i \overline{y}_i \qquad \mathbf{x} = (x_1, ..., x_n), \mathbf{y} = (y_1, ..., y_n).$$

Esempio 7.2. Sia l^2 l'insieme delle successioni $\{x_n\}$ a valori in $\mathbb{R}$, tali che

$$\sum_{i=1}^{\infty} x_n^2 < \infty.$$

Munito del prodotto scalare

$$\langle \mathbf{x}, \mathbf{y}\rangle = \sum_{i=1}^{\infty} x_i y_j, \qquad \mathbf{x} = \{x_n\}, \mathbf{y} = \{y_n\},$$

l^2 è uno spazio di Hilbert.

Esempio 7.3. Lo spazio $L^2(\Omega)$ è uno spazio di Hilbert rispetto al prodotto scalare[2]

$$(u, v)_{L^2(\Omega)} = \int_{\Omega} uv.$$

$C(A)$ è spazio pre-Hilbertiano rispetto allo stesso prodotto interno, ma, come abbiamo già visto, non è completo rispetto alla norma da esso indotta.

---

[2] Che indicheremo anche con $(\cdot, \cdot)_0$ o semplicemente con $(\cdot, \cdot)$ quando non vi sia possibilità di equivoco.

Gli *spazi di Hilbert* sono l'ambiente ideale per risolvere problemi in dimensione infinita. Unificano, attraverso il prodotto interno e la norma indotta, le strutture di spazio vettoriale e metrico in un modo molto più efficiente di quanto non faccia una norma generica. Si può parlare di ortogonalità e di proiezioni, di un teorema di Pitagora infinito dimensionale (ad esempio tramite l'uguaglianza di Parseval o Bessel per le serie di Fourier) e di altre operazioni che rendono la struttura estremamente ricca e comoda da usare.

È in questo ambiente che inquadreremo e risolveremo i problemi al contorno per equazioni a derivate parziali.

7.2.3 Ortogonalità e proiezioni

In analogia a quanto accade negli spazi vettoriali a dimensione finita, due elementi x, y di uno spazio dotato di prodotto interno $\langle \cdot, \cdot \rangle$ si dicono **ortogonali** se $\langle x, y \rangle = 0$ e si scrive $x \perp y$.

Ora, se si considera un sottospazio V di $\mathbb{R}^n$, per esempio un iperpiano passante per l'origine, ogni elemento $x \in \mathbb{R}^n$ ha una proiezione ortogonale su V. Infatti, se $\dim V = k$ e i versori $v_1, v_2, \ldots, v_k$ costituiscono una *base ortonormale* per V, si può trovare una base ortonormale per $\mathbb{R}^n$ data da

$$v_1, v_2, \ldots, v_k, w_{k+1}, \ldots, w_n,$$

dove $w_{k+1}, \ldots, w_n$ sono opportuni versori. Dunque, se

$$x = \sum_{j=1}^{k} x_j v_j + \sum_{j=k+1}^{n} x_j w_j,$$

la proiezione di x su V è data da

$$P_V x = \sum_{j=1}^{k} x_j v_j.$$

Ciò che caratterizza $P_V x$, e che evita il ricorso ad una base dello spazio[3], è di *essere l'elemento di V a minima distanza da x*, nel senso che:

$$\|P_V x - x\| = \inf_{y \in V} \|y - x\|. \tag{7.5}$$

Infatti, se $y = \sum_{j=1}^{k} y_j v_j$, si ha

$$\|y - x\|^2 = \sum_{j=1}^{k} (y_j - x_j)^2 + \sum_{j=k+1}^{n} x_j^2 \geq \sum_{j=k+1}^{N} x_j^2 = \|P_V x - x\|^2.$$

In questo caso, si vede che l'estremo inferiore in (7.5) è in realtà un minimo.

---

[3] ... che in dimensione infinita potrebbe diventare non agevole.

Si noti che l'unicità di $P_V x$ segue dal fatto che, se $y^* \in V$ e

$$\|y^* - x\| = \|P_V x - x\|,$$

necessariamente deve essere $\sum_{j=1}^{k} (y_j^* - x_j)^2 = 0$, da cui $y_j^* = x_j$ per $j = 1, \dots, k$ e quindi $y^* = P_V x$. Poiché

$$(x - P_V x) \perp v, \qquad \forall v \in V,$$

si vede che ogni $x \in \mathbb{R}^n$ può essere scritto in modo unico nella forma

$$x = y + z,$$

con $y \in V$ e $z \in V^\perp$, dove $V^\perp$ indica il sottospazio dei vettori ortogonali a V. Si dice che $\mathbb{R}^n$ è *somma diretta* dei sottospazi V e $V^\perp$ e si scrive

$$\mathbb{R}^n = V \oplus V^\perp.$$

Inoltre,

$$\|x\|^2 = \|y\|^2 + \|z\|^2,$$

che generalizza il teorema di Pitagora.

Tutto quanto si può estendere agli spazi di Hilbert a dimensione *non finita*, pur di considerare **sottospazi V chiusi**, cioè se $x_k \in V$ per ogni k e $\|x_k - x\| \longrightarrow 0$ per $k \to +\infty$ allora $x \in V$. Si noti che i sottospazi dimensione k, *finita*, sono automaticamente chiusi, essendo isomorfi[4] a $\mathbb{R}^k$ (o $\mathbb{C}^k$). Salvo avviso contrario considereremo spazi di Hilbert sul campo reale. Iniziamo con il seguente importante risultato (Figura 7.1).

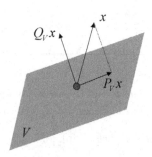

Figura 7.1. Teorema delle proiezioni

---

[4] Due spazi vettoriali U e V si dicono isomorfi se esiste una corrispondenza $F\colon U \to V$, biunivoca (e bicontinua nel caso di dimensione infinita) tale che, per ogni $k - upla$ di vettori $u_1, u_2, \dots, u_k$ in U :

$$F(a_1 u_1 + a_2 u_2 + \dots + a_k u_k) = a_1 F(u_1) + a_2 F(u_2) + \dots + a_k F(u_k).$$

Teorema 7.6. *(Di proiezione). Sia V un sottospazio chiuso di uno spazio di Hilbert H. Allora, per ogni $x \in H$, esiste un unico elemento $P_V x \in V$ tale che*

$$\|P_V x - x\| = \inf_{y \in V} \|y - x\|.$$

Valgono inoltre le seguenti proprietà:

1. $P_V x = x$ *se e solo se $x \in V$.*
2. *Posto $Q_V x = x - P_V x$, si ha $Q_V x \in V^\perp$ e*

$$\|x\|^2 = \|P_V x\|^2 + \|Q_V x\|^2.$$

Dimostrazione. Sia

$$d = \inf_{v \in V} \|v - x\|.$$

Dalla definizione di estremo inferiore, per ogni intero $n \geq 1$ esiste $v_n \in V$ tale che

$$d \leq \|v_n - x\| < d + \frac{1}{n}$$

e quindi $\|v_n - x\| \to d$, se $n \to \infty$.

Facciamo vedere che la successione $\{v_n\}$ è di Cauchy. Infatti, utilizzando la legge del parallelogramma per i vettori $v_n - x$ e $v_m - x$, si ha

$$\|v_n + v_m - 2x\|^2 + \|v_n - v_m\|^2 = 2\|v_n - x\|^2 + 2\|v_m - x\|^2. \tag{7.6}$$

Poiché $(v_n + v_m)/2 \in V$, si può scrivere

$$\|v_n + v_m - 2x\|^2 = 4\left\|\frac{v_n + v_m}{2} - x\right\|^2 \geq 4d^2$$

e quindi, dalla (7.6)

$$\|v_n - v_m\|^2 = 2\|v_n - x\|^2 + 2\|v_m - x\|^2 - \|v_n + v_m - 2x\|^2$$
$$\leq 2\|v_n - x\|^2 + 2\|v_m - x\|^2 - 4d^2.$$

Passando al limite per $m, n \to \infty$, il secondo membro tende a zero e quindi anche

$$\|v_n - v_m\| \to 0$$

e pertanto $\{v_n\}$ è di Cauchy. Essendo H completo, si ha $v_n \to v$ ed essendo V chiuso, si deduce che $v \in V$ e $\|v - x\| = d$, in base alla continuità della norma.

Proviamo ora che l'elemento v di V tale che $\|v - x\| = d$ è unico. Se infatti ci fosse un altro elemento $w \in V$ tale che $\|w - x\| = d$, usando ancora la legge del parallelogramma, si avrebbe

$$\|w - v\|^2 = 2\|w - x\|^2 + 2\|v - x\|^2 - 4\left\|\frac{w + v}{2} - x\right\|^2$$
$$\leq 2d^2 + 2d^2 - 4d^2 = 0,$$

da cui $w = v$. Abbiamo così dimostrato che esiste un unico elemento $v = P_V x \in V$ tale che

$$\|x - P_V x\| = d.$$

Poiché V è chiuso, $x \in V$ se e solo se $d = 0$ ossia se $x = P_V x$.

Rimane da dimostrare la *2*. Siano $Q_V x = x - P_V x$, $v \in V$ e $t \in \mathbb{R}$. Poiché $P_V x + tv \in V$ per ogni t, si ha

$$\begin{aligned}
d^2 &\leq \|x - (P_V x + tv)\|^2 = \|Q_V x - tv\|^2 \\
&= \|Q_V x\|^2 - 2t\langle Q_V x, v\rangle + t^2 \|v\|^2 \\
&= d^2 - 2t\langle Q_V x, v\rangle + t^2 \|v\|^2 .
\end{aligned}$$

Elidendo d^2 e dividendo per $t > 0$, si ottiene

$$\langle Q_V x, v\rangle \leq \frac{t}{2} \|v\|^2$$

che, per l'arbitrarietà di t, implica $\langle Q_V x, v\rangle \leq 0$; dividendo per $t < 0$ si ottiene

$$\langle Q_V x, v\rangle \geq \frac{t}{2} \|v\|^2$$

che, per l'arbitrarietà di t, porta a $\langle Q_V x, v\rangle \geq 0$. Pertanto $\langle Q_V x, v\rangle = 0$ che significa $Q_V x \in V^\perp$ e implica

$$\|x\|^2 = \|P_V x + Q_V x\|^2 = \|P_V x\|^2 + \|Q_V x\|^2 .$$

La dimostrazione è conclusa. $\square$

Gli elementi $P_V x$, $Q_V x$ si chiamano **proiezioni ortogonali, su** V e $V^\perp$, rispettivamente. L'estremo inferiore in *1* è in realtà un minimo; inoltre, le *1*, *2* equivalgono all'affermazione che H è *somma diretta* di V e $V^\perp$:

$$H = V \oplus V^\perp.$$

Dalla *1* si ricava poi che

$$V^\perp = \varnothing \qquad \text{se e solo se} \qquad V = H.$$

Nota 7.4. Nelle stesse ipotesi del teorema, un'altra caratterizzazione di $P_V x$ è la seguente: $u = P_V x$ se e solo se

$$\begin{cases} u \in V \\ \langle x - u, v\rangle = 0, \ \forall v \in V. \end{cases}$$

Nota 7.5. È utile sottolineare che se V è un sottospazio *anche non chiuso* di H, il sottospazio $V^\perp$ dei vettori ortogonali a V è *sempre chiuso*. Infatti se $y_n \to y$ e $\{y_n\} \subset V^\perp$, si ha, per ogni $x \in V$,

$$\langle y, x\rangle = \lim\langle y_n, x\rangle = 0$$

e quindi $y \in V^\perp$.

Esempio 7.4. Sia $\Omega \subset \mathbb{R}^N$, con misura di Lebesgue finita. In $L^2(\Omega)$ consideriamo il sottospazio V generato dalla funzione

$$f \equiv 1 \quad \text{in } \Omega.$$

Essendo uni-dimensionale, tale sottospazio risulta chiuso in $L^2(\Omega)$. Il sottospazio $V^\perp$ è costituito dalle funzioni ortogonali ad ogni elemento di V e cioè dalle funzioni $g \in L^2(\Omega)$ tali che

$$\langle g, 1 \rangle = \int_\Omega g = 0.$$

In pratica, dalle *funzioni a media nulla*. Inoltre, data $f \in L^2(\Omega)$, si può scrivere

$$P_V f = \frac{1}{|\Omega|} \int_\Omega f, \qquad Q_V f = f - \frac{1}{|\Omega|} \int_\Omega f.$$

Infatti, la proiezione $P_V f$ si ottiene risolvendo il problema

$$\min_{\lambda \in \mathbb{R}} \left| \int_\Omega (f - \lambda)^2 \right|.$$

Essendo

$$\int_\Omega (f - \lambda)^2 = \int_\Omega f^2 - 2\lambda \int_\Omega f + \lambda^2 |\Omega|,$$

si vede che il minimo si trova esattamente per

$$\lambda = \frac{1}{|\Omega|} \int_\Omega f.$$

7.2.4 Basi ortonormali

Anche in spazi a dimensione infinita si può, a volte, parlare di *base*, per esempio quando H è **separabile**, ossia quando esiste un sottoinsieme di H *numerabile* e *denso*. Una successione $\{w_k\}_{k=1}^\infty$ di elementi di H costituisce una *base ortonormale* se

$$\begin{cases} \langle w_k, w_j \rangle = \delta_{kj} & k, j \geq 1, \cdots \\ \|w_k\| = 1 & k \geq 1 \end{cases}$$

e se *ogni $x \in H$ si può scrivere nella forma* (*serie di Fourier generalizzata*)

$$x = \sum_{k=1}^\infty \langle x, w_k \rangle w_k,$$

dove i $c_k = <x, w_k>$ si chiamano *coefficienti di Fourier* rispetto alla base considerata. Inoltre (teorema di Pitagora ...)

$$\|x\|^2 = \sum_{k=1}^\infty \langle x, w_k \rangle^2.$$

Avendo a disposizione una base ortonormale $\{w_k\}_{k=1}^{\infty}$, la proiezione di un elemento $x \in H$ sul sottospazio V generato, diciamo, da $w_1, \cdots, w_N$ è

$$P_V x = \sum_{k=1}^{N} \langle x, w_k \rangle w_k.$$

Un classico esempio di spazio di Hilbert separabile è $L^2 (0, 2\pi)$. L'insieme di funzioni

$$\frac{1}{\sqrt{2\pi}}, \frac{\cos x}{\sqrt{\pi}}, \frac{\sin x}{\sqrt{\pi}}, \frac{\cos 2x}{\sqrt{\pi}}, \frac{\sin 2x}{\sqrt{\pi}}, \cdots, \frac{\cos mx}{\sqrt{\pi}}, \frac{\sin mx}{\sqrt{\pi}}, \cdots$$

ne costituisce una base numerabile ortonormale.

Nelle applicazioni, basi ortonormali intervengono nella soluzione di particolari problemi per equazioni a derivate parziali, spesso in relazione al metodo di separazione delle variabili. Tipici esempi vengono dallo studio delle vibrazioni di una corda oppure dalla diffusione del calore in una sbarra con proprietà termiche non costanti, per es. col coefficiente di conduttività termica $\kappa = \kappa (x, t)$. Il primo esempio conduce all'equazione delle onde

$$\rho (x) u_{tt} - \tau u_{xx} = 0.$$

Separando le variabili ($u(x, t) = v (x) z (t)$), per il fattore v troviamo l'equazione

$$\tau v'' + \lambda \rho v = 0.$$

Il secondo esempio conduce all'equazione del calore

$$\rho c_v u_t - (\kappa u')' = 0.$$

Separando le variabili, troviamo, sempre per il fattore spaziale,

$$(\kappa v')' + \lambda c_v \rho v = 0.$$

Queste equazioni appartengono ad una classe di equazioni differenziali ordinarie della forma

$$(pu')' + qu + \lambda wu = 0, \tag{7.7}$$

dette equazioni di *Sturm-Liouville*. In generale si cercano soluzioni della (7.7) in un intervallo (a, b), $-\infty \leq a < b \leq +\infty$, soddisfacenti particolari condizioni agli estremi (problema ai limiti). Le ipotesi naturali su p e q sono:

i) p, q, p^{-1} continue e integrabili in (a, b);
ii) $p \neq 0$ in (a, b);
iii) w, detta funzione *peso*, continua in $[a, b]$ e positiva in (a, b).

In generale, il problema ai limiti ha soluzioni non banali (cioè non identicamente nulle) solo per particolari valori di λ, detti *autovalori*. Le soluzioni corrispondenti si chiamano *autofunzioni*, che, opportunamente normalizzate, costituiscono una base ortonormale nello spazio di Hilbert $L_w^2\,(a,b)$, l'insieme delle funzioni tali che

$$\|u\|_{L_w^2}^2 = \int_a^b u^2\,(x)\,w\,(x)\,dx < \infty.$$

$L_w^2\,(a,b)$ è uno spazio di Hilbert rispetto al prodotto interno definito da

$$(u,v)_{L_w} = \int_a^b u\,(x)\,v\,(x)\,w\,(x)\,dx.$$

Vediamo due esempi.

Polinomi di Legendre

Sono definiti ricorsivamente dalla relazione

$$L_0\,(x) = 1, L_1\,(x) = x, \quad (n+1)\,L_{n+1} = (2n+1)xL_n - nL_{n-1} \quad (n>1),$$

oppure dalla formula (di *Rodrigues*)

$$L_n\,(x) = \frac{1}{2^n n!}\frac{d^n}{dx^n}\,(x^2-1)^n \qquad (n \geq 0).$$

Per esempio, $L_2\,(x) = \frac{1}{2}(3x^2 - 1)$, $L_3\,(x) = \frac{1}{2}(5x^3 - 3x)$. I polinomi di Legendre sono autofunzioni del problema

$$((1-x^2)\,u')' + \lambda u = 0 \qquad \text{in } (-1,1)$$

$$u\,(-1) < \infty, \qquad u\,(1) < \infty,$$

con rispettivi autovalori $\lambda_n = n\,(n+1)$, $n = 0,1,2,\dots$.

I polinomi $\sqrt{\frac{2}{2n+1}}L_n$ costituiscono una base ortonormale in $L^2\,(-1,1)$ (cioè con funzione peso $w\,(x) = 1$).

Polinomi di Hermite

Intervengono in questioni di meccanica quantistica e sono definiti dalla formula (di *Rodrigues*)

$$H_n\,(x) = (-1)^n\,e^{x^2}\frac{d^n}{dx^n}e^{-x^2} \qquad (n \geq 0).$$

Per esempio,

$$H_0\,(x) = 1, H_1\,(x) = 2x, H_2\,(x) = 4x^2 - 2, H_3\,(x) = 8x^3 - 12x.$$

Questi polinomi sono autofunzioni del problema

$$\left(e^{-x^2}u'\right)' + 2\lambda e^{-x^2}u = 0 \qquad \text{in } (-\infty,+\infty),$$

$$u\,(\pm\infty) = O\left(|x|^N\right) \qquad \text{per qualche intero } N,$$

con rispettivi autovalori $\lambda_n = n$ ($n = 0,1,2,\cdots$). I polinomi $\pi^{1/4}\,(2^n n!)^{1/2}\,H_n$ costituiscono un base ortonormale in $L_w^2\,(-\infty,+\infty)$, con $w\,(x) = e^{-x^2}$.

7.3 Operatori e funzionali lineari. Spazio duale

7.3.1 Operatori e funzionali lineari

Siano H_1 e H_2 spazi di Hilbert (su $\mathbb{R}$). Un **operatore lineare** da H_1 in H_2 è una funzione

$$L : H_1 \to H_2$$

tale che[5] $\forall \alpha, \beta \in \mathbb{R}$ e $\forall x, y \in H_1$

$$L(\alpha x + \beta y) = \alpha L x + \beta L y.$$

Per ogni operatore lineare sono definiti *nucleo e immagine* (*o rango*).

Il **nucleo** di L, $\mathcal{N}(L)$, è la controimmagine del vettore nullo (in H_2):

$$\mathcal{N}(L) = \{x \in H_1 : Lx = 0\}$$

e risulta un sottospazio di H_1.

L'**immagine** di L, $\mathcal{R}(L)$, è l'insieme delle immagini:

$$\mathcal{R}(L) = \{y \in H_2 : \exists x \in H_1, Lx = y\}$$

e risulta un sottospazio di H_2.

Definizione 7.6. *L'operatore L si dice **limitato** se esiste una costante C tale che,* $\forall x \in H_1$,

$$\|Lx\|_{H_2} \leq C \|x\|_{H_1}. \tag{7.8}$$

La (7.8) indica che la sfera di raggio R in H_1 viene trasformata da L in un insieme contenuto nella sfera di raggio CR in H_2. La costante C si può dunque interpretare come un controllo del "tasso di espansione" operato da L. Se, in particolare, $C < 1$, L opera una contrazione delle distanze.

Se $x \neq 0$, usando la linearità di L si può scrivere la (7.8) nella forma

$$\left\| L \left(\frac{x}{\|x\|_{H_1}} \right) \right\|_{H_2} \leq C$$

che, poiché $\frac{x}{\|x\|_{H_1}}$ ha norma unitaria in H_1, equivale a richiedere

$$\sup_{\|x\|_{H_1}=1} \|Lx\|_{H_2} = K < \infty. \tag{7.9}$$

Evidentemente $K \leq C$.

Microteorema 7.7. *Un operatore lineare $L : H_1 \to H_2$ è limitato se e solo se è continuo.*

---

[5] Se un operatore L è lineare, si scrive Lx anziché $L(x)$, quando ciò non generi confusione.

Dimostrazione. Sia L limitato. Dalla (7.8) si ha, $\forall x, x_0 \in H_1$,

$$\|L(x - x_0)\|_{H_2} \leq C \|x - x_0\|_{H_1}$$

e quindi, se $\|x - x_0\|_{H_1} \to 0$, anche $\|Lx - Lx_0\|_{H_2} = \|L(x - x_0)\|_{H_2} \to 0$. Ciò mostra la continuità di L.

Sia L continuo. In particolare L è continuo in $x = 0$ e quindi esiste δ tale che

$$\|Lx\|_{H_2} \leq 1 \qquad \text{se } \|x\|_{H_1} \leq \delta.$$

Se ora $y \in H_1$ con $\|y\|_{H_1} = 1$, posto $z = \delta y$, si ha $\|z\|_{H_1} = \delta$ che implica

$$\delta \|Ly\|_{H_2} = \|Lz\|_{H_2} \leq 1$$

e cioè

$$\|Ly\|_{H_2} \leq \frac{1}{\delta}$$

che implica la (7.9) con $K \leq \delta^{-1}$.   □

L'insieme degli operatori lineari e continui (o limitati) da uno spazio di Hilbert H_1 in un altro spazio di Hilbert H_2, si indica col simbolo

$$\mathcal{L}(H_1, H_2).$$

Nel caso in cui $H_2 = \mathbb{R}$ (oppure $\mathbb{C}$, per gli spazi di Hilbert sui complessi), invece di operatore si usa il termine **funzionale**.

Definizione 7.7. *L'insieme dei funzionali lineari e continui su uno spazio di Hilbert H prende il nome di **spazio duale** di H e si indica col simbolo H' oppure H^*.*

Esempio 7.5. Sia **A** una matrice di ordine $m \times n$ ad elementi reali. È un risultato di algebra elementare che l'operatore

$$L : \mathbf{x} \longmapsto \mathbf{Ax}$$

sia lineare e continuo da $\mathbb{R}^n$ in $\mathbb{R}^m$.

Esempio 7.6. Sia $H = L^2(0, 1)$. Il funzionale da H in $\mathbb{R}$ definito da

$$L : f \longmapsto \int_0^1 f$$

è lineare e continuo. Infatti, per la disuguaglianza di Schwarz:

$$|Lf| = \left| \int_0^1 f \right| \leq \int_0^1 |f| \leq \sqrt{\int_0^1 f^2} = \|f\|_{L^2(0,1)}$$

e quindi la (7.8) vale con $C = 1$.

Esempio 7.7. Sia $H = L^2(\Omega)$, Ω aperto in $\mathbb{R}^N$. Sia g fissata in $L^2(\Omega)$. Il funzionale definito da

$$L_g : f \longmapsto \int_\Omega f\, g$$

è lineare e continuo. Infatti, per la disuguaglianza di Schwarz:

$$|L_g f| = \left| \int_\Omega f g \right| \leq \sqrt{\int_\Omega |f|^2} \sqrt{\int_\Omega |g|^2} = \|g\|_{L^2(\Omega)} \|f\|_{L^2(\Omega)}$$

e quindi la (7.8) vale con $C = \|g\|_{L^2(\Omega)}$.

Esempio 7.8. Sia H spazio di Hilbert. Fissato $y \in H$, i funzionali

$$L_1 : x \longmapsto \langle x, y \rangle$$
$$L_2 : x \longmapsto \langle y, x \rangle$$

sono lineari e continui. Ciò segue subito dalla disuguaglianza di Schwarz:

$$|\langle x, y \rangle| \leq \|x\| \, \|y\|,$$

da cui la (7.8), con $C = \|y\|$. Si noti che la funzione

$$x \longmapsto \|x\|$$

è continua ma non lineare.

Esempio 7.9. Sia V sottospazio *chiuso* di uno spazio di Hilbert H. Le proiezioni definite nel Teorema 7.6,

$$x \longmapsto P_V x, \qquad x \longmapsto Q_V x$$

sono operatori lineari continui da H in H. Infatti, da $\|x\|^2 = \|P_V x\|^2 + \|Q_V x\|^2$ segue subito che

$$\|P_V x\| \leq \|x\|, \qquad \|Q_V x\| \leq \|x\|,$$

per cui vale la (7.8) con $C = 1$.

Nota 7.6. Siano V e H spazi di Hilbert, $V \subset H$. Un elemento di V può dunque essere pensato come elemento anche di H. Si definisce così l'operatore

$$I : V \to H; \ u \mapsto u$$

che si chiama *immersione di V in H*. È chiaramente un operatore lineare ed è *continuo se esiste un numero C tale che*

$$\|u\|_H \leq C \|u\|_V, \qquad \text{per ogni } u \in V.$$

In tal caso si dice che V è **immerso con continuità** in H.

Dati due operatori L, $G \in \mathcal{L}(H_1, H_2)$, si possono definire in modo naturale altri due operatori nella stessa classe, somma e prodotto per uno scalare:

$$(G + L)(x) = Gx + Lx$$
$$(\lambda L)x = \lambda Lx,$$

dove $x \in H_1$ e $\lambda \in \mathbb{R}$. L'insieme $\mathcal{L}(H_1, H_2)$ risulta così dotato di una struttura di spazio vettoriale (reale). Lo si può normare ponendo

$$\|L\|_{\mathcal{L}(H_1, H_2)} = \sup_{\|x\|_{H_1} = 1} \|Lx\|_{H_2}.$$

In particolare, per ogni operatore limitato, avremo

$$\|Lx\|_{H_2} \leq \|L\|_{\mathcal{L}(H_1, H_2)} \|x\|_{H_1}.$$

Se non sorgono ambiguità, potremo scrivere semplicemente $\|L\|$ anziché $\|L\|_{\mathcal{L}(H_1, H_2)}$ o, nel caso dei funzionali, $\|L\|_{H'}$. Si può mostrare che lo spazio normato così ottenuto è completo e quindi:

Microteorema 7.8. $\mathcal{L}(H_1, H_2)$, *in particolare H', è uno spazio di Banach.*

Nota 7.7. Dato una spazio di Hilbert H abbiamo sempre indicato il prodotto scalare in H con il simbolo $\langle \cdot, \cdot \rangle$ oppure, se esiste rischio di confusione, con $\langle \cdot, \cdot \rangle_H$. Sia ora $L \in H'$. Abbiamo indicato la *sua azione* su un elemento $x \in H$ semplicemente con Lx. A volte è utile mettere in evidenza la *dualità tra H e H'* con la notazione[6] $_{H'}\langle L, x \rangle_H$, che, naturalmente si usa in casi di estrema necessità, oppure $\langle L, x \rangle_*$.

7.3.2 Teorema di rappresentazione di Riesz

La determinazione del duale di uno spazio di Hilbert è un problema importante che verrà risolto grazie al prossimo *Teorema di Riesz*. L'Esempio 7.8 mostra che il prodotto scalare con un elemento y fissato è un elemento del duale. Il teorema di Riesz, indica che *ogni elemento del duale è rappresentabile mediante prodotto interno con un opportuno elemento*. Si estende così un risultato ben noto per gli spazi a dimensione finita. Per esempio, se L è un funzionale lineare in $\mathbb{R}^n$, esiste un vettore $\mathbf{a} \in \mathbb{R}^n$ tale che, per ogni $\mathbf{h} \in \mathbb{R}^n$, si ha

$$L\mathbf{h} = \langle \mathbf{a}, \mathbf{h} \rangle.$$

Si può provare che $\|L\| = \|\mathbf{a}\|$ (Esercizio 7.1).

Teorema 7.9. *(Di rappresentazione di Riesz). Sia H uno spazio di Hilbert. Per ogni $L \in H'$ esiste un unico elemento $u \in H$ tale che :*
1. *$Lx = \langle u, x \rangle$ per ogni $x \in H$,*
2. *$\|L\|_{H'} = \|u\|$.*

---

[6] Tra i cui pregi non vi sono certamente la comodità e l'estetica.

Dimostrazione. Sia $\mathcal{N}$ il nucleo di L. Se $\mathcal{N} = H$, la tesi segue scegliendo $u = 0$. Se $\mathcal{N} \neq H$, allora $\mathcal{N}$ è un sottospazio di H, *chiuso* per la continuità di L (infatti, se $\{x_n\} \subset \mathcal{N}$ e $x_n \to x$, allora $0 = Lx_n \to Lx$ e perciò $x \in \mathcal{N}$). Dal teorema di proiezione si deduce che esiste un elemento non nullo $z \in \mathcal{N}^\perp$ tale che, quindi, $Lz \neq 0$, e con norma unitaria: $\|z\| = 1$. Basta prendere un qualunque elemento $z_0 \notin \mathcal{N}$ e definire

$$z = \frac{z_0 - P_\mathcal{N} z_0}{\|z_0 - P_\mathcal{N} z_0\|}.$$

Osserviamo ora che, dato un qualunque elemento $x \in H$, l'elemento

$$w = x - \frac{Lx}{Lz}z$$

appartiene a $\mathcal{N}$. Infatti

$$Lw = L\left(x - \frac{Lx}{Lz}z\right) = Lx - \frac{Lx}{Lz}Lz = 0.$$

Essendo $z \in \mathcal{N}^\perp$ e $\|z\| = 1$, si ha

$$0 = \langle z, w \rangle = \langle z, x \rangle - \frac{Lx}{Lz},$$

ossia

$$Lx = \langle L(z)z, x \rangle.$$

La *1* vale dunque con $u = L(z)z$. Per l'unicità, osserviamo che, se esistesse $v \in H$, $v \neq u$, tale che

$$Lx = \langle v, x \rangle \quad \text{per ogni } x \in H,$$

sottraendo quest'equazione dalla *1*, si avrebbe subito che

$$\langle u - v, x \rangle = 0 \qquad \text{per ogni } x \in H,$$

che implica $v = u$. Infine, per mostrare la *2*, basta osservare che, per la disuguaglianza di Schwarz,

$$|\langle u, x \rangle| \leq \|x\| \, \|u\|$$

e quindi

$$\|L\|_{H'} = \sup_{\|x\| \leq 1} |Lx| = \sup_{\|x\| \leq 1} |\langle u, x \rangle| \leq \|u\|.$$

D'altra parte,

$$\|u\|^2 = \langle u, u \rangle = Lu \leq \|L\|_{H'} \|u\|$$

da cui, essendo $u \neq 0$, $\|u\| \leq \|L\|_{H'}$. Dunque $\|L\|_{H'} = \|u\|$. $\qquad \square$

Il teorema di rappresentazione permette, in pratica, di *identificare uno spazio di Hilbert con il suo duale*. Precisamente, introduciamo l'operatore

$$J : H' \to H$$

che associa ad ogni elemento $L \in H'$ l'unico elemento $u \in H$ che lo rappresenta, tale cioè che $Lx = \langle u, x \rangle$ per ogni $x \in H$. L'operatore J è *biiettivo ed isometrico*:

$$L \rightleftarrows u \qquad \text{e} \qquad \|L\|_{H'} = \|u\|_H$$

e prende il nome di *operatore di Riesz oppure isometria canonica tra* H' ed H. Ne segue, tra l'altro che:

- H' è uno spazio di Hilbert con prodotto interno definito dalla relazione:

$$\langle L_1, L_2 \rangle_{H'} = \langle u_1, u_2 \rangle,$$

dove $u_1 = JL_1$, $u_2 = JL_2$.

Esempio 7.10. $L^2(\Omega)$ si può identificare con il suo duale. Tutti i funzionali lineari e continui su $L^2(\Omega)$ sono dunque della forma L_g, come nell'Esempio 7.7.

Nota 7.8. Il Teorema di Riesz permette di calcolare l'azione di un funzionale lineare e continuo F su uno spazio di Hilbert H mediante il prodotto interno con l'unico elemento $z_F = JF$, dove J è l'isometria canonica tra H' e H. Come abbiamo visto, di fatto ciò permette di *identificare* H con il suo duale H'. Vi sono però situazioni nelle quali occorre usare molta cautela in questa identificazione. Un caso tipico è quello di una terna V, H, V' dove V e H sono spazi di Hilbert e

$$V \subset H \subset V'.$$

In questa situazione è certamente possibile identificare H e H', ma l'identificazione di V e V' porterebbe chiaramente ad un assurdo! Per connettere V' e V occorre dunque usare sempre l'isometria canonica tra questi spazi, evitando di identificarli.

7.4 Problemi variazionali astratti

7.4.1 Forme bilineari

Nella formulazione variazionale dei problemi al contorno per operatori differenziali, un ruolo importante è svolto dalle *forme bilineari*. Se V_1, V_2 sono spazi pre-Hilbertiani, una **forma bilineare su** $V_1 \times V_2$ è una funzione

$$a : V_1 \times V_2 \to \mathbb{R},$$

che soddisfa le seguenti proprietà.
   i) Per ogni $y \in V_2$, fissato, la funzione

$$x \longmapsto a(x, y)$$

è lineare su V_1.
   ii) Per ogni $x \in V_1$, fissato, la funzione

$$y \longmapsto a(x, y)$$

è lineare su V_2.
   Se $V_1 = V_2$ diremo semplicemente *forma bilineare su* V, anziché su $V \times V$.

Nota 7.9. Se il campo di scalari è $\mathbb{C}$, si parla di forme *sesquilineari*, anziché bilineari, e la **ii)** è sostituita dalla seguente

ii$_{bis}$) per ogni $x \in V_1$, fissato, la funzione

$$y \longmapsto a(x, y)$$

è *antilineare*[7] su V_2.

Esempio 7.11. Il prodotto interno in uno spazio di Hilbert V è una forma bilineare su V.

Esempio 7.12. Se $\mathbf{A} = (a_{ij})$ è una matrice quadrata di ordine n, la formula

$$a(\mathbf{x}, \mathbf{y}) = \sum_{i,j=1}^{n} a_{ij} x_i y_j$$

definisce una forma bilineare in $\mathbf{R}^n$.

Esempio 7.13. La formula

$$a(u, v) = \int_a^b A(x) u' v' dx + \int_a^b B(x) u' v \, dx + \int_a^b C(x) uv \, dx \qquad u, v, \in C^1\left([a, b]\right),$$

(con A, B, C funzioni limitate) definisce una forma bilineare in $C^1\left([a, b]\right)$, spazio pre-hilbertiano rispetto al prodotto interno

$$\langle u, v \rangle = \int_a^b uv + \int_a^b u' v'.$$

Esempio 7.14. Sia Ω un dominio in $\mathbb{R}^n$. La formula

$$a(u, v) = \int_\Omega \alpha \, \nabla u \cdot \nabla v \, d\mathbf{x} \qquad (\alpha > 0) \qquad u, v \in C^1\left([a, b]\right)$$

definisce una forma bilineare in $C^1\left(\Omega\right)$, spazio pre-hilbertiano rispetto al prodotto interno

$$\langle u, v \rangle = \int_\Omega uv + \int_\Omega \nabla u \cdot \nabla v.$$

Definizione 7.8. *Una forma bilineare in V si dice:*

a) **continua** *se esiste una costante positiva M tale che*

$$|a(x, y)| \leq M \|x\|_V \|y\|_V, \qquad \forall x, y \in V;$$

b) **coerciva**, *se esiste una costante $\alpha > 0$ tale che*

$$a(v, v) \geq \alpha \|v\|^2, \qquad \forall v \in V.$$

---

[7] Cioè: $a(x, \alpha y + \beta z) = \overline{\alpha} a(x, y) + \overline{\beta} a(x, z)$.

7.4.2 Teorema di Lax-Milgram

Siano V uno spazio di Hilbert, $a = a(u, v)$ una forma bilineare in V e $F \in V'$. Chiamiamo *problema variazionale astratto il seguente:*

$$\begin{cases} \text{Trovare } u \in V \\ \qquad \text{tale che} \\ a(u, v) = Fv, \qquad \forall v \in V. \end{cases} \tag{7.10}$$

Come vedremo molti problemi per equazioni differenziali possono essere formulati in modo da rientrare in questa classe. Un teorema fondamentale è il seguente.

Teorema 7.10. *(Di Lax-Milgram). Se la forma bilineare a è:*

i) continua: esiste $M > 0$ tale che

$$|a(u, v)| \leq M \|u\| \|v\|, \qquad \forall u, v \in V;$$

ii) coerciva: esiste $\alpha > 0$ tale che

$$a(v, v) \geq \alpha \|v\|^2, \qquad \forall v \in V,$$

allora esiste un'unica soluzione $\overline{u} \in V$ del problema (7.10). Inoltre vale la seguente stima di stabilità:

$$\|\overline{u}\| \leq \frac{1}{\alpha} \|F\|_{V'}. \tag{7.11}$$

Nota 7.10. La disuguaglianza che esprime la coercività si presenta spesso come una generalizzazione delle stime *dell'energia,* che abbiamo già incontrato nei capitoli precedenti.

Nota 7.11. La disuguaglianza (7.11) si chiama *stima di stabilità* per il motivo seguente. Il dato nel problema è costituito dal funzionale F, elemento del duale di V. Poiché per ogni F il teorema assicura l'esistenza di un'unica soluzione u_F, la corrispondenza

$$\text{dati} \longmapsto \text{soluzione}$$

è una *funzione (univoca)* da V' ad V. Siano ora $\lambda, \mu \in \mathbb{R}$, $F_1, F_2 \in V'$ e $\overline{u}_1, \overline{u}_2$ le corrispondenti soluzioni. In base alla bilinearità di a, abbiamo che

$$a(\lambda \overline{u}_1 + \mu \overline{u}_2, v) = \lambda a(\overline{u}_1, v) + \mu a(\overline{u}_2, v) =$$
$$= \lambda F_1 v + \mu F_2 v.$$

Si deduce che la soluzione corrispondente ad una combinazione lineare dei dati è la combinazione lineare delle soluzioni corrispondenti o, in altri termini, la corrispondenza dati-soluzione è *lineare.* Per il problema (7.10) vale dunque il *principio di sovrapposizione.* Applicando la (7.11) alla differenza $\overline{u}_1 - \overline{u}_2$, le considerazioni precedenti permettono di scrivere

$$\|\overline{u}_1 - \overline{u}_2\| \leq \frac{1}{\alpha} \|F_1 - F_2\|_{V'}.$$

La costante α^{-1} riveste un ruolo particolarmente importante, perché controlla la variazione in norma della soluzione in seguito ad una variazione sui dati, misurata attraverso la norma $\|F_1 - F_2\|_{V'}$. Naturalmente, il problema è tanto "più stabile" quanto più elevata è la costante α di coercività. Tutte queste proprietà si sintetizzano nell'unico enunciato seguente: *l'operatore che associa ad $F \in V'$ la soluzione $u_F \in V$ del problema variazionale è un isomorfismo tra V' e V.*

Dimostrazione del Teorema 7.10. Per maggior chiarezza dividiamo la dimostrazione in vari passi.

1. *Riscrittura del problema* (7.10). Fissato $u \in V$, l'applicazione

$$v \mapsto a\,(u,v)$$

è lineare e continua (per l'ipotesi i) e definisce perciò un elemento di V'. In base al teorema di rappresentazione di Riesz, risulta perciò associato ad ogni $u \in V$ un unico elemento $h = Au \in V$ tale che

$$a\,(u,v) = \langle Au,v\rangle, \qquad \forall v \in V. \tag{7.12}$$

D'altra parte, essendo $F \in V'$, sempre in base al teorema di rappresentazione, esiste un unico elemento $z = JF \in V$ tale che

$$Fv = \langle z,v\rangle, \qquad \forall v \in V,$$

e inoltre, $\|F\|_{V'} = \|z\|$. Il problema (7.10) diventa allora:

$$\begin{cases} \quad Trovare\ u \in V \\ \qquad tale\ che \\ \langle Au,v\rangle = \langle z,v\rangle, \qquad \forall v \in V \end{cases}$$

equivalente a *trovare u tale che*

$$Au = z.$$

Occorre dunque esaminare l'operatore A. Vogliamo dimostrare che

$$A : V \to V$$

è un *isomorfismo* e cioè *un operatore lineare, continuo, iniettivo e suriettivo.*

2. *Linearità e continuità di A.*

- *Linearità.* Per ogni $u_1, u_2, v \in V$ e $\lambda_1, \lambda_2 \in \mathbb{R}$ si ha:

$$\langle A\,(\lambda_1 u_1 + \lambda_2 u_2)\,,v\rangle = a\,(\lambda_1 u_1 + \lambda_2 u_2, v) = \lambda_1 a\,(u_1, v) + \lambda_2 a\,(u_2, v)$$
$$= \lambda_1 \langle Au_1,v\rangle + \lambda_2 \langle Au_2,v\rangle = \langle \lambda_1 Au_1 + \lambda_2 Au_2,v\rangle,$$

da cui

$$A(\lambda_1 u_1 + \lambda_2 u_2) = \lambda_1 Au_1 + \lambda_2 Au_2.$$

- *Continuità.* Si ha

$$\|Au\|^2 = \langle Au, Au \rangle = a(u, Au)$$
$$\leq M \|u\| \|Au\|,$$

da cui

$$\|Au\| \leq M \|u\|.$$

3. *A è iniettivo e ha immagine chiusa.* In simboli:

$$\mathcal{N}(A) = \{0\} \quad \text{e} \quad \mathcal{R}(A) \text{ è un sottospazio chiuso di } V.$$

Infatti, dalla coercività di a, si ricava

$$\alpha \|u\|^2 \leq a(u, u) = \langle Au, u \rangle \leq \|Au\| \|u\|,$$

da cui

$$\|u\| \leq \frac{1}{\alpha} \|Au\|. \tag{7.13}$$

Se perciò $Au = 0$ deve essere $u = 0$ e quindi $\mathcal{N}(A) = \{0\}$.

Per mostrare che $\mathcal{R}(A)$ *è un sottospazio chiuso di V* occorre considerare una successione $\{y_n\} \subset \mathcal{R}(A)$ tale che $y_n \to y \in V$ e mostrare che $y \in \mathcal{R}(A)$. Essendo $y_n \in \mathcal{R}(A)$, esiste u_n tale che $Au_n = y_n$. Dalla (7.13) si ha

$$\|u_n - u_m\| \leq \frac{1}{\alpha} \|y_n - y_m\|,$$

per cui, essendo $\{y_n\}$ di Cauchy, lo è anche $\{u_n\}$ e quindi esiste $u \in V$ tale che

$$u_n \to u.$$

Per la continuità di A, segue che $y_n = Au_n \to Au$. L'unicità del limite dà $Au = y$, per cui $y \in \mathcal{R}(A)$ e $\mathcal{R}(A)$ è chiuso.

4. *A è suriettivo*, cioè $\mathcal{R}(A) = V$. Infatti, se fosse $\mathcal{R}(A) \subset V$, essendo $\mathcal{R}(A)$ sottospazio chiuso, per il teorema di proiezione esisterebbe $z \neq 0$, $z \in \mathcal{R}(A)^\perp$. In particolare, si avrebbe

$$0 = \langle Az, z \rangle = a(z, z) \geq \alpha \|z\|^2,$$

da cui $z = 0$. Contraddizione. Deve dunque essere $\mathcal{R}(A) = V$.

5. *Esistenza e unicità della soluzione di* (7.10). Poichè A è suriettivo e iniettivo, esiste una e una sola $\bar{u} \in V$ tale che $A\bar{u} = z$. Per quanto visto al punto **1**, $\bar{u}$ è l'unica soluzione del problema (7.10).

6. *Stima di stabilità.* Dalla (7.13) con $u = \bar{u}$, si trova

$$\|\bar{u}\| \leq \frac{1}{\alpha} \|A\bar{u}\| = \frac{1}{\alpha} \|z\| = \frac{1}{\alpha} \|F\|_{V'},$$

che conclude la dimostrazione. □

Nota 7.12. Se a è simmetrica e coerciva, essa definisce in V un prodotto scalare, avendone tutte le proprietà:

$$\langle u, v \rangle_a = a(u, v).$$

In tal caso, esistenza ed unicità per il problema (7.10) seguono direttamente dal teorema di rappresentazione di Riesz per il funzionale F, in riferimento al prodotto scalare $\langle \cdot, \cdot \rangle_a$.

7.4.3 Forme bilineari simmetriche ed equazione di Eulero

Se la forma bilineare a è simmetrica, cioè se

$$a(u, v) = a(v, u) \qquad \forall u, v \in V,$$

al problema variazionale astratto (7.10) è associato in modo naturale un problema di minimo. Consideriamo il funzionale quadratico

$$E(v) = \frac{1}{2} a(v, v) - Fv.$$

Il problema (7.10) è allora equivalente a minimizzare il funzionale E, nel senso espresso nel seguente

Microteorema 7.11. *Sia a simmetrica. Allora $\overline{u}$ è soluzione del problema (7.10) se e solo se $\overline{u}$ minimizza E, ovvero*

$$E(\overline{u}) = \min_{v \in V} E(v).$$

Dimostrazione. Per ogni $\varepsilon \in \mathbb{R}$ e ogni "variazione" $v \in V$ si ha

$$E(\overline{u} + \varepsilon v) - E(\overline{u})$$
$$= \left\{ \frac{1}{2} a(\overline{u} + \varepsilon v, \overline{u} + \varepsilon v) - F(\overline{u} + \varepsilon v) \right\} - \left\{ \frac{1}{2} a(\overline{u}, \overline{u}) - F\overline{u} \right\}$$
$$= \varepsilon \left\{ a(\overline{u}, v) - Fv \right\} + \frac{1}{2} \varepsilon^2 a(v, v).$$

Se $\overline{u}$ è soluzione del problema (7.10), si ha $a(\overline{u}, v) - Fv = 0$ e perciò

$$E(\overline{u} + \varepsilon v) - E(\overline{u}) = \frac{1}{2} \varepsilon^2 a(v, v) \geq 0,$$

per cui $\overline{u}$ minimizza E. Viceversa, se $\overline{u}$ minimizza E allora

$$E(\overline{u} + \varepsilon v) - E(\overline{u}) \geq 0,$$

che forza l'annullamento del termine in ε e cioè

$$a(\overline{u}, v) - Fv = 0 \qquad \forall v \in V, \tag{7.14}$$

ossia $\overline{u}$ è soluzione del problema (7.10). $\qquad\qquad\square$

Se a è simmetrica, l'equazione *variazionale*

$$a\left(u,v\right) - Fv = 0, \qquad \forall v \in V$$

si chiama **equazione d'Eulero** per il funzionale E. Questa equazione può essere considerata una versione astratta del *principio dei lavori virtuali*, mentre il funzionale E rappresenta in genere un'energia.

7.4.4 Approssimazione e metodo di Galerkin

Nel problema astratto, l'equazione *variazionale*

$$a\left(u,v\right) = Fv$$

è valida per ogni elemento v di uno spazio V di Hilbert, che, in genere, è di dimensione infinita, ma *separabile*. Nelle applicazioni concrete, è importante poter calcolare approssimazioni accurate della soluzione. Il metodo **di Galerkin** consiste nel cercare un'approssimazione "proiettando" l'equazione su opportuni sottospazi di V a dimensione finita. In linea di principio, aumentando la dimensione del sottospazio dovrebbe migliorare l'approssimazione. Più precisamente, si cerca di costruire una successione $\{V_k\}$ di sottospazi di V tale che:

a) Ogni V_k è *finito dimensionale,* per esempio di dimensione k;
b) $V_k \subset V_{k+1}$ (in realtà, non strettamente necessario);
c) $\overline{\cup V_k} = V$.

Notiamo che la proprietà c) assicura che ogni elemento v di V può essere "ben" approssimato da elementi di V_k. Precisamente, siano $w \in V_k$ e d_k la distanza di v da V_k, cioè

$$d_k = \inf_{w \in V_k} \|w - v\|_{V_k}.$$

Allora, c) implica che

$$\lim_{k \to +\infty} d_k = 0.$$

Per eseguire la proiezione, si seleziona una base $\psi_1, \psi_2, ..., \psi_k$ per V_k. Si cerca poi un'approssimazione della soluzione u nella forma

$$u_k = \sum_{j=1}^{k} c_j \psi_j,$$

risolvendo il problema

$$a\left(u_k, v\right) = Fv, \qquad \forall v \in V_k. \tag{7.15}$$

Poiché gli elementi $\psi_1, \psi_2, ..., \psi_k$ costituiscono una base per V_k, è sufficiente richiedere che

$$a\left(u_k, \psi_r\right) = F\psi_r, \qquad r = 1, ..., k. \tag{7.16}$$

I coefficienti incogniti $c_1, c_2, ..., c_k$ soddisfano allora le k equazioni lineari algebriche

$$\sum_{j=1}^{k} c_j a\left(\psi_j, \psi_r\right) = F\psi_r, \qquad r = 1, 2, ..., k$$

o, in forma compatta,

$$\mathbf{Ac} = \mathbf{F}, \tag{7.17}$$

dove

$$\mathbf{c} = \begin{pmatrix} c_1 \\ c_2 \\ \vdots \\ c_k \end{pmatrix}, \quad \mathbf{F} = \begin{pmatrix} F\psi_1 \\ F\psi_2 \\ \vdots \\ F\psi_k \end{pmatrix}$$

e $\mathbf{A}$ è la matrice $k \times k$ i cui elementi sono

$$a_{rj} = a\left(\psi_j, \psi_r\right).$$

$\mathbf{A}$ si chiama *matrice di rigidezza o di stiffness* e gioca evidentemente un ruolo decisivo nell'analisi numerica del problema.

Se la forma bilineare a è coerciva, la matrice $\mathbf{A}$ è *definita positiva*. Infatti, per ogni vettore $\mathbf{v} = \sum_{i=1}^{k} v_i \psi_i \in V_k$, si ha, sfruttando prima la bilinearità e poi la coercività di a :

$$\mathbf{v}^T \mathbf{A} \mathbf{v} = \sum_{i,j=1}^{k} v_i a\left(\psi_i, \psi_j\right) v_j$$

$$= \sum_{i,j=1}^{k} a\left(v_i \psi_i, v_j \psi_j\right) = a\left(\sum_{i=1}^{k} v_i \psi_i, \sum_{j=1}^{k} v_j \psi_j\right)$$

$$\geq \alpha \left\| v \right\|^2 \geq 0.$$

Ciò mostra che $\mathbf{A}$ è definita positiva ed in particolare invertibile. Esiste dunque un'unica soluzione $\mathbf{c}$ di (7.17) e, di conseguenza, un'unica soluzione u_k di (7.15).

Una volta calcolata l'approssimazione u_k, occorre naturalmente dimostrare che, se $k \to \infty$, u_k tende alla vera soluzione u e controllare l'errore commesso ad ogni passo nell'approssimazione. A questo proposito è importante il seguente lemma dovuto a *Céa* che mostra, tra l'altro, il peso delle costanti di continuità (M) e di coercività (α) della forma bilineare. Questo ha conseguenze rilevanti dal punto di vista numerico.

Microteorema 7.12. *(Lemma di Céa). Valgano le ipotesi del Teorema di Lax-Milgram. Supponiamo che u_k sia soluzione del problema approssimato (7.16) e che u sia la soluzione del problema originale. Allora*

$$\left\| u - u_k \right\| \leq \frac{M}{\alpha} \inf_{v \in V_k} \left\| u - v \right\|. \tag{7.18}$$

Dimostrazione. Osserviamo subito che si ha

$$a\left(u_k, v\right) = Fv, \qquad \forall v \in V_k$$

e anche

$$a\left(u, v\right) = Fv, \qquad \forall v \in V_k.$$

Sottraendo membro a membro si ottiene

$$a\left(u - u_k, v\right) = 0, \qquad \forall v \in V_k.$$

In particolare, essendo $u_k - v \in V_k$, si ha

$$a\left(u - u_k, u_k - v\right) = 0, \qquad \forall v \in V_k.$$

Allora si può scrivere, per la coercività di a,

$$\alpha \left\| u - u_k \right\|^2 \le a\left(u - u_k, u - u_k\right) = a\left(u - u_k, u - v\right) + a\left(u - u_k, v - u_k\right)$$
$$= a\left(u - u_k, u - v\right) \le M \left\| u - u_k \right\| \left\| u - v \right\|,$$

da cui, semplificando,

$$\left\| u - u_k \right\| \le \frac{M}{\alpha} \left\| u - v \right\|.$$

Questa disuguaglianza vale per ogni $v \in V_k$ con la costante $\frac{M}{\alpha}$ indipendente da k. Vale perciò anche se a secondo membro si passa all'estremo inferiore su $v \in V_k$. $\square$

Convergenza del metodo. Poiché abbiamo supposto che $\overline{\cup V_k} = V$, esiste una successione $\{w_k\} \subset V_k$ tale che $w_k \to u$ se $k \to \infty$. Dal Microteorema 7.12, per ogni k si ha

$$\left\| u - u_k \right\| \le \frac{M}{\alpha} \inf_{v \in V_k} \left\| u - v \right\| \le \frac{M}{\alpha} \left\| u - w_k \right\|,$$

da cui

$$\left\| u - u_k \right\| \to 0,$$

ossia la convergenza del metodo di Galerkin.

7.5 Distribuzioni e funzioni

7.5.1 Introduzione

Abbiamo già avuto modo di incontrare la *delta di Dirac* a proposito della soluzione fondamentale dell'equazione del calore. Un'altra interessante situazione è la seguente, nella quale si vede come la misura di Dirac sia legata a fenomeni di tipo impulsivo. In riferimento alla Figura 7.2, consideriamo una massa m in moto rettilineo lungo un asse con velocità $\mathbf{v} = v\mathbf{i}$, v costante, dove $\mathbf{i}$ è il versore sull'asse. Ad un certo istante t_0 avviene un urto *elastico* con una parete verticale, in seguito al quale la massa si muove con la stessa velocità in senso opposto. Indicate con v_1,

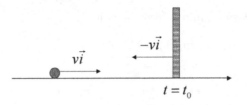

Figura 7.2. Urto elastico al tempo $t = t_0$

v_2 le velocità scalari in due istanti $t_1 < t_2$, in base alle leggi della meccanica deve essere,

$$m(v_2 - v_1) = \int_{t_1}^{t_2} F(t)\, dt$$

dove F denota l'intensità della forza complessiva agente sulla massa. Se $t_1 < t_2 < t_0$ oppure $t_0 < t_1 < t_2$ allora $v_2 = v_1$ e quindi $F = 0$: nessuna forza agisce sulla massa prima e dopo l'urto. Ma se $t_1 < t_0 < t_2$, il primo membro è uguale a $2mv \neq 0$ mentre, se insistiamo a modellare l'intensità della forza con una funzione F, l'integrale a destra è sempre nullo ed otteniamo una contraddizione.

In questo caso, infatti, F è una forza concentrata nell'istante t_0, di intensità $2mv$, cioè

$$F(t) = 2mv\, \delta(t - t_0).$$

In questo capitolo vedremo come la misura di Dirac si inquadri perfettamente nella teoria delle *funzioni generalizzate o distribuzioni di L. Schwarz*. L'idea chiave è descrivere un oggetto matematico mediante l'azione che questo esercita su un opportuno spazio di funzioni test.

Prendiamo, per esempio, una funzione $u \in L^2(\Omega)$, $\Omega \subseteq \mathbb{R}^n$. Per individuare u, si pensa alla corrispondenza univoca

$$\mathbf{x} \longmapsto u(\mathbf{x}).$$

C'è però un altro modo più fruttuoso. Associamo ad u il funzionale lineare

$$I_u : v \longmapsto (u, v)_{L^2(\Omega)} = \int_\Omega uv\, d\mathbf{x} \qquad (7.19)$$

e chiediamoci: è possibile risalire ad u dalla conoscenza del valore $I_u(v)$?

Certamente ciò è impossibile se pensiamo ai valori di $I_u(v)$ in corrispondenza a "poche" funzioni v, per esempio un numero finito. Ma è ragionevole che vi sia una concreta possibilità di individuare u dai valori di $I_u(v)$, se v varia in un sottoinsieme **denso** in $L^2(\Omega)$. Vediamo di costruirne uno con ... qualità invidiabili.

7.5.2 Uno spazio di funzioni test

Data una funzione continua v definita in un dominio $\Omega \subseteq \mathbb{R}^n$, *per supporto di v si intende la chiusura dell'insieme dei punti in cui v è diversa da zero:*

$$\text{supp } v = \text{chiusura di } \{\mathbf{x} \in \mathbb{R}^n : v(\mathbf{x}) \neq 0\}.$$

Diciamo che una funzione *ha supporto compatto in Ω se* supp v *è un sottoinsieme compatto di Ω.* Si può definire il supporto, o meglio, il supporto essenziale, anche di una funzione f che sia solo misurabile, non necessariamente continua, in Ω. Sia Z l'unione degli aperti nei quali f è uguale a zero q.o.. Il complementare di Z è un insieme chiuso (in Ω) che prende appunto il nome di *supporto essenziale* di f.

Definizione 7.9. *Indichiamo con $C_0^\infty(\Omega)$ l'insieme delle funzioni di classe $C^\infty(\Omega)$ a supporto compatto in Ω. Le funzioni in $C_0^\infty(\Omega)$ si chiamano funzioni test.*

Esempio 7.15. Consideriamo la funzione

$$\eta(\mathbf{x}) = \begin{cases} c_n \exp\left(\frac{1}{|\mathbf{x}|^2 - 1}\right) & 0 \leq |\mathbf{x}| < 1 \\ 0 & |\mathbf{x}| \geq 1, \end{cases} \tag{7.20}$$

dove $c_n = \left(\int_{B_1(0)} \exp\left(\frac{1}{|\mathbf{x}|^2-1}\right) d\mathbf{x}\right)^{-1}$, in modo che

$$\int_{\mathbb{R}^n} \eta(\mathbf{x}) \, d\mathbf{x} = 1.$$

La funzione η appartiene a $C_0^\infty(\mathbb{R}^n)$, con supporto coincidente con la sfera chiusa $\{|\mathbf{x}| \leq 1\}$. Definendo per $\varepsilon > 0$,

$$\eta_\varepsilon(\mathbf{x}) = \frac{1}{\varepsilon^n} \eta\left(\frac{\mathbf{x}}{\varepsilon}\right), \tag{7.21}$$

si ottiene una famiglia di funzioni in $C_0^\infty(\mathbb{R}^n)$, con supporto coincidente con la sfera chiusa $\{|\mathbf{x}| \leq \varepsilon\}$, mantenendo anche $\int_{\mathbb{R}^n} \eta_\varepsilon(\mathbf{x}) \, d\mathbf{x} = 1$.

Le funzioni di $L^p(\Omega), 1 \leq p < \infty$ si possono approssimare in norma L^p con funzioni in $C_0^\infty(\Omega)$. Precisamente vale il seguente importante teorema, che ci limitiamo ad enunciare.

Teorema 7.13. $C_0^\infty(\Omega)$ *è denso in $L^p(\Omega)$ per ogni $1 \leq p < \infty$, ossia, data una qualunque $f \in L^p(\Omega)$ esiste una successione $\{f_k\} \subset C_0^\infty(\Omega)$ tale che $\|f_k - f\|_{L^p(\Omega)} \to 0$ per $k \to +\infty$.*

Ritorniamo ora al problema di identificazione posto all'inizio della sezione. Supponiamo che u_1 e u_2 siano funzioni in $L^2(\Omega)$ tali che

$$I_{u_1}(v) = \int_\Omega u_1 v \, d\mathbf{x} = \int_\Omega u_2 v \, d\mathbf{x} = I_{u_2}(v),$$

per *ogni* $v \in C_0^\infty (\Omega)$. Allora

$$\int_\Omega (u_1 - u_2)v \, d\mathbf{x} = 0 \tag{7.22}$$

per *ogni* $v \in C_0^\infty (\Omega)$. Per la densità di $C_0^\infty (\Omega)$ in $L^2(\Omega)$, la (7.22) vale anche per *per ogni* $v \in L^2 (\Omega)$. Infatti, sia $v \in L^2 (\Omega)$; per il Teorema 7.13, esiste una successione $\{v_k\} \subset C_0^\infty (\Omega)$ tale che $\|v_k - v\|_{L^2(\Omega)} \to 0$. Ma allora

$$0 = \int_\Omega (u_1 - u_2)v_k \, d\mathbf{x} \to \int_\Omega (u_1 - u_2)v \, d\mathbf{x}.$$

Scegliendo $v = u_1 - u_2$ nella (7.22), si ha

$$\int_\Omega (u_1 - u_2)^2 d\mathbf{x} = 0,$$

che implica $u_1 = u_2$ quasi ovunque. Si deduce che il valore del funzionale I_u su $C_0^\infty (\Omega)$ caratterizza u come elemento di $L^2 (\Omega)$. Possiamo a questo punto **identificare** u col **funzionale** I_u.

7.5.3 Le distribuzioni

Convinti e/o fiduciosi della bontà dell'insieme $C_0^\infty (\Omega)$, lo dotiamo di una topologia su misura, che illustriamo definendo la *convergenza che essa induce*. Ricordiamo che il simbolo

$$D^\alpha = \frac{\partial^{\alpha_1}}{\partial x_1^{\alpha_1}} \cdots \frac{\partial^{\alpha_n}}{\partial x_1^{\alpha_n}}, \qquad \alpha = (\alpha_1, \ldots, \alpha_n)$$

indica una generica derivata di ordine $|\alpha| = \alpha_1 + \ldots + \alpha_n$.

Definizione 7.10. *Siano* $\{\varphi_k\} \subset C_0^\infty (\Omega)$ *e* $\varphi \in C_0^\infty (\Omega)$. *Si dice che*

$$\varphi_k \to \varphi \qquad \text{in } C_0^\infty (\Omega),$$

se valgono le seguenti proprietà:

1. $D^\alpha \varphi_k \to D^\alpha \varphi$ *uniformemente in* Ω, $\forall \alpha = (\alpha_1, \ldots, \alpha_n)$;
2. *esiste un compatto* $K \subset \Omega$ *che contiene i supporti di tutte le* φ_k.

Si può dimostrare che il limite così definito è unico. È entrato in uso il simbolo $\mathcal{D}(\Omega)$ per indicare lo spazio $C_0^\infty (\Omega)$ dotato della topologia appena descritta.

Seguendo la discussione all'inizio del capitolo, spostiamo il nostro interesse sui funzionali lineari su $\mathcal{D}(\Omega)$. Se L è uno di questi, usiamo il *crochet*

$$\langle L, \varphi \rangle$$

per indicare l'azione di L su una funzione φ. Un funzionale lineare

$$L : \mathcal{D}(\Omega) \to \mathbb{R}$$

si dice *continuo* in $\mathcal{D}(\Omega)$ quando

$$\langle L, \varphi_k \rangle \to \langle L, \varphi \rangle, \qquad \text{se } \varphi_k \to \varphi \text{ in } \mathcal{D}(\Omega).$$

Notiamo incidentalmente che, data la linearità di L, è sufficiente considerare il caso $\varphi = 0$.

Definizione 7.11. *Una distribuzione in Ω è un funzionale lineare e continuo su* $D(\Omega)$. *L'insieme delle distribuzioni si indica con il simbolo* $D'(\Omega)$.

In altri termini, $\mathcal{D}'(\Omega)$ è il *duale di* $\mathcal{D}(\Omega)$. In $\mathcal{D}'(\Omega)$ si può inserire una struttura di spazio vettoriale nel solito modo: se α, β sono scalari, reali o complessi, $\varphi \in \mathcal{D}(\Omega)$ e $L_1, L_2 \in \mathcal{D}'(\Omega)$, si definisce $\alpha L_1 + \beta L_2 \in \mathcal{D}'(\Omega)$ mediante la formula

$$\langle \alpha L_1 + \beta L_2, \varphi \rangle = \alpha \langle L_1, \varphi \rangle + \beta \langle L_2, \varphi \rangle.$$

Naturalmente, due distribuzioni F e G coincidono quando la loro azione su tutte le funzioni test è la stessa, cioè quando

$$\langle F, \varphi \rangle = \langle G, \varphi \rangle, \qquad \forall \varphi \in \mathcal{D}(\Omega).$$

In $\mathcal{D}'(\Omega)$ si introduce la seguente nozione di convergenza. Siano $\{L_k\} \subset \mathcal{D}'(\Omega)$ ed $L \in \mathcal{D}'(\Omega)$: L_k converge a L in $\mathcal{D}'(\Omega)$ se

$$\langle L_k, \varphi \rangle \to \langle L, \varphi \rangle, \qquad \forall \varphi \in \mathcal{D}(\Omega).$$

Il funzionale I_u definito nella (7.19) è certamente continuo su $\mathcal{D}(\Omega)$ e quindi, col nuovo linguaggio, è *una distribuzione in* Ω, che, come abbiamo visto, possiamo *identificare con* u; quindi: la nozione di distribuzione generalizza quella di funzione (in L^2) e la dualità $\langle \cdot, \cdot \rangle$ tra $\mathcal{D}(\Omega)$ e $\mathcal{D}'(\Omega)$ generalizza il prodotto scalare in $L^2(\Omega)$.

Lo stesso discorso si può ripetere se u, anziché in $L^2(\Omega)$, sta in $L^1_{loc}(\Omega)$, cioè se u è integrabile in ogni sottoinsieme compatto di Ω. Ogni funzione $u \in L^1_{loc}(\Omega)$ appartiene dunque a $\mathcal{D}'(\Omega)$ e

$$\langle u, \varphi \rangle = \int_\Omega u\varphi \, d\mathbf{x}.$$

Si osservi che, se $1 \leq p \leq \infty$, si ha

$$L^p(\Omega) \subset L^1_{loc}(\Omega) \subset \mathcal{D}'(\Omega),$$

con **immersione continua**: ciò significa che, se $u_k \to u$ in $L^p(\Omega)$ o in $L^1_{loc}(\Omega)$, allora $u_k \to u$ anche in $\mathcal{D}'(\Omega)$ ossia nel senso delle distribuzioni. Esplicitamente ciò vuol dire che se, per esempio, $\|u_k - u\|_{L^p(\Omega)} \to 0$, allora

$$\langle u_k, \varphi \rangle \to \langle u, \varphi \rangle \qquad \text{per ogni } \varphi \in \mathcal{D}(\Omega),$$

che equivale a

$$\int_\Omega (u_k - u)\varphi \, d\mathbf{x} \to 0, \qquad \text{per ogni } \varphi \in \mathcal{D}(\Omega).$$

La dimostrazione di questo fatto segue dalla disuguaglianza di Hölder (7.3); infatti, si ha:

$$\left| \int_\Omega (u_k - u)\varphi d\mathbf{x} \right| \leq \|u_k - u\|_{L^p(\Omega)} \|\varphi\|_{L^q(\Omega)},$$

dove $q = p/(p-1)$. Se dunque $\|u_k - u\|_{L^p(\Omega)} \to 0$, anche $\int_\Omega (u_k - u)\varphi d\mathbf{x} \to 0$, da cui la convergenza in $\mathcal{D}'(\Omega)$.

Esempio 7.16. (*Misura di Dirac*). Il funzionale lineare $\delta : \mathcal{D}(\Omega) \to \mathbb{R}$, definito dalla relazione

$$\langle \delta, \varphi \rangle = \varphi(\mathbf{0}),$$

è un elemento di $\mathcal{D}'(\Omega)$, come facilmente si verifica, che prende il nome di *misura di Dirac nell'origine*. Per indicarla si usa anche la notazione (impropria, ma comoda) $\delta(\mathbf{x})$. Analogamente il funzionale lineare $\delta_\mathbf{y}$ (ma si usa anche la notazione $\delta(\mathbf{x} - \mathbf{y})$), definito da

$$\langle \delta_\mathbf{y}, \varphi \rangle = \varphi(\mathbf{y}),$$

si chiama misura di Dirac nel punto $\mathbf{y}$. Sono spesso usate notazioni improprie del tipo

$$\int \delta(\mathbf{x} - \mathbf{y})\,\varphi(\mathbf{x})\,d\mathbf{x} = \int \delta(\mathbf{x})\,\varphi(\mathbf{x} + \mathbf{y})\,d\mathbf{x} = \varphi(\mathbf{y}),$$

dove naturalmente l'integrale ... non è un integrale!

Per riconoscere o costruire distribuzioni, a volte si rivela comodo il seguente teorema di completezza (la dimostrazione richiede elementi di Analisi Funzionale che oltrepassano i confini di questa introduzione):

Teorema 7.14. *(Di completezza). Sia $\{F_k\} \subset \mathcal{D}'(\Omega)$ tale che*

$$\lim_{k \to \infty} \langle F_k, \varphi \rangle$$

esiste finito per ogni $\varphi \in \mathcal{D}(\Omega)$. Allora esiste $F \in \mathcal{D}'(\Omega)$ tale che

$$F_k \to F \qquad in \ \mathcal{D}'(\Omega).$$

In particolare, una serie (numerica)

$$\sum_{k=1}^\infty \langle F_k, \varphi \rangle,$$

convergente per ogni $\varphi \in \mathcal{D}(\Omega)$, definisce una distribuzione. Un esempio importante è il seguente.

Esempio 7.17. (*Pettine di Dirac*). In $\mathcal{D}'(\mathbb{R})$, consideriamo la serie

$$\sum_{k=-\infty}^\infty \delta(x - k). \tag{7.23}$$

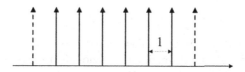

Figura 7.3. Un treno di ... impulsi

Per ogni $\varphi \in \mathcal{D}(\mathbb{R})$, la serie numerica

$$\sum_{k=-\infty}^{\infty} \langle \delta(x-k), \varphi \rangle = \sum_{k=-\infty}^{\infty} \varphi(k)$$

è certamente convergente, poiché solo un numero finito di addendi è diverso da zero[8]. In base al teorema di completezza, la serie (7.23) definisce una distribuzione che si chiama *pettine di Dirac*:

$$\mathrm{comb}(x) = \sum_{k=-\infty}^{\infty} \delta(x-k).$$

Il nome è dovuto al fatto che essa rappresenta un treno di impulsi equidistanziati, concentrati negli interi, a volte graficamente visualizzato nella pittoresca Figura 7.3. Una variante si ottiene equidistanziando gli impulsi di T, definendo cioè

$$\mathrm{comb}_T(x) = \sum_{k=-\infty}^{\infty} \delta(x-kT).$$

Si usa $\mathrm{comb}_T(x)$ per campionare una generica funzione f nei punti kT. Ciò significa passare

da f alla successione $\{f(kT)\}$.

Formalmente, questa operazione si ottiene "moltiplicando" f per il pettine:

$$\{f(kT)\} = \sum_{k=-\infty}^{\infty} \delta(x-kT) f(x).$$

Esempio 7.18. Abbiamo visto che una funzione integrabile in ogni compatto è identificabile con una distribuzione. Se, viceversa, $u \notin L^1_{loc}$, essa **non** può rappresentare un funzionale ben definito sullo spazio di funzioni test. Per esempio

$$u(x) = \frac{1}{x} \notin L^1_{loc}(\mathbb{R})$$

e quindi non rappresenta un elemento di $\mathcal{D}'(\mathbb{R})$.

---

[8] Il supporto di φ è contenuto in un intervallo limitato, al quale appartiene solo un numero finito di interi k.

7.5.4 Derivate

Vogliamo estendere alle distribuzioni il calcolo differenziale. Naturalmente dobbiamo abbandonare l'idea di una definizione tradizionale, in quanto, già per funzioni in L^1_{loc}, che possono presentare discontinuità, le derivate nel senso classico dell'analisi non esistono.

L'idea è allora di "scaricare" l'operazione di derivata sulle funzioni test, per le quali non ci sono problemi, in quanto differenziabili con continuità infinite volte. Lo strumento chiave è la formula di integrazione per parti, nota in dimensione maggiore di uno come formula di Gauss.

Cominciamo ad esaminare l'idea su una funzione $u \in C^1(\Omega)$. Se φ è una funzione test, dalla formula di Gauss abbiamo, indicando con $\boldsymbol{\nu} = (\nu_1, ..., \nu_n)$ il versore normale esterno a $\partial\Omega$,

$$\int_\Omega \varphi \partial_{x_i} u \, d\mathbf{x} = \int_{\partial\Omega} \varphi u \, \nu_i \, d\mathbf{x} - \int_\Omega u \partial_{x_i} \varphi \, d\mathbf{x}$$
$$= -\int_\Omega u \partial_{x_i} \varphi \, d\mathbf{x},$$

essendo $\varphi = 0$ su $\partial\Omega$. L'equazione

$$\int_\Omega \varphi \, \partial_{x_i} u \, d\mathbf{x} = -\int_\Omega u \, \partial_{x_i} \varphi \, d\mathbf{x}$$

corrisponde, in termini di distribuzioni, a scrivere

$$\langle \partial_{x_i} u, \varphi \rangle = -\langle u, \partial_{x_i} \varphi \rangle. \tag{7.24}$$

La (7.24) mostra che, l'azione di $\partial_{x_i} u$ sulla funzione test φ equivale all'azione di u su $-\partial_{x_i} \varphi$. Quest'equivalenza porta alla definizione di derivata nel senso delle distribuzioni.

Definizione 7.12. *Sia* $F \in \mathcal{D}'(\Omega)$. *La derivata* $\partial_{x_i} F$ *è la distribuzione definita dalla formula*
$$\langle \partial_{x_i} F, \varphi \rangle = -\langle F, \partial_{x_i} \varphi \rangle, \qquad \forall \varphi \in \mathcal{D}(\Omega).$$

La derivazione nel senso delle distribuzioni è un'estensione della derivazione classica per le funzioni in quanto si controlla subito che se $u \in C^1(\Omega)$, le sue derivate nel senso delle distribuzioni coincidono con quelle classiche.

La derivata di una distribuzione è *sempre definita*! Poiché, poi, la derivata di una distribuzione è ancora una distribuzione, segue subito il confortevole fatto che *ogni distribuzione è derivabile infinite volte* (ovviamente in $\mathcal{D}'(\Omega)$). Si possono così definire le derivate di ordine superiore di qualunque $F \in \mathcal{D}'(\Omega)$.

Per esempio,
$$\partial_{x_i x_k} F = \partial_{x_i}(\partial_{x_k} F)$$

è definita dalla formula
$$\langle \partial_{x_i x_k} F, \varphi \rangle = \langle u, \partial_{x_i x_k} \varphi \rangle.$$

Esempio 7.19. Sia $u(x) = \mathcal{H}(x)$, la funzione di Heaviside. In $\mathcal{D}'(\mathbb{R})$, si ha

$$\mathcal{H}' = \delta.$$

Infatti, sia $\varphi \in \mathcal{D}(\mathbb{R})$. Per definizione

$$\langle \mathcal{H}', \varphi \rangle = -\langle \mathcal{H}, \varphi' \rangle.$$

D'altra parte $\mathcal{H} \in L^1_{loc}(\mathbb{R})$, per cui

$$\langle \mathcal{H}, \varphi' \rangle = \int_{\mathbb{R}} \mathcal{H}(x)\varphi'(x)\,dx = \int_0^\infty \varphi'(x)\,dx = -\varphi(0)$$

e quindi

$$\langle \mathcal{H}', \varphi \rangle = \varphi(0) = \langle \delta, \varphi \rangle,$$

da cui $\mathcal{H}' = \delta$. Procedendo analogamente si dimostra che, se $S(x) = \mathrm{sign}(x)$, in $\mathcal{D}'(\mathbb{R})$ si ha

$$S' = 2\delta.$$

In generale, se f è una funzione derivabile in $\mathbb{R}$ tranne che in un punto c in cui ha un salto pari a

$$[f] \equiv f(c+) - f(c-),$$

si ha che la derivata Df nel senso delle distribuzioni è data da:

$$Df = f' + [f]\,\delta(x - c)$$

dove f' indica la derivata in senso classico.

Esempio 7.20. Le derivate di ordine n della *delta* in $\mathbb{R}$ sono date dalla formula

$$\left\langle \delta^{(n)}, \varphi \right\rangle = (-1)^n \left\langle \delta, \varphi^{(n)} \right\rangle = (-1)^n \varphi^{(n)}(0).$$

7.5.5 Gradiente, divergenza, rotore, Laplaciano

Non c'è alcun problema nel definire *distribuzioni a valori in* $\mathbb{R}^n$. Prendiamo come spazio di funzioni test $[\mathcal{D}(\Omega)]^n = \mathcal{D}(\Omega; \mathbb{R}^n)$, ossia l'insieme dei vettori $\varphi = (\varphi_1, \ldots, \varphi_n)$ le cui componenti appartengono a $\mathcal{D}(\Omega)$.

Una distribuzione in $[\mathcal{D}'(\Omega)]^n = \mathcal{D}'(\Omega; \mathbb{R}^n)$ è costituita da una $n - upla$ di elementi di $\mathcal{D}'(\Omega)$. La dualità tra $\mathcal{D}(\Omega; \mathbb{R}^n)$ e $\mathcal{D}'(\Omega; \mathbb{R}^n)$ è assegnata dalla formula

$$\langle \mathbf{F}, \boldsymbol{\varphi} \rangle = \sum_{i=1}^n \langle F_i, \varphi_i \rangle. \tag{7.25}$$

• Data una distribuzione $F \in \mathcal{D}'(\Omega)$, $\Omega \subset \mathbb{R}^n$, il suo gradiente (distribuzionale) è semplicemente definito come il vettore

$$\nabla F = (\partial_{x_1} F, \partial_{x_2} F, \ldots, \partial_{x_n} F),$$

che è un elemento di $\mathcal{D}'\left(\Omega;\mathbb{R}^n\right)$. Dalla (7.25) si ha, se $\boldsymbol{\varphi}=(\varphi_1,...,\varphi_n)\in\mathcal{D}\left(\Omega;\mathbb{R}^n\right)$,

$$\langle\nabla F,\boldsymbol{\varphi}\rangle=\sum_{i=1}^n\langle\partial_{x_i}F,\varphi_i\rangle=-\sum_{i=1}^n\langle F,\partial_{x_i}\varphi_i\rangle=-\langle F,\mathrm{div}\boldsymbol{\varphi}\rangle,$$

da cui:

$$\langle\nabla F,\boldsymbol{\varphi}\rangle=-\langle F,\mathrm{div}\boldsymbol{\varphi}\rangle.$$

• L'operatore di *divergenza* è definito per vettori in $\mathbf{F}\in\mathcal{D}'\left(\Omega;\mathbb{R}^n\right)$ ed è un elemento di $\mathcal{D}'\left(\Omega\right)$:

$$\mathrm{div}\mathbf{F}=\sum_{i=1}^n\partial_{x_i}F_i.$$

Si ha, se $\varphi\in\mathcal{D}\left(\Omega\right)$

$$\langle\mathrm{div}\mathbf{F},\varphi\rangle=\langle\sum_{1=1}^n\partial_{x_i}F_i,\varphi\rangle=-\sum_{1=1}^n\langle F_i,\partial_{x_i}\varphi\rangle=-\langle\mathbf{F},\nabla\varphi\rangle,$$

da cui

$$\langle\mathrm{div}\mathbf{F},\varphi\rangle=-\langle\mathbf{F},\nabla\varphi\rangle.$$

• L'operatore di Laplace $\Delta=\mathrm{div}\nabla$ è definito in $\mathcal{D}'\left(\Omega\right)$ da

$$\Delta F=\sum_{i=1}^n\partial_{x_ix_i}F.$$

Se $\varphi\in\mathcal{D}\left(\Omega\right)$, si ha, usando prima l'ultima formula e poi quella per il gradiente,

$$\langle\boldsymbol{\Delta}F,\varphi\rangle=\langle\mathrm{div}\nabla F,\varphi\rangle=-\langle\nabla F,\nabla\varphi\rangle=\langle F,\Delta\varphi\rangle$$

da cui

$$\langle\Delta F,\varphi\rangle=\langle F,\Delta\varphi\rangle.$$

• Sia $n=3$. Il *rotore* di un vettore $\mathbf{F}\in\mathcal{D}'\left(\Omega;\mathbb{R}^3\right)$ è un vettore in $\mathcal{D}'\left(\Omega;\mathbb{R}^3\right)$ definito dalla formula

$$\mathrm{rot}\,\mathbf{F}=(\partial_{x_2}F_3-\partial_{x_3}F_2,\partial_{x_3}F_1-\partial_{x_1}F_3,\partial_{x_1}F_2-\partial_{x_2}F_1).$$

Se $\boldsymbol{\varphi}=(\varphi_1,\varphi_2,\varphi_3)\in\mathcal{D}\left(\Omega;\mathbb{R}^3\right)$,

$$\langle\mathrm{rot}\,\mathbf{F},\boldsymbol{\varphi}\rangle=\sum_{i=1}^3\langle(\mathrm{rot}\,\mathbf{F})_i,\varphi_i\rangle.$$

Si ha

$$\langle(\mathrm{rot}\,\mathbf{F})_1,\varphi_1\rangle=\langle\partial_{x_2}F_3-\partial_{x_3}F_2,\varphi_1\rangle$$
$$=-\langle F_3,\partial_{x_2}\varphi_1\rangle+\langle F_2,\partial_{x_3}\varphi_1\rangle$$

e analogamente

$$\langle (\text{rot } \mathbf{F})_2 , \varphi_2 \rangle = - \langle F_1, \partial_{x_3}\varphi_2 \rangle + \langle F_3, \partial_{x_1}\varphi_2 \rangle$$
$$\langle (\text{rot } \mathbf{F})_3 , \varphi_3 \rangle = - \langle F_2, \partial_{x_1}\varphi_3 \rangle + \langle F_1, \partial_{x_2}\varphi_3 \rangle .$$

Sommando, si ricava facilmente

$$\langle \text{rot } \mathbf{F}, \boldsymbol{\varphi} \rangle = \langle \mathbf{F}, \text{rot } \boldsymbol{\varphi} \rangle .$$

Esempio 7.21. (Importante) Sia

$$u(\mathbf{x}) = \begin{cases} -\dfrac{1}{2\pi} \ln |\mathbf{x}| & n = 2 \\ \dfrac{1}{4\pi} \dfrac{1}{|\mathbf{x}|} & n = 3. \end{cases}$$

Notiamo che $u \in L^1_{loc}(\mathbb{R}^n)$ e quindi $u \in \mathcal{D}'(\mathbb{R}^n)$. Allora, in $\mathcal{D}'(\mathbb{R}^n)$

$$-\Delta u = \delta. \tag{7.26}$$

La funzione u si chiama **soluzione fondamentale** dell'equazione di Laplace, che abbiamo già studiato nel Capitolo 4. Osserviamo subito che, se $\Omega \subset \mathbb{R}^n$ è una regione che *non contiene l'origine*, u è *armonica in* Ω, ovvero[9]

$$\Delta u = 0 \qquad \text{in } \Omega.$$

Dimostriamo ora la formula (7.26) per $n = 3$. Il procedimento per $n = 2$ è analogo. Sia $\varphi \in \mathcal{D}(\mathbb{R}^3)$. Se il supporto di φ non contiene l'origine, non c'è niente da dimostrare poichè ivi u ha derivate classiche e $\Delta u = 0$. Supponiamo dunque che il supporto di φ contenga l'origine. Si ha:

$$\langle \Delta u, \varphi \rangle = \langle u, \Delta \varphi \rangle = \frac{1}{4\pi} \int_{\mathbb{R}^3} \frac{1}{|\mathbf{x}|} \Delta \varphi(\mathbf{x})\, d\mathbf{x}. \tag{7.27}$$

Vogliamo a questo punto usare la formula di Gauss, per scaricare le derivate su $\frac{1}{|\mathbf{x}|}$. La funzione integranda non è però continua nell'origine per cui dobbiamo procedere con cautela, escludendo dal dominio di integrazione una sferetta B_r centrata nell'origine e scrivendo

$$\int_{\mathbb{R}^3} \frac{1}{|\mathbf{x}|} \Delta \varphi(\mathbf{x})\, d\mathbf{x} = \lim_{r \to 0} \int_{B_R \setminus B_r} \frac{1}{|\mathbf{x}|} \Delta \varphi(\mathbf{x})\, d\mathbf{x}, \tag{7.28}$$

---

[9] Se $n > 2$:

$$\partial_{x_i} \frac{1}{|\mathbf{x}|^{n-2}} = -(n-2) \frac{x_i}{|\mathbf{x}|^n},$$

$$\partial_{x_i x_j} \frac{1}{|\mathbf{x}|^{n-2}} = -(n-2) \partial_{x_j} \frac{x_i}{|\mathbf{x}|^n} = -(n-2) \frac{\delta_{ij}}{|\mathbf{x}|^n} + n(n-2) \frac{x_i x_j}{|\mathbf{x}|^{n+2}}$$

$$\Delta \frac{1}{|\mathbf{x}|^{n-2}} = (n-2) \sum_{i=1}^n \left(-\frac{1}{|\mathbf{x}|^n} + \frac{n x_i^2}{|\mathbf{x}|^{n+2}} \right) = (n-2) \left(-\frac{n}{|\mathbf{x}|^n} + \frac{n}{|\mathbf{x}|^n} \right) = 0.$$

dove B_R è una sfera, anch'essa centrata nell'origine, che contiene il supporto di φ. La formula di Gauss, applicata alla corona sferica $C_{R,r} = B_R \backslash B_r$ dà[10]

$$\int_{C_{R,r}} \frac{1}{|\mathbf{x}|} \Delta\varphi(\mathbf{x}) \, d\mathbf{x} = \int_{\partial B_r} \frac{1}{r} \partial_{\boldsymbol{\nu}}\varphi(\mathbf{x}) \, d\sigma - \int_{C_{R,r}} \nabla\left(\frac{1}{|\mathbf{x}|}\right) \cdot \nabla\varphi(\mathbf{x}) \, d\mathbf{x},$$

dove $\boldsymbol{\nu} = -\frac{\mathbf{x}}{|\mathbf{x}|}$ è il versore normale a ∂B_r, che punta verso l'esterno della corona. Applicando ancora la formula di Gauss all'ultimo integrale si ha:

$$\int_{C_{R,r}} \nabla\left(\frac{1}{|\mathbf{x}|}\right) \cdot \nabla\varphi(\mathbf{x}) \, d\mathbf{x} = \int_{\partial B_r} \partial_{\boldsymbol{\nu}}\left(\frac{1}{|\mathbf{x}|}\right) \varphi(\mathbf{x}) \, d\sigma - \int_{C_{R,r}} \Delta\left(\frac{1}{|\mathbf{x}|}\right) \varphi(\mathbf{x}) \, d\mathbf{x}$$

$$= \int_{\partial B_r} \partial_{\boldsymbol{\nu}}\left(\frac{1}{|\mathbf{x}|}\right) \varphi(\mathbf{x}) \, d\sigma,$$

poiché $\Delta\left(\frac{1}{|\mathbf{x}|}\right) = 0$ nella corona. Dai calcoli fatti finora, si ha, dunque:

$$\int_{C_{R,r}} \frac{1}{|\mathbf{x}|} \Delta\varphi(\mathbf{x}) \, d\mathbf{x} = \int_{\partial B_r} \frac{1}{r} \partial_{\boldsymbol{\nu}}\varphi(\mathbf{x}) \, d\sigma - \int_{\partial B_r} \partial_{\boldsymbol{\nu}}\left(\frac{1}{|\mathbf{x}|}\right) \varphi(\mathbf{x}) \, d\sigma. \qquad (7.29)$$

Abbiamo:

$$\frac{1}{r}\left|\int_{\partial B_r} \partial_{\boldsymbol{\nu}}\varphi(\mathbf{x}) \, d\sigma\right| \leq \frac{1}{r} \int_{\partial B_r} |\partial_{\boldsymbol{\nu}}\varphi(\mathbf{x})| \, d\sigma \leq 4\pi r \max_{\mathbb{R}^3} |\nabla\varphi|$$

e perciò

$$\lim_{r\to 0} \int_{\partial B_r} \frac{1}{r} \partial_{\boldsymbol{\nu}}\varphi(\mathbf{x}) \, d\sigma = 0.$$

Inoltre, essendo

$$\partial_{\boldsymbol{\nu}}\left(\frac{1}{|\mathbf{x}|}\right) = \nabla\left(\frac{1}{|\mathbf{x}|}\right) \cdot \left(-\frac{\mathbf{x}}{|\mathbf{x}|}\right) = \left(-\frac{\mathbf{x}}{|\mathbf{x}|^3}\right) \cdot \left(-\frac{\mathbf{x}}{|\mathbf{x}|}\right) = \frac{1}{|\mathbf{x}|^2},$$

si ha

$$\int_{\partial B_r} \partial_{\boldsymbol{\nu}}\left(\frac{1}{|\mathbf{x}|}\right) \varphi(\mathbf{x}) \, d\sigma = 4\pi \frac{1}{4\pi r^2} \int_{\partial B_r} \varphi(\mathbf{x}) \, d\sigma \to 4\pi\varphi(\mathbf{0}).$$

Da (7.29) abbiamo quindi

$$\lim_{r\to 0} \int_{C_{R,r}} \frac{1}{|\mathbf{x}|} \Delta\varphi(\mathbf{x}) \, d\mathbf{x} = -4\pi\varphi(\mathbf{0})$$

ed infine, la (7.27) dà

$$\langle \Delta u, \varphi \rangle = -\varphi(\mathbf{0}) = -\langle \delta, \varphi \rangle,$$

da cui $-\Delta u = \delta$.   □

---

[10] Ricordare che $\varphi = 0$ e $\nabla\varphi = \mathbf{0}$ su ∂B_R.

7.5.6 Moltiplicazione. Regola di Leibniz

Somma e moltiplicazione per uno scalare sono definite per le distribuzioni in modo ovvio. Occupiamoci della moltiplicazione tra distribuzioni. Le cose non sono così lisce come per la derivazione. Consideriamo, per esempio, il prodotto $\delta \cdot \delta = \delta^2$.

Come si può definire? Abbiamo visto che la derivazione risulta essere un'operazione continua in $\mathcal{D}'(\Omega)$ e certamente, per un principio di coerenza, vogliamo mantenere questa continuità nella costruzione delle altre operazioni in $\mathcal{D}'(\Omega)$. Di conseguenza, un'idea per definire δ^2 potrebbe essere: si prende una successione $\{u_k\}$ di funzioni che approssimano δ in $\mathcal{D}'$, si calcola u_k^2, si definisce

$$\delta^2 = \lim_{k \to \infty} u_k^2 \quad \text{in } \mathcal{D}'.$$

Poiché di successioni che approssimano δ in $\mathcal{D}'$ ce ne sono infinite, occorre che la definizione sia *indipendente dalla successione approssimante*. Vale a dire: per il calcolo di δ^2 dobbiamo essere autorizzati a scegliere una qualunque *successione approssimante*. Questa è un'illusione, poiché, se

$$u_k = k\chi_{[0,1/k]}$$

si ha

$$u_k \to \delta \quad \text{in } \mathcal{D}'(\mathbb{R}),$$

ma, se $\varphi \in \mathcal{D}(\mathbb{R})$, usando il teorema del valor medio, si ha

$$\int_{\mathbb{R}} u_k^2 \varphi = k^2 \int_0^{1/k} \varphi = k\varphi(x_k),$$

dove x_k è un punto opportuno appartenente a $[0, 1/k]$. Se $\varphi(0) \neq 0$, si conclude che

$$\int_{\mathbb{R}} u_k^2 \varphi \to \infty, \qquad k \to \infty$$

e cioè che la successione $\{u_k^2\}$ *non converge in* $\mathcal{D}'(\mathbb{R})$.

Il metodo, quindi, non funziona e non sembra che ce ne sia uno ragionevole per definire δ^2. Si rinuncia pertanto a definire δ^2 come una distribuzione e, a maggior ragione, a definire il prodotto tra due distribuzioni generali. Restringiamo il campo d'azione. Se $F \in \mathcal{D}'(\Omega)$ e $u \in C^\infty(\Omega)$, si definisce il prodotto uF con la formula

$$\langle uF, \varphi \rangle = \langle F, u\varphi \rangle, \qquad \forall \varphi \in \mathcal{D}(\Omega),$$

scaricando cioè il prodotto sulla funzione test. Ciò è possibile in quanto $u\varphi \in \mathcal{D}(\Omega)$ e, se $\varphi_k \to \varphi$ in $\mathcal{D}(\Omega)$, è facile controllare che anche $u\varphi_k \to u\varphi$ in $\mathcal{D}(\Omega)$; inoltre, essendo $F \in \mathcal{D}'(\Omega)$,

$$\langle uF, \varphi_k \rangle = \langle F, u\varphi_k \rangle \to \langle F, u\varphi \rangle = \langle uF, \varphi \rangle,$$

per cui uF è ben definito come elemento di $\mathcal{D}'(\Omega)$. Questa operazione risulta essere continua in $\mathcal{D}'(\Omega)$.

Esempio 7.22. Sia $u \in C^\infty(\mathbb{R})$. Si ha

$$u\delta = u(0)\,\delta.$$

Infatti, se $\varphi \in \mathcal{D}(\mathbb{R})$,

$$\langle u\delta, \varphi \rangle = \langle \delta, u\varphi \rangle = u(0)\,\varphi(0) = \langle u(0)\,\delta, \varphi \rangle.$$

In particolare,

$$x\delta = 0.$$

Per la derivazione del prodotto così definito vale la *regola di Leibniz:* se $F \in \mathcal{D}'(\Omega)$ e $u \in C^\infty(\Omega)$

$$\partial_{x_i}(uF) = u\,\partial_{x_i}F + F\partial_{x_i}u\,.$$

Controlliamo che le distribuzioni a primo e secondo membro hanno la stessa azione su una test $\varphi \in \mathcal{D}(\Omega)$:

$$\langle \partial_{x_i}(uF), \varphi \rangle = -\langle uF, \partial_{x_i}\varphi \rangle = -\langle F, u\partial_{x_i}\varphi \rangle,$$

mentre

$$\begin{aligned}
\langle u\,\partial_{x_i}F + \partial_{x_i}u\,F, \varphi \rangle &= \langle \partial_{x_i}F, u\varphi \rangle + \langle F, \varphi\partial_{x_i}u \rangle \\
&= -\langle F, \partial_{x_i}(u\varphi) \rangle + \langle F, \varphi\partial_{x_i}u \rangle = \langle F, u\partial_{x_i}\varphi \rangle,
\end{aligned}$$

da cui la formula.

Esempio 7.23. Da $x\delta = 0$, usando la formula di Leibniz, ricaviamo $\delta + x\delta' = 0$.

7.6 Spazi di Sobolev

7.6.1 Lo spazio $H^1(\Omega)$

Gli spazi di Sobolev costituiscono uno degli ambienti funzionali più adatti al trattamento dei problemi al contorno per operatori alle derivate parziali. Si tratta di spazi di funzioni le cui derivate nel senso delle distribuzioni in un dominio Ω in $\mathbb{R}^n$ sono ancora funzioni. Noi ci limiteremo agli spazi di Sobolev che useremo in seguito, sviluppando gli elementi teorici strettamente necessari. D'ora innanzi supponiamo che gli insiemi Ω considerati abbiano frontiera $\partial\Omega$ sufficientemente regolare. Tipicamente, sono accettabili domini che non presentino spigoli sul loro bordo e che, per ogni punto $\mathbf{p} \in \partial\Omega$ siano ben definiti il *piano tangente* e i versori *normali, interno ed esterno.* Sono ammissibili anche domini con bordo angoloso come rettangoli, prismi, coni, cilindri o domini poligonali che si presentano in molti problemi concreti come pure in procedimenti di "triangolazione" di domini regolari in vista di approssimazioni numeriche.

Lo spazio per noi più importante è quello *delle funzioni a quadrato integrabile le cui derivate, nel senso delle distribuzioni, sono funzioni a quadrato integrabile.* Per questo spazio si usa il simbolo $H^1(\Omega)$. In formule:

$$H^1(\Omega) = \left\{ v \in L^2(\Omega) : \nabla v \in L^2(\Omega; \mathbb{R}^n) \right\}.$$

In altri termini, se v è una di queste funzioni, una sua derivata parziale $\partial_{x_i} v$ non è una qualsiasi distribuzione ma è ancora una funzione $v_i \in L^2(\Omega)$. Questo vuol dire che

$$\langle \partial_{x_i} v, \varphi \rangle = - \langle v, \partial_{x_i} \varphi \rangle = \langle v_i, \varphi \rangle, \qquad \forall \varphi \in \mathcal{D}(\Omega)$$

e, più esplicitamente, che

$$\int_\Omega v(\mathbf{x}) \, \partial_{x_i} \varphi(\mathbf{x}) \, d\mathbf{x} = - \int_\Omega v_i(\mathbf{x}) \, \varphi(\mathbf{x}) \, d\mathbf{x}, \qquad \forall \varphi \in \mathcal{D}(\Omega).$$

In molte situazioni concrete, un integrale del tipo

$$\int_\Omega |\nabla v|^2$$

rappresenta una quantità proporzionale ad un'energia. Le funzioni di $H^1(\Omega)$ sono dunque associate a *configurazioni ad energia finita*. Da qui l'importanza e l'adeguatezza di questo spazio. Vale il seguente teorema.

Teorema 7.15. *Lo spazio di Sobolev $H^1(\Omega)$ è uno spazio di Hilbert incluso con continuità in $L^2(\Omega)$. Il gradiente è un operatore continuo da $H^1(\Omega)$ in $L^2(\Omega)$.*

Norma e prodotto interno in $H^1(\Omega)$ sono date, rispettivamente, da

$$\|u\|^2_{H^1(\Omega)} = \int_\Omega u^2 d\mathbf{x} + \int_\Omega |\nabla u|^2 \, d\mathbf{x}$$

e

$$(u, v)_{H^1(\Omega)} = \int_\Omega uv \, d\mathbf{x} + \int_\Omega \nabla u \cdot \nabla v \, d\mathbf{x}.$$

Esempio 7.24. a) Siano $\Omega = B_1(0) = \left\{ \mathbf{x} \in \mathbb{R}^2 : |\mathbf{x}| < 1 \right\}$ e

$$u(\mathbf{x}) = (-\log|\mathbf{x}|)^a, \qquad \mathbf{x} \neq \mathbf{0}, \, a \in \mathbb{R}.$$

Si ha

$$\int_{B_1(0)} u^2 = 2\pi \int_0^1 (-\log r)^{2a} r \, dr < \infty \qquad \text{per ogni } a \in \mathbb{R}$$

e quindi $u \in L^2(B_1(0))$ per ogni $a \in \mathbb{R}$. Si ha, poi,

$$u_{x_i} = -ax_i |\mathbf{x}|^{-2} (-\log|\mathbf{x}|)^{a-1}, \, i = 1, 2,$$

quindi

$$|\nabla u| = \left| a \, (-\log|\mathbf{x}|)^{a-1} \right| |\mathbf{x}|^{-1}$$

e

$$\int_{B_1(0)} |\nabla u|^2 = 2\pi a^2 \int_0^1 |\log r|^{2a-2} \, r^{-1} dr.$$

L'integrale è finito solo se $2 - 2a > 1$ ossia se $a < 1/2$. Non è difficile controllare che le derivate appena calcolate coincidono con le derivate di u nel senso delle distribuzioni e quindi $u \in H^1(B_1(0))$ se $a < 1/2$. Sottolineiamo che se $a > 0$, u è **illimitata** in un intorno dell'origine.

b) Per $n > 2$, siano $\Omega = B_1(0) = \{\mathbf{x} \in \mathbb{R}^n : |\mathbf{x}| < 1\}$ e

$$u(\mathbf{x}) = |\mathbf{x}|^{-a}, \qquad \mathbf{x} \neq \mathbf{0}, \quad a \in \mathbb{R}.$$

Si ha, ponendo $\omega_n = |\partial B_1(0)|$,

$$\int_{B_1(0)} u^2 = \omega_n \int_0^1 r^{-2a+n-1} dr.$$

L'integrale è finito solo se $-2a + n - 1 > -1$ e cioé se $a < n/2$; in tal caso $u \in L^2(B_1(0))$.

Inoltre

$$u_{x_i} = -ax_i |\mathbf{x}|^{-a-2}, \ i = 1, ..., n, \text{ e quindi} \quad |\nabla u| = |a| \, |\mathbf{x}|^{-a-1}.$$

Di conseguenza

$$\int_{B_1(0)} |\nabla u|^2 = a^2 \omega_n \int_0^1 r^{-2a+n-3} dr$$

e $|\nabla u| \in L^2(B_1(0))$ se $-2a + n - 3 > -1$ ossia $a < (n-2)/2$. In tal caso $u \in H^1(B_1(0))$.

Abbiamo affermato che gli spazi di Sobolev sono un ambiente adatto a risolvere equazioni a derivate parziali. Occorre a questo punto fare alcune precisazioni. Quando si scrive $f \in L^2(\Omega)$, possiamo certamente pensare ad una singola funzione

$$f : \Omega \to \mathbb{R} \ (\text{o } \mathbb{C})$$

a quadrato integrabile secondo Lebesgue. Se però vogliamo sfruttare la struttura di spazio di Hilbert di $L^2(\Omega)$, occorre identificare due funzioni quando esse siano uguali a meno di insiemi di misura zero. Adottando questo punto di vista, un singolo elemento di $L^2(\Omega)$ è, in realtà, *una classe di equivalenza di cui f è un rappresentante* che serve ad identificarla. Ciò si porta dietro una sgradevole conseguenza: non ha senso parlare di *valore di una funzione di $L^2(\Omega)$ in un punto!* Per poterlo fare, occorre considerare *una particolare funzione* in una classe, ossia un *rappresentante*.

Gli stessi discorsi valgono naturalmente anche per le funzioni di $H^1(\Omega)$, come sottoinsieme di $L^2(\Omega)$. Ma se trattiamo un problema di equazioni a derivate parziali, *certamente vorremmo poter parlare di valore della soluzione in un punto!*

Forse ancor più importante è il problema dei valori al bordo o *traccia* di una funzione sul bordo di un dominio. Per traccia di una funzione sul bordo di un dominio Ω si intende la sua restrizione a $\partial\Omega$. Che significato si può attribuire a una condizione di Dirichlet o peggio, di Neumann, che richiedono di poter valutare la restrizione di una funzione o della sua derivata sulla frontiera di un dominio, che quasi sempre ha misura nulla? Si potrebbe obiettare che, in fondo, si lavora sempre con un rappresentante e che nel calcolo numerico della soluzione, le operazioni di discretizzazione coinvolgono sempre un numero finito di punti, rendendo invisibile la distinzione tra funzioni continue, in $L^2(\Omega)$ o in $H^1(\Omega)$. Che bisogno c'è dunque di affannarsi a dare un significato preciso alla traccia di una funzione in $H^1(\Omega)$? Uno dei punti importanti nell'analisi numerica di un problema, oltre al calcolo approssimato della soluzione, è costituito dal controllo degli errori di approssimazione e dalle stime di stabilità della corrispondenza dati-soluzione. Chiediamoci ad esempio: se un dato di Dirichlet è noto a meno di un errore dell'ordine di ε in media quadratica (cioè in norma $L^2(\Omega)$ sul bordo del dominio) si può stimare o controllare in termini di ε l'errore sulla corrispondente soluzione? Se ci si accontenta della norma in $L^2(\Omega)$ (o anche della norma $L^\infty(\Omega)$) *all'interno* del dominio, la stima è possibile; se invece, come quasi sempre accade, è richiesta una stima "dell'energia" in tutto il dominio (ossia la norma $L^2(\Omega)$ del gradiente della soluzione), la norma $L^2(\Omega)$ del dato al bordo non è sufficiente.

Si può risolvere in generale il problema della traccia di una funzione in $H^1(\Omega)$ mediante approssimazione con funzioni regolari, per le quali queste nozioni sono ben definite. Questa trattazione non è elementare ed esula dagli scopi di questo testo introduttivo. Ci limitiamo a considerare due importanti casi in cui il problema viene risolto più semplicemente: sono il caso unidimensionale e il caso delle funzioni che si annullano sulla frontiera. Cominciamo col primo caso.

Caratterizzazione di $H^1(a, b)$

Come mostrato nell'Esempio 7.24, una funzione in $H^1(\Omega)$ può essere illimitata. Questo non accade in una dimensione. Infatti, il fatto di possedere derivate in $L^2(\Omega)$ conferisce agli elementi di $H^1(\Omega)$ ulteriori proprietà di regolarità. Per esempio, gli elementi di $H^1(a, b)$ *sono funzioni continue in* $[a, b]$. In realtà, per esprimerci con precisione avremmo dovuto scrivere: *all'interno di ogni classe di equivalenza esiste un rappresentante continuo.* Questa locuzione è un po' scomoda per cui, con abuso di linguaggio, diremo semplicemente che *una funzione di $H^1(\Omega)$* possiede una certa proprietà, attribuendo tacitamente la proprietà all'intera classe.

Microteorema 7.16. *Sia* $u \in L^2(a, b)$. *Allora* $u \in H^1(a, b)$ *se e solo se* u *è continua in* $[a, b]$ *ed esiste* $w \in L^2(a, b)$ *tale che*

$$u(y) = u(x) + \int_x^y w(s)\, ds, \qquad \forall x, y \in [a, b]. \tag{7.30}$$

Inoltre $u' = w$ *(sia nel senso delle distribuzioni che quasi ovunque).*

Dimostrazione. Supponiamo che u sia continua in $[a, b]$ e che valga la formula (7.30). Scegliamo $x = a$. A meno di traslazioni del grafico di u, possiamo ritenere che $u(a) = 0$, perciò

$$u(y) = \int_a^y w(s)\,ds, \qquad \forall y \in [a, b].$$

Sia ora $v \in \mathcal{D}(a, b)$. Si ha

$$\langle u', v \rangle = -\langle u, v' \rangle = -\int_a^b u(s)\,v'(s)\,ds = -\int_a^b \left[\int_a^s w(t)\,dt \right] v'(s)\,ds,$$

(scambiando l'ordine di integrazione)

$$= -\int_a^b \left[\int_t^b v'(s)\,ds \right] w(t)\,dt = \int_a^b v(t)\,w(t)\,dt = \langle w, v \rangle.$$

Dunque $u' = w \in L^2(a, b)$ e perciò $u \in H^1(a, b)$. Viceversa, sia $u \in H^1(a, b)$. Poniamo

$$v(x) = \int_c^x u'(s)\,ds, \qquad c, x \in [a, b].$$

La funzione v è continua in $[a, b]$ e da quanto appena mostrato si ha $v' = u'$ in $\mathcal{D}'(a, b)$ per cui $u = v + C$, $C \in \mathbb{R}$. Da ciò segue che u è continua. Si ha poi,

$$u(y) - u(x) = v(y) - v(x) = \int_x^y u'(s)\,ds,$$

che è la tesi.   □

Essendo $u \in H^1(a, b)$ continua in $[a, b]$, non vi sono problemi a definire il valore di u agli estremi dell'intervallo e cioè i valori $u(a)$ e $u(b)$.

7.6.2 Gli spazi $H_0^1(\Omega)$ e $H_\Gamma^1(\Omega)$

Sia $\Omega \subseteq \mathbb{R}^n$. Caratterizziamo le funzioni *che "si annullano" su $\partial\Omega$*.

Definizione 7.13. *Indichiamo con $H_0^1(\Omega)$ la chiusura di $\mathcal{D}(\Omega)$ in $H^1(\Omega)$.*

$H_0^1(\Omega)$ è dunque costituito dagli elementi u di $H^1(\Omega)$ per i quali esiste una successione di funzioni di $\mathcal{D}(\Omega)$ convergente a u in $H^1(\Omega)$. Poiché le funzioni di $\mathcal{D}(\Omega)$ sono nulle su $\partial\Omega$, ogni $u \in H_0^1(\Omega)$ "eredita per densità" questa proprietà: le funzioni di $H_0^1(\Omega)$ sono precisamente le funzioni di $H^1(\Omega)$ alle quali attribuiamo valore zero su $\partial\Omega$, intendendo che tendono a 0 per $|\mathbf{x}| \to +\infty$ se Ω è illimitato. Evidentemente, $H_0^1(\Omega)$ è un sottospazio di Hilbert di $H^1(\Omega)$.

Per gli elementi di $H_0^1(\Omega)$ vale la disuguaglianza seguente dovuta a *Poincaré*, particolarmente utile nella soluzione di problemi al contorno per equazioni a derivate parziali.

Teorema 7.17. *Sia $\Omega \subset \mathbb{R}^n$ un dominio limitato. Esiste una costante positiva C_P (costante di Poincaré) tale che, per ogni $u \in H_0^1 (\Omega)$,*

$$\|u\|_{L^2(\Omega)} \leq C_P \|\nabla u\|_{L^2(\Omega)} . \tag{7.31}$$

La (7.31) è importante perché implica che la norma in $H_0^1(\Omega)$ è equivalente alla norma del gradiente in $L^2 (\Omega)$. Infatti, la norma in $H_0^1(\Omega)$ è

$$\sqrt{\|u\|_{L^2(\Omega)}^2 + \|\nabla u\|_{L^2(\Omega)}^2}$$

e dalla (7.31),

$$\|\nabla u\|_{L^2(\Omega)} \leq \sqrt{\|u\|_{L^2(\Omega)}^2 + \|\nabla u\|_{L^2(\Omega)}^2} \leq \sqrt{C_P^2 + 1} \|\nabla u\|_{L^2(\Omega)} .$$

In $H_0^1 (\Omega)$ si può quindi scegliere $\|\nabla u\|_{L^2(\Omega)}$ come norma e $(\nabla u, \nabla v)$ come prodotto scalare.

Dimostrazione. Usiamo un metodo tipico per dimostrare disuguaglianze in $H_0^1 (\Omega)$. Si dimostra prima la formula per $v \in \mathcal{D} (\Omega)$; se poi $u \in H_0^1 (\Omega)$, scegliamo una successione $\{v_k\} \subset \mathcal{D} (\Omega)$ che converge a u in $H_0^1 (\Omega)$ per $k \to \infty$, e cioè

$$\|v_k - u\|_{L^2(\Omega)} \to 0, \qquad \|\nabla v_k - \nabla u\|_{L^2(\Omega)} \to 0.$$

In particolare

$$\|v_k\|_{L^2(\Omega)} \to \|u\|_{L^2(\Omega)} , \qquad \|\nabla v_k\|_{L^2(\Omega)} \to \|\nabla u\|_{L^2(\Omega)} .$$

Poiché la (7.31) è vera per le v_k, si ha

$$\|v_k\|_{L^2(\Omega)} \leq C_P \|\nabla v_k\|_{L^2(\Omega)} .$$

Passando al limite per $k \to \infty$ si ottiene la (7.31) per u. Basta dunque dimostrare la (7.31) per $v \in \mathcal{D} (\Omega)$. A tale scopo osserviamo che, dal teorema della divergenza, essendo $v = 0$ in un intorno di $\partial\Omega$, si ha

$$\int_\Omega \operatorname{div} \left(v^2 \mathbf{x} \right) d\mathbf{x} = 0.$$

Essendo

$$\operatorname{div} \left(v^2 \mathbf{x} \right) = 2v\nabla v \cdot \mathbf{x} + nv^2$$

si ha

$$\int_\Omega v^2 d\mathbf{x} = -\frac{2}{n} \int_\Omega v\nabla v \cdot \mathbf{x} \, d\mathbf{x}.$$

Poiché Ω è limitato si ha $\max\limits_{\mathbf{x}\in\Omega} |\mathbf{x}| = M < \infty$ e quindi, per la disuguaglianza di Schwarz,

$$\int_\Omega v^2 d\mathbf{x} \leq \frac{2}{n} \left| \int_\Omega v\nabla v \cdot \mathbf{x} \, d\mathbf{x} \right| \leq \frac{2M}{n} \left(\int_\Omega v^2 d\mathbf{x} \right)^{1/2} \left(\int_\Omega |\nabla v|^2 \, d\mathbf{x} \right)^{1/2} ,$$

da cui, dopo aver semplificato per $\left(\int_{\Omega} v^2 d\mathbf{x}\right)^{1/2}$, segue

$$\|v\|_{L^2(\Omega)} \leq C_P \|\nabla v\|_{L^2(\Omega)}$$

con $C_P = 2Mn^{-1}$.   □

Possiamo procedere quasi analogamente nel caso di traccia nulla su un sottoinsieme aperto $\Gamma \subset \partial\Omega$. Si considerano le restrizioni a Ω delle funzioni in $\mathcal{D}(\mathbb{R}^n)$ che *si annullano in un intorno di* $\overline{\Gamma}$. Queste funzioni descrivono un sottospazio di $H^1(\Omega)$ che indichiamo con V_Γ (dall'inglese *vanishing on* Γ).

Definizione 7.14. *Indichiamo con* $H^1_\Gamma(\Omega)$ *la chiusura in* $H^1(\Omega)$ *di* V_Γ.[11]

Anche per gli elementi di $H^1_\Gamma(\Omega)$ vale la disuguaglianza di *Poincaré*.

7.6.3 Duale di $H^1_0(\Omega)$

Nelle applicazioni alle equazioni a derivate parziali, in connessione con l'uso del teorema di Lax-Milgram, occorre spesso riconoscere se un dato funzionale F è un elemento del duale di $H^1_0(\Omega)$, se cioè F è un funzionale lineare e continuo su $H^1_0(\Omega)$.

Definizione 7.15. Si indica con $H^{-1}(\Omega)$ il duale dello spazio $H^1_0(\Omega)$ con la norma

$$\|F\|_{H^{-1}(\Omega)} = \sup\left\{|Fv| : v \in H^1_0(\Omega), \ \|v\|_{H^1_0(\Omega)} \leq 1\right\}.$$

Il modo canonico per controllare se un funzionale F è un elemento di $H^{-1}(\Omega)$ è dimostrare una disuguaglianza del tipo

$$|Fv| \leq c_0 \|v\|_{H^1_0(\Omega)}, \qquad \forall v \in \mathcal{D}(\Omega) \tag{7.32}$$

e sfruttare poi la densità di $\mathcal{D}(\Omega)$ in $H^1_0(\Omega)$, per concludere che la (7.32) vale per ogni $v \in H^1_0(\Omega)$. Incidentalmente osserviamo che la (7.32) implica $\|F\|_{H^{-1}(\Omega)} \leq c_0$. Esiste però una caratterizzazione di $H^{-1}(\Omega)$, espressa nel prossimo teorema, che spesso facilita il riconoscimento e, nello stesso tempo, giustifica la notazione usata per il duale di $H^1_0(\Omega)$.

Teorema 7.18. *Sia* $F \in H^{-1}(\Omega)$. *Allora esistono* $f_0 \in L^2(\Omega)$ *e* $\mathbf{f} = (f_1, ..., f_n) \in L^2(\Omega; \mathbb{R}^n)$ *tali che:*

$$F = f_0 + div\ \mathbf{f} \tag{7.33}$$

e

$$\|F\|^2_{H^{-1}(\Omega)} = \inf\left\{\|f_0\|^2_{L^2(\Omega)} + \|\mathbf{f}\|^2_{L^2(\Omega;\mathbb{R}^n)}\right\}, \tag{7.34}$$

dove l'estremo inferiore è calcolato al variare delle funzioni f_0 *e* $\mathbf{f}$ *che soddisfano la (7.33).*

---

[11] Si usa anche la anche la notazione $H^1_{0,\Gamma}(\Omega)$.

Nota 7.13. Gli elementi del duale di $H_0^1(\Omega)$ sono dunque rappresentati *da funzioni di* $L^2(\Omega)$ *o da derivate prime* (nel senso delle distribuzioni) *di funzioni in* $L^2(\Omega)$. La notazione $H^{-1}(\Omega)$ sta proprio a ricordare che l'operatore di divergenza "consuma" una derivata. In particolare, $L^2(\Omega) \subset H^{-1}(\Omega)$. La (7.33) non è così sorprendente. Dal teorema di rappresentazione di Riesz, si deduce che esiste un (unico) elemento $z \in H_0^1(\Omega)$ tale che

$$Fv = (z, v)_{H_0^1(\Omega)} = \int_\Omega [zv + \nabla z \cdot \nabla v]\, d\mathbf{x} = \int_\Omega [z + \operatorname{div} \nabla z]\, v\, d\mathbf{x}$$

e quindi la (7.33) vale, ad esempio, con $f_0 = z$ e $\mathbf{f} = \nabla z$.

Esempio 7.25. Se $n = 1$, la distribuzione δ appartiene a $H^{-1}(-a, a)$; ricordiamo infatti che se $\mathcal{H}(x)$ è la funzione di Heaviside, si ha $\mathcal{H} \in L^2(-a, a)$ e $\mathcal{H}' = \delta$ e quindi la (7.33) vale con $f_0 = 0$ e $f = H$.

Se però $n \geq 2$ e $\mathbf{0} \in \Omega$, $\delta \notin H^{-1}(\Omega)$. Per esempio, supponiamo $n = 3$ e

$$\Omega = B_1(\mathbf{0}) = \left\{ \mathbf{x} \in \mathbb{R}^3 : \|\mathbf{x}\| < 1 \right\}.$$

Se fosse $\delta \in H^{-1}(\Omega)$, dovrebbero esistere $f_0 \in L^2(\Omega)$ e $\mathbf{f} \in L^2(\Omega; \mathbb{R}^n)$ tali che

$$\delta = f_0 + \operatorname{div} \mathbf{f},$$

ovvero tali che, per ogni $\varphi \in \mathcal{D}(\Omega)$,

$$\varphi(\mathbf{0}) = \langle \delta, \varphi \rangle = \langle f_0 + \operatorname{div} \mathbf{f}, \varphi \rangle = \int_\Omega [f_0 \varphi - \mathbf{f} \cdot \nabla \varphi]\, d\mathbf{x}.$$

Ne segue che, per la disuguaglianza di Schwarz, dovrebbe essere

$$|\varphi(\mathbf{0})|^2 \leq \left(\int_\Omega [f_0^2 + |\mathbf{f}|^2]\, d\mathbf{x} \right) \cdot \|\varphi\|_{H^1(\Omega)}^2$$

e questa disuguaglianza si estenderebbe per densità a tutto $H_0^1(\Omega)$. Ma ciò è impossibile, in quanto, se $a < 1/2$ e

$$u(\mathbf{x}) = |\mathbf{x}|^{-a} - 1, \qquad \mathbf{x} \neq \mathbf{0},$$

si ha[12] $u \in H_0^1(\Omega)$ ma nell'intorno dell'origine u è illimitata.

Esempio 7.26. Sia Ω un insieme aperto *limitato* in $\mathbb{R}^3$ la cui frontiera sia una superficie regolare e sia $u = \chi_\Omega$ la sua funzione caratteristica. Poiché $\chi_\Omega \in L^2(\mathbb{R}^n)$, la distribuzione $\mathbf{F} = \nabla \chi_\Omega$ appartiene a $H^{-1}(\mathbb{R}^n; \mathbb{R}^n)$. $\mathbf{F} = \nabla \chi_\Omega$ è una distribuzione *il cui supporto coincide con* $\partial\Omega$, la cui azione su una funzione test $\boldsymbol{\varphi} \in \mathcal{D}(\mathbb{R}^n; \mathbb{R}^n)$ è descritta dalla formula

$$\langle \nabla \chi_\Omega, \boldsymbol{\varphi} \rangle = - \int_{\mathbb{R}^n} \chi_\Omega \operatorname{div} \boldsymbol{\varphi}\, d\mathbf{x} = - \int_{\partial\Omega} \boldsymbol{\varphi} \cdot \boldsymbol{\nu}\, d\sigma.$$

Si può interpretare $\mathbf{F}$ come una "delta distribuita uniformemente sul bordo di Ω".

---

[12] Esempio 7.24.

Nota 7.14. Se F è un elemento di $H^{-1}(\Omega)$, per indicare l'azione di questo funzionale su un generico elemento v di $H_0^1(\Omega)$ e nello stesso tempo indicare *la dualità* tra $H^{-1}(\Omega)$ e $H_0^1(\Omega)$ si usa la notazione (un po' pesante, in verità)

$$_{H^{-1}(\Omega)} \langle F, v \rangle_{H_0^1(\Omega)}.$$

7.6.4 Gli spazi $H^m(\Omega)$ e $H_0^m(\Omega)$, $m > 1$

Se facciamo intervenire derivate di ordine superiore, otteniamo nuovi spazi di Sobolev. Sia n il numero di multiindici $\alpha = (\alpha_1, ..., \alpha_n)$ tali che $|\alpha| = \sum_{i=1}^{n} \alpha_i \le m$.

Indichiamo con $H^m(\Omega)$ l'insieme delle *funzioni a quadrato sommabile*, *le cui derivate fino all'ordine m incluso, nel senso delle distribuzioni, sono funzioni a quadrato sommabile*. In formule:

$$H^m(\Omega) = \left\{ v \in L^2(\Omega) : D^\alpha v \in L^2(\Omega), \quad \forall \alpha : |\alpha| \le m \right\}.$$

Si ha:

Microteorema 7.19. *Lo spazio di Sobolev $H^m(\Omega)$ è uno spazio di Hilbert, incluso con continuità in $L^2(\Omega)$. Gli operatori di derivazione D^α, $|\alpha| \le m$, sono continui da $H^m(\Omega)$ in $L^2(\Omega)$.*

Norma e prodotto interno in H^m sono dati, rispettivamente, da

$$\|u\|^2_{H^m(\Omega)} = \sum_{|\alpha| \le m} \int_\Omega |D^\alpha u|^2 \, d\mathbf{x}$$

$$(u, v)_{H^m(\Omega)} = \sum_{|\alpha| \le m} \int_\Omega D^\alpha u D^\alpha v \, d\mathbf{x}.$$

Se $u \in H^m(\Omega)$, ogni derivata di ordine k di u appartiene a $H^{m-k}(\Omega)$; in altri termini, se $|\alpha| = k \le m$,

$$D^\alpha u \in H^{m-k}(\Omega)$$

e l'inclusione $H^m(\Omega) \subset H^{m-k}(\Omega)$, $k \ge 1$, è continua.

Esempio 7.27. (Continuazione dell'Esempio 7.24b). Calcoliamo le derivate seconde di $u(x) = |\mathbf{x}|^{-a}$:

$$u_{x_i x_j} = a(a+2) x_i x_j |\mathbf{x}|^{-a-4} - a\delta_{ij} |\mathbf{x}|^{-a-2}.$$

Si ha

$$|u_{x_i x_j}| \le |a(a+2)| |\mathbf{x}|^{-a-2},$$

per cui $u_{x_i x_j} \in L^2(B_1(0))$ se $2a + 4 < 3$, ossia $a < -\frac{1}{2}$. Per questi valori di a, dunque, $u \in H^2(B_1(0))$. Osserviamo che in questo caso u è una funzione *continua nella chiusura di $B_1(0)$*.

In modo analogo a quanto fatto per definire $H_0^1(\Omega)$, si definiscono gli spazi $H_0^m(\Omega)$ come chiusura di $\mathcal{D}(\Omega)$ in $H^m(\Omega)$. Evidentemente $H_0^m(\Omega)$ è un sottospazio di Hilbert di $H^m(\Omega)$ ed è costituito dalle funzioni di $H^m(\Omega)$ che si annullano su $\partial\Omega$ assieme alle loro derivate fino all'ordine $m-1$, incluso, nella direzione normale a $\partial\Omega$.

Abbiamo visto che, per il fatto di possedere una derivata in $L^2(a,b)$ le funzioni di $H^1(a,b)$ sono continue in $[a,b]$. D'altra parte, in dimensione $n > 1$, gli Esempi 7.24a e b mostrano che vi sono funzioni di $H^1(\Omega)$ illimitate. Tuttavia, se m è sufficientemente grande rispetto ad n, gli elementi di $H^m(\Omega)$ possiedono un grado di regolarità indicato nel seguente teorema, detto *di immersione*.

Teorema 7.20. *(Di immersione). Sia Ω un dominio regolare, limitato e $m > n/2$. Allora*

$$H^m(\Omega) \subset C^k\left(\overline{\Omega}\right), \qquad per \ 0 \le k < m - \frac{n}{2}$$

e l'immersione è continua. Vale infatti la disuguaglianza

$$\|u\|_{C^k(\overline{\Omega})} \le c(n,k,\Omega) \|u\|_{H^m(\Omega)}.$$

Il teorema indica che, in dimensione $n = 2$, occorrono almeno due derivate in L^2 per avere continuità: infatti, se $m = 2$, $n = 2$, $m - \frac{n}{2} = 1$ e l'unico intero k tale che $0 \le k < 1$ è $k = 0$. Si ha allora $H^2(\Omega) \subset C^0\left(\overline{\Omega}\right)$.

Anche in dimensione $n = 3$, $H^2(\Omega) \subset C^0\left(\overline{\Omega}\right)$, essendo $2 - \frac{3}{2} = \frac{1}{2} > 0$.

Per $n \ge 4$, due derivate in L^2 non sono sufficienti per avere continuità, essendo $2 - \frac{n}{2} \le 0$.

Per $n = 2$, si comincia a guadagnare una derivata in senso classico (e anche continua) già da $m = 3$. Infatti, in tal caso $m - \frac{n}{2} = 2$ e $k = 1$ soddisfa la disuguaglianza $0 \le k < 2$, per cui $H^3(\Omega) \subset C^1\left(\overline{\Omega}\right)$. Lo stesso discorso vale per $n = 3$, essendo $m - \frac{n}{2} = \frac{3}{2} > 1$.

Si potrebbe esprimere la tesi del teorema dicendo che *la misura del grado di regolarità in senso classico di $H^m(\Omega)$ è il massimo intero non negativo $k < m - \frac{n}{2}$.*

Regole di calcolo

Le principali regole di calcolo differenziale per funzioni in H^m ricalcano quelle classiche.

Prodotto. Siano $u \in H^1(\Omega)$ e $v \in \mathcal{D}(\Omega)$. Allora $uv \in H^1(\Omega)$ e

$$\nabla(uv) = u\nabla v + v\nabla u.$$

La formula continua a valere nel caso $u, v \in H^1(\Omega)$. In tal caso, però,

$$uv \in L^1(\Omega) \ e \ \nabla(uv) \in L^1(\Omega; \mathbb{R}^n).$$

Composizione *I*. Siano $u \in H^1(\Omega)$ e $g : \Omega' \to \Omega$, biunivoca e $g \in C^1(\Omega')$. Allora la funzione composta

$$u \circ g : \Omega' \to \mathbb{R}$$

appartiene a $H^1(\Omega')$ e

$$\partial_{x_i} [u \circ g](\mathbf{x}) = \sum_{k=1}^{n} \partial_{x_k} u (g(\mathbf{x})) \, \partial_{x_i} g(\mathbf{x}),$$

quasi ovunque e nel senso delle distribuzioni.

Composizione *II*. Siano $u \in H^1(\Omega)$ e $f : \mathbb{R} \to \mathbb{R}$, $f \in C^1(\mathbb{R})$. Allora la funzione composta

$$f \circ u : \Omega \to \mathbb{R}$$

appartiene ad $H^1(\Omega)$ e

$$\partial_{x_i} [f \circ u](\mathbf{x}) = f'(u(\mathbf{x})) \, \partial_{x_i} u(\mathbf{x}),$$

quasi ovunque e nel senso delle distribuzioni.

Si può poi mostrare che se $u \in H^1(\Omega)$ appartengono ad $H^1(\Omega)$ anche le seguenti funzioni:

$$|u|, \qquad u^+ = \max\{u, 0\}, \qquad u^- = -\min\{u, 0\}.$$

7.6.5 Tracce di funzioni in H^1

Abbiamo già accennato al *problema delle tracce*. Precisamente, si vuole dare significato alla *restrizione* $u_{|\Gamma}$ *di una funzione di* $H^1(\Omega)$ *su* $\Gamma = \partial\Omega$. Tale restrizione si chiama **traccia** di u su Γ. Consideriamo solo $n > 1$ poiché abbiamo già visto che il problema non si pone se $n = 1$. Il punto fondamentale è che, se il dominio Ω è il semispazio $\mathbb{R}^n_+$ oppure è limitato e regolare, l'insieme delle funzioni $C^\infty(\overline{\Omega})$, che sono continue insieme a tutte le loro derivate fino a $\partial\Omega$, è denso in $H^1(\Omega)$. La strategia consiste nel definire un operatore γ_0 che associ ad ogni funzione apparte-nente a $C^\infty(\overline{\Omega})$ la sua restrizione a Γ, cosa che ha perfettamente senso trattandosi di funzioni regolari, e poi sfruttare la densità di $C^\infty(\overline{\Omega})$ in $H^1(\Omega)$ per prolungare γ_0 a tutto $H^1(\Omega)$. È un po' come se volessimo definire il valore di una funzione f in un numero irrazionale x conoscendo i valori che assume sui razionali: si appros-sima x con una successione di razionali $\{r_n\}$ ($\mathbb{Q}$ è denso in $\mathbb{R}$), si calcola $f(r_n)$ e si definisce $f(x)$ come limite di $f(r_n)$. Naturalmente occorre dimostrare che il limite esiste, dimostrando, per esempio, che la successione $\{f(r_n)\}$ è di Cauchy e che non dipende dalla scelta della successione approssimante $\{r_n\}$.

Anzitutto osserviamo che, se $\Omega = \mathbb{R}^n_+$, allora $\Gamma = \mathbb{R}^{n-1}$ ed è ben definito lo spazio $L^2(\Gamma)$. Se poi Γ è una superficie sufficientemente regolare, una funzione g definita su Γ è in $L^2(\Gamma)$ se

$$\|g\|^2_{L^2(\Gamma)} = \int_\Gamma |g|^2 \, d\sigma < \infty,$$

dove l'integrale a secondo membro è un integrale di superficie.

Passiamo ora alla definizione di traccia.

Teorema 7.21. *Sia $\Omega = \mathbb{R}_+^n$ oppure un dominio limitato e regolare. Allora esiste un operatore lineare limitato (operatore di traccia)*

$$\gamma_0 : H^1(\Omega) \to L^2(\Gamma),$$

tale che:

1. *$\gamma_0 u = u_{|\Gamma}$ se $u \in C^\infty(\overline{\Omega})$;*
2. *$\|\gamma_0 u\|_{L^2(\Gamma)} \le c(\Omega, n) \|u\|_{H^1(\Omega)}$.*

Dimostrazione. Ci limitiamo al caso $\Omega = \mathbb{R}_+^n$. Dimostriamo la *2* per le funzioni $u \in C^\infty(\overline{\Omega})$. In questo caso $\gamma_0 u = u(\mathbf{x}', 0)$ e occorre dimostrare che esiste una costante c tale che

$$\int_{\mathbb{R}^{n-1}} |u(\mathbf{x}', 0)|^2 \, d\mathbf{x}' \le c \|u\|_{H^1(\mathbb{R}_+^n)}^2 \qquad \forall u \in C^\infty(\overline{\Omega}). \tag{7.35}$$

Si ha, per ogni $x_n \in (0, 1)$,

$$u(\mathbf{x}', 0) = u(\mathbf{x}', x_n) - \int_0^{x_n} u_{x_n}(\mathbf{x}', t) \, dt,$$

da cui[13]

$$|u(\mathbf{x}', 0)|^2 \le 2 |u(\mathbf{x}', x_n)|^2 + 2 \left(\int_0^1 |u_{x_n}(\mathbf{x}', t)| \, dt \right)^2$$

$$\le 2 |u(\mathbf{x}', x_n)|^2 + 2 \int_0^1 |u_{x_n}(\mathbf{x}', t)|^2 \, dt$$

essendo, per la disuguaglianza di Schwarz,

$$\left(\int_0^1 |u_{x_n}(\mathbf{x}', t)| \, dt \right)^2 \le \int_0^1 |u_{x_n}(\mathbf{x}', t)|^2 \, dt.$$

Integrando rispetto ad $\mathbf{x}'$ in $\mathbb{R}^{n-1}$ e rispetto ad x_n in $(0, 1)$ si ricava la (7.35) con $c = 2$. Supponiamo ora che $u \in H^1(\mathbb{R}_+^n)$. Poiché $C^\infty(\overline{\Omega})$ è denso in $H^1(\mathbb{R}_+^n)$, si può trovare una successione $\{u_k\} \subset C^\infty(\overline{\Omega})$ tale che

$$u_k \to u \qquad \text{in } H^1(\mathbb{R}_+^n).$$

Dalla (7.35) si ha

$$\|\gamma_0 u_h - \gamma_0 u_k\|_{L^2(\mathbb{R}^{n-1})} \le \sqrt{2} \|u_h - u_k\|_{H^1(\mathbb{R}_+^n)}.$$

---

[13] $(a + b)^2 \le 2(a^2 + b^2)$.

Essendo $\{u_k\}$ di Cauchy in $H^1\left(\mathbb{R}_+^n\right)$, si deduce che $\{\gamma_0 u_k\}$ è di Cauchy in $L^2\left(\mathbb{R}^{n-1}\right)$ e quindi risulta definito un unico elemento $u_0 \in L^2\left(\mathbb{R}^{n-1}\right)$ tale che

$$\gamma_0 u_k \to u_0 \qquad \text{in } L^2\left(\mathbb{R}^{n-1}\right).$$

Questo elemento non dipende dalla successione $\{u_k\}$ approssimante. Infatti, se $\{v_k\} \subset C^\infty\left(\overline{\Omega}\right)$ è un'altra successione che converge a u, si ha

$$\|v_k - u_k\|_{H^1\left(\mathbb{R}_+^n\right)} \to 0.$$

E da

$$\|\gamma_0 v_k - \gamma_0 u_k\|_{L^2\left(\mathbb{R}^{n-1}\right)} \leq \sqrt{2}\,\|v_k - u_k\|_{H^1\left(\mathbb{R}_+^n\right)}$$

segue che anche $\gamma_0 v_k \to u_0$ in $L^2\left(\mathbb{R}^{n-1}\right)$.

Se $u \in H^1\left(\mathbb{R}_+^n\right)$, ha dunque senso definire $\gamma_0 u = u_0$. L'operatore così definito soddisfa i requisiti 1, 2 del teorema. $\qquad\square$

Definizione 7.16. *La funzione $\gamma_0 u$ si chiama* **traccia** *di u su Γ; per essa si può usare la notazione $u_{|\Gamma}$.*

Come corollario del Teorema 7.21 si può provare una formula di Gauss (o se si preferisce, di integrazione per parti) per le funzioni di $H^1\left(\Omega\right)$. Precisamente si ha:

Microteorema 7.22. *Nelle ipotesi del Teorema 7.21, vale la formula*

$$\int_\Omega \nabla u \cdot \mathbf{v}\, d\mathbf{x} = -\int_\Omega u\; div\; \mathbf{v}\, d\mathbf{x} + \int_\Gamma (\gamma_0 u)\,(\gamma_0 \mathbf{v}) \cdot \boldsymbol{\nu}\, d\sigma. \tag{7.36}$$

Per ogni $u \in H^1\left(\Omega\right)$ e $\mathbf{v} \in H^1\left(\Omega; \mathbb{R}^n\right)$, dove $\boldsymbol{\nu}$ è la normale esterna a Γ e

$$\gamma_0 \mathbf{v} = (\gamma_0 v_1, ..., \gamma_0 v_n).$$

Dimostrazione. La formula vale se $u \in C^\infty\left(\overline{\Omega}\right)$ e $\mathbf{v} \in C^\infty\left(\overline{\Omega}; \mathbb{R}^n\right)$. Se $u \in H^1\left(\Omega\right)$ e $\mathbf{v} \in H^1\left(\Omega; \mathbb{R}^n\right)$, siano $\{u_k\} \subset C^\infty\left(\overline{\Omega}\right)$, $\{\mathbf{v}_k\} \subset C^\infty\left(\overline{\Omega}; \mathbb{R}^n\right)$ successioni convergenti in norma a u e $\mathbf{v}$, rispettivamente. Per ogni $u_k, \mathbf{v}_k$ vale la formula (7.36):

$$\int_\Omega \nabla u_k \cdot \mathbf{v}_k\, d\mathbf{x} = -\int_\Omega u_k\; div\; \mathbf{v}_k\, d\mathbf{x} + \int_\Gamma (\gamma_0 u_k)\,(\gamma_0 \mathbf{v}_k) \cdot \boldsymbol{\nu}\, d\sigma.$$

Se si passa al limite per $k \to \infty$, sfruttando la continuità di γ_0, si ottiene la (7.36) per u e $\mathbf{v}$. $\qquad\square$

Con metodo analogo si può definire la traccia di una funzione di $H^1\left(\Omega\right)$ solo su un pezzo Γ_0 della sua frontiera, purché non sia troppo irregolare. Enunciato e dimostrazione sono analoghi. Precisamente, si ha:

Teorema 7.23. *Siano* $\Omega = \mathbb{R}^n_+$ *oppure un dominio limitato e regolare e* Γ_0 *un sottoinsieme aperto di* Γ. *Allora esiste un operatore lineare limitato*

$$\widetilde{\gamma}_0 : H^1(\Omega) \to L^2(\Gamma_0),$$

tale che:

1. $\widetilde{\gamma}_0 u = u_{|\Gamma_0}$ *se* $u \in C^\infty\left(\overline{\Omega}\right)$,

2. $\|\widetilde{\gamma}_0 u\|_{L^2(\Gamma_0)} \leq c(\Omega, n) \|u\|_{H^1(\Omega)}$.

La funzione $\widetilde{\gamma}_0 u$ si chiama *traccia di u su* Γ_0; il simbolo più appropriato è tuttavia $u_{|\Gamma_0}$.

7.7 Esercizi ed applicazioni

7.7.1 Esercizi

E. 7.1. Calcolare le norme degli operatori negli Esempi 7.5-7.9 a pag. 279.

E. 7.2. Sia $H = L^2(0,1)$ e $F : H \longrightarrow \mathbb{R}$ il funzionale lineare

$$F(u) = \int_0^{1/2} u(t)\, dt.$$

Verificare che F è ben definito e che $F \in H'$; quindi utilizzare il Teorema di Riesz per calcolare $\|F\|_{H'}$.

E. 7.3. Approssimare in modi diversi la misura di Dirac in $\mathcal{D}'(\mathbb{R}^n)$.

E. 7.4. Siano $u(x) = |x|$ e $S(x) = \text{sign}(x)$. Dimostrare che $u' = S$ in $\mathcal{D}'(\mathbb{R})$ e calcolare u'' in $\mathcal{D}'(\mathbb{R})$.

E. 7.5. Calcolare in senso distribuzioni la derivata di $y = \arctan x^{-1}$.

E. 7.6. Calcolare la derivata seconda mista della distribuzione $\mathcal{H}(x,y) = \mathcal{H}(x)\mathcal{H}(y)$ in $\mathcal{D}'(\mathbb{R}^2)$.

E. 7.7. Proiettare x^2 sul sottospazio vettoriale V di $L^2(0,1)$ generato dalle combinazioni lineari di $v_1 = 1$ e $v_2 = x$. Verificare che tale proiezione coincide con la funzione di V che realizza la minima distanza da x^2.

E. 7.8. In $L^2(-1,1)$, calcolare la proiezione di $x(t) = e^t$ sul sottospazio V generato dalle combinazioni lineari delle funzioni t e t^2.

E. 7.9. Risolvere il problema del filo omogeneo con estremi fissi in $x = \pm 1$ e soggetto ad un carico concentrato unitario in $x = \pm 1/2$:

$$\begin{cases} -u'' = \delta(x - 1/2) + \delta(x + 1/2) & \text{in } (-1,1) \\ u(-1) = u(1) = 0. \end{cases}$$

E. 7.10. Verificare che la funzione

$$y(x) = \frac{\sinh\sqrt{k}(1 - |x|)}{2\sqrt{k}\cosh\sqrt{k}}$$

risolve il problema del filo elastico omogeneo con estremi fissi in $x = \pm 1$, soggetto a un carico unitario concentrato in $x = 0$ e ad una forza elastica di richiamo proporzionale allo spostamento, con costante elastica $k > 0$:

$$\begin{cases} -u'' + ku = \delta & \text{in } (-1, 1) \\ u(-1) = u(1) = 0. \end{cases}$$

7.7.2 Soluzioni

S. 7.1. Esempio 7.5. Si ha:

$$\|\mathbf{A}\mathbf{x}\|^2 = \langle \mathbf{A}\mathbf{x}, \mathbf{A}\mathbf{x} \rangle = \langle \mathbf{A}^\top \mathbf{A}\mathbf{x}, \mathbf{x} \rangle.$$

La matrice $\mathbf{A}^\top \mathbf{A}$ è quadrata di ordine n ed è simmetrica e non negativa. Ora,

$$\sup_{\|\mathbf{x}\| \le 1} \langle \mathbf{A}^\top \mathbf{A}\mathbf{x}, \mathbf{x} \rangle = \sup_{\|\mathbf{x}\| = 1} \langle \mathbf{A}^\top \mathbf{A}\mathbf{x}, \mathbf{x} \rangle = \Lambda_M,$$

dove Λ_M è il massimo autovalore di $\mathbf{A}^\top \mathbf{A}$. Pertanto $\|L\| = \sqrt{\Lambda_M}$.

Esempio 7.6. Si ha $\|L\| = 1$. Infatti, abbiamo già visto che $\|L\| \le 1$. Essendo $L(1) = 1$, deve essere anche

$$\|L\| = \sup_{\|f\|_H = 1} Lf \ge L(1) = 1.$$

Esempio 7.7. Si ha $\|L_g\| = \|g\|_{L^2(\Omega)}$. Infatti, abbiamo già visto che $\|L_g\| \le \|g\|_{L^2(\Omega)}$. D'altra parte

$$\|g\|_{L^2(\Omega)}^2 = L_g(g) \le \|L_g\| \, \|g\|_{L^2(\Omega)},$$

da cui $\|L_g\| \ge \|g\|_{L^2(\Omega)}$.

Esempio 7.8. Il funzionale $L_1 : x \longmapsto \langle x, y \rangle$, y fissato, ha norma $\|L_1\|_{H'} = \|y\|$. Infatti, sappiamo già che $\|L_1\|_{H'} \le \|y\|$. D'altra parte, se $y \ne 0$,

$$\|y\|^2 = |L_1 y| \le \|L_1\|_{H'} \|y\|,$$

per cui deve essere anche $\|L_1\|_{H'} \ge \|y\|$. Per L_2 il discorso è identico.

Esempio 7.9. Si ha $\|P_V x\| = \|Q_V x\| = 1$.

S. 7.2. Poiché $u \in L^2(0,1)$, abbiamo che necessariamente $u \in L^2(0,1/2)$, inoltre usando la disuguaglianza di Schwarz

$$\left| \int_0^{1/2} u(t)\, dt \right| \leq \int_0^{1/2} |u(t)|\, dt \leq \frac{\sqrt{2}}{2} \left(\int_0^1 |u(t)|^2 dt \right)^{1/2} = \frac{\sqrt{2}}{2} \|u(t)\|_{L^2(0,1)}$$

quindi il funzionale è ben definito. F è limitato, quindi è continuo.

Inoltre, per il teorema di Riesz, esiste un'unica funzione $f \in H$ tale che

$$F(u) = \int_0^1 f(t)u(t)dt$$

e $\|F\|_{H'} = \|f\|_H$. Se ne deduce che

$$f = \begin{cases} 1 & \text{se } 0 < x < 1/2 \\ 0 & \text{se } 1/2 < x < 1. \end{cases}$$

Abbiamo allora che

$$\|F\|_{H'} = \sup_{\|u\|_{L^2} \leq 1} |F(u)| = \frac{\sqrt{2}}{2}.$$

S. 7.3. Mostriamo tre diverse successioni che convergono alla δ in $D'(\mathbb{R}^n)$.

a) Indichiamo con $\chi_E(\mathbf{x})$ la funzione caratteristica o indicatrice dell'insieme $E \subset \mathbb{R}^n$. Questa funzione vale 1 se $\mathbf{x} \in E$, vale 0 se $\mathbf{x} \notin E$. Se B_r indica la sfera di raggio r centrata nell'origine, si ha

$$\lim_{r \to 0} \frac{1}{|B_r|} \chi_{B_r} = \delta \quad \text{in } D'(\mathbb{R}^n).$$

Occorre mostrare che, per ogni φ in $D(\mathbb{R}^n)$,

$$\int_{\mathbb{R}^n} \frac{1}{|B_r|} \chi_{B_r}(\mathbf{x})\, \varphi(\mathbf{x})\, d\mathbf{x} \to \varphi(\mathbf{0}), \quad \text{se } r \to 0.$$

Infatti, usando il teorema del valor medio per gli integrali,

$$\int_{\mathbb{R}^n} \frac{1}{|B_r|} \chi_{B_r}(\mathbf{x})\, \varphi(\mathbf{x})\, d\mathbf{x} = \frac{1}{|B_r|} \int_{B_r} \varphi(\mathbf{x})\, d\mathbf{x} = \varphi(\mathbf{x}_r),$$

dove $\mathbf{x}_r$ è un opportuno punto in B_r. Poiché φ è continua, $\varphi(\mathbf{x}_r) \to \varphi(\mathbf{0})$ se $\mathbf{x}_r \to 0$.

b) Consideriamo la funzione η_ε definita dalla (7.21). Si ha

$$\lim_{\varepsilon \to 0} \eta_\varepsilon = \delta \quad \text{in } D'(\mathbb{R}^n).$$

Infatti, sia φ in $D(\mathbb{R}^n)$. Si ha

$$\int_{\mathbb{R}^n} \eta_\varepsilon(\mathbf{x})\, \varphi(\mathbf{x})\, d\mathbf{x} = \frac{1}{\varepsilon^n} \int_{B_\varepsilon} \eta\left(\frac{\mathbf{x}}{\varepsilon}\right) \varphi(\mathbf{x})\, d\mathbf{x}$$

$$\underset{\mathbf{x}=\varepsilon\mathbf{y}}{=} \int_{B_1} \eta\left(\mathbf{y}\right)\varphi\left(\varepsilon\mathbf{y}\right) d\mathbf{y}.$$

Usando il teorema della convergenza dominata[14] si deduce

$$\lim_{\varepsilon\to 0} \int_{B_1} \eta\left(\mathbf{y}\right)\varphi\left(\varepsilon\mathbf{y}\right) d\mathbf{y} = \varphi\left(\mathbf{0}\right).$$

c) Abbiamo già visto che, se $\Gamma_D\left(\mathbf{x},t\right)$ è la soluzione fondamentale dell'equazione del calore e $\varphi \in \mathcal{D}\left(\mathbb{R}^n\right)$,

$$\lim_{t\to 0^+} \int_{\mathbb{R}^n} \Gamma_D\left(\mathbf{y}-\mathbf{x},t\right)\varphi\left(\mathbf{x}\right) d\mathbf{x} = \varphi\left(\mathbf{y}\right).$$

In termini di distribuzioni ciò significa che, per $\mathbf{y}$ fissato,

$$\Gamma_D\left(\mathbf{y}-\cdot,t\right) \to \delta_{\mathbf{y}} \qquad \text{in } \mathcal{D}'\left(\mathbb{R}^n\right),$$

se $t \to 0^+$.

S. 7.4. Sia $\varphi \in \mathcal{D}\left(\mathbb{R}\right)$. Si ha

$$\langle u',\varphi\rangle = -\langle u,\varphi'\rangle = -\int_{\mathbb{R}} |x|\,\varphi'\left(x\right) dx = \int_{-\infty}^{0} x\varphi'\left(x\right) dx - \int_0^{\infty} x\varphi'\left(x\right) dx$$

$$= -\int_{-\infty}^{0} \varphi\left(x\right) dx + \int_0^{\infty} \varphi\left(x\right) dx = \int_{\mathbb{R}} \text{sign}(x)\varphi\left(x\right) dx = \langle S,\varphi\rangle.$$

Inoltre,

$$\langle u'',\varphi\rangle = \langle\frac{d}{dt}\,\text{sign}\,t,\varphi\rangle = -\langle\text{sign}\,t,\varphi'\rangle$$

$$= -\int_{\mathbb{R}} \text{sign}\,t\varphi'(t)\,dt = -\int_{-a}^{a} \text{sign}\,t\varphi'(t)\,dt \qquad \text{con supp}\varphi \subset [-a,a]$$

$$= \int_{-a}^{0} \varphi'(t)\,dt - \int_0^{a} \varphi'(t)\,dt = 2\phi(0) = \langle 2\delta,\varphi\rangle.$$

S. 7.5. Abbiamo che

$$\langle\frac{d}{dx}\arctan\frac{1}{x},\varphi\rangle = -\langle\arctan\frac{1}{x},\varphi'\rangle = -\int_{\mathbb{R}} \arctan\frac{1}{x}\varphi'\left(x\right) dx$$

$$= -\int_{-a}^{a} \arctan\frac{1}{x}\varphi'\left(x\right) dx \qquad \text{con supp}\varphi \subset [-a,a]$$

$$= -\int_{-a}^{0} \arctan\frac{1}{x}\varphi'\left(x\right) dx - \int_0^{a} \arctan\frac{1}{x}\varphi'\left(x\right) dx$$

$$= \left[\arctan\frac{1}{x}\varphi\right]_{-a}^{0^-} - \left[\arctan\frac{1}{x}\varphi\right]_{=^+}^{a} + \int_{-a}^{a} \frac{\varphi(x)}{1+x^2}dx$$

$$= \pi\varphi(0) - \int_{\mathbb{R}} \frac{\varphi(x)}{1+x^2}dx = \langle\pi\delta - \frac{1}{1+x^2},\varphi\rangle.$$

---

[14] Sezione 7.1.4.

S. 7.6. Utilizzando la definizione di derivata nel senso delle distribuzioni, con $\varphi \in \mathcal{D}(\mathbb{R}^2)$ si trova:

$$\langle \mathcal{H}_{xy}, \varphi \rangle = \langle \mathcal{H}, \varphi_{xy} \rangle = \int_{\mathbb{R}^2} \mathcal{H}(x, y) \varphi_{xy} \, dx \, dy$$

$$= \int_{[-a,a]\times[-a,a]} \mathcal{H}(x, y) \varphi_{xy} \, dx \, dy \qquad \text{con supp} \varphi \subset [-a, a] \times [-a, a]$$

$$= \int_0^a \int_0^a \varphi_{xy} \, dx \, dy = \int_0^a [\varphi_x]_0^a \, dx$$

$$= -\int_0^a \varphi_x(x, 0) \, dx = -[\varphi(x, 0)]_0^a = \varphi(0, 0) = \langle \delta, \varphi \rangle.$$

S. 7.7. Occorre innanzitutto trovare una base ortonormale del sottospazio $V \subset L^2(0, 1)$. Come primo vettore e_1 possiamo prendere v_1 stesso. Come secondo vettore e_2 scegliamo $\alpha, \beta \in \mathbb{R}$ tali che $v = \alpha + \beta x$ abbia le seguenti caratteristiche:

$$\begin{cases} v \perp v_1 \\ \|v\| = 1, \end{cases}$$

ovvero, secondo la definizione di prodotto scalare in L^2

$$\begin{cases} \int_0^1 (\alpha + x\beta) \, dx = 0 \\ \int_0^1 (\alpha + x\beta)^2 \, dx = 1. \end{cases}$$

Troviamo

$$\begin{cases} \alpha + \dfrac{\beta}{2} = 0 \\ \alpha^2 + \alpha\beta + \dfrac{\beta^2}{3} = 1, \end{cases}$$

che ha la coppia di soluzioni $(\alpha, \beta) = \pm(\sqrt{3}, -2\sqrt{3})$. Scegliamo $e_2 = \sqrt{3}(1 - 2x)$.

Avendo a disposizione una base ortonormale di V, la proiezione di x^2 su V è esattamente

$$P_V x^2 = (x^2, e_1)e_1 + (x^2, e_2)e_2.$$

Ricaviamo che

$$\begin{cases} (x^2, e_1) = \int_0^1 x^2 \, dx = \dfrac{1}{3} \\ (x^2, e_2) = \sqrt{3} \int_0^1 x^2(1 - 2x) \, dx = -\dfrac{1}{2\sqrt{3}}, \end{cases}$$

da cui si deduce immediatamente che $P_V x^2 = -1/6 + x$.

Cambiando punto di vista, se si desidera trovare la funzione di V che realizza la minima distanza da x^2 occorre risolvere:

$$\inf_{\lambda_1, \lambda_2} \sqrt{\int_0^1 (x^2 - \lambda_1 - \lambda_2 x)^2 dx}$$

ed è del tutto equivalente cercare l'estremo inferiore del quadrato corrispondente. Si tratta di trovare il minimo della funzione

$$\mathcal{U} = \lambda_1^2 + \frac{\lambda_2^2}{3} - \frac{2}{3}\lambda_1 - \frac{\lambda_2}{2} + \lambda_1\lambda_2 + \frac{1}{5}$$

i cui punti stazionari risolvono il sistema

$$\begin{cases} 2\lambda_1 + \lambda_2 = \dfrac{2}{3} \\[2mm] \lambda_1 + \dfrac{2}{3}\lambda_2 = \dfrac{1}{2}, \end{cases}$$

che risolto dà $\lambda_1 = -1/6$ e $\lambda_2 = 1$. L'estremo inferiore è dunque realizzato dalla funzione $P_V x^2$ trovata in precedenza.

Cambiando ancora punto di vista, per cercare la proiezione di x^2 sullo spazio vettoriale delle rette possiamo sfruttare la seconda proprietà nella tesi del Teorema 7.6, e procedere cercando la componente ortogonale alla proiezione:

$$x^2 = P_V x^2 + u \qquad \text{dove } u \perp V,$$

da cui $u = x^2 - P_V x^2 = x^2 - (a + bx) \perp v$ per ogni $v \in V$. Scrivendo esplicitamente questa condizione di ortogonalità in $L^2(0,1)$ abbiamo

$$\int_0^1 [x^2 - (a + bx)](\lambda_1 + \lambda_2 x)\,dx = 0 \qquad \forall \lambda_1, \lambda_2 \in \mathbb{R}.$$

Risolvendo l'integrale si perviene a

$$\lambda_1 \left[\frac{1}{3} - a - \frac{b}{2} \right] + \lambda_2 \left[\frac{1}{4} - \frac{a}{2} - \frac{b}{3} \right] = 0 \qquad \forall \lambda_1, \lambda_2 \in \mathbb{R}$$

che, di nuovo, ha come soluzione $a = -1/6$ e $b = 1$.

S. 7.8. Osserviamo che le funzioni t e t^2, essendo rispettivamente dispari e pari, sono ortogonali in $L^2(-1,1)$. Risulta

$$\|t\|_{L^2(-1,1)}^2 = \int_{-1}^1 t^2\,dt = \frac{2}{3}$$

$$\|t^2\|_{L^2(-1,1)}^2 = \int_{-1}^1 t^4\,dt = \frac{2}{5}.$$

La coppia di funzioni

$$e_1 = \sqrt{\frac{3}{2}}\,t$$

$$e_2 = \sqrt{\frac{5}{2}}\,t^2$$

è dunque una base ortonormale di V. La proiezione di e^t si trova dunque tramite lo sviluppo di Fourier:

$$P_V e^t = (e^t, e_1)e_1 + (e^t, e_2)e_2.$$

Integrando per parti si trova facilmente che

$$\int te^t \, dt = e^t(t - 1)$$
$$\int t^2 e^t \, dt = e^t(t^2 - 2t + 2),$$

da cui

$$(e^t, e_1) = \sqrt{\frac{3}{2}} \left[e^t(t - 1) \right]_{-1}^{1} = e^{-1}\sqrt{6}$$
$$(e^t, e_2) = \sqrt{\frac{5}{2}} \left[e^t(t^2 - 2t + 2) \right]_{-1}^{1} = \sqrt{\frac{5}{2}}(e - 5e^{-1}),$$

quindi

$$P_V e^t = 3e^{-1}t + \frac{5}{2}(e - 5e^{-1})t^2.$$

S. 7.9. Ricordiamo che il prodotto di una distribuzione $u \in \mathcal{D}'(\mathbb{R})$ per una funzione $\psi \in C^\infty(\mathbb{R})$ è definito nel modo che segue:

$$\langle u\psi, \varphi \rangle = \langle u, \psi\varphi \rangle \qquad \forall \varphi \in \mathcal{D}(\mathbb{R}).$$

In questo caso possiamo utilizzare la regola di Leibniz per derivare il prodotto, ossia

$$\langle (u\psi)', \varphi \rangle = \langle u'\psi, \varphi, \rangle + \langle u\psi', \varphi \rangle.$$

Se ne deduce immediatamente che $x\mathcal{H}(x)$ è una primitiva di $\mathcal{H}(x)$, infatti, $(x\mathcal{H}(x))' = \mathcal{H}(x) + x\delta$ e sappiamo che $x\delta = 0$; quindi $(x - a)\mathcal{H}(x - a)$ è una primitiva di $\mathcal{H}(x - a)$, qualunque sia $a \in \mathbb{R}$.

Dunque, integrando l'equazione una volta troviamo

$$u' = C - \mathcal{H}(x - 1/2) - \mathcal{H}(x + 1/2)$$

ed integrando una seconda volta

$$u = Cx + B - (x - 1/2)\mathcal{H}(x - 1/2) - (x + 1/2)\mathcal{H}(x + 1/2).$$

Le condizioni al bordo impongono di scegliere $C = B = 1$. La soluzione è rappresentata in Figura 7.4.

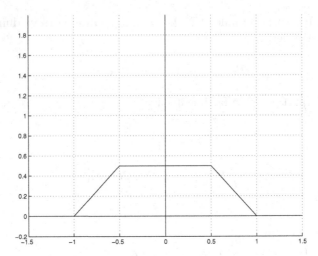

Figura 7.4. Soluzione dell'Esercizio 7.9

S. 7.10. La funzione assegnata soddisfa chiaramente le condizioni al contorno. Inoltre, calcolando le derivate in senso distribuzioni, abbiamo:

$$y' = -\frac{\cosh \sqrt{k}(1 - |x|)}{2 \cosh \sqrt{k}} \operatorname{sign} x$$

$$y'' = \frac{\sinh \sqrt{k}(1 - |x|)}{2 \cosh \sqrt{k}} \operatorname{sign}^2 x - \frac{\cosh \sqrt{k}(1 - |x|)}{\cosh \sqrt{k}} \delta$$

$$= k \frac{\sinh \sqrt{k}(1 - |x|)}{2\sqrt{k} \cosh \sqrt{k}} - \delta = ky - \delta,$$

dove si è sfruttata la proprietà generale per cui $v\delta = v(0)\delta$ con $v \in C^\infty(\mathbb{R})$. Inoltre, possiamo osservare che facendo tendere k a 0,

$$y \longrightarrow \frac{1 - |x|}{2}$$

come ci si aspetta in assenza di forza elastica di richiamo.

8

Formulazione variazionale di problemi stazionari

8.1 Equazioni ellittiche

L'equazione di Poisson $\Delta u = f$ è il prototipo delle *equazioni ellittiche*, già classificate nel caso bidimensionale nella Sezione 6.4.1. Questo tipo di equazioni si presenta nella modellazione di una vasta classe di fenomeni, spesso in condizioni di equilibrio. Tipicamente, in modelli di diffusione, trasporto e reazione come quelli considerati nella prima parte del testo, le condizioni di stazionarietà, che possono corrispondere a situazioni a regime dove non c'è più dipendenza dal tempo, conducono ad equazioni ellittiche. Esse intervengono inoltre nella teoria dei potenziali elettrostatici ed elettromagnetici, nonché nella determinazione dei modi di vibrazione di strutture elastiche (per esempio attraverso il metodo di separazione delle variabili per l'equazione delle onde).

Siano Ω un dominio di $\mathbb{R}^n$, $A(\mathbf{x}) = (a_{ij}(\mathbf{x}))$ una matrice quadrata di ordine n, $\mathbf{b}(\mathbf{x}) = (b_1(\mathbf{x}), \ldots, b_n(\mathbf{x}))$ un vettore in $\mathbb{R}^n$, $c = c(\mathbf{x})$ e $f = f(\mathbf{x})$ funzioni reali. Un'equazione della forma

$$-\sum_{i,j=1}^{n} \partial_{x_i}\left(a_{ij}(\mathbf{x})\, u_{x_j}\right) + \sum_{i=1}^{n} b_i(\mathbf{x})\, u_{x_i} + c(\mathbf{x})\, u = f(\mathbf{x}), \qquad (8.1)$$

oppure

$$-\sum_{i,j=1}^{n} a_{ij}(\mathbf{x})\, u_{x_i x_j} + \sum_{i=1}^{n} b_i(\mathbf{x})\, u_{x_i} + c(\mathbf{x})\, u = f(\mathbf{x}) \qquad (8.2)$$

si dice *ellittica in* Ω se A è definita positiva in Ω, se cioè vale la seguente *condizione di ellitticità*:

$$\sum_{i,j=1}^{n} a_{ij}(\mathbf{x})\, \xi_i \xi_j > 0, \qquad \forall \mathbf{x} \in \Omega,\ \forall \boldsymbol{\xi} \in \mathbb{R}^n, \boldsymbol{\xi} \neq \mathbf{0}.$$

Si dice che la (8.1) è in *forma di divergenza*, poiché si può scrivere nel seguente modo:

$$-\mathrm{div}(A(\mathbf{x})\,\nabla u) + \mathbf{b}(\mathbf{x}) \cdot \nabla u + c(\mathbf{x})\, u = f(\mathbf{x}),$$

Salsa S, Vegni FMG, Zaretti A, Zunino P: Invito alle equazioni alle derivate parziali.
© Springer-Verlag Italia 2009, Milano

che mette in evidenza la particolare struttura del primo termine. Generalmente serve a modellare fenomeni di diffusione in mezzi non omogenei e/o non isotropi, per i quali, per esempio, vale una legge costitutiva per la funzione di flusso $\mathbf{q}$ del tipo Fourier o Fick

$$\mathbf{q} = -A(\mathbf{x})\nabla u,$$

dove u rappresenta la temperatura o la concentrazione di una sostanza (o altro ancora). Il termine $-\mathrm{div}(A(\mathbf{x})\nabla u)$ è quindi associato al fenomeno di diffusione termica o molecolare. La matrice A si chiama *matrice di diffusione*; la dipendenza di A da $\mathbf{x}$ indica che la diffusione avviene in modo non isotropo.

Il termine $\mathbf{b}(\mathbf{x})\cdot\nabla u$ è dovuto a presenza di *trasporto o convezione*. Il vettore $\mathbf{b}$ ha in tal caso le dimensioni di una *velocità*. Si pensi, per esempio, al caso del fumo emesso da un impianto industriale che diffonde trasportato dal vento. In questo caso $\mathbf{b}$ è la velocità del vento.

Il termine $c(\mathbf{x})u$, che chiamiamo termine *di reazione*, può avere diversi significati. Per esempio, se u è la concentrazione di una sostanza, c può rappresentare un tasso di decomposizione ($c > 0$) o di crescita ($c < 0$).

Infine, f rappresenta l'azione di un agente esogeno, distribuita in Ω (per esempio proporzionale al calore sottratto o fornito nell'unità di tempo).

La (8.2) si dice in *forma di non divergenza*. Se gli elementi a_{ij} di A sono differenziabili, si può effettuare l'operazione di divergenza nella (8.1) e ricondurla alla forma di *non divergenza*. Quando però si trattano casi in cui le proprietà fisiche in gioco sono discontinue, tutti o alcuni degli elementi a_{ij} risultano discontinui ed occorre mantenere la forma di divergenza. In questi casi, tuttavia, occorre dare un significato all'equazione!

Anche la forma di *non divergenza* è associata a fenomeni di diffusione attraverso la considerazione di processi stocastici che generalizzano il moto Browniano e che sono detti *processi di diffusione*.

Se A è la matrice *identità* si ritrova l'operatore di Laplace che appartiene ovviamente ad entrambe le classi, altrimenti si trova un'equazione in forma di non divergenza.

Oltre all'equazione si assegna una condizione sul bordo $\partial\Omega$ di tipo Dirichlet, Neumann, misto, di Robin o altre ancora. Svilupperemo i fondamenti della teoria per le equazioni ellittiche in forma di divergenza. Due sono le ragioni principali che determinano la preferenza: la (relativa) semplicità degli strumenti matematici impiegati e l'adattabilità all'impiego dei metodi numerici cosiddetti di Galerkin.

8.2 Il problema di Poisson

L'obiettivo che ci poniamo in questo capitolo è presentare la cosiddetta *formulazione variazionale*, o debole, di alcuni problemi al contorno e gli elementi basilari della teoria relativa, per una classe abbastanza generale di equazioni ellittiche. Per introdurre concetti e idee preliminari ci serviamo del seguente *problema di Poisson*, molto frequente nelle applicazioni.

Siano dati: *un dominio $\Omega \subset \mathbb{R}^n$ (di solito $n = 1, 2, 3$) e due funzioni c, f : $\Omega \to \mathbb{R}$. Si vuole determinare una funzione u che soddisfi*

$$\begin{cases} -\Delta u + cu = f & in \; \Omega \\ + \; condizioni \; su \; \partial\Omega, \end{cases}$$

dove le condizioni su $\partial\Omega$ possono assumere le forme già ricordate.

Il problema di Poisson ammette interpretazioni di vario tipo. Per esempio, se $n = 2$, u potrebbe descrivere la posizione di equilibrio di una membrana elastica sotto un carico f, esprimente l'intensità di una forza verticale per unità di superficie.

La condizione di Dirichlet ($u = g$ su $\partial\Omega$) corrisponde al caso in cui la membrana è fissata al bordo. La condizione di Robin ($\partial_\nu u + \beta u = g$ su $\partial\Omega$, $\beta > 0$) corrisponde al caso in cui la membrana è elasticamente fissata al bordo. Se $\beta = 0$ (condizione di Neumann) il bordo della membrana è libero di muoversi verticalmente.

Se u è la concentrazione di equilibrio di una sostanza, la condizione di Dirichlet corrisponde al caso in cui la concentrazione è mantenuta ad un livello fissato al bordo, quella di Neumann prescrive il flusso attraverso la frontiera.

Che cosa vuol dire *risolvere* il problema di Poisson? La risposta è ovvia da un lato, molto meno da un altro. La parte ovvia è l'obiettivo finale: si vuole *mostrare esistenza, unicità, stabilità della soluzione; sulla base di questi risultati, si vuole poi calcolare la soluzione mediante i metodi dell'Analisi Numerica.*

Meno ovvio è il *significato di soluzione*. Infatti, ogni problema, ed in particolare quello di Poisson, si può formulare in vari modi e ad ognuno di questi è associata una nozione di soluzione. È importante, allora, selezionare quella "più efficiente" per il problema in esame, dove per efficienza si potrebbe intendere il miglior compromesso tra *facilità di formulazione e di risolubilità teorica, sufficiente generalità, adattabilità ai metodi numerici.*

Analizziamo brevemente varie nozioni disponibili di **soluzione** per il problema di Poisson.

- Soluzioni **classiche.** Hanno due derivate continue, intese nel senso classico dell'Analisi e quindi l'equazione differenziale vale nello stesso senso.
- Soluzioni **forti.** Sono funzioni nello spazio di Sobolev H^2; hanno quindi due derivate in L^2, nel senso delle distribuzioni, e l'equazione differenziale vale quasi ovunque (cioè puntualmente, a meno di insiemi di misura nulla secondo Lebesgue).
- Soluzioni **variazionali** o deboli. Sono funzioni nello spazio di Sobolev H^1. L'equazione va intesa in un senso opportuno che, in molti casi, rappresenta una versione del principio dei lavori virtuali.
- Soluzioni **distribuzionali.** Sono funzioni in L^1_{loc} e l'equazione vale nel senso delle distribuzioni:

$$\int_\Omega \{-u\Delta\varphi + c(\mathbf{x})u\varphi\} \, d\mathbf{x} = \int_\Omega f\varphi \, d\mathbf{x}, \quad \forall\varphi \in \mathcal{D}(\Omega).$$

Naturalmente c'è qualcosa che accomuna tutte queste nozioni ed è un *principio di coerenza* che si può formulare così: se tutti i dati del problema sono regolari, *per una soluzione regolare tutte le nozioni devono risultare equivalenti*. Le nozioni *non-classiche* costituiscono dunque "un allargamento" della nozione di soluzione, rispetto a quella classica. Una questione che si pone naturalmente e che ha importanti riflessi sul controllo dell'errore nei metodi numerici è stabilire il grado di regolarità ottimale della soluzione. Più precisamente, *data u soluzione non classica del problema di Poisson* ci si chiede *in che misura la regolarità dei dati c, f e del dominio Ω influisce sulla soluzione?*

Una risposta esauriente richiede tecniche abbastanza complicate, per cui ci limiteremo solo ad enunciare alcuni risultati significativi per l'Analisi Numerica.

La teoria per soluzioni classiche e forti, che richiede strumenti matematici piuttosto avanzati, è ben consolidata ed il lettore può trovarla nei libri specialistici indicati in bibliografia. Dal punto di vista numerico, il *metodo delle differenze finite* è aderente alla forma differenziale del problema e dunque possiamo dire che miri ad approssimare soluzioni classiche.

La teoria distribuzionale è stata ampiamente trattata, è molto generale, ma non è la più indicata per il trattamento dei problemi al contorno.

Proprio il senso in cui sono assunti i dati al bordo del dominio, rappresenta uno dei punti delicati quando si voglia "allargare" il concetto di soluzione.

Diciamo subito che per i nostri scopi, la nozione più conveniente di soluzione è l'ultima: si tratta di una formulazione molto flessibile con un elevato grado di generalità e con una teoria basata, sostanzialmente, su un unico teorema di Analisi Funzionale (teorema di *Lax-Milgram*). Inoltre, l'analogia (e spesso la coincidenza) col principio dei lavori virtuali indica aderenza all'interpretazione fisica. Infine, la formulazione variazionale è quella naturale per implementare le varie versioni del *metodo di Galerkin* (*con elementi finiti, metodi spettrali, ecc. ...*), di cui si fa ampio uso nella moderna teoria dell'approssimazione delle equazioni a derivate parziali.

Occupiamoci dunque della formulazione variazionale, partendo, per meglio motivare definizioni e scelte, dal caso unidimensionale, con un'equazione leggermente più generale di quella di Poisson.

8.3 Diffusione, trasporto e reazione ($n = 1$)

8.3.1 Il problema

Vediamo la formulazione variazionale e la soluzione di un problema del tipo

$$
\begin{cases}
\underbrace{-(a(x)u')'}_{diffusione} + \underbrace{b(x)\,u'}_{trasporto} + \underbrace{c(x)u}_{reazione} = f(x), & \text{in } (x_1, x_2) \\
\text{condizioni agli estremi}, & \text{per } x = x_1 \text{ e } x = x_2,
\end{cases}
\tag{8.3}
$$

dove, per il momento, supponiamo che a, b siano funzioni di classe $C^1([x_1, x_2])$ e $c \in C^0([x_1, x_2])$. Inoltre $a > 0$.

Si può interpretare (8.3) come un problema *stazionario* di *diffusione trasporto e reazione*. Si noti la struttura di divergenza tipica del termine di diffusione:

$$-\frac{d}{dx}\left(a\left(x\right)\frac{d}{dx}u\right).$$

Per la formulazione variazionale uno dei punti chiave è incorporare le condizioni al bordo nella formulazione stessa. I passi tipici sono i seguenti:

1. scegliere uno spazio di funzioni *test, regolari ed adattate alla condizione al bordo*;
2. moltiplicare l'equazione differenziale per una *funzione test*;
3. integrare l'equazione così ottenuta sull'intervallo (x_1, x_2);
4. "scaricare" una delle derivate del termine di diffusione sulla funzione test mediante integrazione per parti, usando le condizioni al bordo;
5. leggere l'equazione integrale che si ottiene, in un opportuno spazio di Hilbert, che, in generale, coincide con uno spazio di Sobolev, chiusura topologica dello spazio di funzioni test di partenza.

8.3.2 Condizioni di Dirichlet

Cominciamo col caso semplice delle *condizioni di Dirichlet omogenee*:

$$\begin{cases} -(a(x)u')' + b\left(x\right)u' + c(x)u = f\left(x\right), & \text{in } (x_1, x_2) \\ u\left(x_1\right) = u\left(x_2\right) = 0 \end{cases} \qquad (8.4)$$

e supponiamo che $u \in C^2\left(x_1, x_2\right) \cap C^0\left(\left[x_1, x_2\right]\right)$, sia cioè una soluzione classica. Scegliamo come classe di funzioni test $C_0^1\left(x_1, x_2\right)$. Ricordiamo che le funzioni in questa classe sono derivabili con continuità, con supporto contenuto in un sottointervallo chiuso e limitato di (x_1, x_2). In particolare, quindi, sono *nulle agli estremi*. Moltiplichiamo l'equazione per una funzione test v e integriamo su (x_1, x_2):

$$-\int_{x_1}^{x_2} (a(x)u')'v\,dx + \int_{x_1}^{x_2} b(x)u'v\,dx + \int_{x_1}^{x_2} c(x)uv\,dx = \int_{x_1}^{x_2} f\left(x\right)v\,dx. \qquad (8.5)$$

Integriamo per parti il primo termine, usando le condizioni al bordo:

$$-\int_{x_1}^{x_2} (a(x)u')'v\,dx = \int_{x_1}^{x_2} a(x)u'v'\,dx - \left[a\left(x\right)u'v\right]_{x_2}^{x_1} = \int_{x_1}^{x_2} a(x)u'v'\,dx.$$

Otteniamo così, dalla (8.5), l'equazione integrale

$$\int_{x_1}^{x_2} a(x)u'v'\,dx + \int_{x_1}^{x_2} b(x)u'v\,dx + \int_{x_1}^{x_2} c(x)uv\,dx = \int_{x_1}^{x_2} f\left(x\right)v\,dx, \qquad (8.6)$$

valida per *ogni funzione test*. Da (8.4) abbiamo dedotto la (8.6). Si può ritornare indietro? Rifacendo i passi in senso inverso, arriviamo alla (8.5), che si può scrivere

$$\int_{x_1}^{x_2} [-(a(x)u')' + b\left(x\right)u' + c(x)u - f\left(x\right)]v\,dx = 0.$$

Poiché questa equazione è *valida per ogni funzione test*, si conclude che la funzione tra parentesi deve essere nulla[1] in $[x_1, x_2]$, cioè

$$-(a(x)u')' + b(x)u' + c(x)u - f(x) = 0,$$

recuperando così l'equazione differenziale di partenza. Abbiamo mostrato che: *per soluzioni classiche, le due formulazioni* (8.4) *e* (8.6) *sono equivalenti.* Osserviamo ora che la (8.6): fa intervenire *una sola derivata* della soluzione anziché due; ha senso anche se a, b, c e f non sono necessariamente continue; infine, ha convertito il problema (8.4) in un'equazione integrale, ∞−dimensionale sullo spazio delle funzioni test.

Queste tre caratteristiche inducono un'ambientazione naturale:

* si allarga la classe delle funzioni test a $H_0^1(x_1, x_2)$, chiusura di $C_0^1(x_1, x_2)$ in norma H^1. Ricordiamo che le funzioni in $H_0^1(x_1, x_2)$ sono continue fino agli estremi;
* la soluzione si cerca nello spazio di Hilbert $H_0^1(x_1, x_2)$, nel quale sono già incorporate le condizioni agli estremi.

La **formulazione variazionale** (o debole) di (8.4) è allora: *determinare una funzione* $u \in H_0^1(x_1, x_2)$ *tale che*

$$\int_{x_1}^{x_2} \{au'v' + bu'v + cuv\}\, dx = \int_{x_1}^{x_2} fv dx, \qquad \forall v \in H_0^1(x_1, x_2). \tag{8.7}$$

Esistenza, unicità e stabilità seguono dal teorema di Lax-Milgram, sotto ipotesi abbastanza naturali su a, b, c, f. Precisamente vale il seguente:

Microteorema 8.1. *Supponiamo che:*

1. a, b, b', $c \in L^\infty(x_1, x_2)$ e $f \in L^2(x_1, x_2)$;
2. $a(x) \geq a_0 > 0$ e $-\frac{1}{2}b'(x) + c(x) \geq 0$ quasi ovunque in (x_1, x_2).

Allora, (8.7) ha un'unica soluzione $u \in H_0^1(x_1, x_2)$. *Inoltre*

$$\|u'\|_{L^2(x_1, x_2)} \leq \frac{C_P}{a_0} \|f\|_{L^2(x_1, x_2)}.$$

Dimostrazione. Introduciamo la forma bilineare

$$B(w, v) = \int_{x_1}^{x_2} \{aw'v' + bw'v + cwv\}\, dx$$

e il funzionale lineare

$$Lv = \int_{x_1}^{x_2} fv\, dx.$$

La (8.7) si può scrivere in forma astratta:

$$B(w, v) = Lv, \qquad \forall v \in H_0^1(x_1, x_2).$$

---

[1] Se $g \in C([a, b])$ e $\int_a^b gv dx = 0$ per ogni $v \in C_0^1(a, b)$ allora $g \equiv 0$.

Verifichiamo ora le ipotesi del teorema di Lax-Milgram scegliendo $V = H_0^1(x_1, x_2)$.

Continuità della forma bilineare B

Si ha (tutte le norme[2] vanno intese su (x_1, x_2)):

$$|B(w, v)| \leq \int_{x_1}^{x_2} \left\{ \|a\|_{L^\infty} |w'v'| + \|b\|_{L^\infty} |w'v| + \|c\|_{L^\infty} |wv| \right\} dx.$$

Utilizzando la disuguaglianza di Schwarz su ciascuno dei tre integrali e la disuguaglianza di Poincaré, si ha

$$|B(w, v)| \leq \|a\|_{L^\infty} \|w'\|_{L^2} \|v'\|_{L^2} + \|b\|_{L^\infty} \|w'\|_{L^2} \|v\|_{L^2} + \|c\|_{L^\infty} \|w\|_{L^2} \|v\|_{L^2}$$

$$\leq \left(\|a\|_{L^\infty} + C_P \|b\|_{L^\infty} + C_P^2 \|c\|_{L^\infty} \right) \|w'\|_{L^2} \|v'\|_{L^2}$$

e quindi B è continua su $V \times V$.

Coercività di B

Possiamo scrivere:

$$B(w, w) = \int_{x_1}^{x_2} \left\{ a(x)(w')^2 + b(x)w'w + c(x)w^2 \right\} dx$$

$$\geq a_0 \|w'\|_{L^2}^2 + \frac{1}{2} \int_{x_1}^{x_2} b(x) \frac{d}{dx} w^2 dx + \int_{x_1}^{x_2} c(x)w^2 dx$$

$$\text{(integrando per parti)} = a_0 \|w'\|_{L^2}^2 + \int_{x_1}^{x_2} \left\{ -\frac{1}{2}b'(x) + c(x) \right\} w^2 dx$$

$$\text{(per l'ipotesi } 2\text{)} \geq a_0 \|w'\|_{L^2}^2$$

per cui B è anche coerciva.

Continuità del funzionale L

è continuo in V. Infatti, dalla disuguaglianza di Schwarz

$$|Lv| = \left| \int_{x_1}^{x_2} fv \, dx \right| \leq \|f\|_{L^2} \|v\|_{L^2} \leq C_P \|f\|_{L^2} \|v'\|_{L^2}.$$

Inoltre $\|L\|_{V'} \leq C_P \|f\|_{L^2}$. La tesi segue allora dal teorema di Lax-Milgram. $\quad\square$

Nota 8.1. Se $b = 0$, la forma bilineare B è simmetrica. In tal caso, la soluzione variazionale coincide con la funzione che minimizza in $H_0^1(x_1, x_2)$ il funzionale energia

$$J(u) = \int_{x_1}^{x_2} \left\{ a(x)(u')^2 + c(x)u^2 - f(x)u \right\} dx.$$

La (8.7) coincide allora con l'equazione di Eulero del funzionale J.

---

[2] Ricordiamo che in $H_0^1(x_1, x_2)$ si può scegliere come norma la norma del gradiente: $\|u'\|_{L^2(x_1, x_2)}$.

Nota 8.2. Nel caso di condizioni al bordo non omogenee, $u(x_1) = A_1$, $u(x_2) = A_2$, conviene ridursi a condizioni omogenee sottraendo ad u l'equazione della retta passante per i punti (x_1, A_1), (x_2, A_2), ponendo cioè

$$w(x) = u(x) - \left(A_1 + (x - x_1) \frac{A_2 - A_1}{x_2 - x_1} \right).$$

Se u è soluzione di (8.4) con $u(x_1) = A_1$ e $u(x_2) = A_2$, la nuova incognita w soddisfa il problema variazionale

$$\int_{x_1}^{x_2} [aw'v' + bw'v + cwv]dx = \int_{x_1}^{x_2} Fv \, dx - \frac{A_2 - A_1}{x_2 - x_1} \int_{x_1}^{x_2} a(x)v'dx$$

per ogni $v \in H_0^1(x_1, x_2)$, dove

$$F(x) = f(x) - \frac{A_2 - A_1}{x_2 - x_1} b(x) - c(x) \left(A_1 + (x - x_1) \frac{A_2 - A_1}{x_2 - x_1} \right).$$

8.3.3 Condizioni di Neumann

Vediamo ora la formulazione variazionale del problema di Neumann. Imponiamo agli estremi le condizioni

$$-a(x_1) u'(x_1) = A_1, \quad a(x_2) u'(x_2) = A_2.$$

Il segno meno è inserito in modo da prescrivere il flusso nel verso "uscente" dall'intervallo. Questo modo di imporre le condizioni di Neumann, con la presenza del fattore a, è quello naturalmente associato alla struttura del termine di diffusione.

Una soluzione classica dovrà possedere derivate continue fino agli estremi ed appartenere perciò a $C^2(x_1, x_2) \cap C^1([x_1, x_2])$. Non avrebbe senso scegliere ancora le funzioni test in $C_0^1(x_1, x_2)$; scegliamole in $C^1([x_1, x_2])$. Moltiplicando l'equazione differenziale per $v \in C^1([x_1, x_2])$, integrando, eseguendo l'integrazione per parti ed usando le condizioni agli estremi, si trova

$$\int_{x_1}^{x_2} \{au'v' + bu'v + cuv\}dx - v(x_2) A_2 - v(x_1) A_1 = \int_{x_1}^{x_2} fvdx, \qquad (8.8)$$

valida per ogni $v \in C^1([x_1, x_2])$.

La (8.8) è l'equivalente della (8.6). Se la scelta delle funzioni test è corretta *deve* essere possibile tornare indietro e recuperare la formulazione classica. Infatti, cominciamo a recuperare l'equazione. Tra le test vi sono le funzioni appartenenti a $C_0^1(x_1, x_2)$. Se usiamo queste, la (8.8) si riduce alla (8.6) e l'equazione differenziale si ritrova esattamente come prima. Quindi

$$-(a(x)u')' + b(x) u' + c(x)u - f(x) = 0, \qquad \text{in } (x_1, x_2). \qquad (8.9)$$

Usiamo ora le funzioni test che *non si annullano agli estremi*. Si ha, integrando per parti,

$$\int_{x_1}^{x_2} au'v'dx = -\int_{x_1}^{x_2} (au')'v\,dx + a\,(x_2)\,v\,(x_2)\,u'\,(x_2) - a\,(x_1)\,v\,(x_1)\,u'\,(x_1)$$

e quindi, tenendo conto di (8.9), da (8.8) si trova

$$v\,(x_2)\,[a\,(x_2)\,u'\,(x_2) - A_2] - v\,(x_1)\,[a\,(x_1)\,u'\,(x_1) + A_1] = 0.$$

Poiché $a > 0$ ed i valori $v\,(x_2)$, $v\,(x_1)$ sono arbitrari, si deduce

$$a\,(x_2)\,u'\,(x_2) = A_2, \qquad -a\,(x_1)\,u'\,(x_1) = A_1,$$

ritrovando così le condizioni di Neumann. Abbiamo mostrato che, *per soluzioni classiche, la formulazione* (8.8) *è equivalente* alla formulazione classica del problema di Neumann. Ripetendo i discorsi già fatti per il problema di Dirichlet, si può procedere alla **formulazione variazionale** seguente.

Determinare una funzione $u \in H^1(x_1, x_2)$ tale che, $\forall v \in H^1(x_1, x_2)$,

$$\int_{x_1}^{x_2} \{au'v' + bu'v + cuv\}\,dx = \int_{x_1}^{x_2} fv\,dx + v\,(x_2)\,A_2 + v\,(x_1)\,A_1. \qquad (8.10)$$

Esistenza, unicità e stabilità seguono ancora dal teorema di Lax-Milgram, sotto ipotesi abbastanza naturali su a, b, c, F. Per semplicità consideriamo (d'ora in poi, in questa sezione) $b \equiv 0$. Osserviamo preliminarmente che, per funzioni di $H^1(x_1, x_2)$, vale la disuguaglianza

$$v^2(y) \leq C^* \|v\|_{H^1}^2 \qquad (8.11)$$

per ogni y fissato in $[x_1, x_2]$ (per esempio, $C^* = \frac{2}{x_2 - x_1} + 2\,(x_2 - x_1)$ va bene[3]).

Possiamo ora enunciare e dimostrare il seguente:

Microteorema 8.2. *Supponiamo che $b \equiv 0$ e:*

1. $a, c, \in L^\infty(x_1, x_2)$, $f \in L^2(x_1, x_2)$;
2. $a\,(x) \geq a_0 > 0$ e $c\,(x) \geq c_0 > 0$ quasi ovunque in (x_1, x_2).

Allora, (8.10) ha un'unica soluzione $u \in H^1(x_1, x_2)$. Inoltre

$$\|u\|_{H^1(x_1, x_2)} \leq \frac{1}{\min\{a_0, c_0\}} \left\{ \|f\|_{L^2(x_1, x_2)} + \sqrt{C^*}(|A_1| + |A_2|) \right\}.$$

----

[3] Per dimostrarlo si osservi che, per la disuguaglianza di Schwarz,

$$u\,(y) = u\,(x) + \int_x^y u'\,(s)\,ds \leq u\,(x) + \sqrt{x_2 - x_1}\,\|u'\|_{L^2},$$

da cui, ricordando che $(a + b)^2 \leq 2a^2 + 2b^2$, si ricava

$$u\,(y)^2 \leq 2u\,(x)^2 + 2\,(x_2 - x_1)\,\|u'\|_{L^2}^2$$

e la tesi si ottiene integrando *rispetto ad x* su (x_1, x_2).

Dimostrazione. Introduciamo la forma bilineare

$$B\left(w,v\right) = \int_{x_1}^{x_2} \left\{a(x)w'v' + c(x)wv\right\} dx$$

e il funzionale lineare

$$Lv = \int_{x_1}^{x_2} fv\ dx + v\left(x_2\right)A_2 + v\left(x_1\right)A_1.$$

La (8.10) si può scrivere in forma astratta:

$$B\left(w,v\right) = Lv, \qquad \forall v \in H^1(x_1, x_2).$$

Verifichiamo ora le ipotesi del teorema di Lax-Milgram scegliendo $V = H^1(x_1, x_2)$.

• *Continuità della forma bilineare B.* La dimostrazione è la stessa del Microteorema 8.1; in questo caso si ottiene

$$|B\left(w,v\right)| \le \left(\|a\|_{L^\infty} + \|c\|_{L^\infty}\right) \|w\|_{H^1} \|v\|_{H^1}.$$

• *Coercività di B.* Procedendo come nel Microteorema 8.1 possiamo scrivere:

$$B\left(w,w\right) \ge a_0 \|w'\|_{L^2}^2 + \int_{x_1}^{x_2} c(x)w^2 dx$$

$$\ge a_0 \|w'\|_{L^2}^2 + c_0 \|w\|_{L^2}^2 \ge \min\left\{a_0, c_0\right\} \|w\|_{H^1}^2,$$

per cui B è anche coerciva.

• *Il funzionale L è continuo in V.* Infatti, usando la disuguaglianza di Schwarz e la (8.11) si può scrivere

$$|Lv| \le \|f\|_{L^2} \|v\|_{L^2} + |v\left(x_2\right)A_2 + v\left(x_1\right)A_1| \le$$

$$\le \left\{\|f\|_{L^2} + \sqrt{C^*}\left(|A_1| + |A_2|\right)\right\} \|v\|_{H^1},$$

che implica anche $\|L\|_{V'} \le \|f\|_{L^2} + \sqrt{C^*}\left(|A_1| + |A_2|\right)$. La tesi segue allora dal teorema di Lax-Milgram. □

Nota 8.3. In generale, senza la condizione $c(x) \ge c_0 > 0$ non c'è esistenza ed unicità della soluzione. Supponendo, per esempio, $a = 1$, $c = 0$. Il problema diventa allora

$$\begin{cases} w'' = f & \text{in } (x_1, x_2) \\ -w'\left(x_1\right) = A_1,\ w'\left(x_2\right) = A_2. \end{cases} \tag{8.12}$$

Se w è una soluzione del problema, anche $w + k$, con k costante, è soluzione dello stesso problema. Non ci si può dunque aspettare unicità. Neppure si possono prescrivere i dati f, A_1, A_2 arbitrariamente, se si vuole avere soluzione. Infatti, integrando l'equazione sull'intervallo (x_1, x_2), si trova che i dati di Neumann e il dato f, devono essere legati dalla relazione

$$\int_{x_1}^{x_2} f\left(x\right) dx + A_2 + A_1 = 0. \tag{8.13}$$

Se non vale la relazione di compatibilità (8.13), il problema non ha soluzione. Per avere buona posizione del problema occorre dunque:

a) che i dati soddisfino (8.13);

b) selezionare una soluzione, per esempio imponendo che abbia valor medio nullo sull'intervallo[4].

In questa situazione, si può mostrare che si ha ancora esistenza ed unicità di una soluzione debole.

La condizione (8.13) non è, in realtà, misteriosa. Il problema (8.12), con $A_1 = A_2 = 0$, descrive una corda elastica i cui estremi sono liberi di scorrere lungo guide verticali; in tal caso, la (8.13) si riduce a

$$\int_{x_1}^{x_2} f(x)\, dx = 0$$

e questa condizione esprime l'ovvio fatto che in condizioni di equilibrio la risultante del carico sulla corda deve annullarsi.

Nota 8.4. Le condizioni di Dirichlet determinano la scelta dello spazio funzionale cui appartiene la soluzione (e la funzione test) e sono perciò dette *condizioni essenziali*. Le condizioni di Neumann, invece, sono dette *naturali* in quanto sono incorporate nella formulazione debole del problema.

8.3.4 Condizioni miste e di Robin

La formulazione variazionale nel caso di condizioni miste, non crea problemi. Basta usare i risultati dei due paragrafi precedenti. Infatti, supponiamo di imporre agli estremi dell'intervallo le condizioni

$$u(x_1) = 0, \qquad a(x_2)\, u'(x_2) = A_2,$$

di Dirichlet nell'estremo sinistro[5], di Neumann nell'estremo destro. L'unica osservazione rilevante riguarda la scelta dello spazio V. Dovremo scegliere il sottospazio H^1_{0,x_1} di $H^1(x_1, x_2)$ delle funzioni che si annullano nell'estremo sinistro. In H^1_{0,x_1} vale ancora la disuguaglianza di Poincaré e quindi come norma si può scegliere $\|u'\|_{L^2(x_1,x_2)}$. Inoltre, vale una disuguaglianza del tipo (per la dimostrazione vedere l'Esercizio 8.1)

$$v^2(y) \le C^{**} \|v'\|_{L^2}^2$$

per ogni $y \in [x_1, x_2]$ (per esempio, $C^{**} = x_2 - x_1$ va bene). La **formulazione variazionale** è allora:

Determinare una funzione $u \in H^1_{0,x_1}$ tale che

$$\int_{x_1}^{x_2} \{au'v' + cuv\}\, dx = \int_{x_1}^{x_2} fv\, dx + v(x_2)\, A_2, \qquad \forall v \in H^1_{0,x_1}. \tag{8.14}$$

---

[4] Un altro modo per selezionare una soluzione è bloccarne il valore in un punto.

[5] Se $u(x_1) = A_1 \ne 0$, si pone $w(x) = u(x) - A_1$.

Il microteorema di esistenza, unicità e stabilità è il seguente:

Microteorema 8.3. *Supponiamo che:*

1. a, c, $\in L^\infty(x_1, x_2)$; $f \in L^2(x_1, x_2)$,
2. $a(x) \geq a_0 > 0$ e $c(x) \geq 0$ quasi ovunque in (x_1, x_2).

Allora (8.14) ha un'unica soluzione $u \in H_{0,x_1}$. Inoltre

$$\|u'\|_{L^2(x_1, x_2)} \leq \frac{1}{a_0} \left\{ C_P \|f\|_{L^2(x_1, x_2)} + \sqrt{C^{**}} \, |A_2| \right\}.$$

La dimostrazione è del tutto simile a quelle precedenti; omettiamo i dettagli.

Infine, occupiamoci della condizione di Robin che, per semplicità di esposizione, imponiamo solo nell'estremo destro, lasciando una condizione di Dirichlet omogenea in quello sinistro:

$$u(x_1) = 0, \qquad a(x_2) u'(x_2) + hu(x_2) = A_2 \quad (h > 0, \text{ costante}).$$

Ancora scegliamo $V = H^1_{0,x_1}$. Con calcoli del tutto analoghi a quelli svolti sopra, si perviene alla seguente **formulazione variazionale**:

Determinare una funzione $u \in H_{0,x_1}$ tale che

$$\int_{x_1}^{x_2} \{au'v' + cuv\} \, dx + hu(x_2) v(x_2) = \int_{x_1}^{x_2} fv dx + v(x_2) A_2 \qquad \forall v \in H_{0,x_1}.$$
$$(8.15)$$

Il microteorema di esistenza, unicità e stabilità è il seguente:

Microteorema 8.4. *Supponiamo che :*

1. a, c, $\in L^\infty(x_1, x_2)$ e $f \in L^2(x_1, x_2)$,
2. $h > 0$,
3. $a(x) \geq a_0 > 0$ e $c(x) \geq 0$ quasi ovunque in (x_1, x_2).

Allora (8.15) ha un'unica soluzione $u \in H_{0,x_1}$. Inoltre

$$\|u\|_{H^1_{0,x_1}(x_1, x_2)} \leq \frac{1}{a_0} \left\{ C_P \|f\|_{L^2(x_1, x_2)} + \sqrt{C^{**}} \, |A_2| \right\}.$$

Dimostrazione. Poniamo

$$B(w, v) = \int_{x_1}^{x_2} \{a(x)w'v' + c(x)wv\} \, dx + hw(x_2) v(x_2).$$

Pertanto,

$$B(w, w) \geq a_0 \|w'\|_{L^2} + hw^2(x_2) + \int_{x_1}^{x_2} c(x)w^2 dx \geq a_0 \|w'\|_{L^2}^2.$$

La dimostrazione procede poi come nei casi precedenti. $\square$

8.4 Formulazione variazionale del problema di Poisson

Guidati dall'analisi fatta in una dimensione spaziale, procediamo alla formulazione variazionale per il problema di Poisson in dimensione $n > 1$. Ci limiteremo a trattare condizioni di Dirichlet, lasciando al lettore ed agli esercizi la trattazione di problemi con condizioni al bordo di tipo diverso.

8.4.1 Condizioni di Dirichlet (omogenee)

Siano $\Omega \subset \mathbb{R}^n$ un *dominio limitato* e $c \in L^\infty(\Omega)$, $f \in L^2(\Omega)$. Il problema è:

$$\begin{cases} -a\Delta u + cu = f & \text{in } \Omega \\ u = 0 & \text{su } \partial\Omega, \end{cases} \qquad (8.16)$$

con $a > 0$, costante. Per arrivare alla formulazione variazionale, scegliamo $v \in C_0^1(\Omega)$, moltiplichiamo l'equazione differenziale per v ed integriamo per parti, usando la formula di Gauss ($\Delta = \text{div grad}$); si ottiene

$$\int_\Omega a\nabla u \cdot \nabla v \, d\mathbf{x} + \int_\Omega cuv \, d\mathbf{x} = \int_\Omega fv \, d\mathbf{x}, \qquad \forall v \in C_0^1(\Omega). \qquad (8.17)$$

Se $u \in C^2(\overline{\Omega})$ è una soluzione di (8.17) e c ed f sono anche continue, si può facilmente tornare indietro con la formula di Gauss per arrivare a

$$\int_\Omega \{-a\Delta u + cu - f\} v \, d\mathbf{x} = 0$$

che, per l'arbitrarietà di v, implica $-a\Delta u + cu - f = 0$ in Ω. Per soluzioni regolari, le due formulazioni (8.16) e (8.17) sono dunque equivalenti.

Osserviamo che nella (8.17) abbiamo "scaricato una derivata" sulla funzione test v. È allora naturale ambientare questa equazione nello spazio di Sobolev $H_0^1(\Omega)$, chiusura di $C_0^1(\Omega)$ in $H^1(\Omega)$. Ricordiamo che, essendo[6]

$$\|u\|_{L^2(\Omega)} \le C_P \|\nabla u\|_{L^2(\Omega)},$$

si può scegliere come norma $\|u\|_{H_0^1(\Omega)} = \|\nabla u\|_{L^2(\Omega)}$. La **formulazione variazionale** è la seguente:

Determinare $u \in H_0^1(\Omega)$ *tale che*

$$\int_\Omega a\nabla u \cdot \nabla v \, dx + \int_\Omega cuv \, d\mathbf{x} = \int_\Omega fv \, d\mathbf{x}, \qquad \forall v \in H_0^1(\Omega). \qquad (8.18)$$

Esistenza, unicità e dipendenza continua della soluzione seguono dal teorema di Lax-Milgram, sotto l'ipotesi di non negatività di c.

---

[6] Disuguaglianza di Poincaré, Teorema 7.17.

Microteorema 8.5. *Se* $c \geq 0$, *a costante positiva ed* $f \in L^2(\Omega)$ *il problema (8.18) ha una sola soluzione* $u \in H_0^1(\Omega)$. *Inoltre*

$$\|\nabla u\|_{L^2(\Omega)} \leq \frac{C_P}{a} \|f\|_{L^2(\Omega)}.$$

Dimostrazione. Introduciamo la forma bilineare

$$B(u,v) = \int_\Omega a\nabla u \cdot \nabla v \, d\mathbf{x} + \int_\Omega cuv \, d\mathbf{x}$$

e il funzionale lineare

$$Lv = \int_\Omega fv \, d\mathbf{x}.$$

Il problema è allora equivalente a *determinare una funzione* $u \in H_0^1(\Omega)$ *tale che*

$$B(u,v) = Lv, \quad \forall v \in H_0^1(\Omega).$$

Per risolverlo usiamo il teorema di Lax-Milgram. Si ha, dalle disuguaglianze di Schwarz e di Poincaré:

$$|B(u,v)| \leq a \|\nabla u\|_{L^2(\Omega)} \|\nabla v\|_{L^2(\Omega)} + \|c\|_{L^\infty(\Omega)} \|u\|_{L^2(\Omega)} \|v\|_{L^2(\Omega)}$$

$$\leq \left(a + C_P^2 \|c\|_{L^\infty(\Omega)} \right) \|\nabla u\|_{L^2(\Omega)} \|\nabla v\|_{L^2(\Omega)},$$

per cui B è continua in $H_0^1(\Omega)$. La coercività segue da

$$B(u,u) = \int_\Omega a |\nabla u|^2 \, d\mathbf{x} + \int_\Omega cu^2 d\mathbf{x} \geq a \|\nabla u\|^2_{L^2(\Omega)},$$

essendo $c \geq 0$. Infine, l'ennesima applicazione delle disuguaglianze di Schwarz e di Poincaré dà

$$|Lv| = \left| \int_\Omega fv \, d\mathbf{x} \right| \leq \|f\|_{L^2(\Omega)} \|v\|_{L^2(\Omega)}$$

$$\leq C_P \|f\|_{L^2(\Omega)} \|\nabla v\|_{L^2(\Omega)},$$

per cui $L \in H^{-1}(\Omega)$ e $\|L\|_{H^{-1}(\Omega)} \leq C_P \|f\|_{L^2(\Omega)}$. La tesi segue ora dal teorema di Lax-Milgram. $\qquad\square$

Nota 8.5. Per fissare le idee, supponiamo che $c = 0$ e che u rappresenti la posizione di equilibrio di una membrana elastica. La (8.18) corrisponde al *principio dei lavori virtuali*. Infatti, $B(u,v)$ rappresenta il lavoro effettuato dalle forze elastiche interne in seguito ad uno *spostamento virtuale* v, mentre Lv esprime quello delle forze esterne. L'equazione in forma debole equivale all'uguaglianza di questi due lavori. Inoltre, data la simmetria della forma bilineare B, la soluzione del problema di Dirichlet *minimizza in* $H_0^1(\Omega)$ *il funzionale di Dirichlet*

$$E(v) = \underbrace{\frac{1}{2} \int_\Omega a |\nabla u|^2 \, d\mathbf{x}}_{\text{Energia elastica interna}} - \underbrace{\int_\Omega fv \, d\mathbf{x}}_{\text{Energia potenziale esogena}}$$

che ha il significato di *energia potenziale totale*. L'equazione in forma debole coincide allora con l'equazione di Eulero del funzionale E. Ancora in accordo col principio dei lavori virtuali, la posizione di equilibrio u, soluzione dell'equazione in forma debole, è quella che *minimizza l'energia potenziale tra tutte le configurazioni ammissibili*. Osservazioni analoghe valgono per gli altri tipi di condizioni al bordo.

Nota 8.6. Se il problema è *non omogeneo*, la condizione al bordo di Ω è $u = g$, ove g è una funzione definita su $\partial\Omega$, che sia la traccia su $\partial\Omega$ di una funzione $\hat{g} \in H^1(\Omega)$. Si dice che $\hat{g}$ è un *rilevamento* di g. È inoltre necessario richiedere che Ω non sia troppo "selvaggio" per assicurare l'esistenza di $\hat{g}$. Ci si riconduce allora al problema omogeneo ponendo

$$w = u - \hat{g}.$$

Infatti, $w \in H_0^1(\Omega)$ ed è soluzione del problema

$$\int_\Omega a\nabla w \cdot \nabla v \, dx + \int_\Omega cw \, v \, d\mathbf{x} = Fv \quad \forall v \in H_0^1(\Omega),$$

dove

$$Fv = \int_\Omega (fv - a\nabla\hat{g} \cdot \nabla v - c\hat{g}v)dx.$$

Il Teorema di Lax-Milgram fornisce la stima di stabilità

$$\|\nabla w\|_{L^2(\Omega)} \le \frac{C_P}{a}\left\{\|f\|_{L^2(\Omega)} + \left(a + \|c\|_{L^\infty(\Omega)}\right)\|\hat{g}\|_{H^1(\Omega)}\right\}, \tag{8.19}$$

valida qualunque sia il rilevamento $\hat{g}$ di g.

8.4.2 Il metodo di separazione delle variabili rivisitato

Abbiamo visto che il metodo di separazione delle variabili porta a costruire soluzioni di problemi al contorno per sovrapposizione di soluzioni particolari. Il loro calcolo esplicito, d'altra parte, si può effettuare solo in presenza di geometrie particolari. Che cosa si può dire in generale? Facciamo un esempio accademico. Sia da risolvere in $\Omega \subset \mathbb{R}^2$, dominio limitato, il problema

$$\begin{cases} u_t = \Delta u & (x,y) \in \Omega,\, t > 0 \\ u(x,y,t) = 0 & (x,y) \in \partial\Omega,\, t > 0 \\ u(x,y,0) = g(x,y) & (x,y) \in \Omega. \end{cases}$$

Cerchiamo soluzioni della forma

$$u(x,y,t) = v(x,y)\,w(t).$$

Sostituendo e riarrangiando i termini nel solito modo si trova

$$\frac{w'(t)}{w(t)} = \frac{\Delta v(x,y)}{v(x,y)} = -\lambda,$$

con λ costante[7], che conduce ai due problemi

$$w' + \lambda w = 0, \qquad t > 0$$

e

$$\begin{cases} -\Delta v = \lambda v & \text{in } \Omega \\ v = 0 & \text{su } \partial\Omega. \end{cases} \tag{8.20}$$

Un valore λ per cui esiste una soluzione non identicamente nulla v del problema (8.20) si dice *autovalore di Dirichlet dell'operatore* $-\Delta$ *in* Ω e v è un'*autofunzione corrispondente*. Il metodo è efficace se:

a) Esiste una successione di autovalori (reali) λ_n con autofunzioni corrispondenti u_n. In corrispondenza ad ogni λ_n si trova

$$w_n(t) = A_n e^{-\lambda_n t}, \qquad A_n \in \mathbb{R}.$$

b) Si può costruire la candidata soluzione come

$$u(x, y, t) = \sum A_n e^{-\lambda_n t} u_n(x, y),$$

con la serie che converge in qualche senso opportuno e con i coefficienti A_n ancora da scegliere.

c) Il dato iniziale g può essere "sviluppato" in serie di autofunzioni:

$$g(x, y) = \sum g_n u_n(x, y).$$

Scegliendo allora $A_n = g_n$, si soddisfa anche la condizione iniziale.

L'ultima condizione richiede sostanzialmente che l'insieme delle autofunzioni di Dirichlet dell'operatore $-\Delta$ costituisca una base (meglio se ortonormale) per lo spazio dei possibili dati iniziali. Vale il seguente teorema, che ci limitiamo ad enunciare.

Teorema 8.6. *Sia Ω limitato e regolare.*

a) Esiste una base ortonormale in $L^2(\Omega)$ costituita da soluzioni (autofunzioni) $u_k \in H_0^1(\Omega)$, $k \geq 1$, del problema

$$\begin{cases} -\Delta u = \lambda u & \text{in } \Omega \\ u = 0 & \text{su } \partial\Omega, \end{cases}$$

corrispondenti ordinatamente ad una successione crescente $\{\lambda_k\}_{k=1}^{\infty} \subset \mathbb{R}^+$ di autovalori, tali che $\lambda_1 > 0$, $\lambda_k \to +\infty$.

b) La successione $\{u_k/\sqrt{\lambda_k}\}_{k=1}^{\infty}$ costituisce una base ortonormale in $H_0^1(\Omega)$, rispetto al prodotto scalare $(\nabla u, \nabla v)$. In particolare,

$$\|\nabla u_k\|_{L^2(\Omega)}^2 = \lambda_k. \tag{8.21}$$

---

[7] Il segno meno è dovuto a ragioni ... estetiche.

Nota 8.7. Sia $u \in L^2(\Omega)$ e siano $c_k = (u, u_k)$ i coefficienti di Fourier di u rispetto alla base ortonormale $\{u_k\}_{k=1}^{\infty}$. Allora

$$u = \sum_{k=1}^{\infty} c_k u_k \qquad \text{e} \qquad \|u\|_{L^2(\Omega)}^2 = \sum_{k=1}^{\infty} c_k^2.$$

Inoltre, dalla (8.21), $u \in H_0^1(\Omega)$ se e solo se

$$\|\nabla u\|_{L^2(\Omega)}^2 = \sum_{k=1}^{\infty} \lambda_k c_k^2 < \infty. \tag{8.22}$$

Teoremi analoghi al Teorema 8.6 valgono per gli altri tipi di problemi. In particolare, se Ω è un dominio limitato e regolare, per il problema

$$\begin{cases} -\Delta u = \mu u & \text{in } \Omega \\ \partial_\nu u = 0 & \text{su } \partial\Omega \end{cases}$$

esiste una successione non decrescente di autovalori $\{\mu_k\}_{k=1}^{\infty}$ con $\mu_1 = 0$, ed una base ortonormale in $L^2(\Omega)$ di autofunzioni corrispondenti.

8.5 Equazioni in forma di divergenza

Consideriamo ora problemi ellittici lineari con termini generali di diffusione e trasporto. Sia $\Omega \subset \mathbb{R}^n$ un dominio limitato e poniamo

$$\mathcal{L}u = - \underbrace{\sum_{i,j=1}^{n} \partial_{x_i}\left(a_{ij}(x)\partial_{x_j}u\right)}_{diffusione} + \underbrace{\sum_{j=1}^{N} b_j(x)\partial_{x_j}u}_{trasporto} + \underbrace{c(x)u}_{reazione}.$$

Ricordiamo che, data la struttura del termine di diffusione, si dice che l'operatore $\mathcal{L}$ è *in forma di divergenza*; introducendo la matrice $\mathbf{A} = (a_{ij})_{i,j=1,\dots,n}$ ed il vettore $\mathbf{b} = (b_1, \dots, b_n)$, si può scrivere, in notazioni più compatte,

$$\mathcal{L}u = -\text{div}\left(\mathbf{A}\nabla u\right) + \mathbf{b}\cdot\nabla u + cu. \tag{8.23}$$

D'ora in poi assumeremo le seguenti ipotesi:

1. I coefficienti a_{ij}, b_j, c sono limitati (appartengono cioè a $L^\infty(\Omega)$):

$$|a_{ij}| \leq K, \quad |b_j| \leq \beta, \quad |c| \leq \gamma, \qquad \text{q.o. in } \Omega. \tag{8.24}$$

2. l'operatore differenziale $\mathcal{L}$ è *uniformemente ellittico*:

$$\mathbf{A}(\mathbf{x})\boldsymbol{\xi}\cdot\boldsymbol{\xi} = \sum_{i,j=1}^{N} a_{ij}(\mathbf{x})\xi_i\xi_j \geq a_0|\boldsymbol{\xi}|^2, \quad \forall\boldsymbol{\xi} \in \mathbb{R}^n, \text{ q.o. } \mathbf{x} \in \Omega. \tag{8.25}$$

La costante a_0 prende il nome di *costante di ellitticità*. Vogliamo estendere la teoria della sezione precedente per questo tipo di operatori. Sottolineiamo che il grado di generalità raggiunto permette di trattare il caso di coefficienti *discontinui*, anche nel termine di diffusione e in quello convettivo[8]. A volte, nell'espressione di $\mathcal{L}$ è presente un termine della forma div($\mathbf{b}_0 u$). In questo caso, la formulazione debole dei vari problemi al contorno presenta solo piccole variazioni che lasciamo al lettore.

La condizione di uniforme ellitticità (8.25) è necessaria per l'applicazione del teorema di Lax-Milgram. Significa che la matrice $\mathbf{A}$ è *definita positiva in* Ω, con il minimo degli autovalori controllato da una costante che *non dipende da* $\mathbf{x}$. Se $\mathbf{A}$ è solo *semidefinita positiva* entriamo nel campo delle equazioni ellittiche *degeneri* per le quali la teoria è molto più complessa. Le nostre ipotesi sono comunque verificate nella maggior parte delle applicazioni concrete. Nella presentazione seguiremo lo schema delle sezioni precedenti, trattando per semplicità solo il problema di Dirichlet ed il problema misto.

8.5.1 Problema di Dirichlet

Occupiamoci del problema

$$\begin{cases} \mathcal{L}u = f & \text{in } \Omega \\ u = 0 & \text{su } \partial\Omega, \end{cases} \tag{8.26}$$

dove $f \in L^2(\Omega)$.

Per arrivare alla formulazione debole moltiplichiamo entrambi i membri dell'equazione per una funzione $v \in C_0^1(\Omega)$ ed integriamo per parti con la formula di Gauss il termine di diffusione. Se tutte le funzioni in gioco fossero regolari, si avrebbe,

$$\int_\Omega -\text{div}(\mathbf{A}\nabla u)v \, d\mathbf{x} = \int_\Omega \mathbf{A}\nabla u \cdot \nabla v \, d\mathbf{x},$$

ossia, più esplicitamente,

$$\int_\Omega -\sum_{i,j=1}^n \partial_{x_i}\left(a_{ij}\partial_{x_j}u\right)v \, d\mathbf{x} = \int_\Omega \sum_{i,j=1}^n a_{ij}\partial_{x_j}u \, \partial_{x_i}v \, d\mathbf{x}.$$

L'equazione che si ottiene è quindi la seguente:

$$\int_\Omega \{\mathbf{A}\nabla u \cdot \nabla v + (\mathbf{b}\cdot\nabla u)\, v + cuv\} \, d\mathbf{x} = \int_\Omega fv \, d\mathbf{x}.$$

Introducendo la forma bilineare

$$B(u,v) = \int_\Omega \{\mathbf{A}\nabla u \cdot \nabla v + (\mathbf{b}\cdot\nabla u)\, v + cuv\}\, d\mathbf{x}$$

---

[8] Discontinuità del coefficiente del termine di reazione erano già previste nella sezione precedente.

ed il funzionale lineare

$$Fv = \int_\Omega fv \, d\mathbf{x}$$

il problema è ricondotto a

$$\begin{cases} determinare \ u \in H_0^1\,(\Omega) \\ \qquad tale \ che \\ \quad B\,(u,v) = Fv, \qquad \forall v \in H_0^1\,(\Omega)\,, \end{cases}$$

che costituisce la **formulazione variazionale** del problema (8.26).

Sotto le ipotesi (8.24) e (8.25) la forma bilineare è *continua*. Infatti, dalla disuguaglianza di Schwarz (tutte le norme si intendono calcolate su Ω) si ha:

$$\left| \int_\Omega \mathbf{A}\nabla u \cdot \nabla v \, d\mathbf{x} \right| \leq \int_\Omega \sum_{i,j=1}^{n} \left| a_{ij}\partial_{x_i} u \ \partial_{x_j} v \right| d\mathbf{x}$$

$$\leq \sum_{i,j=1}^{n} \|a_{ij}\|_{L^\infty} \int_\Omega |\nabla u|\,|\nabla v|\,d\mathbf{x} \leq n^2 K \|\nabla u\|_{L^2} \|\nabla v\|_{L^2}\,,$$

mentre, usando anche la disuguaglianza di Poincaré,

$$\left| \int_\Omega (\mathbf{b}\cdot\nabla u)v \, d\mathbf{x} \right| \leq \int_\Omega \sum_{j=1}^{N} \left| b_j\partial_{x_j} u \ v \right| d\mathbf{x} \leq$$

$$\leq \sum_{i=1}^{n} \|b_i\|_{L^\infty} \int_\Omega |\nabla u|\,|v|\,d\mathbf{x} \leq n\beta C_P \|\nabla u\|_{L^2} \|\nabla v\|_{L^2}$$

e

$$\left| \int_\Omega cuv \, d\mathbf{x} \right| \leq \|c\|_{L^\infty} \int_\Omega |u|\,|v|\,d\mathbf{x} \leq \gamma C_P^2 \|\nabla u\|_{L^2} \|\nabla v\|_{L^2}\,.$$

Raggruppando tutte le disuguaglianze si ha

$$|B\,(u,v)| \leq \left(n^2 K + n\beta C_p + \gamma C_p^2\right) \|\nabla u\|_{L^2} \|\nabla v\|_{L^2}\,,$$

per cui B è continua. Come nel caso unidimensionale la forma bilineare non è coerciva senza ulteriori condizioni sui coefficienti $\mathbf{b}$ e c. Infatti, usando l'uniforme ellitticità, la disuguaglianza di Schwarz e quella di Poincaré, si ha:

$$B\,(u,u) = \int_\Omega \left\{ \mathbf{A}\nabla u \cdot \nabla u + (\mathbf{b}\cdot\nabla u)\,u + cu^2 \right\} d\mathbf{x}$$

$$\geq a_0 \int_\Omega |\nabla u|^2\,d\mathbf{x} - n\beta C_P \int_\Omega |\nabla u|^2\,d\mathbf{x} + \int_\Omega cu^2\,d\mathbf{x}$$

$$\geq (a_0 - n\beta C_P)\|u\|_{H_0^1(\Omega)}^2$$

e quindi, se

$$c\,(x) \geq 0 \quad \text{q.o. in } \Omega \quad \text{e} \quad n\beta C_P < a_0 \qquad (8.27)$$

la forma bilineare B è anche coerciva[9]. In tal caso, il teorema di Lax-Milgram garantisce esistenza, unicità e stabilità per la soluzione variazonale del problema (8.26). In particolare,

$$\|u\|_{H_0^1(\Omega)} \le \frac{\|f\|_{L^2(\Omega)}}{a_0 - n\beta C_P}.$$

In vista dell'utilizzo di metodi numerici, si noti che la condizione $n\beta C_P < a_0$ indica *maggior influenza del termine di diffusione rispetto a quello di trasporto.*

Nota 8.8. Se la matrice $\mathbf{A}$ è simmetrica e $\mathbf{b} = 0$, la soluzione minimizza in $H_0^1(\Omega)$ il funzionale energia

$$E(u) = \int_\Omega \left\{ \frac{1}{2} \mathbf{A}\nabla u \cdot \nabla u + \frac{1}{2} c\, u^2 - fu \right\} d\mathbf{x}.$$

Con le ovvie modifiche dovute alla presenza della matrice $\mathbf{A}$, si possono ripetere gli stessi discorsi della Nota 8.5.

Nota 8.9. Nel caso di *condizione di Dirichlet non omogenea*

$$u = g \quad \text{su } \partial\Omega,$$

ci si riconduce subito al caso omogeneo come nella sezione precedente, ponendo

$$w = u - \widehat{g}$$

dove $\widehat{g}$ è un *rilevamento* di g in $H^1(\Omega)$. La funzione w appartiene a $H_0^1(\Omega)$ e soddisfa l'equazione

$$\mathcal{L}w = f + \text{div}\,(\mathbf{A}\nabla\widehat{g}) - \mathbf{b}\cdot\nabla\widehat{g} - c\widehat{g}$$

che è dello stesso tipo di quella precedente, essendo, per le ipotesi su $\mathbf{b}$ e c,

$$\mathbf{b}\cdot\nabla\widehat{g} + c\widehat{g} \in L^2(\Omega) \qquad \text{e} \qquad \mathbf{A}\nabla\widehat{g} \in L^2(\Omega;\mathbb{R}^n).$$

Inoltre,

$$\|u\|_{H_0^1(\Omega)} \le C(a_0, n, K, \beta, \gamma) \left\{ \|f\|_{L^2(\Omega)} + \|\widehat{g}\|_{H^1(\Omega)} \right\}.$$

---

[9] Altre ipotesi sui coefficienti sono possibili per avere la coercità di B. Per esempio, usando la formula di Gauss, si ha, ricordando che $u = 0$ su $\partial\Omega$,

$$\int_\Omega (\mathbf{b}\cdot\nabla u)u\, d\mathbf{x} = \frac{1}{2}\int_\Omega \mathbf{b}\cdot\nabla u^2\, d\mathbf{x} = -\frac{1}{2}\int_\Omega \text{div}\mathbf{b}\; u^2 d\mathbf{x}$$

e quindi, se $-\frac{1}{2}\text{div}\,\mathbf{b} + c > -c_0$ e $c_0 < \frac{a_0}{C_P}$, dove C_P è la costante che appare nella disuguaglianza di Poincaré, la forma bilineare è coerciva.

Naturalmente, le condizioni (8.27) sulla coercività della forma sono solo sufficienti. Più in generale, si può richiedere che la forma bilineare sia *debolmente coerciva*, esista cioè $\lambda_0 \in \mathbb{R}$ tale che

$$A(u,v) = B(u,v) + \lambda_0(u,v) \equiv B(u,v) + \lambda_0 \int_\Omega uv \, d\mathbf{x}$$

sia *coerciva*. Infatti, modificando un poco i calcoli precedenti, si ha:

$$B(u,u) \geq a_0 \int_\Omega |\nabla u|^2 \, d\mathbf{x} - n\beta C_P \int_\Omega |\nabla u|^2 \, d\mathbf{x} + \int_\Omega cu^2 \, d\mathbf{x}$$

$$\geq a_0 \int_\Omega |\nabla u|^2 \, d\mathbf{x} - (n\beta C_P + \gamma) \int_\Omega u^2 d\mathbf{x}$$

e quindi, scegliendo $\lambda_0 = n\beta C_P + \gamma$, abbiamo

$$A(u,u) \geq a_0 \int_\Omega |\nabla u|^2 \, d\mathbf{x},$$

cioè A è coerciva. Useremo intensivamente la debole coercività a partire dalla Sezione 9.3.

8.5.2 Problema misto

Come per l'equazione di Poisson, sia $\Omega \subset \mathbb{R}^n$ un *dominio limitato, regolare* e sia Γ_D un insieme non vuoto, aperto in $\partial\Omega$. Poniamo poi $\Gamma_N = \partial\Omega \setminus \Gamma_D$. Assumiamo infine che $f \in L^2(\Omega)$, $g \in L^2(\Gamma_N)$ e consideriamo il problema misto •

$$\begin{cases} \mathcal{L}u = f & \text{in } \Omega \\ u = 0 & \text{su } \Gamma_D \\ \mathbf{A}\nabla u \cdot \boldsymbol{\nu} = g & \text{su } \Gamma_N, \end{cases}$$

dove $\boldsymbol{\nu}$ indica il versore normale esterno a $\partial\Omega$. Lo spazio di Sobolev naturale nel quale ambientare la formulazione debole è lo spazio $H^1_{0,\Gamma_D}(\Omega)$ delle funzioni in $H^1(\Omega)$ a traccia nulla su Γ_D, con la norma

$$\|u\|_{H^1_{0,\Gamma_D}(\Omega)} = \|\nabla u\|_{L^2(\Omega)}.$$

Ricordiamo infatti che in questo spazio vale la disuguaglianza di Poincaré, la cui costante indichiamo sempre con C_P e che vale una disuguaglianza di traccia del tipo

$$\|v\|_{L^2(\Gamma_N)} \leq \widetilde{C} \|\nabla v\|_{L^2(\Omega)}.$$

Con il solito procedimento si perviene alla seguente **formulazione variazionale:**

Determinare $u \in H^1_{0,\Gamma_D}(\Omega)$ tale che, $\forall v \in H^1_{0,\Gamma_D}(\Omega)$,

$$\int_\Omega \{\mathbf{A}\nabla u \cdot \nabla v + (\mathbf{b}\cdot\nabla u)v + cuv\} \, d\mathbf{x} = \int_\Omega fv \, d\mathbf{x} + \int_{\Gamma_N} gv \, d\sigma.$$

Come nel caso del problema di Dirichlet, la forma bilineare B è continua ed è inoltre coerciva se

$$c(x) \geq 0 \quad \text{q.o. in } \Omega \qquad e \qquad a_0 > \beta C_P.$$

In tal caso si ha esistenza, unicità e stabilità:

$$\|\nabla u\|_{L^2(\Omega)} \leq \frac{1}{\alpha - \beta C_P} \left\{ C_P \|f\|_{L^2(\Omega)} + \widetilde{C} \|g\|_{L^2(\Gamma_N)} \right\}.$$

Nota 8.10. Se $u = g_0$ su Γ_D, se cioè i dati di Dirichlet non sono omogenei, si può pensare ad un rilevamento $\widetilde{g}_0$ di g_0 in Ω e porre $w = u - \widetilde{g}_0$. La nuova incognita w ha ancora dati di Dirichlet nulli su Γ_D e soddisfa il problema

$$B(w, v) = B(\widetilde{g}_0, v) + \int_\Omega f\, v\, d\mathbf{x} + \int_{\Gamma_N} gv\, d\sigma \qquad \forall v \in H^1_{0,\Gamma_D}(\Omega).$$

Terminiamo la sezione con un'osservazione. Abbiamo visto come il teorema di Lax-Milgram permetta di unificare il trattamento di un'ampia classe di problemi al contorno per equazioni ellittiche. Abbiamo sempre lavorato in domini limitati, perché questa è la situazione alla quale ci si riduce quando si voglia risolvere numericamente il problema. La teoria si può comunque estendere al caso di domini illimitati, richiedendo condizioni all'infinito sulla soluzione, per esempio che

$$u(\mathbf{x}) \to 0 \quad \text{se } |\mathbf{x}| \to \infty.$$

Nella formulazione variazionale, tale condizione è di fatto incorporata nella richiesta che $u \in H^1(\Omega)$. Naturalmente, il metodo variazionale indicato dal teorema non è onnipotente, in quanto dipende dalle ipotesi di continuità e coercività della forma bilineare e dalla richiesta che il secondo membro appartenga al duale dello spazio di Hilbert che si considera di volta in volta.

Per esempio, in dimensione $n > 1$, con il metodo variazionale non si può risolvere il problema

$$-\Delta u = \delta \quad \text{in } \mathbb{R}^n,$$

poiché $\delta \notin H^{-1}(\mathbb{R}^n)$. La soluzione, che si chiama *soluzione fondamentale dell'operatore di Laplace*, è

$$u(\mathbf{x}) = \begin{cases} -\dfrac{1}{2\pi} \ln |\mathbf{x}| & n = 2 \\[2mm] \dfrac{1}{n\omega_n} \dfrac{1}{|\mathbf{x}|^{n-2}} & n \geq 3 \end{cases}$$

dove ω_n è la misura di Lebesgue n-dimensionale della superficie sferica $\{\mathbf{x} \in \mathbb{R}^n : |\mathbf{x}| =$ come si può verificare con un calcolo diretto[10].

---

[10] I casi $n = 2$ e 3 sono trattati nell'Esempio 7.21.

8.6 Formulazione variazionale del sistema di Stokes

Le equazioni di Stokes sono la versione linearizzata delle equazioni di Navier-Stokes stazionarie, che descrivono il moto di un fluido *viscoso incomprimibile*, corrispondente, per esempio, a bassi numeri di Reynolds[11]:

$$\begin{cases} -\nu\Delta\mathbf{u} = \mathbf{f} - \nabla p & \text{in } \Omega \\ \text{div } \mathbf{u} = 0 & \text{in } \Omega \\ \mathbf{u} = \mathbf{0} & \text{su } \partial\Omega, \end{cases} \qquad (8.28)$$

dove abbiamo posto la densità $\varrho = 1$; Ω è un dominio limitato regolare di $\mathbb{R}^n$ ($n = 2, 3$) e $\mathbf{u}$ è il vettore velocità del fluido, p la pressione, ν la viscosità cinematica e $\mathbf{f}$ un termine forzante (forza per unità di volume).

La seconda equazione esprime l'incomprimibilità del fluido, mentre la condizione di Dirichlet $\mathbf{u} = \mathbf{0}$ è la condizione naturale (*no slip condition*) per un fluido viscoso.

Vogliamo analizzare la buona posizione del problema riformulandolo convenientemente in senso variazionale. A questo scopo, procediamo formalmente con la tecnica usuale, supponendo che tutto sia regolare. Moltiplichiamo entrambi i membri dell'equazione differenziale per una funzione test vettoriale $\mathbf{v} \in \mathcal{D}(\Omega; \mathbb{R}^n)$, integriamo su Ω ed usiamo la formula di Gauss per il primo termine. Usando la notazione

$$\nabla\mathbf{u} : \nabla\mathbf{v} = \sum_{i,j=1}^{3} \frac{\partial u_i}{\partial x_j} \frac{\partial v_i}{\partial x_j}$$

si ottiene:

$$\nu \int_\Omega \nabla\mathbf{u} : \nabla\mathbf{v} \, d\mathbf{x} = \int_\Omega \mathbf{f} \cdot \mathbf{v} \, d\mathbf{x} + \int_\Omega p \, \text{div } \mathbf{v} \, d\mathbf{x}, \qquad \forall\mathbf{v} \in \mathcal{D}(\Omega; \mathbb{R}^n). \qquad (8.29)$$

Moltiplichiamo poi l'equazione div $\mathbf{u} = 0$ per una funzione test scalare $q \in L^2(\Omega)$ e integriamo su Ω; si ha:

$$\int_\Omega q \, \text{div } \mathbf{u} \, d\mathbf{x} = 0, \qquad \forall q \in L^2(\Omega). \qquad (8.30)$$

Viceversa, se $\mathbf{u} = \mathbf{0}$ su $\partial\Omega$ e soddisfa la (8.29), si torna indietro con la formula di Gauss e si trova:

$$\int_\Omega (-\nu\Delta\mathbf{u} - \mathbf{f} + \nabla p)\mathbf{v} \, d\mathbf{x} = 0, \qquad \forall\mathbf{v} \in \mathcal{D}(\Omega; \mathbb{R}^n)$$

che implica

$$-\nu\Delta\mathbf{u} - \mathbf{f} + \nabla p = 0 \qquad \text{in } \Omega.$$

---

[11] Si definisce il numero di Reynolds come

$$Re = \frac{UL}{\nu},$$

dove U è la velocità media del fluido, μ è la viscosità cinematica ed L è la lunghezza caratteristica del corpo dove si svolge il moto del fluido, ed equivale al diametro $2r$ nel caso di condotti a sezione circolare. Il numero di Reynolds è una misura di quanto il trasporto domina la componente diffusiva del fenomeno.

La (8.30) implica poi che

$$\text{div } \mathbf{u} = 0 \quad \text{in } \Omega.$$

Abbiamo così controllato che, per funzioni regolari nulle al bordo di Ω, il sistema (8.28) è equivalente alle equazioni (8.29) e (8.30).

Queste ultime suggeriscono l'ambientazione funzionale naturale per la formulazione variazionale del problema. Incorporiamo la condizione nulla di Dirichlet scegliendo per $\mathbf{u}$ lo spazio $H_0^1(\Omega; \mathbb{R}^n)$ e osserviamo che, per densità, la (8.29) è vera per ogni $\mathbf{v} \in H_0^1(\Omega; \mathbb{R}^n)$. Normalizziamo la pressione introducendo lo spazio di Hilbert[12]

$$Q = \left\{ q \in L^2(\Omega) : \int_\Omega q = 0 \right\}$$

e richiedendo che p appartenga a Q. Sia, infine, $\mathbf{f} \in L^2(\Omega; \mathbb{R}^n)$.

Definizione 8.1. *Si chiama soluzione **variazionale** (o debole) del problema (8.28) una coppia* $(\mathbf{u}, p)$ *tale che:*

$$
\begin{cases}
\textbf{a.} & \mathbf{u} \in H_0^1(\Omega; \mathbb{R}^n), \quad p \in Q \\
\textbf{b.} & \int_\Omega \nu \nabla \mathbf{u} : \nabla \mathbf{v} \, d\mathbf{x} = \int_\Omega \mathbf{f} \cdot \mathbf{v} \, d\mathbf{x} + \int_\Omega p \, \text{div } \mathbf{v} \, d\mathbf{x} \qquad \forall \mathbf{v} \in H_0^1(\Omega; \mathbb{R}^n) \\
\textbf{c.} & \int_\Omega q \, \text{div } \mathbf{u} \, d\mathbf{x} = 0 \qquad \forall q \in Q.
\end{cases}
$$

$$(8.31)$$

Vogliamo dimostrare esistenza, unicità e stabilità della soluzione debole. Un uso diretto del lemma di Lax-Milgram (o del teorema di rappresentazione di Riesz) è problematico, data la presenza della pressione incognita p a secondo membro. Per superare questa difficoltà si può scegliere inizialmente, come spazio di funzioni test, invece di $H_0^1(\Omega; \mathbb{R}^n)$, il suo sottospazio di Hilbert[13] V_{div}, dei vettori a divergenza nulla. In V_{div} si può adottare la norma

$$\|\mathbf{u}\|_{V_{div}}^2 = \int_\Omega |\nabla \mathbf{u}|^2 \, d\mathbf{x}.$$

La (8.31b) diventa allora

$$\int_\Omega \nu \nabla \mathbf{u} : \nabla \mathbf{v} \, d\mathbf{x} = \int_\Omega \mathbf{f} \cdot \mathbf{v} \, d\mathbf{x} \qquad \forall \mathbf{v} \in V_{div}. \tag{8.32}$$

---

[12] Altre normalizzazioni sono possibili e a volte più convenienti.

[13] V_{div} si può definire come la chiusura in $H_0^1(\Omega; \mathbb{R}^n)$ dello spazio

$$\mathcal{V} = \{ \phi \in \mathcal{D}(\Omega; \mathbb{R}^n) : \text{div } \phi = 0 \}.$$

La forma bilineare

$$a\left(\mathbf{u},\mathbf{v}\right) = \nu \int_{\Omega} \nabla\mathbf{u} : \nabla\mathbf{v}\ dx$$

è limitata (per la disuguaglianza di Schwartz) e coerciva (per la disuguaglianza di Poincaré) in V_{div}; inoltre $\mathbf{f} \in V'_{div}$. Il lemma di Lax-Milgram produce dunque un'unica soluzione $\mathbf{u} \in V_{div}$, che incorpora quindi anche la condizione div $\mathbf{u} = 0$. Inoltre:

$$\|\nabla\mathbf{u}\|_{L^2} \leq \frac{1}{\nu}\|\mathbf{f}\|_{L^2}.$$

Naturalmente la nostra soluzione è incompleta, in quanto non conosciamo ancora la pressione. D'altra parte, dalla (8.32) si deduce

$$_{H^{-1}}\langle \nu\Delta\mathbf{u} + \mathbf{f}, \mathbf{v}\rangle_{H_0^1} = 0 \qquad \forall v \in V_{div}.$$

Ciò equivale ad asserire che il vettore

$$\mathbf{g} = \nu\Delta\mathbf{u} + \mathbf{f},$$

considerato come elemento di $H^{-1}(\Omega; \mathbb{R}^n)$, soddisfa l'equazione

$$_{H^{-1}}\langle \mathbf{g}, \mathbf{v}\rangle_{H_0^1} = 0, \qquad \forall \mathbf{v} \in V_{div},$$

ossia si annulla su V_{div}. Il Teorema seguente caratterizza questi funzionali lineari e continui su $H_0^1(\Omega; \mathbb{R}^n)$ che si annullano su V_{div}.

Teorema 8.7. *Sia Ω un dominio limitato e regolare. Un funzionale $\mathbf{g}$, lineare e continuo su $H_0^1(\Omega; \mathbb{R}^n)$, soddisfa la condizione*

$$_{H^{-1}}\langle \mathbf{g}, \mathbf{v}\rangle_{H_0^1} = 0, \qquad \forall \mathbf{v} \in V_{div}, \tag{8.33}$$

se e solo se esiste $p \in L^2(\Omega)$ tale che

$$\nabla p = \mathbf{g},$$

ossia

$$_{H^{-1}}\langle \mathbf{g}, \mathbf{v}\rangle_{H_0^1} = \int_{\Omega} p\ div\ \mathbf{v}\ dx, \qquad \forall \mathbf{v} \in H_0^1(\Omega; \mathbb{R}^n).$$

La funzione p è unica a meno di una costante additiva.

La dimostrazione è piuttosto complessa. Ci limitiamo alla seguente osservazione che indica la plausibilità del risultato. Mettiamoci in dimensione $n = 3$; assumiamo che $\mathbf{g} \in C^1(\overline{\Omega}; \mathbb{R}^3)$ e che Ω sia un dominio semplicemente connesso. Se $\mathbf{V} \in \mathcal{D}(\Omega; \mathbb{R}^3)$, essendo

$$div\ rot\ \mathbf{V} = \mathbf{0},$$

possiamo scrivere la (8.33) per $\mathbf{v} = rot\mathbf{V}$. Applicando la formula di Gauss, abbiamo

$$0 = \int_{\Omega} \mathbf{g} \cdot rot\ \mathbf{V}\ dx = \int_{\Omega} rot\ \mathbf{g} \cdot \mathbf{V}\ dx - \int_{\partial\Omega} \left(\mathbf{g} \wedge \mathbf{V}\right) \cdot \boldsymbol{\nu}\ dx$$

$$= \int_{\Omega} rot\ \mathbf{g} \cdot \mathbf{V}\ dx \tag{8.34}$$

che implica

$$\text{rot } \mathbf{g} = \mathbf{0}.$$

Poiché Ω è un dominio semplicemente connesso esiste un potenziale scalare p di $\mathbf{g}$, i.e. $\nabla p = \mathbf{g}$.

Grazie a questa caratterizzazione, si può affermare che esiste un'unica $p \in Q$ tale che

$$\mathbf{g} = \nabla p,$$

ossia

$$_{H^{-1}} \langle \mathbf{g}, \mathbf{v} \rangle_{H_0^1} = \int_\Omega p \text{ div } \mathbf{v} \, d\mathbf{x}, \qquad \forall \mathbf{v} \in H_0^1 (\Omega; \mathbb{R}^n).$$

La coppia $(\mathbf{u}, p)$ così trovata è soluzione del problema originale. Vale dunque il seguente

Teorema 8.8. *Se* $\mathbf{f} \in L^2 (\Omega; \mathbb{R}^n)$ *e* $\nu > 0$, *il problema (8.28) ha un'unica soluzione debole* $(\mathbf{u}, p)$ *con* $\mathbf{u} \in H_0^1 (\Omega; \mathbb{R}^n)$ *e* $p \in Q$.

Nota 8.11. *La pressione come moltiplicatore.* Data la simmetria della forma bilineare a, $\mathbf{u}$ *minimizza il funzionale*

$$E (\mathbf{v}) = \int_\Omega \left\{ \frac{1}{2} \nu \left| \nabla \mathbf{v} \right|^2 - \mathbf{f} \cdot \mathbf{v} \right\} d\mathbf{x}.$$

in V_{div}. Equivalentemente, $\mathbf{u}$ minimizza il funzionale in tutto $H_0^1 (\Omega; \mathbb{R}^n)$ con il vincolo div $\mathbf{u} = 0$. Se introduciamo un moltiplicatore $q \in Q$ e il funzionale lagrangiano

$$\mathcal{L} (\mathbf{v}) = \int_\Omega \left\{ \frac{\nu}{2} \left| \nabla \mathbf{v} \right|^2 - \mathbf{f} \cdot \mathbf{v} - q \text{ div } \mathbf{v} \right\} d\mathbf{x},$$

la (8.31b) costituisce la condizione necessaria di ottimalità per tale funzionale (dalla quale si può dedurre l'equazione di Eulero-Lagrange). La pressione q appare dunque come *moltiplicatore associato al vincolo di solenoidalità.*

8.7 Esercizi ed applicazioni

8.7.1 Esercizi

E. 8.1. Si consideri il seguente problema ai limiti

$$\begin{cases} -u'' = 5x - 1 & \text{in } (-1, 2) \\ u(-1) = 1/2 \\ u'(2) = 2. \end{cases} \tag{8.35}$$

Scrivere la formulazione variazionale del problema proposto e verificare esistenza, unicità e stabilità.

E. 8.2. Si consideri il seguente problema ai limiti:

$$\begin{cases} -(\mu(x)u')' + (\beta(x)u)' + \sigma(x)u = f(x) & a < x < b \\ u(a) = 0, \quad \mu(b)u'(b) = \beta(b)u(b), \end{cases} \tag{8.36}$$

con $a, b \in \mathbb{R}$ e μ, β, σ funzioni assegnate, con $\mu \geq \mu_0 > 0$. Scrivere la formulazione variazionale, introducendo gli opportuni spazi funzionali, e dimostrare le buona posizione del problema introducendo opportune ipotesi sui dati.

E. 8.3. Sia

$$f(x) = \begin{cases} 2\pi^2 \sin \pi x & 0 \leq x < \dfrac{1}{2} \\ 2\pi^2 \sin \pi x - 6\left(\dfrac{1}{2} - x\right) + \left(\dfrac{1}{2} - x\right)^3 & \dfrac{1}{2} \leq x \leq 1. \end{cases}$$

Scrivere la formulazione variazionale, introducendo gli opportuni spazi funzionali per il problema

$$\begin{cases} -u'' + \pi^2 u = f(x) & 0 < x < 1 \\ u(0) = 0, \ u(1) = -1/8. \end{cases}$$

Dimostrarne quindi la buona posizione e verificare che

$$u(x) = \begin{cases} \sin \pi x & 0 \leq x < \dfrac{1}{2} \\ \sin \pi x + \left(\dfrac{1}{2} - x\right)^3 & \dfrac{1}{2} \leq x \leq 1 \end{cases}$$

è la soluzione variazionale, indicando la regolarità massima della funzione in termini di spazi di Sobolev.

E. 8.4. È assegnato il problema ellittico

$$\begin{cases} -\Delta u + \sigma u = f & \text{in } \Omega \\ \alpha u + \nabla u \cdot \mathbf{n} = g & \text{su } \partial\Omega, \end{cases} \tag{8.37}$$

con Ω aperto limitato regolare di $\mathbb{R}^2$, $\mathbf{n}$ normale uscente dal bordo di $\partial\Omega$, $f = f(\mathbf{x})$ e $g = g(\mathbf{x})$ funzioni assegnate e α e σ costanti reali, con $\sigma > 0$.

Scrivere la formulazione variazionale del problema considerato introducendo opportune ipotesi sui dati e fornire condizioni sufficienti per la buona posizione del problema.

E. 8.5. Sia $\Omega = [0, \pi] \times [0, 1]$, $\partial\Omega = \Gamma_D \cup \Gamma_N$ con

$$\Gamma_N = \left\{(x_1, x_2) \in \mathbb{R}^2 : x_1 = \pi, \ 0 < x_2 < 1\right\} \cup \left\{(x_1, x_2) \in \mathbb{R}^2 : 0 < x_1 < \pi, x_2 = 1\right\};$$

e sia $\mathbf{n}$ il versore normale a $\partial\Omega$ uscente da Ω.

Assegnati $f \in L^2(\Omega)$ e

$$\mathbf{b} = \begin{bmatrix} x_2^2 \\ \sin x_1 \end{bmatrix}$$

si consideri il problema:

$$\begin{cases} -\Delta u + \mathbf{b} \cdot \nabla u = f(x_1, x_2) & \text{in } \Omega \\ \nabla u \cdot \mathbf{n} = 0 & \text{su } \Gamma_N \\ u = 0 & \text{su } \Gamma_D. \end{cases}$$

Scriverne la formulazione debole e dimostrarne l'esistenza e l'unicità della soluzione, verificando le ipotesi del lemma di Lax Milgram. Quindi, si dia una stima a priori della soluzione.

E. 8.6. Si consideri il problema

$$\begin{cases} -\alpha \Delta u + \beta v = f & \text{in } \Omega \\ \alpha \Delta v + \beta u = 0 & \text{in } \Omega \\ u + v = 2 & \text{su } \Gamma_D \\ u - v = 0 & \text{su } \Gamma_D \\ \nabla(u + v) \cdot \mathbf{n} = 0 & \text{su } \Gamma_N \\ \nabla(u - v) \cdot \mathbf{n} = 0 & \text{su } \Gamma_N, \end{cases}$$

essendo $\Omega \subset \mathbb{R}^2$, $\partial\Omega = \Gamma_N \cup \Gamma_D$, $\alpha > 0$ e $\beta \geq 0$ costanti $(\Gamma_N \cap \Gamma_D = \emptyset)$. Si dia una formulazione variazionale del problema introducendo opportuni spazi funzionali e si dica sotto quali ipotesi sui dati esso ammette un'unica soluzione.

8.7.2 Soluzioni

S. 8.1. Si tratta di un problema misto con condizione di Dirichlet non omogenea. Incominciamo dunque rilevando il dato in $x = -1$. Poniamo

$$w = u - 1/2.$$

Il problema per w è

$$\begin{cases} -w'' = -u'' = 5x - 1 & -1 < x < 2) \\ w(-1) = 0 \\ w'(2) = 2. \end{cases} \tag{8.38}$$

Possiamo scegliere come spazio delle funzioni test

$$V = H^1_{0,-1}(-1, 2) \qquad \text{con } \|v\|_V = \|v'\|_{L^2(-1,2)},$$

sfruttando la disuguaglianza di Poincaré in modo da utilizzare la norma della sola parte gradiente.

Moltiplichiamo la prima equazione del sistema per una generica $v \in V$ ed integriamo per parti, ottenendo

$$\int_{-1}^{2} w'v' \, dx - [w'v]_{-1}^{2} = \int_{-1}^{2} (5x - 1)v \, dx,$$

ovvero, in considerazione delle condizioni agli estremi:

$$\int_{-1}^{2} w'v' \, dx = \int_{-1}^{2} (5x - 1)v \, dx + 2v(2).$$

Se introduciamo il funzionale $F : V \longrightarrow \mathbb{R}$:

$$Fv = \int_{-1}^{2} (5x - 1)v \, dx + 2v(2),$$

con $v \in V$. Dal problema (8.38) deduciamo il problema variazionale:

trovare $w \in V$ tale che $\langle w, v \rangle = Fv$ per ogni $v \in V$.   (8.39)

Poiché compare il prodotto scalare a primo membro, possiamo utilizzare il Teorema di Riesz.

Per dimostrare la continuità del funzionale F occorre premettere che per le funzioni di $H_{0,x_1}^1(x_1, x_2)$, che in particolare sono continue, vale una disuguaglianza "di traccia" del tipo

$$|v(y)| \leq (x_2 - x_1)^{1/2} \|v'\|_{L^2(x_1, x_2)} \qquad \forall y \in [x_1, x_2].$$ (8.40)

Infatti, per il teorema fondamentale del calcolo integrale abbiamo

$$|v(y)| = \left| \int_{x_1}^{y} v'(s) \, ds \right| \leq \int_{x_1}^{y} |v'(s)| \, ds \leq \int_{x_1}^{x_2} |v'(s)| \, ds$$

$$\leq (x_2 - x_1)^{1/2} \left(\int_{x_1}^{x_2} |v'(s)|^2 \, ds \right)^{1/2} = (x_2 - x_1)^{1/2} \|v'\|_{L^2(x_1, x_2)}.$$

La continuità di F, dunque, deriva da:

$$|Fv| = \left| \int_{-1}^{2} (5x - 1)v \, dx + 2v(2) \right| \leq \int_{-1}^{2} |5x - 1||v| \, dx + 2|v(2)|$$

$$\leq 9 \int_{-1}^{2} |v| \, dx + 2\sqrt{3} \|v'\|_{L^2(-1,2)} \leq 9\sqrt{3} \|v\|_{L^2(-1,2)} + 2\sqrt{3} \|v'\|_{L^2(-1,2)}$$

$$\leq (9\sqrt{3} C_P + 2\sqrt{3}) \|v\|_V,$$

per cui

$$\|F\|_{V'} \leq \sqrt{3}(9 C_P + 2),$$

dove C_P è la costante di Poincaré. Conludiamo che esiste un'unica soluzione $w \in V$ del problema (8.39) e che

$$\|w\|_V \leq \sqrt{3}(9 C_P + 2).$$

Dalla stima di stabilità per w si può dedurre l'analogo per la soluzione $u = w + 1/2$ del problema (8.35).

S. 8.2. Si tratta di un problema con termine di trasporto e condizioni al bordo miste Dirichlet-Robin. Riprendiamo la dimostrazione del Microteorema 8.4 con alcune varianti. Siccome il problema di Dirichlet è omogeneo, sfruttando la disuguaglianza di Poincaré consideriamo

$$V = H_{0,a}^1(a,b) \text{ con } \|v\|_V = \|v'\|_{L^2(a,b)}.$$

Moltiplichiamo l'equazione per $v \in V$ ed integrando otteniamo

$$\int_a^b \mu u'v' \, dx - [\mu u'v]_a^b - \int_a^b \beta uv' \, dx + [\beta uv]_a^b + \int_a^b \sigma uv \, dx = \int_a^b fv \, dx.$$

Tenendo conto delle condizioni agli estremi, i termini al bordo si annullano tutti. Introdotta la forma bilineare B e il funzionale L dati rispettivamente da:

$$B(u,v) = \int_a^b \mu u'v' \, dx - \int_a^b \beta uv' \, dx + \int_a^b \sigma uv \, dx$$

$$Lv = \int_a^b fv \, dx,$$

il problema può essere riformulato in modo astratto

trovare $u \in V$ tale che $B(u,v) = Lv$ per ogni $v \in V$.

Introdurremo alcune condizioni sufficienti sui dati in modo che sia possibile l'applicazione del Teorema di Lax-Milgram.

Se $f \in L^2(a,b)$, il funzionale L è continuo in V, grazie alla disuguaglianza di Schwarz ed a quella di Poincaré:

$$|Lv| \leq \|f\|_{L^2(a,b)} \|v\|_{L^2(a,b)} \leq C_P \|f\|_{L^2(a,b)} \|v\|_V.$$

Se $\mu, \beta, \sigma \in L^\infty(a,b)$, la forma bilineare B è continua, infatti:

$$|B(u,v)| \leq \|\mu\|_{L^\infty} \|u\|_V \|v\|_V + \|\beta\|_{L^\infty} \|u\|_{L^2(a,b)} \|v\|_V + \|\sigma\|_{L^\infty} \|u\|_{L^2(a,b)} \|v\|_{L^2(a,b)}$$

$$\leq \left(\|\mu\|_{L^\infty} + C_P \|\beta\|_{L^\infty} + C_P^2 \|\sigma\|_{L^\infty} \right) \|u\|_V \|v\|_V.$$

Per valutare la coercività di B possiamo scrivere:

$$B(u,u) \geq \mu_0 \|u\|_V^2 - \frac{1}{2} \int_a^b \beta(x)(u^2)' \, dx + \int_a^b \sigma(x) u^2 \, dx \quad \text{(integrando p.p.)}$$

$$= \mu_0 \|u\|_V + \int_a^b \left(\sigma + \frac{1}{2} \beta' \right) u^2 \, dx - \frac{1}{2} [\beta u^2]_a^b.$$

Assumiamo che

$$\beta \in H^1(a,b), \ \beta(b) \leq 0 \text{ e } \left(\sigma + \frac{1}{2} \beta' \right) \geq 0 \text{ q.o. in } (a,b). \tag{8.41}$$

Allora si può dedurre che
$$B(u,u) \geq \mu_0 \|u\|_V^2.$$

In conclusione, se $f \in L^2(a,b)$, $\mu \in L^\infty(a,b)$, $\mu \geq \mu_0 > 0$ e se valgono le (8.41), allora il problema (8.36)ha un'unica soluzione in V tale che

$$\|u'\|_{L^2(a,b)} \leq \frac{C_P}{\mu_0} \|f\|_{L^2(a,b)}.$$

S. 8.3. Introduciamo, innanzi tutto, un rilevamento dei dati di Dirichlet $\hat{g}(x) = -x/8$, e consideriamo la funzione $w = u - \hat{g}$ che risolve il problema di Dirichlet omogeneo

$$\begin{cases} -w'' + \pi^2 w = f - \hat{g} & 0 < x < 1 \\ w(0) = 0,\ w(1) = 0. \end{cases} \tag{8.42}$$

Consideriamo lo spazio $V = H_0^1(0,1)$ con il prodotto scalare

$$\langle w, v \rangle_V = (w', v')_{L^2} + \pi^2 (w, v)_{L^2},$$

che induce la norma

$$\|w\|_V = \sqrt{\|w'\|_{L^2}^2 + \pi^2 \|w\|_{L^2}^2}$$

e consideriamo il funzionale $F : V \longrightarrow \mathbb{R}$ tale che:

$$Fv = \int_0^1 (f - \hat{g})v\,dx = (f - \hat{g}, v)_{L^2}.$$

Il problema (8.42) può essere allora descritto in modo astratto come

trovare $w \in V$ tale che $\langle w, v \rangle_V = Fv$ per ogni $v \in V$.

Tale problema ha soluzione unica in V grazie al Teorema delle proiezioni. Poiché il problema per w ha soluzione unica, ha soluzione unica anche il problema per u essendo $u = w + \hat{g}$.

Calcoliamo le derivate nel senso delle distribuzioni della soluzione data nel testo, scritta utilizzando il gradino di Heavyside:

$$u = \sin \pi x + \left(\frac{1}{2} - x\right)^3 \mathcal{H}\left(x - \frac{1}{2}\right)$$

$$u' = \pi \cos \pi x - 3\left(\frac{1}{2} - x\right)^2 \mathcal{H}\left(x - \frac{1}{2}\right)$$

$$u'' = -\pi^2 \sin \pi x + 6\left(\frac{1}{2} - x\right) \mathcal{H}\left(x - \frac{1}{2}\right),$$

u dunque è soluzione distribuzionale dell'equazione data. Inoltre, derivando ulteriormente troviamo

$$u''' = -\pi^3 \cos \pi x - 6\mathcal{H}\left(x - \frac{1}{2}\right)$$

$$u^{(iv)} = \pi^4 \cos \pi x - 6\delta\left(x - \frac{1}{2}\right)$$

dove $\delta(x - 1/2)$ è la distribuzione così definita $\langle \delta(x - 1/2), \phi \rangle = \phi(1/2)$ per ogni $\phi \in \mathcal{D}(\mathbb{R})$. Non essendo quest'ultima in $H^1(0, 1)$, concludiamo che la soluzione $u \in H^3(0, 1)$, ma $u \notin H^4(0, 1)$.

S. 8.4. Indichiamo con Γ la frontiera di Ω. Abbiamo un problema di Robin che ambientiamo nello spazio di Sobolev

$$V = H^1(\Omega), \text{ con } \|v\|_V = \left(\|u\|_{L^2(\Omega)}^2 + \|\nabla u\|_{L^2(\Omega)}^2 \right)^{1/2}.$$

Vale una disuguaglianza di traccia del tipo

$$\|v\|_{L^2(\Gamma)} \leq C_T \|v\|_V. \tag{8.43}$$

Consideriamo una funzione $v \in V$ e moltiplichiamo l'equazione per v, integrando su Ω; dopo un'integrazione per parti, tenendo conto della condizione di Robin, abbiamo

$$\int_\Omega \nabla u \cdot \nabla v \, d\mathbf{x} + \alpha \int_\Gamma uv \, d\sigma + \sigma \int_\Omega uv \, d\mathbf{x} = \int_\Omega fv \, d\mathbf{x} + \int_\Gamma gv \, d\sigma.$$

Introduciamo la forma bilineare B ed il funzionale F nel modo seguente:

$$B(u, v) = \int_\Omega \nabla u \cdot \nabla v \, d\mathbf{x} + \alpha \int_\Gamma uv \, d\sigma + \sigma \int_\Omega uv \, d\mathbf{x}$$

$$|Fv| = \int_\Omega fv \, d\mathbf{x} + \int_\Gamma gv \, d\sigma.$$

Il problema (8.37) può essere ricondotto alla formulazione variazionale:

trovare $u \in V$ tale che $B(u, v) = Fv$ per ogni $v \in V$.

Applichiamo il Teorema di Lax-Milgram.

Sfruttando la disuguaglianza di traccia (8.43) possiamo mostrare la continuità di B e di F. Infatti:

$$|B(u, v)| \leq \|\nabla u\|_{L^2(\Omega)} \|\nabla v\|_{L^2(\Omega)} + \sigma \|u\|_{L^2(\Omega)} \|v\|_{L^2(\Omega)} + \alpha \|u\|_{L^2(\Gamma)} \|v\|_{L^2(\Gamma)}$$

$$\leq (1 + \sigma) \|u\|_V \|v\|_V + \alpha C_T^2 \|u\|_V \|v\|_V$$

$$\leq (1 + \sigma + \alpha C_T^2) \|u\|_V \|v\|_V$$

$$|Fv| \leq \|f\|_{L^2(\Omega)} \|v\|_{L^2(\Omega)} + \|g\|_{L^2(\Gamma)} \|v\|_{L^2(\Gamma)}$$

$$\leq \left(\|f\|_{L^2(\Omega)} + C_T \|g\|_{L^2(\Gamma)} \right) \|v\|_V.$$

La coercività di B è immediata:

$$B(u, u) = \|\nabla u\|_{L^2(\Omega)}^2 + \sigma \|u\|_{L^2(\Omega)}^2 + \alpha \int_\Gamma u^2 d\sigma$$

$$\geq \min(1, \sigma) \|u\|_V^2.$$

Abbiamo dunque esistenza, unicità ed inoltre

$$\|u\|_{H^1(\Omega)} \leq \frac{\|f\|_{L^2(\Omega)} + C_T \|g\|_{L^2(\Gamma)}}{\min(1, \sigma)}.$$

S. 8.5. Consideriamo $V = H^1_{0,\Gamma_D}(\Omega)$ e $v \in V$; sfruttando la disuguaglianza di Poincaré, come norma in V possiamo usare la sola parte gradiente: $\|v\|_V = \|\nabla v\|_{L^2}$. Abbiamo che

$$\|\mathbf{b}\|_{L^\infty(\Omega)} = 1.$$

Testando l'equazione assegnata su v e usando le formule di Green abbiamo che

$$\int_\Omega \nabla u \cdot \nabla v \, d\mathbf{x} - \int_{\Gamma_N \cup \Gamma_D} \nabla u \cdot \mathbf{n} \, v \, d\sigma + \int_\Omega \mathbf{b} \cdot \nabla u \, v \, d\mathbf{x} = \int_\Omega f v \, d\mathbf{x} \qquad \forall v \in V.$$

Coerentemente con le condizioni sul bordo, consideriamo

$$B(u, v) = \int_\Omega \nabla u \cdot \nabla v + \int_\Omega \mathbf{b} \cdot \nabla u \, v$$

$$Fv = \int_\Omega f v,$$

in modo che il problema possa essere riscritto nella forma variazionale seguente

trovare $u \in V$ tale che $B(u, v) = Fv$ per ogni $v \in V$.

Usiamo il Teorema di Lax-Milgram. La linearità della forma bilineare B e del funzionale F è ovvia. La continuità del funzionale e della forma bilineare seguono dalla disuguaglianza di Schwarz:

$$|Fv| \le \|f\|_{L^2} \|v\|_{L^2} \le C_P \|f\|_{L^2} \|v\|_V$$
$$|B(u, v)| \le \|u\|_V \|v\|_V + \|\mathbf{b}\|_\infty \|u\|_V \|v\|_{L^2}$$
$$\le (1 + C_P) \|u\|_V \|v\|_V.$$

Per dimostrare la coercività di B, sfruttiamo ancora le formule di Green

$$B(u, u) = \int_\Omega |\nabla u|^2 d\mathbf{x} + \int_\Omega (\mathbf{b} \cdot \nabla u) \, u \, d\mathbf{x}$$

$$= \int_\Omega |\nabla u|^2 d\mathbf{x} + \int_\Omega \mathbf{b} \cdot \frac{1}{2} \nabla u^2 d\mathbf{x}$$

$$= \int_\Omega |\nabla u|^2 d\mathbf{x} - \frac{1}{2} \int_\Omega \operatorname{div} \mathbf{b} \, u^2 d\mathbf{x} + \frac{1}{2} \int_{\Gamma_N \cup \Gamma_D} \mathbf{b} \cdot \mathbf{n} \, u^2 d\sigma$$

$$= \int_\Omega |\nabla u|^2 d\mathbf{x} + \frac{1}{2} \int_{\Gamma_N} \mathbf{b} \cdot \mathbf{n} \, u^2 d\sigma$$

$$= \int_\Omega |\nabla u|^2 d\mathbf{x} + \frac{1}{2} \int_0^\pi \sin x_1 \, u^2(x_1, 1) \, dx_1 + \frac{1}{2} \int_0^1 x_2^2 \, u^2(\pi, x_2) \, dx_2$$

$$\ge \|u\|_V^2.$$

Siccome la costante di coercività è pari ad 1, la stima di stabilità è semplicemente

$$\|u\|_V \le \|F\|_{V'} \le C_P \|f\|_{L^2}.$$

S. 8.6. Sommando e sottraendo le equazioni (e rispettivamente le equazioni al bordo) possiamo riscrivere il problema in funzione delle nuove incognite

$$w = u + v$$

$$w_2 = u - v$$

nel modo seguente:

$$\begin{cases} -\alpha\Delta w - \beta w_2 = f & \text{in } \Omega \\ -\alpha\Delta w_2 + \beta w = 0 & \text{in } \Omega \\ w = 2 & \text{su } \Gamma_D \\ w_2 = 0 & \text{su } \Gamma_D \\ \nabla w \cdot \mathbf{n} = 0 & \text{su } \Gamma_N \\ \nabla w_2 \cdot \mathbf{n} = 0 & \text{su } \Gamma_N. \end{cases}$$

Consideriamo un rilevamento del dato di Dirichlet, e per semplicità consideriamo la costante 2 stessa, e riscriviamo il problema in funzione della nuova incognita $w_1 = w - 2$:

$$\begin{cases} -\alpha\Delta w_1 - \beta w_2 = f & \text{in } \Omega \\ -\alpha\Delta w_2 + \beta w_1 = -2\beta & \text{in } \Omega \\ w_1 = 0 & \text{su } \Gamma_D \\ w_2 = 0 & \text{su } \Gamma_D \\ \nabla w_1 \cdot \mathbf{n} = 0 & \text{su } \Gamma_N \\ \nabla w_2 \cdot \mathbf{n} = 0 & \text{su } \Gamma_N. \end{cases}$$

Allora $V = H^1_{0,\Gamma_D}(\Omega)$. Considerando due funzioni $v_i \in V$, $i = 1, 2$, le prime due equazioni possono essere rispettivamente testate su v_1 e v_2 e, tenendo conto delle condizioni di Neumann omogenee, diventano

$$\begin{cases} \alpha \int_\Omega \nabla w_1 \cdot \nabla v_1 \, d\mathbf{x} - \beta \int_\Omega w_2 v_1 \, d\mathbf{x} = \int_\Omega f v_1 \, d\mathbf{x} \\ \alpha \int_\Omega \nabla w_2 \cdot \nabla v_2 \, d\mathbf{x} + \beta \int_\Omega w_1 v_2 \, d\mathbf{x} = -2\beta \int_\Omega v_2 \, d\mathbf{x}. \end{cases}$$

Introducendo la notazione

$$\mathbf{w} = \begin{bmatrix} w_1 \\ w_2 \end{bmatrix} \qquad \mathbf{v} = \begin{bmatrix} v_1 \\ v_2 \end{bmatrix} \qquad \mathbf{f}(\mathbf{v}) = \begin{bmatrix} \int_\Omega f v_1 \, d\mathbf{x} \\ -2\beta \int_\Omega v_2 \, d\mathbf{x} \end{bmatrix}$$

possiamo considerare la forma bilineare

$$a : V^2 \times V^2 \longrightarrow \mathbb{R}$$
$$(\mathbf{w}, \mathbf{v}) \;\mapsto\; a(\mathbf{w}, \mathbf{v}) =$$
$$\alpha \int_\Omega (\nabla w_1 \cdot \nabla v_1 + \nabla w_2 \cdot \nabla v_2) \, d\mathbf{x} - \beta \int_\Omega (w_2 v_1 - w_1 v_2) \, d\mathbf{x},$$

dove lo spazio V^2 è munito della norma

$$\|\mathbf{v}\|_{V^2} = \left(\|v_1\|^2_{H^1(\Omega)} + \|v_2\|^2_{H^1(\Omega)} \right)^{1/2}$$

ed indichiamo inoltre

$$\|\mathbf{v}\|_{L^2} = \left(\|v_1\|_{L^2(\Omega)}^2 + \|v_2\|_{L^2(\Omega)}^2 \right)^{1/2}.$$

Il problema può essere dunque essere descritto in forma variazionale come segue:

trovare $\mathbf{w} \in V^2$ *tale che* $a(\mathbf{w}, \mathbf{v}) = \mathbf{f}(\mathbf{v})$ *per ogni* $\mathbf{v} \in V^2$.

Usando il Teorema di Lax-Milgram, valutiamo la continuità di $a(\cdot, \cdot)$:

$$
\begin{aligned}
|a(\mathbf{w}, \mathbf{v})| &\leq \alpha(\|\nabla w_1\|_{L^2}\|\nabla v_1\|_{L^2} + \|\nabla w_2\|_{L^2}\|\nabla v_2\|_{L^2}) \\
&\quad + \beta(\|w_2\|_{L^2}\|v_1\|_{L^2} + \|w_1\|_{L^2}\|v_2\|_{L^2}) \\
&\leq \alpha(\|w_1\|_{H^1}\|v_1\|_{H^1} + \|w_2\|_{H^1}\|v_2\|_{H^1}) \\
&\quad + \beta(\|w_2\|_{H^1}\|v_1\|_{H^1} + \|w_1\|_{H^1}\|v_2\|_{H^1}) \\
&\leq 2(\alpha + \beta)\|\mathbf{w}\|_{V^2}\|\mathbf{v}\|_{V^2},
\end{aligned}
$$

come costante di continuità abbiamo $M = 2(\alpha + \beta)$. La continuità del funzionale, indicando con $|\Omega|$ la misura di Ω, è assicurata dalle seguente maggiorazione:

$$|\mathbf{f}(\mathbf{v})| \leq \|f\|_{L^2}\|v_1\| + 2|\Omega|\|v_2\|_{L^2} \leq (\|f\|_{L^2} + 2|\Omega|)\|\mathbf{v}\|_{L^2}.$$

La coercività del funzionale è immediata infatti

$$a(\mathbf{w}, \mathbf{w}) = \alpha \int_\Omega |(\nabla w_1|^2 + |\nabla w_2|^2)\, d\mathbf{x} = \alpha\|\nabla \mathbf{w}\|_{L^2}^2,$$

con costate di coercività pari ad α. Ne deduciamo esistenza ed unicità della soluzione $\mathbf{w}$ ed inoltre

$$\|\mathbf{w}\|_{V^2} \leq \frac{\|f\|_{L^2} + 2|\Omega|}{\alpha}.$$

8.8 Metodi numerici e simulazioni

8.8.1 Il metodo degli elementi finiti nel caso monodimensionale

Nel precedente capitolo è stato introdotto il metodo di Galerkin, ovvero un metodo per approssimare la soluzione di un problema variazionale astratto $a(u, v) = Fv$ attraverso una famiglia di spazi di dimensione finita, detti V_k, che approssimano opportunamente lo spazio V. Si è visto inoltre che per i problemi ellittici in una dimensione spaziale, ovvero i problemi definiti sull'intervallo (x_a, x_b), lo spazio adatto per definire il problema astratto è $V = H^1(x_a, x_b)$. In questo contesto, il metodo degli **elementi finiti** rappresenta una delle diverse possibilità per costruire la famiglia di spazi approssimanti V_k. Si può quindi già intuire che il metodo degli elementi finiti si appoggia su basi profondamente diverse da quelle del metodo alle differenze finite che abbiamo utilizzato sino ad ora. Infatti, mentre quest'ultimo fornisce un'approssimazione basata sui nodi senza fornire informazioni al di fuori di questi, il metodo degli elementi finiti approssima la soluzione su tutto l'intervallo preso in considerazione. Tuttavia, per costruire la famiglia di spazi V_k partiamo ancora da una partizione dell'intervallo (x_a, x_b), in k sottointervalli di lunghezza uniforme, per semplicità,

$$[x_a, x_b] = \bigcup_{i=1}^{k} [x_{i-1}, x_i], \quad x_i = h \cdot i, \quad h = (x_b - x_a)/k.$$

Diremo che i punti x_i sono i **vertici** della partizione di (x_a, x_b). Lo spazio degli **elementi finiti di grado** r sulla suddetta partizione di (x_a, x_b), indicato con $X_k^r(x_a, x_b)$, si definisce come lo spazio delle funzioni continue su (x_a, x_b), le cui restrizioni su ciascun sottointervallo $[x_{i-1}, x_i]$ sono polinomi di grado minore o uguale ad r, ovvero

$$X_k^r = \{v_k \in C^0(x_a, x_b) \; : \; v_k|_{(x_{i-1}, x_i)} \in \mathbb{P}^r(x_{i-1}, x_i), \text{ per } i = 1, \ldots, k\},$$

dove $\mathbb{P}^r(x_{i-1}, x_i)$ rappresenta lo spazio dei polinomi di grado minore o uguale ad r definiti su (x_{i-1}, x_i). Risulta evidente che $X_k^r(x_a, x_b)$ è uno spazio discreto la cui dimensione, $\dim(X_k^r) = N_k^r$, dipende sia da k che da r. Il metodo degli elementi finiti richiede quindi di determinare la funzione $u_k \in X_k^r(x_a, x_b)$ tale che,

$$a(u_k, v_k) = F v_k, \quad \forall v_k \in V_k.$$

Sempre nel precedente capitolo, abbiamo visto che per poter costruire e risolvere il problema algebrico relativo al metodo di Galerkin è fondamentale definire una base dello spazio V_k. Ricordando brevemente che il metodo di Galerkin si riduce a determinare i coefficienti $\mathbf{c} = \{c_j\}_{j=1}^{N_k^r}$ tali che $\mathbf{A}_{kr}\mathbf{c} = \mathbf{F}_{kr}$ con $\mathbf{A}_{kr} \in \mathbb{R}^{N_k^r \times N_k^r}$, $\mathbf{F}_{kr} \in \mathbb{R}^{N_k^r}$ dove,

$$u_k = \sum_{j=1}^{N_k^r} c_j \psi_j, \quad \mathbf{A}_{kr,ij} = a(\psi_j, \psi_i), \quad \mathbf{F}_{kr,i} = F \psi_i.$$

Si deduce quindi che una opportuna scelta della base di $X_h^r(x_a, x_b)$ deve soddisfare i seguenti requisiti:

a) il supporto di ciascuna base ψ_i deve essere il più possibile ridotto. In questo modo, se $\text{supp}(\psi_i) \cap \text{supp}(\psi_j) = \emptyset$, sappiamo automaticamente che il corrispondente coefficiente di $\mathbf{A}_{kr}$ sarà nullo, ovvero $\mathbf{A}_{k,ij} = a(\psi_j, \psi_i) = 0$. Da un lato, ciò riduce lo sforzo computazionale per costruire $\mathbf{A}_{kr}$. Dall'alto lato, se la banda della matrice $\mathbf{A}_{kr}$ è ridotta, si potranno usare metodi particolarmente efficienti per risolvere il corrispondente sistema lineare;

b) vogliamo che la base di $X_h^r(x_a, x_b)$ sia una **base Lagrangiana**. In tal caso, ad ogni base ψ_i è associato un punto $\widehat{x}_i \in (x_a, x_b)$, detto **nodo**, tale che il coefficiente c_i relativo all'espansione di una generica funzione $v_k = \sum_{i=1}^{N_k^r} c_i \psi_i$

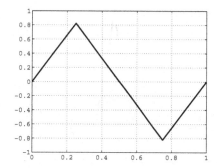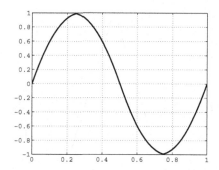

Figura 8.1. Un esempio di funzione appartenente allo spazio degli elementi finiti lineari ($r = 1$, sinistra) e quadratici ($r = 2$, destra)

soddisfi $c_i = v_k(\widehat{x}_i)$. Affinché tale proprietà sia soddisfatta, è sufficiente che per ciascuna funzione base valga $\psi_i(\widehat{x}_j) = \delta_{ij}$, dove δ_{ij} rappresenta la delta di Kronecker.

Riportiamo in Figura 8.1 un generico esempio di $v_k^1 \in X_k^1(0,1)$ e $v_k^2 \in X_k^2(0,1)$ su una partizione di $(0,1)$ con $k = 4$ sottointervalli uniformi. In Figura 8.2 riportiamo invece un esempio di base Lagrangiana per gli spazi $X_k^1(0,1)$ (sinistra) ed $X_k^2(0,1)$ (destra). Nel caso lineare, osserviamo che i nodi coincidono con i vertici della partizione, ovvero $\widehat{x}_i = x_i$. I gradi di libertà dello spazio $X_k^1(0,1)$ sono quindi tanti quanti i vertici, ovvero $\dim(X_k^1(0,1)) = N_k^1 = k+1$. Ciascuna funzione della base Lagrangiana sarà dunque una funzione lineare a tratti che assume il valore unitario in un nodo, e si annulla in tutti gli altri nodi. In Figura 8.2 (sinistra) è riportata la funzione $\psi_i(x)$ con $i = 3$.

Per quanto riguarda gli elementi finiti di grado 2, ricordiamo che per definire univocamente una funzione quadratica sono necessari 3 punti su ciascun sottointervallo. Quindi, l'insieme dei nodi deve essere più ricco dell'insieme dei vertici. Ad esempio, l'insieme dei nodi si può definire aggiungendo ai vertici i punti medi di cianscun sottointervallo. Di conseguenza, deduciamo che nel caso monodimensionale $\dim(X_k^2(0,1)) = N_k^2 = 2k+1$ ed in generale $\dim(X_k^r(0,1)) = N_k^r = rk+1$. Numerando i nodi da sinistra verso destra, in Figura 8.2 (destra) sono riportate le basi ψ_4, ψ_5, ψ_6 di $X_k^2(0,1)$. In particolare, le basi ψ_4, ψ_6, associate ai punti medi dei sottointervalli sono riportate con linea tratteggiata, mentre la ψ_5, associata ad un vertice della partizione è riportata con linea continua.

Osserviamo infine che il trattamento delle condizioni al bordo per il metodo degli elementi finiti deriva direttamente da quanto già visto per la formulazione variazionale dei problemi ellittici. Per quanto riguarda le condizioni di Dirichlet omogenee, occorre modificare la definizione dello spazio V_k, al fine di soddisfare la relazione $V_k \subset V = H_0^1(x_a, x_b)$. A tal fine introduciamo il nuovo spazio

$$X_{k,0}^r(x_a, x_b) = \{v_k \in X_k^r(x_a, x_b) \ : \ v_k(a) = v_k(b) = 0\} \subset H_0^1(x_a, x_b).$$

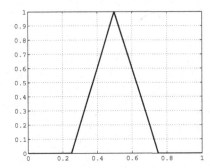 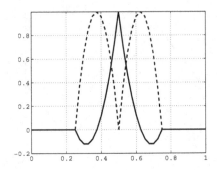

Figura 8.2. Funzioni appartenenti ad una base Lagrangiana per elementi finiti lineari ($r = 1$, sinistra) e quadratici ($r = 2$, destra)

La costruzione di questo spazio risulta particolarmente semplice. Infatti, data una base Lagrangiana di $X_k^r(x_a, x_b)$, il nuovo spazio si ottiene eliminando le funzioni base associate ai nodi $x_0 = x_a$ ed $x_{rk} = x_b$. Nel caso di condizioni di Dirichlet non omogenee, si procede con la tecnica del rilevamento del dato al bordo, con l'unica accortezza di definire un rilevamento che appartenga allo spazio $X_k^r(x_a, x_b)$ utilizzato per l'approssimazione. Infine, le condizioni di Neumann e Robin non richiedono nessun particolare intervento poiché vengono naturalmente introdotte nella forma bilineare. In particolare, in Figura 8.3 riportiamo l'approssimazione numerica ricavata con elementi finiti lineari del problema analizzato nell'Esercizio 8.2, ovvero

$$\int_{x_a}^{x_b} (au'v' - buv' + cuv)dx = \int_{x_a}^{x_b} fvdx,$$

che corrisponde ad un problema di diffusione, trasporto e reazione con condizioni al bordo di Dirichlet omogenee in $x_a = 0$ e condizione di derivata conormale nulla $-au' + bu = 0$ nell'estremo $x_b = 1$. Nel riquadro a sinistra abbiamo utilizzato coefficienti $a = 1, b = -1, c = 1$ ed $f = 1$, mentre nel caso a destra il valore del coefficiente convettivo è $b = -10$. Osserviamo che in entrambi i casi le condizioni sufficienti per la buona posizione del problema sono soddisfatte. Si nota inoltre che nell'estremo $x_b = 1$ la soluzione assume valore positivo, con derivata negativa, in accordo con la relazione $-au' + bu = 0$.

8.8.2 Proprietà di approssimazione del metodo degli elementi finiti

Il Lemma di Céa, ovvero il Microteorema 7.18, mostra che un generico metodo di Galerkin è convergente a patto che la famiglia di spazi V_k approssimi opportunamente lo spazio $V = H^1(x_a, x_b)$ dove è definita la soluzione esatta, u, del problema astratto,

$$\|u - u_k\|_{H^1} \leq \frac{M}{\alpha} \inf_{v_k \in V_k} \|u - v_k\|_{H^1}. \tag{8.44}$$

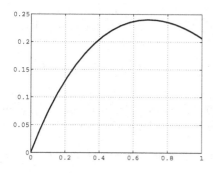
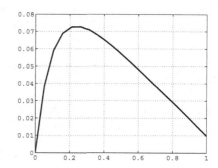

Figura 8.3. Soluzione numerica dell'Esercizio 8.2 con $b = -1$ (sinistra) e $b = -10$ (destra)

Richiediamo dunque che gli spazi V_k soddisfino la seguente proprietà di approssimazione,

$$\lim_{k \to \infty} \inf_{v_k \in V_k} \|v - v_k\|_{H^1}, \quad \forall v \in H^1(x_a, x_b). \tag{8.45}$$

In questa sezione vogliamo determinare se, fissato r, la famiglia di spazi $X_k^r(x_a, x_b)$ soddisfa la proprietà (8.45) al crescere dell'indice k, ovvero man mano che viene raffinata la partizione di (x_a, x_b) diminuendo il passo di discretizzazione h. In caso affermativo, vorremmo anche determinare quale sia l'**ordine di convergenza**, cioè il massimo esponente p tale che

$$\lim_{k \to \infty} \|u - u_k\|_{H^1} = \lim_{k \to \infty} C((x_b - x_a)/k)^p = \lim_{h \to 0} Ch^p,$$

dove C è una costante positiva indipendente da k, h. Le risposte ai precedenti quesiti sono fornite dal seguente Teorema, per la cui dimostrazione rimandiamo al Teorema 3.2, Capitolo 3 di Quarteroni, 2008.

Teorema 8.9. *Per ogni valore di $r \geq 1$ esiste una costante positiva C_r indipendente da k, h tale che per ogni funzione $v \in H^s(x_a, x_b)$ con $s \geq 2$ si ha*

$$\inf_{v_k \in X_k^r} \|v - v_k\|_{H^1} \leq C_r h^l \|v\|_{H^s} \quad dove \quad l = \min[s-1, r], \quad h = \frac{x_b - x_a}{k}. \tag{8.46}$$

Il presente risultato mostra che gli spazi $X_k^r(x_a, x_b)$ soddisfano (8.45) a patto che la funzione v che vogliamo approssimare sia sufficientemente regolare. In tal caso, le proprietà di convergenza del metodo elementi finiti si dimostrano immediatamente combinando le disuguaglianze (8.44) e (8.46) al fine di ottenere il seguente risultato.

Corollario 8.10. *Se il problema $a(u, v) = Fv$ ammette soluzione $u \in H^s(x_a, x_b)$ con $s \geq 2$, allora il metodo degli elementi finiti di grado $r \geq 1$ è convergente e soddisfa la seguente stima dell'errore*

$$\|u - u_k\|_{H^1} \leq C(M, \alpha, r) h^l \|u\|_{H^s} \quad dove \quad C(M, \alpha, r) = C_r \frac{M}{\alpha}. \tag{8.47}$$

In caso contrario, ovvero quando la regolarità di v è solamente $H^1(x_a, x_b)$, la convergenza del metodo degli elementi finiti può essere arbitrariamente lenta.

8.8.3 Applicazione del metodo degli elementi finiti ai problemi di diffusione, trasporto e reazione

Consideriamo un generico problema di diffusione, trasporto e reazione monodimensionale corredato da condizioni al bordo di Dirichlet omogenee,

$$-(a(x)u')' + b(x)u' + c(x)u = f(x), \text{ in } (x_a, x_b), \text{ con } u(x_a) = u(x_b) = 0, \quad (8.48)$$

dove supponiamo che $a(x), b(x) \in C^1([0,1])$ con $a(x) \geq a_0 > 0$, mentre $c(x), f(x) \in C^0([0,1])$. Come visto nelle precedenti sezioni di questo capitolo, la formulazione debole di tale problema richiede di determinare $u \in H_0^1(x_a, x_b)$ tale che

$$B(u,v) = \int_{x_a}^{x_b} (a(x)u'v' + b(x)u'v + c(x)uv)dx = Lv = \int_{x_a}^{x_b} f(x)vdx, \ \forall v \in H_0^1(x_a, x_b).$$

Discretizziamo tale problema attraverso il metodo degli elementi finiti, approssimando $u \in H_0^1(x_a, x_b)$ attraverso la funzione $u_k \in X_{k,0}^r(x_a, x_b)$ tale che $B(u_k, \psi_i) = F\psi_i$ per ogni $i = 1, \ldots, rk + 1$. Osserviamo che il Corollario 8.10 vale anche per questa classe problemi ed in particolare, le costanti di continuità e coercività della forma bilineare, rispettivamente M ed α, dipendono dai coefficienti a, b, c come segue,

$$M = \left(\|a\|_{L^\infty} + C_P \|b\|_{L^\infty} + C_P^2 \|c\|_{L^\infty} \right), \quad \alpha = a_0.$$

Si deduce quindi che per i problemi a trasporto dominante o a reazione dominante, la costante che compare nella stima dell'errore, ovvero $C(M, \alpha, r)$ può diventare arbitrariamente grande. Ciò vuol dire che per garantire una ragionevole accuratezza del metodo, occorre scegliere il passo di discretizzazione h notevolmente piccolo. Viceversa, fissata una partizione dell'intervallo (x_a, x_b), l'errore è tanto più grande quanto più i termini di trasporto o reazione dominano rispetto alla diffusione. Ciò si traduce nella **instabilità** del metodo. Questo fenomeno è messo in evidenza in Figura 8.4 dove applichiamo il metodo degli elementi finiti lineari al problema (8.48) con condizioni al bordo $u(0) = 0$, $u(1) = 1$. Sulla destra è riportato il confronto tra le soluzioni numeriche ottenute nel caso a trasporto dominante $a = 10^{-2}, b = 1, c = 0$ su griglie uniformi caratterizzate da $h = 0.1$ ed $h = 0.01$, identificate con linea tratteggiata e continua rispettivamente. Sulla sinistra è riportato lo stesso confronto per un problema a reazione dominante con $a = 10^{-2}, b = 0, c = 10$. Quando la griglia non è sufficientemente raffinata, è evidente l'insorgere di oscillazioni che non hanno significato fisico.

Per correggere il comportamento del metodo degli elementi finiti nel caso di trasporto o reazione dominante, conviene confrontare tale schema con i corrispondenti metodi alle differenze finite per il problema in esame. Innanzitutto, suddividiamo la forma bilineare $B(u, v)$ nei corrispondenti termini di diffusione, trasporto

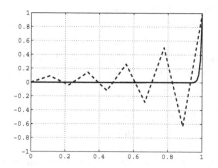 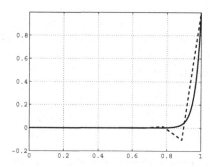

Figura 8.4. Instabilità del metodo degli elementi finiti lineari per problemi a trasporto dominante (sinistra) e reazione dominante (destra). La linea tratteggiata corrisponde a soluzioni con un passo di discretizzazione $h = 0.1$, mentre la linea continua corrisponde a $h = 0.01$. In questo caso, la soluzione numerica è molto accurata

e reazione,

$$B_d(u,v) = \int_{x_a}^{x_b} a(x)u'v'dx, \quad B_t(u,v) = \int_{x_a}^{x_b} b(x)u'vdx, \quad B_r(u,v) = \int_{x_a}^{x_b} c(x)uv.$$

Nel caso di **coefficienti costanti** ed elementi finiti lineari, osserviamo che

$$B_d(u_k,\psi_i) = c_{i-1}\int_{x_{i-1}}^{x_i} a(x)\psi'_{i-1}\psi'_i + c_i\int_{x_{i-1}}^{x_{i+1}} a(x)(\psi'_i)^2 + c_{i+1}\int_{x_i}^{x_{i+1}} a(x)\psi'_{i+1}\psi'_i$$

$$= -\frac{a}{h}(c_{i-1} - 2c_i + c_{i+1}),$$

$$B_t(u_k,\psi_i) = c_{i-1}\int_{x_{i-1}}^{x_i} b(x)\psi'_{i-1}\psi_i + c_i\int_{x_{i-1}}^{x_{i+1}} b(x)\psi'_i\psi_i + c_{i+1}\int_{x_i}^{x_{i+1}} b(x)\psi'_{i+1}\psi_i$$

$$= \frac{b}{2}(c_{i+1} - c_{i-1}),$$

$$B_r(u_k,\psi_i) = c_{i-1}\int_{x_{i-1}}^{x_i} c(x)\psi_{i-1}\psi_i + c_i\int_{x_{i-1}}^{x_{i+1}} c(x)\psi_i^2 + c_{i+1}\int_{x_i}^{x_{i+1}} c(x)\psi_{i+1}\psi_i$$

$$= \frac{c}{6}h(c_{i+1} + 4c_i + c_{i-1}).$$

Poiché ψ_i è una base Lagrangiana e poiché per gli elementi finiti lineari i nodi coincidono con i vertici della partizione, i coefficienti c_i coincidono con i valori nei vertici della funzione u_k, ovvero $c_i = u_k(x_i) = u_i$. Moltiplicando per h entrambi i membri dell'uguaglianza $B(u_k,\psi_i) = L\psi_i$, è allora evidente che il metodo degli elementi finiti nel caso lineare coincide con la discretizzazione tramite uno schema alle differenze finite di tipo centrato del termine di diffusione e del termine di trasporto. Le due famiglie di metodi non coincidono invece per la discretizzazione del termine di reazione.

Concentrandoci sui problemi a trasporto dominante, dal Capitolo 2 sappiamo che per la discretizzazione del termine di trasporto bu' non è conveniente utilizzare rapporto incrementale centrato, ma piuttosto lo schema **upwind**, che è opportunamente decentrato a seconda del segno di b. Al fine di correggere in modo analogo il comportamento dello schema elementi finiti, ricordiamo dall'equazione (2.50) del Capitolo 2 che lo schema upwind è equivalente ad uno schema centrato più una **diffusione artificiale** che è opportunamente definita in funzione del coefficiente b e del parametro h. In particolare, nel caso $b > 0$ si ottiene facilmente,

$$\frac{b(u_i - u_{i-1})}{h} = \frac{b(u_{i+1} - u_{i-1})}{2h} - \frac{bh}{2}\frac{(u_{i+1} - 2u_i + u_{i-1})}{h^2}.$$

È immediato osservare che la corretta diffusione artificiale che permette di **stabilizzare** il metodo degli elementi finiti di grado $r = 1$ per un problema a trasporto dominante ammonta in generale a $h\|b\|_{L^\infty}/2$. Il corrispondente problema stabilizzato corrisponde a determinare la funzione $\widehat{u}_k \in X_k^1(x_a, x_b)$ tale che

$$\widehat{B}(\widehat{u}_k, v_k) = Lv_k, \quad \forall v_k \in X_{k,0}^1(x_a, x_b) \text{ dove } \widehat{B}(u_k, v_k)$$

$$= B(u_k, v_k) - \frac{h\|b\|_{L^\infty}}{2}\int_{x_a}^{x_b} u_k' v_k' dx.$$

Per quanto riguarda le instabilità che nascono nell'approssimazione di problemi a reazione dominante, ci limitiamo ad osservare che una tecnica efficace per stabilizzare il metodo degli elementi finiti consiste nella **condensazione della matrice di massa**. Ciò corrisponde a sostituire la media pesata $(u_{i+1} + 4u_i + u_{i-1})/6$ che compare nella discretizzazione del termine di reazione, con il valore u_i. Per ulteriori discussioni ed approfondimenti rimandiamo alla Sezione 5.5, Capitolo 5 di Quarteroni, 2008.

8.8.4 Il metodo degli elementi finiti nel caso bidimensionale

In questa sezione mettiamo in evidenza le principali difficoltà per estendere il metodo degli elementi finiti da una a più dimensioni spaziali. Per una approfondita trattazione, rimandiamo a Quarteroni e Valli, 1997.

Innanzitutto, osserviamo che in una dimensione la definizione di una partizione del dominio (x_a, x_b) è immediata, mentre l'estensione al caso multidimensionale richiede attenzione. Ci limitiamo a due dimensioni e consideriamo esclusivamente il caso di partizioni ottenute a partire da triangoli, ovvero partizioni simplettiche.

Per prima cosa, ricordiamo che mentre un intervallo si può suddividere a piacere, solo i domini poligonali $\Omega \subset \mathbb{R}^2$ sono partizionabili con triangoli. Nel caso generale, bisognerà prima approssimare Ω tramite un poligono, e poi procedere con la partizione.

In secondo luogo, osserviamo che non tutte le partizioni sono ammissibili. Definiamo **triangolazioni** le partizioni ammissibili, ovvero quelle che soddisfano i seguenti requisiti:

a) ogni elemento K della partizione è un triangolo. Definiamo K come un insieme aperto;

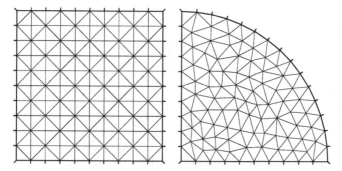

Figura 8.5. Un esempio di griglia uniforme (sinistra) e quasi-uniforme (destra). Si noti come, a differenza del metodo delle differenze finite, il metodo degli elementi finiti permette di approssimare facilmente problemi su domini con forme arbitrarie

b) per ogni K_1, K_2 distinti si ha $K_1 \cap K_2 = \emptyset$;

c) se $\overline{K}_1 \cap \overline{K}_2 = E \neq \emptyset$, allora E è un intero lato oppure un vertice di due o più triangoli;

d) esiste un parametro positivo h tale che il diametro di ciancun triangolo K, inteso come raggio del cerchio circoscritto, soddisfa $h_K = \text{diam}(K) < h$.

Il parametro h è detto dimensione caratteristica della partizione o passo di griglia. Infine, considereremo esclusivamente triangolazioni regolari e quasi uniformi, che soddisfano rispettivamente le seguenti proprietà aggiuntive:

e) esiste una costante $C > 1$ indipendente da K tale che il rapporto tra i raggi del cerchio iscritto ρ_K e circoscritto h_K a ciacun triangolo K soddisfa $1 < h_K/\rho_K < C$;

f) esistono due costanti $C, c > 0$ indipendenti da K tali che per ogni triangolo vale $ch < h_K < Ch$.

Sotto queste ipotesi, si indica con T_h l'insieme di tutti i triangoli della partizione. In Figura 8.5, sono riportati un esempio di partizione uniforme, in cui tutti i triangoli sono uguali, ed un esempio di partizione quasi uniforme.

Definiamo ora lo spazio degli elementi finiti di grado r in due dimensioni spaziali. Innanzitutto, sia $\mathbb{P}^r(K)$ lo spazio delle funzioni polinomiali di grado minore o uguale a r sul triangolo K. Allora, lo spazio degli elementi finiti sulla partizione T_h è dato da

$$X_k^r = \{v_k \in C^0(\Omega) \ : \ v_k|_K \in \mathbb{P}^r(K), \ \forall K \in T_h\},$$

la cui dimensione è data da $N_k^r = \dim(X_k^r)$. Osserviamo innanzitutto come nel caso multidimensionale non è più possibile stabilire facilmente una relazione tra N_k^r e la dimensione caratteristica della partizione h. Questo legame dipende infatti dalla specifica partizione che si sta considerando.

In precedenza, abbiamo inoltre visto che per utilizzare il metodo degli elementi finiti è fondamentale definire una base di X_k^r. Inoltre è preferibile che questa sia una

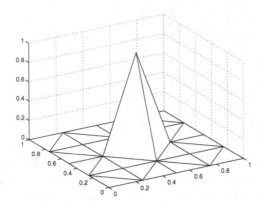

Figura 8.6. Un esempio di base Lagrangiana per elementi finiti lineari in due dimensioni. Per la loro particolare forma, queste funzioni prendono generalmente il nome di *funzioni cappello*

base Lagrangiana. La costruzione di una base con tali proprietà è concettualmente simile a quanto visto caso monodimensionale, con qualche difficoltà tecnica in più. Per semplicità, prendiamo ad esempio gli elementi finiti lineari. Come nel caso monodimensionale, i nodi associati ad una base Lagrangiana coincidono con i vertici della partizione, ovvero i vertici dei triangoli che la compongono. Possiamo allora dire che l'insieme di funzioni $\{\psi_i\}_{i=1}^{N_k^1}$ tali che $\psi_i \in X_k^1$ è unitaria in un vertice ed uguale a zero in tutti gli altri vertici, è una base Lagrangiana di X_k^1. Un esempio è rappresentato in Figura 8.6.

Osserviamo inoltre che le proprietà fondamentali del metodo nel caso multidimensionale sono simili a quelle già viste nel caso monodimensionale. In particolare il metodo risulta essere instabile per problemi a trasporto dominante ed a reazione dominante. Per l'approssimazione di tali problemi si può ricorrere ad opportune tecniche di stabilizzazione.

Anche le proprietà di convergenza rimangono pressoché invariate nel caso multidimensionale. Infatti, il Teorema 8.9 ed il relativo Corollario 8.10 sono ancora validi a patto di sostituire $H^1(x_a, x_b)$ e $H^s(x_a, x_b)$ con $H^1(\Omega)$ e $H^s(\Omega)$ rispettivamente. Tuttavia, nel caso multidimensionale, per applicare correttamente questi risultati è necessario analizzare con molta attenzione la regolarità della soluzione, in particolare per il fatto che siamo costretti ad approssimare problemi con frontiera poligonale, e quindi non regolare. Infatti, la soluzione di un problema ellittico con dati regolari può non appartenere allo spazio $H^2(\Omega)$ se il dominio non è convesso, si veda Salsa, 2004, Capitolo 9. Approfondiremo questo aspetto dell'approssimazione tramite elementi finiti nella prossima sezione.

8.8.5 Esempio: influenza della regolarità della soluzione sulla convergenza del metodo degli elementi finiti

Consideriamo il seguente problema di Poisson definito su un settore circolare. In particolare, detto S_σ il settore del cerchio unitario che copre gli angoli $-\sigma/2 < \theta < \sigma/2$, detti Γ_σ^1 i lati del settore e Γ_σ^2 il perimetro circolare, vogliamo determinare u_σ, soluzione del seguente problema

$$\begin{cases} \Delta u_\sigma = 0 & \text{in } S_\sigma \\ u_\sigma = 0 & \text{su } \Gamma_\sigma^1 \\ u_\sigma = \cos(\theta\pi/\sigma) \text{ con } \theta \in (-\sigma/2, \sigma/2) & \text{su } \Gamma_\sigma^2, \end{cases} \qquad (8.49)$$

la cui soluzione è data da $u_\sigma = r^{\pi/\sigma} \cos(\theta\pi/\sigma)$ con $\theta \in (-\sigma/2, \sigma/2)$ per ogni valore del parametro $\sigma \in (0, 2\pi)$ (si veda Salsa, 2004, Capitolo 9, Esempio 6.1). Ciò può essere rapidamente verificato osservando che $\Delta u_\sigma = 0$ poiché u_σ è la parte reale della funzione olomorfa $z^{\frac{\pi}{\sigma}}$ e u_σ soddisfa le condizioni al bordo imposte. Inoltre, la proprietà $u_\sigma \in H^1(S_\sigma)$ è assicurata dal Lemma di Lax-Milgram. Osserviamo invece che $u_\sigma \notin H^2(S_\sigma)$ quando $\sigma < \pi$. Prendiamo ad esempio il caso di ∂_{xx} ed osserviamo che in un intorno dell'origine si ha $\partial_{xx}u \simeq r^{\pi/\sigma-2}$. Si deduce quindi che

$$\int_{S_\sigma} |\partial_{xx}u_\sigma|^2 dx dy \simeq \int_{-\sigma/2}^{\sigma/2} \int_0^1 r^{2\pi/\sigma-4} r\, dr\, d\theta$$

dove l'integrale al secondo membro è limitato a condizione che $2\pi/\sigma - 3 > -1$ ovvero $\sigma < \pi$. Se invece $\sigma > \pi$ si ha $\partial_{xy}u_\sigma \notin L^2(S_\sigma)$ e quindi $u_\sigma \notin H^2(S_\sigma)$. Si osserva inoltre che u_σ è tanto meno regolare quanto più σ si avvicina a 2π.

Tabella 8.1. Convergenza del metodo degli elementi finiti lineari nell'approssimare la soluzione del problema (8.49)

h \ σ	$\frac{1}{2}\pi$		$\frac{5}{4}\pi$		$\frac{3}{2}\pi$		$\frac{7}{4}\pi$	
	$\|\widehat{u}_\sigma - u_k\|_{H^1}$	p	$\|\widehat{u}_\sigma - u_k\|_{H^1}$	p	$\|\widehat{u}_\sigma - u_k\|_{H^1}$	p	$\|\widehat{u}_\sigma - u_k\|_{H^1}$	p
0.1250	9.434880e-02	–	5.240410e-02	–	1.106750e-01	0.000	1.822270e-01	–
0.0625	4.663180e-02	1.017	3.135850e-02	0.741	7.495930e-02	0.562	1.186980e-01	0.618
0.0312	2.343740e-02	0.993	1.824140e-02	0.782	4.797670e-02	0.644	8.455800e-02	0.489

Studiamo le proprietà di convergenza del metodo degli elementi finiti applicato al problema in esame, cioè studiamo l'ordine infinitesimo rispetto ad h dell'errore, ovvero $\|u_\sigma - u_k\|_{H^1}$. A tal fine, si procede calcolando l'errore relativo a soluzioni numeriche, $u_{k,1}, u_{k,2}$, ottenute su griglie via via più raffinate, cioè caratterizzate da $h_1 > h_2$. Una stima numerica dell'ordine di convergenza rispetto ad h si ottiene calcolando il parametro p tale che

$$p = \left(\log\left(\frac{\|u_\sigma - u_{k,1}\|_{H^1}}{\|u_\sigma - u_{k,2}\|_{H^1}} \right) \right) \left(\log\left(\frac{h_1}{h_2} \right) \right)^{-1}.$$

Alla luce del Teorema 8.9, ci aspettiamo che il metodo degli elementi finiti di grado 1 converga linearmente alla soluzione u_σ quando $\sigma < \pi$, mentre prevediamo che la velocità di convergenza diminuisca all'aumentare di σ nel caso $\sigma > \pi$.

Poiché le derivate della soluzione u_σ sono singolari nell'origine, nascono delle difficoltà nel calcolo di $\|u_\sigma - u_k\|_{H^1}$. Per questa ragione, abbiamo stimato l'errore attraverso la quantità $\|\widehat{u}_\sigma - u_k\|_{H^1}$, dove $\widehat{u}_\sigma$ rappresenta l'interpolante della funzione u_σ su una griglia quattro volte più fitta di quella usata per calcolare u_k. I risultati numerici sono riportati in Tabella 8.1 e mostrano un buon accordo con le previsioni fatte a partire dal Teorema 8.9 e dalle proprietà di regolarità di u_σ.

9

Formulazione debole di problemi di evoluzione

9.1 Equazioni paraboliche

Nel Capitolo 3 abbiamo considerato l'equazione del calore ed alcune sue generalizzazioni, come nel modello di diffusione e reazione cui è dedicato il Capitolo 5. Questi tipi di equazioni rientrano nella classe delle equazioni *paraboliche,* che abbiamo già classificato in dimensione spaziale 1 nella Sezione 6.4.1.

Sia $\Omega \subset \mathbb{R}^n$ un dominio (aperto connesso) *limitato,* $T > 0$ e consideriamo il cilindro spazio-temporale $Q_T = \Omega \times (0, T)$, rappresentato in Figura 9.1 quando Ω è bidimensionale. Siano $A = A(\mathbf{x},t)$ una matrice quadrata di ordine n, $\mathbf{b} = \mathbf{b}(\mathbf{x},t)$ un vettore in $\mathbb{R}^n$, $c = c(\mathbf{x},t)$ e $f = f(\mathbf{x},t)$ funzioni reali. Un'equazione in *forma di divergenza* del tipo[1]

$$u_t - \sum_{i,j=1}^{n} \partial_{x_i}\left(a_{ij}\left(\mathbf{x},t\right)u_{x_j}\right) + \sum_{i=1}^{n} b_i\left(\mathbf{x},t\right)u_{x_i} + c\left(\mathbf{x},t\right)u = f\left(\mathbf{x},t\right), \qquad (9.1)$$

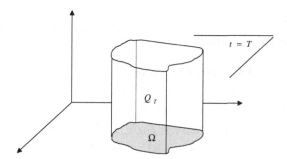

Figura 9.1. Cilindro spazio temporale per $n = 2$

---

[1] A differenza del caso stazionario, qui i coefficienti possono dipendere anche da t.

Salsa S, Vegni FMG, Zaretti A, Zunino P: Invito alle equazioni alle derivate parziali.
© Springer-Verlag Italia 2009, Milano

oppure in *forma di non divergenza* del tipo

$$u_t - \sum_{i,j=1}^{n} a_{ij}\left(\mathbf{x},t\right) u_{x_i x_j} + \sum_{i=1}^{n} b_i\left(\mathbf{x},t\right) u_{x_i} + c\left(\mathbf{x},t\right) u = f\left(\mathbf{x},t\right)$$

si dice **parabolica** in Q_T se vale la *condizione di ellitticità*

$$\sum_{i,j=1}^{n} a_{ij}\left(\mathbf{x},t\right) \xi_i \xi_j > 0 \qquad \forall(\mathbf{x},t) \in Q_T, \forall \boldsymbol{\xi} \in \mathbb{R}^n.$$

Per le equazioni paraboliche si possono ripetere le stesse considerazioni fatte nelle Sezioni 8.1 e 8.2 a proposito delle equazioni ellittiche e delle diverse nozioni di soluzione, con le ovvie correzioni dovute alla situazione evolutiva. Per identiche ragioni, svilupperemo la teoria per le equazioni in forma di divergenza. Poniamo dunque

$$\mathcal{L}u = -\mathrm{div}(A\left(\mathbf{x},t\right)\nabla u) + \mathbf{b}(\mathbf{x},t) \cdot \nabla u + c\left(\mathbf{x},t\right) u.$$

Assegnata f in Q_T, vogliamo determinare una soluzione u, dell'equazione *parabolica*

$$u_t + \mathcal{L}u = f \text{ in } Q_T,$$

che inoltre soddisfi la *condizione iniziale* (*o di Cauchy*)

$$u\left(\mathbf{x},0\right) = u_0\left(\mathbf{x}\right) \text{ in } \Omega$$

e una delle condizioni di *Dirichlet, Neumann, miste o di Robin*, sulla *frontiera laterale* di Q_T, $S_T = \partial\Omega \times [0,T]$.

Il prototipo delle equazioni paraboliche è naturalmente l'equazione del calore; ci serviamo del problema di Cauchy-Dirichlet per questa equazione per introdurre una possibile formulazione debole.

9.2 Equazione del calore

9.2.1 Il problema di Cauchy-Dirichlet

Consideriamo il problema

$$\begin{cases} u_t - \alpha\Delta u = f & \text{in } Q_T \\ u\left(\mathbf{x},0\right) = g\left(\mathbf{x}\right) & \mathbf{x} \in \Omega \\ u\left(\boldsymbol{\sigma},t\right) = 0 & (\boldsymbol{\sigma},t) \in S_T, \end{cases} \qquad (9.2)$$

dove assumiamo $\alpha > 0$ e $f \in L^2(Q_T)$. Conviene considerare u come una funzione che associa ad ogni $t \in [0,T]$ una funzione di $\mathbf{x}$, vista come elemento di un'opportuno spazio di Hilbert V, ossia come

$$\mathbf{u} : [0,T] \to V.$$

In altri termini, poniamo

$$[\mathbf{u}(t)](\mathbf{x}) = u(\mathbf{x},t)$$

e scriviamo $\mathbf{u}'$ al posto di u_t. Continueremo a usare lettere non in neretto per indicare gli elementi di V (funzioni costanti rispetto a t). Analogamente, poniamo

$$[\mathbf{f}(t)](\mathbf{x}) = f(\mathbf{x},t)$$

e quindi

$$\mathbf{f} : [0,T] \to L^2(\Omega).$$

L'ipotesi $f \in L^2(Q_T)$ equivale a richiedere che $\|f(t)\|_{L^2(\Omega)} \in L^2(0,T)$. Per esprimere questa proprietà usiamo il simbolo:

$$\mathbf{f} \in L^2\left(0,T;L^2(\Omega)\right).$$

Cerchiamo ora un'ambientazione funzionale corretta per la soluzione. La condizione omogenea di Dirichlet, cioè $\mathbf{u}(t) = 0$ su $\partial\Omega$ per ogni $t \in [0,T]$, si traduce, pensando ad una formulazione debole, nella richiesta che $\mathbf{u}(t)$ appartenga allo spazio $V = H_0^1(\Omega)$ per ogni t o almeno per quasi ogni[2] $t \in [0,T]$. Inoltre, è abbastanza naturale richiedere che la funzione

$$t \longmapsto \|\mathbf{u}(t)\|_V$$

appartenga a $L^2(0,T)$. In sintesi,

$$\mathbf{u} \in L^2(0,T;V).$$

Lo spazio $L^2(0,T;V)$ risulta essere uno spazio di Hilbert con prodotto scalare

$$(\mathbf{u},\mathbf{v})_{L^2(0,T;V)} = \int_0^T (\mathbf{u}(t),\mathbf{v}(t))_V \, dt.$$

Coerentemente, sembrerebbe naturale assumere il dato iniziale $\mathbf{u}(0) = g$ in $H_0^1(\Omega)$, ma questa scelta risulta troppo restrittiva e limiterebbe troppo il campo di applicazione della teoria; la scelta $g \in L^2(\Omega)$ risulta molto migliore.

Occupiamoci ora di $\mathbf{u}'$. Poiché $\mathbf{u}(t) \in V$ si ha $\Delta\mathbf{u}(t) \in V' = H^{-1}(\Omega)$ per quasi ogni $t > 0$ e quindi, dall'equazione differenziale, la condizione naturale per $\mathbf{u}'$ è $\mathbf{u}'(t) \in V'$ per quasi ogni $t > 0$. Inoltre richiediamo che la funzione

$$t \longmapsto \|\mathbf{u}'(t)\|_{V'}$$

appartenga a $L^2(0,T)$. In sintesi, usiamo il simbolo

$$\mathbf{u}' \in L^2(0,T;V').$$

Le considerazioni fatte motivano la seguente definizione, nella quale introduciamo la forma bilineare

$$B[w,v] = \alpha(\nabla w, \nabla v)$$

---

[2] Cioè tranne che per un sottoinsieme di misura di Lebesgue nulla in $[0,T]$.

dove, ricordiamo, il simbolo $(\cdot, \cdot)$ indica il prodotto scalare in $L^2(\Omega)$. Come al solito, riserviamo il simbolo $\langle \cdot, \cdot \rangle$ per la dualità nel senso delle distribuzioni e il simbolo $\langle \cdot, \cdot \rangle_*$ per la dualità tra V e V'.

Definizione 9.1. *Una funzione $\mathbf{u} \in L^2(0, T; V)$ si dice soluzione debole del problema (9.2) se $\mathbf{u}' \in L^2(0, T; V')$ e*

1. per ogni $v \in V$ e per q.o. $t \in [0, T]$,

$$\langle \mathbf{u}'(t), v \rangle_* + B[\mathbf{u}(t), v] = (\mathbf{f}(t), v); \tag{9.3}$$

2. $\mathbf{u}(0) = g$.

Osserviamo che vale il seguente:

Microteorema 9.1. *Sia $u \in L^2(0, T; H_0^1(\Omega))$ con $u' \in L^2(0, T; (H_0^1(\Omega))')$. Allora $u \in C^0([0, T]; L^2(\Omega))$, ovvero $\|u(t)\|_{L^2(\Omega)} \in C^0[0, T]$.*

Da ciò segue che la condizione iniziale *2* ha perfettamente senso e significa che $\|\mathbf{u}(t) - g\|_{L^2(\Omega)} \to 0$, se $t \to 0^+$.

Nota 9.1. La (9.3) si può intendere equivalentemente nel senso delle distribuzioni in $\mathcal{D}'(0, T)$ dando alla dualità $\langle \mathbf{u}'(t), v \rangle_*$ un significato più esplicito:

$$\frac{d}{dt}(\mathbf{u}(t), v) + B[\mathbf{u}(t), v] = (\mathbf{f}(t), v), \tag{9.4}$$

per ogni $v \in V$ e nel senso delle distribuzioni in $[0, T]$.

Nota 9.2. Non è difficile mostrare che, se una soluzione debole è regolare (con due derivate spaziali e una derivata temporale continue in $\overline{Q_T}$) allora è una soluzione classica.

9.2.2 Il metodo di Faedo-Galerkin

Vogliamo dare un cenno alla dimostrazione del fatto che il problema (9.2) possiede esattamente una soluzione debole e che questa dipende con continuità dai dati, in una norma opportuna.

Esistono varianti del teorema di Lax-Milgram che si adattano perfettamente ad un problema di evoluzione come quello che stiamo esaminando, tuttavia, anche in vista dell'uso di metodi numerici, riteniamo più conveniente usare direttamente il metodo di Galerkin, o meglio, nel caso parabolico, di Faedo-Galerkin. Vediamo brevemente la strategia alla base del metodo, sempre in riferimento al nostro problema.

1. Si seleziona una successione di funzioni regolari $\{w_k\}_{k=1}^{\infty}$ in modo che $\{w_k\}_{k=1}^{\infty}$ sia[3]

   una *base ortonormale in* $V = H_0^1(\Omega)$

---

[3] Possibile in quanto V è uno spazio di Hilbert separabile. Qui, in particolare, si può scegliere come base l'insieme delle autofunzioni del Laplaciano, opportunamente normalizzate, rispetto al prodotto scalare $(\nabla u, \nabla v)$ (Sezione 8.4.2). Si può anche scegliere di normalizzare in L^2.

e

una *base ortogonale in* $L^2(\Omega)$.

In particolare, possiamo scrivere

$$g = \sum_{k=1}^{\infty} g_k w_k$$

dove $g_k = (g, w_k)$ e la serie converge in $L^2(\Omega)$.

2. Si costruisce la successione

$$V_m = \text{span}\{w_1, w_2, \ldots, w_m\},$$

costituita dai sottospazi di V generati dalle funzioni $w_1, w_2, \ldots, w_m$. I V_m sono sottospazi a dimensione finita tali che

$$V_m \uparrow V \quad \text{se } m \to \infty.$$

3. Fissato m, poniamo

$$\mathbf{u}_m(t) = \sum_{k=1}^{m} c_{mk}(t) w_k, \qquad G_m = \sum_{k=1}^{m} g_k w_k \qquad (9.5)$$

e cerchiamo di determinare le m funzioni $c_{mk} = c_{mk}(t)$ in modo da risolvere il seguente problema approssimato finito-dimensionale: *determinare* $\mathbf{u}_m \in H^1(0, T; V)$ *tale che, per q.o.* $t \in [0, T]$, *e* $s = 1, \ldots, m$,

$$\begin{cases} (\mathbf{u}'_m(t), w_s) + B[\mathbf{u}_m(t), w_s] = (\mathbf{f}(t), w_s), \\ \mathbf{u}_m(0) = G_m. \end{cases} \qquad (9.6)$$

Naturalmente, la prima equazione in (9.6) è vera per ogni elemento w_s della base scelta in V_m se e solo se risulta vera per *ogni* funzione test $v \in V_m$. Si noti inoltre, che, essendo $\mathbf{u}'_m \in L^2(0, T; V)$, per la Nota 9.1 si può scrivere

$$\langle \mathbf{u}'_m(t), v \rangle_* = (\mathbf{u}_m(t), v)' = (\mathbf{u}'_m(t), v).$$

4. Si dimostra che una sottosuccessione $\{\mathbf{u}_{m_l}\}_{l \geq 1}$ converge in un opportuno senso ad una soluzione debole del problema. Per farlo occorrono alcune stime (dette *dell'energia*) per le $\mathbf{u}_m$, utili anche nel trattamento numerico del problema.

5. Si prova che la soluzione debole del problema è unica.

9.2.3 Soluzione del problema approssimato

Vale il seguente teorema.

Teorema 9.2. *Per ogni* m, *esiste un'unica soluzione del problema (9.6). Risulta inoltre che*

$$\mathbf{u}_m \in L^2(0, T; V) \qquad e \qquad \mathbf{u}'_m \in L^2(0, T; V).$$

Dimostrazione. Osserviamo che, per l'ortogonalità delle w_k in $L^2(\Omega)$,

$$(\mathbf{u}'_m(t), w_s) = \left(\sum_{k=1}^{m} c'_{mk}(t) w_k, w_s \right) = \|w_s\|^2_{L^2(\Omega)} c'_{ms}(t)$$

e, per l'ortonormalità delle w_k in V,

$$B \left[\sum_{k=1}^{m} c_{mk}(t) w_k, w_s \right] = \alpha (\nabla w_s, \nabla w_s) c_{ms}(t) = \alpha \, c_{ms}(t).$$

Poniamo

$$F_s(t) = (\mathbf{f}(t), w_s), \qquad \mathbf{F}(t) = (F_1(t), ..., F_m(t))^\mathsf{T}$$

e

$$\mathbf{C}_m(t) = (c_{m1}(t), ..., c_{mm}(t))^\mathsf{T}, \qquad \mathbf{g}_m = (g_1, ..., g_m)^\mathsf{T}.$$

Introduciamo poi la matrice diagonale, di ordine m,

$$\mathbf{M} = \mathrm{diag} \left\{ \|w_1\|^2_{L^2(\Omega)}, \|w_2\|^2_{L^2(\Omega)}, ..., \|w_m\|^2_{L^2(\Omega)} \right\}.$$

Il problema (9.6) è allora equivalente al seguente sistema di equazioni differenziali ordinarie, lineari a coefficienti costanti:

$$\mathbf{C}'_m(t) = -\alpha \mathbf{M}^{-1} \mathbf{C}_m(t) + \mathbf{M}^{-1} \mathbf{F}(t), \qquad \text{q.o } t \in [0, T]$$

con la condizione iniziale

$$\mathbf{C}_m(0) = \mathbf{g}_m.$$

Poiché $F_s \in L^2(0, T)$, per ogni $s = 1, ..., m$, questo sistema ha un'unica soluzione $\mathbf{C}_m(t) \in H^1(0, T; \mathbf{R}^m)$. Essendo

$$\mathbf{u}_m(t) = \sum_{k=1}^{m} c_{mk}(t) w_k,$$

si deduce $\mathbf{u}_m \in L^2(0, T; V)$ e $\mathbf{u}'_m \in L^2(0, T; V)$.   □

9.2.4 Stime dell'energia

Vogliamo ora mostrare, sfruttando la coercività della forma bilineare, che opportune norme di Sobolev di $\mathbf{u}_m$ si possono controllare tramite norme dei dati, *con costanti di maggiorazione indipendenti da m*. Le maggiorazioni devono essere abbastanza potenti da permettere il passaggio al limite nei tre termini dell'equazione

$$(\mathbf{u}'_m, v) + \alpha (\nabla \mathbf{u}_m, \nabla v) = (\mathbf{f}, v)$$

In questo caso si riesce a controllare le norme di $\mathbf{u}_m$ negli spazi $L^\infty(0,T;V)$, [4] $L^2(0,T;V)$ e la norma di $\mathbf{u}'_m$ in $L^2(0,T;V')$, e cioè le norme

$$\max_{t\in[0,T]} \|\mathbf{u}_m\|_V, \quad \|\mathbf{u}_m\|_{L^2(0,T;V)} \quad e \quad \|\mathbf{u}'_m\|_{L^2(0,T;V')}.$$

Cominciamo da $\mathbf{u}_m$.

Teorema 9.3. *(Stima di $\mathbf{u}_m$). Sia $\mathbf{u}_m$ la soluzione del problema (9.6). Allora*

$$\max_{t\in[0,T]} \|\mathbf{u}_m(t)\|^2_{L^2(\Omega)} + 2\alpha \int_0^T \|\mathbf{u}_m\|^2_V \, ds \le 2e^T \left\{ \|g\|^2_{L^2(\Omega)} + \int_0^T \|\mathbf{f}\|^2_{L^2(\Omega)} \, ds \right\}.$$

Per la dimostrazione useremo il seguente lemma, elementare ma molto utile.

Microteorema 9.4. *(Lemma di Gronwall). Siano Ψ, G funzioni continue in $[0,T]$, G non decrescente. Se*

$$\Psi(t) \le G(t) + \int_0^t \Psi(s) \, ds, \qquad \text{per ogni } t \in [0,T], \tag{9.7}$$

allora

$$\Psi(t) \le G(t) e^t, \qquad \text{per ogni } t \in [0,T]. \tag{9.8}$$

Dimostrazione. Poniamo

$$R(s) = \int_0^s \Psi(r) \, dr.$$

Allora, q.o in $[0,T]$,

$$R'(s) = \Psi(s) \le \int_0^s \Psi(r) \, dr + G(s) = R(s) + G(s).$$

Se moltiplichiamo entrambi i membri per e^{-s}, si può scrivere la disuguaglianza risultante nella forma seguente

$$\frac{d}{ds}\left[R(s)e^{-s}\right] \le G(s)e^{-s}.$$

Integrando tra 0 e t si ottiene, essendo $R(0) = 0$,

$$R(t) \le e^t \int_0^t G(s) e^{-s} ds,$$

ovvero

$$\int_0^t \Psi(s) \, ds \le \int_0^t e^{t-s} G(s) \, ds.$$

---

[4] $L^\infty(0,T;V)$ consiste nelle funzioni $\mathbf{u}: [0,T] \to V$ tali che $\max_{t\in[0,T]} \|\mathbf{u}\|_V < \infty$.

Essendo G non decrescente, si può scrivere

$$\int_0^t \Psi(s)\, ds \le G(t) \int_0^t e^{t-r} dr = -G(t) \int_0^t \frac{d}{dr} e^{t-r} dr = G(t)(e^t - 1),$$

che inserita nella (9.7) dà la tesi.   □

Dimostrazione del Teorema 9.3. Poiché $\mathbf{u}_m(t) \in V_m$, si può scegliere $v = \mathbf{u}_m(t)$ come funzione test nel problema (9.6). Si trova

$$(\mathbf{u}'_m(t), \mathbf{u}_m(t)) + B[\mathbf{u}_m(t), \mathbf{u}_m(t)] = (\mathbf{f}(t), \mathbf{u}_m(t)), \qquad (9.9)$$

valida per q.o. $t \in [0, T]$. Osserviamo ora che

$$(\mathbf{u}'_m(t), \mathbf{u}_m(t)) = \frac{1}{2} \frac{d}{dt} \|\mathbf{u}_m(t)\|^2_{L^2(\Omega)}, \qquad \text{q.o. } t \in (0, T)$$

e che

$$B[\mathbf{u}_m(t), \mathbf{u}_m(t)] = \alpha \|\nabla \mathbf{u}_m(t)\|^2_{L^2(\Omega)} = \alpha \|\mathbf{u}_m(t)\|^2_V.$$

Inoltre, per la disuguaglianza di Schwarz,

$$|(\mathbf{f}(t), \mathbf{u}_m(t))| \le \|\mathbf{f}(t)\|_{L^2(\Omega)} \|\mathbf{u}_m(t)\|_{L^2(\Omega)}$$
$$\le \frac{1}{2} \|\mathbf{f}(t)\|^2_{L^2(\Omega)} + \frac{1}{2} \|\mathbf{u}_m(t)\|^2_{L^2(\Omega)},$$

cosicché la (9.9) implica che

$$\frac{d}{dt} \|\mathbf{u}_m(t)\|^2_{L^2(\Omega)} + 2\alpha \|\mathbf{u}_m(t)\|^2_V \le \|\mathbf{f}(t)\|^2_{L^2(\Omega)} + \|\mathbf{u}_m(t)\|^2_{L^2(\Omega)}.$$

Integriamo ora tra 0 e t; si ha, ricordando che $\mathbf{u}_m(0) = G_m$ ed osservando che

$$\|G_m\|^2_{L^2(\Omega)} \le \|g\|^2_{L^2(\Omega)},$$

per via dell'ortogonalità delle w_k in $L^2(\Omega)$, otteniamo:

$$\|\mathbf{u}_m(t)\|^2_{L^2(\Omega)} + 2\alpha \int_0^t \|\mathbf{u}_m(s)\|^2_V\, ds \le$$
$$\le \|G_m\|^2_{L^2(\Omega)} + \int_0^t \|\mathbf{f}(s)\|^2_{L^2(\Omega)}\, ds + \int_0^t \|\mathbf{u}_m(s)\|^2_{L^2(\Omega)}\, ds \le$$
$$\le \|g\|^2_{L^2(\Omega)} + \int_0^t \|\mathbf{f}(s)\|^2_{L^2(\Omega)}\, ds + \int_0^t \|\mathbf{u}_m(s)\|^2_{L^2(\Omega)}\, ds. \qquad (9.10)$$

In particolare, posto

$$\Psi(t) = \|\mathbf{u}_m(t)\|^2_{L^2(\Omega)}, \quad G(t) = \|g\|^2_{L^2(\Omega)} + \int_0^t \|\mathbf{f}\|^2_{L^2(\Omega)}\, ds,$$

si ha

$$\Psi(t) \le G(t) + \int_0^t \Psi(s)\,ds.$$

Usiamo ora la disuguaglianza di Gronwall: si trova, per ogni $t \in [0, T]$,

$$\Psi(t) \le e^t G(t)$$

ossia

$$\|\mathbf{u}_m(t)\|_{L^2(\Omega)}^2 \le e^t \left\{ \|g\|_{L^2(\Omega)}^2 + \int_0^t \|\mathbf{f}\|_{L^2(\Omega)}^2\,ds \right\}.$$

Sostituendo nel secondo membro della (9.10) si ottiene, infine,

$$\|\mathbf{u}_m(t)\|_{L^2(\Omega)}^2 + 2\alpha \int_0^t \|\mathbf{u}_m\|_V^2\,ds \le e^T \left\{ \|g\|_{L^2(\Omega)}^2 + \int_0^T \|\mathbf{f}\|_{L^2(\Omega)}^2\,ds \right\},$$

da cui la tesi.   □

Vediamo ora come si può controllare la norma di $\mathbf{u}'_m$ cioè quella in $L^2(0, T; V')$.

Teorema 9.5. *(Stima di $\mathbf{u}'_m$).* Sia $\mathbf{u}_m$ la soluzione del problema (9.6). Allora

$$\int_0^T \|\mathbf{u}'_m(t)\|_{V'}^2\,dt \le C_1 \left\{ \|g\|_{L^2(\Omega)}^2 + \int_0^T \|\mathbf{f}(t)\|_{L^2(\Omega)}^2\,dt \right\}, \qquad (9.11)$$

dove $C_1 = 2(\alpha\,e^T + 1)$.

Dimostrazione. Sia $v \in V$ e scriviamo

$$v = w + z,$$

con $w \in V_m = \text{span}\{w_1, w_2, ..., w_m\}$ e $z \in V_m^\perp$. Poiché le w_k sono ortogonali in V, si ha

$$\|w\|_V \le \|v\|_V.$$

Utilizzando w come funzione test nel problema (9.6), si ha

$$(\mathbf{u}'_m(t), v) = (\mathbf{u}'_m(t), w) = -B[\mathbf{u}_m(t), w] + (\mathbf{f}(t), w).$$

Essendo

$$|B[\mathbf{u}_m(t), w]| \le \alpha \|\mathbf{u}_m(t)\|_V \|w\|_V,$$

si ottiene

$$|(\mathbf{u}'_m(t), v)| \le \left\{ \alpha \|\mathbf{u}_m(t)\|_V + \|\mathbf{f}(t)\|_{L^2(\Omega)} \right\} \|w\|_V$$

$$\le \left\{ \alpha \|\mathbf{u}_m(t)\|_V + \|\mathbf{f}(t)\|_{L^2(\Omega)} \right\} \|v\|_V.$$

Per definizione di norma in V', si deduce

$$\|\mathbf{u}'_m(t)\|_{V'} \leq \alpha \|\mathbf{u}_m(t)\|_V + \|\mathbf{f}(t)\|_{L^2(\Omega)}.$$

Quadrando entrambi i membri e integrando tra 0 e T si ottiene[5]

$$\int_0^T \|\mathbf{u}'_m(t)\|_{V'}^2 \, dt \leq 2\alpha^2 \int_0^T \|\mathbf{u}_m(t)\|_V^2 \, dt + 2 \int_0^T \|\mathbf{f}(t)\|_{L^2(\Omega)}^2 \, dt$$

e dal Teorema 9.3 si ricava facilmente la (9.11).   □

9.2.5 Esistenza, unicità e stabilità

I Teoremi 9.3 e 9.5 indicano che la successione $\{\mathbf{u}_m\}$ di soluzioni del problema approssimante (9.6) è limitata in $L^\infty(0, T; V)$ e quindi, in particolare in $L^2(0, T; V)$, mentre la successione $\{\mathbf{u}'_m\}$ è limitata in $L^2(0, T; V')$. Questa limitatezza consente di dimostrare che la $\{\mathbf{u}_m\}$ converge in un opportuno senso alla soluzione debole del problema (9.2) che si dimostra essere unica. Enunciamo pertanto il seguente teorema di esistenza ed unicità per la soluzione del problema (9.2).

Teorema 9.6. *Se* $\mathbf{f} \in L^2(0, T; L^2(\Omega))$ *e* $g \in L^2(\Omega)$, $\mathbf{u}$ *è l'unica soluzione debole del problema (9.2). Inoltre*

$$\max_{t \in [0,T]} \|\mathbf{u}(t)\|_{L^2(\Omega)}^2 + 2\alpha \int_0^T \|\mathbf{u}\|_V^2 \, dt \leq 2e^T \left\{ \|g\|_{L^2(\Omega)}^2 + \int_0^T \|\mathbf{f}\|_{L^2(\Omega)}^2 \, dt \right\}. \quad (9.12)$$

Omettiamo la dimostrazione dell'esistenza, che è piuttosto lunga e difficile e che richiede nozioni di analisi funzionale che vanno al di là di questa trattazione. Dimostriamo invece l'unicità.

Unicità. Siano $\mathbf{u}_1$ e $\mathbf{u}_2$ soluzioni deboli dello stesso problema di Cauchy-Dirichlet. Allora, la funzione

$$\mathbf{w} = \mathbf{u}_1 - \mathbf{u}_2$$

è soluzione in $L^2(0, T; V)$ del problema

$$\langle \mathbf{w}'(t), v \rangle_* + \alpha (\nabla \mathbf{w}(t), \nabla v) = 0$$

per ogni $v \in V$ e per q.o. $t \in [0, T]$, con dato iniziale

$$\mathbf{w}(0) = 0.$$

Scegliamo $v = \mathbf{w}(t)$. Allora,

$$\langle \mathbf{w}'(t), \mathbf{w}(t) \rangle_* + \alpha (\nabla \mathbf{w}(t), \nabla \mathbf{w}(t)) = 0,$$

---

[5] $(a + b)^2 \leq 2a^2 + 2b^2$.

che può essere riscritta come

$$\frac{1}{2}\frac{d}{dt}\left\|\mathbf{w}\left(t\right)\right\|_{L^2(\Omega)}^2 = -\alpha\left\|\mathbf{w}\left(t\right)\right\|_V^2,$$

sfruttando la derivabilità q.o in $[0,T]$ della funzione

$$t \longrightarrow \left\|u(t)\right\|_{L^2(\Omega)}^2.$$

La funzione continua non negativa $\psi\left(t\right) = \left\|\mathbf{w}\left(t\right)\right\|_{L^2(\Omega)}^2$ è dunque decrescente. Essendo $\left\|\mathbf{w}\left(0\right)\right\|_{L^2(\Omega)}^2 = 0$ si deduce $\mathbf{w}\left(t\right) = 0$ per ogni t: la soluzione è unica. $\square$

Nota 9.3. Come sottoprodotto della dimostrazione abbiamo ottenuto che, se $\mathbf{f} = 0$, la soluzione debole $\mathbf{u}$ di (9.2) soddisfa la relazione

$$\frac{d}{dt}\left\|\mathbf{u}\left(t\right)\right\|_{L^2(\Omega)}^2 = -2\alpha\left\|\mathbf{u}\left(t\right)\right\|_V^2.$$

Il fatto che la funzione non negativa $\psi\left(t\right) = \left\|\mathbf{u}\left(t\right)\right\|_{L^2(\Omega)}^2$ sia decrescente mostra la *natura dissipativa dell'equazione del calore*.

9.3 Problemi di Neumann, misto, di Robin

Il metodo di Faedo-Galerkin funziona anche con le altre condizioni al bordo, con poche varianti, ed i risultati sono dello stesso tipo. Cominciamo ad esaminare l'equazione in forma debole:

$$\left\langle \mathbf{u}'\left(t\right), v\right\rangle_* + B\left[\mathbf{u}\left(t\right), v\right] = \left(\mathbf{f}\left(t\right), v\right), \tag{9.13}$$

che deve essere valida per ogni $v \in V$ e q.o. in $[0,T]$. Nel caso del problema di Cauchy-Dirichlet, si ha

$$B\left[w, v\right] = \alpha\left(\nabla w, \nabla v\right),$$

che è un multiplo del prodotto scalare in $V = H_0^1\left(\Omega\right)$. B è ovviamente continua, ma soprattutto coerciva in V. Queste sono le proprietà alla base del funzionamento del metodo di Faedo-Galerkin, come accade, del resto, già nel caso ellittico.

In realtà, per le equazioni paraboliche, è sufficiente che B sia **debolmente coerciva** e cioè che esistano $\alpha > 0$, $\lambda \geq 0$ tali che

$$B\left[v, v\right] + \lambda\left\|v\right\|_{L^2(\Omega)}^2 \geq \alpha\left\|v\right\|_V^2. \tag{9.14}$$

Infatti, se vale (9.14), poniamo

$$\mathbf{w}\left(t\right) = e^{-\lambda t}\mathbf{u}\left(t\right).$$

Allora,

$$\mathbf{w}'\left(t\right) = e^{-\lambda t}\mathbf{u}'\left(t\right) - \lambda e^{-\lambda t}\mathbf{u}\left(t\right) = e^{-\lambda t}\mathbf{u}'\left(t\right) - \lambda\mathbf{w}\left(t\right)$$

e, se $\mathbf{u}$ è soluzione di (9.13), $\mathbf{w}$ è soluzione di

$$\langle \mathbf{w}'(t), v \rangle_* + B[\mathbf{w}(t), v] + \lambda(\mathbf{w}, v) = \left(e^{-\lambda t} \mathbf{f}(t), v\right),$$

che è un'equazione dello stesso tipo, con una forma bilineare

$$\widetilde{B}[w, v] = B[w, v] + \lambda(w, v)$$

coerciva. In altri termini, se la forma bilineare pur non essendo coerciva è debolmente coerciva, un semplice cambio di variabili permette di ricondursi ad un'equazione equivalente associata ad una forma coerciva.

Questo si rivela utile nel trattamento dei problemi di Neumann e di Robin; ci limitiamo al caso omogeneo.

Problema di Cauchy-Neuman (omogeneo):

$$\begin{cases} u_t - \alpha \Delta u = f & \text{in } Q_T \\ u(\mathbf{x}, 0) = g(\mathbf{x}) & \mathbf{x} \in \Omega \\ \partial_\nu u(\boldsymbol{\sigma}, t) = 0 & (\boldsymbol{\sigma}, t) \in S_T. \end{cases}$$

Nella formulazione debole, si prende $V = H^1(\Omega)$ e la forma bilineare

$$B[u, v] = \alpha(\nabla u, \nabla v)$$

è debolmente coerciva: qualunque $\lambda > 0$ va bene. Scegliendo $\lambda = \alpha$, risulta

$$\widetilde{B}[u, v] = \alpha\{(\nabla u, \nabla v) + (u, v)\},$$

che è un multiplo del prodotto scalare in $V = H^1(\Omega)$. Col cambio di variabile

$$\mathbf{w}(t) = e^{-\alpha t} \mathbf{u}(t)$$

si riconduce il problema di Cauchy-Neumann al seguente.

Determinare $\mathbf{w} \in L^2(0, T; V)$ tale che $\mathbf{w}' \in L^2(0, T; V')$ e

1. per ogni $v \in V$ e per q.o. $t \in [0, T]$,

$$\langle \mathbf{w}'(t), v \rangle_* + \widetilde{B}[\mathbf{w}(t), v] = \left(e^{-\alpha t} \mathbf{f}(t), v\right)$$

2. $\mathbf{w}(0) = g$.

Con dimostrazione pressoché identica, e con le stesse ipotesi sui dati, le conclusioni nel Teorema 9.6 valgono per $\mathbf{w}$. Ritornando ad $\mathbf{u}$, si deducono esistenza ed unicità per il problema di Cauchy-Neumann e la stima di stabilità

$$\max_{t \in [0,T]} \|\mathbf{u}(t)\|_{L^2(\Omega)}^2 + \int_0^T \|\mathbf{u}\|_V^2 \, dt \le C \left\{ \|g\|_{L^2(\Omega)}^2 + \int_0^T \|\mathbf{f}\|_{L^2(\Omega)}^2 \, dt \right\}$$

dove C dipende da α e T.

Problema di Cauchy-Robin (omogeneo)

Consideriamo il problema

$$\begin{cases} u_t - \alpha \Delta u = f & \text{in } Q_T \\ u\left(\mathbf{x},0\right) = g\left(\mathbf{x}\right) & \text{su } \Omega \\ \partial_\nu u\left(\boldsymbol{\sigma},t\right) + h\left(\boldsymbol{\sigma},t\right) u\left(\boldsymbol{\sigma},t\right) = 0 & \text{su } S_T. \end{cases}$$

Nella formulazione debole, si prende $V = H^1\left(\Omega\right)$; ricordando i calcoli nel caso ellittico, associamo la forma bilineare

$$B\left[u,v\right] = \alpha\left(\nabla u, \nabla v\right) + \int_{\partial\Omega} hvu \; d\sigma,$$

che è debolmente coerciva con qualunque $\lambda > 0$ se[6], per esempio, $h \geq 0$ su $\partial\Omega$. Scegliendo $\lambda = \alpha$, poniamo

$$\widetilde{B}\left[u,v\right] = \alpha\left\{\left(\nabla u, \nabla v\right) + \left(u,v\right)\right\} + \int_{\partial\Omega} huv \; d\sigma.$$

Il cambio di variabile

$$\mathbf{w}\left(t\right) = e^{-\alpha t}\mathbf{u}\left(t\right)$$

riconduce il problema di Robin al seguente.

Determinare $\mathbf{w} \in L^2\left(0,T;V\right)$ tale che $\mathbf{w}' \in L^2\left(0,T;V'\right)$ e

1. per ogni $v \in V$ e per q.o. $t \in [0,T]$,

$$\left\langle \mathbf{w}'\left(t\right), v \right\rangle_* + \widetilde{B}\left[\mathbf{w}\left(t\right), v\right] = \left(e^{-\alpha t}\mathbf{f}\left(t\right), v\right)$$

2. $\mathbf{w}\left(0\right) = g$.

Le conclusioni per esistenza, unicità e stabilità sono le stesse raggiunte per il problema di Cauchy-Neumann con le stesse ipotesi sui dati f e g e con $h \geq 0$ su $\partial\Omega$.

Problema misto (omogeneo)

$$\begin{cases} u_t - \alpha \Delta u = f & \text{in } Q_T \\ u\left(\mathbf{x},0\right) = g\left(\mathbf{x}\right) & \text{su } \Omega \\ \partial_\nu u\left(\boldsymbol{\sigma},t\right) = 0 & \text{su } \Gamma_N \times [0,T] \\ u\left(\boldsymbol{\sigma},t\right) = 0 & \text{su } \Gamma_D \times [0,T], \end{cases}$$

dove Γ_D è un sottoinsieme aperto e non vuoto di $\partial\Omega$ e $\Gamma_N = \partial\Omega \backslash \Gamma_D$. Nella formulazione debole, si prende $V = H^1_{0,\Gamma_D}\left(\Omega\right)$; la forma bilineare è

$$B\left[u,v\right] = \alpha\left(\nabla u, \nabla v\right),$$

che è coerciva in $H^1_{0,\Gamma_D}\left(\Omega\right)$. Le conclusioni sono le stesse raggiunte per il problema di Cauchy-Dirichlet con le stesse ipotesi sui dati.

---

[6] Basta in realtà che h sia *limitata* su $\partial\Omega$.

9.4 Formulazione debole per equazioni generali

Ci occupiamo ora di operatori del tipo

$$\mathcal{L}u = -\operatorname{div}\mathbf{A}\nabla u + \mathbf{b}\cdot\nabla u + cu.$$

La matrice $\mathbf{A} = (a_{i,j}(\mathbf{x},t))$, in generale diversa da un multiplo della matrice identità, codifica le proprietà di anisotropia del mezzo rispetto alla diffusione. Per esempio, sappiamo che una matrice del tipo

$$\begin{pmatrix} \alpha & 0 & 0 \\ 0 & \varepsilon & 0 \\ 0 & 0 & \varepsilon \end{pmatrix}$$

con $\alpha \gg \varepsilon > 0$, indica elevata propensione del mezzo a diffondere in direzione dell'asse x_1 rispetto alle altre direzioni. Come già nel caso stazionario (ellittico) è importante per controllare la stabilità degli algoritmi numerici saper confrontare gli effetti dei termini di trasporto e reazione e di quello di diffusione. Facciamo le seguenti ipotesi:

1. i coefficienti a_{ij}, b_j, c sono limitati (appartengono a $L^\infty(Q_T)$)

$$|a_{ij}| \le K, \ |b_j| \le \beta, \ |c| \le \gamma, \qquad \text{q.o in } Q_T;$$

2. $\mathcal{L}$ è *uniformemente ellittico*:

$$\sum_{i,j=1}^{n} a_{ij}(\mathbf{x},t)\xi_i\xi_j \ge \alpha\,|\boldsymbol{\xi}|^2 \quad \forall\boldsymbol{\xi} \in \mathbb{R}^n, \ \text{q.o. } (\mathbf{x},t) \in Q_T.$$

Guidati dalle considerazioni svolte nella sezione precedente, procediamo verso la formulazione debole dei soliti problemi iniziali-al contorno:

$$\begin{cases} u_t + \mathcal{L}u = f(\mathbf{x},t) & \text{in } Q_T \\ u(\mathbf{x},0) = g(\mathbf{x}) & \mathbf{x} \in \Omega \\ + \ condizioni \ al \ contorno. \end{cases} \qquad (9.15)$$

Indichiamo con V lo spazio di Hilbert appropriato per la condizione al bordo, che per semplicità sarà sempre omogenea. Avremo $V = H_0^1(\Omega)$ per la condizione di Dirichlet, $V = H^1(\Omega)$ per i problemi di Neumann e di Robin, $V = H_{0,\Gamma_D}^1(\Omega)$ nel caso del problema misto.

Definiamo

$$B\,[u,v;t] = \int_0^T \{\mathbf{A}\nabla u \cdot \nabla v + (\mathbf{b}\cdot\nabla u)\,v + cuv\}\,d\mathbf{x}$$

e, nel caso del problema di Robin,

$$\overline{B}\,[u,v;t] = B\,[u,v;t] + \int_{\partial\Omega} huv\,d\sigma.$$

La notazione sottolinea che B e $\overline{B}$ sono, in generale, dipendenti anche dal tempo. Sotto le ipotesi *1* e *2* e quelle già fornite sui dati nella sezione precedente (in particolare $h \in L^\infty(\partial\Omega)$ nel caso Robin) non è difficile dimostrare che[7]

$$|B[u,v;t]|, |\overline{B}[u,v;t]| \leq C_B \|u\|_V \|v\|_V$$

e quindi che B e $\overline{B}$ sono *continue in V*. La costante C_B dipende sostanzialmente da K, β, γ e cioè dalla grandezza dei coefficienti a_{ij}, b_j, c.

Facciamo vedere che B è *debolmente coerciva in V*. Si ha[8], per ogni $\varepsilon > 0$:

$$\int_\Omega (\mathbf{b}\cdot\nabla u)\, u\, d\mathbf{x} \geq -n\beta \|\nabla u\|_{L^2(\Omega)} \|u\|_{L^2(\Omega)}$$

$$\geq -\frac{n\beta}{2}\left[\varepsilon \|\nabla u\|^2_{L^2(\Omega)} + \frac{1}{\varepsilon}\|u\|^2_{L^2(\Omega)}\right]$$

e

$$\int_\Omega cu^2 d\mathbf{x} \geq -\gamma \|u\|^2_{L^2(\Omega)},$$

per cui

$$B[u,u;t] \geq \left[\alpha - \frac{n\beta\varepsilon}{2}\right]\|\nabla u\|^2_{L^2(\Omega)} - \left[\frac{n\beta}{2\varepsilon} + \gamma\right]\|u\|^2_{L^2(\Omega)}.$$

Se $\beta > 0$, scegliamo

$$\varepsilon = \frac{\alpha}{n\beta} \quad \text{e} \quad \lambda = 2\left[\frac{n\beta}{2\varepsilon} + \gamma\right] = 2\left[\frac{n^2\beta^2}{2\alpha} + \gamma\right].$$

Si ha allora che

$$B[u,u;t] + \lambda \|u\|^2_{L^2(\Omega)} \geq \frac{\alpha}{2}\|\nabla u\|^2_{L^2(\Omega)} + \frac{\lambda}{2}\|u\|^2_{L^2(\Omega)} \geq \min\left\{\frac{\alpha}{2}, \frac{\lambda}{2}\right\}\|u\|^2_V$$

e quindi B è debolmente coerciva. Nel caso di condizioni di Robin, si ottiene un'identica conclusione per $\overline{B}$ se, per esempio, $h \geq 0$ q.o. su $\partial\Omega$.

Osserviamo che la costante λ è molto grande se i termini di trasporto e/o reazione prevalgono decisamente su quello di diffusione. Eseguendo il cambio di variabile

$$\mathbf{w}(t) = e^{-\lambda t}\mathbf{u}(t),$$

ci si riconduce alla forma bilineare coerciva

$$\widetilde{B}[w,v;t] = B[w,v;t] + \lambda(w,v).$$

---

[7] Si può procedere come nel caso ellittico.

[8] Ricordiamo la disuguaglianza elementare (di Young)

$$2ab \leq \varepsilon a^2 + \frac{1}{\varepsilon}b^2,$$

valida $\forall a, b \in \mathbb{R}, \forall \varepsilon > 0$.

Ogni stima di stabilità per $\mathbf{w}$ si trasferisce in una corrispondente stima per $\mathbf{u}$, con il fattore moltiplicativo $e^{\lambda t}$.

Precisiamo ora un ambiente funzionale appropriato per la soluzione debole di (9.15). Come prima è naturale richiedere che $\mathbf{u}(t) \in V$, almeno q.o. in $[0,T]$. Poiché poi $B[\mathbf{u},\cdot;t]$ e $\mathbf{f}$ sono funzionali lineari e continui su V, quindi elementi del duale di V, appare ancora naturale la richiesta che $\mathbf{u}'(t) \in V'$ q.o. in $[0,T]$. Le considerazioni precedenti portano alla seguente definizione, nel caso di problemi di Dirichlet, Neumann e misto.

Definizione 9.2. *Dati* $\mathbf{f} \in L^2(0,T;L^2(\Omega))$, $g \in L^2(\Omega)$ *e* $h \in L^\infty(\partial\Omega)$ *si dice che* $\mathbf{u} \in L^2(0,T;V)$ *è soluzione debole del problema* (9.15) *se* $\mathbf{u}' \in L^2(0,T;V')$ *e:*

1. per ogni $v \in V$ *e q.o. in* $[0,T]$,

$$\langle \mathbf{u}(t)', v \rangle_* + B[\mathbf{u}(t),v;t] = (\mathbf{f}(t),v); \tag{9.16}$$

2. $\mathbf{u}(0) = g$.

Nel caso della condizione di Robin la forma bilineare che appare nella (9.16) va sostituita con $\overline{B}$.

Come prima, la (9.16) si può scrivere nella forma equivalente

$$\frac{d}{dt}(\mathbf{u}(t),v) + B[\mathbf{u}(t),v;t] = (\mathbf{f}(t),v),$$

da intendersi *per ogni* $v \in V$ *e nel senso delle distribuzioni in* $[0,T]$. Osserviamo infine che, in base al Microteorema 9.1 si deduce ancora che

$$u \in C([0,T];L^2(\Omega))$$

e che la condizione iniziale *2* è da intendersi nel senso $\mathbf{u}(t) \to g$ in $L^2(\Omega)$, per $t \to 0^+$.

9.4.1 Il metodo di Faedo-Galerkin.

Come nel caso dell'equazione del calore, si può utilizzare il metodo di Faedo-Galerkin per mostrare che il problema (9.15) possiede esattamente una soluzione debole e questa dipende con continuità dai dati, nelle norme appropriate.

I primi due passi del metodo non presentano variazioni sostanziali rispetto al caso dell'equazione del calore, pur di sostituire a B l'espressione analitica appropriata. Per esempio, il problema approssimato (9.6) diventa

$$\begin{cases} \mathbf{C}_m'(t) = -\mathbf{M}^{-1}\mathbf{B}(t)\mathbf{C}_m(t) + \mathbf{M}^{-1}\mathbf{F}(t), & \text{q.o } t \in [0,T], \\ \mathbf{C}_m(0) = \mathbf{g}_m \end{cases} \tag{9.17}$$

dove la matrice $\mathbf{B}$ ha elementi dipendenti dal tempo ed assegnati dalla formula

$$B_{sk} = B[w_k,w_s,t] \quad \text{oppure} \quad B_{sk} = \widetilde{B}[w_k,w_s,t],$$

se B è debolmente coerciva. In particolare, è possibile costruire, per ogni $m \geq 1$, una soluzione $\mathbf{u}_m$ del problema (9.17). Le stime *dell'energia* che occorrono per $\mathbf{u}_m$, sufficienti per passare al limite nell'equazione

$$\langle \mathbf{u}'_m, v \rangle_* + B[\mathbf{u}_m, v; t] = (\mathbf{f}, v),$$

sono perfettamente analoghe a quelle indicate nei Teoremi 9.3 e 9.5:

Stime su $\mathbf{u}_m$ e $\mathbf{u}'_m$. Sia $\mathbf{u}_m$ la soluzione del problema (9.17). Allora

$$\max_{t \in [0,T]} \|\mathbf{u}_m(t)\|^2_{L^2(\Omega)} + 2\alpha \int_0^T \|\mathbf{u}_m\|^2_V \, dt \leq C \left\{ \int_0^T \|\mathbf{f}\|^2_{L^2(\Omega)} \, dt + \|g\|^2_{L^2(\Omega)} \right\}$$
$$\tag{9.18}$$

$$\int_0^T \|\mathbf{u}'_m\|^2_{V'} \, dt \leq C \left\{ \int_0^T \|\mathbf{f}\|^2_{L^2(\Omega)} \, dt + \|g\|^2_{L^2(\Omega)} \right\}, \tag{9.19}$$

dove α è la costante di coercività (o di coercività debole) e C dipende da Ω, α, K, β, γ e T.

Passando al limite per $m \to \infty$ si può dimostrare che la soluzione del problema approssimante converge alla soluzione debole del problema (9.15). Vale quindi il seguente risultato:

Teorema 9.7. *Se* $\mathbf{f} \in L^2(0, T; L^2(\Omega))$ *e* $g \in L^2(\Omega)$ *e la forma bilineare associata all'operatore* $\mathcal{L}$ *è continua e debolmente coerciva in* V, $\mathbf{u}$ *è l'unica soluzione debole del problema (9.15). Inoltre*

$$\max_{t \in [0,T]} \|\mathbf{u}(t)\|^2_{L^2(\Omega)} + 2\alpha \int_0^T \|\mathbf{u}\|^2_V \, dt \leq C \left\{ \int_0^T \|\mathbf{f}\|^2_{L^2(\Omega)} \, dt + \|g\|^2_{L^2(\Omega)} \right\}$$

(α *è la costante di coercività e la costante* C *dipende da* Ω, α, K, β, γ *e* T*).*

9.5 Esercizi ed applicazioni

9.5.1 Esercizi

E. 9.1. La concentrazione $c(x, y, z, t)$ di potassio in una cellula Ω di forma sferica, raggio R, e bordo Γ soddisfa il seguente problema

$$\begin{cases} c_t - \operatorname{div}(\mu \nabla c) - \sigma c = 0 & \text{in } \Omega \times (0, T) \\ \mu \nabla c \cdot \mathbf{n} + \chi c = \chi c_{est} & \text{su } \Gamma \times (0, T) \\ c(x, y, z, 0) = c_0(x, y, z) & \text{su } \Omega, \end{cases} \tag{9.20}$$

dove c_{est} è una concentrazione esterna assegnata e costante, σ e χ sono costanti positive e μ è una funzione strettamente positiva. Se ne scriva la formulazione debole e se ne analizzi la buona posizione, fornendo opportune ipotesi sui coefficienti e sui dati.

E. 9.2. Si consideri il seguente problema parabolico

$$\begin{cases} \dfrac{\partial u}{\partial t} - \Delta u + xy\dfrac{\partial u}{\partial x} + x^2y^2\dfrac{\partial u}{\partial y} = f & \text{in } \Omega \times (0,T) \\[2mm] u = 0 & \text{su } \Gamma_D \times (0,T) \\[2mm] \dfrac{\partial u}{\partial n} = 0 & \text{su } \Gamma_N \times (0,T) \\[2mm] u(\mathbf{x},0) = u_0(\mathbf{x}) & \text{su } \Omega, \end{cases}$$

dove $\Omega = B_1$ in $\mathbb{R}^2$ di bordo $\partial\Omega = \Gamma_D \cup \Gamma_N$ con $\Gamma_D \cap \Gamma_N = \emptyset$. Se ne scriva la formulazione variazionale. Si dimostri che la soluzione debole esiste ed è unica in opportuni spazi funzionali introducendo condizioni sufficienti sui dati.

E. 9.3. Denotiamo con

$$\Omega = \left\{ \mathbf{x} \in \mathbb{R}^2 : x_1^2 + 4x_2^2 < 4 \right\},$$
$$\Gamma_D = \partial\Omega \cap \{x_1 \geq 0\}, \qquad \Gamma_N = \partial\Omega \cap \{x_1 < 0\}.$$

È dato il problema

$$\begin{cases} u_t - \operatorname{div}[A_\alpha \nabla u] + \mathbf{b} \cdot \nabla u - \alpha u = x_2 & \text{in } \Omega \times (0,T) \\ u(\mathbf{x},t) = 0 & \text{su } \Gamma_D \times (0,T) \\ -A_\alpha \nabla u \cdot \mathbf{n} = \cos x_1 & \text{su } \Gamma_N \times (0,T) \\ u(\mathbf{x},0) = \mathcal{H}(x_1) & \text{su } \Omega, \end{cases} \qquad (9.21)$$

dove

$$A_\alpha = \begin{bmatrix} 1 & 0 \\ 0 & \alpha\, e^{x_1^2 + x_2^2} \end{bmatrix}, \quad \mathbf{b} = \begin{bmatrix} \sin(x_1 + x_2) \\ x_1^2 + x_2^2 \end{bmatrix}$$

ed $\mathcal{H}$ è la funzione di Heavyside. Per quali valori di $\alpha \in \mathbb{R}$ il problema è parabolico? Dare una opportuna formulazione debole, verificando che il problema ammette soluzione unica negli opportuni spazi funzionali e calcolare esplicitamente i valori delle costanti che determinano continuità e coercività.

9.5.2 Soluzioni

S. 9.1. Il modello di scambio di sostanze attraverso le pareti di una cellula viene discusso anche dal punto di vista numerico nell'ultima sezione del capitolo.

Si tratta di un problema di Robin. Siccome μ è una funzione strettamente positiva, possiamo scrivere

$$\mu(x) \geq \mu_0 > 0 \quad \text{q.o. } (\mathbf{x},t) \in Q_T = \Omega \times [0,T]$$

e questo assicura l'uniforme ellitticità del termine in forma di divergenza.

Sia $V = H^1(\Omega)$, e $v \in V$, con la norma usuale. Ricordiamo che per la traccia di una funzione di $H^1(\Omega)$ vale una disuguaglianza del tipo

$$\|v\|_{L^2(\Gamma)} \leq C_T \|v\|_V.$$

Poniamo $\mathbf{c}(t) = c(\cdot, t)$ ed interpretiamo $c(\mathbf{x}, t)$ come funzione della variabile t a valori in V e scriviamo $\mathbf{c}'$ al posto di $\mathbf{c}_t$. Procediamo formalmente moltiplicando la prima equazione del sistema (9.20) per v; integrando su Ω, si trova

$$\langle \mathbf{c}', v \rangle_* + \int_\Omega \mu \nabla \mathbf{c} \cdot \nabla v \, d\mathbf{x} - \int_\Gamma \mu \nabla \mathbf{c} \cdot \mathbf{n} \, v \, d\sigma - \int_\Omega \sigma \mathbf{c} v \, d\mathbf{x} = 0,$$

ovvero

$$\langle \mathbf{c}', v \rangle_* + \int_\Omega \mu \nabla \mathbf{c} \cdot \nabla v \, d\mathbf{x} + \int_\Gamma \chi \mathbf{c} v \, d\sigma - \int_\Omega \sigma \mathbf{c} v \, d\mathbf{x} = \int_\Gamma \chi c_{est} v \, d\sigma.$$

Introduciamo la forma bilineare $\overline{B}$ ed il funzionale F:

$$\overline{B}(w, v; t) = \int_\Omega \mu \nabla w \cdot \nabla v \, d\mathbf{x} + \int_\Gamma \chi w v \, d\sigma - \int_\Omega \sigma w v \, d\mathbf{x}$$

$$F v = \int_\Gamma \chi c_{est} v \, d\sigma.$$

Il problema può essere dunque descritto in forma debole come segue.
  Determinare $\mathbf{c} \in L^2(0, T; V)$ *tale che* $\mathbf{c}' \in L^2(0, T; V')$ *e*

1. *per ogni* $v \in V$ *e per q.o.* $t \in [0, T]$

$$\langle \mathbf{c}'(t), v \rangle_* + \overline{B}(\mathbf{c}(t), v; t) = F v \,;$$

2. $\mathbf{c}(0) = c_0$ *in* Ω.

Per utilizzare la teoria di Faedo Galerkin e mostrare la buona posizione del problema, occorre controllare se $\overline{B}$ è continua e debolmente coerciva e se F è continuo.

Usando la disuguaglianza di traccia insieme alla disuguaglianza di Schwarz, si prova che il funzionale F è continuo:

$$|F v| \leq \chi c_{est} |\Gamma|^{1/2} \|v\|_{L^2(\Gamma)}$$
$$\leq 2R\sqrt{\pi} \chi c_{est} C_T \|v\|_V.$$

Analogamente, nell'ipotesi che $\mu \in L^\infty(\Omega)$, la forma bilineare $\overline{B}$ risulta continua in V, infatti abbiamo che:

$$|\overline{B}(c, v; t)| \leq \|\mu\|_{L^\infty} \|\nabla c\|_{L^2} \|\nabla v\|_{L^2} + \sigma \|c\|_{L^2} \|v\|_{L^2} + \chi C_T^2 \|c\|_V \|v\|_V$$
$$\leq \left(\|\mu\|_{L^\infty} + \sigma + \chi C_T^2 \right) \|c\|_V \|v\|_V.$$

La debole coercività di $\overline{B}$ può essere provata nel modo seguente:

$$\overline{B}(v, v; t) + \lambda \|v\|_{L^2} = \int_\Omega \mu |\nabla v|^2 d\mathbf{x} + \int_\Gamma v^2 \, d\sigma + \int_\Omega (\lambda - \sigma) v^2 d\mathbf{x}$$
$$\geq \min(\mu_0, \lambda - \sigma) \|v\|_V^2.$$

Basta scegliere la costante λ in modo che, ad esempio, $\lambda - \sigma = \mu_0/2$. La costante di *debole* coercività è allora $\mu_0/2$.

S. 9.2. Si tratta di un problema misto con condizioni omogenee sia per il dato di Dirichlet sia per il problema di Neumann. Possiamo allora sfruttare la disuguaglianza di Poincaré e considerare

$$V = H^1_{0,\Gamma_D}(\Omega) \text{ con } \|v\|_V = \|\nabla v\|_{L^2}.$$

Studiamo separatamente il termine di trasporto $\boldsymbol{\beta} \cdot \nabla u$ dove

$$\boldsymbol{\beta} = \begin{pmatrix} xy \\ x^2 y^2 \end{pmatrix}$$

e poiché siamo nel cerchio di raggio 1 abbiamo che $|xy| \leq 1$ e $x^2 y^2 \leq 1$. Dopo aver moltiplicando il termine di trasporto per v ed integrato su Ω, utilizzando la disuguaglianza di Schwarz deduciamo che:

$$\begin{aligned} |\int_\Omega \boldsymbol{\beta} \cdot \nabla u \, v \, d\mathbf{x}| &\leq \int_\Omega (|u_x| + |u_y|)|v| \, d\mathbf{x} \\ &\leq \|u_x\|_{L^2}\|v\|_{L^2} + \|u_y\|_{L^2}\|v\|_{L^2} \\ &\leq 2\|\nabla u\|_{L^2}\|v\|_{L^2} \\ &\leq 2C_P \|u\|_V \|v\|_V. \end{aligned} \tag{9.22}$$

D'altra parte, sfruttando la disuguaglianza elementare (di Young)

$$|ab| \leq \varepsilon a^2 + \frac{1}{4\varepsilon} b^2, \tag{9.23}$$

abbiamo anche che

$$\begin{aligned} |\int_\Omega \boldsymbol{\beta} \cdot \nabla u \, v \, d\mathbf{x}| &\leq \int_\Omega (|u_x| + |u_y|)|v| \, d\mathbf{x} \\ &\leq \varepsilon(\|u_x\|^2_{L^2} + \|u_y\|^2_{L^2}) + \frac{1}{2\varepsilon}\|v\|_{L^2}. \end{aligned} \tag{9.24}$$

Poniamo $\mathbf{u}(t) = u(\cdot, t)$ ed interpretiamo $u(\mathbf{x}, t)$ come funzione della variabile t a valori in V e, di nuovo, scriviamo $\mathbf{u}'$ al posto di $\mathbf{u}_t$. Se moltiplichiamo l'equazione per $v \in V$ ed integriamo, dopo aver applicato la formula di Green, siamo ricondotti a studiare il problema debole

$$\langle \mathbf{u}', v \rangle_* + a(\mathbf{u}, v) = Fv \qquad \forall v \in V,$$

dove abbiamo introdotto la forma bilineare a ed il funzionale F:

$$a(u, v) = \int_\Omega \nabla u \cdot \nabla v \, d\mathbf{x} + \int_\Omega \boldsymbol{\beta} \cdot \nabla u v \, d\mathbf{x}$$

$$Fv = \int_\Omega fv \, d\mathbf{x}.$$

La continuità di F è immediata; la continuità di a discende direttamente dalla (9.22), con costante di continuità $M = 1 + 2C_P$. Per valutare la debole coercività di a usiamo la (9.24):

$$a(u,u) + \lambda \int_\Omega u^2 \, d\mathbf{x} \geq (1-\varepsilon)\|u\|_V + \left(\lambda - \frac{1}{2\varepsilon}\right)\|u\|_{L^2}^2,$$

dove dunque basta scegliere $\varepsilon = 1/2$ e, di conseguenza, $\lambda > 1$ in modo che tutti i coefficienti siano positivi. È allora possibile usare la teoria di Faedo Galerkin per provare la buona posizione del problema:

Determinare $\mathbf{u} \in L^2(0,T;V)$ *tale che* $\mathbf{u}' \in L^2(0,T;V')$ *e per ogni* $v \in V$ *e per q.o.* $t \in [0,T]$

$$\langle \mathbf{u}'(t), v \rangle_* + a(\mathbf{u}(t), v) = Fv$$

e $\mathbf{u}(0) = u_0$ *in* Ω.

S. 9.3. Verifichiamo innanzitutto che A_α, con $\alpha > 0$, soddisfa la condizione di uniforme ellitticità. Infatti,

$$A_\alpha(x_1, x_2)\boldsymbol{\xi} \cdot \boldsymbol{\xi} \geq \xi_1^2 + \alpha\xi_2^2 \geq \min(1,\alpha)(\xi_1^2 + \xi_2^2), \qquad (9.25)$$

per ogni $\boldsymbol{\xi} \in \mathbb{R}^2$. Il problema è quindi parabolico per ogni $\alpha > 0$.

Si tratta di un problema misto con condizioni omogenee di Dirichlet sul bordo Γ_D che ci permettono di utilizzare la disuguaglianza di Poincaré; dunque, consideriamo

$$V = H^1_{0,\Gamma_D}(\Omega), \quad \text{con } \|v\|_V^2 = \|\nabla v\|_{L^2(\Omega)}^2.$$

Usando la notazione $\mathbf{u}(t) = u(\cdot, t)$, interpretiamo $u(\mathbf{x}, t)$ come funzione della variabile t a valori in V e scriviamo $\mathbf{u}'$ al posto di $\mathbf{u}_t$. Procediamo formalmente moltiplicando la prima equazione del problema (9.21) per $v \in V$; integrando abbiamo:

$$\langle \mathbf{u}', v \rangle_* + \int_\Omega A_\alpha \nabla \mathbf{u} \cdot \nabla v \, d\mathbf{x} - \int_{\Gamma_N} A_\alpha \nabla \mathbf{u} \cdot \mathbf{n} \, v \, d\sigma + \int_\Omega \mathbf{b} \cdot \nabla \mathbf{u} \, v \, d\mathbf{x} - \alpha \int_\Omega u \, v \, d\mathbf{x}$$

$$= \int_\Omega x_2 v \, d\mathbf{x}.$$

Tenendo conto della terza delle (9.21), si trova

$$\langle \mathbf{u}', v \rangle_* + \int_\Omega A_\alpha \nabla \mathbf{u} \cdot \nabla v \, d\mathbf{x} + \int_\Omega \mathbf{b} \cdot \nabla \mathbf{u} \, v \, d\mathbf{x} - \alpha \int_\Omega u \, v \, d\mathbf{x} = \int_\Omega x_2 v \, d\mathbf{x} - \int_{\Gamma_N} \cos x_1 \, v \, d\sigma.$$

A questo punto, introduciamo la forma bilineare B ed il funzionale F:

$$B(u,v) = \int_\Omega A_\alpha \nabla u \cdot \nabla v \, d\mathbf{x} + \int_\Omega \mathbf{b} \cdot \nabla u \, v \, d\mathbf{x} - \alpha \int_\Omega u \, v \, d\mathbf{x}$$

$$Fv = \int_\Omega x_2 v \, d\mathbf{x} - \int_{\Gamma_N} \cos x_1 \, v \, d\sigma,$$

così facendo, è possibile usare la teoria di Faedo Galerkin per provare la buona posizione del problema (9.21) riformulato come: *determinare* $\mathbf{u} \in L^2(0, T; V)$ *tale che* $\mathbf{u}' \in L^2(0, T; V')$ *e per ogni* $v \in V$ *e per q.o.* $t \in [0, T]$

$$\langle \mathbf{u}'(t), v \rangle_* + B(\mathbf{u}(t), v) = Fv$$

e $\mathbf{u}(0) = u_0$ *in* Ω. Occorre dunque provare la continuità di B ed F oltre alla debole coercività di B.

Ricordando che per le funzioni di V vale una disuguaglianza di traccia del tipo

$$\|v\|_{\Gamma_N} \leq C_T \|v\|_V$$

possiamo provare la continuità di F sfruttando la disuguaglianza di Schwarz per trovare

$$|Fv| \leq \left(\int_\Omega x_2^2 dx \right)^{1/2} \|v\|_{L^2(\Omega)} + \left(\int_{\Gamma_N} \cos^2 x_1 d\sigma \right)^{1/2} \|v\|_{\Gamma_N}$$

$$\leq \left(|\Omega| C_P^{1/2} + |\Gamma_N|^{1/2} C_T \right) \|v\|_V = (\sqrt{\pi} C_P + \sqrt{3} C_T) \|v\|_V,$$

dove $|\Omega|$ e $|\Gamma_N|$ indicano la misura di Ω e di Γ_N.

Tenendo conto che nel dominio Ω si ha $x_1^2 + x_2^2 \leq 4$, con la disuguaglianza di Schwarz possiamo provare la continuità della forma bilinare B:

$$|B(u, v)| \leq \int |u_{x_1} v_{x_1} + \alpha e^{x_1^2 + x_2^2} u_{x_2} v_{x_2}| d\mathbf{x} + \alpha \int_\Omega |uv| \, d\mathbf{x}$$

$$+ \int_\Omega |\sin(x_1 + x_2) u_{x_1} + (x_1^2 + x_2^2) u_{x_2}||v| d\mathbf{x}$$

$$\leq \max\{1, \alpha e^4\} \int_\Omega |\nabla u \cdot \nabla v| d\mathbf{x} + \alpha \|u\|_{L^2(\Omega)} \|v\|_{L^2(\Omega)} + 5 \|\nabla u\|_{L^2(\Omega)} \|v\|_{L^2(\Omega)}$$

$$\leq \left(\max\{1, \alpha e^4\} + \alpha C_P^2 + 5 C_P \right) \|u\|_V \|v\|_V.$$

Per provare la debole coercività della forma bilineare B, premettiamo che la disuguaglianza di Young (9.23) permette stimare il termine di trasporto nel modo seguente

$$\left| \int_\Omega \boldsymbol{\beta} \cdot \nabla u \, v \, dx \right| \leq \int_\Omega (|\sin(x_1^2 + x_2^2)||u_{x_1}||v| + (x_1^2 + x_2^2)|u_y||v|) d\mathbf{x}$$

$$\leq \int_\Omega (|u_{x_1}||v| + 4|u_y||v|) d\mathbf{x}$$

$$\leq \varepsilon \|u_{x_1}\|_{L^2(\Omega)}^2 + \frac{1}{4\varepsilon} \|v\|_{L^2(\Omega)}^2 + \varepsilon \|u_{x_2}\|_{L^2(\Omega)}^2 + \frac{4}{\varepsilon} \|v\|_{L^2(\Omega)}^2$$

$$\leq \varepsilon \|u\|_V^2 + \frac{17}{4\varepsilon} \|v\|_{L^2(\Omega)}^2. \tag{9.26}$$

Grazie alla uniforme ellitticità del termine con A_α provata in (9.25) ed alla (9.26), abbiamo allora che

$$B(u, u) + \lambda \|u\|_{L^2(\Omega} \geq (\min(1, \alpha) - \epsilon) \|u\|_V^2 + \left(\lambda - \frac{17}{4\varepsilon} - \alpha \right) \|u\|_{L^2(\Omega)}^2.$$

Scegliendo prima ε e conseguentemente λ in modo che entrambi i coefficienti dell'ultima disuguaglianza siano positivi, otteniamo la debole coercività della forma bilineare B.

9.6 Metodi numerici e simulazioni

9.6.1 Il metodo Faedo-Galerkin/elementi finiti per l'approssimazione dell'equazione del calore

Consideriamo la formulazione debole del problema di Cauchy-Dirichlet per l'equazione del calore nel caso multidimensionale. Precisamente, vogliamo trovare $\mathbf{u} \in L^2(0,T; H_0^1(\Omega)) \cap C^0([0,T]; L^2(\Omega))$ tale che,

$$\begin{cases} (\mathbf{u}'(t), v) + B\,[\mathbf{u}(t), v] = (\mathbf{f}(t), v), & \forall v \in H_0^1(\Omega) \\ \mathbf{u}(0) = u_0, \end{cases} \tag{9.27}$$

dove $\mathbf{f}(t) \in L^2(Q_T)$, $u_0 \in L^2(\Omega)$ e $B\,[u,v]$ è una forma bilineare continua e coerciva. Ricordiamo che i neretti minuscoli indicano le applicazioni da $(0,T)$ ad un opportuno spazio di funzioni V. Per l'approssimazione del problema (9.27) possiamo applicare l'idea di base del metodo di Faedo-Galerkin. Data una famiglia di spazi discreti $V_k \subset H_0^1(\Omega)$, per ogni istante t fissato vogliamo approssimare $\mathbf{u}(t)$ attraverso un'opportuna funzione $\mathbf{u}_k(t) \in V_k$. Osserviamo tuttavia che il sistema di basi ortonormali dello spazio $H_0^1(\Omega)$, utilizzato per la dimostrazione dell'esistenza di una soluzione debole di (9.27), non è una scelta perseguibile per un metodo di discretizzazione numerica. Infatti, lo sforzo computazionale per determinare tali basi eccederebbe quello necessario per approssimare la soluzione. Una scelta più efficace dal punto di vista pratico, è quella di utilizzare lo spazio degli elementi finiti, $V_k = X_{k,0}^r$. Vogliamo quindi trovare $\mathbf{u}_k \in C^0([0,T]; X_{k,0}^r)$ tale che

$$\begin{cases} (\mathbf{u}_k'(t), v_k) + B\,[\mathbf{u}_k(t), v_k] = (\mathbf{f}(t), v_k), & \forall v_k \in X_{k,0}^r \\ \mathbf{u}_k(t = 0) = u_{k,0}, \end{cases} \tag{9.28}$$

dove $u_{k,0}$ è un'opportuna approssimazione di $u_0 \in L^2(\Omega)$ nello spazio degli elementi finiti. Tale problema è detto **semi-discreto** perché è stata portata a termine solo la discretizzazione rispetto alla variabile spaziale. Come già visto per il caso stazionario, è possibile reinterpretare il problema (9.28) dal punto di vista matriciale. In particolare, data una base Lagrangiana di $X_{k,0}^r$, detta $\{\psi_i\}_{i=1}^{N_k^r}$ dove ricordiamo che $N_k^r = \dim(X_k^r)$, vogliamo determinare i coefficienti che caratterizzano la soluzione $\mathbf{u}_k(t)$ rispetto a questa base ovvero,

$$\mathbf{u}_k(t) = \sum_{j=1}^{N_k^r} c_j(t) \psi_j.$$

Osserviamo che a differenza del caso stazionario, i coefficienti c_j sono delle funzioni continue del tempo. Dette $c_j'(t)$ le loro derivate, il problema (9.28) è equivalente al seguente

$$\begin{cases} \sum_{j=1}^k c_j'(t)(\psi_j, \psi_i) + \sum_{j=1}^{N_k^r} c_j(t)B\left[\psi_j, \psi_i\right] = (\mathbf{f}(t), \psi_i), & i = 1, \ldots, N_k^r \\ c_j(0) = c_{j,0}, \end{cases}$$

dove $c_{j,0}$ sono i coefficienti che caratterizzano la funzione $u_{k,0}$. Date le seguenti matrici e vettori,

$$\mathbf{M}_{kr,ij} = (\psi_j, \psi_i), \quad \mathbf{A}_{kr,ij} = B\left[\psi_j, \psi_i\right], \quad \mathbf{F}_{kr,i}(t) = (\mathbf{f}(t), \psi_i),$$

il problema (9.28) corrisponde quindi a risolvere il seguente sistema si equazioni differenziali ordinarie lineari nelle incognite $\mathbf{c}(t) = \{c_j(t)\}_{j=1}^{N_k^r}$,

$$\mathbf{M}_{kr}\mathbf{c}'(t) + \mathbf{A}_{kr}\mathbf{c}(t) = \mathbf{F}_{kr}(t), \quad \mathbf{c}(t = 0) = \mathbf{c}_0.$$

Se il problema in esame è un problema a coefficienti costanti, le matrici $\mathbf{M}_{kr} \in \mathbb{R}^{N_k^r \times N_k^r}$ e $\mathbf{A}_{kr} \in \mathbb{R}^{N_k^r \times N_k^r}$, dette rispettivamente matrici di **massa** e di **rigidezza**, sono indipendenti dal tempo.

Procediamo ora con la discretizzazione temporale. Alla luce dell'interpretazione del problema semi-discreto come sistema di equazioni differenziali ordinarie, si intuisce che conviene utilizzare classici schemi di tipo differenze finite. A tal fine, esistono numerose famiglie di metodi, che si possono ad esempio classificare distinguendo tra gli schemi ad un passo e gli schemi multipasso. Ci concentriamo solamente sui primi, ed in particolare consideriamo il cosiddetto θ-**metodo**.

Consideriamo una successione di istanti temporali t^n, ad esempio $t^n = n \cdot \tau$ dove $\tau > 0$ è il passo di discretizzazione, scelto per semplicità costante. Fissato $\mathbf{c}_0$, vogliamo approssimare l'evoluzione di $\mathbf{c}(t)$ attraverso una successione di vettori $\mathbf{c}_n$ tali che

$$\frac{1}{\tau}\mathbf{M}_{kr}\left(\mathbf{c}_n - \mathbf{c}_{n-1}\right) + \theta\mathbf{A}_{kr}\mathbf{c}_n + (1-\theta)\mathbf{A}_{kr}\mathbf{c}_{n-1} = \theta\mathbf{F}_{kr}(t^n) + (1-\theta)\mathbf{F}_{kr}(t^{n-1}), \quad (9.29)$$

dove $\theta \in [0, 1]$ è un parametro che deve essere opportunamente fissato. Per ogni $\theta \in (0, 1]$, osserviamo inoltre che attraverso il cambiamento di variabile $\mathbf{c}_n^\theta = \theta\mathbf{c}_n + (1 - \theta)\mathbf{c}_{n-1}$, l'equazione (9.29) si può semplicemente riscrivere come segue,

$$\mathbf{C}_{kr}^\tau\mathbf{c}_n^\theta = \frac{1}{\theta\tau}\mathbf{M}_{kr}\mathbf{c}_{n-1} + \theta\mathbf{F}_{kr}(t^n) + (1 - \theta)\mathbf{F}_{kr}(t^{n-1}), \quad \text{dove } \mathbf{C}_{kr}^\tau = \frac{1}{\theta\tau}\mathbf{M}_{kr} + \mathbf{A}_{kr}.$$

Naturalmente, la scelta di θ influenza le proprietà dello schema. Osserviamo innanzitutto che per $\theta = 0$ ritroviamo lo schema di Eulero in avanti, già descritto nel Capitolo 3. Il valore $\theta = 1$ corrisponde invece al metodo di Eulero all'indietro. Tradizionalmente, il metodo caratterizzato da $\theta = 0$ viene detto esplicito. Tuttavia, osserviamo che in questo caso non è possibile determinare esplicitamente i valori di $\mathbf{c}_n$, poiché la matrice $\mathbf{M}_{kr}$ non è diagonale. Dato che il numero di condizionamento della matrice $\mathbf{M}_{kr}$ è generalmente inferiore a quello di $\mathbf{A}_{kr}$, il costo computazionale del metodo di Eulero in avanti è comunque inferiore a quello dei metodi impliciti, caratterizzati da $\theta > 0$. Osserviamo però che questo vantaggio computazionale è solo apparente, poiché deve essere valutato a fronte delle proprietà di stabilità. Ricordiamo dal Capitolo 3 che il metodo (9.29) si dice (assolutamente) stabile se, posto $\mathbf{F}_{kr}(t) = 0$, per ogni stato iniziale $\mathbf{c}_0$ è verificata la seguente proprietà,

$$\lim_{n\to\infty} \|\mathbf{c}_n\|_\infty = 0. \tag{9.30}$$

Sappiamo che tale proprietà è strettamente legata allo spettro della matrice $\mathbf{C}_{kr}^\tau$. Tuttavia, per il metodo degli elementi finiti questa analisi è più delicata che nel caso delle differenze finite. Ci limitiamo quindi ad enunciare la seguente proprietà, che verrà in seguito verificata attraverso opportuni esperimenti numerici.

Teorema 9.8. *Il metodo* (9.29) *con* $\theta \in [\frac{1}{2}, 1)$ *è incondizionatamente assolutamente stabile, ovvero soddisfa la proprietà* (9.30) *per ogni valore di* h, τ.
Nel caso $\theta \in [0, \frac{1}{2})$ *il* θ-*metodo è stabile sotto la condizione* $\tau \leq \frac{C_r h^2}{(1-2\theta)}$, *dove* C_r *è un'opportuna costante positiva che dipende da* r, *ma non da* k *oppure* h.

Il precedente risultato non ci permette di determinare esattamente il valore limite di τ che assicura la stabilità del metodo. Per una precisa caratterizzazione della costante C_r rimandiamo a Quarteroni, 2008, Capitolo 6.

Osserviamo infine che il Teorema 9.8 mette in luce uno speciale valore di θ, ovvero $\theta = \frac{1}{2}$. Questa scelta del parametro è particolarmente interessante perché fa sì che il metodo (9.29) sia del secondo ordine, oltre che incondizionatamente stabile. Per questo particolare caso, il θ-metodo prende il nome di **schema di Crank-Nicolson**.

9.6.2 Esempio: verifica delle proprietà di stabilità

Consideriamo il problema di Cauchy-Dirichlet (9.27) sul dominio $\Omega = (-1, 1) \times (-1, 1)$ con $B[u, v] = (\nabla u, \nabla v)$ e $u_0 = \exp(-10(x^2 + y^2))$, discretizzato tramite lo schema (9.29) con elementi finiti lineari, $r = 1$. Analizziamo le proprietà di stabilità dello schema descritte nel Teorema 9.8. In particolare, fissati $h = 0.05$ e $\tau = 0.01$ confrontiamo la soluzione numerica ottenuta utilizzando diversi valori del parametro θ, precisamente $\theta = 0, \frac{1}{4}, \frac{1}{2}, 1$. Osservando che i valori scelti per h e τ non soddisfano la condizione $\tau \leq \frac{C_r h^2}{(1-2\theta)}$, per $\theta = 0, \frac{1}{4}$ ci aspettiamo che lo schema risulti instabile.

I risultati riportati in Figura 9.2 sono in accordo le proprietà di stabilità dello schema. Osserviamo inoltre che per il valore $\theta = 0$ le oscillazioni della soluzione numerica sono notevolmente più marcate che nel caso $\theta = \frac{1}{4}$. Ciò conferma che le proprietà di stabilità del θ-metodo migliorano al crescere di θ. La Figura 9.3 conferma inoltre che superata la soglia $\theta = \frac{1}{2}$, lo schema risulta essere stabile senza nessuna condizione su h e τ. Ricordiamo, tuttavia, che valori sufficientemente piccoli di questi parametri sono necessari per ottenere una ragionevole accuratezza.

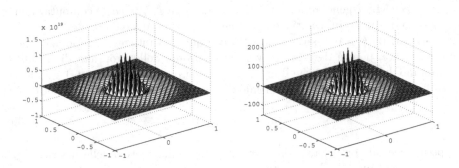

Figura 9.2. Soluzione numerica del problema di Cauchy-Dirichlet calcolata all'istante $t = 0.1$ tramite il θ-metodo con $\theta = 0$ (sinistra) e $\theta = \frac{1}{4}$ (destra). Si noti che le due figure non condividono la stessa scala

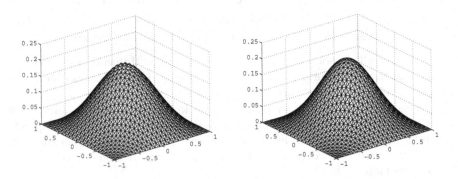

Figura 9.3. Soluzione numerica del problema di Cauchy-Dirichlet calcolata all'istante $t = 0.1$ tramite il θ-metodo con $\theta = \frac{1}{2}$ (sinistra) e $\theta = 1$ (destra)

9.6.3 Esempio: un modello per lo scambio di sostanze chimiche attraverso le pareti di una cellula

Consideriamo il modello analizzato nell'Esercizio 9.1, che descrive lo scambio di sostanze chimiche, ad esempio potassio, attraverso le pareti di una cellula. Per semplificare la trattazione, consideriamo un dominio bidimensionale, approssimando la cellula con il cerchio unitario. L'equazione $c_t - \text{div}(\mu \nabla c) - \sigma c = 0$ descrive il comportamento della concentrazione di potassio all'interno della cellula, sotto l'azione della diffusione con coefficiente $\mu > 0$ e di un termine di reazione che produce massa proporzionalmente alla concentrazione con tasso $\sigma \geq 0$.

Lo scambio di massa con l'ambiente esterno avviene attraverso le pareti della cellula. Il comportamento della membrana cellulare è in prima approssimazione descritto dalla relazione $-\mu \nabla c \cdot \mathbf{n} = \chi(c - c_{ext})$ che esprime la proporzionalità tra il flusso scambiato e il salto di concentrazione attraverso la membrana, dove c_{ext}

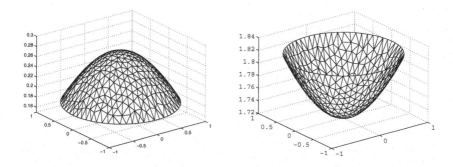

Figura 9.4. Soluzione numerica del modello analizzato nell'Eserzicio 9.1, calcolata all'istante $t = 1$ per $1 = c_0 > c_{ext} = 0$ (sinistra) e per $1 = c_0 < c_{ext} = 2$ (destra)

rappresenta la concentrazione dell'ambiente esterno mentre χ è la permeabilità della membrana stessa.

In questo esempio, ci concentriamo in particolare sul modello di membrana, e poniamo per semplicità $\mu = 1$ e $\sigma = 0$. A seconda della differenza tra la concentrazione interna alla membrana, descritta inizialmente dallo stato iniziale c_0, e la concentrazione esterna c_{ext}, la cellula può assorbire oppure perdere massa. In particolare, se $c_0 > c_{ext}$ il flusso attraverso le pareti della cellula è inizialmente uscente, quindi la concentrazione c all'interno della cellula si consuma progressivamente.

Ciò è confermato dalla Figura 9.4 (sinistra), che mostra la concentrazione all'istante $t = 1$ partendo dallo stato $c_0 = 1$, mentre $c_{ext} = 0$. Si nota inoltre che la concentrazione interna alla cellula non raggiunge il valore c_{ext}, ma si mantiene sempre leggermente superiore anche in prossimità del bordo. Il comportamento opposto si verifica quando $c_0 < c_{ext}$. Infatti, come mostrato in Figura 9.4 (destra) partendo da $c_0 = 1$ con $c_{ext} = 2$ la concentrazione nella cellula cresce a partire dal bordo, fino ad avvicinarsi al valore c_{ext}, senza però mai raggiungerlo esattamente.

Parte III

Appendici

Appendice A

Serie di Fourier

Consideriamo una funzione u, $2T-$periodica su $\mathbb{R}$, ed assumiamo che u possa essere sviluppata in serie trigonometrica, come segue:

$$u\left(x\right) = U + \sum_{k=1}^{\infty} \left\{ a_k \cos k\omega x + b_k \sin k\omega x \right\}, \tag{A.1}$$

dove $\omega = \pi/T$.

Per determinare come u sia legata ai coefficienti U, a_k e b_k utilizziamo le seguenti *relazioni di ortogonalità*, di verifica elementare:

$$\int_{-T}^{T} \cos k\omega x \, \cos m\omega x \, dx = \int_{-T}^{T} \sin k\omega x \, \sin m\omega x \, dx = 0 \quad \text{per } k \neq m$$

$$\int_{-T}^{T} \cos k\omega x \, \sin m\omega x \, dx = 0 \quad \text{per ogni } k, m \geq 0.$$

Inoltre, risulta

$$\int_{-T}^{T} \cos^2 k\omega x \, dx = \int_{-T}^{T} \sin^2 k\omega x \, dx = T. \tag{A.2}$$

Supponiamo quindi che la serie (A.1) converga *uniformemente* in $\mathbb{R}$. Moltiplicando (A.1) per $\cos n\omega x$ e integrando su $(-T, T)$, dalle relazioni di ortogonalità e la (A.2) ricaviamo, per $n \geq 1$,

$$\int_{-T}^{T} u\left(x\right) \cos n\omega x \, dx = T a_n,$$

ovvero

$$a_n = \frac{1}{T} \int_{-T}^{T} u\left(x\right) \cos n\omega x \, dx. \tag{A.3}$$

Per $n = 0$, invece, si ha

$$\int_{-T}^{T} u\left(x\right) \, dx = 2UT,$$

Salsa S, Vegni FMG, Zaretti A, Zunino P: Invito alle equazioni alle derivate parziali.
© Springer-Verlag Italia 2009, Milano

da cui, se introduciamo $U = a_0/2$, si ottiene

$$a_0 = \frac{1}{T} \int_{-T}^{T} u\,(x)\ dx, \tag{A.4}$$

coerentemente con (A.3) per $n = 0$.

Analogamente, troviamo che

$$b_n = \frac{1}{T} \int_{-T}^{T} u\,(x) \sin n\omega x\ dx. \tag{A.5}$$

Dunque, quando u ha uno sviluppo uniformemente convergente (A.1), i coefficienti a_n, b_n (con $a_0 = 2U$) soddisfano le formule (A.3) e (A.5). Diciamo, in questo caso che la serie trigonometrica

$$\frac{a_0}{2} + \sum_{k=1}^{\infty} \{a_k \cos k\omega x + b_k \sin k\omega x\} \tag{A.6}$$

è la **serie di Fourier** di u e i coefficienti (A.3) e (A.5) sono i *coefficienti di Fourier* di u.

• *Funzioni pari e dispari.* Quando u è una funzione *dispari*, i.e. $u\,(-x) = -u\,(x)$, ricaviamo che $a_k = 0$ per ogni $k \geq 0$, mentre

$$b_k = \frac{2}{T} \int_{0}^{T} u\,(x) \sin k\omega x\ dx.$$

Dunque, nel caso in cui u sia dispari, la sua serie di Fourier è una serie di soli seni:

$$u\,(x) = \sum_{k=1}^{\infty} b_k \sin k\omega x.$$

Analogamente, nel caso di una funzione u con simmetria *pari*, i.e. $u\,(-x) = u\,(x)$, abbiamo che $b_k = 0$ per ogni $k \geq 1$, e

$$a_k = \frac{2}{T} \int_{0}^{T} u\,(x) \cos k\omega x\ dx.$$

Quindi, se u è pari, la sua serie di Fourier è una serie in soli coseni:

$$u\,(x) = \frac{a_0}{2} + \sum_{k=1}^{\infty} a_k \cos k\omega x.$$

• *Forma complessa della serie di Fourier.* L'uso delle identità di Eulero

$$e^{\pm ik\omega x} = \cos k\omega x \pm i \sin k\omega x$$

permette di dare alla serie di Fourier (A.6) la forma complessa

$$\sum_{k=-\infty}^{\infty} c_k e^{ik\omega x},$$

dove i coefficienti c_k dello sviluppo complesso di Fourier sono dati da

$$c_k = \frac{1}{2T} \int_{-T}^{T} u(x) e^{-ik\omega x} dx.$$

Le relazioni che legano i coefficienti di Fourier nella forma reale e complessa sono:

$$c_0 = \frac{1}{2} a_0, \quad e \quad c_k = \frac{1}{2} (a_k - b_k), \quad c_{-k} = \bar{c}_k \quad \text{per } k > 0.$$

Sviluppo in serie di Fourier

Nel paragrafo precedente, siamo partiti considerando una funzione u che ammette uno sviluppo in serie di Fourier uniformemente convergente. Adesso adottiamo un punto di vista diverso e considerando una qualsiasi funzione u, $2T-$periodica, della quale calcoliamo i coefficienti di Fourier secondo le formule (A.3) e (A.5). Quindi, possiamo *associare* a u la sua serie di Fourier e scrivere

$$u \sim \frac{a_0}{2} + \sum_{k=1}^{\infty} \{a_k \cos k\omega x + b_k \sin k\omega x\}.$$

Occorre mettere a fuoco soprattutto due questioni cruciali:

1. Quali condizioni su u assicurano "la convergenza" della sua serie di Fourier? Naturalmente, dovremo precisare il tipo di convergenza cui facciamo riferimento (tipicamente, puntuale, uniforme o in media quadratica integrale).

2. Nei casi in cui ci sia una convergenza in qualche senso della serie di Fourier, la somma coinciderà sempre con la funzione u?

Una risposta esaustiva a queste domande non può essere data in modo elementare; in particolare, la convergenza di una serie di Fourier concerne problematiche delicate. Per questo, citeremo solo qualche risultato di base e rimandiamo, per le dimostrazioni e per una descrizione più dettagliata a *Rudin*, 1964 e 1974, *Royden*, 1988 o *Zygmund, Wheeden*, 1977.

• *Convergenza in media quadratica integrale o* L^2. Si tratta forse del tipo di convergenza più naturale per le serie di Fourier. Sia

$$S_N(x) = \frac{a_0}{2} + \sum_{k=1}^{N} \{a_k \cos k\omega x + b_k \sin k\omega x\}$$

la $N-$ennesima somma parziale della serie di Fourier associata ad u. Abbiamo il seguente

Teorema A.1. *Sia u una funzione a quadrato integrabile[1] su $(-T, T)$. Allora*

$$\lim_{N \to +\infty} \int_{-T}^{T} [S_N(x) - u(x)]^2 \, dx = 0.$$

Inoltre, vale la seguente uguaglianza di Parseval:

$$\frac{1}{T} \int_{-T}^{T} u^2 = \frac{a_0^2}{2} + \sum_{k=1}^{\infty} \left(a_k^2 + b_k^2 \right). \tag{A.7}$$

Poiché la serie numerica a secondo membro della (A.7) è convergente, deduciamo come importante conseguenza che:

Microteorema A.2. *(Teorema di Riemann-Lebesgue).*

$$\lim_{k \to +\infty} a_k = \lim_{k \to +\infty} b_k = 0.$$

• *Convergenza puntuale.* Diciamo che u soddisfa le *condizioni di Dirichlet* in $[-T, T]$ se è continua in $[-T, T]$ tranne, al più, in un numero finito di punti di discontinuità di salto e se, inoltre, l'intervallo $[-T, T]$ può essere suddiviso in un numero finito di sottointervalli, in ciascuno dei quali u è monotona.

Vale il seguente teorema.

Teorema A.3. *Se u soddisfa le condizioni di Dirichlet in $[-T, T]$, allora la serie di Fourier di u converge in ogni punto di $[-T, T]$. Inoltre[2]:*

$$\frac{a_0}{2} + \sum_{k=1}^{\infty} \{ a_k \cos k\omega x + b_k \sin k\omega x \} = \begin{cases} \dfrac{u(x^+) + u(x^-)}{2} & x \in (-T, T) \\[2mm] \dfrac{u(T^-) + u(-T^+)}{2} & x = \pm T \end{cases}$$

In particolare, nelle stesse ipotesi del Teorema A.3, in ogni punto x di continuità per la funzione u la serie di Fourier converge a $u(x)$.

• *Convergenza uniforme.* Il test di Weierstrass fornisce un semplice criterio per l'uniforme convergenza. Poiché $|a_k \cos k\omega x + b_k \sin k\omega x| \le |a_k| + |b_k|$ deduciamo che: *se le serie numeriche*

$$\sum_{k=1}^{\infty} |a_k| \quad e \quad \sum_{k=1}^{\infty} |b_k|$$

sono convergenti, allora la serie di Fourier di u è uniformemente convergente in $\mathbb{R}$, ed ha somma u.

D'altro canto, possiamo riformulare il Teorema A.3 come segue.

---

[1] Intendiamo che $\int_{-T}^{T} u^2 < \infty$.
[2] Denotiamo $f(x^\pm) = \lim_{y \to x^\pm} f(y)$.

Teorema A.4. *Assumiamo che u soddisfi le condizioni di Dirichlet in* $[-T, T]$. *Allora:*

a) *se u è continua in* $[a, b] \subset (-T, T)$, *allora la sua serie di Fourier converge uniformemente in* $[a, b]$ *ad u;*

b) *se u è continua in* $[-T, T]$ *e* $u(-T) = u(T)$, *allora la sua serie di Fourier converge uniformemente in* $[-T, T]$ *(e quindi in* $\mathbb{R}$*) ad u.*

Appendice B

Richiami su equazioni differenziali ordinarie

B.1 Equazioni differenziali autonome del prim'ordine

Consideriamo l'equazione autonoma

$$\dot{x} = f(x), \tag{B.1}$$

dove $f : I \subseteq \mathbb{R} \to \mathbb{R}$ e I è un intervallo finito o infinito. Mettiamoci nelle ipotesi del teorema di esistenza ed unicità per il problema di Cauchy, assumendo che $f \in C^1(I)$. Osserviamo subito che se $\varphi = \varphi(t)$ è soluzione della (B.1) allora anche una sua traslata temporale, ossia ogni funzione del tipo

$$\psi(t) = \varphi(t - \tau) \qquad \tau \in \mathbb{R},$$

è soluzione della (B.1). Infatti, si ha

$$\dot{\psi}(t) = \dot{\varphi}(t - \tau) = f(\varphi(t - \tau)) = f(\psi(t)).$$

Una conseguenza immediata è che, nel problema di Cauchy, possiamo ritenere una volta per tutte $t_0 = 0$ come istante iniziale. Useremo la locuzione *la soluzione che parte da x_0* per la soluzione con condizione iniziale $x(0) = x_0$ e la indicheremo col simbolo $\varphi(t; x_0)$.

Esempio B.1. Nel modello logistico

$$f(x) = rx\left(1 - \frac{x}{M}\right), \tag{B.2}$$

le soluzioni di equilibrio sono $x(t) \equiv M$ e $x(t) \equiv 0$. Ogni soluzione che parte da un valore $M_0 > 0$ per $t \to +\infty$ tende al valore M. La soluzione $x(t) \equiv M$ "attrae" altre soluzioni, ma non tutte. Anche $x(t) = 0$ è soluzione di equilibrio, ma ogni altra soluzione se ne allontana.

Descriviamo una situazione di questo tipo dicendo che $x(t) = M$ è soluzione di *equilibrio localmente asintoticamente stabile*, mentre la soluzione $x(t) = 0$ si dice *instabile*.

Salsa S, Vegni FMG, Zaretti A, Zunino P: Invito alle equazioni alle derivate parziali.
© Springer-Verlag Italia 2009, Milano

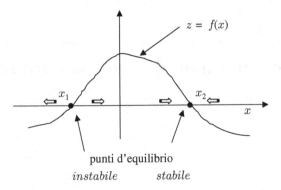

Figura B.1. Punti di equilibrio per l'equazione differenziale autonoma $\dot{x} = f(x)$

Lo studio degli equilibri è relativamente facile, quando si ha a disposizione una formula esplicita per la soluzione, cosa che è raramente possibile. Per equazioni autonome, tale studio può essere efficacemente condotto con l'uso del *diagramma di fase*. Nel caso monodimensionale in esame, consideriamo il grafico di f, come per esempio in Figura B.1. Sull'asse x, detto *asse di fase*, depositiamo i valori assunti dalla variabile di stato, cioè dalle soluzioni dell'equazione $\dot{x} = f(x)$. Come si vede, la variabile t non appare esplicitamente. Le soluzioni di equilibrio si trovano risolvendo l'equazione algebrica $f(x) = 0$, che corrispondono ai *punti di intersezione* del grafico di f con l'asse di fase. Per questa ragione, invece di *soluzioni* di equilibrio, possiamo parlare di **punti di equilibrio**. In figura vi sono due punti di equilibrio, x_1 e x_2.

L'andamento qualitativo delle altre soluzioni è ora facile da stabilire e dipende dal segno di f. Sia $\varphi = \varphi(t; x_0)$ la soluzione che parte dal punto x_0. Se $x_0 < x_1$, essendo $f(x_0) < 0$, dalla (B.1) si ha

$$\varphi'(t; x_0) = f(x_0) < 0,$$

per cui $\varphi = \varphi(t; x_0)$ parte con pendenza *negativa* e continua a decrescere lungo l'asse di fase, allontanandosi da x_1.

Se $x_1 < x_0 < x_2$, si ha $f(x_0) > 0$ e dalla (B.1)

$$\varphi'(t; x_0) = f(x_0) > 0,$$

per cui $\varphi = \varphi(t; x_0)$ parte con pendenza *positiva* e continua a crescere lungo l'asse di fase, avvicinandosi ad x_2. Si noti che φ **non** può arrivare in un tempo finito T a x_2, altrimenti avremmo due soluzioni ($\psi(t) \equiv x_2$ e $\varphi(t) = \varphi(t; x_0)$) che soddisfano la stessa condizione iniziale $x(T) = x_2$.

Infine, se $x_0 > x_2$, essendo $f(x_0) < 0$, dalla (B.1) si ha

$$\varphi'(t; x_0) = f(x_0) < 0,$$

per cui $\varphi = \varphi(t; x_0)$ parte con pendenza *negativa* decresce lungo l'asse di fase, avvicinandosi a x_2.

Definizione B.1. *Data l'equazione differenziale del primo ordine autonoma* $\dot{x} = f(x)$ *si chiama* **punto di equilibrio** *un punto* $x^* \in I$ *tale che* $f(x^*) = 0$.

Al punto di equilibrio corrisponde la soluzione costante $x(t) \equiv x^*$. Se si parte da x^* si rimane sempre in x^*.

Definizione B.2. *(secondo Liapunov). Il punto di equilibrio x^* si dice*

a) **stabile** *(o* **neutralmente stabile***): per ogni $\varepsilon > 0$ esiste $\delta = \delta_\varepsilon$ tale che se $|x_0 - x^*| < \delta$, la soluzione $\varphi(t; x_0)$ esiste per ogni $t \geq 0$ e $|\varphi(t; x_0) - x^*| < \varepsilon$ per ogni $t \geq 0$. Intuitivamente: "una soluzione che parte abbastanza vicino a x^* si mantiene sempre abbastanza vicino";*

b) **asintoticamente stabile** *se è stabile e, inoltre, $\varphi(t; x_0) \to x^*$ per $t \to +\infty$. Intuitivamente: "una soluzione che parte abbastanza vicino a x^* non solo ci si mantiene sempre abbastanza vicino ma converge a x^*";*

c) **instabile** *se non è stabile (se cioè non vale la condizione (a)). Intuitivamente: "Esistono soluzioni che partono vicino quanto si vuole a x^* ma che non si mantengono sempre vicino a x^*".*

Sottolineiamo che *instabile* non significa che *tutte* le soluzioni che partono in un intorno di x^* si allontanano dal punto di equilibrio. In questo caso si parla di punto *repulsore*. Dal diagramma di fase in Figura B.1, possiamo affermare che x_1 è instabile e x_2 è asintoticamente stabile.

Esempio B.2. Esaminiamo i punti d'equilibrio dell'equazione logistica (B.2) $x_1^* = 0$ e $x_2^* = M$. Dal diagramma di fase (Figura B.2) deduciamo subito che $x_1^* = 0$ è instabile mentre $x_2^* = M$ è asintoticamente stabile.

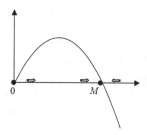

Figura B.2. Diagramma di fase per l'equazione logistica continua

Definizione B.3. *Il punto di equilibrio x^* si dice* **attrattore** *(***locale***) se esiste un intorno U di x^* tale che, se $x^* \in U$, si ha $\varphi(t; x_0) \to x^*$ per $t \to +\infty$.*

In altri termini, il punto x^* attrae tutte le soluzioni che partono da U. Il più grande insieme B con questa proprietà si chiama **bacino d'attrazione** di x^*. Si noti che se x^* è asintoticamente stabile è anche attrattore, ma un punto attrattore potrebbe essere perfino instabile. Si mostra facilmente che x^* è *asintoticamente stabile se e solo se è stabile ed è attrattore.*

Dal diagramma di fase per la logistica, deduciamo facilmente che il punto $x_2^* = M$ ha come bacino di attrazione l'intervallo $(0, +\infty)$.

Se B coincide con il dominio di f parliamo di *attrattore globale*.

Quando non fosse agevole disegnare il diagramma di fase, si può ricorrere ad una semplice condizione sufficiente di stabilità asintotica o di instabilità, che si può chiamare *criterio di stabilità per linearizzazione*. Infatti, l'idea è di sostituire nel diagramma di fase al grafico di f la sua retta tangente nel punto di equilibrio e di usare il risultato del caso lineare. Precisamente, abbiamo:

Teorema B.1. *Se $f \in C^1(I)$, $f(x^*) = 0$ e $f'(x^*) \neq 0$, allora:*

a) se $f'(x^*) < 0$, x^* è punto di equilibrio (localmente) asintoticamente stabile;
b) se $f'(x^*) > 0$, x^* è punto di equilibrio instabile.

Nel criterio, il grafico di f taglia "trasversalmente" l'asse delle ascisse nel punto x^*, essendo $f'(x^*) \neq 0$; se lo taglia decrescendo il punto di intersezione è asintoticamente stabile, se lo taglia crescendo è instabile.

B.2 Sistemi bidimensionali autonomi

Consideriamo un sistema del tipo

$$\begin{cases} \dot{x} = f(x, y) \\ \dot{y} = g(x, y), \end{cases} \tag{B.3}$$

con f e g di classe C^1 in un aperto $D \subseteq \mathbb{R}^2$. Con tali ipotesi è garantita l'esistenza e l'unicità della soluzione di ogni problema di Cauchy con dati iniziali

$$x(0) = x_0, \ y(0) = y_0, \qquad (x_0, y_0) \in D.$$

Una soluzione del sistema (B.3) è una funzione $t \mapsto \mathbf{r}(t) = (x(t), y(t))$ il cui grafico è il sottoinsieme di $\mathbb{R}^3$ dato dai punti $(t, x(t), y(t))$ e rappresenta geometricamente una curva nello spazio. Il fatto che il sistema (B.3) sia autonomo consente di analizzare le soluzioni attraverso le loro immagini nello spazio del vettore di stato (x, y), che chiameremo *piano delle fasi* o *piano degli stati*. Precisamente, consideriamo le proiezioni delle curve soluzioni nel piano x, y; ciò equivale a considerare t come parametro e $(x(t), y(t))$ come equazioni parametriche di una curva nel piano, che chiamiamo *orbita* o *traiettoria del sistema*. Il vettore $\dot{\mathbf{r}}(t) = (\dot{x}(t), \dot{y}(t))$ rappresenta il *vettore velocità* lungo la traiettoria ed è tangente alla traiettoria stessa (Figura B.3).

L'efficacia dell'analisi nel piano delle fasi è dovuta essenzialmente al fatto che, invece di considerare i grafici delle soluzioni in $\mathbb{R}^3$, si esaminano le orbite corrispondenti nel piano delle fasi, diminuendo di una dimensione e guadagnando in intuizione e semplicità. Questa semplificazione è efficace *solo per sistemi autonomi*, in quanto le orbite di questi tipi di sistemi posseggono le seguenti proprietà.

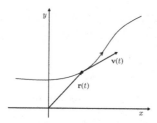

Figura B.3. Vettore posizione e vettore velocità lungo una traiettoria

a) *Invarianza per traslazioni temporali.* Ciò significa che, se $\mathbf{r}(t) = (x(t), y(t))$ è una soluzione, definita per esempio in (a, b), anche ogni sua traslata temporale del tipo $\mathbf{s}(t) = \mathbf{r}(t + \tau) = (x(t + \tau), y(t + \tau))$ è soluzione dello *stesso* sistema, definita in $(a - \tau, b - \tau)$.

b) *Per ogni punto $\mathbf{p}^0 = (x_0, y_0)$ del dominio D passa una ed una sola orbita;* in particolare le orbite *non possono intersecarsi.*

Orbite particolarmente importanti sono i *punti di equilibrio* (o punti *critici* o punti *singolari*), che corrispondono a soluzioni costanti, e i *cicli.*

Definizione B.4. *Un punto (x^*, y^*) è* **punto di equilibrio** *per il sistema* (B.3), *se* $f(x^*, y^*) = g(x^*, y^*) = 0$.

Il punto (x^*, y^*) è l'orbita che corrisponde alla soluzione costante $x(t) \equiv x^*$, $y(t) \equiv y^*$ il cui grafico è una retta parallela all'asse t. In particolare, se il sistema si trova in uno stato di equilibrio vi rimane per sempre.

Una soluzione può tendere a un punto di equilibrio per $t \to \pm\infty$; non può mai raggiungerne alcuno in un tempo finito, altrimenti si avrebbero due orbite passanti per uno stesso punto e questo non è possibile per la proprietà (b). Viceversa se una soluzione $(x(t), y(t))$ tende a un punto (x^*, y^*) per $t \to \pm\infty$, allora (x^*, y^*) è punto di equilibrio. Infatti osservando che, in questo caso, $(\dot{x}(t), \dot{y}(t))$ tende a $(0, 0)$, basta passare al limite nelle equazioni del sistema, per concludere che

$$\begin{cases} 0 = f(x^*, y^*) \\ 0 = g(x^*, y^*) \end{cases}$$

e cioè che (x^*, y^*) è punto di equilibrio.

Esempio B.3. Il modello di Lotka-Volterra descrive l'evoluzione di una popolazione di prede $x = x(t)$ e predatori $y = y(t)$

$$\begin{cases} \dot{x} = x(a - by) \\ \dot{y} = y(-c + dx) \end{cases} \qquad a, b, c, d > 0. \tag{B.4}$$

I punti di equilibrio sono l'origine e il punto $(c/d, a/b)$.

Esempio B.4. Nella variante del modello di Lotka-Volterra si introduce una competizione tra individui della stessa specie

$$\begin{cases} \dot{x} = x(a - by - ex) \\ \dot{y} = y(-c + dx - fy) \end{cases} \qquad a, b, c, d, e, f > 0. \qquad (B.5)$$

I punti di equilibrio si trovano risolvendo il sistema

$$\begin{cases} x(a - by - ex) = 0 \\ y(-c + dx - fy) = 0 \end{cases}$$

e sono, oltre all'origine, i punti

$$P_1 = \left(0, -\frac{c}{f}\right) \qquad P_2 = \left(\frac{a}{e}, 0\right), \qquad P_3 = \left(\frac{bc + af}{bd + ef}, \frac{ad - ce}{bd + ef}\right).$$

Le seguenti nozioni generalizzano quelle date nel caso scalare. Indichiamo con il simbolo $\varphi(t; \mathbf{q})$ la soluzione del sistema che parte dal punto $\mathbf{q}$.

Definizione B.5. *(Secondo Liapunov). Il punto di equilibrio* $\mathbf{p}^* = (x^*, y^*)$ *si dice*

a) **stabile** *(o* **neutralmente stabile***) se, per ogni* $\varepsilon > 0$, *esiste* $\delta = \delta_\varepsilon$ *tale che, se* $|\mathbf{q} - \mathbf{p}^*| < \delta$, *la soluzione* $\varphi(t; \mathbf{q})$ *esiste per ogni* $t \geq 0$ *e* $|\varphi(t; \mathbf{q}) - \mathbf{p}^*| < \varepsilon$ *per ogni* $t \geq 0$. *Intuitivamente: "una soluzione che parte abbastanza vicino a* $\mathbf{p}^*$ *si mantiene* sempre *abbastanza vicino";*

b) **asintoticamente stabile** *se è stabile e, inoltre,* $\varphi(t; \mathbf{q}) \to \mathbf{p}^*$ *per* $t \to +\infty$. *Intuitivamente: "una soluzione che parte abbastanza vicino a* $\mathbf{p}^*$ *non solo ci si mantiene* sempre *abbastanza vicino ma* converge *a* $\mathbf{p}^*$ *";*

c) **instabile** *se non è stabile (se cioè non vale la condizione (a)).*

Un'analisi completa di un sistema bidimensionale autonomo prevede la descrizione globale dell'andamento delle orbite. Il quadro generale che ne segue prende il nome di *ritratto di fase (phase portrait)*. Nel caso dei sistemi lineari è possibile descrivere completamente il ritratto di fase. In generale, il primo passo è sempre la ricerca di eventuali punti di equilibrio, risolvendo il sistema $f(x, y) = g(x, y) = 0$. Nelle applicazioni, è di solito importante descrivere il ritratto di fase in un intorno di ciascun punto di equilibrio, determinandone in tal modo la stabilità. Indichiamo alcune tecniche che spesso risultano utili all'analisi.

- *Equazione differenziale delle traiettorie.* Scrivendo il sistema nella forma

$$\begin{cases} \dfrac{dx}{dt} = f(x, y) \\ \dfrac{dy}{dt} = g(x, y) \end{cases}$$

e dividendo membro a membro, si ottiene, formalmente[1],

$$\frac{dy}{dx} = \frac{g(x, y)}{f(x, y)}$$

---

[1] Rigorosamente, usando il teorema di derivazione delle funzioni inverse.

nei punti in cui $f(x, y) \neq 0$. In questo caso, le traiettorie sono localmente rappresentabili come grafici del tipo $y = y(x)$ per cui la famiglia di soluzioni dell'equazione differenziale del prim'ordine coincide (almeno localmente) con quella delle
traiettorie del sistema. Se, quindi, si riesce a determinare l'integrale generale si
risale facilmente al ritratto di fase.

• *Integrali primi*. Strettamente connesso con la ricerca dell'integrale generale
dell'equazione differenziale delle orbite è il concetto di *integrale primo* del sistema.
Un *integrale primo* di (B.3) è una funzione $E(x, y)$ di classe C^1 in D, *costante
lungo le traiettorie del sistema*. In altri termini, $E(x, y)$ è integrale primo per (B.3)
se, per ogni soluzione $(x(t), y(t))$,

$$E(x(t), y(t)) = \text{costante}.$$

Per controllare che una funzione $E(x, y)$ è un integrale primo occorre dunque che

$$\frac{d}{dt} E(x(t), y(t)) \equiv 0. \tag{B.6}$$

Poiché il sistema è autonomo, l'equazione (B.6) si può scrivere nella forma

$$E_x(x, y) \cdot f(x, y) + E_y(x, y) \cdot g(x, y) \equiv 0, \tag{B.7}$$

di facile verifica. Quest'ultima equazione esprime l'ortogonalità tra il vettore
$\nabla E(x, y)$ e il vettore velocità $\mathbf{v}(x, y) = (f(x, y), g(x, y))$.

Definizione B.6. *Una funzione $E(x, y) \in C^1(D)$ è un* **integrale primo** *per il
sistema (B.3) se vale la (B.7).*

L'utilità degli integrali primi sta nel fatto che, se il sistema ammette E come
integrale primo, il ritratto di fase coincide con la famiglia delle curve di livello di
E e cioè con la famiglia

$$E(x, y) = k, \quad k \in \mathbb{R},$$

nel senso che *ogni curva di livello di E è unione di orbite del sistema* e, viceversa,
ogni orbita del sistema è contenuta in una curva di livello di E.

• *Isocline a tangente orizzontale o verticale e descrizione del campo di velocità*.
In molti casi risulta utile tracciare nel piano le curve di equazione $dy = 0$:

$$g(x, y) = 0 \quad (\text{isoclina a tangente orizzontale})$$

e $dx = 0$:

$$f(x, y) = 0 \quad (\text{isoclina a tangente verticale}),$$

le cui intersezioni coincidono con i punti di equilibrio.

La denominazione di isoclina è dovuta al fatto che ogni traiettoria che interseca
la curva $g(x, y) = 0$ in un punto che non sia di equilibrio, ha in questo punto
tangente orizzontale poiché lo spostamento nella direzione verticale è nullo ($dy =
0$). Analogamente, ogni traiettoria che interseca la curva $f(x, y) = 0$ in un punto
che non sia di equilibrio, ha in questo punto tangente verticale ($dx = 0$).

Studiando poi i segni di f e g, si può poi ripartire il piano delle fasi nelle zone di crescenza o decrescenza di x e y, determinando così anche il verso di percorrenza delle orbite.

Esempio B.5. Il sistema di Lotka-Volterra (B.4) ammette l'integrale primo $E(x,y) = -c\ln x + dx - a\ln y + by$.

B.3 Sistemi lineari bidimensionali

Integrale generale

Per sistemi lineari bidimensionali a cofficienti costanti è possibile scrivere esplicitamente l'integrale generale. Ci limitiamo a sistemi omogenei del tipo.

$$\begin{cases} \dot{x} = ax + by \\ \dot{y} = cx + dy, \end{cases} \tag{B.8}$$

con $a, b, c, d \in \mathbb{R}$. Esso può anche essere scritto nella forma

$$\dot{\mathbf{r}}(t) = \mathbf{A}\mathbf{r}(t), \tag{B.9}$$

con

$$\mathbf{r}(t) = \begin{pmatrix} x(t) \\ y(t) \end{pmatrix} \quad \text{e} \quad \mathbf{A} = \begin{pmatrix} a & b \\ c & d \end{pmatrix}.$$

Per determinare l'integrale generale del sistema (B.9), si cercano, se esistono, soluzioni della forma

$$\mathbf{r}(t) = \mathbf{v}e^{\lambda t}, \tag{B.10}$$

con $\mathbf{v} \in \mathbb{R}^2$ vettore opportuno. Sostituendo in (B.9), essendo $\mathbf{r}'(t) = \lambda\mathbf{v}e^{\lambda t}$, si ottiene $\lambda\mathbf{v}e^{\lambda t} = \mathbf{A}\mathbf{v}e^{\lambda t}$ da cui $\mathbf{A}\mathbf{v} = \lambda\mathbf{v}$. Quindi il sistema ha soluzioni della forma (B.10), se λ e $\mathbf{v}$ sono, rispettivamente, un *autovalore* e un *autovettore* associati alla matrice $\mathbf{A}$. Gli autovalori sono le soluzioni dell'equazione caratteristica

$$\lambda^2 - (\text{tr}\mathbf{A})\lambda + \det\mathbf{A} = 0. \tag{B.11}$$

Posto $\Delta = (\text{tr}\mathbf{A})^2 - 4\det\mathbf{A}$, distinguiamo i seguenti 3 casi.

• Caso di **autovalori reali distinti** ($\Delta > 0$). Esistono due autovalori reali e distinti λ_1 e λ_2 con corrispondenti autovettori $\mathbf{h}^1$ e $\mathbf{h}^2$ linearmente indipendenti. Il sistema possiede dunque le due soluzioni linearmente indipendenti $\mathbf{h}^1 e^{\lambda_1 t}$ e $\mathbf{h}^2 e^{\lambda_2 t}$ e l'integrale generale è dato da

$$\mathbf{r}(t) = c_1\mathbf{h}^1 e^{\lambda_1 t} + c_2\mathbf{h}^2 e^{\lambda_2 t}, \qquad c_1, c_2 \in \mathbb{R}. \tag{B.12}$$

• Caso di **autovalori reali coincidenti** ($\Delta = 0$). Si ha l'unico autovalore $\lambda = \text{tr}\mathbf{A}/2$. Occorre distinguere due situazioni, a seconda che l'autovalore sia regolare o meno.

Se l'autovalore λ è regolare, ovvero la sua molteplicità algebrica uguaglia quella geometrica (la dimensione dell'autospazio ad esso associato) sostanzialmente ci si riconduce al caso precedente. Per sistemi bidimensionali questa situazione si verifica solo quando la matrice $\mathbf{A}$ è diagonale. Il sistema è disaccoppiato e gli autovettori associati a $\lambda = \lambda_1 = \lambda_2$ nella formula B.12 sono

$$\mathbf{h}^1 = \begin{pmatrix} 0 \\ 1 \end{pmatrix} \quad \text{e} \quad \mathbf{h}^2 = \begin{pmatrix} 1 \\ 0 \end{pmatrix}.$$

Se l'autovalore λ non è regolare, la matrice non è diagonalizzabile. Abbiamo quindi un autovettore $\mathbf{h}$ al quale corrisponde la soluzione $\mathbf{h}e^{\lambda t}$. Ne occorre un'altra linearmente indipendente. Si può cercare una soluzione della forma $\mathbf{r}(t) = \mathbf{v}^1 e^{\lambda t} + \mathbf{v}^2 t e^{\lambda t}$. Sostituendo in (B.9) la candidata soluzione troviamo immediatamente che:

$$(\mathbf{A} - \lambda \mathbf{I})\mathbf{v}^1 = \mathbf{v}^2 \tag{B.13}$$
$$\mathbf{A}\mathbf{v}^2 = \lambda \mathbf{v}^2.$$

Di conseguenza, $\mathbf{v}^2$ è una autovettore e quindi possiamo scegliere $\mathbf{v}^2 = \mathbf{h}$. Si ricava poi $\mathbf{v}^1$ dalla (B.13) che diventa $(\mathbf{A} - \lambda \mathbf{I})\mathbf{v}^1 = \mathbf{h}$. Una soluzione $\mathbf{h}^1$ di quest'ultimo sistema si chiama *autovettore generalizzato*. Un'altra soluzione del sistema è dunque $(\mathbf{h}^1 + \mathbf{h}t)e^{\lambda t}$ e l'integrale generale è

$$\mathbf{r}(t) = c_1 \mathbf{h} e^{\lambda t} + c_2 \left(\mathbf{h}^1 + \mathbf{h}t\right) e^{\lambda t}, \quad c_1, c_2 \in \mathbb{R}. \tag{B.14}$$

• Caso di **autovalori complessi coniugati** ($\Delta < 0$): $\lambda = \alpha + i\beta$ e $\overline{\lambda} = \alpha - i\beta$, con $\alpha, \beta \in \mathbb{R}$. Due autovettori corrispondenti possono essere scelti in modo da essere anch'essi complessi coniugati $\mathbf{h} = \mathbf{h}^1 + i\mathbf{h}^2$, $\overline{\mathbf{h}} = \mathbf{h}^1 - i\mathbf{h}^2$ con $\mathbf{h}^1$ e $\mathbf{h}^2$ vettori reali. Utilizzando la formula di Eulero, troviamo la coppia di soluzioni (linearmente indipendenti)

$$\boldsymbol{\varphi}(t) = \mathbf{h}e^{(\alpha + i\beta)t} = \mathbf{h}e^{\alpha t}(\cos\beta t + i\sin\beta t)$$

$$\overline{\boldsymbol{\varphi}}(t) = \overline{\mathbf{h}}e^{(\alpha - i\beta)t} = \overline{\mathbf{h}}e^{\alpha t}(\cos\beta t - i\sin\beta t).$$

Conviene sostituire a queste soluzioni una coppia di soluzioni reali. Possiamo considerare le due funzioni ottenute come combinazione lineare[2] di $\boldsymbol{\varphi}(t)$ e $\overline{\boldsymbol{\varphi}}(t)$

$$\boldsymbol{\psi}^1(t) = e^{\alpha t}\left(\mathbf{h}^1 \cos\beta t - \mathbf{h}^2 \sin\beta t\right) \quad \text{e} \quad \boldsymbol{\psi}^2(t) = e^{\alpha t}\left(\mathbf{h}^2 \cos\beta t + \mathbf{h}^1 \sin\beta t\right).$$

L'integrale generale è quindi

$$\mathbf{r}(t) = e^{\alpha t}\left[\left(c_1\mathbf{h}^1 + c_2\mathbf{h}^2\right)\cos\beta t + \left(c_2\mathbf{h}^1 - c_1\mathbf{h}^2\right)\sin\beta t\right] \quad c_1, c_2 \in \mathbb{R}. \tag{B.15}$$

---

[2] Si ha infatti $\boldsymbol{\psi}^1(t) = \dfrac{1}{2}\left(\boldsymbol{\varphi}^1(t) + \boldsymbol{\varphi}^2(t)\right)$ e $\boldsymbol{\psi}^2(t) = \dfrac{1}{2i}\left(\boldsymbol{\varphi}^1(t) - \boldsymbol{\varphi}^2(t)\right)$.

Stabilità della soluzione nulla

Essendo il sistema omogeneo, ammette sempre la soluzione nulla $\mathbf{r}(t) \equiv \mathbf{0}$ e spesso, nelle applicazioni, è importante stabilire se le altre soluzioni tendono a $\mathbf{0}$ se $t \to +\infty$. Si dice in tal caso che la soluzione nulla è *asintoticamente stabile* o anche che *l'origine è punto di equilibrio asintoticamente stabile*. Per esempio, nel caso di sistemi non omogenei

$$\dot{\mathbf{r}} = \mathbf{A}\mathbf{r} + \mathbf{b}(t),$$

in cui il termine $\mathbf{b}(t)$ rappresenta un'azione esogena, la stabilità della soluzione nulla indica che a regime l'evoluzione è determinata proprio da tale azione.

Nel caso bidimensionale, le formule per l'integrale generale indicano che $\mathbf{0}$ è asintoticamente stabile *se e solo se gli autovalori* (o la loro parte reale nel caso complesso) *sono negativi*.

In realtà, per determinare la stabilità della soluzione nulla non serve scrivere l'integrale generale. Basta controllare che le soluzioni dell'equazione (B.11) siano negative o abbiano parte reale negativa. Poiché si ha $\lambda_1 + \lambda_2 = \operatorname{tr}\mathbf{A}$ e $\lambda_1\lambda_2 = \det\mathbf{A}$ si deduce che $\mathbf{0}$ è *asintoticamente stabile se e solo se*

$$\operatorname{tr}\mathbf{A} < 0 \qquad \text{e} \qquad \det\mathbf{A} > 0.$$

Classificazione dei punti di equilibrio

Assumeremo che la matrice dei coefficienti $\mathbf{A}$ sia *non singolare*, cioè $\det\mathbf{A} = ad - bc \neq 0$, ovvero che il punto critico del sistema lineare (l'origine) sia isolato; lo scopo è classificare il ritratto di fase in un intorno di $(0,0)$. Utilizziamo l'espressione dell'integrale generale del sistema dato nella sezione precedente e nuovamente distinguiamo tre casi in relazione al segno di $\Delta = (\operatorname{tr}\mathbf{A})^2 - 4\det\mathbf{A}$.

- Caso di **autovalori reali e distinti**. L'integrale generale è dato dalla formula(B.12) Esaminiamo la (B.12) nel piano delle fasi, distinguendo due sottocasi, a seconda che gli autovalori abbiano o meno lo stesso segno.

Assumiamo che gli autovalori abbiano lo **stesso segno**; per fissare le idee, sia $\lambda_1 < \lambda_2 < 0$. La configurazione delle traiettorie in questo caso è illustrata in Figura B.4 a sinistra. Se gli autovalori sono positivi ($\lambda_1 > \lambda_2 > 0$) i versi delle frecce vanno invertiti: tutto ciò che era valido per $t \to +\infty$ diventa valido per $t \to -\infty$.

In questo caso l'origine prende il nome di **nodo a due tangenti**, *asintoticamente stabile se gli autovalori sono negativi, instabile se sono positivi*. Le rette individuate da $\mathbf{h}^1$ e $\mathbf{h}^2$ si chiamano, rispettivamente, *varietà lineari* (entrambe *stabili* o entrambe *instabili*).

Assumiamo ora che gli autovalori abbiano **segno opposto**; per fissare le idee, sia $\lambda_1 < 0 < \lambda_2$. La configurazione delle traiettorie è illustrata in Figura B.4. In questo caso l'origine prende il nome di **colle** o **sella**, ed è sempre instabile. Le rette individuate da $\mathbf{h}^1$ e $\mathbf{h}^2$ si chiamano, rispettivamente, *varietà lineare stabile* e *varietà lineare instabile*.

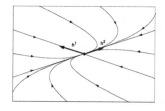
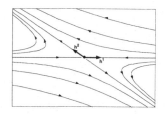

Figura B.4. A sinistra, nodo a due tangenti asintoticamente stabile. A destra, colle (instabile)

• Caso di un solo **autovalore reale** λ, doppio. Di nuovo, distinguiamo due sottocasi, a seconda della regolarità dell'autovalore.

Se l'autovalore λ è regolare, l'origine si chiama **nodo a stella,** asintoticamente stabile se $\lambda < 0$, instabile se $\lambda > 0$; la configurazione delle traiettorie nel caso $\lambda < 0$ è illustrata in Figura B.5 a sinistra.

Se invece l'autovalore λ non è regolare, la soluzione del sistema è data dalla (B.14) e in questo caso l'origine prende il nome di **nodo a una tangente** ed è asintoticamente stabile se $\lambda < 0$, instabile se $\lambda > 0$ e la retta individuata da **h** si chiama rispettivamente *varietà lineare stabile* o *instabile*. La configurazione delle traiettorie è illustrata nel caso $\lambda < 0$ in Figura B.5, a destra; se $\lambda > 0$ (nodo instabile) i versi delle frecce vanno invertiti.

• Nel caso di autovalori **complessi coniugati**, l'integrale generale è dato dalla (B.15). Analizziamo la forma delle traiettorie a seconda del segno della parte reale α degli autovalori, ed in particolare distinguiamo il caso in cui $\alpha = 0$.

Se gli autovalori sono immaginari puri, la (B.15) diventa

$$\mathbf{r}\,(t) = \left(c_1 \mathbf{h}^1 + c_2 \mathbf{h}^2\right)\cos \beta t + \left(c_2 \mathbf{h}^1 - c_1 \mathbf{h}^2\right)\sin \beta t \qquad c_1, c_2 \in \mathbb{R}.$$

Le soluzioni sono dunque periodiche di periodo $2\pi/\beta$, per cui le orbite sono curve semplici e chiuse, in questo caso ellissi centrate nell'origine. Si può anche osservare che, essendo la traccia di **A** nulla, cioè $d = -a$, l'equazione differenziale delle

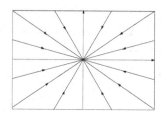
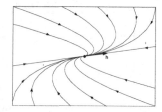

Figura B.5. A sinistra, nodo a stella asintoticamente stabile. A destra, nodo a una tangente asintoticamente stabile

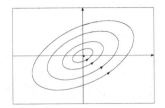 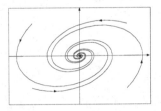

Figura B.6. A sinistra, centro (neutralmente stabile). A destra, fuoco asintoticamente stabile

traiettorie è esatta: il sistema ha   come integrale primo la funzione *potenziale* $E(x,y) = cx^2 - 2axy - by^2$. Le traiettorie coincidono, dunque, con le linee di livello di $E(x,y)$ e sono le ellissi di equazione $E(x,y) = cx^2 - 2axy - by^2 = k$ con k costante reale. In questo caso l'origine è un **centro**, ed è stabile ma non asintoticamente. La configurazione delle traiettorie è mostrata in Figura B.6, a sinistra.

Consideriamo ora, per fissare le idee, il caso $\alpha < 0$. Nella (B.15) il fattore $e^{\alpha t}$ tende a zero rapidamente per $t \to +\infty$, mentre l'altro fattore si mantiene limitato e provoca una rotazione del vettore $\mathbf{r}(t)$. Pertanto, tutte le orbite, per $t \to +\infty$, si avvicinano all'origine con andamento a *spirale*. In questo caso, l'origine si chiama **fuoco** (o **vortice** o **spirale**), asintoticamente stabile se $\alpha < 0$, instabile se $\alpha > 0$ (Figura B.6).

Da ultimo, osserviamo che nel caso (*degenere*) in cui $\det \mathbf{A} = 0$, con $\mathbf{A} \neq \mathbf{0}$, si ha un'intera retta di punti critici e le traiettorie del sistema, a parte i punti critici che da soli formano una traiettoria, sono semirette. In questo caso l'integrale generale è

$$\mathbf{r}(t) = c_1 \mathbf{h}^1 + c_2 \mathbf{h}^2 e^{\lambda t}, \qquad c_1, c_2 \in \mathbb{R}.$$

Per comodità del lettore riassumiamo schematicamente i risultati trovati nella seguente tabella.

$\Delta > 0$
$\begin{cases} \det \mathbf{A} > 0 \text{ nodo} & \begin{cases} \text{tr } \mathbf{A} < 0 \text{ asintoticamente stabile} \\ \text{tr } \mathbf{A} > 0 \text{ instabile} \end{cases} \\ \det \mathbf{A} < 0 \text{ sella (instabile)} \end{cases}$

$\Delta = 0$
$\begin{cases} b = c = 0 \quad \text{nodo a stella} & \begin{cases} \text{tr } \mathbf{A} < 0 \text{ asintoticamente stabile} \\ \text{tr } \mathbf{A} > 0 \text{ instabile} \end{cases} \\ b \neq 0 \text{ o } c \neq 0 \text{ nodo improprio} & \begin{cases} \text{tr } \mathbf{A} < 0 \text{ asintoticamente stabile} \\ \text{tr } \mathbf{A} > 0 \text{ instabile} \end{cases} \end{cases}$

$\Delta < 0$
$\begin{cases} \text{tr } \mathbf{A} = 0 \text{ centro (stabile)} \\ \text{tr } \mathbf{A} \neq 0 \text{ fuoco} & \begin{cases} \text{tr } \mathbf{A} < 0 \text{ asintoticamente stabile} \\ \text{tr } \mathbf{A} > 0 \text{ instabile} \end{cases} \end{cases}$

B.4 Sistemi non lineari

Metodo di linearizzazione

Quanto visto per i sistemi lineari, riguardo alla stabilità dei punti critici e alla configurazione delle orbite in un loro intorno, sotto opportune ipotesi, può essere trasferito ai sistemi non lineari. Sia dunque (x^*, y^*) un punto di equilibrio per il sistema

$$\begin{cases} \dot{x} = f(x,y) \\ \dot{y} = g(x,y). \end{cases} \tag{B.16}$$

Consideriamo solo il caso in cui (x^*, y^*) sia un punto di equilibrio *non degenere*, ossia che la matrice jacobiana

$$\mathbf{J}(x^*, y^*) = \begin{pmatrix} f_x(x^*, y^*) & f_y(x^*, y^*) \\ g_x(x^*, y^*) & g_y(x^*, y^*) \end{pmatrix}$$

sia *non singolare*; si abbia cioè

$$\det \mathbf{J}(x^*, y^*) \neq 0.$$

Si può mostrare che ciò garantisce, tra l'altro, che (x^*, y^*) sia *isolato*, ossia esiste un intorno del punto che non contiene altri punti critici.

Per studiare il ritratto di fase in un intorno di (x^*, y^*) si può pensare di applicare il metodo di linearizzazione. Il procedimento consiste in tre passi:

1. Si sostituisce al sistema (B.16) il sistema lineare che lo approssima meglio vicino a (x^*, y^*). A tale scopo, usiamo la differenziabilità di f e g per scrivere, ricordando che

$$f(x^*, y^*) = g(x^*, y^*) = 0$$

e ponendo $\rho = \sqrt{(x - x^*)^2 + (y - y^*)^2}$:

$$\begin{cases} \dot{x} = f(x,y) = f_x(x^*, y^*)(x - x^*) + f_y(x^*, y^*)(y - y^*) + o(\rho) \\ \dot{y} = g(x,y) = g_x(x^*, y^*)(x - x^*) + g_y(x^*, y^*)(y - y^*) + o(\rho). \end{cases} \tag{B.17}$$

Immaginando di rimanere abbastanza vicini a (x^*, y^*), trascuriamo gli errori $o(\rho)$ di approssimazione e trasliamo (x^*, y^*) nell'origine ponendo

$$u = x - x^*, \quad v = y - y^*.$$

Poiché $\dot{u} = \dot{x}$ e $\dot{v} = \dot{y}$ si ottiene

$$\begin{cases} \dot{u} = f_x(x^*, y^*)u + f_y(x^*, y^*)v \\ \dot{v} = g_x(x^*, y^*)u + g_y(x^*, y^*)v. \end{cases} \tag{B.18}$$

Chiamiamo *sistema linearizzato in* (x^*, y^*) il sistema (B.18).

2. Utilizziamo la teoria per i sistemi lineari. Un'ipotesi fondamentale è che l'origine sia *l'unico punto di equilibrio*. Ciò è garantito dal fatto che la matrice del sistema non è altro che $\mathbf{J}(x^*, y^*)$, che abbiamo supposto non singolare. Possiamo dunque classificare l'origine nelle sei tipologie di punto descritte nella sezione precedente.

3. Occorre, infine, trasferire le informazioni sull'origine ottenute al passo **2** in informazioni sulla configurazione delle traiettorie del sistema non lineare originale in un intorno di (x^*, y^*).

Se ci si accontenta di trasferire la stabilità o l'instabilità, vale il seguente importante teorema.

Teorema B.2. *Se l'origine è asintoticamente stabile per il sistema (B.18) (cioè se gli autovalori di* $\mathbf{J}(x^*, y^*)$ *hanno parte reale negativa), allora* (x^*, y^*) *è localmente asintoticamente stabile per (B.16). Se* $J(x^*, y^*)$ *ha un autovalore con parte reale positiva, allora* (x^*, y^*) *è instabile sia per (B.18) che per (B.16).*

Il limite del teorema è evidente: se l'origine per (B.18) è stabile ma non asintoticamente, non si può dire nulla. Può succedere che (x^*, y^*) per il sistema (B.16) sia stabile, asintoticamente stabile o instabile. Semplicemente, il metodo di linearizzazione non funziona e occorrono metodi più sofisticati.

Se invece si ritiene utile descrivere l'andamento delle traiettorie vicino ad un punto di equilibrio, allora occorre estendere la classificazione valida per i sistemi lineari al caso non lineare. Ci limiteremo ad una descrizione intuitiva.

Cambiamo punto di vista, considerando il sistema non lineare (B.17) come *una perturbazione* (condensata nell'errore $o(\rho)$) del sistema lineare (B.18), e chiediamoci come si trasforma un colle, un nodo, un fuoco o un centro se perturbiamo il sistema lineare introducendo un termine $o(\rho)$.

Per rispondere, *precisiamo che due configurazioni di orbite si dicono topologicamente equivalenti se si possono ottenere l'una dall'altra mediante una deformazione continua* (ci limitiamo al livello intuitivo, si veda la Figura B.7). Valgono allora i seguenti risultati.

(a) *Perturbazione di un colle o sella.* Supponiamo che per (B.18) $(0,0)$ sia un colle. Allora il ritratto di fase per (B.16) in un intorno di (x^*, y^*) è topologicamente equivalente a quello di (B.18) in un intorno di $(0,0)$ e (x^*, y^*) si chiama ancora colle o sella. Inoltre, traslando $(0,0)$ in (x^*, y^*), *la varietà lineare stabile* (risp. *instabile*) *si deforma in una curva, ad essa tangente in* (x^*, y^*), che si chiama ancora *varietà stabile* (risp. *instabile*), naturalmente non più lineare.

(b) *Perturbazione di un nodo ad una o due tangenti.* Per questi tipi di nodi valgono conclusioni analoghe a quelle del punto (a). Se per (B.18) $(0,0)$ è un nodo, a una o due tangenti, allora il ritratto di fase per (B.16) in un intorno di (x^*, y^*) è topologicamente equivalente a quello di (B.18) in un intorno di $(0,0)$ e (x^*, y^*) si chiama ancora nodo a una o due tangenti. Inoltre, traslando $(0,0)$ in (x^*, y^*), *le varietà lineari si deformano in curve ad esse tangenti in* (x^*, y^*).

(c) *Perturbazione di un fuoco o vortice o spirale.* Se per (B.18) $(0,0)$ è un fuoco, il ritratto di fase per (B.16) in un intorno di (x^*, y^*) è topologicamente equivalente

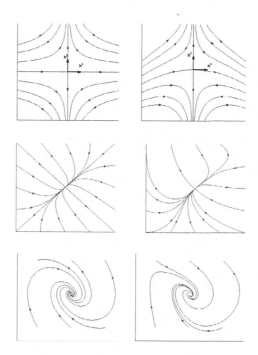

Figura B.7. Dall'alto in basso: perturbazione di un colle, perturbazione di un nodo e perturbazione di un fuoco

a quello di (B.18) in un intorno di $(0,0)$ e (x^*, y^*) si chiama ancora fuoco (o vortice o spirale).

(*d*) *Perturbazione di un centro.* La perturbazione di un centro è più delicata. Innanzitutto, nel caso non lineare, si dice che un punto (x^*, y^*) è un centro se esiste una successione di orbite chiuse Γ_n, contenenti al loro interno (x^*, y^*) e tali che il loro diametro tenda a zero per $n \to +\infty$. Se per il sistema linearizzato (B.18) l'origine è un centro, allora per il sistema (B.16) il punto (x^*, y^*) può essere un centro (come nel caso del sistema di Lotka-Volterra, a pag. 411) oppure un fuoco.

(*e*) *Perturbazione di un nodo a stella.* Anche la perturbazione di un nodo a stella è delicata. Per mantenere una configurazione dello stesso tipo e topologicamente equivalente, occorre garantire che, data una qualunque direzione, esiste un orbita che arriva al punto di equilibrio tangenzialmente a quella direzione. Ciò è vero se l'errore di perturbazione è "un po' più piccolo di $o(\rho)$". Infatti, vale il seguente

Teorema B.3. *Se esiste* $\varepsilon > 0$ *tale che*

$$f(x, y) = f(x^*, y^*) + f_x(x^*, y^*)(x - x^*) + f_y(x^*, y^*)(y - y^*) + o\left(\rho^{1+\varepsilon}\right)$$
$$g(x, y) = g(x^*, y^*) + g_x(x^*, y^*)(x - x^*) + g_y(x^*, y^*)(y - y^*) + o\left(\rho^{1+\varepsilon}\right)$$

allora, se $(0,0)$ *è un nodo a stella per (B.18), anche* (x^*, y^*) *lo è per (B.16).*

Appendice C

Approssimazione di problemi evolutivi tramite differenze finite

In questa sezione vogliamo delineare le tappe fondamentali per analizzare diversi metodi numerici per l'approssimazione di problemi evolutivi, molti dei quali sono stati utilizzati nei capitoli precedenti. Per semplicità, ci limitiamo a considerare il caso di problemi in una dimensione spaziale.

Poiché ciò che vedremo si applica a diverse classi di metodi, come ad esempio quelli utilizzati per le leggi di conservazione nel Capitolo 2 oppure per l'equazione del calore nel Capitolo 3, consideriamo un problema generale. Precisamente, vogliamo approssimare la soluzione classica, u, della seguente equazione

$$\begin{cases} u_t + Lu = 0 & 0 < x < 1,\ 0 < t < T \\ Bu = 0 & x = 0,\ x = 1,\ 0 < t < T \\ u(x,0) = u_0(x) & 0 \le x \le 1, \end{cases} \qquad \text{(C.1)}$$

dove L indica un'operatore differenziale del primo o del secondo ordine. Ad esempio, siamo interessati a considerare i due casi,

$$Lu = -u_{xx}, \quad \text{oppure} \quad Lu = au_x$$

accompagnati da opportune condizioni al bordo, sintetizzate dall'espressione $Bu = 0$ che agisce nei punti $x = 0$, $x = 1$ a seconda della definizione di L e dell'eventuale segno di a. Per semplicità, ci limitiamo a studiare il caso omogeneo. Tuttavia, l'analisi che vedremo si può applicare, con qualche modifica, anche al caso generale.

Al fine di introdurre un opportuno schema alle differenze finite, consideriamo una griglia uniforme

$$x_i = i\,h \text{ con } 0 \le x_i \le 1,\ x_0 = 0,\ x_N = 1, \quad t^n = n\,\tau \text{ con } 0 \le t^n \le T,$$

già rappresentata ad esempio in Figura 3.11. Detta u_i^n un'approssimazione di $u(x_i, t^n)$, ovvero $u_i^n \simeq u(x_i, t^n)$, raccogliamo le incognite dello schema all'istante t^n nel vettore $\mathbf{U}_n = \{u_i^n\}_i$, dove gli estremi dell'indice i non sono specificati perché possono variare a seconda delle condizioni al bordo del problema (C.1). In generale, supponiamo che il vettore $\mathbf{U}_n$ abbia dimensione N, precisamente $\mathbf{U}_n \in \mathbb{R}^N$.

Salsa S, Vegni FMG, Zaretti A, Zunino P: Invito alle equazioni alle derivate parziali.
© Springer-Verlag Italia 2009, Milano

In questo contesto, sappiamo che sia la discretizzazione dell'equazione del calore, si veda ad esempio lo schema (3.80), sia l'approssimazione di una legge di conservazione lineare tramite lo schema upwind, ovvero (2.50), si possono riformulare come segue:

$$\text{dato } \mathbf{U}_0 \in \mathbb{R}^N, \text{ determinare la successione } \mathbf{U}_{n+1} = \mathbf{C}_h^\tau \mathbf{U}_n, \qquad (\text{C.2})$$

dove $\mathbf{C}_h^\tau \in \mathbb{R}^{N \times N}$ è un'opportuna matrice che deve essere definita di volta in volta.

L'obiettivo della prossima sezione consiste nel fornire opportuni strumenti per analizzare le proprietà di convergenza dello schema (C.2) rispetto alla soluzione del problema (C.1), una volta note le principali proprietà della matrice $\mathbf{C}_h^\tau$ che caratterizza lo schema in esame.

C.1 Proprietà fondamentali per l'analisi del problema discreto

Il nostro obiettivo finale consiste nell'analizzare la convergenza del metodo in esame. Ciò richiede il confronto tra la soluzione approssimata e quella esatta. Per dare significato a questa operazione, introduciamo l'operatore di restrizione $\mathbf{R}u(t) = \{u(x_i, t)\}_i$. Data la soluzione esatta di (C.1), esso restituisce i suoi valori nodali al generico istante $0 \le t \le T$. L'errore del metodo numerico può essere quindi quantificato da $\|\mathbf{R}u(t^n) - \mathbf{U}_n\|$, dove $\|\cdot\|$ rappresenta ad esempio la norma Euclidea in $\mathbb{R}^N$.

Uno dei risultati più significativi dell'analisi numerica, di cui vogliamo dare qui un breve esempio, consiste nel dimostrare che la convergenza di uno schema è sostanzialmente equivalente a due altre proprietà, ovvero la consistenza e la stabilità del metodo stesso. In altre parole, se siamo in grado di verificare queste ultime, la convergenza dello schema è assicurata.

Prima di procedere alla dimostrazione di questo importante **principio di equivalenza**, anche detto Teorema di Lax-Richtmyer, definiamo rigorosamente il significato di **consistenza**, **stabilità** e **convergenza** per il caso particolare che abbiamo in esame.

Definizione C.1. *Il metodo* (C.2) *si dice consistente con* (C.1) *se,*

$$\lim_{\tau,h \to 0} \sup_{t \in (0,T)} \tau^{-1} \|\mathbf{R}u(t + \tau) - \mathbf{C}_h^\tau \mathbf{R}u(t)\| = 0. \qquad (\text{C.3})$$

Inoltre, lo schema si dice di ordine p e q rispetto ad h e τ se $p, q > 0$ sono i massimi esponenti per cui vale

$$\lim_{\tau,h \to 0} \sup_{t \in (0,T)} \tau^{-1} \|\mathbf{R}u(t + \tau) - \mathbf{C}_h^\tau \mathbf{R}u(t)\| = \lim_{\tau,h \to 0} C\big(h^p + \tau^q\big), \qquad (\text{C.4})$$

dove C è una costante positiva indipendente da h e τ.

Osserviamo che la quantità $\tau^{-1}\|\mathbf{R}u(t+\tau) - \mathbf{C}_h^\tau \mathbf{R}u(t)\|$ corrisponde al residuo che si ottiene quando si sostituisce la soluzione esatta $u(x_i, t)$ nello schema numerico (C.2). Si tratta dunque dell'**errore di troncamento locale**, già definito per diversi metodi nei Capitoli precedenti. L'estremo superiore di $\tau^{-1}\|\mathbf{R}u(t+\tau) - \mathbf{C}_h^\tau \mathbf{R}u(t)\|$ al variare di t, si chiama **errore di troncamento globale**. In conclusione, un metodo si dice consistente se l'errore di troncamento globale è infinitesimo quando τ, h tendono a zero. Ricordiamo inoltre che molti tra i metodi già visti, come ad esempio gli schemi di Eulero in avanti ed all'indietro per l'equazione del calore, oppure lo schema upwind per le leggi di conservazione scalare, sono del primo ordine rispetto ad h e τ.

Passiamo ora a considerare la proprietà di stabilità. Data la matrice $\mathbf{A} \in \mathbb{R}^{N \times N}$, indichiamo con $\|\mathbf{A}\|$ la norma matriciale indotta dalla norma Euclidea. Osserviamo allora che, secondo la seguente definizione, la stabilità del metodo (C.2) dipende esclusivamente dalle proprietà di $\mathbf{C}_h^\tau$.

Definizione C.2. *Il metodo* (C.2) *si dice stabile se esiste una costante positiva* K, *indipendente da h e τ tale che,*

$$\|(\mathbf{C}_h^\tau)^n\| \leq K, \quad \forall\, n \text{ con } \tau n \leq T. \tag{C.5}$$

Uno schema si dice **incondizionatamente stabile** se (C.5) è soddisfatta per ogni combinazione di h e τ. Se invece tale proprietà vale sotto condizioni restrittive rispetto ad h, τ, lo schema si dice **condizionatamente stabile**. Il Teorema 3.9 mostra che (C.5) è strettamente legata alle proprietà degli autovalori di $\mathbf{C}_h^\tau$, ovvero al suo spettro. Per il caso degli schemi di Eulero in avanti ed all'indietro, ciò è illustrato nei Corollari 3.10, 3.11. Per quanto riguarda invece gli schemi espliciti per l'approssimazione delle leggi di conservazione, come upwind, è importante ricordare che la condizione CFL è necessaria per soddisfare (C.5). Di conseguenza, tali schemi sono condizionatamente stabili.

Concludiamo precisando la definizione di convergenza.

Definizione C.3. *Sotto l'ipotesi di convergenza del dato iniziale,*

$$\lim_{h \to 0} \|\mathbf{R}u_0 - \mathbf{U}_0\| = 0$$

il metodo (C.2) *si dice convergente alla soluzione di* (C.1) *se per $\tau, h \to 0$ e $n \to \infty$ con $n\tau = t$, si ha*

$$\lim_{\tau, h \to 0} \|\mathbf{R}u(t) - \mathbf{U}_n\| = 0, \quad \forall t \in (0, T). \tag{C.6}$$

Le proprietà di consistenza, stabilità e convergenza sono profondamente legate dal seguente risultato, che costituisce un paradigma generale per analizzare numerose classi di metodi.

Teorema C.1. *Sia dato il problema ben posto* (C.1), *approssimato tramite lo schema* (C.2), *che supponiamo sia consistente. Allora il metodo* (C.2) *è convergente se e solo se è stabile.*

Dimostrazione. Dimostriamo innanzitutto l'implicazione più significativa, ovvero che per un metodo consistente la stabilità è sufficiente per la convergenza. Consideriamo l'errore al passo t^{n+1},

$$
\begin{aligned}
\mathbf{R}u(t^{n+1}) - \mathbf{U}_{n+1} &= \mathbf{R}u(t^{n+1}) - \mathbf{C}_h^\tau \mathbf{U}_n \\
&= \left(\mathbf{R}u(t^{n+1}) - \mathbf{C}_h^\tau \mathbf{R}u(t^n)\right) + \mathbf{C}_h^\tau\left(\mathbf{R}u(t^n) - \mathbf{U}_n\right).
\end{aligned}
$$

Osserviamo che il primo termine del secondo membro è proporzionale all'errore di troncamento, mentre il secondo termine è l'errore all'istante t^n. Tale relazione può allora essere applicata ricorsivamente come segue,

$$
\mathbf{R}u(t^{n+1}) - \mathbf{U}_{n+1} = \sum_{k=0}^n (\mathbf{C}_h^\tau)^k \left(\mathbf{R}u(t^{n+1-k}) - \mathbf{C}_h^\tau \mathbf{R}u(t^{n-k})\right) + (\mathbf{C}_h^\tau)^{n+1}\left(\mathbf{R}u_0 - \mathbf{U}_0\right),
$$

da cui si ricava

$$
\begin{aligned}
&\|\mathbf{R}u(t^{n+1}) - \mathbf{U}_{n+1}\| \\
&\quad \le \sum_{k=0}^n \|(\mathbf{C}_h^\tau)^k\| \, \|\mathbf{R}u(t^{n+1-k}) - \mathbf{C}_h^\tau \mathbf{R}u(t^{n-k})\| + \|(\mathbf{C}_h^\tau)^{n+1}\| \, \|\mathbf{R}u_0 - \mathbf{U}_0\|.
\end{aligned}
$$

Senza perdere generalità supponiamo che $K \ge 1$ in (C.5). Allora, se il metodo (C.2) è stabile ricaviamo che,

$$
\|\mathbf{R}u(t^{n+1}) - \mathbf{U}_{n+1}\| \le \tau(n+1)K \sup_{t\in(0,T)} \tau^{-1}\|\mathbf{R}u(t+\tau) - \mathbf{C}_h^\tau \mathbf{R}u(t)\| + K\|\mathbf{R}u_0 - \mathbf{U}_0\|.
$$

Osservando che $\tau(n+1) = t^{n+1} \le T$ ed applicando la proprietà di consistenza insieme all'ipotesi di convergenza del dato iniziale, si ottiene infine che (C.6) è verificata. Osserviamo inoltre che, se il metodo (C.2) è consistente con ordine $\mathcal{O}(h^p + \tau^q)$ e se $\|\mathbf{R}u_0 - \mathbf{U}_0\| = \mathcal{O}(h^p)$, si ottiene che lo schema converge con lo stesso ordine infinitesimo rispetto ad h e τ, ovvero esiste una costante $C > 0$, indipendente da h, τ tale che

$$
\lim_{\tau,h\to 0} \|\mathbf{R}u(t) - \mathbf{U}_n\| = \lim_{\tau,h\to 0} C\left(h^p + \tau^q\right).
$$

La relazione inversa, cioè che la convergenza implica la stabilità, è quasi immediata. Osserviamo innanzitutto che (C.6) implica direttamente

$$
\lim_{\tau,h\to 0} \|\mathbf{R}u(t) - (\mathbf{C}_h^\tau)^n \mathbf{U}_0\| = 0,
$$

ovvero

$$
\lim_{\tau,h\to 0} (\mathbf{C}_h^\tau)^n \mathbf{U}_0 = \mathbf{R}u(t), \quad \forall n\tau = t \in (0,T),
$$

da cui si ricava $\|(\mathbf{C}_h^\tau)^n \mathbf{U}_0\| \le K$ per ogni $\mathbf{U}_0 \in \mathbf{R}^N$. Il principio di uniforme limitatezza (anche detto Teorema di Banach-Stenihaus) assicura allora che $\|(\mathbf{C}_h^\tau)^n\| \le K$ per ogni n tale che $n\tau = t \le T$. Secondo (C.5), ciò corrisponde alla stabilità. $\quad \square$

Per ulteriori approfondimenti riguardo alla proprietà di stabilità ed anche per l'estensione dell'analisi di convergenza a schemi a più passi, come ad esempio lo schema leapfrog utilizzato per l'approssimazione dell'equazione delle onde, si veda (6.68), rimandiamo il lettore al Capitolo XX, Volume 6 di Dautray e Lions, 2000.

Appendice D

Identità e formule

Raggruppiamo in questa sezione alcune formule ed identità di uso frequente.

Gradiente, divergenza, rotore, laplaciano

Siano $\mathbf{F}, \mathbf{u}, \mathbf{v}$ campi vettoriali e f, φ campi scalari, regolari[1] in $\mathbb{R}^3$. Abbiamo:

$$\nabla f : \mathbb{R} \longrightarrow \mathbb{R}^3$$
$$\operatorname{div} \mathbf{F} : \mathbb{R}^3 \longrightarrow \mathbb{R}$$
$$\Delta f : \mathbb{R} \longrightarrow \mathbb{R}$$
$$\operatorname{rot} \mathbf{F} : \mathbb{R}^3 \longrightarrow \mathbb{R}^3$$

Coordinate cartesiane ortogonali

1. *gradiente*:

$$\nabla f = \frac{\partial f}{\partial x}\mathbf{i} + \frac{\partial f}{\partial y}\mathbf{j} + \frac{\partial f}{\partial z}\mathbf{k}$$

2. *divergenza*:

$$\operatorname{div} \mathbf{F} = \frac{\partial}{\partial x}F_x + \frac{\partial}{\partial y}F_y + \frac{\partial}{\partial z}F_z$$

3. *laplaciano*:

$$\Delta f = \frac{\partial^2 f}{\partial x^2} + \frac{\partial^2 f}{\partial y^2} + \frac{\partial^2 f}{\partial z^2}$$

4. *rotore*:

$$\operatorname{rot} \mathbf{F} = \begin{vmatrix} \mathbf{i} & \mathbf{j} & \mathbf{k} \\ \partial_x & \partial_y & \partial_z \\ F_x & F_y & F_z \end{vmatrix}$$

---

[1] Di classe C^1.

Salsa S, Vegni FMG, Zaretti A, Zunino P: Invito alle equazioni alle derivate parziali.
© Springer-Verlag Italia 2009, Milano

Coordinate cilindriche

$$x = r\cos\theta, \ y = r\sin\theta, \ z = z \qquad (r > 0, 0 \le \theta \le 2\pi)$$

$$\mathbf{e}_r = \cos\theta\mathbf{i} + \sin\theta\mathbf{j}, \ \mathbf{e}_\theta = -\sin\theta\mathbf{i} + \cos\theta\mathbf{j}, \ \mathbf{e}_z = \mathbf{k}.$$

1. *gradiente*:

$$\nabla f = \frac{\partial f}{\partial r}\mathbf{e}_r + \frac{1}{r}\frac{\partial f}{\partial \theta}\mathbf{e}_\theta + \frac{\partial f}{\partial z}\mathbf{e}_z$$

2. *divergenza*:

$$\text{div } \mathbf{F} = \frac{1}{r}\frac{\partial}{\partial r}(rF_r) + \frac{1}{r}\frac{\partial}{\partial \theta}F_\theta + \frac{\partial}{\partial z}F_z$$

3. *laplaciano*:

$$\Delta f = \frac{\partial^2 f}{\partial r^2} + \frac{1}{r}\frac{\partial f}{\partial r} + \frac{1}{r^2}\frac{\partial^2 f}{\partial \theta^2} + \frac{\partial^2 f}{\partial z^2} = \frac{1}{r}\frac{\partial}{\partial r}\left(r\frac{\partial f}{\partial r}\right) + \frac{1}{r^2}\frac{\partial^2 f}{\partial \theta^2} + \frac{\partial^2 f}{\partial z^2}$$

4. *rotore*:

$$\text{rot } \mathbf{F} = \frac{1}{r}\begin{vmatrix} \mathbf{e}_r & r\mathbf{e}_\theta & \mathbf{e}_z \\ \partial_r & \partial_\theta & \partial_z \\ F_r & rF_\theta & F_z \end{vmatrix}$$

Coordinate sferiche

$$x = r\cos\theta\sin\psi, \ y = r\sin\theta\sin\psi, \ z = r\cos\psi \qquad (r > 0, \ 0 \le \theta \le 2\pi, \ 0 \le \psi \le \pi)$$

$$\mathbf{e}_r = \cos\theta\sin\psi\mathbf{i} + \sin\theta\sin\psi\mathbf{j} + \cos\psi\mathbf{k}$$
$$\mathbf{e}_\theta = -\sin\theta\mathbf{i} + \cos\theta\mathbf{j}$$
$$\mathbf{e}_z = \cos\theta\cos\psi\mathbf{i} + \sin\theta\cos\psi\mathbf{j} - \sin\psi\mathbf{k}.$$

1. *gradiente*:

$$\nabla f = \frac{\partial f}{\partial r}\mathbf{e}_r + \frac{1}{r\sin\psi}\frac{\partial f}{\partial \theta}\mathbf{e}_\theta + \frac{1}{r}\frac{\partial f}{\partial \psi}\mathbf{e}_\psi$$

2. *divergenza*:

$$\text{div } \mathbf{F} = \underbrace{\frac{\partial}{\partial r}F_r + \frac{2}{r}F_r}_{\text{parte radiale}} + \underbrace{\frac{1}{r}\left[\frac{1}{\sin\psi}\frac{\partial}{\partial \theta}F_\theta + \frac{\partial}{\partial \psi}F_\psi + \cot\psi F_\psi\right]}_{\text{parte sferica}}$$

3. *laplaciano*:

$$\Delta f = \underbrace{\frac{\partial^2 f}{\partial r^2} + \frac{2}{r}\frac{\partial f}{\partial r}}_{\text{parte radiale}} + \frac{1}{r^2}\underbrace{\left\{\frac{1}{(\sin\psi)^2}\frac{\partial^2 f}{\partial \theta^2} + \frac{\partial^2 f}{\partial \psi^2} + \cot\psi\frac{\partial f}{\partial \psi}\right\}}_{\text{parte sferica (operatore di Laplace-Beltrami)}}$$

4. *rotore*:

$$\text{rot } \mathbf{F} = \frac{1}{r^2\sin\psi}\begin{vmatrix} \mathbf{e}_r & r\mathbf{e}_\psi & r\sin\psi\mathbf{e}_\theta \\ \partial_r & \partial_\psi & \partial_\theta \\ F_r & rF_\psi & r\sin\psi F_z \end{vmatrix}.$$

Identità

1. div rot $\mathbf{u} = 0$
2. rot grad $\varphi = \mathbf{0}$
3. div $(\varphi\mathbf{u}) = \varphi$ div $\mathbf{u} + \nabla\varphi \cdot \mathbf{u}$
4. rot $(\varphi\mathbf{u}) = \varphi$ rot $\mathbf{u} + \nabla\varphi \wedge \mathbf{u}$
5. rot $(\mathbf{u} \wedge \mathbf{v}) = (\mathbf{v}\cdot\nabla)\mathbf{u} - (\mathbf{u}\cdot\nabla)\mathbf{v} + (\text{div }\mathbf{v})\mathbf{u} - (\text{div }\mathbf{u})\mathbf{v}$
6. div $(\mathbf{u} \wedge \mathbf{v}) = $ rot $\mathbf{u} \cdot \mathbf{v} - $ rot $\mathbf{v} \cdot \mathbf{u}$
7. $\nabla(\mathbf{u} \cdot \mathbf{v}) = \mathbf{u}\wedge$rot $\mathbf{v} + \mathbf{v}\wedge$ rot $\mathbf{u} + (\mathbf{u}\cdot\nabla)\mathbf{v} + (\mathbf{v}\cdot\nabla)\mathbf{u}$
8. $(\mathbf{u}\cdot\nabla)\mathbf{u} = $ rot $\mathbf{u} \wedge \mathbf{u} + \frac{1}{2}\nabla|\mathbf{u}|^2$
9. rot rot $\mathbf{u} = \nabla(\text{div }\mathbf{u}) - \Delta\mathbf{u}$ (rot rot $=$ grad div$-$ laplaciano).

Formule di Gauss

Siano, in $\mathbb{R}^n$, $n \geq 2$:

- Ω dominio limitato con frontiera regolare $\partial\Omega$ e normale esterna $\boldsymbol{\nu}$
- $\mathbf{F}, \mathbf{u}, \mathbf{v}$ campi vettoriali regolari[2] fino alla frontiera di Ω
- φ, ψ campi scalari regolari fino alla frontiera di Ω
- $d\sigma$ l'elemento di superficie su $\partial\Omega$.[3]

Valgono le seguenti formule.

1. $\int_\Omega$div $\mathbf{u}\, dx = \int_{\partial\Omega}\mathbf{u}\cdot\boldsymbol{\nu}\, d\sigma$ (formula della divergenza)
2. $\int_\Omega \nabla\varphi\, dx = \int_{\partial\Omega}\varphi\boldsymbol{\nu}\, d\sigma$
3. $\int_\Omega \Delta\varphi\, dx = \int_{\partial\Omega}\nabla\varphi\cdot\boldsymbol{\nu}\, d\sigma = \int_{\partial\Omega}\partial_\nu\varphi\, d\sigma$
4. $\int_\Omega \psi$ div$\mathbf{F}\, dx = \int_{\partial\Omega}\psi\mathbf{F}\cdot\boldsymbol{\nu}\, d\sigma - \int_\Omega \nabla\psi\cdot\mathbf{F}\, dx$ (integrazione per parti)
5. $\int_\Omega \psi\Delta\varphi\, dx = \int_{\partial\Omega}\psi\partial_\nu\varphi\, d\sigma - \int_\Omega \nabla\varphi\cdot\nabla\psi\, dx$ (I formula di Green)
6. $\int_\Omega(\psi\Delta\varphi - \varphi\Delta\psi)\, dx = \int_{\partial\Omega}(\psi\partial_\nu\varphi - \varphi\partial_\nu\psi)\, d\sigma$ (II formula di Green)
7. $\int_\Omega$rot $\mathbf{u}\, dx = -\int_{\partial\Omega}\mathbf{u}\wedge\boldsymbol{\nu}\, d\sigma$
8. $\int_\Omega \mathbf{u}\cdot$rot $\mathbf{v}\, dx = \int_\Omega \mathbf{v}\cdot$rot $\mathbf{u}\, dx + \int_{\partial\Omega}(\mathbf{v}\wedge\mathbf{u})\cdot\boldsymbol{\nu}\, d\sigma$.

---

[2] Di classe $C^1(\overline{\Omega})$ va bene.
[3] $\varphi, \psi \in C^2(\Omega) \cup C^1(\overline{\Omega})$.

Riferimenti bibliografici

Equazioni a derivate parziali

1. L. C. Evans, *Partial Differential Equations*. A.M.S., Graduate Studies in Mathematics, Providence, 1998

2. E. DiBenedetto, *Partial Differential Equations*. Birkhäuser, Basel, 1995

3. A. Friedman, *Partial Differential Equations of parabolic Type*. Prentice-Hall, Englewood Cliffs, 1964

4. D. Gilbarg e N. Trudinger, *Elliptic Partial Differential Equations of Second Order*. II edizione, Springer-Verlag, Berlin Heidelberg, 1998

5. F. John, *Partial Differential Equations*. (4th ed.). Springer-Verlag, New York, 1982

6. O. Kellog, *Foundations of Potential Theory*. Springer-Verlag, New York, 1967

7. G. M. Lieberman, *Second Order Parabolic Partial Differential Equations*. World Scientific, Singapore, 1996

8. J. L. Lions e E. Magenes. *Nonhomogeneous Boundary Value Problems and Applications*. Springer-Verlag, New York, 1972

9. R. Mc Owen, *Partial Differential Equations: Methods and Applications*. Prentice-Hall, New Jersey, 1996

10. M. Protter e H. Weinberger, *Maximum Principles in Differential Equations*. Prentice-Hall, Englewood Cliffs, 1984

11. M. Renardy e R. C. Rogers, *An Introduction to Partial Differential Equations*. Springer-Verlag, New York, 1993

12. J. Rauch, *Partial Differential Equations*. Springer-Verlag, Heidelberg, 1992

13. S. Salsa, *Equazioni a derivate parziali. Metodi, modelli e applicazioni*. Springer-Verlag Italia, Milano, 2004

14. S. Salsa e G. Verzini *Equazioni a derivate parziali. Complementi ed esercizi*. Springer-Verlag Italia, Milano, 2005

15. S. Salsa, *Partial differential equations in action. From modelling to theory*. Springer-Verlag Italia, Milano, 2008

Salsa S, Vegni FMG, Zaretti A, Zunino P: Invito alle equazioni alle derivate parziali.
© Springer-Verlag Italia 2009, Milano

16. J. Smoller, *Shock Waves and Reaction-Diffusion Equations*. Springer-Verlag, New York, 1983

17. W. Strauss, *Partial Differential Equation: An Introduction*. Wiley, New York, 1992

18. D. V. Widder. *The Heat Equation*. Academic Press, New York, 1975

Modellistica Matematica

19. A. J. Acheson, *Elementary Fluid Dynamics*. Clarendon Press, Oxford, 1990

20. J. Billingham e A. C. King, *Wave Motion*. Cambridge University Press, Cambridge, 2000

21. R. Courant e D. Hilbert, *Methods of Mathematical Phisics*. Vol. 1 e 2. Wiley, New York, 1953

22. R. Dautray e J. L. Lions, *Mathematical Analysis and Numerical Methods for Science and Technology*, Vol. 1-5. Springer-Verlag, Berlin Heidelberg, 1985

23. C. C. Lin e L.A. Segel. *Mathematics Applied to Deterministic Problems in the Natural Sciences*. SIAM Classics in Applied Mathematics, IV edizione, Philadelphia, 1995

24. J. D. Murray, *Mathematical Biology*. Springer-Verlag, Berlin Heidelberg, 2001

25. L.A. Segel, *Mathematics Applied to Continuum Mechanics*. Dover Publications, Inc., New York, 1987

26. G. B. Whitham, *Linear and Nonlinear Waves*. Wiley-Interscience, New York, 1974

Analisi ed Analisi Funzionale

27. R. Adams, *Sobolev Spaces*. Academic Press, New York, 1975

28. H. Brezis, *Analyse Fonctionnelle*. Masson, Paris, 1983

29. L. C. Evans e R. F. Gariepy, *Measure Theory and Fine properties of Functions*. CRC Press, Boca Raton, 1992

30. V. G. Maz'ya, *Sobolev Spaces*. Springer-Verlag, Berlin Heidelberg, 1985

31. W. Rudin, *Principles of Mathematical Analysis* (3th ed). Mc Graw-Hill, New York, 1976

32. W. Rudin, *Real and Complex Analysis* (2th ed). McGraw-Hill, New York, 1974

33. L. Schwartz, *Théorie des Distributions*. Hermann, Paris, 1966

34. K. Yoshida, *Functional Analysis*. Springer-Verlag, Berlin Heidelberg, 1965

Analisi Numerica

35. V. Comincioli, *Analisi Numerica: Metodi Modelli Applicazioni*, McGraw-Hill Libri Italia, Milano, 1995

36. R. Dautray e J.L. Lions, *Mathematical Analysis and Numerical Methods for Science and Technology*, Vol. 6, Springer-Verlag, Berlin Heidelberg, 2000

37. R.J. Le Veque, *Numerical methods for conservation laws*, Birkhäuser, Basel, 1992

38. R.J. Le Veque, *Finite difference methods for ordinary and partial differential equations*, Society for Industrial and Applied Mathematics (SIAM), Philadelphia, 2007

39. A. Quarteroni, *Modellistica Numerica per Problemi Differenziali* (4^a ed.). Springer-Verlag Italia, Milano, 2008

40. A. Quarteroni, R. Sacco, F. Saleri, *Matematica numerica* (3^a ed.). Springer-Verlag Italia, Milano, 2008

41. A. Quarteroni, F. Saleri, *Calcolo Scientifico* (4^a ed.). Springer-Verlag Italia, Milano, 2008

42. A. Quarteroni e A. Valli, *Numerical Approximation of Partial Differential Equations* (2nd ed.). Springer-Verlag, Berlin Heidelberg, 1997

Indice analitico

Collana Unitext - La Matematica per il 3+2

a cura di

F. Brezzi (Editor-in-Chief)
P. Biscari
C. Ciliberto
A. Quarteroni
G. Rinaldi
W.J. Runggaldier

Volumi pubblicati. A partire dal 2004, i volumi della serie sono contrassegnati da un numero di identificazione. I volumi indicati in grigio si riferiscono a edizioni non più in commercio

A. Bernasconi, B. Codenotti
Introduzione alla complessità computazionale
1998, X+260 pp. ISBN 88-470-0020-3

A. Bernasconi, B. Codenotti, G. Resta
Metodi matematici in complessità computazionale
1999, X+364 pp, ISBN 88-470-0060-2

E. Salinelli, F. Tomarelli
Modelli dinamici discreti
2002, XII+354 pp, ISBN 88-470-0187-0

S. Bosch
Algebra
2003, VIII+380 pp, ISBN 88-470-0221-4

S. Graffi, M. Degli Esposti
Fisica matematica discreta
2003, X+248 pp, ISBN 88-470-0212-5

S. Margarita, E. Salinelli
MultiMath - Matematica Multimediale per l'Università
2004, XX+270 pp, ISBN 88-470-0228-1

A. Quarteroni, R. Sacco, F. Saleri
Matematica numerica (2a Ed.)
2000, XIV+448 pp, ISBN 88-470-0077-7
2002, 2004 ristampa riveduta e corretta
(1a edizione 1998, ISBN 88-470-0010-6)

13. A. Quarteroni, F. Saleri
Introduzione al Calcolo Scientifico (2a Ed.)
2004, X+262 pp, ISBN 88-470-0256-7
(1a edizione 2002, ISBN 88-470-0149-8)

14. S. Salsa
Equazioni a derivate parziali - Metodi, modelli e applicazioni
2004, XII+426 pp, ISBN 88-470-0259-1

15. G. Riccardi
Calcolo differenziale ed integrale
2004, XII+314 pp, ISBN 88-470-0285-0

16. M. Impedovo
Matematica generale con il calcolatore
2005, X+526 pp, ISBN 88-470-0258-3

17. L. Formaggia, F. Saleri, A. Veneziani
Applicazioni ed esercizi di modellistica numerica
per problemi differenziali
2005, VIII+396 pp, ISBN 88-470-0257-5

18. S. Salsa, G. Verzini
Equazioni a derivate parziali - Complementi ed esercizi
2005, VIII+406 pp, ISBN 88-470-0260-5
2007, ristampa con modifiche

19. C. Canuto, A. Tabacco
Analisi Matematica I (2a Ed.)
2005, XII+448 pp, ISBN 88-470-0337-7
(1a edizione, 2003, XII+376 pp, ISBN 88-470-0220-6)

20. F. Biagini, M. Campanino
Elementi di Probabilità e Statistica
2006, XII+236 pp, ISBN 88-470-0330-X

21. S. Leonesi, C. Toffalori
    Numeri e Crittografia
    2006, VIII+178 pp, ISBN 88-470-0331-8

22. A. Quarteroni, F. Saleri
    Introduzione al Calcolo Scientifico (3a Ed.)
    2006, X+306 pp, ISBN 88-470-0480-2

23. S. Leonesi, C. Toffalori
    Un invito all'Algebra
    2006, XVII+432 pp, ISBN 88-470-0313-X

24. W.M. Baldoni, C. Ciliberto, G.M. Piacentini Cattaneo
    Aritmetica, Crittografia e Codici
    2006, XVI+518 pp, ISBN 88-470-0455-1

25. A. Quarteroni
    Modellistica numerica per problemi differenziali (3a Ed.)
    2006, XIV+452 pp, ISBN 88-470-0493-4
    (1a edizione 2000, ISBN 88-470-0108-0)
    (2a edizione 2003, ISBN 88-470-0203-6)

26. M. Abate, F. Tovena
    Curve e superfici
    2006, XIV+394 pp, ISBN 88-470-0535-3

27. L. Giuzzi
    Codici correttori
    2006, XVI+402 pp, ISBN 88-470-0539-6

28. L. Robbiano
    Algebra lineare
    2007, XVI+210 pp, ISBN 88-470-0446-2

29. E. Rosazza Gianin, C. Sgarra
    Esercizi di finanza matematica
    2007, X+184 pp, ISBN 978-88-470-0610-2

30. A. Machì
    Gruppi - Una introduzione a idee e metodi della Teoria dei Gruppi
    2007, XII+349 pp, ISBN 978-88-470-0622-5

31. Y. Biollay, A. Chaabouni, J. Stubbe
    Matematica si parte!
    A cura di A. Quarteroni
    2007, XII+196 pp, ISBN 978-88-470-0675-1

32. M. Manetti
    Topologia
    2008, XII+298 pp, ISBN 978-88-470-0756-7

33. A. Pascucci
    Calcolo stocastico per la finanza
    2008, XVI+518 pp, ISBN 978-88-470-0600-3

34. A. Quarteroni, R. Sacco, F. Saleri
    Matematica numerica, 3a Ed.
    2008, XVI+510 pp, ISBN 978-88-470-0782-6

35. P. Cannarsa, T. D'Aprile
    Introduzione alla teoria della misura e all'analisi funzionale
    2008, XII+268 pp, ISBN 978-88-470-0701-7

36. A. Quarteroni, F. Saleri
    Calcolo scientifico, 3a Ed.
    2008, XIV+358 pp. ISBN 978-88-470-0837-3

37. C. Canuto, A. Tabacco
    Analisi Matematica I, 3a edizione
    2008, XIV+452 pp, ISBN 978-88-470-0871-7

38. S. Gabelli
    Teoria delle Equazioni e Teoria di Galois
    2008, XVI+410 pp, ISBN 978-88-470-0618-8

39. A. Quarteroni
    Modellistica numerica per problemi differenziali (4a Ed.)
    2008, XVI+452 pp, ISBN 88-470-0493-4

40. S. Gabelli
    Teoria delle Equazioni e Teoria di Galois
    2008, XVI+560 pp, ISBN 978-88-470-0841-0

41.

42. S. Salsa, F.M.G. Vegni, A. Zaretti, P. Zunino
    Invito alle equazioni a derivate parziali
    2009, pp. XIV + 440, ISBN 978-88-470-1179-3

Finito di stampare: marzo 2009

Printed in the United States
By Bookmasters